中等职业学校建筑工程施工专业系列教材

混凝土结构与砌体结构基本原理及应用实务

（按新规范编写）

王文睿　主　编

张乐荣　胡　静　温世洲　雷济时　曹晓婧　马振宇　副主编

曹照平　主　审

中国建筑工业出版社

图书在版编目（CIP）数据

混凝土结构与砌体结构基本原理及应用实务（按新规范编写）/王文睿主编. —北京：中国建筑工业出版社，2013.8
中等职业学校建筑工程施工专业系列教材
ISBN 978-7-112-15560-6

Ⅰ.①混… Ⅱ.①王… Ⅲ.①混凝土结构-中等专业学校-教材 ②砌体结构-中等专业学校-教材 Ⅳ.①TU37②TU209

中国版本图书馆 CIP 数据核字(2013)第 143383 号

中等职业学校建筑工程施工专业系列教材

混凝土结构与砌体结构
基本原理及应用实务

（按新规范编写）

王文睿 主 编
张乐荣 胡 静 温世洲 雷济时 曹晓婧 马振宇 副主编
曹照平 主 审

*

中国建筑工业出版社出版、发行（北京西郊百万庄）
各地新华书店、建筑书店经销
北京科地亚盟排版公司制版
北京市燕鑫印刷有限公司印刷

*

开本：787×1092 毫米 1/16 印张：22½ 字数：550 千字
2013 年 9 月第一版 2013 年 9 月第一次印刷
定价：**49.00** 元
ISBN 978-7-112-15560-6
（24169）

本书是按照中等职业技术教育建筑工程施工专业应用型人才的培养目标、规格以及《混凝土结构与砌体结构》教学大纲的要求，依据我国最新发布的国家标准《混凝土结构设计规范》GB 50010—2010、《砌体结构设计规范》GB 50003—2011等编写的。本书分混凝土结构和砌体结构两大篇，共15章，内容包括：绪论，钢筋和混凝土材料的力学性能，钢筋混凝土结构的基本设计原理，钢筋混凝土受弯构件正截面受弯承载力计算及构造，钢筋混凝土受弯构件斜截面承载力计算及构造，钢筋混凝土受扭构件、受拉构件，钢筋混凝土受压构件承载力计算及构造，预应力混凝土的基本知识，钢筋混凝土结构平法施工图的识读，钢筋混凝土梁板结构的构造及施工图，钢筋混凝土单层工业厂房排架结构房屋，钢筋混凝土多层框架结构房屋，砌体材料及其力学性能，无筋砌体构件的承载力计算及构造，砌体结构房屋实例解读。为了便于加深理解和巩固所学内容，本书在每章正文之前有学习要求与目标，正文之后每章有本章小结、复习思考题。本书不仅可作为中等职业学校建筑工程施工专业的教学用书，也可作为土木工程技术人员的实用参考书。

* * *

责任编辑：范业庶
责任设计：张　虹
责任校对：张　颖　刘梦然

前　言

本书是按照中等职业技术教育建筑工程施工专业应用型人才的培养目标、规格以及《混凝土结构与砌体结构》教学大纲的要求，依据我国现行国家标准《混凝土结构设计规范》GB 50010—2010、《建筑结构荷载规范》GB 50009—2011 和《工程结构可靠度设计统一标准》GB 50153—2008 等编写的。

本书在编写中，紧紧围绕职业教育特点，注重实用技能培养，以工程应用为主旨，以工科中等职业教育实际能力培养为目标，在充分尊重教育教学规律的前提下构建课程新体系。本书在不降低学生基础知识掌握的前提下，选用了常用的钢筋混凝土框架结构工程实例，以及多层砌体结构工程实例，通过这两个实例的解读，来加强学生读识钢筋混凝土结构和砌体结构施工图的能力，为走上工作岗位实际工作能力打下可靠的基础。本书语言通俗易懂、简练明了、概念清楚、推理准确、结论可靠、重点突出。本书覆盖面广、实用性强，便于初学者入门和专业人员掌握。为了便于学生理解，加深和巩固所学内容，本书在每章正文之前有学习要求与目标，正文之后有小结、思考题和习题。

本书内容共十五章，包括绪论，钢筋和混凝土材料的力学性能，结构的基本设计原理，钢筋混凝土受弯构件正截面受弯承载力计算及构造，钢筋混凝土受弯构件斜截面承载力计算及构造，钢筋混凝土受扭构件、受拉构件，钢筋混凝土受压构件承载力计算及构造，预应力混凝土的基本知识简介，钢筋混凝土结构平法施工图的识读，钢筋混凝土梁板结构及施工图，钢筋混凝土单层工业厂房排架结构房屋，钢筋混凝土多层框架结构房屋及实例，砌体材料及其力学性能，无筋砌体构件的承载力计算及构造，砌体结构房屋实例解读。其中目录中带“*”的章节为选学内容，使用者可根据教学计划安排的课时数自行决定是否在课内学习。

本书注重钢筋混凝土结构和砌体结构在工程实际中的应用，通俗易懂地介绍了钢筋混凝土受弯和受压设计计算的原理和方法，突出了常用的结构构造要求及相关内容在教学活动中的比重，尽可能地减少相对复杂较难掌握的与设计计算有关的内容，在第十二章和第十五章通过两个比较有代表性工程实例，讲解常用的钢筋混凝土框架结构和砌体结构施工图，以提高学生读识结构施工图的基本技能，通过上述内容安排，增强教材的实用性，也更加便于学生的学习和技能掌握。因此，本书对培养建设工程施工一线技术人员和管理人员具有较强的针对性和实用性，不仅可作为中等职业技术学校建筑工程施工专业的教学用书，也可以作为高等职业学院建筑工程技术专业教学参考书，也可以作为建筑工程施工第一线专业技术人员从事业务工作的参考资料。

本书第一章、第四章、第六章、第十二章由王文睿、温世洲编写，第二章、第五章、第十三章、第十四章由王文睿、张乐荣编写，第七章、第八章、第十一章、第十五章由胡静、曹晓婧编写，第三章、第九章、第十章由雷济时、马振宇编写。

长安大学曹照平副教授主审了全书，并提出了许多宝贵的意见和建议，对此，作者深表谢意。在本书的编写过程中还得到刘淑华高级工程师、薛承宗高级讲师的支持与帮助，谨表诚挚的谢意；芦长青国家一级注册结构工程师、高级工程师和罗建绣高级工程师提供了本教材所选用的工程实例结构设计的文档，作者的其他同事们提出了许多宝贵的意见和建议，作者对各位同仁的支持和鼓励一并表示衷心的感谢。在本书编写完成之际，作者深切怀念几十年来给予作者大力支持，并对作者成长给予指导的恩师、已故著名学者、学术界资深专家、土木工程教育界的老前辈林锺琪教授。对上海交通大学博士生导师黄金枝教授、同济大学博士生导师屈文俊教授两位作者恩师谨表崇高的敬意。

限于编者的理论水平和实际经验，书中不足之处在所难免，欢迎各位专家、同行、广大师生和其他读者朋友批评指正。

目　录

第一篇　混凝土结构基本原理与应用实务

第二篇 砌体结构基本原理及应用实务

注：目录中带“*”的章节为选学内容，使用者可根据教学计划安排的课时数自行决定是否在课内学习。

第一篇　混凝土结构基本原理与应用实务

第一章　绪　　论

学习要求与目标：

1. 了解建筑结构的概念和分类；理解结构上作用的概念、分类和特性。
2. 理解配筋在混凝土结构中的作用。
3. 了解钢筋混凝土的主要优缺点及在工程中的应用。
4. 掌握钢筋混凝土结构与砌体结构基本原理及应用实务课的主要任务、特点及学习方法技巧。

第一节　混凝土结构的概念

建筑物是供人们从事生产、社会活动和日常生活的封闭空间，其功能的发挥程度除与建筑设计有密切关系外，还与建筑结构功能的发挥有着直接的联系。房屋在各种作用影响下是否安全，能否正常发挥其预设的特定性能，能否完好地使用到设计预定的年限，这些问题都是建筑结构学科中要解决的问题。学习、理解和掌握建筑结构的基本知识，运用建筑结构基本原理解决工程实际中各种现实问题是对工程技术人员最基本的要求。

建筑结构是指在房屋建筑中起承受“作用”、由构件组成的体系。结构上的“作用”包括直接作用和间接作用。直接作用包括各种荷载，如房屋自重引起的不随时间发生明显变化的恒载（通常也称为永久荷载），以及房屋使用期间人们的体重、家具、设备、商品等的重量、施工阶段设备或检修时加在结构上的施工活荷载（通常称为可变荷载）等，以及自然因素引起的风荷载、北方寒冷地区的屋面积雪、在工业厂房中的吊车起吊及制动作用、施工期间作用在楼面或屋面上的原材料、半成品、工器具的重量、屋面积灰荷载等可变荷载。间接作用包括施加于结构的附加变形和约束变形。附加变形是指地震发生后，地震波及地区的地面受到地震作用影响产生震动，导致这些地区的房屋在惯性力作用下受到强迫振动，因而在房屋结构中引起内力、变形和裂缝；约束变形是指由于房屋地基土的不均匀沉降，导致结构受力体系中内力的分配规律发生变化引起的结构附加内力和变形。此外，由于温度变化，房屋结构受到热胀冷缩作用在结构内部产生的内应力和变形，也属于约束变形。

在建筑结构中所讲的体系，是指建筑结构本身具有的系统性、组成它的构件之间的连贯性和互相依托性，建筑结构不是单指一个或一部分构件，它是一个承受并传递内力、有

效抵御外荷载引起各种变形的体系。建筑结构从下到上分为地基基础部分（俗称为下部结构）和地上的部分（通常称主体结构）。下部结构通常称为地基与基础，把上部主体结构通常称为建筑结构，上部结构和地基基础二者都是建筑结构中相互关联的重要组成部分。上部结构的主要作用是作为一个完整体系把承受的各种“作用”引起的内力和变形有效、合理地传到下部结构上去。下部结构起承上启下作用，它的主要作用是把上部结构传来的荷载有效地承受后传到地基和大地上去。所以，**建筑结构是一个受力体系，它也是一个由各种不同构件组成的统一体。它的功能要求包括了安全性功能、适用性功能和耐久性功能三部分。**

建筑结构按组成材料不同可以分为砌体结构、钢筋混凝土结构、钢结构和木结构四类。建筑结构按受力体系不同分为混合结构、框架结构、剪力墙结构、框架-剪力墙结构、排架结构、筒体结构、网架结构、悬索结构等结构类型。根据中职建筑工程施工专业教学大纲的要求，本教材仅限于钢筋混凝土结构和砌体结构两部分。

1. 钢筋混凝土结构

钢筋混凝土结构是指由配置受力的普通钢筋、钢筋网或钢筋骨架的混凝土制成的结构。它是我国大中城市建造多层和高层建筑的主要结构形式之一。

钢筋混凝土构件是由钢筋和混凝土两种性质不同的工程材料组成的一种复合材料构件，钢筋混凝土结构构件在承受外部施加于它的各种作用时，具有良好的工作性能。如图 1-1（*a*）表示没有配置钢筋的素混凝土简支梁，它承受的外荷载达到梁受拉区开裂的临界荷载后，荷载增加不多的情况下该梁很快就会断裂，这种素混凝土梁承载能力很低。如图 1-1（*b*）表示和图 1-1（*a*）所示素混凝土梁的跨度、截面尺寸、所用混凝土均相同，但梁内配有适量受拉钢筋的钢筋混凝土简支梁，实测结果证实，这类梁的受力性能得到很大的改善，即便梁在荷载作用下受拉区开裂，也不会像素混凝土梁那样很快断裂，梁开裂后新增加的荷载引起的梁截面受拉区拉应力由受拉钢筋平衡，截面新增的弯矩由梁内纵向受拉钢筋受到的拉力和受压区混凝土受到的弯曲压应力的合力这对大小相等方向相反的平行力系力提供的抵抗弯矩来平衡，试验证明，钢筋混凝土梁的承载力远远大于素混凝土梁。

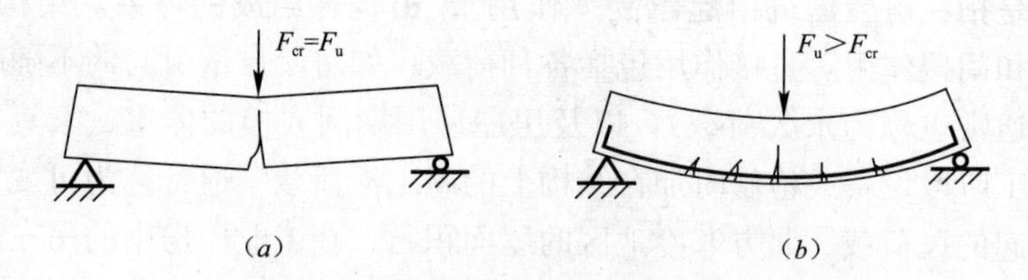

图 1-1　素混凝土梁和钢筋混凝土梁承载力对照

混凝土是一种由粗骨料（石子）、细骨料（砂子）、胶凝材料（水泥）加水拌合而成的复合材料，它具有受压性能很好，受拉性能较差、群组强度测试时离散性较大、材料组成严重不均匀、内部有空隙、微裂缝和脆性大等特点，是一种受力破坏时极限应变较小的脆性材料；钢筋受拉和受压强度都很高，且是延性很好的材料，和混凝土的性质相反。钢筋和混凝土这样两种性质截然不同的材料之所以能够有效地结合在一起很好地共同工作，主要是具有以下三个方面的条件：一是钢筋和混凝土二者之间有良好的粘结力；二是这两种材料具有相近的线膨胀系数；三是混凝土包裹在钢筋周围，使钢筋和空气中的腐蚀性介质完全隔绝，确保钢筋不被锈蚀，可以保证钢筋长期发挥受力作用而不发生性能的明显退化。

钢筋混凝土结构的优点主要包括：

（1）强度高。混凝土材料强度本身就高于砌体材料，加之在其中配置了强度很高的钢筋，所以钢筋混凝土材料的强度与砌体结构相比，具有强度高的特点。

（2）延性好。由于钢筋的受拉、受压性能和延性都很好，在受拉强度低的混凝土脆性材料中，混凝土构件在外荷载作用下，可以明显改善素混凝土构件的脆性，钢筋和混凝土两种材料的有机结合，起到了扬长避短的作用，构件受拉和偏心受压时的延性大大得到改善。

（3）整体性好。现浇混凝土结构是指在现场支模、绑扎钢筋并整体浇筑而成的混凝土结构。它的楼（屋）盖、梁和柱现浇成整体的结构构件之间连接成为一个受力的整体，不会在外力作用下发生分离和脱落，尤其是在大地震发生后具有明显的优势，所以说钢筋混凝土结构整体性好。

（4）耐久性好。由于混凝土对钢筋的保护作用和混凝土材料自身的环境适应性及耐腐性都较高，钢筋在混凝土内基本不发生新的锈蚀，结构构件几乎在结构设计基准期内性能可以保持稳定不变，所以耐久性很高。

（5）耐火性好。由于混凝土是无机硅酸盐材料，耐火性好，包裹在不耐高温的钢筋周围，确保钢筋在高温下不发生影响受力性能的变形，因而钢筋混凝土材料及钢筋混凝土结构的耐火性好。

（6）适用范围大。由于钢筋混凝土材料的力学性能好，便于就地取材，成本相对于钢结构要低廉许多，能够跨越的空间大，整体性好、耐火性能好和大气适应性好及现浇混凝土结构具有可模性好的优点，所以，在国民经济建设的各行各业中，钢筋混凝土结构的应用非常广泛。

但是，钢筋混凝土结构也有一些不可避免的缺点，主要包括：

（1）结构自重大。高层结构施工时竖向运输耗时耗能，同时，自重大是房屋结构地震作用增大的根源，这也就是在同等条件下，钢筋混凝土结构抗震性能不如钢结构的主要原因之一。

（2）现浇结构的湿作业量大，构件工厂化生产的程度低，不适应生产工厂化发展要求。

（3）现浇结构工序多，质量通病产生的环节多，质量控制难度大，质量保证难度增加。

（4）施工对模板需求量大、占用时间长，构件生产加工成本相对会增加。

（5）装配式混凝土结构是指由预制混凝土构件或部分通过焊接、螺栓连接等方式装配而成的混凝土结构，整体性差，对抵抗强烈地震或特大地震不利。

总之，与钢结构相比，钢筋混凝土结构经济性能好，与砌体结构相比，钢筋混凝土结构受力变形性能好，它是我国大中型城市今后相当长一个时期内房屋建筑的主要结构类型。

2. 砌体结构

砌体结构是指组成房屋结构的主要竖向承重构件是由砌体材料组成的结构，它是我国传统的结构形式。在广大农村和中小城镇具有很广阔的使用空间。砌体结构主要优缺点如下。

（1）砌体结构的优点：材料来源广泛，便于就地取材，运输成本低廉；防腐性、抗冻性和隔热保温性能较好；施工技术和设备要求简单；建成的房屋经济性能良好。

（2）砌体结构的缺点：砌体材料受力性能相对较差；具有明显的脆性特征，加之自重大，同等条件下砌体房屋相对于其他结构类型的房屋其抗震性能明显较差；烧制黏土砖对土地资源消耗较大，还会造成大气污染等；砌体结构施工劳动强度大，生产效率低。

但是，只要严格执行现行国家标准《建筑抗震设计规范》GB 50011—2010、《砌体结构设计规范》GB 50003—2011、《砌体结构施工验收规范》GB 50203—2011 等的有关规定，行之有效地采取抗震设计和构造措施，在材料质量、施工质量确保满足规范规定的条件下，在总高和总层数符合抗震规范规定的前提下，砌体结构与具有同样高度和层数的混凝土结构房屋具有大致相同的抗震设防能力。

第二节　本课程的学习内容及方法

一、学习内容

本书第一篇介绍混凝土结构的基本原理和应用实务，主要内容包括：钢筋和混凝土材料的力学性能，钢筋混凝土结构的基本设计原理，受弯构件正截面抗弯承载力计算及构造要点，受弯构件斜截面承载力计算及构造要点，钢筋混凝土受扭构件构、受拉构件，钢筋混凝土受压构件承载力计算及构造要点，预应力混凝土的基本知识，钢筋混凝土结构平法施工图的识读，钢筋混凝土梁板结构的构造及施工图，钢筋混凝土单层工业厂房排架结构房屋，钢筋混凝土多层框架结构房屋，本书第二篇介绍砌体结构的基本原理和应用实务，主要内容包括：砌体材料及其力学性能，无筋砌体构件的承载力计算及构造，砌体结构房屋实例解读。

二、学习方法

本课程**是所有工科大中专土建类院校建筑工程技术和建筑工程施工专业的一门核心专业课，它在所有技术基础课和后续专业课之间具有承上启下的作用。**钢筋混凝土结构课上承建筑力学、建筑材料、房屋建筑学等技术基础课，它可以单独成为一个体系；也可以与后续的建筑施工技术、建筑工程预算、建筑施工组织管理和建筑地基与基础等专业课衔接，组成一个更大的专业知识和技能体系。它是一门以专业技术为主线，同时又与建筑造价密切相关的课程。钢筋混凝土结构课的学习内容与工程建设实际联系紧密，知识体系的构建是以国家颁布的各种规范、规定和要求为准绳来完成的。所以，**钢筋混凝土结构课是一门专业性、政策性都很强的课程，它的学习要做到目标明确、方法得当、时间保证。**

目标明确。是指一定要弄清楚学什么？为什么学？学到何种程度？弄清楚通过本课程的学习要构建的知识结构、技能结构和素质结构体系，以及这些体系的目标、内涵、组成和要求的具体内容等。为了便于更好地学习本课程，在本书每章课程内容前按教学大纲要求编写了学习要求和目标，以此作为本章节学习的标准和要求，需要学生在学习时认真领会，切实执行。

方法得当。是指学习过程中，思路、方法、理解、掌握知识过程中方法要有合理性和有效性，要求做到的是学习、记忆、掌握本课程基本理论知识思路、方法和技巧要有科学性与实用性，以及技能训练和掌握过程中的合理性及有效性问题。根据作者学习和从事混凝土结构与砌体结构课程教学 30 多年来的体会和感受，深知要学好本课程，不仅要具有相对扎实的数学与力学基础知识作保证，在学习过程中要正确理解和记忆所学名词、基本概念，正确理解并领会所学各种原理的精神实质，掌握运用所学知识解决实际问题的思路、方法和和技能，而且同时要认真领会理解各种试验的目的、过程、方法，以及由试验归纳、推导所得的结论；同时还要做到在理解的基础上推导并记忆常用主要公式，加上通过各种思考题和计算题的练习，进一步帮助理解和掌握所学的本课程知识的内容；此外，还要掌握正确理解和运用有关设计规范、施工验收规范和行业规程的基本技能，养成自觉遵守和执行规范的职业习惯，比较好地掌握理论联系实际的方法和途径，养成善于向工程实际学知识、练技能的好习惯、好素养；最后需要强调的是必须重视实践性的教学环节，认真完成教学大纲规定的各种实习、参观、生产工艺劳动以及各种课程设计等实训环节，要通过持续不断地复习、在理解基础上记忆和掌握所学知识，通过实训时的运用转化为实际工作技能。

总之，本课程**是一门理论相对较深，学习难度较大，理论性和实践性都很强的课程。**本课程包括的知识和它所培养的工作技能，在工程实际中运用最广泛。本课程对学生走向工作岗位后的设计、施工、预算和施工现场技术管理等诸方面技能的培养具有较高的关联度。认真学好本课程，对学生毕业后在建筑行业工作具有很重要的影响和现实意义。我国从改革开放以来一直处于高速发展阶段，建筑业的发展对现代化进程的加快功不可没，建筑业在我们这样一个新兴的市场经济国家还将继续发挥助推经济和社会事业的支柱产业作用，建筑业的前景光明、任重道远。衷心希望有志从事建筑行业管理、技术的我国未来的建设者和接班人，能通过学校的良好学习，在实际工作中的不懈努力，使自己成长为对国家建设事业有用的高素质人才，在把我国建设成为富强文明的现代化国家的进程中，施展自己的聪明才智，作出自己应有的贡献，以充分实现自身的价值。

本 章 小 结

1. 在建筑中起承受各种作用的骨架体系叫做建筑结构。建筑结构按构成它的材料不同分为钢筋混凝土结构、砌体结构、钢结构以及木结构。建筑结构按其承重结构的类型分为混合结构、框架结构、剪力墙结构、框架-剪力墙结构、筒体结构以及其他特种结构；特种结构包括壳体结构、网架结构和悬索结构等。钢筋混凝土结构是最常用的结构形式之一。

2. 钢筋混凝土结构是指承受作用的体系由钢筋混凝土材料做成。它具有耐久性、耐火性、整体性、可模性好，强度高，现浇结构整体性好等优点。同时，也具有自重大、生产工序多、质量难控制、模板消耗量大和生产周期长的缺点。由于它的受力性能好、经济成本较低等优点，它在大量性工业与民用建筑中得到广泛运用。

3. 本课程是建筑工程施工专业一门起承上启下作用的核心专业课，对力学、建筑材料、房屋建筑学等课程的学习有较高要求；对施工技术、地基与基础、施工预算、施工组织管理等后续课程的学习关联度高，它是一门理论性和实践性很强的课程。它的许多公式和结论来自于实验，它的理论又紧密地和工程实际相结合，并为工程设计与施工活动服务。

4. 要学好本课程必须坚持理论密切联系实际的原则，在理解概念、弄懂原理、掌握方法的基础上，通过多想、多问、多联系等方法，通过循序渐进达到从入门到理解、再从理解到掌握的目的，做到使学生通过学习能很好读识结构施工图、能进行简单常用结构构件设计和验算、达到能够有效参与施工现场或设计单位与自身素质相适应的各种业务活动的目的。

复习思考题

一、名词解释

建筑结构　钢筋混凝土结构　结构上的作用　直接作用　间接作用

二、简答题

1. 建筑结构按组成材料分为几类？最常用的两种结构的特点有哪些？

2. 钢筋和混凝土两种性质截然不同的工程材料能够有效结合在一起共同工作的条件是什么？

3. 本课程的性质是什么？它在建筑工程施工专业中的地位和作用是什么？

4. 怎样学好本课程？

第二章　钢筋和混凝土材料的力学性能

学习要求与目标：

1. 了解混凝土的组成特点、力学特性；理解影响混凝土强度、变形性能的各种因素。

2. 理解混凝土立方体抗压强度、棱柱体轴心抗压强度、轴心抗拉强度以及混凝土弹性模量的测试方法。

3. 理解混凝土在一次短期加荷时的受力破坏过程；理解混凝土徐变及收缩的概念，徐变和收缩对构件产生的影响，以及影响徐变和收缩的因素，减少和降低徐变、收缩的技术和工程措施。

4. 了解钢筋的种类、级别、形式；掌握有明显屈服点的钢筋和无明显屈服点的钢筋的应力-应变曲线、力学特性、强度设计值的取值。

5. 理解钢筋和混凝土之间粘结力的组成、特点和作用；掌握钢筋的受拉锚固长度、搭接长度、同一个搭接区的概念，以及不同构件在同一搭接区内搭接钢筋面积百分率的限值要求。

钢筋混凝土是由性质截然不同的钢筋和混凝土两种材料组成的。混凝土材料，它是由石子、砂子、水泥加水拌制而成的一种混合材料（特殊情况时还会加入第五组分），由于混凝土浇筑过程中需要足够的流动性，在拌制时加入混凝土内的工艺水通常远远大于用于水化水泥颗粒的水化水，因此，在混凝土凝结硬化后，随着内部多余的那部分工艺水的散失会在混凝土内残留许多空隙；在混凝土拌制、浇筑和振捣密实过程中由于施工工艺的原因，混凝土内部粗细骨料分配不均匀；由于水泥凝胶体的收缩会产生许多微裂缝。因此，**混凝土是不密实也不均匀的一种工程材料。钢筋混凝土材料的性质类似于混凝土材料性质，工程力学课中学习到的材料力学原理不完全适应于钢筋混凝土结构构件的内力分析。**本章所列内容实际上是钢筋混凝土的材料的力学知识。

第一节　混凝土的力学性能

一、混凝土的强度

工程材料的强度是指该材料在某种特定受力状态下所承受的极限应力。一般工程结构中构件可能出现的受力状态，包括受拉、受压、受弯、受剪、受扭等。混凝土均匀受压时它在即将破坏前所承受的最大压应力，也就是它的极限抗压强度通常简称抗压强度，用同样的方法也可以定义混凝土的抗拉强度。建筑材料课相关的知识表明，混凝土的强度不仅与所选用的水泥强度等级、水泥用量，以及骨料的级配和混凝土配合比等内在因素有关，而且也与混凝土养护环境的温度、湿度等因素有关，并且在凝结硬化后，随着混凝土龄期的延长会在几年内不断增长。从工程应用的角度，人们更为关心的是混凝土立方体抗压强度的测定方法和不同受力状态情况下强度的确定。

1. 混凝土立方体抗压强度

实际工程中几乎不出现混凝土立方体受压的状态，但为什么我们要讨论混凝土立方体抗压强度呢？这是因为一方面立方体抗压强度测定比较容易，尺寸小，试件制作养护方便，节省材料等；另一方面通过在同等条件下制作养护的棱柱体受压、受拉试件与同种立方体试件极限强度对照分析，可以确定它们三种强度之间的相互关系，《混凝土结构设计规范》GB 50010—2010（以下简称《规范》）就是通过大量的对照试验，确定了立方体抗压强度和棱柱体抗压、抗拉强度之间的对照关系。因此，人们就很方便地根据测得的立方体抗压强度，依据现行国家标准《规范》规定，换算出同批次混凝土的棱柱体抗压强度和棱柱体抗拉强度。

《规范》规定：**混凝土的立方体抗压强度标准值是指，在标准状况下制作养护边长为150mm立方体试块，用标准方法测得的28d龄期时，具有95%保证概率的强度值，单位是N/mm²。**《规范》规定混凝土强度等级有C15、C20、C25、C30、C35、C40、C45、C50、C55、C60、C65、C70、C75、C80 14级，其中C代表混凝土，C后面的数字代表立方体抗压标准强度值，单位是N/mm²，用符号$f_{cu,k}$表示。《规范》同时允许，对近年来使用量明显增加的**粉煤灰等矿物混凝土，确定其立方体抗压强度标准值$f_{cu,k}$时，龄期不受28d的限值，可以由设计者根据具体情况适当延长。**

上面谈到的立方体试块制作时的标准状况，是指试件的制作必须按照混凝土材料试验的有关操作规程的规定，做到配合比准确，骨料的级配符合要求，砂子和石子中杂质含量和泥土（块）的含量在规定范围内，制作时混凝土的振捣密实方法标准；养护时的标准状况是指，养护环境温度必须保持在20℃±3℃，相对湿度必须保持在90%以上；试验时的标准状况是指，试验机的加压板和试块表面不涂润滑剂、加荷的速度必须限制在0.15～0.25N/(mm²·s)。同时必须强调的是，混凝土立方体强度测试，必须是同一批试块，要达到材料试验规程规定的块数。

《规范》规定，素混凝土结构的混凝土强度等级不应低于C15，钢筋混凝土结构的混凝土强度等级不应低于C20；采用强度等级400MPa及以上的钢筋时，混凝土强度等级不应低于C25。预应力混凝土结构的混凝土强度等级不宜低于C40，且不应低于C30。承受重复荷载的钢筋混凝土构件，混凝土强度等级不应低于C30。

2. 混凝土轴心抗压强度

实验证明，立方体抗压强度不能代表以受压为主的结构构件中混凝土强度。这种对照试验是选自于由相同批次的混凝土制作的截面尺寸相同，边长为150mm×150mm×150mm的立方体，和150mm×150mm×300mm、150mm×150mm×450mm、150mm×150mm×600mm三类高宽比分别是2、3、4的不同试件，对照试验时分别测定了它们各自的强度，试验结果表明，试块的高宽比越大，所测得的抗压强度就越低。但是高宽比超过3以后，抗压强度的降低的情况就不明显而是趋于稳定。不同高宽比的试件造成试验结果不同的原因，一方面是试验时支承面的摩擦阻力对试件横向扩展的约束作用会随着沿试件高度方向远离支承面和加压面逐渐减少，大约距承压面和加压面0.707倍的试块表面尺寸处就消失了。所以，当试件的高宽比增大以后，由于试件的上下两个端面上摩擦力的约束已达不到试件高度的中部，使中部混凝土处在可以自由变形的状态，因此可见，棱柱体试件比立方体试块所受摩擦横向约束作用要少，所以，测得的强度比同批次的立方体试块要低；另一方面，我们知道混凝土受压构件的破坏是开始于纵向压力作用下内部裂缝的扩展和横向变形的加大，棱柱体中部的混凝土受到周围截面摩擦力形成的类似于桶箍的约束作用基本消失，所以微裂缝扩展为贯通的纵向裂缝，其随着压力的不断加大，微裂缝的数量不断增加，长度持续变长，宽度进一步加大，导致试件中部混凝土过早压溃，这也是棱柱体试件轴心抗压强度低于立方体试块抗压强度的一个主要原因（图 2-1）。

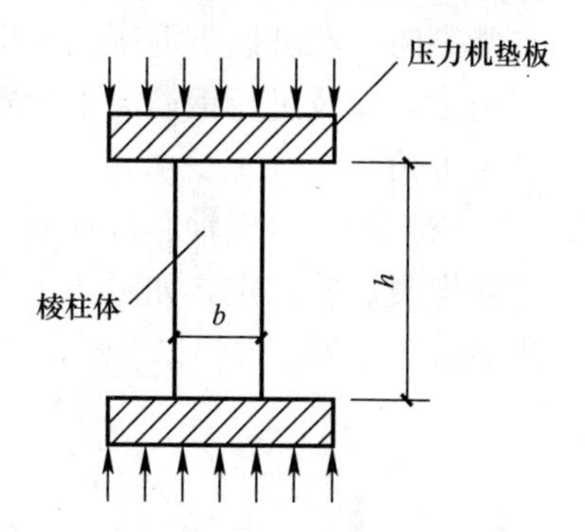

图 2-1　混凝土棱柱体抗压试验

通过用同批次混凝土在同一条件下制作养护的棱柱体试件和短钢筋混凝土柱在轴心力作用下受压性能的对比试验，可以看出高宽比超过 3 以后的混凝土棱柱体中的混凝土抗压强度和以受压为主的钢筋混凝土短柱中的混凝土抗压强度是基本上是一致的。因此《规范》规定用高宽比为 3～4 的混凝土棱柱体试件测得的混凝土的抗压强度，并作为混凝土的轴心抗压强度（棱柱体抗压强度），用符号 f_{ck} 表示，见表 2-1。

混凝土轴心抗压、轴心抗拉强度标准值（N/mm^2）　　**表 2-1**

强度	混凝土强度等级													
	C15	C20	C25	C30	C35	C40	C45	C50	C55	C60	C65	C70	C75	C80
f_{ck}	10.0	13.4	16.7	20.1	23.4	26.8	29.6	32.4	35.5	38.5	41.5	44.5	47.4	50.2
f_{tk}	1.27	1.54	1.78	2.01	2.20	2.39	2.51	2.64	2.74	2.85	2.93	2.99	3.05	3.11

通过大量对比试验，找出了混凝土立方体试块抗压强度和混凝土棱柱体试件抗压强度之间的关系，通过线性回归分析，可以得出轴心抗压强度 f_{ck} 立方体试块强度 $f_{cu,k}$ 之间的关系大致为：

$$f_{ck} = 0.88\alpha_1\alpha_2 f_{cu,k} \tag{2-1}$$

式中　0.88——系数，是考虑到结构中混凝土的实际强度与立方体试件混凝土强度之间的差异，根据以往经验，结合试验数据分析并考虑其他国家的有关规定，对试件混凝土强度的修正系数取为该值；

f_{ck}——混凝土棱柱体轴心抗压强度标准值（N/mm^2）；

$f_{cu,k}$——混凝土立方体抗压强度标准值（N/mm^2）；

α_1——棱柱体轴心抗压强度标准值与立方抗压强度平均值的比值，对 C50 及其以下混凝土，取 $\alpha_1=0.76$；对于 C80 混凝土，取 $\alpha_1=0.82$，在 C50 和 C80 之间按线性内插法取值；

α_2——C40 以上的混凝土考虑脆性折减系数，对于 C40 及以下的混凝土取 $\alpha_2=1.0$；对于 C80 混凝土，取 $\alpha_2=0.87$，在 C40 和 C80 之间按线性内插法取值。

需要注意的是，混凝土轴心抗压强度的测试，也要满足超越概率95%的要求。

3. 混凝土的抗拉强度

如前所述，混凝土的抗拉强度远低于其抗压强度，大约为轴心抗压强度的1/10～1/7左右，在钢筋混凝土轴心受拉、受弯构件及偏心受压构件设计时，一般不考虑构件即将破坏状态时中和轴以下混凝土承担的很小的那一部分拉力，只有在分析预应力混凝土结构截面内力，以及进行钢筋混凝土构件裂缝宽度和抗裂验算时才用到混凝土的抗拉强度设计值和标准值。

常用的混凝土轴心抗拉强度测定方法采用的是拔出试验，如图2-2（a）所示；另一种是用劈裂试验测定，如图2-2（b）所示。相比之下拔出试验更为简单易行，以下只介绍拔出试验。

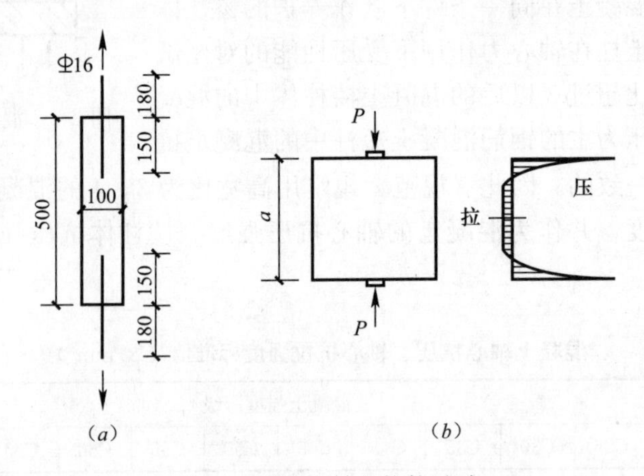

图2-2 混凝土轴心抗拉试验

拔出试验采用100mm×100mm×500mm的棱柱体试件，在试件两端轴心位置预埋Φ14或Φ16HRB335级钢筋，埋入深度约为150mm，在标准状况下养护28d龄期后，可测试其抗拉强度，测试的强度保证概率为95%的值即为该混凝土的轴心抗拉强度，用符号f_{tk}表示。

试验时，在试验机上用夹头夹住钢筋，给试件施加轴心拉力，测得试件中间部分素混凝土段被拉断时的拉力，就可算出混凝土的轴心抗拉强度。因为混凝土抗拉极限强度很低，试验对两端埋入的钢筋的对准程度很敏感，对试件尺寸要求比较严格，试验时务必注意这个因素的影响。

通过大量实验，找出了混凝土立方体抗压强度标准值和混凝土轴心抗拉强度之间的关系，大量试验结果用线性回归分析求出了二者之间的关系如式（2-2）所示。《规范》给定的混凝土轴心抗拉强度标准值见表2-1所列。

$$f_{tk}=0.88\times 0.395 f_{cu,k}^{0.55} \tag{2-2}$$

式中 f_{tk}——混凝土轴心抗拉强度标准值（N/mm^2）；

$f_{cu,k}$——混凝土立方体抗压强度标准值（N/mm^2）。

4. 混凝土的设计强度

《规范》给定的混凝土轴心抗压强度设计值、轴心抗拉强度设计值见表2-2所列。

混凝土轴心抗压、轴心抗拉强度设计值（N/mm²）　　**表 2-2**

强度	混凝土强度等级													
	C15	C20	C25	C30	C35	C40	C45	C50	C55	C60	C65	C70	C75	C80
f_c	7.2	9.6	11.9	14.3	16.7	19.1	21.1	23.1	25.3	27.5	29.7	31.8	33.8	35.9
f_t	0.91	1.10	1.27	1.43	1.57	1.71	1.80	1.89	1.96	2.04	2.09	2.14	2.18	2.22

二、混凝土的变形

如前所述，混凝土是由骨料和水泥石组成的一种不均匀的混合体，混凝土内部存在微裂缝、空隙等，在混凝土凝结硬化后的早期，水泥石中尚未转化为结晶体的凝胶体具有受力后产生比硬化后的水泥石变形要大的特性，由此造成了混凝土变形性能的复杂性。**混凝土的变形分为受力变形和体积变形两类，其中受力变形包括以下三种，即在试验室一次短期加荷时的变形、长期不变的荷载作用下的变形和重复荷载作用下的变形。体积变形包括混凝土的收缩和随温度变化发生的热胀冷缩。**工程中的混凝土构件大多考虑一次加荷时的受力破坏、重复荷载作用下的变形以及混凝土的徐变和收缩变形。

（一）混凝土在一次短期加荷时的变形性能

通过混凝土棱柱体受压应力-应变曲线，就能比较全面地反映混凝土在压力作用下强度和变形的性能，它也是分析和研究受压构件截面应力和应变随外荷载的增加不断变化的主要依据。

在图 2-3 所示的应力-应变曲线图中，我们就可以比较清楚地看到混凝土受力破坏过程中应力和应变的变化几个阶段的基本情况。

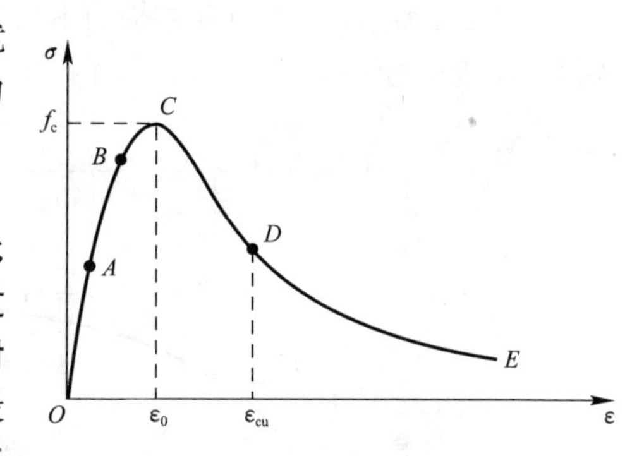

图 2-3　混凝土在一次短期加荷下受力破坏的应力-应变曲线

1. 第一阶段（*OA* 段）

在加荷初期，应力较小，应力和应变成正比关系，混凝土呈现较为理想的弹性性质，这个过程大致持续到混凝土极限强度 25%～30%左右时结束。这个阶段称为弹性阶段。如果在这一阶段卸掉荷载，试件截面应力和试件上产生的应变将恢复到零，这一阶段混凝土的变形是由材料的弹性性质决定的，内部的微裂缝基本没有增加。

2. 第二阶段（*AB* 段）

在加荷超过极限承载力 N_u 的 30%直到 N_u 的 80%的过程中，混凝土的塑性已越来越明显，应变增加的速度越来越快于应力增加的速度，曲线明显向水平轴（应变轴）靠近。这一阶段的变形包括卸载后可以立即恢复的弹性变形，和卸载后需要持续一段时间才能恢复的变形（称为弹性后效），以及卸载后残留在试件上不能恢复的变形（称为塑性变形），共三部分组成。这一阶段表现的性质称为弹塑性性质。这一阶段混凝土内部的微裂缝虽有所发展，但增加的数量不多、宽度增加和长度的延长并不明显。

3. 第三阶段（*BC* 段）

当试件受到的压力达到极限压力 N_u 的 80%以上直到试件最大承载力 N_u 这一阶段时，混凝土的塑性性质在第二阶段的基础上更加明显，混凝土内部微裂缝迅速增加和开展，应

变增长速度进一步加快，直至达到混凝土试件的最大承载力，这时试件截面的应力即为混凝土的轴心抗压强度。试验表明，此时混凝土达到的应变是 0.002。这阶段之前 *BC* 段称为上升段。

4. 第四阶段（*CD* 段）

达到最高应力后，混凝土内部的微裂缝就迅速增加和贯通，变形增加的同时试件的承载能力开始下降，这个过程应力的下降通常是先快后慢，试验机刚度较大时可以测得混凝土压碎时极限应变会达到 10%以上。

5. 第五阶段（*DE* 段）

这一阶段，混凝土内贯通裂缝数量已很多，宽度已很大，试验时试验机指针迅速回转，应变持续增加，直至达到混凝土的极限应变，最终混凝土被压碎。

（二）混凝土在长期不变荷载作用下的变形（徐变）

试验表明，钢筋混凝土梁在长期不变的荷载作用的初期会产生弹性变形，此后随着时间的延长挠度会不断增加，整个过程一般要持续两年以上。同样把混凝土棱柱体加压到某个应变值后维持荷载不变，随着时间的推移，棱柱体的应变同样会继续增加。因此可知，**构件在长期不变的荷载作用下，应变随时间的增长具有持续增长的特性，混凝土这种受力变形称为徐变。徐变对混凝土结构构件的变形和承载能力会产生明显的不利影响，在预应力混凝土构件中会造成预应力损失。因为，这些影响对结构构件的受力和变形是有危害的，因此，在设计和施工过程中要尽可能采取措施降低混凝土的徐变。**

如图 2-4 所示，试件在维持应力不变时，徐变的发展是先快后慢，通常前六个月会完成最终徐变量的 70%～80%，一年内完成 90%以上，其余会在后续的几年内逐步产生。

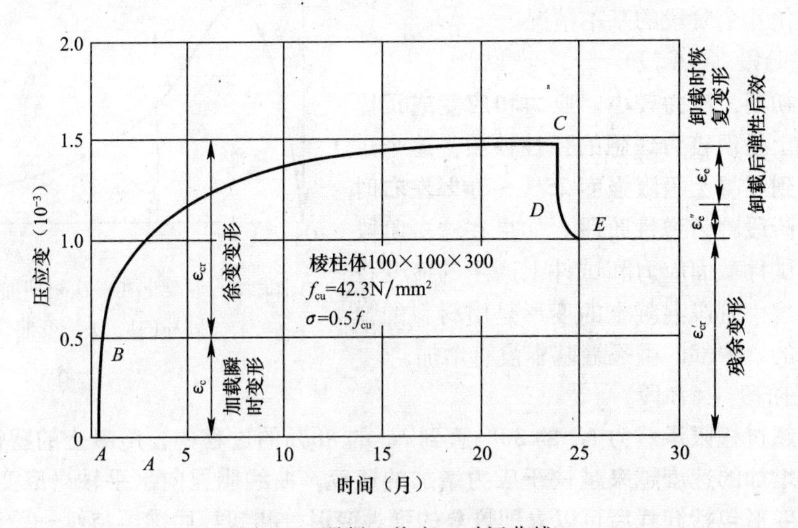

图 2-4　混凝土徐变—时间曲线

徐变产生的原因主要包括以下两个方面：

（1）混凝土内的水泥凝胶体在压应力作用下具有缓慢黏性流动的性质，这种黏性流动变形需要较长的时间才能逐渐完成。在这个变形过程中凝胶体会把它承受的压力转嫁给骨料，从而使黏流变形逐渐减弱直到结束。当卸去荷载后，骨料受到的压力会逐步回传给凝胶体，因此，一部分徐变变形能够恢复。

（2）当试件受到较高压应力作用时，混凝土内的微裂缝会不断增加和延长，助长了徐变的产生。试件受到的压应力越高，这种因素的影响在总徐变中占的比例就越高。

上述影响徐变产生的因素归纳起来有以下几点：

（1）混凝土内在的材性方面的影响：

1）水泥用量越多，凝胶体在混凝土内占的比例就越高，由于水泥凝胶体的黏弹性造成的徐变就越大；**降低这个因素引起的应变的措施是，在保证混凝土强度等级的前提下，严格控制水泥用量，不得超过设计规定的量值随意加大混凝土中水泥的用量。**

2）水灰比越高，混凝土凝结硬化后残留在其内部的工艺水就越多，由于工艺水的挥发和不断逸出产生的空隙就越多，徐变就会越大。**减少这个因素引起的徐变的措施是，在保证混凝土流动性的前提下，严格控制用水量，严格控制水灰比和尽可能减少多余的工艺水。**

3）骨料级配越好，徐变越小。骨料级配越好，骨料在混凝土体内占的体积越多，水泥凝胶体就越少，凝胶体向结晶体转化时体积的缩小量就少，压应力从凝胶体向骨料的内力转移就少，徐变就少。**减少这种因素引起的徐变的主要措施是选择级配良好的骨料。**

4）骨料的弹性模量越高，徐变越小。这是因为骨料越坚硬，在凝胶体向其转化内力时骨料的变形就小，徐变也就会减小。**减少这种因素引起的徐变的主要措施是选择坚硬的骨料。**

（2）混凝土养护和工作环境条件的影响：

1）混凝土制作养护和工作环境的温度正常、湿度高徐变小；反之，温度高、湿度低徐变大。在实际工程施工时混凝土养护时的环境温度一般难以调控，**在常温下充分保证湿度，徐变就会降低。**

2）体表比大，构件表面积相对越大，混凝土内部水分散发较快，混凝内部水泥颗粒早期的水解就受到影响，凝胶体的产生和向结晶体转化的过程就会延长，徐变就会加大。

3）**混凝土加荷龄期越长，其内部结晶体的量越多，凝结硬化越充分，徐变就越小。**

4）**构件截面受到长期不变应力作用时的压应力越大，徐变越大。**在压应力小于 $0.5f_c$ 范围内，压应力和徐变呈线性关系，这种徐变称为线性徐变；在（0.55～0.6）f_c 时，随时间延长，徐变和时间关系曲线是收敛曲线，即会朝某个固定值靠近，但收敛性随应力的增高越来越差。**当压应力超过 $0.8f_c$ 时，徐变与时间曲线就成为发散性曲线，徐变的增长最终将会导致混凝土压碎。**这是因为在较高应力作用下混凝土中的微裂缝已经处于不稳定状态。长期较高压应力的作用将促使这些微裂缝进一步发展，最终导致混凝土被压碎。这种情况下混凝土压碎时的压应力低于一次短期加荷时的轴心抗压强度。

由此可知，**徐变会降低混凝土的强度。**因为，加荷速度越慢，荷载作用下徐变发展的越充分，实际测出的混凝土抗压强度也就越低。这和前面所述的加荷速度越慢测出的混凝土强度越低是同一个物理现象的两种不同表现形式。

（三）混凝土的体积变形

混凝土的收缩和温度变形与外力是否作用无关，是体积变形。这两种变形如果控制不当，也会对结构构件的受力和变形产生较大影响。比如，收缩会引起两端约束的构件产生强制的收缩应力使构件表面开裂，收缩也会引起预应力结构预应力钢筋应力下降。混凝土收缩的结果会使结构产生附加拉应力和应变，严重的会引起构件开裂。在钢筋混凝土构件中，由于钢筋没有收缩的性质，混凝土的收缩就会受到钢筋的阻碍作用，钢筋内部就会出现压应力，而混凝土内就会出现强制的拉应力，当截面配筋率很大时，混凝土内的强制拉应力也就会很大，甚至会使混凝土受拉开裂。试验证明，收缩的产生，是早期发展快，后期发展慢，两年后基本趋于稳定。

1. 混凝土的收缩

混凝土在空气中凝结硬化的过程中，体积会随时间的推移不断缩小，这种现象称为混凝土的收缩。相反，在水中结硬的混凝土其体积会略有增加，这种现象称为混凝土的膨胀。

混凝土的收缩包括失去水分的干缩，它是在混凝土凝结硬化过程中内部水分散失引起的，一般认为这种收缩是可逆的，构件吸水后干缩绝大部分会恢复。混凝土体内由于水泥凝胶体转化为结晶体的过程造成的体积收缩叫做凝缩，这种收缩是不可逆的变化，凝胶体结硬变为结晶体时吸水后不会逆向还原为具有黏弹性的凝胶体。

影响混凝土干缩的因素包括以下几个方面：

(1) 水灰比越大，收缩越大。因此，**在保证混凝土和易性和流动性的情况下，尽可能降低水灰比。**

(2) 养护和使用环境的湿度大，温度较低时水分散失的少，收缩就越小。同等条件下，**加强对构件的养护，提高养护环境的湿度是降低收缩的有效措施。**

(3) 体表比大，构件表面积相对越大，水分散失就越快，收缩就大。

影响凝缩的因素包括以下几个方面：

(1) 水泥用量多收缩大、水泥强度高收缩大。这是由于混凝土内凝胶体份量多，转化成结晶体的体积多，收缩就大。因此，在保证混凝土强度等级的前提下，要严格控制水泥用量，选择强度等级合适的水泥。

(2) 骨料级配越好，密度就越大，混凝土的弹性模量就越高，对凝胶体的收缩就会起到制约作用，故收缩就小。混凝土配合比设计和骨料选用时，合理的级配对降低混凝土的收缩作用明显。

由以上分析可知，混凝土的收缩有些影响因素和混凝土徐变相似，但二者截然不同，**徐变是受力变形，而收缩是体积变形，收缩和外力无关，这是二者的根本性区别。**

2. 混凝土的温度变形

混凝土材料和其他工程材料一样，也具有热胀冷缩的特性，如前所述，它的线胀系数 $(1.0\sim1.5)\times10^{-5}/℃$。用这个值去衡量混凝土的收缩，最终收缩大致相当于温度降低15～30℃时的变化。相对于自由状态的混凝土构件，两端约束的混凝土在温度降低时的自由收缩被限制，假设温度下降 t℃，自由状态的构件产生的温度应变为 ε，则两端约束的构件内就会产生 $\varepsilon\times E_c$ 的拉应力，当这个值超过混凝土的极限抗拉强度时，构件截面的混凝土就会被拉断。同理，钢筋混凝土结构房屋中的构件，如果它的温度变形受到约束，温度变形产生的内应力和应变得不到很好的平衡与转移，同样会造成该构件不规则的开裂。因此，钢筋混凝土结构房屋在超过《规范》规定的长度限值时，必须设置收缩缝。

三、混凝土的弹性模量和变形模量

1. 混凝土的弹性模量

弹性模量是反映工程材料在弹性限度范围内抵抗外力作用时变形能力大小的力学指标，即在弹性限度内工程材料受到外力作用时产生单位应变时需要在其截面施加的应力。在验算结构构件变形、梁的挠度和裂缝宽度、计算预应力混凝土结构截面有效预应力时必须用到混凝土的弹性模量。

《规范》采用棱柱体试件，将其加荷至应力为0.4f（对高强度混凝土为0.5f）然后卸荷使试件截面的应力降为零，这样重复5到10次，如图2-5（*a*）所示，直至应力-应变曲线逐渐稳定，并成为一条稳定曲线；简化后的应力-应变曲线如图2-5（*b*）所示，该直线与水平轴夹角的正切值即为混凝土的弹性模量。

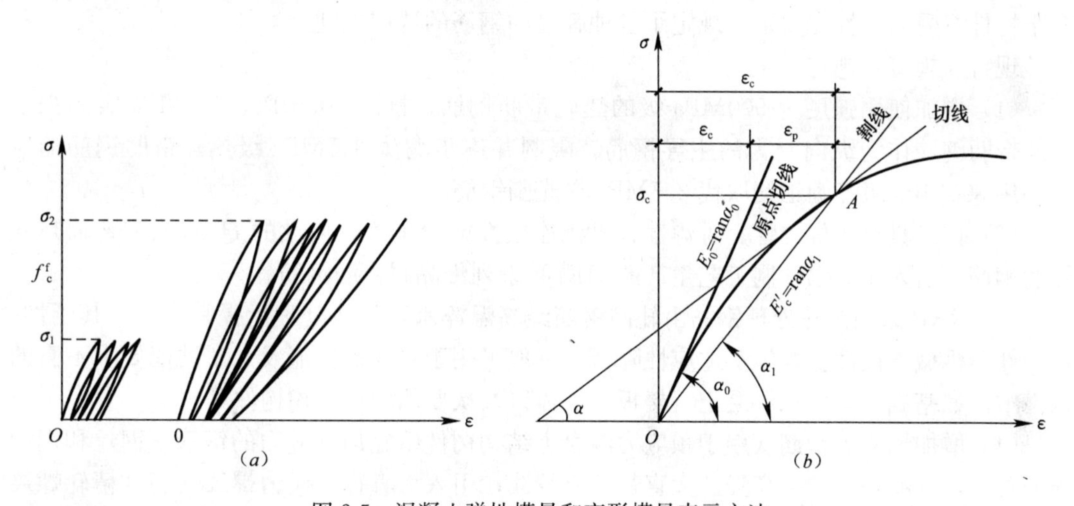

图2-5 混凝土弹性模量和变形模量表示方法

经试验和统计回归分析，混凝土弹性模量的计算公式为：

$$E_c = \frac{10^5}{2.2 + \dfrac{34.74}{f_{cu}}} \tag{2-3}$$

根据式（2-3）求得不同强度等级的混凝土的弹性模量见表2-3。混凝土的剪变模量取为$G=0.4E_c$。

混凝土弹性模量 E_c（$\times 10^4 \text{N/mm}^2$） **表2-3**

强度等级	C15	C20	C25	C30	C35	C40	C45	C50	C55	C60	C65	C70	C75	C80
E_c	2.20	2.55	2.80	3.00	3.15	3.25	3.35	3.45	3.55	3.60	3.65	3.70	3.75	3.80

2. 混凝土的变形模量

如前所述，混凝土试验时受到的压应力超过其轴心抗压强度设计值的0.3倍后，便会有一定的塑性性质表现出来，超过轴心抗压强度设计值0.5倍时，弹性模量已不能反映此时的应力和应变之间的关系。为了研究混凝土受力变形的实际情况，提出了变形模量的概念。变形模量是指从应力-应变曲线的坐标原点和过曲线上压应力大于0.5倍的任意一点C

所作的割线的斜效率，也叫做割线模量，用 E_c' 表示。《混凝土结构设计规范》规定 $E_c' = 0.5E_c$。

第二节　钢筋的种类及其力学性能

一、建筑钢筋的种类及选用

人们期望任何工程材料都具有强度高、塑性好，便于加工的性质，钢筋也不例外。

（一）钢筋的种类调整

根据国家钢筋产品标准的修订，提倡应用高强、高性能钢筋。不再限制钢筋材料的化学成分和制作工艺，而按性能确定钢筋的牌号和强度级别，并以相应的符号表达。根据混凝土构件对受力的性能要求，规定了各种牌号的钢筋的选用原则。

现行《规范》规定：

（1）增加使用强度为 500MPa 级的热轧带肋钢筋；推广 400MPa、500MPa 级高强度热轧带肋钢筋作为纵向受力的主导钢筋，限制并逐步淘汰 335MPa 级热轧带肋钢筋的应用；用 300MPa 级光圆钢筋取代 235MPa 级光圆钢筋。

（2）推广具有较好延性、可焊性、机械连接性能及施工适应性的 HRB 系列普通热轧带肋钢筋。引入用控温轧制工艺生产的 HRBF 系列细晶粒带肋钢筋。

（3）RRB 系列余热处理钢筋由轧制钢筋经高温淬水，余热处理后提高强度。其延性、可焊性、机械连接性能及施工适应性降低，一般可用于对变形性能及加工性能要求不高的构件中，如基础、大体积混凝土、楼板、墙体以及次要的中小结构构件等。

（4）增加预应力钢筋（用于预应力混凝土结构构件中施加预应力的钢筋、钢丝和钢绞线的总称）的品种：增补高强、大直径的钢绞线；引入大直径预应力螺纹钢筋（精轧螺纹钢筋）；列入中强度预应力钢丝以补充中等强度预应力钢筋的空缺，用于中、小跨度的预应力构件；淘汰锚固性能很差的刻痕钢丝。

（5）高强度钢筋当用于约束混凝土的间接钢筋（如连续螺旋配箍或封闭焊接箍）时其强度可以得到充分发挥，采用 500MPa 级热轧带肋高强度钢筋具有一定的经济效益。箍筋用于抗剪、抗扭及抗冲切设计时，其抗拉强度设计值受到限制，不宜采用强度高于 400MPa 级热轧带肋高强度钢筋，即 $f_y \leqslant 360\text{N/mm}^2$。

（6）近年来，我国强度高、性能好的预应力钢筋（钢丝、钢绞线）已可充分供应，故冷加工钢筋在现行《规范》中不再列入。

（二）混凝土结构中钢筋的选用

《规范》规定，混凝土结构和预应力混凝土结构中使用的钢筋如下：

（1）纵向受力普通钢筋宜采用 HRB400、HRB500、HRBF400、HRBF500 钢筋，也可采用 HPB300、HRB335、HRBF335、RRB400 钢筋。

（2）梁、柱纵向受力普通钢筋应采用 HRB400、HRB500、HRBF400、HRBF500 钢筋。

（3）箍筋宜采用 HRB400、HRBF400、HPB300、HRB500、HRBF500 钢筋，也可采用 HRB335、HRBF335 钢筋。

（4）预应力筋宜采用预应力钢丝、钢绞线和预应力螺纹钢筋。

（三）钢筋的形式、公称截面面积及重量

1. 钢筋的形式

HPB300 级钢筋外形轧制成光面，俗称光圆钢筋或圆钢筋，用符号Φ表示。HRB 系列为普通热轧带肋钢筋，HRB335 级钢筋用符号Φ表示，HRBF335 级钢筋用符号$Φ^F$ 表示；HRB400 级钢筋，用符号Φ表示；HRBF400 级钢筋，用符号$Φ^F$ 表示；RRB400 级余热处理钢筋用符号$Φ^R$ 表示，轧制成螺纹钢；HRB500 级钢筋，用符号Φ表示；HRBF500 级钢筋，用符号$Φ^F$ 表示，轧制成月牙纹、人字纹或螺纹钢筋，如图 2-6 所示。

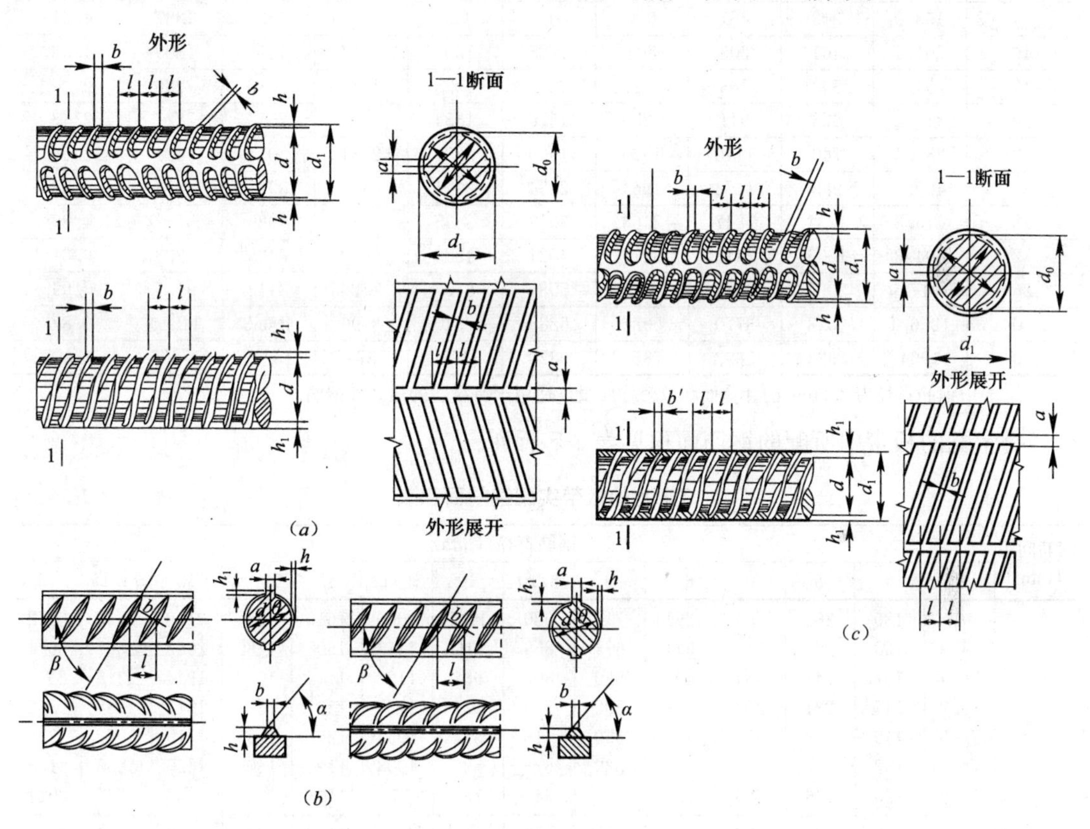

图 2-6　热轧带肋钢筋的形式

2. 钢筋的公称截面面积及重量

根据国家现行的钢筋产品标准，钢筋的供货直径，在 6～22mm 按 2mm 增加，还有 25mm 的钢筋，28mm 以上按 4mm 增加到 40mm，最粗的钢筋直径可达 50mm。

各种直径钢筋的横截面积和每米长的理论质量见表 2-4 所列。

钢筋的公称截面面积及重量表　　　　**表 2-4**

直径 d (mm)	不同根数钢筋的计算截面面积（mm^2）									理论质量 (kg/m)
	1	2	3	4	5	6	7	8	9	
3	7.1	14.1	21.2	28.3	35.3	42.4	49.5	56.5	63.9	0.055
4	12.6	25.1	37.7	50.2	62.8	75.4	87.9	100.5	113	0.099
5	19.6	39	59	79	98	118	138	157	177	0.154
6	28.3	57	86	113	142	170	198	226	255	0.222

续表

直径 d (mm)	不同根数钢筋的计算截面面积（mm²）									理论质量 (kg/m)
	1	2	3	4	5	6	7	8	9	
6.5	33.2	66	100	136	166	199	231	265	299	0.260
8	50.3	101	151	201	251	302	352	401	453	0.395
8.2	52.8	106	158	211	264	317	370	423	475	0.432
10	78.5	157	236	314	393	471	550	638	707	0.617
12	113.1	226	339	462	565	678	791	904	1017	0.888
14	153.9	308	461	615	769	923	1077	1230	1387	1.21
16	201.1	401	603	804	1005	1206	1407	1608	1809	1.58
18	254.5	509	763	1017	1272	1525	1780	2036	2290	2.00
20	314.2	628	941	1256	1570	1884	2200	2513	2827	2.47
22	380.1	760	1140	1520	1900	2281	2661	3041	3421	2.98
25	490.9	982	1473	1964	2454	2945	3436	3927	4418	3.85
28	615.3	1232	1847	2463	3079	3695	4310	4926	5542	4.83
32	804.3	1609	2418	3217	4021	4826	5630	6434	7238	6.31
36	1017.9	2036	3054	4072	5089	6107	7125	8143	9161	7.99
40	1256.1	2513	3770	5027	6283	7540	8796	10053	11310	9.87
50	1964	3928	5892	7856	9820	11784	13748	15712	17676	15.42

注：表中钢筋直径为 8.2mm 的计算面积及公称质量仅适用于有纵肋的热处理钢筋。

每米宽的板带中所配的钢筋面积见表 2-5 所列。

每米宽的板带实配钢筋面积表 **表 2-5**

钢筋间距 (mm)	钢筋直径（mm）													
	3	4	5	6	6/8	8	8/10	10	10/12	12	12/14	14	14/16	16
70	101	180	280	404	561	719	920	1121	1360	1616	1907	2199	2536	2872
75	94.3	168	262	377	524	671	859	1047	1277	1508	1780	2052	2367	2681
80	88.4	157	245	354	491	629	805	981	1198	1414	1669	1924	2218	2513
85	83.2	148	231	233	462	592	759	924	1127	1331	1571	1811	2088	2365
90	78.5	140	218	314	437	559	716	872	1064	1257	1483	1710	1972	2234
95	74.5	132	207	298	414	529	678	826	1008	1190	1405	1620	1868	2116
100	70.6	126	196	283	393	503	644	785	958	1131	1335	1539	1775	2011
110	64.2	114	178	257	357	457	585	714	871	1028	1214	1399	1614	1828
120	58.9	105	163	236	327	419	537	654	798	942	1113	1283	1480	1676
130	54.4	96.6	151	218	302	387	495	604	737	870	1027	1184	1366	1547
140	50.5	89.7	140	202	281	359	460	561	684	808	954	1099	1268	1436
150	47.1	83.8	131	189	262	335	429	523	639	754	890	1026	1183	1340
160	44.1	78.5	123	177	246	314	403	491	599	707	834	962	11110	1257
170	41.5	73.9	115	166	231	296	379	462	564	665	785	905	1044	1183
180	39.2	69.8	109	157	218	279	358	436	532	628	742	855	985	1117
190	37.2	66.1	103	149	207	265	339	413	504	595	703	810	934	1058
200	35.3	62.8	98.2	141	196	251	322	393	479	565	668	770	888	1005
220	32.1	57.1	89.2	129	179	229	293	357	463	514	607	700	807	914
240	29.4	52.4	81.8	118	164	210	268	327	399	471	556	641	740	838
250	28.3	50.3	78.5	113	157	201	258	314	383	452	534	616	710	838
260	27.2	48.3	75.5	109	151	193	248	302	369	435	513	592	682	773
280	25.2	44.9	70.1	101	140	180	230	280	342	404	477	550	634	718
300	23.6	41.9	65.5	94.2	131	168	215	262	319	377	445	513	592	670
320	22.1	39.3	61.4	88.4	123	157	201	245	299	353	417	481	554	628

二、钢筋的力学性能

（一）中等强度等级钢筋的应力-应变曲线

图 2-7（*a*）是 HPB300 级强度的热轧光圆钢筋的应力-应变曲线。从图中可以清楚地看到这类钢筋的拉伸试验有明显的几个阶段。

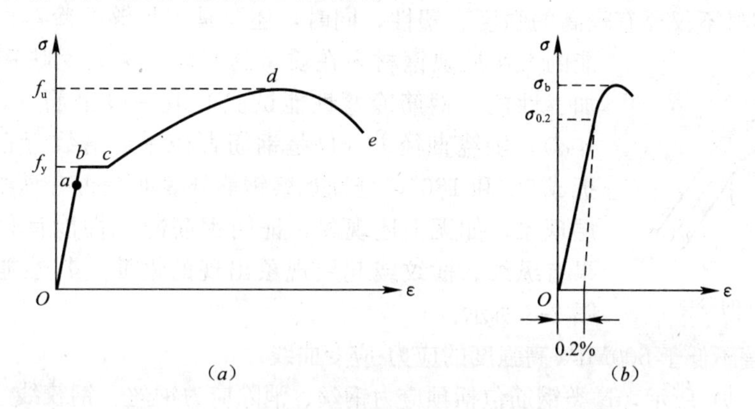

图 2-7　钢筋拉伸时的应力-应变

1. 弹性阶段

从应力-应变曲线图坐标原点 O 到曲线上的 a 点，应力和应变成正比例，施加拉力钢筋会自动伸长，卸掉拉力钢筋回缩至受拉前的状态，钢筋的这种性质成为弹性，这个阶段叫做弹性阶段，a 点对应的应力值叫做钢筋的弹性极限，也可叫做比例极限。这一阶段应力和应变的比值是一个常数，我们定义这个常数为钢筋的弹性模量，用 E_s 表示。从应力-应变曲线上的 a 点到 b 点，应变增加的速度略微高于应力增加的速度，曲线的斜率有所下降，但依然处在弹性阶段，即应力卸掉应变能够完全恢复，这一段也是钢筋受力的弹性阶段。

2. 屈服阶段

从曲线图上的 b 点到 c 点，钢筋应力和应变抖动变化，应力总体上不超过 b 点的值，这一阶段形象地叫做屈服平台，在屈服段钢材产生塑性流动，所以这一阶段称为屈服阶段，屈服段应变增加的幅度称为流幅。钢筋受力到这一阶段后，钢筋应变已经较大，用于钢筋混凝土结构中构件的裂缝已比较宽，实际上已不能满足实用要求。为了使结构具有足够的安全性，规范规定取屈服点偏低点的对应的应力值为屈服强度。试验用的 HPB300 级钢筋的屈服强度经实测为 300N/mm^2。

3. 强化阶段

曲线图上从 c 点到 d 点，达到屈服后由于钢筋内部晶体元素之间的排列结构产生了明显的重新排列，阻碍塑性流动的能力开始增强，强度伴随应变的增加在不断提高，钢筋材质已开始明显变脆，这一阶段的最高应力叫做钢筋的极限强度。钢筋屈服强度和它的极限强度的比值叫做屈强比。屈强比是反映钢筋力学性能的一个重要指标。屈强比越大，表明钢筋用于混凝土结构中，在所受应力超过屈服强度时，仍然有比较高的强度储备，结构安全性较高；但屈强比小，钢筋的利用率低。如果屈强比太大，说明钢筋利用率太高，用于结构时安全储备太小。

4. 颈缩断裂

曲线图上从 d 点到 e 点，应力到达最高点时钢筋的应变已比较大，随着应变的加大，试件的横截面上的薄弱部位直径显著变小，这个现象人们形象比喻为颈缩，最终在 e 点时达到极限应变发生断裂。

（二）钢筋的冷弯性能

结构用钢材不仅要有较高的强度、塑性，同时，还要具有足够的冷弯性能。冷弯性能的大小反映钢材内在质量的好坏，也能反映钢材的塑性和加工性能。钢筋冷弯性能试验时取一段钢筋（标距为 $5d$ 或 $10d$），围绕直径 D（D 是钢筋直径一定倍数弯心）将钢筋弯折成 90°和 180°，分别观察钢筋外表面是否有纵纹、横纹或起层现象，如无上述现象，证明钢筋冷弯性能良好，反之，如果有纵纹、横纹或起层现象出现的钢筋，其性能就越差，如图 2-8 所示。

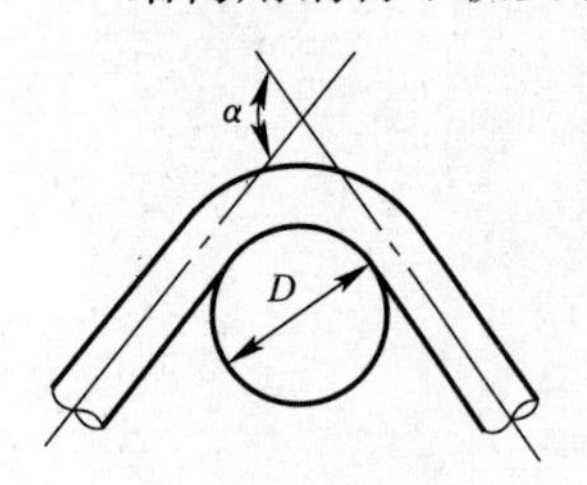

图 2-8　钢筋的冷弯

（三）强度不低于 500MPa 高强度的应力-应变曲线

如图 2-7（b）所示，这类钢筋包括预应力钢丝、消除应力钢丝、钢绞线、预应力螺纹钢筋。它们的共同特征是强度高、塑性差，没有中等强度钢筋那样的明显屈服点和屈服阶段，也没有强化阶段和颈缩断裂阶段。这种高强度的硬钢受力破坏时没有明显征兆，具有突然性，属于脆性破坏。

在钢筋混凝土结构设计中，对具有明显屈服点的中等强度钢筋，取屈服点作为钢筋强度限值。这是因为构件内的钢筋应力达到屈服点后将会产生很大的塑性变形，即使构件卸载，塑性变形也不可能复原。这样就会使结构构件出现很大的变形和不可闭合的裂缝，导致结构不能正常使用。

对于没有明显屈服点的钢筋，为了使结构使用这种钢筋后具有一定的安全储备，《规范》规定以冷拉试验时钢筋产生塑性残余应变为 0.2%时的应力为“条件屈服强度”，这个值大致等于极限强度的 85%，即 $\sigma_{0.2}=0.85\sigma_b$ 条件屈服强度的取值如图 2-7（b）所示。

（四）钢筋的强度

1. 标准强度取值

为了保证钢材质量，现行国家标准《工程结构可靠度设计统一标准》GB 50153—2008（以下简称为《结构可靠性标准》）规定，钢筋强度标准值取比其统计平均值偏低的具有不小于 95%保证概率的值。即产品出厂前要进行抽样检验，检查的标准为废品限值。废品限值是根据钢筋屈服强度的统计资料，既考虑了使用钢材的可靠性，又考虑了钢厂的经济核算而制定的一个标准。这个标准相当于钢材的屈服强度减去 1.645 倍的均方差，即

$$f_{yk}=\mu f_{yk}-1.645\sigma_{f_{yk}} \tag{2-4}$$

式中　f_{yk}——钢筋废品限值；

μf_{yk}——钢筋屈服强度平均值；

$\sigma_{f yk}$——钢筋屈服强度标准差。

通过抽样试验，当某批次钢材的实测屈服强度低于废品限值时即认为该批次钢筋不合格，为废品，不得按合格品出厂。例如，对于直径小于 25mm 的 HRB400 级钢筋废品限值为 400N/mm² 等。

通过校核，现行光圆钢筋、热轧带肋钢筋、预应力钢丝、消除应力钢丝、钢绞线和预应力螺纹钢筋等混凝土结构用的钢筋现行国家标准规定钢筋强度标准值能满足不小于95%的保证概率。

《规范》沿用传统规定，以各种钢材的国家标准规定的强度标准值作为强度标准值。钢筋的强度设计值等于其强度标准值除以大于1的钢筋材料分项系数所得的值。各类钢筋的强度标准值见表2-6，预应力钢筋的强度标准值见表2-7。

普通钢筋强度标准值（N/mm^2） **表2-6**

<table>
<tr><th>牌　号</th><th>符　号</th><th>公称直径
d（mm）</th><th>屈服强度标准值
f_{yk}</th><th>极限强度标准值
f_{stk}</th></tr>
<tr><td>HPB300</td><td>Φ</td><td>6～22</td><td>300</td><td>420</td></tr>
<tr><td>HRB335
HRBF335</td><td>Φ
Φ^{F}</td><td>6～50</td><td>335</td><td>455</td></tr>
<tr><td>HRB400
HRBF400
RRB400</td><td>Φ
Φ^{F}
Φ^{R}</td><td>6～50</td><td>400</td><td>540</td></tr>
<tr><td>HRB500
HRBF500</td><td>Φ
Φ^{F}</td><td>6～50</td><td>500</td><td>630</td></tr>
</table>

预应力钢筋强度标准值（N/mm^2） **表2-7**

<table>
<tr><th colspan="2">种　类</th><th>符　号</th><th>公称直径
d（mm）</th><th>屈服强度标准值
f_{pyk}</th><th>极限强度标准值
f_{ptk}</th></tr>
<tr><td rowspan="3">中强度预应力钢丝</td><td rowspan="3">光面
螺旋肋</td><td rowspan="3">Φ^{PM}
Φ^{HM}</td><td rowspan="3">5、7、9</td><td>620</td><td>800</td></tr>
<tr><td>780</td><td>970</td></tr>
<tr><td>980</td><td>1270</td></tr>
<tr><td rowspan="3">预应力螺纹钢筋</td><td rowspan="3">螺纹</td><td rowspan="3">Φ^{T}</td><td rowspan="3">12、25、32、40、50</td><td>785</td><td>980</td></tr>
<tr><td>930</td><td>1080</td></tr>
<tr><td>1080</td><td>1230</td></tr>
<tr><td rowspan="5">消除应力钢丝</td><td rowspan="5">光面
螺旋肋</td><td rowspan="5">Φ^{P}
Φ^{H}</td><td rowspan="2">5</td><td>—</td><td>1570</td></tr>
<tr><td>—</td><td>1860</td></tr>
<tr><td>7</td><td>—</td><td>1570</td></tr>
<tr><td rowspan="2">9</td><td>—</td><td>1470</td></tr>
<tr><td>—</td><td>1570</td></tr>
<tr><td rowspan="7">钢绞线</td><td rowspan="3">1×3
（三股）</td><td rowspan="7">Φ^{S}</td><td rowspan="3">8.6、10.8、12.9</td><td>—</td><td>1570</td></tr>
<tr><td>—</td><td>1860</td></tr>
<tr><td>—</td><td>1960</td></tr>
<tr><td rowspan="4">1×7
（七股）</td><td rowspan="3">9.5、12.7、15.2、17.8</td><td>—</td><td>1720</td></tr>
<tr><td>—</td><td>1860</td></tr>
<tr><td>—</td><td>1960</td></tr>
<tr><td>21.6</td><td>—</td><td>1860</td></tr>
</table>

注：极限强度标准值为1960N/mm的钢绞线作后张预应力钢筋时，应有可靠的工程经验。

2. 强度设计值

普通钢筋强度设计值见表2-8。

普通钢筋强度设计值（N/mm²）　　**表 2-8**

符　号	抗拉强度设计值 f_y	抗压强度设计值 f'_y
HPB300	270	270
HRB335、HRBF335	300	300
HRB400、HRBF400、RRB400	360	360
HRB500、HRBF500	435	410

预应力钢筋强度设计值见表 2-9。

预应力筋强度设计值（N/mm²）　　**表 2-9**

种　类	极限强度标准值 f_{ptk}	抗拉强度设计值 f_{py}	抗压强度设计值 f'_{py}
中强度预应力钢丝	800	510	410
	970	650	
	1270	810	
消除预应力钢丝	1470	1040	410
	1570	1110	
	1860	1320	
钢绞线	1570	1110	390
	1720	1220	
	1860	1320	
	1960	1390	
预应力螺纹钢筋	980	650	410
	1080	770	
	1230	900	

注：当预应力筋的强度标准值不符合表 2-7 的规定时，其强度设计值应进行相应的比例换算。

当进行钢筋代换时，除应符合设计要求的构件承载力、最大力下的总伸长率、裂缝宽度验算以及抗震设计规定外，还应满足最小配筋率、钢筋间距、保护层厚度、钢筋锚固长度、接头面积百分率及搭接长度要求。

三、钢筋的弹性模量

钢筋的弹性模量 E_s 是取其应力-应变曲线的比例极限之前曲线的斜率值，它主要用于构件变形和预应力混凝土结构截面应力分析与验算，它的单位是 N/mm²。各类钢筋的弹性模量，按表 2-10 采用。

钢筋弹性模量 E_s（N/mm²）　　**表 2-10**

种　类	弹性模量 E_s
HPB300 钢筋	2.1×10^5
HRB335、HRB400、HRB500 钢筋 HRBF335、HRBF400、HRBF500 钢筋 RRB400 钢筋 预应力螺旋钢筋	2.0×10^5
消除应力钢丝、中强度预应力钢丝	2.05×10^5
钢绞线	1.95×10^5

注：必要时可采用实测的弹性模量。

四、钢筋的延性

钢筋的延性大小决定了结构构件的变形能力的好坏，在地震作用、剧烈爆炸、强烈撞击等偶然事件发生后，对结构构件变形耗能机制的完善，对防止结构连片整体倒塌具有重要意义。

现行规范将最大力下总伸长率 δ_{gt} 作为控制钢筋伸长率的指标，它反映了钢筋拉断前达到最大力（极限强度）时的均匀应变，故又称为均匀伸长率。各种钢筋的最大伸长率可按表 2-11 采用。

普通钢筋及预应力钢筋在最大力下的总伸长率限值　　表 2-11

钢筋品种	普通钢筋			预应力钢筋
	HPB300	HRB335、HRBF335、HRB400、HRBF400、HRB500、HRBF500	RRB500	
δ_{gt}（%）	10.0	7.5	5.0	3.5

第三节　钢筋与混凝土的粘结及锚固长度确定

钢筋和混凝土之间的粘结作用，是保证这两种性质完全不同的材料共同工作的前提条件之一。这是因为当钢筋混凝土构件受外力作用后，构件中的钢筋和混凝土之间就有产生相对滑移的趋势，就会在钢筋和混凝土接触表面产生剪应力，当这种剪应力超过二者之间的粘结强度时，钢筋和混凝土之间将发生滑移，导致构件发生破坏。工程实践中这类破坏的情况并不鲜见，如梁端支座内钢筋锚固长度不满足要求，梁受力后钢筋从梁的支座内拔出后导致结构破坏；还如构件中钢筋搭接处搭接长度不够，内力传递效果差，产生钢筋滑移导致构件开裂破坏等。因此，钢筋和混凝土之间具有足够的粘结力是保证钢筋和混凝土二者粘结在一起共同工作的基础。

一、钢筋和混凝土之间的粘结力

1. 粘结力的组成

试验证明，粘结力由以下几部分组成：

（1）混凝土内水泥颗粒水解过程中产生的水泥凝胶体对钢筋表面的粘结作用，它大致占总粘结力的 10%左右。

（2）水泥凝胶体转化为结晶体的过程中产生的凝缩作用，在钢筋和混凝土接触的表面产生了收缩压应力（俗称握裹力），当构件受力后发生变形时，钢筋和混凝土二者之间有相对滑移的趋势，此时由于握裹力的存在会在钢筋表面引起被动摩擦力，它大约占总粘结力的 15%～20%左右。

（3）钢筋表面凸凹不平与混凝土之间的机械咬合力。这种作用提供的粘结力大约占全部粘结力的 70%左右。由此可知，变形钢筋和混凝土之间的粘结作用要比光面钢筋和混凝土之间产生的粘结作用大许多。

2. 粘结应力的分布及应用

通常情况下，粘结剪应力的分布是两头小中间大，粘结剪应力的计算通常是取其平均值。当粘结剪应力不超过粘结强度时构件不会发生粘结破坏。钢筋和混凝土之间的粘结强度实际是钢筋和混凝土处于极限平衡状态时两者之间的剪应力。根据多次反复试验在测得混凝土和钢筋之间的粘结强度后，就可以计算出钢筋从混凝土中不能拔出的长度，即基本锚固长度。

二、基本锚固长度

1. 基本锚固长度的概念

钢筋在混凝土内锚入长度不满足要求时，构件受力后钢筋会因为发生黏结力不足而破坏。但是，如果钢筋锚入混凝土内的长度太长，二者之间的黏结剪应力远小于其黏结强度，钢筋会因为锚入太长造成浪费。**结构设计时要确保钢筋在混凝土内具有一个合理的锚入长度，做到既能保证构件受力后钢筋和混凝土之间不发生黏结破坏，也不会造成浪费，这就需要用这样一个特定的锚入长度，我们把这个长度叫做钢筋在混凝土内的基本锚固长度。**

2. 基本锚固长度的确定

《规范》规定，要求按钢筋从混凝土中拔出时正好钢筋达到它的抗拉强度设计值这一特定状态作为确定锚固长度的依据，这种状态下计算得到受拉钢筋的锚固长度应符合下列要求：

（1）基本锚固长度

1）普通钢筋

$$l_{ab} = \alpha \frac{f_y}{f_t} d \tag{2-5}$$

2）预应力钢筋

$$l_{ab} = \alpha \frac{f_{py}}{f_t} d \tag{2-6}$$

式中 l_{ab}——受拉钢筋的基本锚固长度；

d——钢筋公称直径（mm）；

f_y、f_{py}——普通钢筋、预应力筋的抗拉强度设计值；

f_t——混凝土轴心抗拉强度设计值；

α——锚固钢筋外形系数，按表 2-12 取值。

锚固钢筋的外形系数 α **表 2-12**

钢筋类型	光圆钢筋	带肋钢筋	螺旋肋钢丝	三股钢绞线	七股钢绞线
α	0.16	0.14	0.13	0.16	0.17

注：光圆钢筋末端应设 180°弯钩，弯后平直段长度不应小于 $3d$，但作为受压钢筋时可不做弯钩。

依据公式（2-5）计算，并按四舍五入的方法确定的纵向受力钢筋的基本锚固长度见表 2-13。

基本锚固长度 l_{ab}（mm）　　表 2-13

钢筋种类		混凝土强度等级								
		C20	C25	C30	C35	C40	C45	C50	C55	C60
HPB300	普通钢筋	40*d*	34*d*	30*d*	28*d*	25*d*	24*d*	23*d*	22*d*	21*d*
HRB335 HRBF335	普通钢筋	38*d*	33*d*	29*d*	27*d*	25*d*	23*d*	22*d*	22*d*	21*d*
	环氧树脂涂层钢筋	48*d*	41*d*	36*d*	34*d*	31*d*	29*d*	28*d*	27*d*	26*d*
HRB400 HRBF400 RRB400	普通钢筋	46*d*	40*d*	35*d*	32*d*	30*d*	28*d*	27*d*	26*d*	25*d*
	环氧树脂涂层钢筋	58*d*	50*d*	44*d*	40*d*	38*d*	35*d*	34*d*	33*d*	32*d*
HRB500 HRBF500	普通钢筋	55*d*	50*d*	43*d*	39*d*	36*d*	34*d*	32*d*	31*d*	30*d*
	环氧树脂涂层钢筋	69*d*	63*d*	54*d*	49*d*	45*d*	42*d*	40*d*	39*d*	38*d*

注：1. 表中的 d 代表钢筋的公称直径；
2. 环氧树脂涂层钢筋取值考虑了 1.25 倍的 ζ_a 系数，按式（2-7）计算 l_a 时不需重复考虑；
3. 本表取值适用于带肋钢筋的公称直径不大于 25mm 的情况。

（2）受拉锚固长度

受拉钢筋的锚固长度应根据锚固条件按式（2-7）计算，且不应小于 200mm。

$$l_a = \zeta_a l_{ab} \tag{2-7}$$

式中 l_a——受拉钢筋的锚固长度；

ζ_a——锚固长度修正系数，它的取值应遵守下列规定：在下列逐项要求中，当多于一项时，可按连乘计算，但不应小于 0.6。

3. 锚固长度调整

按式（2-5）计算所得的是纵向受力钢筋的基本锚固长度，构件在不同的受力状况下，需要采用满足不同要求的锚固长度。各种不同锚固长度是以基本锚固长度 l_{ab} 为依据，根据式（2-7）计算 l_a 时应乘以受拉普通钢筋的锚固长度修正系数，ζ_a 按下列规定取值：

（1）当采用 HRB335、HRB400 和 RRB400 级钢筋的直径大于 25mm 时，考虑到这种大直径的带肋钢筋的相对肋高减少（肋和钢筋自己的直径比较），实用时需要乘以 1.1 的系数放大。

（2）涂有环氧树脂涂层的 HRB335、HRB400 和 RRB400 级钢筋，其涂层对锚固不利，应对表 2-13 中所列的普通钢筋的基本锚固长度 l_{ab} 乘以 1.25 的修正系数放大，得到表 2-13 中环氧树脂涂层钢筋的受拉锚固长度 l_a。

（3）对于用滑模施工时，当锚固钢筋在施工时易受扰动的构件，应乘以 1.1 的放大系数。

（4）当采用 HRB335、HRB400 和 RRB400 级钢筋的锚固区混凝土保护层大于钢筋直径的 3 倍且配有箍筋时，握裹作用加强，锚固长度可适当减少，应乘以修正系数 0.8 予以缩小。

（5）当采用 HRB335、HRB400 和 RRB400 级钢筋末端采用机械锚固措施时，锚固长度（包括附加锚固端头在内的总水平投影长度）可乘以修正系数 0.7。采用机械锚固措施时，锚固长度范围内的箍筋不少于 3 个，其直径不小于纵向受力钢筋直径的 0.25 倍，其间距不大于纵筋直径的 5 倍。当纵筋的混凝土保护层厚度小于其公称直径 5 倍时，可不配置上述钢筋，如图 2-9 所示。

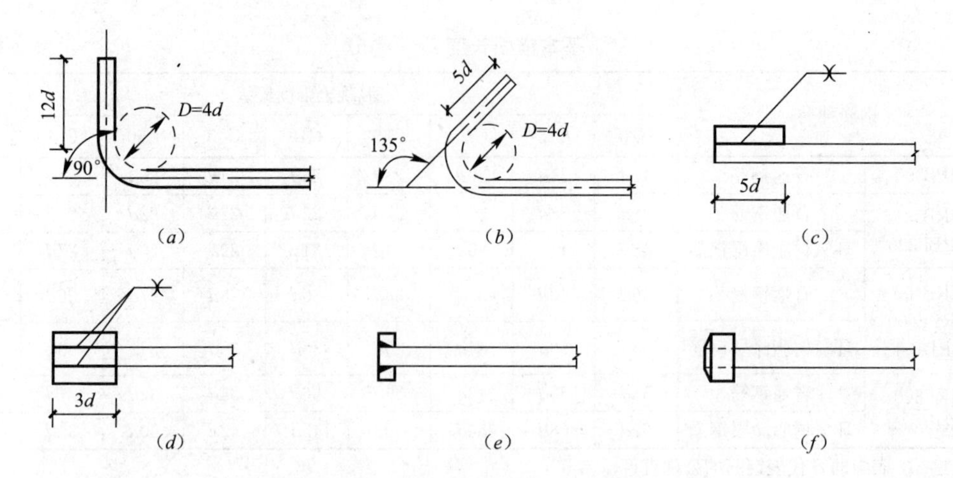

图 2-9 弯钩和机械锚固的形式及技术要求

(a) 90°弯钩；(b) 135°弯钩；(c) 一侧贴焊锚筋；(d) 两侧贴焊锚筋；(e) 穿孔塞焊锚板；(f) 螺栓锚头

(6) 当计算时充分利用了受压钢筋的强度时，其锚固长度不应小于按式 (2-5) 计算的基本锚固长度的 0.7 倍。

(7) 对于承受重复荷载作用的预应力混凝土预制构件，应将纵向非预应力受拉钢筋末端焊接在钢板或角钢上，钢板和角钢应可靠锚固在混凝土中，钢板和角钢的尺寸应按计算确定，其厚度不应小于 10mm，详见图 5-18 所示。

(8) 当锚固钢筋的保护层厚度不大于 $5d$ 时，锚固长度范围内应配置横向构造钢筋，其直径不应小于 $d/4$；对梁、柱、斜撑等构件间距不应低于 $5d$，对板、墙等平面构件间距不应大于 $10d$，且不应大于 100mm，此处 d 为锚固钢筋的直径。

4. 基本锚固长度的应用

(1) 纵向受力钢筋的同一个搭接区域。

在构件内由于钢筋长度不够需要搭接时，内力的传递是依靠混凝土和钢筋二者之间良好的黏结作用来实现的，如果搭接长度不够，**混凝土和钢筋之间由于黏结力不足就会产生相对滑移，内力的传递就不能有效地实现，为此《规范》规定了构件内钢筋的搭接长度基本要求。**同时，由于在搭接区域内搭接钢筋的受力性能没有通长钢筋受力性能好，**不同的受力构件在同一搭接区域内，搭接接头的比例有一定的限制要求。这里的同一搭接区域，是指几根钢筋搭接时，以某一根钢筋搭接长度的中点为中心，以 $1.3l_l$ 长度范围为限，其他钢筋的搭接接头落在这个区域内就属于同一个搭接区域，如图 2-10 中中间两根钢筋就是在同一搭接区域内搭接的钢筋。**

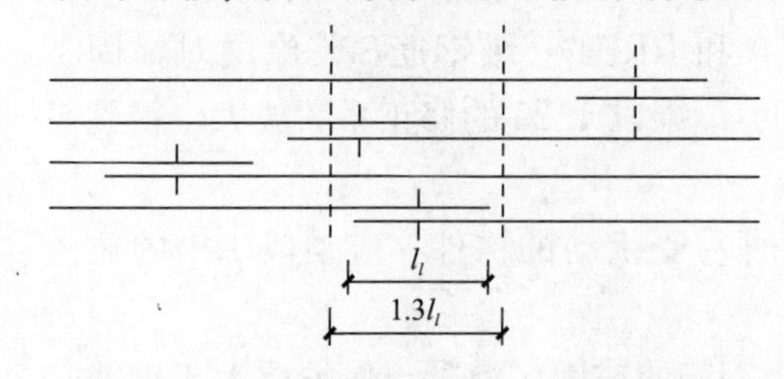

图 2-10 钢筋的搭接接头搭接区域

(2) 纵向受拉钢筋绑扎搭接接头的搭接长度的确定应按式 (2-8) 确定：

$$l_l = \zeta_l l_a \tag{2-8}$$

式中 l_l——纵向受拉钢筋的搭接长度；

ζ_l——纵向受拉钢筋的搭接长度修正系数，按表 2-14 采用；

l_a——纵向受拉钢筋的锚固长度。

纵向受拉钢筋搭接长度修正系数　　表 2-14

纵向受拉钢筋的搭接接头面积百分率（%）	≤25	50	100
ζ_l	1.2	1.4	1.6

（3）纵向受力钢筋搭接面积百分率。

《规范》规定：位于同一连接区段内的受拉钢筋搭接接头的面积百分率：对梁类、板类及墙类构件，不宜大于25%，对柱类构件，不宜大于50%，当工程中确有必要增大受拉钢筋搭接接头面积百分率时，对梁类构件不应大于50%；对板、墙、柱及预制构件的拼接处，可根据实际情况放宽。

在受力较大处设置机械连接接头时，位于同一连接区段内的纵向受拉钢筋接头面积百分率不宜大于50%。位于同一连接区段内的纵向受压钢筋接头面积百分率不受限制。

直接承受动力荷载的结构构件中的机械连接接头，除应满足设计要求的抗疲劳性能外，位于同一连接区段内的纵向受力钢筋接头面积百分率不应大于50%。

纵向受力钢筋的焊接接头应互相错开。钢筋焊接接头区段长度为35d（d为纵向受力钢筋的较大直径）且不小于500mm；凡接头中点位于该连接区段长度内的焊接接头均属于同一连接区段。

位于同一连接区段内的纵向受力钢筋的焊接接头面积百分率，对纵向受拉钢筋接头，不应大于50%。纵向受压钢筋的接头面积百分率可不受限制。

三、钢筋末端设置弯钩和机械锚固

当纵向受拉普通钢筋末端采用弯钩和机械锚固措施时，包括弯钩和锚固端头在内的锚固长度（投影长度）可取为基本锚固长度l_{ad}的60%，弯钩如图2-9所示；机械锚固形式和技术要求应符合表2-15的规定。

钢筋弯钩和机械锚固的形式和技术要求　　表 2-15

锚固形式	技术要求
90°弯钩	末端90°弯钩，弯钩内径4d，弯后直段长度12d
135°弯钩	末端135°弯钩，弯钩内径4d，弯后直段长度5d
一侧贴焊锚筋	末端一侧贴焊长5d同直径钢筋
两侧贴焊锚筋	末端两侧贴焊长3d同直径钢筋
焊端锚板	末端与厚度d的锚板穿孔塞焊
螺栓锚头	末端旋入螺栓锚头

注：1. 焊缝和螺纹长度应满足承载力要求；
2. 螺栓锚头和焊接锚板的承压净面积不应小于锚固钢筋面积的4倍；
3. 螺栓锚头的规格应符合相关标准的规定；
4. 螺栓锚头和焊接锚板的钢筋净距不宜小于4d，否则要考虑群锚效应的不利影响；
5. 截面角部的弯钩和一侧贴焊锚筋的布筋的方向宜向截面内侧偏置。

本 章 小 结

1. 本章主要学习内容包括钢筋、混凝土的主要物理力学性能，以及钢筋与混凝土的粘结三个方面。

2. 混凝土是抗压强度较高、抗拉强度较低的脆性材料。它的强度包括立方体抗压、棱柱体抗压、抗拉三种，工程中常以立方体抗压强度来换算其他两种强度；混凝土一次短期加荷下的变形曲线反映了混凝土主要的力学特性，根据这个曲线不仅可以确定混凝土的强度和变形，还可以确定它的弹性模量和变形模量。

3. 混凝土的变形特性包括受力变形和体积变形两种类型。受力变形包括一次短期加荷下的变形，长期不变的荷载作用下产生的徐变，以及重复荷载作用下的变形。体积变形包括收缩与膨胀等。徐变对结构构件受力和变形产生不利影响。收缩对结构构件受力和变形也会产生不利影响。

4. 影响混凝土徐变的因素包括应力条件、内在因素、环境条件三个方面。影响混凝土收缩的主要因素包括环境条件和内在因素等方面。

5. 钢筋和其周围混凝土之间的粘结是二者结合成整体共同工作的条件之一。钢筋与混凝土之间的粘结力由胶结力、摩擦作用和钢筋表面凹凸不平产生的机械咬合力组成。要确保钢筋和混凝土二者之间具有良好的粘结作用能够共同工作，一般是用足够的锚固长度、搭接长度、设置弯钩和机械锚固措施来保证。

6. 受拉锚固长度是确定受压锚固长度、支座内锚固长度、搭接长度时的参照值。搭接长度是保证相互搭接的两根钢筋有效传递内力的长度，它是依据受力情况、钢筋级别换算出的长度。不同受力构件在同一搭接区内《规范》限定的搭接面积不同。搭接区的确定是以某两根搭接在一起的钢筋搭接中心点向两侧各延长 0.65 倍的搭接长度 l_l 这一长度范围确定的，其他钢筋搭接中心点落在以这两根钢筋搭接中心点 1.3 倍搭接长度 l_l 内的就属于同一搭接区，反之，就不在同一搭接区。

复习思考题

1. 混凝土组成及力学特性有哪些？混凝土强度等级是怎样确定的？

2. 混凝土棱柱体抗压强度标准值与抗拉强度标准值和立方体强度之间的换算关系式是什么？

3. 什么是混凝土的徐变和收缩？它们产生的过程、对构件的影响包括哪些？怎样降低混凝土的徐变和收缩？

4. 钢筋混凝土结构中所用的钢筋分几类？各自的代号是什么？抗拉强度设计值各是多少？

5. 钢筋与混凝土的粘结作用由哪几部分组成？变形钢筋的粘结力主要是由什么组成的？

6. 确保构件在混凝土中具有足够粘结力的措施有哪些？受拉锚固长度是怎样确定的？搭接长度是怎样确定的？

7. 同一搭接区是怎样确定的？为什么不同受力构件在同一搭接区内允许的搭接面积数量不同？《规范》是如何限制同一搭接区内钢筋面积百分率的？

8. 机械锚固措施包括哪些？它们各自适于在哪些情况下采用？

*第三章　钢筋混凝土结构的基本设计原理

学习要求和目标：

1. 理解结构上作用的定义、分类和特点。
2. 理解结构的功能、设计使用年限以及安全等级的划分。
3. 理解结构承载能力极限状态和正常使用极限状态的名称和设计表达式。
4. 掌握结构上的作用、作用效应、荷载的标准值和设计值。
5. 掌握荷载分项系数、材料分项系数、结构重要性系数的定义和取值。

*第一节　结构的功能及极限状态

一、结构的功能

房屋结构的安全可靠性，对建筑各项功能的正常发挥具有非常重要的作用。房屋结构必须在规定的使用年限内（设计规定的结构或结构构件不需要大修即可按其预定目的使用的时期称为设计使用年限），在正常设计、正常施工、正常使用以及正常维护的条件下具有完成各种预定功能的能力，这是对建筑结构的基本要求。房屋结构的功能包括如下内容：

1. 安全性

结构的安全性是指房屋结构在设计基准期（为确定可变荷载代表值选用的时间参数）内应能承担在正常设计、正常施工和正常使用过程中施加于它的各种作用，以及能在偶然事件发生时和发生后，能够保持必需的整体稳定性的特性。

2. 适用性

结构的适用性是指结构或构件在正常施工及正常使用过程中，应具有良好的工作性能的特性。例如，应具有适当的刚度，以免在直接作用、间接作用下产生影响外观和正常使用的大变形或产生影响正常使用的大振动等。

3. 耐久性

结构的耐久性是指房屋结构在正常维护条件下，应能完好地使用到规定的年限，而不致因材料在长时间使用过程出现的性质变化或外界侵蚀等因素影响发生性能严重退化产生影响结构安全性和适应性的变化的特质。例如，钢筋不致由于保护层太薄或裂缝过宽而发生锈蚀导致结构变形加大、安全度降低等性能的明显变化。

4. 可靠性

结构的可靠性是指结构在正常设计、正常施工、正常使用和正常维护等条件下，在设计基准期内完成安全性、适用性、耐久性功能能力的总称。

二、结构功能的极限状态

1. 极限状态的定义

结构功能的极限状态是指对应于结构某种功能的特定状态（或边界状态），在结构上作用的影响下，超过了这种特定状态后，结构或构件就丧失了完成对应的该项功能的能力，这种特定状态称为结构的极限状态。

通常判断结构是否具有安全性、适用性、耐久性，《规范》给出了对应于这三个功能的判别条件，即某一特性的极限状态。结构设计的目的是以比较经济的投入，使结构在规定的使用期内，不要达到或也不要超过以上三种功能的极限状态。

2. 结构的极限状态的分类

《结构可靠性标准》考虑了结构安全性、适用性、耐久性的功能要求，将**结构的极限状态分为承载能力极限状态和正常使用极限状态两种。**

（1）承载能力极限状态

1）定义。**结构或构件达到了最大承载能力、出现疲劳破坏、发生不适于继续承载的变形或因结构局部破坏而引发的连续倒塌。**

2）验算应包括的内容：

① 结构构件应进行承载力（包括失稳）计算，包括构件本身或构件之间的连接的强度计算、稳定性能验算；

② 直接承受重复荷载的构件应进行疲劳验算，如工业厂房结构中的吊车梁，必要时应进行疲劳验算；

③ 有抗震设防要求时，应进行抗震承载力验算，《建筑抗震设计规范》GB 50011—2010 规定需要进行抗震设计的各类工业与民用建筑均应进行抗震承载力验算；

④ 必要时尚应进行结构的倾覆、滑移、漂浮验算，在偶然作用（如地震、强台风等）影响下，建在地质情况复杂或场地条件差的房屋应进行倾覆、滑移验算，建在容易发生场地土液化或海域的结构应进行漂浮验算；

⑤ 对于可能遭受偶然作用，且倒塌可能引起严重后果的主要结构，宜进行防连续倒塌设计，对于结构重要性等级高、体量大、结构平面布置复杂，容易引起连片倒塌的结构，应进行防连续倒塌设计，即在偶然事件发生时，允许结构出现某些局部的严重破坏，但结构仍应保持必要整体稳定性和完整性，不至于引起建筑物的整体倒塌。

由于超过这种极限状态后可能造成结构整体倒塌或严重破坏，从而造成人员伤亡或重大经济损失，后果特别严重，因此，我国《结构可靠性标准》把到达这种极限状态的事件发生的概率控制得非常严格，对它到达的限值规定的很小。

（2）正常使用极限状态

1）定义。**是指结构或构件达到了正常使用的某项限值或耐久性能的某种规定状态。**

2）计算应包括的内容：

① 对需要控制变形的构件，应进行变形验算；

② 对不允许出现裂缝的构件，应进行混凝土拉应力验算；

③ 对允许现裂缝的构件，应进行受力裂缝宽度验算；

④ 对舒适度有要求的楼盖应进行竖向自振频率验算。

到达或超过这种极限状态后会使结构或构件丧失适用性和耐久性，但不会很快造成人员的重大伤亡和财产的重大损失，因此，《结构可靠性标准》把到达这种极限状态的事件发生的概率控制的比到达承载能力极限状态的事件发生的概率要略高一些。

三、保证结构可靠性的措施

结构设计时是通过以下几个方面保证结构可靠性的。

1. 钢筋混凝土和预应力混凝土结构

（1）承载力要求

结构验算的主要目的是从确保安全性的角度出发，通过验算来保证结构或构件具有足够的承载能力。大量的验算内容是对结构构件控制截面的强度验算，这里所讲的控制截面不仅包括构件内力最大的截面，还包括了构件受力较大的节点截面，所以，结构承载力验算的目的是通过验算来确保控制截面不至于因承载力不足而破坏。通常混凝土结构和预应力混凝土结构的构件过于细长或太薄的情况不多，大多数构件相对比较厚粗，不存在过于细长引起的稳定性不足的问题，所以，除特殊情况可不作稳定性验算。一般结构体系只要设计合理都不会出现机动体破坏。对某些悬臂构件和基底宽度较小而结构高度很大的烟囱、水塔、电视塔和以承受水平荷载为主的挡土墙等构筑物，需要进行位置平衡验算（即抗倾覆和抗滑移验算）。混凝土结构和预应力混凝土结构的承载力要求，可以概括为以下几方面：

1）截面强度验算。

由结构承受的作用在构件截面引起的内力≤截面在承载能力极限状态下能够提供的承载能力（或称作结构构件的抵抗能力）。

2）稳定性验算或机动体验算。

作用在结构构件上的荷载设计值≤结构构件在考虑稳定性因素影响时极限状态下可能承担的最大荷载（受压临界荷载）。

3）位置平衡验算。

由各种作用引起的倾覆力矩或滑移力≤结构的抗倾覆力矩和抗滑移力。

（2）结构及构件的构造、连接措施

结构和构件设计时许多问题可能在概念上是清楚的，但要通过数值计算来满足往往却比较困难，因此根据以往的工程设计经验和大量的试验得出的结论，采取构造措施就能容易的满足要求，这些构造措施是结构设计和施工中经常运用的技术措施。

（3）对变形、抗裂度或裂缝宽度的要求

为了保证结构的适用性和耐久性，一般钢筋混凝土和预应力混凝土结构，需要根据构件受力和变形特点分两类进行验算。一类是变形较大的梁、板构件和桁架，需要将它们的变形控制在规范规定的限值内；另一类是荷载作用时较易开裂的受弯、轴心受拉、偏心受拉和大偏心受压构件。设计时需根据不同的裂缝控制等级分别进行裂缝宽度（对裂缝控制不严的混凝土结构和预应力混凝土结构）和抗裂验算（对裂缝控制比较严的预应力混凝土结构），验算内容包括以下几个方面。

1）变形验算。

构件在各种作用效应组合影响下产生的变形≤作为适用性极限状态的变形要求。

2）抗裂验算。

在各种作用标准值的效应组合值影响下构件特定部位所产生的拉应力≤作为适用性和耐久性极限状态的应力控制值。

3）裂缝宽度验算。

在各种作用标准值的效应组合值影响下产生的裂缝宽度≤作为适用性和耐久性极限状态的裂缝宽度允许值。

*第二节　结构的极限状态设计方法

结构设计时可以根据两种不同的极限状态分别进行计算。承载能力极限状态验算是为了确保结构的安全性功能，正常使用极限状态的验算时为了确保结构的适用性和耐久性功能。结构设计的依据是规范根据各种不同结构的特点和使用要求给出的标志和限制要求，这种以相应于结构各种功能要求的极限状态作为设计依据的设计方法，叫做极限状态设计法。

《结构可靠性标准》规定，**我国结构设计采用以概率论为基础的极限状态设计法，以结构的可靠指标反映结构的可靠度，以分项系数表达的设计式进行设计。结构的可靠度是指结构在规定的时间内、在规定的条件下，完成预定功能的概率。**

一、作用及作用效应分析

如前所述，作用效应包括作用于结构的永久荷载、可变荷载、附加作用、约束变形等，结构设计时所要考虑的这些作用的最大值都不是定值，而是可大可小，具有变异性，这些变异性是造成作用效应随机性的主要因素。

1. 以结构自重为主的永久荷载的变异性

永久荷载是由结构、建筑及设备安装部分的自重形成的，虽然设计图纸已对其所用的材料种类、尺寸大小都作了规定，但是结构施工时受各种因素的影响，材料的组成不可能完全符合设计要求，表现在，一是重度会在标准值附近上下浮动；二是构件尺寸也会有一定的误差。

2. 可变荷载的变异性

可变荷载种类多、变异性比永久荷载复杂。例如，民用建筑楼面使用可变荷载，即便是同类房屋，也可能由于使用对象不同荷载会有明显差异，也可能在不同的时间段荷载大小和作用位置会有所不同。同一栋工业厂房内的吊车荷载可能在不同的时间里对同一根柱所产生的作用力也会不同；高层结构验算时的水平风荷载，也是随时间大小、方向不断地发生变化，并且最大值也不是定值。

3. 偶然作用的变异性

偶然作用的出现具有随机性、突然性和不确定性，通常不出现，一旦出现在短时间里对结构产生的破坏作用将是巨大的。例如，地震引起的偶然作用具有很大的随机性，其大小、作用方向都具有很大不确定性，它是截止目前人类还不能准确预测的随机性最大的偶然事件之一，它是各类自然灾害中对结构的影响和破坏作用范围最大、出现频次最高的一种偶然作用。爆炸瞬间产生的破坏作用巨大，后果严重。为此，现行国家标准《规范》对罕遇自然灾害以及爆炸、撞击、飓风、火灾等偶然作用以及非常规的特殊作用，应根据有关标准或由具体条件和设计要求确定。

4. 影响作用效应随机性的其他因素

结构内力分析时，结构的计算简图和结构受力实际情况之间的差异，也是造成设计时所采用的作用效应出现随机性的主要因素。例如，支撑在多层砌体结构房屋墙体中的钢筋混凝土梁，一般认为是力学课中讲的简支梁，实际上它受上部墙体的约束和梁下水泥砂浆的粘结和摩擦作用的共同影响，它的受力情况和简支梁的受力情况差异较大。再如，钢筋混凝土屋架中各杆件在节点处的连接，由于节点受到各杆件的制约，刚性很大，彼此的变形受到同一节点上其他杆件的牵制和阻碍，不能自由转动，节点具有一定的刚度，这和力学课所讲的桁架内力计算时铰接连接的假定也完全不是同一种情况。日常结构计算时，用力学方法分析结构内力是基于各种比较理想的假定，并在弹性限度内按弹性方法计算的，这和实际上钢筋混凝土结构计算时考虑混凝土受力破坏过程中表现出的塑性特性的截面设计方法之间存在明显的差异。并且这种差异可能放大内力也可能减小内力，同样具有不可忽略的随机性。

二、造成结构或构件抗力随机性的因素

1. 材料强度的离散性

材料强度的离散性是造成结构或构件抗力随机性的主要因素。混凝土材料受骨料级配、石子和砂子内含泥量与杂质含量、水泥强度、骨料含水量以及施工阶段振捣密实程度、养护的温度及湿度、施工过程对混凝土产生的扰动等各种因素的影响，混凝土强度的形成和最低强度值的高低都可能发生浮动，由于混凝土材料的组成和施工过程的不可控因素等会造成其强度不稳定性高、离散性大。钢筋要比混凝土的生产过程规范得多、稳定得多，但在同一批次的不同炉内、同一炉内的不同钢筋中，也可能发生强度的变异和不稳定性，不过钢筋的强度离散性明显比混凝土小，所以强度稳定性比混凝土强度稳定性高。

2. 影响结构或构件抗力随机性的其他因素

由于施工误差造成结构构件尺寸的偏差，如构件轮廓尺寸和钢筋位置偏差，以及施工中不可避免的截面局部缺陷，如混凝土的跑浆形成孔洞、麻面，脱模造成边角崩落等，也是造成构件抗力离散性的影响因素。此外，结构设计时选用的截面抗力计算方法与截面实际抗力之间也存在某些差异，这些差异同样可正可负，可大可小，同样是随机变量，因而，造成了结构或构件抗力也同样具有一定程度的离散性。

3. 失效概率和可靠指标

（1）失效概率

1）失效概率的定义。**结构或构件不能完成预定功能的事件发生的概率，叫做失效概率，用 p_f 表示。**

2）保证概率的定义。**结构或构件能完成预定功能的事件发生的概率，称为保证概率，用 p_β 表示。**

因此，$p_f + p_\beta = 1$，也就是说结构的失效概率和保证概率之和等于1。结构设计的目的就是为了保证结构的安全可靠，要求结构的可靠概率要远大于失效概率。

作用在结构上的各种作用效应（包括荷载、地震、地基沉降、温度变化等的影响）对结构产生的影响（如内力、变形、裂缝），就不能超过结构到达极限状态时的抗力（强度、刚度、抗裂度）。如果我们用 S 代表结构或构件上的作用效应，用 R 代表结构或构件的抵抗能力（简称抗力），根据它们的组成特点，我们知道 S 和 R 都是随机变量，因此，要求

满足 S 小于等于 R 的事件发生的概率就必须足够的高，即结构可靠概率要足够高；S 大于 R 的试件发生的概率就要求足够的低，这样我们就认为结构是安全的。为了分析问题的方便，我们假设 Z 为结构的功能函数，并令 $Z=R-S$。

显然，当 $Z>0$ 时，结构处于可靠状态；

当 $Z=0$ 时，结构处于极限状态；

当 $Z<0$ 时，结构处于失效状态。

如果我们用水平坐标表示结构功能函数 Z，用竖直坐标表示功能函数各种状态的事件发生的概率，则图 3-1 中竖向坐标以左和水平坐标以上，结构功能函数概率分布曲线以下部分的（坐标系的第二象限）面积，就是结构完不成预定功能的事件发生（$Z<0$）的失效事件发生的概率密度的大小；竖向坐标轴和结构功能函数概率分布曲线的交点处的纵坐标，表示结构处于极限状态的事件（$Z=0$）发生的概率密度的大小；同理，在竖坐标轴以右和水平坐标轴以上，结构功能函数概率分布曲线以下的面积代表结构功能的可靠事件（$Z>0$）发生的概率密度的大小。

同理，如果我们以结构抗力为竖向坐标，以作用效应为水平坐标建立坐标系，就可用图 3-2 表示结构功能所处状态图。当 $S=R$，即 $Z=0$ 时为结构的极限状态，这条直线实际是坐标系第一象限的 45°角分线，以 $Z=0$ 为分界线，左上区是 $R-S>0$ 即 $Z>0$ 的区域，也就是说 R 和 S 处在这个范围，结构或构件处于可靠状态。反之，当 R 和 S 处在这个区域右下侧即 $Z=0$ 角分线以下时，$R-S<0$ 即 $Z<0$，结构处于失效状态。

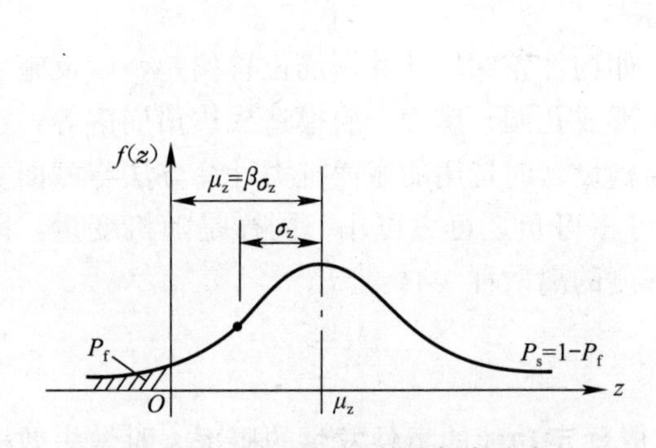

图 3-1　结构功能函数的概率分布

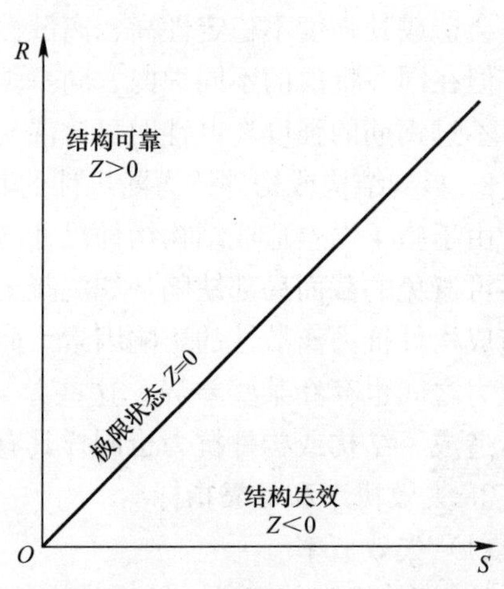

图 3-2　结构功能所处状态图

经过推导得知，失效概率和可靠指标之间的对应关系见表 3-1 所示。

β 与 p_f 之间的对应关系　　**表 3-1**

β	2.7	3.2	3.7	4.2
p_f	3.5×10^{-3}	6.9×10^{-4}	1.1×10^{-4}	1.3×10^{-5}

结构的重要性不同，发生破坏后对人民群众生命和财产的危害程度不同。《结构可靠性标准》**根据结构破坏后产生的后果的严重性程度，将建筑结构安全等级（根据破坏后果的严重程度划分的结构或结构构件的等级称为安全等级）划分为三级，建筑结构安全等级及设计时的目标可靠指标见表 3-2 所列。**

建筑结构安全等级及目标可靠指标 **表 3-2**

结构安全等级	破坏后果	建筑物重要性等级	构件的目标可靠指标	
			延性破坏	脆性破坏
一级	很严重	重要的建筑物	3.7	4.2
二级	严重	一般的建筑物	3.2	3.7
三级	不严重	次要的建筑物	2.7	3.2

注：延性破坏是指构件破坏之前经历了明显的受力变形过程，破坏具有明显征兆的破坏；脆性破坏是指结构或构件在破坏前没有明显预兆的破坏。

采用失效概率和可靠指标反映结构可靠度时，应使失效概率足够的小，同时也要保证结构的可靠指标足够的高，计算公式如下。

$$p \leqslant [p] \tag{3-1}$$

$$\beta \geqslant [\beta] \tag{3-2}$$

三、承载能力极限状态设计简介

（一）混凝土结构按承载能力极限状态计算的内容

（1）结构方案设计，包括结构选型、构件布置及传力途径。

（2）作用及作用效应分析。

（3）结构的极限状态设计。

（4）结构及构件的构造、连接措施。

（5）耐久性及施工的要求。

（6）满足特殊要求结构的专门性能设计。

（二）结构承载能力极限状态设计表达式

1. 基本设计表达式

《规范》规定：对持久设计状况、短暂设计状况和地震设计状况，当用内力的形式表达时，结构构件应采用下列承载力极限状态设计表达式：

$$\gamma_0 S \leqslant R \tag{3-3}$$

$$R = R(f_c, f_y, \alpha_k, \cdots)/\gamma_{Rd} \tag{3-4}$$

式中 γ_0——结构重要性系数。在持久设计状态和短暂设计状态下，对安全等级为一级的结构构件不应小于 1.1，对安全等级为二级的结构构件不应小于 1.0，对安全等级为三级的结构构件不应小于 0.9；对于地震设计状态下应取 1.0；

S——承载能力极限状态下作用的组合效应设计值。对持久设计状况和短暂设计状况应按作用的基本组合计算；对地震设计状况应按作用的地震组合计算；

R——结构构件的抗力设计值；

$R(*)$——结构构件的抗力函数；

γ_{Rd}——结构构件的抗力模型不确定性系数。静力设计取 1.0，对不确定性较大的结构构件根据具体情况取大于 1.0 的数值；抗震设计应用承载力抗震调整系数 γ_{RE} 代替 γ_{Rd}；

f_c、f_y——混凝土、钢筋强度设计值，应分别按表 2-2、表 2-8 和表 2-9 取值；

α_k——构件截面的几何参数的标准值，当几何参数的变异性对结构性能有明显的不利影响时，应增加一个附加值。

式（3-4）给出了以各个变量标准值和分项系数表示的实用设计表达式，并要求按荷载最不利效应组合进行设计。所谓荷载最不利效应组合是指所有可能同时出现的各种荷载组合中，对结构或构件产生最不利组合效应的那种组合。对于承载能力极限状态验算，结构构件应按荷载基本效应组合和偶然效应组合进行设计，式（3-4）中的 $\gamma_0 S$ 为各种不同构件中所计算的内力设计值，在以后章节中分别用 N、M、V、T 等表达。

2. 荷载效应组合

（1）荷载效应基本组合

荷载效应是指由荷载引起的结构或结构构件的反应，例如内力、变形和裂缝等。荷载效应组合荷载组合是指按极限状态设计时，为保证结构可靠性而对同时出现的各种荷载效应设计值规定的组合，用 S 表示。《规范》规定结构承载能力极限状态验算取荷载的取基本组合进行验算，结构的基本组合是指承载能力极限状态计算时，永久荷载和可变荷载的组合。

1）由可变效应控制的组合

$$\gamma_0 S \leqslant \gamma_G S_{Gk} + \gamma_{Q1} S_{Q1k} + \psi_{ci} \sum_{i=2}^{n} \gamma_{Qi} S_{Qik} \tag{3-5}$$

式中 γ_G——永久荷载分项系数，一般情况下取 1.2；当永久荷载效应对结构有利时取 0.9～1.0；

γ_{Q1}——第一个起主导作用，产生的作用效应最大的可变荷载的分项系数，一般取 1.4，当楼面可变荷载的标准值大于 $4kN/m^2$ 时，取 1.3；

γ_{Qi}——第 i 个起伴随作用，产生的作用效应不是最大的可变荷载的分项系数，一般取 1.4，当楼面可变荷载的标准值大于 $4kN/m^2$ 时，取 1.3；

S_{Gk}——永久荷载标准值产生的效应；

S_{Q1k}——第一个起主导作用，产生的作用效应最大的可变荷载标准值产生的效应；

S_{Qik}——第 i 个起伴随作用的可变荷载标准值产生的效应；

ψ_{ci}——第 i 个起伴随作用的可变荷载的组合系数，当风荷载与其他荷载组合时可采用 0.6，其他情况取 1.0；

n——参与组合的可变荷载序号或总数。

荷载分项系数的取值见表 3-3。

荷载分项系数 **表 3-3**

极限状态	荷载类别	荷载特征	荷载分项系数
承载能力极限状态	永久荷载	当其效应对结构不利时 对由可变荷载效应控制的组合 对由永久荷载效应控制的组合	 1.2 1.35
		当其结构效应对结构有利时 一般情况 对结构的倾覆、滑移或漂浮验算	 1.0 0.9
	可变荷载	一般情况 对标准值≥$4kN/m^2$ 的工业房屋楼面可变荷载	1.4 1.3
正常使用极限状态	永久荷载 可变荷载		1.0

2）由永久荷载效应控制的组合

$$\gamma_0 S \leqslant \gamma_G S_{GK} + \psi_{ci} \sum_{i=1}^{n} \gamma_{Qi} S_{Qik} \tag{3-6}$$

（2）对于一般排架、框架结构，由于很难区分产生最大效应的可变荷载 S_{Qk}，可采用简化规则；按下列两种组合值中取最不利值确定：

1）由可变效应控制的组合

$$\gamma_0 S \leqslant \gamma_G S_{Gk} + \gamma_{Q1} S_{Q1k} \tag{3-7}$$

$$\gamma_0 S \leqslant \gamma_G S_{Gk} + \gamma_{Qi} S_{Qik} \tag{3-8}$$

2）由永久荷载效应控制的组合

仍然按式（3-6）采用，式中简化设计表达式中采用的荷载组合系数，当风荷载与其他可变荷载组合时可采用 0.85。

对偶然作用下的结构进行承载能力极限状态设计时，式（3-4）的作用效应设计值 S 按偶然组合进行计算，结构重要性系数 γ_0 取不小于 1.0 的值；式（3-5）中的混凝土、钢筋强度设计值 f_c、f_y 改为标准值 f_{ck}、f_{yk}（f_{pyk}）。

当进行结构防连续倒塌验算时，结构构件的承载力函数应按本章第五节的原则确定。

对既有结构的承载力极限状态设计，应按下列规定进行：

① 对既有结构进行安全复核、改变用途或延长使用年限而需要验算承载力极限状态时，宜符合式（3-5）、式（3-6）的规定。

② 对既有结构进行改建、扩建或加固改造而重新设计时，承载力极限状态的计算应符合《规范》的相关规定。

【例 2-1】 某宿舍楼采用钢筋混凝土现浇板，板简支于墙上，板的计算跨度 l_0 = 3.14m，结构安全等级为二级，γ_0 = 1.0。屋面做法为：三元乙丙两层沥青粘结混合料上铺小石子，20mm 厚水泥砂浆找平层，60mm 厚加气混凝土保温层，现浇板厚 80mm，板底为 20mm 厚混合砂浆抹灰层，屋面可变荷载为 0.7kN/mm²，雪荷载为 0.3kN/mm²。试确定屋面板的弯矩设计值。

已知：l_0 = 3.14m，屋面各层自重标准值，防水层为 0.35kN/m²、找平层为 20kN/m³、保温层为 6kN/m³、现浇板钢筋混凝土为 25kN/m³、板底部混合砂浆抹面为 17kN/m³，屋面可变荷载标准值为 0.7kN/m²、雪荷载标准值为 0.3kN/m²，γ_Q = 1.4。试计算板的跨中弯矩设计值。

【解】

（1）永久荷载标准值

取 1m 宽的板带作为计算单元

三元乙丙防水层	0.35kN/mm²
20mm 厚水泥砂浆找平层	20×0.02＝0.40kN/m²
60mm 厚加气混凝土保温层	6×0.06＝0.36kN/m²
80mm 厚现浇钢筋混凝土板	25×0.08＝2kN/m²
20mm 厚板底抹灰	17×0.02＝0.34kN/m²
永久荷载标准值总和	g_k＝3.45kN/m²

（2）作用在板上永久荷载的线荷载设计值

$$g = \gamma_G g_k = 1.2 \times 3.45 = 4.14\text{kN/m}$$

（3）可变荷载标准值

屋面可变荷载标准值为 0.7kN/m^2，屋面积雪荷载较少，小于 0.5kN/m^2，根据《建筑结构荷载规范》GB 50009—2012 的规定，计算时不考虑其对结构内力计算产生的影响，屋面可变荷载标准总值为 0.7kN/m^2。

（4）求可变荷载设计值

$$q = \gamma_Q q_k = 1.4 \times 0.7 = 0.98\text{kN/m}^2$$

（5）板面承受的线荷载设计值

$$p = (g + q) \times 1.0 = 5.12\text{kN/m}$$

（6）板的跨中承受弯的矩设计值为

$$M = \frac{\gamma_0 p l_0^2}{8} = \frac{1.0 \times 5.12 \times 3.14^2}{8} = 6.31\text{kN} \cdot \text{m}$$

四、正常使用极限状态计算

（一）验算内容

《规范》规定，结构正常使用极限状态验算时取结构的标准组合和准永久组合进行验算。所谓结构的标准组合是指正常使用极限状态验算时，对可变荷载采用标准值、组合值为荷载代表值的组合。所谓的准永久组合是指正常使用极限状态验算时，对可变荷载采用准永久值为荷载代表值的组合。

混凝土结构构件应根据使用功能及外观要求，按下列规定进行正常使用极限状态验算：

（1）对需要控制变形的构件，应进行变形验算。

（2）对不允许出现裂缝的构件，应进行混凝土拉应力验算。

（3）对允许出现裂缝的构件，应进行受力裂缝宽度验算。

（4）对有舒适度要求的楼盖结构，应进行竖向自振频率的验算。

（二）设计实用表达式

按正常使用极限状态设计时考虑结构适用性和耐久性功能，计算的内容包括结构和构件的变形验算、抗裂验算和裂缝宽度验算，设计时要做到使以上验算内容根据《规范》中的公式和有关计算要求计算所得的值不超过其限定值。

对正常使用极限状态，钢筋混凝土构件、预应力混凝土构件应分分别按荷载的准永久组合并考虑长期作用的影响或标准组合并考虑长期作用的影响，采取下列极限状态设计表达式进行验算：

$$S \leqslant C \tag{3-9}$$

式中 S——正常使用极限状态荷载组合的效应设计值；

C——结构构件达到正常使用要求所规定的变形、应力、裂缝宽度和自振频率的限值等的限值。

到达或超过正常使用极限状态时，对人们生命及财产的影响和危害程度比到达或超过承载力极限状态时小很多，因此，其目标可靠指标可定得低些。在正常使用极限状态验算中，材料强度取标准值而不用设计值，所以在式（3-10）及式（3-11）中永久荷载效应为 S_{Gk}、可变荷载效应为 S_{Qik}（i=1，2，…，n）；计算荷载效应时，采用荷载效应标准组合和准永久。

对于标准组合，其荷载效应组合值 S 的表达式为

$$S = S_{Gk} + S_{Q1k} + \sum_{i=2}^{n} \psi_{ci} S_{Qik} \tag{3-10}$$

对于准永久组合，其荷载效应组合值 S 的表达式为

$$S = S_{Gk} + \sum_{i=1}^{n} \psi_{qi} S_{Qik} \tag{3-11}$$

式中　ψ_{qi}——第 i 个可变荷载准永久系数。

（三）混凝土耐久性规定

耐久性是指暴露在特定使用环境中的工程材料，适应或抵抗各种物理和化学作用的影响，能够完好发挥其性能，正常使用到规定年限的性能。钢筋混凝土结构具有很好的耐久性，在正常设计、正常施工、正常使用和正常维护的条件下，混凝土结构的耐久性就能得到很好的保证，混凝土结构的耐久性超过百年没有什么困难。

近年来随着我国城市化和工业化进程的加快，环境压力持续增加，尤其是在大中城市显得尤为突出。混凝土结构构件表面暴露在空气中，受到酸性雨水的腐蚀，温度、湿度的变化和大气中多种有害气体的影响，以及其他一些有害物质的侵蚀，随着时间的持续，出现因材料劣化而引起的性能衰减。主要表现为钢筋混凝土构件表面出现锈胀裂缝，预应力筋开始锈蚀，结构表面混凝土出现可见的耐久性损伤（酥裂、粉化等）。混凝土的碳化、钢筋锈蚀等使结构耐久性的性能退化，进一步发展可能引起构件承载力下降等方面问题，甚至使构件发生破坏。因此，混凝土结构在进行承载能力极限状态设计和结构正常使用极限状态其他内容设计的同时，还应根据结构所处的环境类别，设计使用年限进行耐久性设计。混凝土结构所处的环境类别见表 3-4。

混凝土结构的环境类别　　**表 3-4**

环境类别	条　件
一	室内干燥环境； 无侵蚀性静水浸没环境
二 a	室内潮湿环境； 非严寒和非寒冷地区的露天环境； 非严寒和非寒冷地区与无侵蚀性的水或土壤直接接触的环境； 严寒和寒冷地区的冰冻线以下与无侵蚀性的水或土壤直接接触的环境
二 b	干湿交替环境； 水位频繁变动环境； 严寒和寒冷地区的冰冻线以上与无侵蚀性的水或土壤直接接触的环境
三 a	严寒和寒冷地区冬季水位变动区环境； 受除冰盐影响的地区； 海风环境
三 b	盐渍土环境； 受除冰盐作用环境； 海岸环境
四	海水环境
五	受人为或自然的侵蚀性物质影响的环境

注：1. 室内潮湿环境是指构件表面经常处于结露或湿润状况的环境。
2. 严寒和寒冷地区的划分应符合现行国家标准《民用建筑设计热工规范》GB 50176 的有关规定。
3. 海岸和海风环境应根据当地情况，考虑主导风向及结构所处迎风、背风等部位等因素影响，由调查研究和工程经验确定。
4. 受除冰盐影响的环境是指受到除冰盐盐雾影响的环境；受除冰盐作用环境是指被除冰盐盐溶液溅射的环境以及使用除冰盐地区的洗车房、停车楼等建筑。
5. 暴露的环境是指混凝土结构表面所处的环境。

1. 混凝土结构环境类别的划分

混凝土结构环境类别的划分见表 3-4。

混凝土结构的耐久性主要与环境类别、使用年限、混凝土强度等级、水灰比、水泥用量、最大氯离子含量、最大碱离子含量、钢筋锈蚀、抗渗、抗冻等因素有关。

2. 混凝土结构耐久性的要求

《规范》对混凝土结构的耐久性作了如下规定：

（1）设计使用年限为 50 年的混凝土结构，其混凝土材料宜符合表 3-5 的规定。

结构混凝土材料的耐久性基本要求 **表 3-5**

环境等级	最大水胶比	最低强度等级	最大氯离子含量（%）	最大碱含量（kg/m^3）
一	0.60	C20	0.30	不限制
二 a	0.55	C25	0.20	
二 b	0.50（0.55）	C30（C25）	0.15	
三 a	0.45（0.50）	C35（C30）	0.15	
三 b	0.40	C40	0.15	

注：1. 氯离子含量系指占胶凝材料总量的百分比；
2. 预应力混凝土构件混凝土中的最大氯离子含量为 0.06%，其最低混凝土强度等级宜按表中的规定提高两个等级；
3. 素混凝土构件的水胶比及最低强度等级的要求可适当放宽；
4. 有可靠工程经验时，二类环境中的混凝土最低强度等级可降低一个等级；
5. 处于严寒和寒冷地区二 b、三 a 环境中的混凝土应使用引气剂，并可采用括号中的有关参数；当使用非碱活性骨料，对混凝土中碱含量可不作限制。

（2）《规范》规定，混凝土结构及构件尚应采取下列耐久性技术措施：

1）预应力混凝土结构中的预应力筋应根据具体情况采取表面防护、孔道灌浆、加大混凝土保护层厚度等措施，外露的锚固端应采取封锚和混凝土表面处理等有效措施。

2）有抗渗要求的混凝土结构，混凝土的抗渗等级应符合有关标准的要求。

3）严寒及寒冷地区的潮湿环境中，结构混凝土应满足抗冻要求，混凝土抗冻等级应符合有关标准的要求。

4）处于二、三类环境中的悬臂构件宜采用悬臂梁-板的结构形式，或在其上表面增设防护层。

5）处于二、三类环境中的结构构件，其表面的预埋件、吊钩、连接件等金属部件应采取可靠的防锈措施，对于后张预应力混凝土外露金属锚具，其防护要求应满足《规范》中的相关规定。

6）处在三类环境中的混凝土结构构件，可采用阻锈剂、环氧树脂涂层钢筋或其他具有耐腐蚀性能的钢筋、采取阴极保护措施或采用可更换的构件等措施。

（3）一类环境中，设计使用年限为 100 年的混凝土结构应符合下列规定：

1）钢筋混凝土结构的最低强度等级为 C30；预应力混凝土结构的最低强度等级为 C40。

2）混凝土中的最大氯离子含量为 0.06%。

3）宜使用非碱活性骨料，当使用碱活性骨料时，混凝土中的最大碱含量为 3.0kg/m^3。

4）混凝土保护层厚度应符合表4-4的规定；当采取有效保护措施时，混凝土保护层厚度可适当减小。

（4）二、三类环境中，设计使用年限为100年的混凝土结构应采取专门的有效措施。

（5）耐久性环境类别为四类和五类的混凝土结构，其耐久性应符合有关标准的规定。

（6）混凝土结构在设计使用年限以内尚应遵守下列规定：

1）建立定期检测、维修制度。

2）设计中可更换的混凝土构件应按规定更换。

3）构件表面的防护层，应按规定维护和更换。

4）各类环境中的混凝土保护层厚度，不应小于表4-4中规定的值。

5）结构出现可见的耐久性缺陷时，应及时进行处理。

（四）钢筋混凝土楼盖竖向自振频率验算

对于跨度较大的楼盖及业主有要求时，可进行楼盖竖向自振频率验算。一般楼盖竖向自振频率可采用简化方法计算。对有特殊要求的工业建筑，可参照现行国家标准《多层厂房楼盖抗微振设计规范》GB 50190进行验算。《规范》中规定，对混凝土楼盖结构应根据使用功能的要求进行竖向自振频率验算，并应符合下列要求：

（1）住宅和公寓楼不宜低于5Hz。

（2）办公楼和旅馆不宜低于4Hz。

（3）大跨度公共建筑不宜低于3Hz。

*第三节　结构承受的荷载分类和荷载代表值、材料强度的取值

荷载是结构上最常见和每时每刻都存在的直接作用，它的种类多、变异性大，结构设计时它的取值直接影响结构的可靠度和经济性能，因此，结构设计时必须高度重视荷载的取值。

一、荷载的分类

结构上的荷载按其作用的时间变异性和出现的可能性，《建筑结构荷载规范》GB 50009—2012（以下简称为《荷载规范》）将作用在结构上的荷载分为永久荷载（恒荷载）、活荷载（可变荷载）以及偶然作用等。

1. 永久荷载（恒荷载）

在结构使用期间它的大小和作用方向不随时间的延长而变化，即便有轻微变化，变化值也很小，与荷载平均值相比可以忽略不计，这种荷载以结构自重为主，其次还有土体的压力等。

2. 活荷载（可变荷载）

在结构使用期间它的大小和作用方向随时间的延长会发生变化，且变化幅度与自身平均值相比不可忽略。如楼面使用活荷载、屋面积雪荷载和积灰荷载、厂房的吊车荷载、墙体和屋顶受到的大风荷载等都具有随时间的推移作为作用力的三要素其中之一会发生变化的特征。

3. 偶然作用

这种作用在结构使用期间不一定出现，一旦出现其值很大，且持续时间短，对结构的影响和危害也大。例如，爆炸冲击力、飓风、地震作用等。

二、荷载的代表值及其确定

设计中用以验算极限状态所采用的荷载量值称作荷载代表值，例如标准值、组合值、频遇值和准永久值。例如，进行结构或构件强度设计时，一般使用荷载的设计值，它是在标准值的基础上调整得到的；进行结构变形和裂缝验算时采用的是荷载标准值。

1. 荷载标准值

(1) 定义

荷载的基本代表值，为设计基准期内最大荷载统计分布的特征值（如均值，众值、中值或某个分位值）。荷载标准值是指结构在使用期间，在正常情况下出现的最大荷载值。

(2) 用途

它是荷载基本代表值，其他荷载代表值可以以它为依据换算得到。

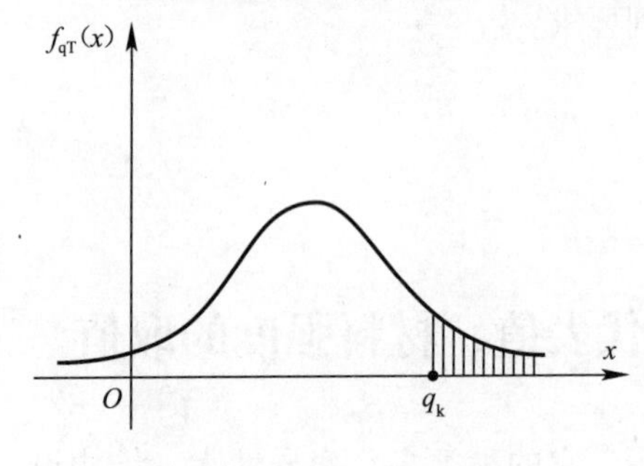

图 3-3 荷载标准值的取值

(3) 荷载标准值的确定

对于永久荷载取其概率分布的某个上分位值作为其标准值，其值的计算是根据建筑和结构设计图纸所限定的材料和尺寸计算得到的；对于可变荷载则取结构设计基准期（结构性能没有显著变化，能够比较好发挥作用的年限，一般设计时以 50 年为基准期）内最大荷载概率分布的某个上分位值作为基准值，如图 3-3 所示。《荷载规范》中给出了常用建筑结构的可变荷载的标准值 q_k，见表 3-6；屋面直升机停机坪局部荷载标准值及作用面积，见表 3-7。

2. 可变荷载准永久值

(1) 定义

对于可变荷载，在设计基准期内，其超越的总时间约为设计基准期一半的荷载值，称为可变荷载准永久值。

(2) 用途

在计算结构长期荷载作用下的变形（挠度）和裂缝时需要考虑可变荷载的准永久值。

(3) 可变荷载准永久值的确定

根据荷载规范给定的准永久系数和给定的某种可变荷载的标准值，二者相乘就得到它的准永久值，即 $\psi_q q_k$。

3. 频遇值

对于可变荷载，在设计基准期内，其超越的总时间为规定的较小比率或超越频率为规定频率的荷载值，称为荷载频遇值。一般在桥梁结构设计中使用，房屋建筑设计中使用较少。荷载频遇值等于可变荷载标准值乘以可变荷载的频遇系数，即 $\psi_f q_k$。

由此可见，可变荷载的准永久值、可变荷载的频遇值二者分别是其荷载标准值与对应的频遇系数的乘积。

4. 荷载的组合

（1）定义

按极限状态设计时，为保证结构的可靠性而对同时出现的荷载设计值的规定称为荷载组合。

结构上同时作用有两种或两种以上的可变荷载时，在每种荷载各自的概率分布中，它们同时以最大值出现的概率很小，为了比较准确地反映各自的实际，除对起主导作用的可变荷载取标准值外，其余伴随的可变荷载应取小于其标准值的组合值为其代表值。例如，在确定荷载的标准组合时，其中含有起控制作用的第一个可变荷载标准值效应，此荷载标准值在组合时不折减。在准永久组合中，含有可变荷载准永久效应。这种代表值就是该荷载的组合值。

（2）用途

在多种可变荷载同时作用于结构或构件，分析结构或构件内力及变形时，需要考虑伴随荷载时取其组合值。例如，现行规范规定，对混凝土构件挠度、裂缝宽度计算采用荷载准永久组合并考虑长期作用影响；对预应力混凝土结构构件的挠度、裂缝宽度计算采用荷载标准组合并考虑长期效应影响。

（3）可变荷载组合值的确定

某种可变荷载的标准值与其对应的组合系数的乘积就是这种可变荷载的组合值 $\psi_c q_k$。

民用建筑楼面均布荷载标准值及其组合值、频遇值和准永久值　　　　表 3-6

<table>
<tr><th>项次</th><th colspan="3">类　别</th><th>标准值（kN/m²）</th><th>组合值系数 ψ_c</th><th>频遇值系数 ψ_f</th><th>准永久值系数 ψ_q</th></tr>
<tr><td rowspan="2">1</td><td colspan="3">（1）住宅、宿舍、旅馆、办公楼、医院病房、托儿所、幼儿园</td><td>2.0</td><td>0.7</td><td>0.5</td><td>0.4</td></tr>
<tr><td colspan="3">（2）实验室、阅览室、会议室、医院门诊室</td><td>2.0</td><td>0.7</td><td>0.6</td><td>0.5</td></tr>
<tr><td>2</td><td colspan="3">教室、食堂、餐厅、一般资料档案室</td><td>2.5</td><td>0.7</td><td>0.6</td><td>0.5</td></tr>
<tr><td rowspan="2">3</td><td colspan="3">（1）礼堂、剧场、影院、有固定座位的看台</td><td>3.0</td><td>0.7</td><td>0.5</td><td>0.3</td></tr>
<tr><td colspan="3">（2）公共洗衣房</td><td>3.0</td><td>0.7</td><td>0.6</td><td>0.5</td></tr>
<tr><td rowspan="2">4</td><td colspan="3">（1）商店、展览厅、车站、港口、机场大厅及旅客等候室</td><td>3.5</td><td>0.7</td><td>0.6</td><td>0.5</td></tr>
<tr><td colspan="3">（2）无固定座位的看台</td><td>3.5</td><td>0.7</td><td>0.5</td><td>0.3</td></tr>
<tr><td rowspan="2">5</td><td colspan="3">（1）健身房、演出舞台</td><td>4.0</td><td>0.7</td><td>0.6</td><td>0.5</td></tr>
<tr><td colspan="3">（2）运动场、舞厅</td><td>4.0</td><td>0.7</td><td>0.6</td><td>0.3</td></tr>
<tr><td rowspan="2">6</td><td colspan="3">（1）书库、档案库、贮藏室</td><td>5.0</td><td>0.9</td><td>0.9</td><td>0.8</td></tr>
<tr><td colspan="3">（2）密集柜书库</td><td>12.0</td><td>0.9</td><td>0.9</td><td>0.8</td></tr>
<tr><td>7</td><td colspan="3">通风井、电梯机房</td><td>7.0</td><td>0.9</td><td>0.9</td><td>0.8</td></tr>
<tr><td rowspan="4">8</td><td rowspan="4">汽车通道及客车停车库</td><td rowspan="2">（1）单向板楼盖（板跨不小于 2m）双向板楼盖（板跨不小于 3m×3m）</td><td>客车</td><td>4.0</td><td>0.7</td><td>0.7</td><td>0.6</td></tr>
<tr><td>消防车</td><td>35.0</td><td>0.7</td><td>0.5</td><td>0.0</td></tr>
<tr><td rowspan="2">（2）双向板楼盖（板跨不小于 6m×6m）和无梁楼盖（柱网不小于 6m×6m）</td><td>客车</td><td>2.5</td><td>0.7</td><td>0.7</td><td>0.6</td></tr>
<tr><td>消防车</td><td>20.0</td><td>0.7</td><td>0.5</td><td>0.0</td></tr>
<tr><td rowspan="2">9</td><td rowspan="2">厨房</td><td colspan="2">（1）餐厅</td><td>4.0</td><td>0.7</td><td>0.7</td><td>0.7</td></tr>
<tr><td colspan="2">（2）其他</td><td>2.0</td><td>0.7</td><td>0.6</td><td>0.5</td></tr>
<tr><td>10</td><td colspan="3">浴室、卫生间、盥洗室</td><td>2.5</td><td>0.7</td><td>0.6</td><td>0.5</td></tr>
</table>

续表

项次	类别		标准值（kN/m^2）	组合值系数 ψ_c	频遇值系数 ψ_f	准永久值系数 ψ_q
11	走廊、门厅	（1）宿舍、旅馆、办公楼、医院病房、托儿所、幼儿园、住宅	2.0	0.7	0.5	0.4
		（2）办公楼、餐厅、医院门诊部	2.5	0.7	0.6	0.5
		（3）教学楼及其他可能出现人员密集的情况	3.5	0.7	0.5	0.3
12	楼梯	（1）多层住宅	2.0	0.7	0.5	0.4
		（2）其他	3.5	0.7	0.5	0.3
13	阳台	（1）可能出现人员密集的情况	3.5	0.7	0.6	0.5
		（2）其他	2.5	0.7	0.6	0.5

注：1. 本表所给的各项活荷载适用于一般情况，当使用荷载较大时、情况特殊时或有专门要求时，应按实际情况采用。
2. 第6项书库荷载，当书架高度大于2m时，书库活荷载尚应按每米书架高度不小于$2.5kN/m^2$确定。
3. 第8项中客车活荷载仅适用于停放载人少于9人的客车；消防车活荷载是适用于满载总量为300kN的大型车辆；当不符合本表要求时，应将车轮的局部荷载按结构效应的等效原则，换算为等效均布荷载。
4. 第8项消防车活荷载，当双向板楼盖板跨介于3m×3m～6m×6m之间时，应按跨度线性插值确定。
5. 第12项活荷载，对于预制楼梯踏步平板尚应按1.5kN集中荷载验算。
6. 本表各项可变荷载不包括隔墙自重和二次装修荷载；对固定隔墙的自重应按永久荷载考虑，当隔墙位置可灵活自由布置时，非固定隔墙的自重应取延长米墙重（kN/m）的1/3作为楼面可变荷载的附加值（kN/m^2）计入，附加值不应小于$1.0kN/m^2$。

屋面直升机停机坪局部荷载标准值及作用面积　　表3-7

类型	最大起飞重量（t）	局部荷载标准值（kN）	作用面积
轻型	2	20	0.20m×0.20m
中型	4	40	0.25m×0.25m
重型	6	60	0.30m×0.30m

屋面均布活荷载标准值及其组合值系数、频遇值系数和准永久系数，如表3-8所示。

屋面均布活荷载标准值及其组合值系数、频遇值系数和准永久系数　　表3-8

项次	类别	标准值（kN/m^2）	组合值系数 ψ_c	频遇值系数 ψ_f	准永久值系数 ψ_q
1	不上人屋面	0.5	0.7	0.5	0.0
2	上人屋面	2.0	0.7	0.5	0.4
3	屋顶花园	3.0	0.7	0.6	0.5
4	屋顶运动场	3.0	0.7	0.6	0.4

注：1. 不上人的屋面，当施工或维修荷载较大时，应按实际情况采用；对不同类型的结构应按有关设计规范的规定采用，但不得低于$0.3kN/m^2$。
2. 当上人屋面兼作其他用途时，应按相应楼面荷载采用。
3. 对于因屋面排水不畅、堵塞等引起的积水荷载，应采取构造措施加以防止；必要时应按可能积水的深度确定屋面活荷载。
4. 屋顶花园活荷载不应包括花圃土石等材料自重。

三、可变荷载按楼层的折减

作用于楼面上的活荷载，并非按表3-6内给定的值满布于各个楼面上，因此，在确定梁、柱、墙和基础的荷载标准值时，应将楼面可变荷载标准值进行折减。现行国家标准

《荷载规范》给出的活荷载按楼层的折减系数如下：

（1）设计楼面梁时，对表 3-6 中的可变荷载，折减系数为：

1）第 1 项中的第（1）类当楼面梁从属面积超过 25m² 时，应取 0.9。

2）第 1 项（2）类～7 项当楼面梁从属面积超过 50m² 时，应取 0.9。

3）第 8 项对单向板楼盖和槽形板的纵肋应取 0.8；对单向板楼盖的主梁应取 0.6；对双向板楼盖得梁应取 0.8。

（2）表 3-6 中第 9～13 项应采用与所属的房屋类别相同的荷载折减系数设计墙、柱和基础时，活荷载按楼层的折减系数见表 3-9。

1）第 1（1）项应按表 3-6 规定采用。

2）第 1（2）类～7 项，应采用与楼面梁相同的荷载折减系数。

3）第 8 项对单向板楼盖应取 0.5；对双向板和无梁楼盖应取 0.8。

4）第 9～12 项应采用与所属房屋类别相同的折减系数。

可变荷载按楼层的折减系数 **表 3-9**

墙、柱、基础计算截面以上的楼层数	1	2～3	4～5	6～8	9～20	>20
计算截面以上各楼层可变荷载综合的折减系数	1.00（0.90）	0.85	0.7	0.65	0.6	0.55

四、材料强度的取值

1. 强度标准值

（1）定义

材料强度标准值是指在正常情况下可能出现的最小值。

（2）用途

在计算结构或构件变形、裂缝宽度和抗裂验算时直接采用；它是换算得到材料设计强度的依据。

（3）强度标准值的确定

1）钢筋的强度标准值：钢筋的国家标准规定，确定各类钢筋强度标准值是经抽样试验得到的。它是取同批钢筋进行强度试验，取比统计平均值偏低具有 95％的保证概率，在材料强度概率分布曲线下分位的值作为钢材强度标准值。《规范》给出的钢筋强度标准值、预应力钢筋强度标准值见表 2-6 和表 2-7。

2）混凝土的强度标准值：混凝土是由天然材料拌合而成，它的组成和强度与工厂化生产的钢筋相比具有很大的离散性，根据《规范》规定，混凝土强度标准值的确定是在材料强度概率分布曲线的下分位比平均值偏低的具有 95％保准概率（5％失效概率）时的材料强度值。《规范》给出的混凝土轴心抗压和轴心抗拉强度标准值见表 2-1 所示。

2. 材料强度设计值

（1）定义

在材料强度标准值的基础上，根据材料强度的变异性大小，除以相应的大于 1 的材料强度分项系数后得到的强度值。

混凝土强度设计值＝混凝土强度标准值/混凝土材料分项系数

$$f_c = \frac{f_{ck}}{\gamma_c} \tag{3-12}$$

《规范》给出的混凝土轴心抗压、轴心抗拉强度设计值见表 2-2 所示。

钢筋强度设计值＝钢筋强度标准值/钢筋材料分项系数。即

$$f_y = \frac{f_{yk}}{\gamma_s} \tag{3-13}$$

《规范》给出的钢筋强度设计值、预应力钢筋强度设计值见表 2-8、表 2-9。

（2）用途

在进行结构的承载能力验算时采用材料的强度设计值。

（3）材料分项系数

材料分项系数是反映材料强度离散性大小的系数，它是把材料强度标准值转化为设计值的调整系数。混凝土取 1.35，钢筋可根据不同的钢筋种类、强度离散性大小不同，强度低的钢筋分项系数小，强度高塑性差的钢筋分项系数较大。

本章小结

1. 结构上的作用分为直接作用和间接作用两种。直接作用是指施加于结构上的各种荷载，包括结构自重、使用人群和家具荷载、风荷载、雪荷载，厂房结构中的吊车荷载和屋面积灰荷载。间接作用包括温度变化、地基不均匀沉降、地震作用下产生的内力和变形。结构上的荷载按随时间的变异性可分为永久荷载、可变荷载、偶然荷载三种；按作用于结构时是否产生加速度分为动荷载和静荷载。按作用方式可分为集中荷载和分布荷载。

2. 建筑结构应满足安全性、适用性和耐久性功能要求。安全性功能由结构的承载能力极限状态来反映，适用性和耐久性功能由结构的正常使用极限状态来反映。这两种极限状态到达后产生的后果严重性程度不同，《规范》把到达承载力极限状态的事件发生的概率控制得比正常使用极限状态的事件发生的概率要严格，这是因为到达承载能力极限状态后结构的安全性已经到达最危险的状态，超过这种状态会造成重大人员伤亡和财产损失。到达正常使用极限状态后，结构的适用性和耐久性性能会受到影响，但不会立即发生非常严重的后果。结构的设计基准期一般是 50 年，超过设计基准期的房屋结构的某些功能会发生变化或降低，但是这并不意味房屋到达设计寿命。结构的安全性、适用性和耐久性统称结构的可靠性，这三项内容反映了建筑结构在正常设计、正常施工、正常使用、正常维护条件下完成预定功能的能力。结构的可靠度是指结构完成预定功能的概率，是对可靠性的一个定量表达。

3. 结构上的作用引起的结构或构件内力、变形等称为和荷载效应，用 S 表示，结构或构件承受荷载效应的能力称为结构抗力，用 R 表示。由于荷载效应和结构抗力都具有随机性和不确定性，所以要用数理统计的方法来研究。我国《规范》采用的是以概率论为基础的极限状态设计法，以结构的可靠指标量度结构的可靠性，用分项系数表达的设计式进行设计。主要使用的分项系数有荷载分项系数、材料分项系数、结构重要性系数，它们的作用是将标准值转化为设计值，将结构的重要性程度反映在结构计算式中。荷载标准值乘

以相应的不小于1的荷载分项系数即为荷载设计值；材料强度标准值除以大于1的材料分项系数即为材料的强度设计值。建筑结构的安全等级分为三级，破坏出现后产生的后果特别严重的建筑划分为一级，破坏后的后果较为严重的划分为二级，破坏发生后果轻微的划分为三级；在计算结构荷载效应时，分别乘以结构重要性系数为：一级为1.1，二级为1.0，三级为0.9。

4. 结构按承载力极限状态验算时，采用荷载效应设计值和材料强度的设计值；结构按正常使用极限状态验算时，采用荷载标准值和材料强度标准值。结构的两种极限状态由安全性功能（承载能力极限状态）、适用性和耐久性功能（正常使用极限状态）来反映。

5. 正常使用极限状态验算内容：包括结构构件变形验算、构件抗裂及裂缝宽度验算，还应根据环境类别、结构的重要性和设计使用年限，进行混凝土结构的耐久性设计。

复习思考题

一、名词解释

结构上的作用　荷载代表值　荷载标准值　荷载设计值　荷载分项系数永久荷载　可变荷载　偶然荷载　材料分项系数　结构重要性系数　结构的承载能力极限状态　结构的正常使用极限状态　结构的安全性　结构的适用性　结构的耐久性　结构的设计基准期　结构的可靠性　结构的可靠度　荷载效应　结构抗力

二、问答题

1. 什么是结构上的作用？它分为几类？

2. 荷载的代表值有几种？荷载的基本代表值是什么？

3. 荷载分项系数、材料分项系数、结构重要性系数的含义是什么？

4. 建筑结构的功能要求包括哪些内容？结构功能的“三性”是什么？

5. 结构设计基准期的含义是什么？

6. 结构的重要性等级怎样划分？在承载力验算时如何体现？

7. 荷载效应和构件抗力的含义各是什么？它们有什么特性？

8. 什么是结构的极限状态？它分为几类？各自的含义是什么？

9. 承载能力极限状态的设计表达式是怎样的？结构验算时的M、N和M_u、N_u有什么区别？

三、计算题

已知某办公楼的预制钢筋混凝土（$\gamma_1=25\text{kN/m}^3$）实心走道板，厚度80mm，宽度$b=0.5\text{m}$，计算跨度$l_0=2.5\text{m}$。水泥砂浆（$\gamma_2=20\text{kN/m}^3$）面层25mm，板底采用20mm厚混合砂浆粉刷（$\gamma_3=20\text{kN/m}^3$）。结构重要性系数$\gamma_0=1.0$，楼面使用可变荷载为2.0kN/m^2。求：(1) 计算均布永久线荷载标准值g_k与均布可变线荷载标准值q_k；(2) 计算走道板跨度中点截面的弯矩设计值M。

第四章　钢筋混凝土受弯构件正截面受弯承载力计算及构造

学习要求和目标：

1. 掌握梁、板中构造钢筋设置的基本要求。

2. 理解纵向受拉钢筋配筋百分率对梁正截面破坏形态的影响。

3. 理解钢筋混凝土梁正截面抗弯承载力计算时采用的截面计算简图。

4. 熟练掌握钢筋混凝土单筋矩形截面受弯构件正截面受弯承载力设计及强度复核的公式，公式的适用条件，截面设计与复核的步骤及方法。

5. 了解双筋矩形截面、单筋 T 形截面正截面受弯承载力计算和强度复核的步骤和公式。

钢筋混凝土受弯构件承受施加于它上部的荷载作用时，截面会受到弯矩和剪力影响。在建筑结构中，梁、板是最常用的受弯构件。本章主要讨论钢筋混凝土梁、板的基本构造要求，以及梁、板正截面抗弯承载力计算与正截面强度复核等问题。

钢筋混凝土梁根据其截面受力及配筋情况的不同，分为单筋梁与双筋梁。单筋梁是指仅在梁的截面受拉区配置受拉筋的梁；双筋梁是指不仅在梁截面受拉区配有受拉钢筋，同时也在截面受压区边缘配置受压钢筋的梁。根据截面形状不同，钢筋混凝土梁可分为矩形、T 形、十字形、花篮形和倒 L 形等。梁是承受弯矩和剪力作用的构件，按承载能力极限状态计算时要进行正截面受弯承载力和斜截面受剪承载力两方面的计算。除有特殊要求时，一般情况下可不进行正常使用极限状态的验算，通常是采取相关构造措施来满足要求。但对挠度、振动和裂缝要求高的构件还要根据使用要求，依据《规范》的相关规定，进行适用性、耐久性等性能中的某些特定内容的验算。钢筋混凝土板是承受弯矩作用的另一类常用受弯构件，**按制作方法不同，钢筋混凝土板可分为现浇板、预制板两类；按截面类型不同，分为实心板、空心板两类。**钢筋混凝土板设计时必须按承载能力极限状态进行正截面受弯承载力的计算，由于板承受荷载的特点和截面尺寸的缘故，一般情况下钢筋混凝土板的斜截面受剪承载力能够满足要求，所以在板截面设计时，不进行斜截面受剪承载力的计算；确有必要时，可按正常使用极限状态的要求验算板的挠度、抗裂或裂缝宽度，使其满足规范规定的限值要求。一般情况下板是单筋受弯构件，只在其受拉区配置受拉钢筋，同时在受拉筋的内侧配置分布钢筋，其他部位根据需要配置构造钢筋。

在几乎所有工业与民用建筑工程中都离不开梁、板这样的受弯构件，无论是可以简化为简支于墙顶的简支梁、框架结构中的多跨连续梁、工业厂房的吊车梁，还是房屋结构中的楼板、屋面板、地沟盖板、雨篷板，不论它们支承情况和受力状况如何，都是常用的结构受弯构件。

第一节　梁、板的一般构造

构造要求和结构计算具有同样重要的意义，它们面对的问题、学习时难易程度、在结构中起到的作用虽有不同，都是结构设计的重要组成部分。这是因为规范规定的构造要求大多来自于工程实践，并被实践证明行之有效，在实际工程中，许多难以通过数值计算解决的问题，却可以通过合理构造措施妥善加以解决。

一、梁的截面与配筋

（一）梁的截面形状和尺寸

梁截面尺寸是根据强度、刚度和抗裂（或裂缝宽度）三个方面的要求确定的。

1. 梁截面高度 h

根据以往工程经验和梁的挠度验算、抗裂或裂缝宽度验算公式的推导分析得出，钢筋混凝土简支梁截面高度可由式（4-1）计算得到。

$$h=\left(\frac{1}{8}\sim\frac{1}{12}\right)l_0 \tag{4-1}$$

式中　l_0——梁的计算跨度。

从梁截面刚度出发，根据以往设计经验，梁的不需进行挠度验算的最小高度应符合表4-1的要求。

不需要进行挠度验算的梁最小高度　　　　**表 4-1**

项　次	构件种类		简　支	两端连续	悬　臂
1	整体式肋形楼盖	主梁	$\frac{1}{15}l_0$	$\frac{1}{20}l_0$	$\frac{1}{8}l_0$
		次　梁	$\frac{1}{12}l_0$	$\frac{1}{15}l_0$	$\frac{1}{6}l_0$
2	独立梁		$\frac{1}{12}l_0$	$\frac{1}{15}l_0$	$\frac{1}{6}l_0$

注：l_0 为梁的跨度，当梁的跨度大于 9m 时，表中的数值应放大 20%。

2. 梁截面宽度 b

确定矩形截面梁、T 形截面梁宽度 b 时，一般根据梁的高度 h 根据式（4-2）、式（4-3）确定。

矩形截面梁
$$b=\left(\frac{1}{2}\sim\frac{1}{2.5}\right)h \tag{4-2}$$

T 形截面梁
$$b=\left(\frac{1}{2.5}\sim\frac{1}{3}\right)h \tag{4-3}$$

为了便于施工和模板定型化，梁的尺寸应符合模数的要求，通常梁高 h 取为 150、180、200、240、250mm，超过 250mm 时按 100mm 进制。梁宽 b 通常取为 120、150、180、200、220、250mm，超过 250mm 时按 50mm 进制。

3. 梁的截面形状

梁截面面积相同的情况下，截面形状不同时梁提供的截面抗弯刚度不同，根据材料力学中“合理截面”的概念，结合工程实用的多少，一般情况下钢筋混凝土梁截面形状，根据实用性程度的高低依次是矩形、T形、I字形、花篮形、十字形、倒L形等。

（二）梁截面的配筋

钢筋混凝土梁内通常配置纵向受力钢筋、箍筋、弯起钢筋和架立钢筋四种钢筋，如图4-1所示。特殊情况下也可配置其他的钢筋，本节主要讨论前述的那四种钢筋。

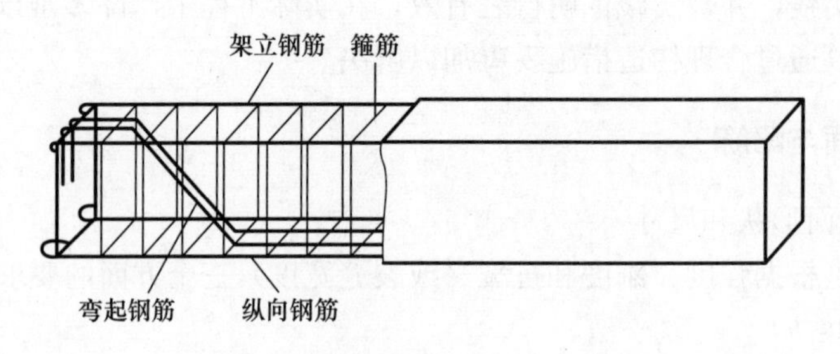

图4-1　钢筋混凝土梁的配钢筋

1. 纵向受力钢筋

（1）作用

纵向受力钢筋是沿着梁的纵向配置的起承受纵向内力作用的钢筋。在单筋梁中，它专指配在梁截面受拉区的受拉钢筋，**它的作用是和包裹它的混凝土形成整体，共同抵抗由梁截面所承受的弯矩引起的梁截面受拉区域内的拉力。在双筋梁中，纵向受力筋一方面包括了配在梁截面受拉区的纵向受拉钢筋，另一方面也包括了配置在梁截面受压区的纵向受压钢筋，受压钢筋的作用是和受压区包裹在它周围的混凝土形成整体，共同抵抗由截面承受的弯矩所引起的压力。**

（2）直径

梁内纵向受力钢筋的直径，一般在12～25mm，梁截面尺寸较大或梁内配筋面积较大时，可以选用粗直径的钢筋。当梁高度h大于等于300mm时，纵筋的直径d不应小于10mm；当梁高度h小于300mm时，钢筋直径d不应小于8mm。

（3）净间距

为了确保梁内受力纵向钢筋和混凝土之间充分的粘结并有效地传递内力，确保梁内混凝土浇筑和振捣密实时的方便，在截面梁的上部水平钢筋的净距离不小于30mm和$1.5d$中的较大值；梁下部水平钢筋的净距不应小于25mm和d中较大值。当梁下部钢筋多于2层时，2层以上钢筋水平向的中距应比下面2层的中距增大一倍；梁截面下部的上下各层钢筋之间的净距不应小于25mm和d（d为钢筋的最大直径）。梁内钢筋之间的净距如图4-13所示。

（4）伸入支座内的纵筋数量

伸入支座内的纵筋不少于两根。双筋梁中，受压钢筋兼作架立钢筋时，伸入支座的根数不少于两根，且必须保证箍筋的两个角各有一根纵向受力钢筋伸入支座。

（5）并筋的配筋方式

根据长期工程实践经验，为了保证混凝土现浇时的质量，解决粗钢筋配置及以往配筋密集引起的设计、施工困难等问题，《规范》提出了并筋的配筋形式，并筋配筋的规定如下：构件中的钢筋可以采用并筋的配筋形式；直径 28mm 及以下的钢筋并筋数量不超过 3 根，如图 4-2 所示；直径 32mm 的钢筋并筋数量宜为 2 根，如图 4-2（*a*）、（*b*）所示。直径 36mm 及以上的钢筋不宜采用并筋。并筋应按单根等效钢筋进行计算，等效钢筋的等效直径应按截面面积相等的原则确定；二并筋可按横向或纵向的方式布置；三并筋宜按品字形布置，并且均按并筋的重心作为等效钢筋的重心。

等直径横向二并筋时，并筋后钢筋重心在原钢筋的重心处，如图 4-2（*a*）所示；纵向等直径二并筋时，并筋后钢筋重心在两根钢筋上下接触面处，在距上面钢筋的上表面或距下面钢筋的下表面的距离为钢筋直径 d 的位置处，如图 4-2（*b*）所示。等直径品字形并筋时，并筋后钢筋的重心在距钢筋下表面近似为 $0.8d$ 的位置处，如图 4-2（*c*）所示；等直径反向品字形并筋时，并筋后钢筋的重心在距钢筋上表面近似为 $0.8d$ 的位置处，如图 4-2（*d*）所示。

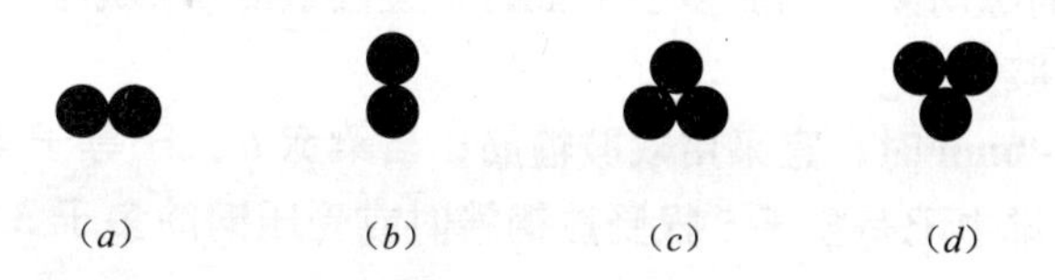

图 4-2　梁内纵向受力钢筋的并筋配置方式

（*a*）、（*b*）二并筋；（*c*）、（*d*）三并筋

即两根直径相同的钢筋并筋后的等效直径可取 1.41 倍单根直径，即 $d_{eq}=1.41d$，三根等直径的钢筋并筋后的等效直径取 1.73 倍单根钢筋直径，即 $d_{eq}=1.73d$。等效直径 d_{eq} 对于近似计算并筋后钢筋截面积有使用价值。

2. 箍筋

（1）作用

从受力的角度看，箍筋的作用是承受由梁截面弯矩和剪力共同作用后出现的主拉应力引起的梁斜截面的拉力，起抗剪作用；箍筋对限制钢筋混凝土梁斜裂缝宽度的增加，延缓斜截面受剪破坏等方面效果显著。从构造的角度看，箍筋和纵向受力钢筋、架立钢筋通过绑扎和焊接形成封闭完整的钢筋骨架，确保了梁内钢筋骨架中的四种钢筋具有正确的位置。

（2）直径

当梁截面高度 h 不大于 800mm 时，箍筋直径 d_{sv} 不应小于 6mm；当 h 大于 800mm 时，d_{sv} 不应小于 8mm；梁中配有计算需要的纵向受压钢筋时，箍筋直径不应小于 $d/4$（d 纵向受压钢筋的最大直径）。

（3）设置要求

按承载力计算不需要箍筋的梁，当截面高度大于 300mm 时，应沿梁的全长设置构造箍筋；当梁截面高度 $h=150\sim300$mm 时，可仅在梁两端各 $1/4l_0$ 范围内设置构造箍筋（l_0 为梁的计算跨度）。但当在梁中部 1/2 跨度范围内有集中荷载作用时，则应沿梁的全长设置箍筋。当梁截面高度小于 150mm 时，可以不设置箍筋。

（4）最大间距

《规范》规定的梁中箍筋最大间距见表 4-2 所示。

梁中箍筋最大间距（mm） **表 4-2**

梁高 h	$V>0.7f_tbh_0$	$V\leqslant 0.7f_tbh_0$
$150<h\leqslant 300$	150	200
$300<h\leqslant 500$	200	300
$500<h\leqslant 800$	250	350
$h>800$	300	400

(5) 梁中箍筋形式

箍筋应做成封闭式，且弯钩直线段长度不应小于 5*d*，*d* 为箍筋直径。箍筋最大间距不应大于纵向受压钢筋的最小直径 *d* 的 15 倍，并不应大于 400mm。当一层的纵向受压钢筋多于 5 根且直径大于 18mm 时，箍筋间距不应大于 10 倍纵向受压钢筋的最小直径 *d*。

当梁的宽度 *b* 大于 400mm，且一层内的纵向受压钢筋多于 3 根时，或当梁的宽度不大于 400mm 但一层内的纵向受力钢筋多于 4 根时，宜设置复合箍筋。

(6) 梁中箍筋的肢数

当梁宽 *b* 小于 350mm 时，宜采用双肢箍筋；当梁宽 *b* 大于等于 400mm 时宜用四肢箍筋；梁内受拉钢筋一排中配有多于 5 根受拉钢筋时或受压钢筋多于 3 根时，宜采用四肢箍筋或六肢箍筋，四肢箍筋一般由两个双肢箍筋组成。

(7) 抗扭箍筋

工程实践中，通常构件受弯的同时还要受到扭矩的影响，为了防止扭矩引起的破坏，通常在梁的截面内结合受弯钢筋还要配置受扭纵筋和受扭箍筋，受扭箍筋的配置要求是：受扭箍筋应做成封闭式；根据空间变角桁架理论，受扭构件中抵抗扭转拉应力和压应力的受扭箍筋应沿构件截面周边均匀配置；抗扭计算时复合箍筋内部的几肢不应计入受扭所需的箍筋面积；受扭箍筋的数量和受剪箍筋的数量和起来后一起配置；受扭箍筋和抗震设计所需的箍筋一样末端要做成 135°的弯钩，弯钩的平直段长度应为 10*d*（*d* 为箍筋直径）。箍筋的肢数和形式如图 4-3 所示。

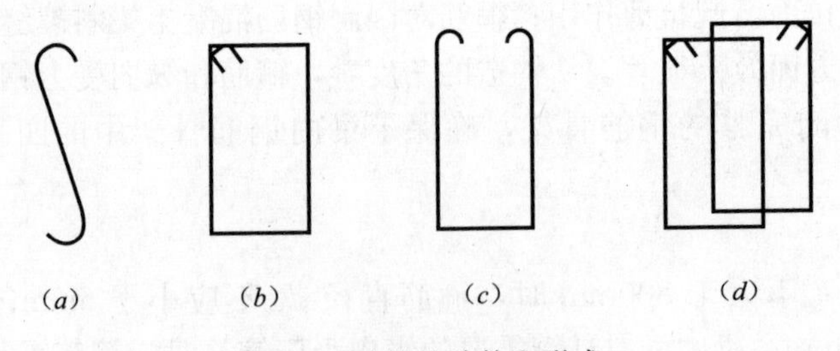

图 4-3　箍筋的肢数和形式

3. 弯起钢筋

(1) 作用

弯起钢筋是从梁跨中截面所配的纵向受拉钢筋中，将其中在支座附近不需要继续提供抗弯承载力的钢筋弯折而成的。它的主要作用是和箍筋一起抵抗弯矩和剪力共同作用所产生的主拉应力（斜向拉应力），起抗剪的作用。

(2) 设置要求

弯起筋的横截面面积一般根据计算确定，可参照实配纵向钢筋，从其中选取满足要求的作为弯起筋。构造要求为：当梁高 h 小于等于 800mm 时，弯起角为 45°，当梁高 h 大于 800mm 时弯起角为 60°。在弯起终点外应留有平行于梁轴线方向的锚固长度，且在受拉区不应小于 $20d$，在受压区不小于 $10d$（d 为弯起钢筋的直径）。

当纵向受拉钢筋受限制不能在需要的位置弯起或弯起钢筋不能满足抗剪要求时，需要增设附加鸭筋来补充，鸭筋的两端水平段要锚固在梁的受压区，如图 4-4（a）所示；不能采用一端锚固在受拉区，另一端锚固在受压区的浮筋，如图 4-4（b）所示。

光圆钢筋和变形钢筋作弯起钢筋时，端部构造如图 4-5 所示。

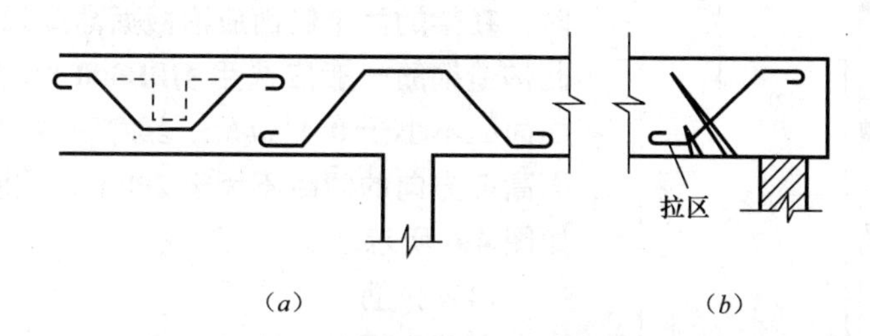

图 4-4　附加鸭筋、吊筋及浮筋

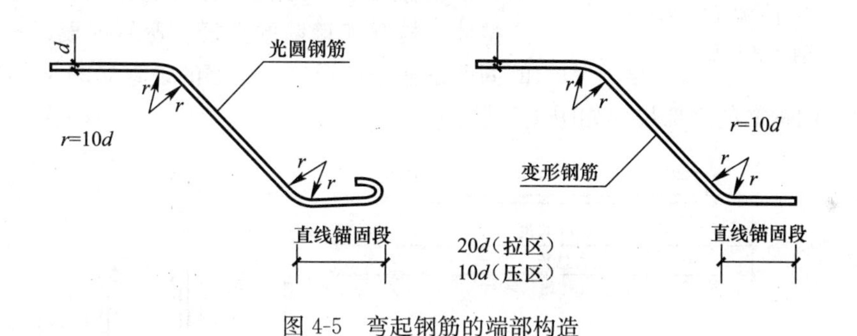

图 4-5　弯起钢筋的端部构造

4. 梁内构造钢筋

梁内构造钢筋包括架立钢筋、梁上部纵向构造钢筋、梁截面中部构造钢筋、拉筋和构造负筋。

（1）架立筋

1）作用

架立筋一般配置在梁箍筋的上角，通过箍筋和弯起筋，以及下部纵向受拉钢筋形成封闭的钢筋骨架，确保其他钢筋在梁内的正确位置。此外，架立筋也可协助受压区混凝土承受一部分压力，当混凝土收缩时可以防止梁上部产生的开裂。

2）设置要求

当梁跨度小于 4m 时，架立筋的直径不宜小于 8mm；梁跨度在 4～6m 时，不宜小于 10mm；当梁跨度大于 6m 时，不宜小于 12mm。架立筋如需和受力纵筋搭接，不需满足搭接长度不小于 $30d$ 的要求（d 为架立筋的直径）。

（2）梁上部纵向构造钢筋

当梁端按简支计算但实际受到部分约束时，如梁端嵌固在承重砖墙中时，应在支座上部设置纵向构造钢筋。其截面面积不应小于梁跨中截面下部纵向受力钢筋计算所需截面面积的 1/4，且不小于 2 根。该构造钢筋自支座边缘向跨内伸出的长度不应小于 $l_0/5$，l_0 为

梁的计算跨度；在支座内的锚固长度不应小于 l_a。

（3）梁截面中部构造钢筋

1）作用。当梁截面高度 h 相对较高，架立筋或上部受压纵筋到梁下部截面受拉纵筋之间距离较大，梁中部混凝土产生收缩变化后会引起梁截面中部混凝土开裂，设置梁截面中部构造钢筋可以有效防止梁中部混凝土的开裂；此外，梁截面中部构造钢筋还具有增加梁内钢筋骨架刚度的作用。

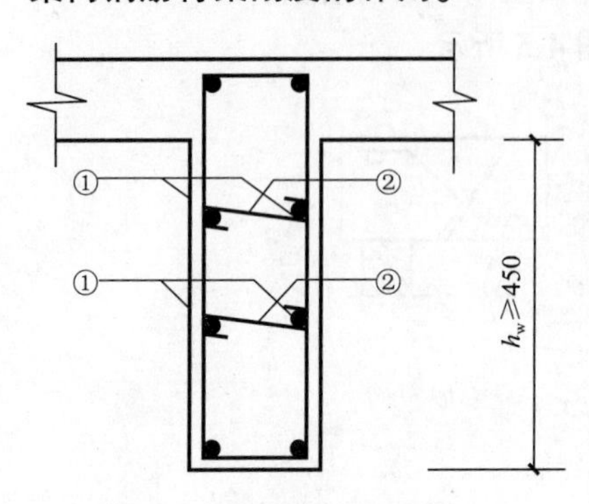

图 4-6　梁内梁截面中部构造钢筋和拉筋

2）设置。当梁的腹板的高度 h_w 大于等于 450mm 时，在梁的两个侧面应沿截面高度配置纵向构造钢筋，此构造钢筋一般应选用 HPB300 级光圆钢筋，每侧截面面积不小于 $0.1\% bh_w$，梁截面中部构造钢筋沿梁截面高度方向的间距不大于 200mm，直径为 10～14mm，如图 4-6 所示。

（4）拉筋

主要作用是拉结和固定梁截面中部构造钢筋的位置，使梁截面中部构造钢筋和梁的钢筋骨架拉结成一个整体。拉筋和箍筋的直径、弯钩的要求一致，拉筋的间距是箍筋的两倍，拉筋的设置如图 4-6 所示。

梁内常用钢筋的细部尺寸如图 4-7 所示。

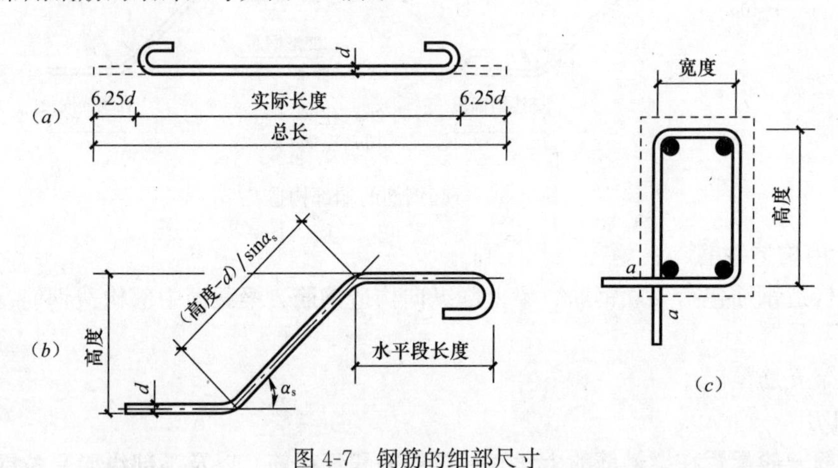

图 4-7　钢筋的细部尺寸

二、板的厚度和配筋

（一）板的厚度

板的厚度要满足强度、刚度和抗裂（或裂缝宽度）的要求。厚度不够的板为了满足强度要求，消耗的受力钢筋就多，不经济；但如果板太厚，会造成混凝土用量的急剧增加，也不经济。从抵抗变形和抗裂的角度看，板太薄，截面提供的抗弯刚度 $E_c I$ 就太小，挠度和抗裂验算就不容易满足。工程实践中从刚度条件出发，结合以往工程经验给出了现浇板的跨厚比 l/h 要求是：钢筋混凝土单向板不大于 30，双向板不大于 30，预应力板可适当增加，当板承受的荷载、板的跨度较大时宜适当减小。现浇板的最小厚度要求见表 4-3。当板上作用的荷载较小时，可以选择满足上述两个要求中规定尺寸中较薄的值作为板厚，当板上承受比较大的荷载时可以适当选择较厚的板厚尺寸。

现浇板的最小厚度（mm） **表 4-3**

板的类别		最小厚度
单向板	屋面板	60
	民用建筑楼板	60
	工业建筑楼板	70
	车道下的楼板	80
双向板		80
密肋楼盖	面板	50
	肋高	250
悬臂板（根部）	悬臂长度不大于 500mm	60
	悬臂长度 1200mm	100
无梁楼盖		150
现浇空心楼盖		200

（二）板的配筋

通常由于板截面厚度较厚，板面荷载较小，引起的板截面主拉应力较小，通常不会发生斜截面破坏，因此，板内不设置用于抵抗主拉应力的弯起筋和箍筋。板相对于梁截面高度小，一般也不需要配置构造用的架立筋。板内钢筋分为受力钢筋、分布钢筋以及其他构造钢筋。

1. 受力钢筋

（1）作用

板内受力钢筋的主要作用是抵抗板面荷载引起的截面受拉侧的弯曲拉应力。

（2）配置

沿板的跨度方向，在板横截面受拉区配置受拉钢筋。对于一般楼（屋）面板，受拉钢筋配置在板截面的下部受拉区；在板的长跨 l_2 与短跨 l_1 的比值 l_2/l_1 大于 3 的单向板，受力钢筋是沿着板的受力方向即短跨配置；在长跨 l_2 与短跨 l_1 的比值 l_2/l_1 小于 3 的双向板楼盖中，板的两个方向都是受力方向，两个方向配置的钢筋都是受力钢筋，一般短边方向的钢筋配在外侧；对于阳台板、雨篷板、挑檐板等悬臂构件以及地下室底板等构件，受力钢筋配置在板的上部受拉区。对于悬臂构件和上部配筋的构件，为确保受拉钢筋的位置和截面有效高度，钢筋端部宜设置直角钩支撑在板底，当板厚大于 120mm 时可做成圆钩。对于梁式厚板采用双筋截面时需要在板平面均匀配置马凳筋。

（3）间距及数量

板中受力钢筋的间距，当板厚不大于 150mm 时，不宜大于 200mm；当板厚大于 150mm 时，不宜大于板厚的 1.5 倍，且不宜大于 250mm。

板内所配的受力钢筋的数量，对简支板经过其跨中或连续板对其跨中和连续支座截面的正截面抗弯承载力计算获得，并参照《规范》有关要求决定的。

（4）直径

当板厚 h 小于 100mm 时，d=6～8mm；当板厚 h=100～150mm 时，d=8～12mm；

当板厚 h 大于 150mm 时，d=12～16mm。

（5）配置方式

多跨连续板的跨中受拉区和支座上部受拉区均需配置受拉钢筋。配筋方式分为弯起式和分离式两种。采用弯起式配筋的板整体性好，节省钢筋；弯起式配筋的钢筋弯起角度在30°～45°之间。采用分离式配筋时，板的施工简便，但板的整体性较差。弯起式配筋和分离式配筋的细部构造详见第十章第二节的相关要求。

（6）伸入支座的锚固长度

采用分离式配筋的多跨板，板底钢筋宜全部伸入支座或采用等直径钢筋一根锚入支座，一根在距离支座一定距离处截断锚固的配筋方式；支座负弯矩钢筋向梁跨中延伸的长度，应根据负弯矩图确定，并应满足钢筋在支座内的锚固要求。

受力筋在支座内的锚固长度 l_{as} 大于等于 $5d$（d 为受力钢筋的直径）且宜伸过支座中心线。当连续板内温度、伸缩应力较大时，伸入支座的长度宜适当增加。

当采用焊接网配筋时，板的末端至少有一根横向钢筋配置在支座内，如不能满足要求时，伸入支座内的受力钢筋末端必须设置弯钩或加焊横向锚固钢筋。

2. 分布钢筋

（1）作用

1）固定受力钢筋的位置，确保浇筑混凝土时受力筋不发生平面和上下移动；

2）将板上局部承受的集中力向比较大范围的受力钢筋上传递；

3）抵抗由混凝土收缩和温度的变化在垂直于受力钢筋方向的拉应力，防止板表面产生沿受力钢筋方向的开裂；

4）在单向板肋形楼屋盖中，分布钢筋可以抵抗沿板长边方向传递的数值较小的内力。如图 4-8 所示为单向板中钢筋配置。

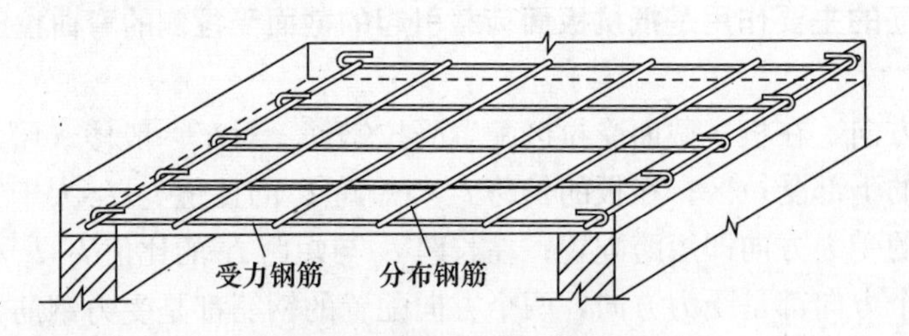

图 4-8　板中受力钢筋与分布钢筋

（2）配置

沿板的宽度方向均匀配置的分布钢筋单位长度内的面积，不宜小于沿板长度方向均匀配置的受力钢筋面积的 0.15%；分布钢筋间距不宜大于 250mm，其直径不小于 6mm；集中荷载较大时，分布钢筋面积应适当加大，间距不宜大于 200mm。

在温度和收缩应力较大的现浇板范围内，钢筋间距不宜大于 200mm。防裂构造钢筋可利用原有构造钢筋贯通配置，也可另行设置钢筋按受拉钢筋的要求搭接或在周边构件中锚固。

楼板平面的瓶颈部位宜适当增加板厚和配筋。沿板的洞边凹角部位宜加配防裂构造钢筋，并采取可靠的锚固措施。

并应在受力筋的另一面设置温度和收缩钢筋。板的两个互相垂直的横截面配筋率均不应小于0.1%。平衡温度应力和收缩作用的钢筋可以利用原有钢筋贯通布置，也可另行设置构造钢筋网，并与原有钢筋按受拉钢筋的要求搭接或在周边构件中锚固。

3. 构造钢筋

在现浇单向板肋形板楼盖中，主梁、次梁和板整体浇筑在一起，受力后可能会在主梁与板连接处发生裂缝，也可能在板边和板的角部受墙体和边梁等的嵌固，板上部荷载作用后在板边和板的角部发生开裂，为了有效地防止这些问题的发生，必须在板的上部和板的角部设置构造钢筋，如图4-9所示。

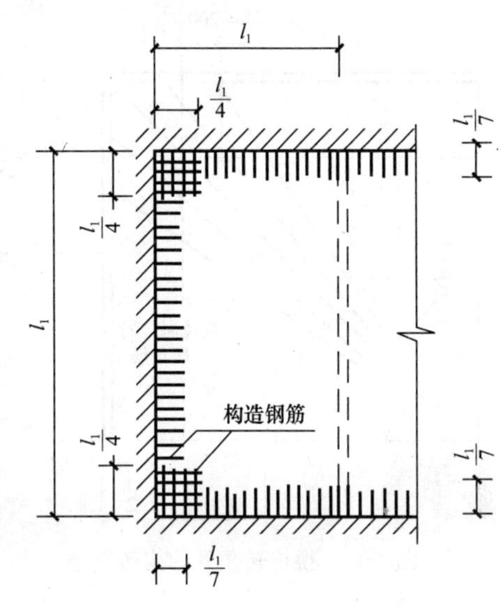

图4-9　板嵌固在承重墙内时沿墙边和墙角设置的构造钢筋

(1) 现浇单向板或双向板的板角上部构造钢筋

为了防止板角受双向嵌固作用的影响出现垂直于板对角线的板面裂缝，必须在板角的上部设置构造负筋，在板上部离板角点 $l_1/4$ 范围内配置板面双向钢筋网，该钢筋在支座内满足锚固长度要求；从墙边伸入板内长度不小于 $l_1/4$.（l_1 是单向板或双向板的短边跨度），如图4-9所示。

当板边嵌固在承重墙内时，为了防止板边出现沿嵌固墙长度方向的开裂，沿板边全长应配置上部构造钢筋，间距不大于200mm，直径 d 不小于6mm（包括弯起钢筋），此构造钢筋从墙边伸入板内的长度不小于板短边跨度的 $l_1/7$（l_1 是单向板或双向板的短边跨度）；沿板受力方向配置的上部构造钢筋，其截面面积不应小于该方向跨中受力钢筋截面面积的1/3；沿非受力方向的构造钢筋可酌情减少。

(2) 受承重墙的嵌固板边上部的构造钢筋

沿主梁跨度方向间距200mm配置垂直主梁的板上部构造钢筋，该钢筋直径 $d \geqslant 8$mm，从主梁边伸入板内的长度为板跨的四分之一，即 $l_0/4$；单位长度范围内的受力钢筋面积不小于板内受力钢筋面积的1/3，如图4-10所示。

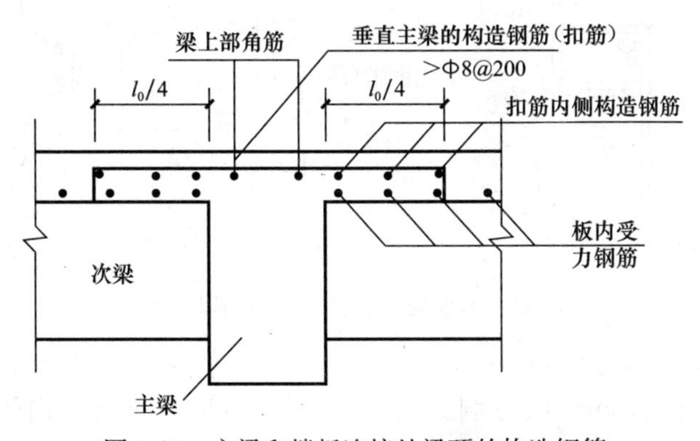

图4-10　主梁和楼板连接处梁顶的构造钢筋

(3) 嵌固在边梁、钢筋混凝土墙和柱内的板边上部构造钢筋

现浇单向板或双向板与周边边梁整体浇筑在一起时，板上部应配置沿板边的构造钢筋，配置的钢筋面积不宜小于板跨中同方向纵向钢筋面积的1/3；在单向板中该钢筋从梁

边伸入板内的长度宜大于等于 $l_1/5$（l_1 是单向板或双向板的短边跨度），在双向板中该钢筋不小于 $l_1/4$（l_1 是双向板短跨方向的跨度），在板角处该钢筋应沿两个方向垂直各自正常设置或按放射状设置。当柱角或墙的阳角伸入板内尺寸较大时，也按上述梁边和钢筋混凝土墙边的要求配置板边上部构造钢筋，其伸入板内的长度应从柱边或墙边算起。上述构造钢筋也应按受拉钢筋锚固在墙、梁和柱内。

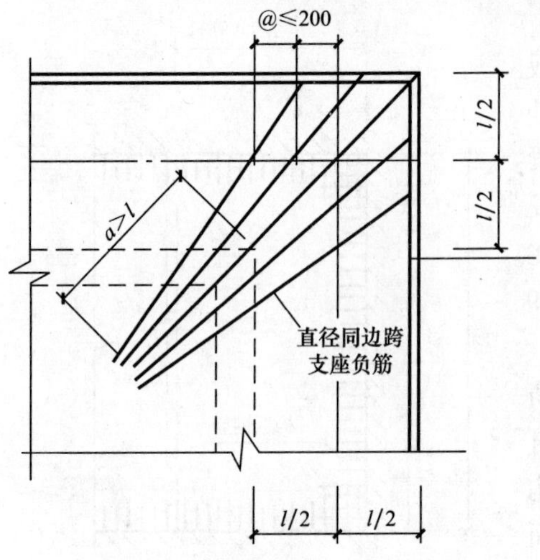

图 4-11　挑檐转角处的构造钢筋

（4）挑檐转角处的构造钢筋

挑檐转角处受到两个互相垂直方向的弯矩影响上表面容易开裂，因此必须在这个部位布置放射形板面构造钢筋。挑檐板出挑跨度为 l，在 $l/2$ 处该放射钢筋的间距不应大于 200mm；该放射钢筋锚入板内的长度不小于挑檐板的出挑长度 l，如图 4-11 所示。放射钢筋的直径 d 与边跨支座的（边梁）的负筋相同。

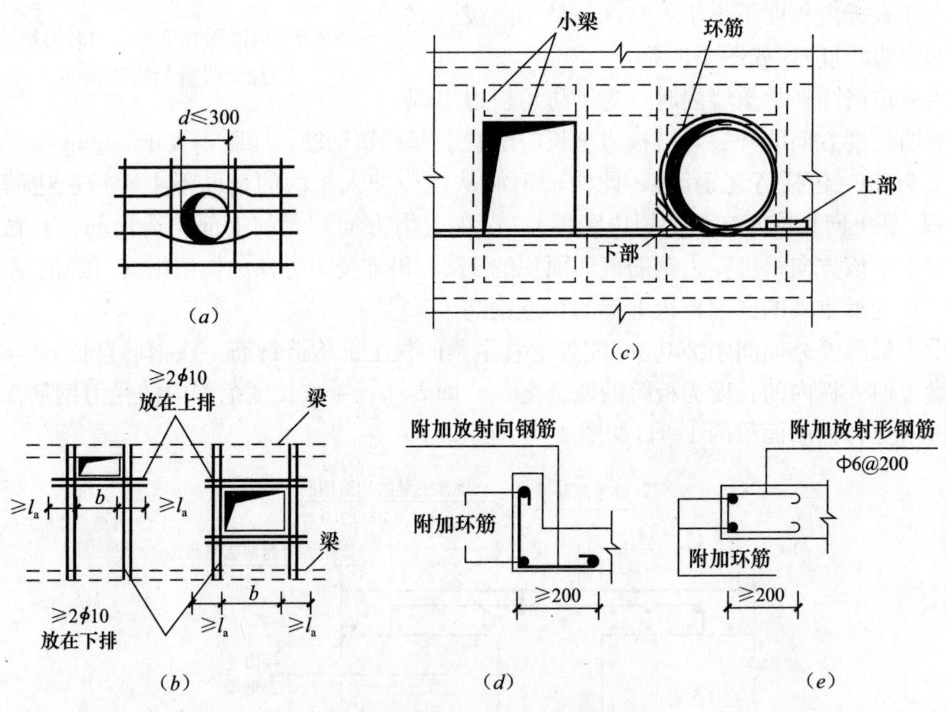

图 4-12　现浇板洞口加筋和洞口小梁

（5）板上开洞时的构造钢筋

1）圆洞直径小于 300mm 或方洞边长小于 300mm 时，可将板内受力钢筋绕过洞口，不必采用加强钢筋，如图 4-12（*a*）所示。

2）当 $D \geqslant 300$mm 或 $B \leqslant 1000$mm 时，应沿洞每边配置加强钢筋，其面积不小于洞口宽度范围内被切断的受力钢筋面积的 1/2，且不小于两根直径 10mm 的 HPB300 钢筋，如图 4-12（*b*）所示。

3）当 $D>1000$mm 时，如无特殊要求应在洞口边设置小梁，将两个方向的受力筋和构造钢筋牢靠锚固在其中，如图 3-12（c）、（d）、（e）所示。

（6）现浇混凝土空心楼板的体积空心率不宜大于 50%

采用箱形内孔时，顶板厚度不应小于肋间净距的 1/15 且不小于 50mm。当底板配置受力钢筋时，其厚度不小于 50mm。内孔肋间宽与内孔高度比不宜小于 1/4，且肋宽不应小于 60mm，对预应力板不应小于 80mm。

采用管形内孔时，孔顶、孔底板厚不应小于 40mm，肋宽与内孔径之比不宜小于 1/5，且肋宽不应小于 50mm，对预应力板不宜小于 60mm。

（三）板中钢筋的间距、钢筋保护层厚度和梁的有效高度

1. 间距

板、梁中钢筋间距是指同排钢筋之间以及设置多排配筋时上下层钢筋之间的净距。保证板中钢筋间距的目的，一方面在于保证施工时便于混凝土的浇捣，另一方面是确保钢筋周围混凝土能够充分包裹钢筋，使钢筋和混凝土之间具有可靠的粘结力，以确保梁的内力能有效传递。此外，在板中为了使钢筋受力均匀，钢筋间距又不能超过《规范》规定的最大间距要求。

（1）梁中钢筋间距

《规范》规定的梁中钢筋净距，以及梁和板截面的有效高度如图 4-13 所示。

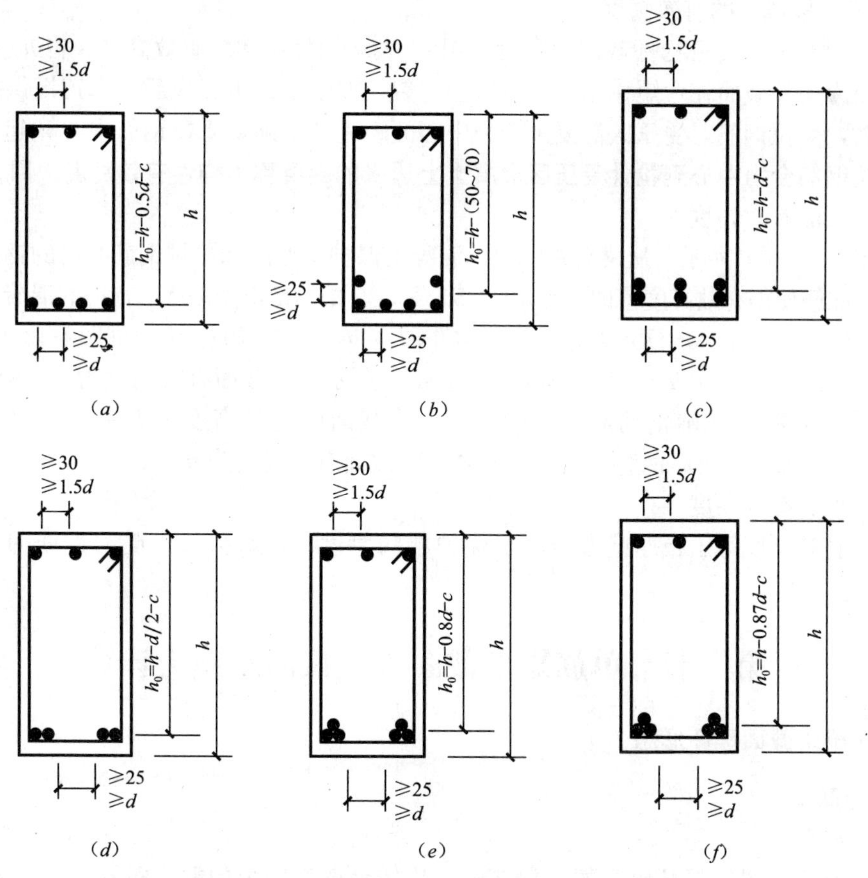

图 4-13　梁的有效高度、梁中纵向受力钢筋的间距

（2）板中钢筋间距

板中采用绑扎钢筋网时，受力钢筋间距为：当板厚 $h \leqslant 150$mm 时，钢筋间距 s 不应大于 200mm；当板厚 $h > 150$mm 时，不应大于 $1.5h$，也不大于 250mm。简支板和连续板支座处下部受拉钢筋应伸入支座，锚固长度不应小于 $5d$，如为 HPB300 级光圆钢筋，伸入支座的端部应设置弯钩。

2. 保护层厚度

在钢筋混凝土构件中，由于混凝土的碳化和水分渗透的共同作用，使受力钢筋发生锈蚀，进而影响结构的安全性和耐久性，为了防止影响结构适用性和安全性的事件发生，就必须根据结构构件所处的环境条件，采用合理的钢筋保护层厚度（以下简称"保护层厚度"）。表 4-4 是《规范》给定的不同环境等级条件下混凝土保护层的最小厚度。

混凝土保护层的最小厚度（mm） **表 4-4**

环境类别	板、墙、壳	梁、柱、杆
一	15	20
二 a	20	25
二 b	25	35
三 a	30	40
三 b	40	50

注：1. 混凝土强度等级不大于 C25 时，表中保护层厚度数值应增加 5mm。
2. 钢筋混凝土基础宜设置混凝土垫层，基础中钢筋的保护层厚度应从垫层顶面算起，且不应小于 40mm。

3. 梁、板截面的有效高度

通常用 h 表示受弯构件截面的高度，用 h_0 表示构件截面的有效高度。将 h_0 称为有效高度是因为构件截面在弯矩作用后受拉区会开裂，混凝土退出工作后，真正提供拉力的是受拉钢筋，受拉钢筋对受压区混凝土合力中心的距离就必须从受拉钢筋中心算起。所以从**构件受拉钢筋合力中心到构件受压区混凝土上边缘的距离称为构件有效高度，用 h_0 表示。**

（1）梁的有效高度 h_0

如图 4-13（a）所示，从梁高 h 中扣掉混凝土保护层厚度和单排钢筋配筋的钢筋半径就是梁单排配筋使得有效高度值即 $h_0 = h - 0.5d - c$，其中 c 是由查表 4-4 查得的混凝土保护层的厚度；对于图 4-13（b）所示双排配筋的构件，$h_0 = h -$（50～70）mm。如图 4-13（c）所示，梁截面有效高度为 $h_0 = h - d - c$；如图 4-13（d）所示，梁截面有效高度为$h_0 = h - d/2 - c$；如图 4-13（e）所示光圆钢筋品字形配筋时，梁截面的有效高度为 $h_0 = h - 0.8d - c$；如图 4-13（f）所示，变形钢筋品字形配筋时，梁截面有效高度为 $h_0 = h - 0.87d - c$。

（2）板的有效高度

板的有效高度等于板厚减去混凝土保护层的厚度，再减去板中受力钢筋的半径，即 $h_0 = h - c - d/2$。

第二节　单筋矩形截面梁正截面承载力计算

一、梁正截面破坏形态

1. 适筋梁

（1）定义

钢筋混凝土梁内受拉钢筋的含量在一个比较合适范围内的梁，即 $\rho_{min} \leqslant \rho \leqslant \rho_{max}$ 的梁，

称为适筋梁，如图 4-14（*a*）所示。

（2）破坏过程

起始于梁弯矩最大截面的混凝土边缘开裂，随着受力过程的持续钢筋屈服，受压区高度减少，钢筋拉应力上升直到屈服；混凝土的压应变不断上升，压应力达到强度设计值，塑性发展越来越充分，直至混凝土在达到极限应变后被压碎。

（3）破坏特点

破坏过程的阶段性明显，经历了较长的受力变形的过程，梁中材料的力学性能得到了较好发挥，经济性能好，属于延性破坏，详细内容见表 4-5。

适筋梁正截面受弯三个受力阶段的主要特点 **表 4-5**

主要特点＼受力阶段		第一阶段	第二阶段	第三阶段
通称		未开裂阶段	带裂缝工作阶段	破坏阶段
外观特征		没有裂缝，挠度很小	有裂缝，挠度还不明显	钢筋屈服，裂缝宽、挠度大
弯矩—截面曲率图形		大致成直线	曲线	接近水平的曲线
混凝土的应力图形	受压区	直线	受压区高度减少，混凝土压应力图形为上升段的曲线，峰值在受压区的边缘	受压区高度进一步减少，混凝土压应力图形为较丰满的曲线，后期为由上升段与下降段的曲线，峰值不在受压区的边沿而在边沿的内侧
	受拉区	前期位置线，后期为有上升段和下降段的曲线，峰值不在受拉边缘	大部分退出工作	绝大部分退出工作
纵向受拉钢筋		$\sigma_{s1}=(20\sim30)\text{N/mm}^2$	$\sigma_{s1}<\sigma_{s2}<f_y$	$\sigma_{s3}=f_y$
与设计计算的联系		第一阶段末用于抗裂验算	裂缝宽度及变形验算	第三阶段末用于正截面受弯承载力验算

（4）应用情况

由于破坏经历几个明显的受力阶段，破坏前有明显的征兆，为结构的抢修和加固可以提供必要的时间，所以工程中只允许使用这种梁。

2. 超筋梁

（1）定义

梁截面内所配的受拉钢筋的含量超过适筋梁最大配筋率的梁，即 $\boldsymbol{\rho}>\boldsymbol{\rho}_{max}$ 的梁，如图 4-14（*b*）所示。

（2）破坏过程

钢筋混凝土梁内纵向受拉钢筋数量过多，在荷载作用下梁下缘混凝土应力、梁内受拉钢筋的应力和应变增长缓慢，上边缘应变也没有明显增加；随着荷载的继续增加，梁下缘的受

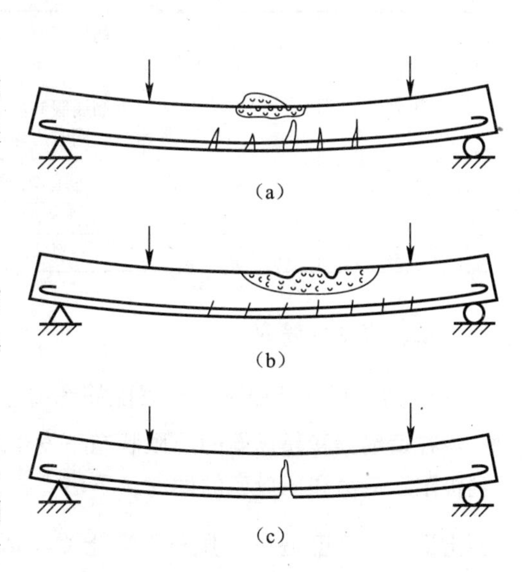

图 4-14　三种不同破坏形态的梁破坏试验筋梁

拉区混凝土出现一些裂缝，这些裂缝总体由于应力上升缓慢沿截面上升程度不明显，上缘受压区混凝土应力和应变随着试验加载过程的持续不断上升，直到受压混凝土达到极限压应变和压应力被突然压碎宣告梁的破坏。

（3）破坏特点

破坏没有明显特征和过程，具有突然性，梁内受压区混凝土压碎时截面受拉钢筋的应力也不高，材料性能没有充分发挥，不经济，属于脆性破坏。

（4）应用情况

由于破坏的脆性特征，不经济，也不安全，工程实践中不允许使用。

3. 少筋梁

（1）定义

钢筋混凝土少筋梁截面内所配的受拉钢筋的量过少，低于适筋梁的最小配筋率的梁，即 $\boldsymbol{\rho}<\boldsymbol{\rho}_{\mathbf{min}}$ 的梁，如图 4-14（c）所示。

（2）破坏过程

由于梁内纵向配筋数量太少，在荷载作用下梁下缘混凝土和钢筋应力和应变增长不多的情况下梁就开裂；此后，在荷载稍微增加的情况下，梁的裂缝迅速上升，拉应力将梁很快裂通，宣告梁的破坏。

（3）破坏特点

少筋梁的破坏过程短促，承受荷载小，具有突然性，材料性能没有得到正常发挥，不经济，属于脆性破坏。

（4）应用情况

由于破坏的脆性特征，不经济，也不安全，工程实践中不允许使用。

纵向受拉钢筋配筋率对正截面梁受弯破坏形态的影响见表 4-6。

纵向受拉钢筋的配筋率对正截面受弯破坏形态的影响 **表 4-6**

破坏形态	配筋百分率	破坏状态	破坏特性	材料利用	工程应用
适筋破坏	$\rho_{\min}\leqslant\rho\leqslant\rho_{\max}$	钢筋先屈服，混凝土后压碎	延性破坏	能合理使用	允许
	$\rho=\rho_{\max}$	钢筋屈服和混凝土同时压碎			
超筋破坏	$\rho>\rho_{\max}$	混凝土压碎，钢筋不屈服	脆性破坏	钢筋强度没有充分发挥	不允许
少筋破坏	$\rho<\rho_{\min}$	一裂即坏	脆性破坏	不能充分利用	不允许

二、界限配筋率

1. 适筋梁和超筋梁的界限配筋率 $\rho_{\max}$

在适筋梁和超筋梁的界限状态下发生破坏时的最大特点，表现为梁受压上缘混凝土达到极限压应力和压应变的同时，下沿受拉钢筋也达到抗拉强度设计值。此时，我们假定混凝土受压区高度是 x_{b}，则梁混凝土受压区界限相对高度就是 $\xi_{\mathrm{b}}=\dfrac{x_{\mathrm{b}}}{h_0}$；根据图 4-14，梁截面上沿混凝土产生的压力是由下部受拉钢筋产生的拉力来平衡的实际，得到梁截面这两个大小相同、方向相反的力，即 $\alpha_1 f_c b x_b = f_y A_s$，经推导可得到 $\rho_b = \xi_b \frac{\alpha_1 f_c}{f_y}$。《规范》规定则梁混凝土受压区界限相对高度 ξ_b，应按式（4-4）及式（4-5）计算。所以ρ_b（ρ_{max}）**称为适筋梁和超筋梁的界限配筋率（适筋梁的最大配筋率）。**

有屈服点普通钢筋

$$\xi_b = \frac{\beta_1}{1 + \frac{f_y}{E_s \varepsilon_{cu}}} \tag{4-4}$$

无屈服点普通钢筋

$$\xi_b = \frac{\beta_1}{1 + \frac{0.002}{\varepsilon_{cu}} + \frac{f_y}{E_s \varepsilon_{cu}}} \tag{4-5}$$

式中 ξ_b——相对界限受压区高度，取 x_b/h_0，C50 以下的混凝土在不同强度等级下的 ξ_b 按表 4-7 取用；

h_0——截面有效高度，纵向受拉钢筋合力点至截面受压边缘的距；

E_s——钢筋弹性模量，按表 2-10 采用；

β_1——系数，当混凝土强度等级不超过 C50 时，取 0.80；当混凝土强度等级为 C80 时，取 0.74，其间按线性内插法确定；

ε_{cu}——非均匀受压时混凝土极限压应变，按式（4-10）计算。

不同钢筋和混凝土等级时的 ξ_b **表 4-7**

钢筋类别	ξ_b							
	C15	C20	C25	C30	C35	C40	C45	C50
HPB300	0.594	0.592	0.591	0.590	0.588	0.586	0.585	0.584
HRB335 HRBF335	0.569	0.568	0.566	0.565	0.563	0.579	0.560	0.559
HRB400 HRBF400 RRB400	0.538	0.537	0.535	0.533	0.532	0.530	0.528	0.527
HRB500 HRBF500	0.504	0.502	0.500	0.500	0.497	0.495	0.494	0.491

当截面受拉区内配置有不同种类或不同预应力值的钢筋时，受弯构件的相对受压区高度应分别计算，并取较小值。

2. 纵向受力钢筋的最小配筋率 ρ_{min}

在少筋梁和适筋梁的界限状态时梁的配筋率称为适筋梁的最小配筋率，用 ρ_{min} 表示。实测结果，混凝土少筋梁的抗弯承载能力和不配钢筋的素混凝土的不相上下，在取二者相等的情况下推导出了梁的最小配筋率。规范规定梁的最小配筋率为 $45\frac{\alpha_1 f_c}{f_y}\%$和 0.2%中的较大值。

梁正截面三种不同受弯破坏情形下，梁内钢筋的应变变化如图 4-15 所示。

三、矩形单筋截面梁第三阶段末（受力破坏前）的受力状态

单筋矩形截面梁受弯性能试验第三阶段末的状态是，梁截面受拉区开裂，混凝土退出工作，受拉钢筋屈服，截面受压区高度明显减少，受压区混凝土应力达到抗压强度设计值，梁受压边缘混凝土达到极限压应变，处于破坏前的极限状态。

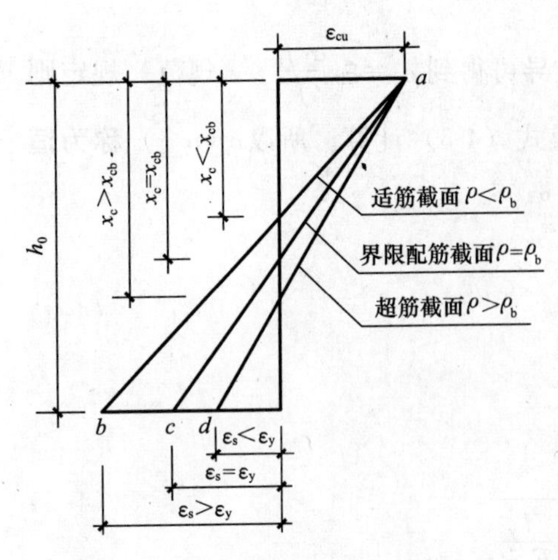

图 4-15 梁正截面三种不同受弯破坏形态下 ε_s 和 ε_y 的关系

四、基本假定

钢筋混凝土适筋梁第三阶段末的受力状态是正截面承载力计算的根据之一，结合第三阶段末的受力特性，为了便于梁正截面抗弯承载力计算，《规范》给出了如下四条基本假定：

(1) 截面应保持平面。

(2) 不考虑梁混凝土的抗拉强度。

(3) 混凝土受压的应力与应变按下列规定取用：

当 $\varepsilon_c \leqslant \varepsilon_0$ 时

$$\sigma_c = f_c\left[1-\left(1-\frac{\varepsilon_c}{\varepsilon_0}\right)^n\right] \tag{4-6}$$

当 $\varepsilon_0 < \varepsilon_c \leqslant \varepsilon_{cu}$

$$\sigma_c = f_c \tag{4-7}$$

$$n = 2-\frac{1}{60}(f_{cu,k}-50) \tag{4-8}$$

$$\varepsilon_0 = 0.002+0.5(f_{cu,k}-50)\times10^{-5} \tag{4-9}$$

$$\varepsilon_{cu} = 0.0033-(f_{cu,k}-50)\times10^{-5} \tag{4-10}$$

式中 σ_c——混凝土压应变为 ε_c 时的混凝土压应力；

f_c——混凝土轴心抗压强度设计值，按表 2-2 采用；

ε_0——混凝土压应力达到 f_c 时的混凝土压应变，当计算的 ε_0 小于 0.002 时，取为 0.002；

ε_{cu}——正截面混凝土极限压应变，当处于非均匀受压且按式（4-9）计算的值大于 0.0033 时，取为 0.0033；当处于轴心受压时取为 ε_0；

$f_{cu,k}$——混凝土立方体抗压强度标准值，按规范规定的混凝土立方体抗压强度测试方法确定。

(4) 纵向受拉钢筋的极限拉应变取为 0.01。纵向钢筋的应力取钢筋应变与弹性模量的乘积，但其值应符合式（4-11）的要求。

$$-f'_y \leqslant \sigma_{si} \leqslant f_y \tag{4-11}$$

式中 σ_{si}——第 i 层纵向普通钢筋的应力，正值代表拉应力，负值代表压应力；

f_y、f'_y——普通钢筋抗拉、抗压强度设计值，按表 2-8 采用。

五、等效应力图形

梁和板承载力计算时，受压区混凝土的应力图形可简化等效的矩形应力图。矩形应力图的受压区高度 x 可取截面应保持平面的假定所确定的中和轴高度乘以系数β_1。当混凝土强度等级不超过 C50 时，β_1 取 0.80；当混凝土强度等级不超过 C80 时，β_1 取 0.74，其间按线性内插法确定。根据上述假定，梁和板受力破坏的第三阶段末的应力和应变分布图形如图 4-16 所示。根据推导计算，应力图形简化前曲线应力分布高度为 x_c 等于 $1.25x$，简化前的受压区边缘的应力是 f_c，简化以后的矩形应力图的应力值是 $\alpha_1 f_c$。当混凝土强度等级不超过 C50 时，$\alpha_1=1.0$，当混凝土强度等级为 C80 时 $\alpha_1=0.94$，在 C50 和 C80 之间时，α_1 按线性内插法确定。

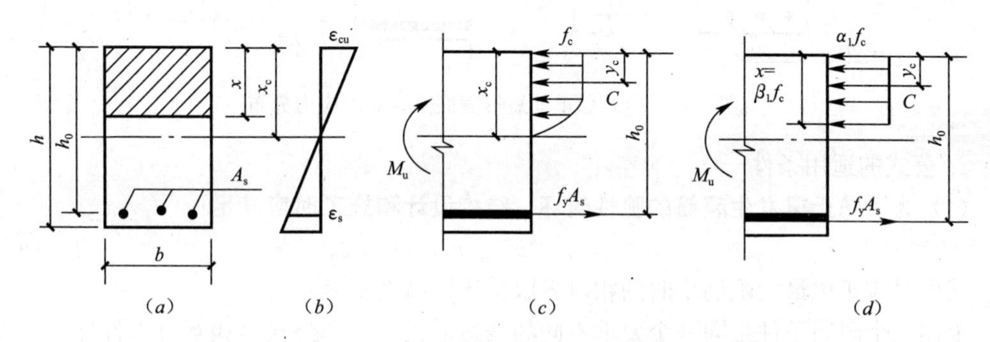

图 4-16 曲线形分布的应力图形与等效后矩形应力分布图形

适筋梁与超筋梁的界限受压区相对高度 ξ_b，此时的配筋率为最大配筋率 ρ_{max}；以及适筋梁与少筋梁的界限状态的配筋率即最小配筋率 ρ_{min}。

六、基本计算公式及其适用条件

1. 基本计算公式

根据前述基本假定和简化后的等效应力图形，以及理论力学中平行力系平衡原理，截面受压区的混凝土提供的压力之和应该和受拉钢筋提供的拉力之和相等。另外，截面两个大小相等方向相反的力对截面任一点取矩所求得的弯矩值应和荷载作用下梁设计截面的弯矩大小相等方向相反梁的截面才可达到平衡。根据图 4-17 的平衡关系所示建立的计算公式为：

$$\sum x = 0 \qquad \alpha_1 f_c bx = f_y A_s \tag{4-12}$$

$$\sum M = 0 \qquad M = \alpha_1 f_c bx\left(h_0 - \frac{x}{2}\right) \tag{4-13}$$

$$M = f_y A_s\left(h_0 - \frac{x}{2}\right) \tag{4-14}$$

式中 M——设计截面由荷载设计值引起的设计弯矩（N·mm）；

b——梁截面宽度（mm）；

h_0——梁截面有效高度（mm）；

A_s——梁下部纵向受拉钢筋的面积（mm^2）；

f_c——混凝土抗压强度设计值（N/mm^2），可按表 2-2 取用；

f_y——梁内纵向钢筋抗拉强度设计值（N/mm²），可按表 2-8 取用；

x——梁内混凝土受压区的折算高度（mm）；

α_1——上述混凝土强度等级的调整系数。

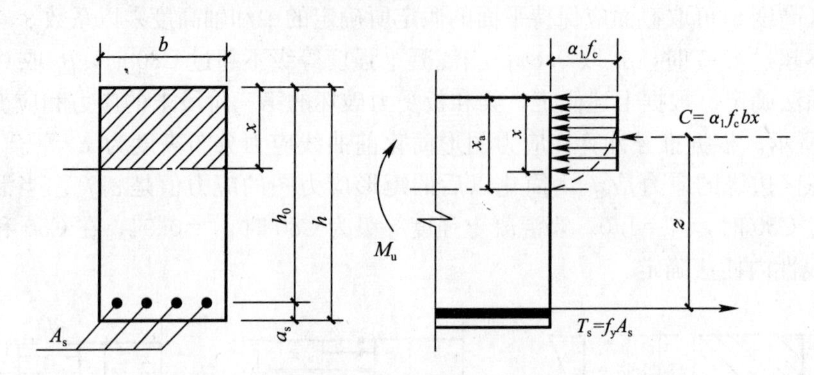

图 4-17　等效后单筋矩形截面梁正截面应力分布

2. 公式的适用条件

（1）**为了防止梁发生超筋的脆性破坏，结构设计和施工时应满足：**

$$\rho \leqslant \rho_{max},\quad x \leqslant x_b,\quad \xi \leqslant \xi_b \tag{4-15}$$

式中对应于梁最大配筋率时的相对界限受压区高度见表 4-7。

上述三个限制条件是同一个要求不同的表达形式，三个公式是相互可以推导的，满足其中一个条件其他两个就同时都满足了。据此，我们可以求得单筋矩形截面梁按最大配筋率配筋时的最大承载力计算公式由式（4-16）给出。

$$M_{u,max} = \alpha_1 f_c bh_0^2 \xi_b (1-0.5\xi_b) \tag{4-16}$$

（2）**为了防止梁出现少筋的脆性破坏，《规范》规定结构设计时必须满足：**

$$\rho \geqslant \rho_{min} \text{ 或 } A_s \geqslant A_{smin} = \rho_{min} bh \tag{4-17}$$

式中，ρ_{min}是受弯构件受拉钢筋的最小配筋率，为表 4-8 中的 $45\dfrac{f_t}{f_y}\%$和 0.2%中的较大值。

混凝土构件中纵向受力钢筋的最小配筋率 ρ_{min}（%）　**表 4-8**

受力类型			最小配筋率
受压构件	全部纵向钢筋	强度 500MPa	0.5
		强度 400MPa	0.55
		强度 300MPa、335MPa	0.60
	一侧纵向钢筋		0.20
受弯构件、偏心受拉、轴心受拉构件一侧受拉钢筋			0.2 和 $45f_t/f_y$ 中的较大值

注：1. 受压构件全部纵向钢筋最小配筋率，当采用 C60 以上强度等级的混凝土时，应按表中规定增加 0.1。
2. 板类受弯构件（不含悬臂板）的受拉钢筋，当采用强度等级 400MPa、500MPa 钢筋时，其最小配筋百分率采用 0.2 和 $45f_t/f_y$ 中的较大值。
3. 偏心受压构件中的受压钢筋，应按受压构件一侧纵向钢筋考虑。
4. 受压构件的全部纵向钢筋和一侧纵向钢筋的配筋率以及轴心受拉构件和小偏心受拉构件一侧受拉钢筋的配筋率均应按构件的全截面面积计算。
5. 受弯构件、大偏心受拉构件一侧受拉钢筋的配筋率应按全截面面积扣除受压翼缘面积 $(b_f'-b)h_f'$后的截面面积计算。
6. 当钢筋沿构件截面周边布置时，“一侧纵向钢筋”系指沿受力方向两个对边中的一边布置的纵向钢筋。

3. 基本计算公式的应用

基本计算公式表面上看共有三个，其实后面两个是同一平衡关系的不同表达方式，即单筋矩形截面梁这组计算公式中独立的平衡方程实际上有两个，未知数也只有 x 和 A_s 两个。这样就可以通过求解关于 x 和 A_s 的二元二次方程组，求得我们需要的受拉钢筋的截面面积 A_s 值。解方程组的方法实用性不强，所以不建议使用。下面依据单筋矩形截面梁的基本计算公式，推导几个常用系数，借助于这几个系数计算受弯构件的截面配筋，可以收到省时省力和便于记忆的效果。

由式（4-12）～式（4-14）可得：

$$M=\alpha_1 f_c bx\left(h_0-\frac{x}{2}\right)=\alpha_1 f_c bxh_0\left(1-\frac{x}{2h_0}\right)=\alpha_1 f_c bh_0^2\frac{x}{h_0}\left(1-\frac{x}{2h_0}\right)=\alpha_1 f_c bh_0^2\xi(1-0.5\xi)$$

令 $\alpha_s=\xi(1-0.5\xi)$　　　　$M=\alpha_s\alpha_1 f_c bh_0^2$

$$\alpha_s=\frac{M}{\alpha_1 f_c bh_0^2} \tag{4-18}$$

$\sum M=0$

$$M=f_y A_s\left(h_0-\frac{x}{2}\right)=f_y A_s h_0\left(1-\frac{x}{2h_0}\right)=f_y A_s h_0(1-0.5\xi)$$

令 $\gamma_s=(1-0.5\xi)$，则

$$A_s=\frac{M}{f_y h_0\gamma_s} \tag{4-19}$$

下面根据公式 $\alpha_s=\xi(1-0.5\xi)$ 和 $\gamma_s=1-0.5\xi$

求解得　$\xi=1-\sqrt{1-2\alpha_s}$　　$\gamma_s=\dfrac{1+\sqrt{1-2\alpha_s}}{2}$

至此，α_s、ξ、γ_s 三者的基本关系已经建立。

（1）截面设计

已知：M，b，h，f_c，f_y，α_1

求：$A_s=?$

解：1）判别截面类型，当 $M\leqslant M_{max}$ 时，该梁为单筋矩形截面梁；

当 $M>M_{u,max}$ 时，该梁为双筋矩形截面梁，双筋梁的截面设计和强度复核在下一节讨论。

2）$\alpha_s=\dfrac{M}{\alpha_1 f_c bh_0^2}$

3）$\xi=1-\sqrt{1-2\alpha_s}\leqslant\xi_b$ 或 $\gamma_s=\dfrac{1+\sqrt{1-2\alpha_s}}{2}$

4）$A_s=\xi\dfrac{\alpha_1 f_c}{f_y}bh_0$ 或 $A_s=\dfrac{M}{f_y h_0\gamma_s}$

根据计算结果查表 2-4 配置截面受力钢筋 A_s。

5）复核实配钢筋 A_s 的截面配筋率 $\rho_{min}\leqslant\rho\leqslant\rho_{max}$，和钢筋间距和保护层厚度等是否满足前述构造要求，如符合就画出包括架立筋和箍筋在内的截面配筋图。

判定为单筋矩形截面梁后，截面设计可按下面框图（图 4-18）所示的步骤进行。

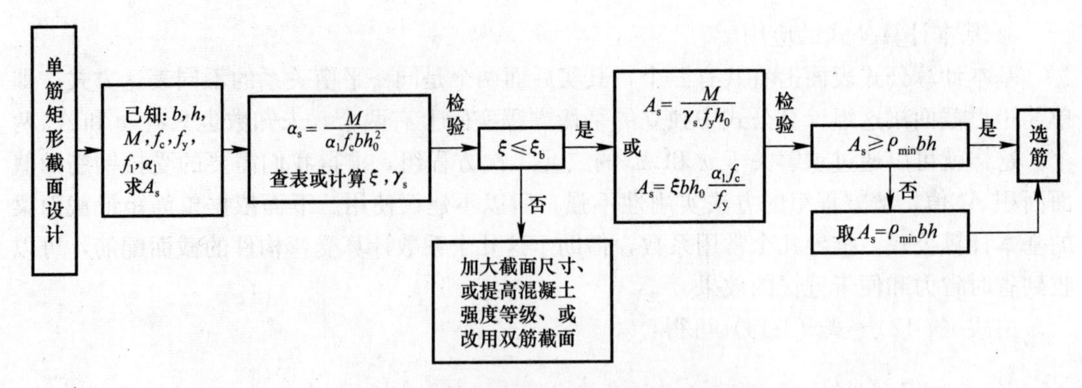

图 4-18　单筋矩形截面梁配筋设计步骤框图

（2）强度复核

已知：M，$b \times h$，f_c，f_y，α_1，A_s

求：M_u＝？

解：1）判别截面类型 $M \leqslant M_{u,max}$则该梁为单筋矩形截面梁；

当 $M > M_{umax}$时，则该梁为双筋矩形截面梁，双筋矩形截面梁的截面设计和强度复核在下一节讨论。

2）$\rho=\frac{A_s}{bh_0}$

3）$\xi=\rho\frac{f_y}{\alpha_1 f_c} \leqslant \xi_b$

4）求 $\alpha_s=\xi(1-0.5\xi)$

5）求 $M_u=\alpha_s \alpha_1 f_c b h_0^2$

6）如果 $M \leqslant M_u$，该梁安全可靠；

如果 $M > M_u$，该梁不安全。必要时要根据截面配筋未知，重新假定 b、h 尺寸和 f_c、f_y，再进行设计。

【例 4-1】 某办公楼矩形截面简支梁，计算跨度 l_0＝5m，经计算由荷载设计值产生的弯矩设计值 M＝120kN·m，混凝土采用 C25，钢筋 HRBF335，ξ_b＝0.566，构件工作环境等级一级，构件重要性等级为二级。试确定梁截面尺寸和纵向受力钢筋。

已知：M＝120kN·m，l_0＝5m，f_c＝11.9N/mm²，f_t＝1.27N/mm²，α_1＝1.0，ξ_b＝0.566

【解】（1）确定梁截面尺寸

$h=(1/8 \sim 1/12)l_0=750 \sim 500$mm，考虑到设计弯矩值不是太高，所以 h 取 450mm，

$b=(1/2 \sim 1/3)h=300 \sim 200$mm，取 b＝200mm

假定梁按一排配筋，c＝25mm，则 $h_0=450-35=415$mm

（2）判别截面类型

$$M_{u,max}=\xi_b(1-0.5\xi_b)\alpha_1 f_c b h_0^2=0.4 \times 11.9 \times 415^2=164\text{kN}\cdot\text{m} > M=120\text{kN}\cdot\text{m}$$

故为单筋矩形截面梁

（3）求截面配筋面积

$$\alpha_s=\frac{M}{\alpha_1 f_c b h_0^2}=\frac{120 \times 10^6}{1.0 \times 11.9 \times 200 \times 415^2}=0.293$$

$$\xi = 1 - \sqrt{1 - 2\alpha_s} = \sqrt{1 - 2 \times 0.293} = 0.356 \leqslant \xi_b = 0.550$$

$$A_s = \xi \frac{\alpha_1 f}{f_y} b h_0 = 0.356 \times \frac{1.0 \times 11.9}{300} \times 200 \times 415 = 1174\text{mm}^2$$

（4）查表 2-4 实配 4⌀20，实配面积 A_s=1256mm²

采用同排四根钢筋中的中间两根钢筋并筋的方式配置，复核钢筋间距 2×25+4×20+2×25=180mm＜b=200mm，满足要求。

（5）验算配筋率

$\rho_{min}=0.2\% \leqslant \rho = A_s/bh_0 = 1256/200 \times 415 = 1.51\% < \rho_{max} = 0.550 \times 1 \times 11.9/300 = 2.18\%$，满足要求。

（6）绘制配筋图

如图 4-19 所示。

【例 4-2】 已知：某现浇钢筋混凝土过道板，如图 4-20 所示，板厚 80mm，承受均布荷载设计值 q=9.7kN/m²（包括自重），采用 C30 混凝土，HPB300 级光圆钢筋，构件安全等级二级，板的计算跨度 l_0=2.40m。试确定板中的配筋。

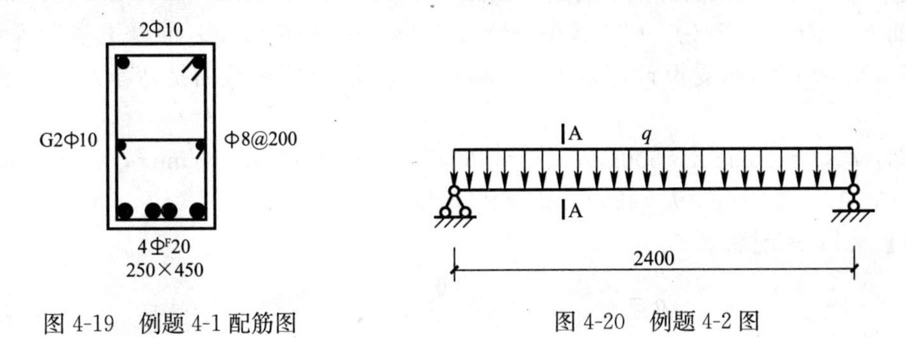

图 4-19 例题 4-1 配筋图

图 4-20 例题 4-2 图

求：板中配筋。

【解】（1）计算单元选取

由于板承受均布荷载的作用，为了便于计算沿板的长度方向截 1m 宽的板带作为计算单元，则 b=1000mm。

（2）内力计算

由于板是简支板，所以，板跨中的最大弯矩设计值为：

$$M = \frac{\gamma_0 q l_0^2}{8} = \frac{1.0 \times 9.7 \times 2.4^2}{8} = 6.984\text{kN} \cdot \text{m}$$

（3）查表得知

$$f_c = 14.3\text{N/mm}^2,\quad f_t = 1.43\text{N/mm}^2,\quad f_y = 270\text{N/mm}^2,\quad \alpha_1 = 1.0$$

（4）配筋计算

板的有效高度

$$h_0 = h - c - \frac{d}{2} = 80 - 20 = 60\text{mm}$$

$$\alpha_s = \frac{M}{\alpha_1 f_c b h_0^2} = \frac{6.984 \times 10^6}{1.0 \times 14.3 \times 1000 \times 60^2} = 0.136$$

$$\xi = 1 - \sqrt{1 - 2\alpha_s} = 1 - \sqrt{1 - 2 \times 0.136} = 0.146 < \xi_b = 0.590$$

$$A_s = \xi \frac{\alpha_1 f_c}{f_y} bh_0 = 0.146 \frac{1.0 \times 9.6}{270} \times 1000 \times 60 = 310\text{mm}^2$$

（5）钢筋选配

查表 2-5 可得，板的短边方向（x 方向）受力钢筋为Φ 10@150（A_s＝523mm²）；板的长边（y 方向）方向在受力钢筋内侧配置分布钢筋Φ 8@200mm，板配筋如图 4-21 所示。

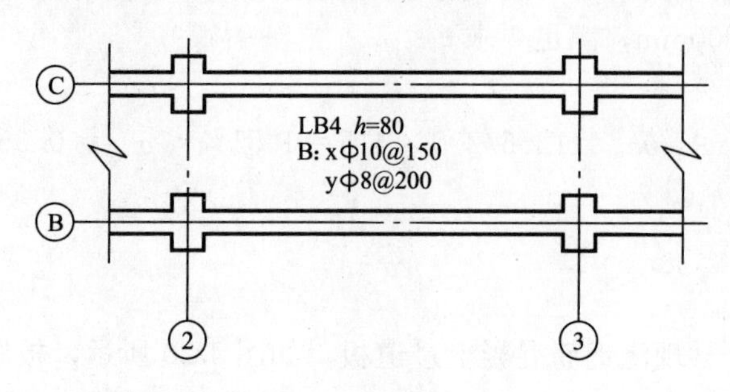

图 4-21 例题 4-2 图

【例 4-3】 已知某钢筋混凝土简支梁截面尺寸为 $b \times h$＝200mm×500mm，实际配置的受拉钢筋为 HRB400 级（f_y＝360N/mm²）3 Φ 18（A_s＝763mm²）混凝土强度等级 C30（f_c＝14.3N/mm²），承受设计弯矩 M＝98kN·m。试验算正截面抗弯承载力是否满足要求。

已知：$b \times h$＝200mm×500mm，f_y＝360N/mm²，f_c＝14.3N/mm²，α_1＝1.0，M＝92kN·m，A_s＝763mm²，h_0＝500－35＝465mm

【解】（1）求配筋率

$$\rho = \frac{A_s}{b \times h_0} = \frac{763}{200 \times 465} = 0.82\%$$

（2）求梁截面受压区相对高度

$$\xi = \rho \frac{f_y}{\alpha_1 f_c} = 0.0082 \times \frac{360}{1.0 \times 14.3} = 0.206 < \xi_b = 0.533$$

（3）求截面抗弯性能系数

$$\alpha_s = \xi(1 - 0.5\xi) = 0.206 \times (1 - 0.5 \times 0.206) = 0.184$$

（4）梁截面提供的抵抗弯矩

$$M_u = \alpha_s \alpha_1 f_c bh_0^2 = 0.184 \times 1.0 \times 14.3 \times 200 \times 465^2 = 111.584\text{kN} \cdot \text{m} > M = 98\text{kN} \cdot \text{m}$$

该梁安全。

*第三节 双筋矩形截面梁正截面承载力计算

一、概述

在梁截面的受拉区配有纵向受拉钢筋，在截面的受压区同时配有纵向受压钢筋的梁叫做双筋梁。如果工程设计时单筋截面梁能够满足要求，一般不需要设计为双筋梁，理由是采用双筋梁成本较高。**在下列情况下必须采用双筋梁：（1）受建筑设计要求的限制，梁截面高度不能加大但单筋梁又不能满足承载力的需要；（2）在类似多跨框架梁中由于跨中和**

支座截面的受拉区，沿梁跨度交替变化，梁相邻支座上部截面受拉钢筋在跨中截断后相距较小，为便于施工；(3) 梁在不同的荷载作用下，同一截面可能分别引起正弯矩和负弯矩，由于梁的受拉区与受压区交替变化，为满足不同荷载作用下的受力需要，也必须设计成双筋梁。

在计算双筋梁时，首先要对梁的受压钢筋的设计应力取值加以明确。从分析可知，双筋梁受力最不利受力发生在 $x \leqslant 2\alpha_s'$的情况下，其受力图如图 4-22 所示。

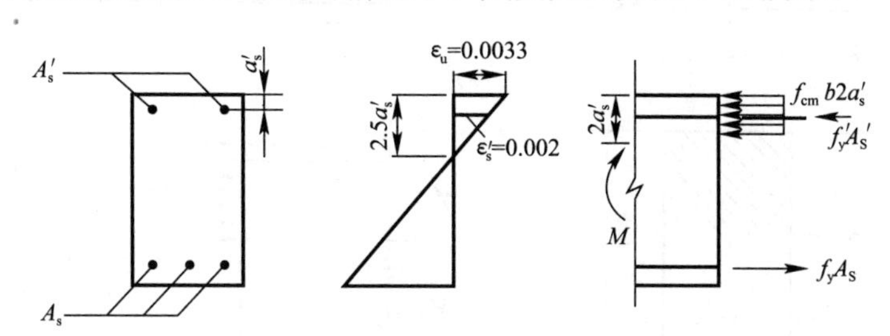

图 4-22 双筋梁中混凝土受压破坏时受压钢筋的压应力

此时，受压钢筋的压应力的合力与受压混凝土的压应力合力作用点重合。即 $x=2\alpha_s'$时，$x_c=\dfrac{x}{0.8}=2.5\alpha_s'$；混凝土受压破坏时，受压边缘的极限压应变取其最大值为 $\varepsilon_{cu}=0.0033$；钢筋合力中心处的应变为 $\varepsilon_s=\dfrac{2.5\alpha_s'-\alpha_s'}{2.5\alpha_s'}\varepsilon_{cu}=0.002$；此时钢筋所发挥出的应力为 $\sigma_s=f_y'=E_s\varepsilon_s=2\times10^5\times0.002=400\text{N/mm}^2$，也就是说一般情况下处在受压区的钢筋在混凝土达到极限压应变 ε_{cu}时，配置在钢筋受压区的钢筋能够发挥的最大压应力设计值不会超过 400N/mm^2。现行《规范》中淘汰了强度较低的 HPB235 光圆钢筋，限制并逐步淘汰 HRB335 级钢筋，列入了细晶粒钢筋，和高强度的 500MPa 带肋钢筋和细晶粒钢筋带肋钢筋，同时规定对 HRB500、HRBF500 两种钢筋其抗拉设计强度 $f_y=435\text{N/mm}^2$，钢筋的抗压设计强度 $f_y'=410\text{N/mm}^2$。这就和传统的规定当 $f_y>400\text{N/mm}^2$ 的时受压钢筋设计强度取 $f_y'=f_y$ 有所区别，在工程实际中务必准确应用。

在 $x\leqslant 2\alpha_s'$时双筋梁正截面的主要参数如图 4-22 所示。

二、基本计算公式及其适用条件

双筋矩形截面梁截面应力分布图和单筋矩形截面梁截面应力图形的差异，是双筋梁截面多了受压区受压钢筋产生的压力 $f_y'A_s'$，所以，正截面强度计算时就可以在单筋矩形截面梁的计算公式基础上，增加受压钢筋产生的压力 $f_y'A_s'$在内力平衡中的作用就可以了。双筋矩形截面梁的截面应力图如图 4-23 所示。

(一) 基本计算公式

$$\sum x=0 \qquad \alpha_1 f_c bx+f_y'A_y'=f_yA_s \tag{4-20}$$

$$\sum M=0 \qquad M=\alpha_1 f_c bx\left(h_0-\frac{x}{2}\right)+f_y'A_s'(h_0-\alpha_s') \tag{4-21}$$

式中 f_y'——受压钢筋抗压强度设计值；

A_s'——受压钢筋的截面面积；

α_s'——受压钢筋合力作用点到梁受压上边缘的距离。

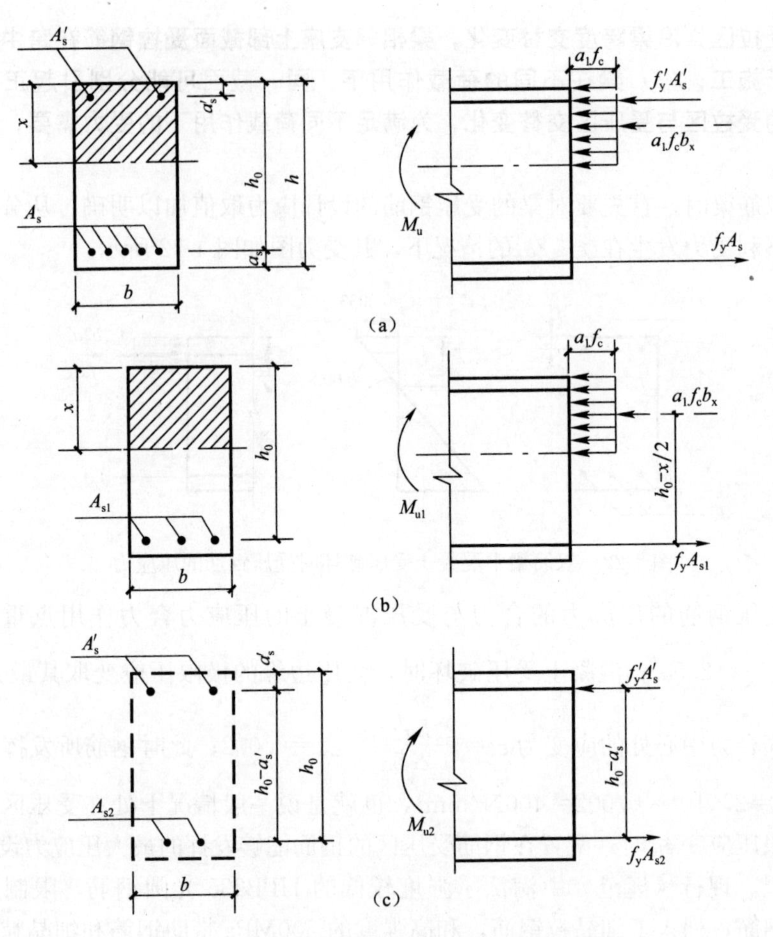

图 4-23　双筋矩形截面受弯承载力计算原理图

为了便于分析和计算，习惯上一般把双筋矩形截面梁截面的应力假想分为两部分，一部分是由受压混凝土提供的压力和对应的第一部分受拉钢筋建立的平衡关系，它们提供的抵抗拒是 M_{u1} 所需用的受拉钢筋的面积是 A_{s1}；另一部分是由受压钢筋和对应的第二部分受拉钢筋建立的平衡关系，它们提供的抵抗拒是 M_{u2} 所用的受拉钢筋面积是 A_{s2}，如图 4-23 所示。根据上述平衡关系可得：

$$M = M_1 + M_2 \tag{4-22}$$

$$M_u = M_{u1} + M_{u2} \tag{4-23}$$

$$A_s = A_{s1} + A_{s2} \tag{4-24}$$

第一部分相当于一个单筋梁，即

$$\Sigma x = 0 \qquad \alpha_1 f_c bx = f_y A_{s1} \tag{4-25}$$

$$\Sigma M = 0 \qquad M_1 = \alpha_1 f_c bx\left(h_0 - \frac{x}{2}\right) \tag{4-26}$$

第二部分相当于由受压钢筋的压力 $f'_yA'_s$ 和对应的受拉钢筋的拉力 $f_{y2}A_{s2}$ 的二力平衡关系

$$\Sigma x = 0 \qquad f'_yA'_y = f_yA_{s2} \tag{4-27}$$

$$\Sigma M=0 \qquad M_2=f'_y A'_y(h_0-\alpha'_s)=f_y A_{s2}(h_0-\alpha'_s) \tag{4-28}$$

（二）公式的适用条件

根据双筋矩形截面梁的受力特性，所配钢筋数量较多，不会产生少筋破坏，但由于 x、ξ、A_{s1} 值都较大，所配钢筋较多有可能产生超筋的情况。《规范》给定双筋矩形截面梁的正截面抗弯强度基本计算公式的适用条件是；

1. 为了防止超筋破坏，应满足

$$x \leqslant x_b=\xi_b h_0,\quad \xi_1 \leqslant \xi_b,\quad \rho_1 \leqslant \rho_{max} \tag{4-29}$$

中任意一式的要求即可。

2. 为了保证受压钢筋达到其抗压强度设计值，应满足

$$x \geqslant 2\alpha'_s \tag{4-30}$$

三、基本计算公式的应用

基本计算公式的应用和单筋矩形截面梁相似，可以分为截面设计和强度复核两种类型。

（一）截面设计

根据以上分析知，双筋矩形截面梁截面设计具有以下两种情形。

1. 已知：M，$b\times h$，f_c，f_y，f'_y，α_1

求：$A_s=?$，$A'_s=?$

解：在截面设计时，首先得判定为双筋矩形截面梁，即满足 $M>M_{u,max}$ 可判定为矩形截面等。在基本计算公式组成的方程组中，有三个未知数 A_s、A'_s 和 x，两个方程不能求解三个未知数。为了使梁截面设计达到最优化的目的，就需要使截面设计结果的经济性能最好。因为，钢筋数量的减少可以有效降低梁的造价，因此，尽可能让受压区混凝土提供最大的压力，才能使受压钢筋用量及总钢筋用量最低。在适筋梁范围内，取 $x=x_b$ 时可达到这种效果。

我们将基本计算公式中的 A_s 和 A'_s 的表达式求和，得（$A_s+A'_s$）的表达式，然后对其求 x 的导数得微分方程，并令该微分方程等于 0 时，求解得到的 x 值近似等于 x_b，和前面分析基本一致。当 $x=x_b$ 时，相当于其中单筋梁部分的配筋值达到适筋梁的最大配筋率时对应的面积，提供的抵抗弯矩就是 $M_{u,max}$，求解过程如下：

（1）$M_1=M_{u1}=\alpha_{sb}\alpha_1 f_c bh_0^2$

（2）$A_{s1}=\xi_b \dfrac{\alpha_1 f_c}{f_y} bh_0$

（3）$M_2=M-M_1$

（4）$A'_s=\dfrac{M_2}{f'_y(h_0-\alpha'_s)}$

（5）$A_{s2}=\dfrac{A'_s}{f_y} f'_y$

（6）$A_s=A_{s1}+A_{s2}$

2. 已知：M，$b\times h$，f_c，f_y，f'_y，α_1，A'_s

求：$A_s=?$

解：(1) 求 M_2 和 M_{u2}

用已知的 $f_y'A_s'$ 可求出 $M_2 = M_{u2} = A_s'f_y'(h_0 - a_s')$

(2) 用已知的 A_s' 可求出 A_{s2}　　$A_{s2} = \frac{A_s'}{f_y}f_y'$

(3) 根据部分之和等于整体的实际求 M_1，然后求出 A_{s1}

$$M_1 = M - M_2 \qquad \alpha_{s1} = \frac{M_1}{\alpha_1 f_c b h_0^2}$$

$$\xi_1 = 1 - \sqrt{1 - 2\alpha_{s1}} \leqslant \xi_b \qquad A_{s1} = \xi_1 \frac{\alpha_1 f_c}{f_y} b h_0$$

(4) 求 A_s　　$A_s = A_{s1} + A_{s2}$

双筋矩形截面梁正截面抗弯承载力可按图 4-24 的框图给定的步骤进行。

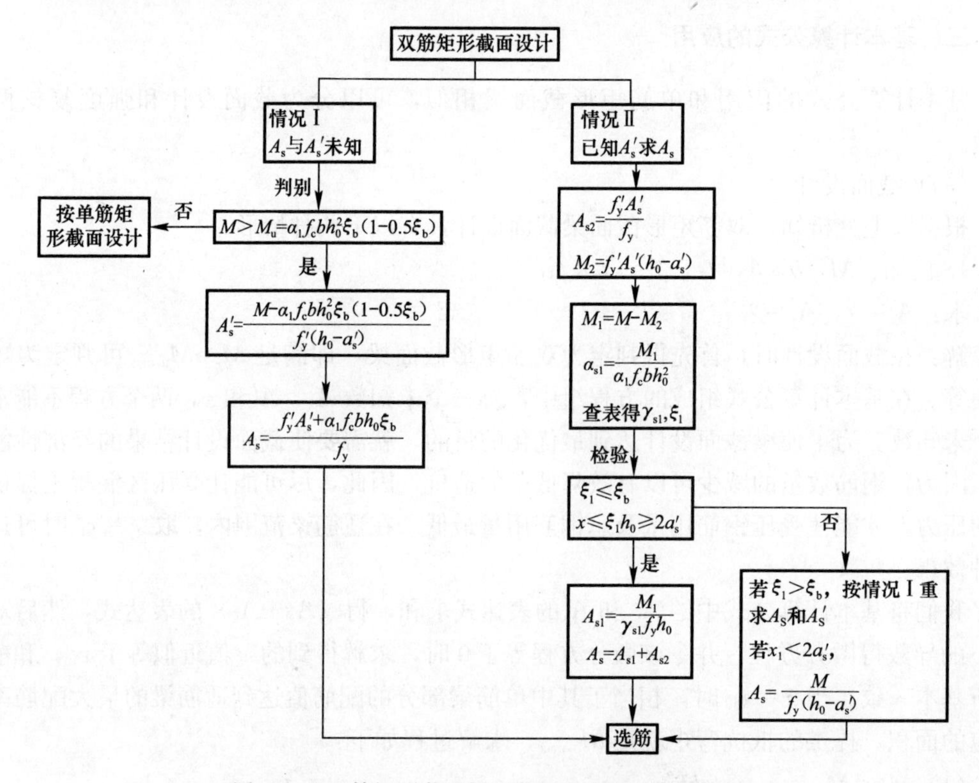

图 4-24　双筋矩形截面梁正截面抗弯配筋计算框图

【例 4-4】 已知某矩形截面简支梁 $b \times h = 200\text{mm} \times 500\text{mm}$，混凝土强度等级为 C35 ($f_c = 16.7\text{N/mm}^2$)，钢筋为 HRB400 ($f_y = 360\text{N/mm}^2$，$\xi_b = 0.532$)，梁承受的弯矩设计值经计算为 $M = 288\text{kN}\cdot\text{m}$。试计算梁截面的配筋。

已知：$b \times h = 200\text{mm} \times 500\text{mm}$，$M = 288\text{kN}\cdot\text{m}$，$f_y = f_y' = 360\text{N/mm}^2$，$\xi_b = 0.532$，$f_c = 16.7\text{N/mm}^2$，$h_0 = 500 - 60 = 440\text{mm}$，$\alpha_1 = 1.0$

求：$A_s = ?$，$A_s' = ?$

【解】 (1) 判别截面类型

$$M_{u,max} = \xi_b(1 - 0.5\xi_b)\alpha_1 f_c b h_0^2 = 0.39 \times 1.0 \times 16.7 \times 200 \times 440^2$$
$$= 252.24\text{kN}\cdot\text{m} < M = 288\text{kN}\cdot\text{m}$$

故此梁为双筋梁。

（2）$M_1=M_{u1}=M_{u,max}=252.24\text{kN}\cdot\text{m}$

（3）$A_{s1}=\xi_b\dfrac{\alpha_1 f_c}{f_y}bh_0=0.532\times\dfrac{1.0\times16.7}{360}\times200\times440=2171\text{mm}^2$

（4）$M_2=M-M_1=35.76\text{kN}\cdot\text{m}$

（5）$A'_s=\dfrac{M_2}{f'_y(h_0-\alpha'_s)}=\dfrac{35.76\times10^6}{360\ (440-35)}=245\text{mm}^2$

（6）$A_{s2}=\dfrac{A'_s}{f_y}f'_y=245\text{mm}^2$

（7）$A_s=A_{s1}+A_{s2}=2171+245=2416\text{mm}^2$

（8）查表 2-4，受压钢筋选配 2 Φ 14（$A'_s=308\text{mm}^2$）；受拉钢筋配置 5 Φ 25，下排 3 根、上排两根，2/3（$A_s=2416\text{mm}^2$）；下排钢筋的间距为：$(200-3\times25-2\times25)/2=37.5\text{mm}>25\text{mm}$ 且 $>d=25\text{mm}$，满足构造要求，截面配筋图如图 4-25 所示。

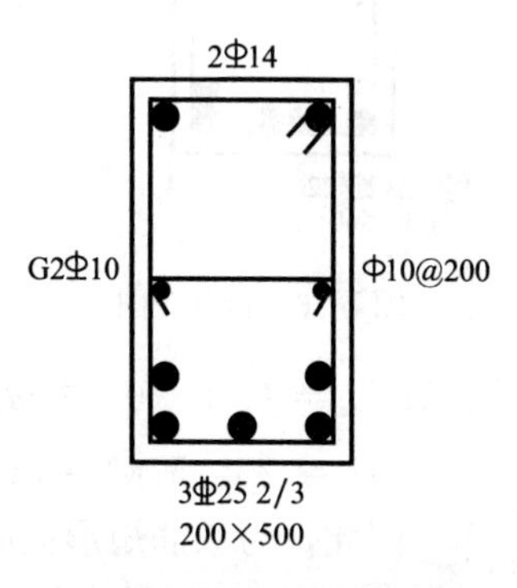

图 4-25 例 4-4 图

【例 4-5】 已知某矩形截面简支梁 $b\times h=200\text{mm}\times500\text{mm}$，混凝土强度等级为 C30（$f_c=14.3\text{N/mm}^2$），钢筋为 HRBF400（$f_y=f'_y=360\text{N/mm}^2$，$\xi_b=0.533$），梁承受的弯矩设计值为 280kN·m。试按并筋计算梁截面的配筋，并画出配筋图。

已知：$b\times h=200\text{mm}\times500\text{mm}$，$f_c=14.3\text{N/mm}^2$，$\xi_b=0.533$，$f_y=f'_y=360\text{N/mm}^2$，$M=280\text{kN}\cdot\text{m}$

求：$A_s=?$，$A'_s=?$

【解】（1）梁截面内受拉纵筋在截面内纵向二并筋配置

1）确定截面计算高度

$$h_0=h-d-c=500-20-25=455\text{mm}$$

2）判别截面类型

$$M_{u,max}=\xi_b(1-0.5\xi_b)\alpha_1 f_c bh_0^2=0.533\times(1-0.5\times0.533)\times1.0\times14.3\times200\times455^2$$
$$=231.48\text{kN}\cdot\text{m}<M=280\text{kN}\cdot\text{m}$$

因此，该梁为双筋矩形截面梁。

3）求 M_2 及 $A'_s=A_{s2}$

$$M_2=M-M_1=M-M_{u,max}=280-231.48=48.52\text{kN}\cdot\text{m}$$

$$A'_s=A_{s2}=\frac{M_2}{f_y(h_0-\alpha'_s)}=\frac{48.52\times10^6}{360\times(455-35)}=321\text{mm}^2$$

配置 2 Φ^F16（$A'_s=A_{s2}=401\text{mm}^2$）

4）求 A_{s1} 及 A_s

$$A_{s1}=\xi_b\frac{\alpha_1 f_c}{f_y}bh_0=0.533\times\frac{1.0\times14.3}{360}\times200\times455=1926\text{mm}^2$$

$$A_s=A_{s1}+A_{s2}=2247\text{mm}^2$$

选配 4 Φ^F + Φ^F22（$A_s=2281\text{mm}^2$），下排 4 根钢筋的中间两根并筋，第二排两根，如图 4-26 所示。

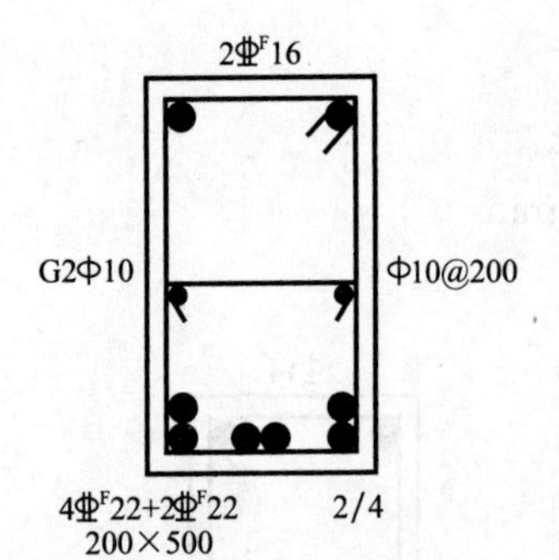

图 4-26 例 4-5 图

5）验算配筋率

$$\rho_{min}=0.2\%<\rho=\frac{A_{s1}}{bh_0}=2.12\%=\rho_{max}=\xi_b\frac{\alpha_1 f_c}{f_y}=2.12\%$$

满足要求。

（2）受拉纵筋在截面内品字形并筋配置

经计算，品字形并筋时并筋后钢筋重心至下排钢筋的下表面距离为 $0.8d$。

1）求梁截面有效高度

$$h_0=h-0.8d-c=500-16-25=459\text{mm}$$

2）判别截面类型

$$M_{u,max}=\xi_b(1-0.5\xi_b)\alpha_1 f_c bh_0^2=0.533(1-0.5\times0.533)\times1.0\times14.3\times200\times459^2$$
$$=235.57\text{kN}\cdot\text{m}<M=280\text{kN}\cdot\text{m}$$

因此，为双筋矩形截面梁

3）求 M_2 及 $A'_s=A_{s2}$

$$M_2=M-M_1=M-M_{u,max}=280-235.57=44.43\text{kN}\cdot\text{m}$$

$$A'_s=A_{s2}=\frac{M_2}{f_y(h_0-\alpha'_s)}=\frac{44.43\times10^6}{360\times(455-35)}=293\text{mm}^2$$

配置 2 Φ^F14（$A'_s=308\text{mm}^2$）

4）求 A_{s1} 及 A_s

$$A_{s1}=\xi_b\frac{\alpha_1 f_c}{f_y}bh_0=0.533\times\frac{1.0\times14.3}{360}\times200\times459=1943\text{mm}^2$$

$$A_s=A_{s1}+A_{s2}=2236\text{mm}^2$$

5）验算配筋率

$$\rho_{min}=0.2\%<\rho=\frac{A_{s1}}{bh_0}=2.17\%\approx\rho_{max}=\xi_b\frac{\alpha_1 f_c}{f_y}=2.12\% \quad \text{满足要求。}$$

选配 6 Φ^F22（$A_s=2281\text{mm}^2$），按品字形并筋配置，如图 4-27 所示。

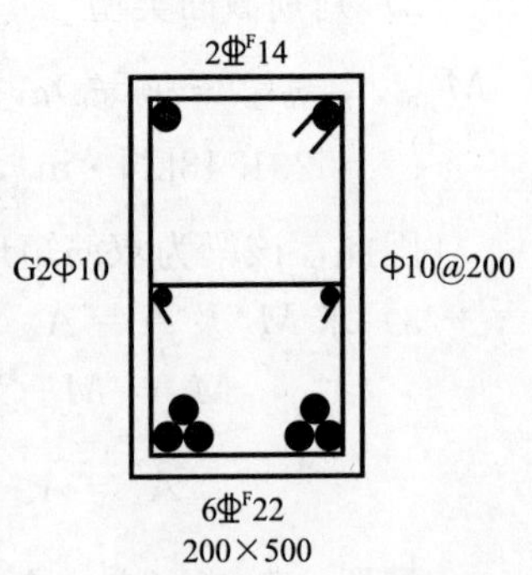

图 4-27 例 4-5 图

【例 4-6】 已知某矩形截面简支梁 $b\times h=200\text{mm}\times500\text{mm}$，混凝土强度等级为 C25（$f_c=11.9\text{N/mm}^2$），钢筋为 HRBF335（$f_y=300\text{N/mm}^2$，$\xi_b=0.566$），经计算梁承受的弯矩设计值为 $M=200\text{kN}\cdot\text{m}$，梁受压钢筋面积 A'_s 为 3 Φ^F20（$A'_s=941\text{mm}^2$）。试计算梁截面的配筋，并画出配筋图。

已知：$b\times h=200\text{mm}\times500\text{mm}$，$f_c=11.9\text{N/mm}^2$，$f_y=300\text{N/mm}^2$，$\xi_b=0.566$，$A'_s=941\text{mm}^2$，$M=200\text{kN}\cdot\text{m}$

求：$A_s=$?

【解】 按上述步骤，计算过程如下：

（1）求 A_{s2} 及 M_2

$$A_{s2}=\frac{f'_y}{f_y}A'_s=\frac{300}{300}\times941=941\text{mm}^2$$

$$M_2=f_yA_{s2}(h_0-\alpha'_s)=300\times941\times(440-35)=114.33\text{kN}\cdot\text{m}$$

(2) 求 M_1 及 A_{s1}

$$M_1 = M - M_2 = 85.67\text{kN}\cdot\text{m}$$

$$\alpha_{s1} = \frac{M_1}{\alpha_1 f_c b h_0^2} = \frac{85.67\times10^6}{1.0\times11.9\times200\times440^2} = 0.186$$

$$\xi_1 = 1-\sqrt{1-2\alpha_{s1}} = 0.21 < \xi_b = 0.566$$

$$A_{s1} = \xi_1\frac{\alpha_1 f_c}{f_y}bh_0 = 0.21\times\frac{1.0\times11.9}{300}\times200\times440 = 733\text{mm}^2$$

(3) 求 A_s 并选配钢筋

$A_s = A_{s1} + A_{s2} = 733 + 942 = 1675\text{mm}^2$， 选配 3$\Phi^F$22＋2$\Phi^F$20($A_s = 1768\text{mm}^2$)

配筋图如图 4-28 所示，最下排靠钢筋内皮为 3Φ^F22，上面一排 2Φ^F20 紧切箍筋竖直肢；下排钢筋的间距为：(200－3×22－2×25)/2＝42mm＞25mm 且＞d＝22mm，满足构造要求。

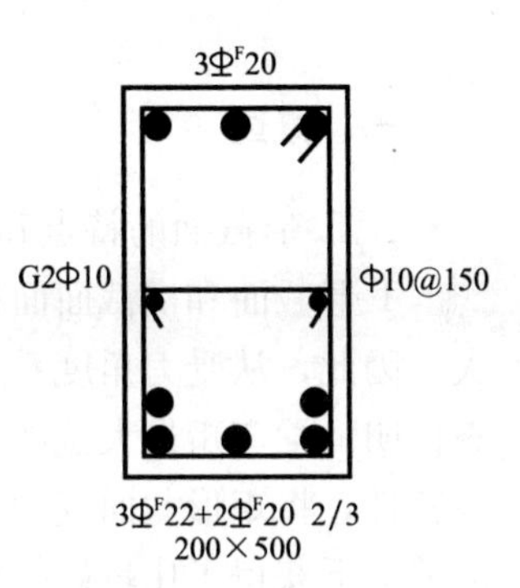

图 4-28　例 4-6 图

(二) 截面强度复核

已知：M，$b\times h$，f_c，f_y，f'_y，α_1，A_s，A'_s

求：M_u＝?

解：(1) 求 A_{s2}及 M_2

$$A_{s2} = \frac{f'_y}{f_y}A'_s$$

$$M_2 = f_y A_{s2}(h_0 - \alpha'_s)$$

(2) 求 A_{s1}及 M_1

$$A_{s1} = A_s - A_{s2} \qquad \xi_1 = \rho_1\times\frac{f_y}{\alpha_1 f_c} = \frac{A_{s1}}{bh_0}\times\frac{f_y}{\alpha_1 f_c}\leqslant\xi_b$$

$$\alpha_{s1} = \xi_1(1-0.5\xi_1) \qquad M_{u1} = \alpha_{s1}\alpha_1 f_c b h_0^2$$

(3) 求 M_u 并最终判定

$$M_u = M_{u1} + M_{u2} > M$$

则该梁安全可靠；反之，$M<M_u$，该梁就不安全。

【例 4-7】 已知某矩形截面简支梁 $b\times h$＝200mm×500mm，混凝土强度等级为 C25 (f_c＝11.9N/mm²)，钢筋为 HRB335 (f_y＝300N/mm²，ξ_b＝0.566)，梁承受的弯矩设计值经计算为 165kN·m，梁受压钢筋面积 A'_s为 3Φ18 (A'_s＝941mm²)，梁受拉钢筋面积 A_s 为 3Φ25 (A_s＝1473mm²)。试验算该梁截面是否安全。

已知：$b\times h = 200\text{mm}\times500\text{mm}$，$f_c = 11.9\text{N/mm}^2$，$f_y = 300\text{N/mm}^2$，$\xi_b = 0.566$，$A'_s$＝941mm²，$A_s$＝1473mm²，$M$＝165kN·m

求：M_u＝?

【解】 (1) 求 A_{s2}及 M_2

$$A_{s2} = \frac{f'_y}{f_y}A'_s = \frac{300}{300}\times941 = 941\text{mm}^2$$

$$M_{s2} = f_y(h_0 - \alpha'_s) = 300\times942\times(440-35) = 114.453\text{kN}\cdot\text{m}$$

(2) 求 A_{s1}及 M_1

$$A_{s1} = A_s - A_{s2} = 1473 - 941 = 532\text{mm}^2$$

$$\xi_1=\rho_1\times\frac{f_y}{\alpha_1 f_c}=\frac{A_{s1}}{bh_0}\times\frac{f_y}{\alpha_1 f_c}=\frac{532}{200\times440}\times\frac{300}{1.0\times11.9}=0.152\leqslant\xi_b=0.566$$

$$\alpha_{s1}=\xi_1(1-0.5\xi_1)=0.14$$

$$M_{u1}=\alpha_{s1}\alpha_1 f_c bh_0^2=0.14\times1.0\times11.9\times200\times440^2=64.71\text{kN}\cdot\text{m}$$

（3）求 M_u 并最终判定

$$M_u=M_{u1}+M_{u2}=179\text{kN}\cdot\text{m}>M=165\text{kN}\cdot\text{m}$$

则该梁安全可靠。

*第四节　单筋T形截面梁正截面抗弯承载力验算

一、概述

1. T形截面的特点和用途

T形截面和横截面面积相同的矩形截面相比，它绕x轴的惯性矩大，截面抗弯抵抗矩大，因此，从受力角度看是合理截面。此外，矩形截面梁正截面受弯破坏第三阶段末的状态证明，梁弯矩最大截面受拉区的混凝土在开裂后退出工作，对梁抗弯不起作用。根据这一特性，将矩形截面变为T形截面，可节省混凝土、减轻梁自重，在不降低梁抗弯承载力的前提下获得了比较好的经济效果。T形截面和矩形截面相比，自重小、承载力没有明显变化、钢筋用量少、梁经济性好。所以，T形截面梁中受压上翼缘和受拉纵向钢筋绕形心轴提供抵抗弯矩，肋板（也称为腹板）一方面能发挥抗剪作用，另一方面也能起到连接受压上翼缘和受拉钢筋的作用。但是，它和矩形截面梁相比，施工时支模工作量大，模板用量也大。T形截面梁用途广泛，除工业厂房和大跨建筑中使用独立的T形截面梁外，工字形梁、槽形板、空心楼板以及单向板肋形楼盖中，次梁、主梁和边梁的计算都可简化为T形截面计算，如图4-29所示。

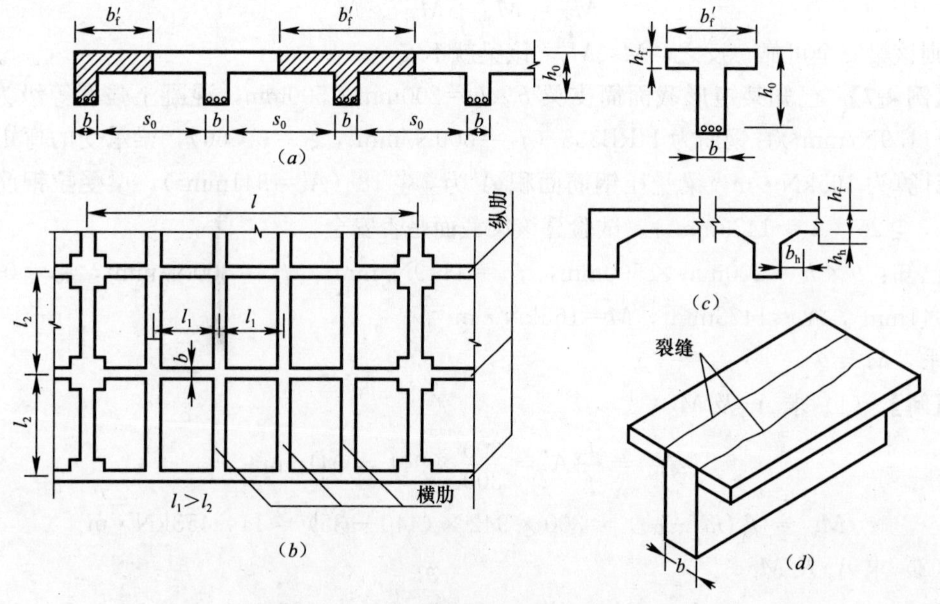

图4-29　T形截面受弯构件的工程应用

2. T 形截面的组成和翼缘的计算宽度

T 形截面由翼缘和腹板两个矩形部分组成，受压翼缘宽度为 b'_f，厚度为 h'_f；腹板宽为 b，截面高为 h。根据实验观测和理论分析，T 形截面受压翼缘上的压应力分布是不均匀的，从受压边沿塑性区向截面内部延伸应力曲线下降，从腹板中心向翼缘两边延伸应力也是在不规则的减小。为了便于计算，《规范》规定了受压翼缘计算宽度的取值范围，详见表 4-9。《规范》给定的一定宽度范围内认为压应力均匀分布的区域称为翼缘的计算宽度，用 b'_f表示。由表可以看出 b'_f的取值与梁的计算跨度 l_0 有关，在连续梁板结构中与梁肋净距有关，同时也与翼缘厚度 h'_f与梁截面有效高度 h_0 的比值有关。查表时如果几种情况至少符合两种以上要求时，取表中所给数值的最小值。

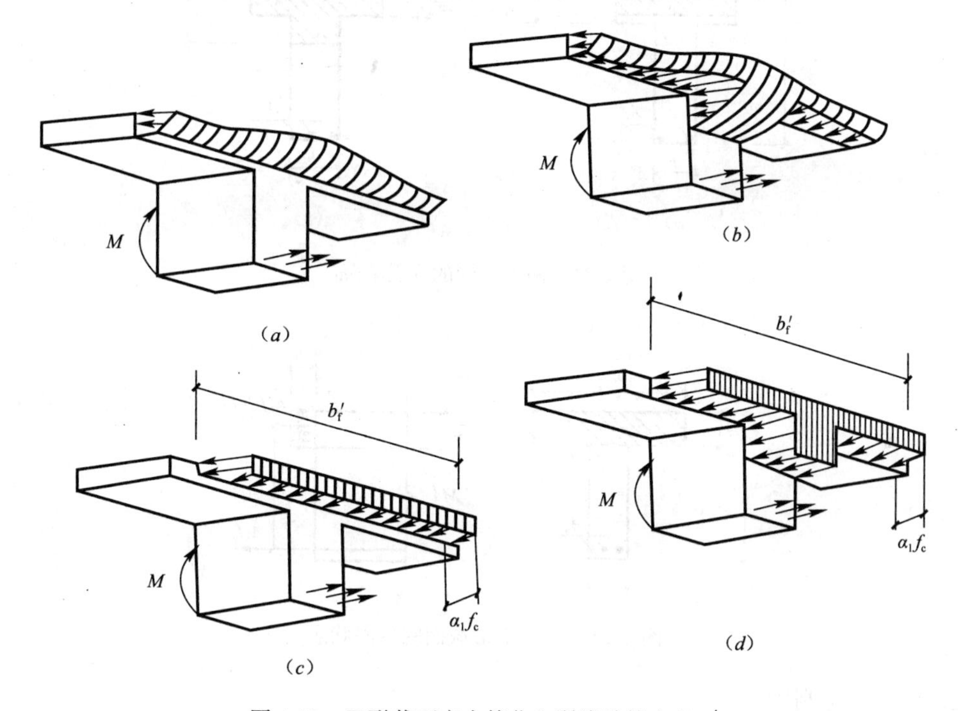

图 4-30　T 形截面应力简化和翼缘计算宽度 b'_f

T 形、I 字形和倒 L 形截面受弯构件翼缘计算宽度　　　　**表 4-9**

情　况			T 形、I 字形截面		倒 L 形截面
			肋形梁、肋形板	独立梁	肋形梁、肋形板
1	按计算跨度 l_0 考虑		$l_0/3$	$l_0/3$	$l_0/6$
2	按梁（纵肋）净距 s_n 考虑		$b+s_n$	—	$b+s_n/2$
3	按翼缘高度 h'_f考虑	$b'_f/h_0 \geqslant 0.1$	—	$b+12h'_f$	—
		$0.1>b'_f/h_0 \geqslant 0.05$	$b+12h'_f$	$b+6h'_f$	$b+5h'_f$
		$b'_f/h_0<0.05$	$b+12h'_f$	b	$b+5h'_f$

注：1. 表中 b 为腹板宽度；

2. 如肋形梁在梁跨内设有间距小于纵肋间距的横肋时，则可不遵守表列情况 3 的规定；

3. 加腋的 T 形、I 字形和倒 L 形截面，当受压区加腋的高度 $h_b \geqslant h'_f$且加腋宽度 $b_b \leqslant 3h_h$ 时，其翼缘计算宽度可按表列情况 3 的规定分别增加 $2b_b$（T 形和 I 形截面）和 b_b（倒 L 形截面）；

4. 独立梁受压区的翼缘板在荷载作用下经验算沿纵肋方向可能产生裂缝时，其计算宽度应取腹板宽度 b。

二、T形截面的分类和判别

1. T形截面分类

T形截面受弯构件中性轴可能在翼缘内，也可能在腹板内，当截面受压区高度 $x \leqslant h_f'$时，受压区局限在翼缘以内，为第一类T形截面，如图4-31（*a*）所示。当截面受压区为高度 $x > h_f'$时，受压区已变为包含全部受压翼缘和部分腹板的T形截面，为第二类型截面，如图4-31（*b*）所示。两类T形截面的界限状态如图4-32所示。

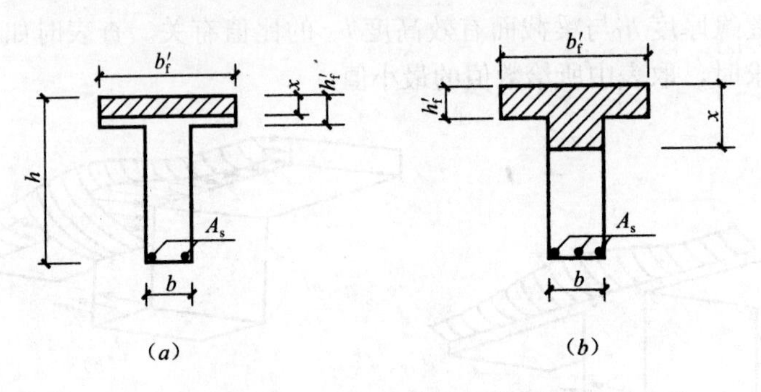

图4-31　两类不同的T形截面

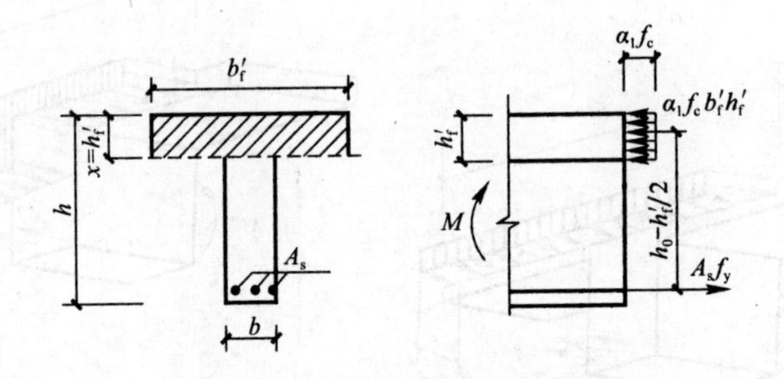

图4-32　两类T形截面的界限状态

2. 截面类型判别

（1）截面设计时

已知：b_f'，h_f'，b，h，f_c，f_y，M，α_1

翼缘全部参与受压时，合力对受拉钢筋合力中心产生的抵抗矩用式（4-31）计算。

$$M_u' = \alpha_1 f_c b_f' h_f' \left(h_0 - \frac{h_f'}{2}\right) \tag{4-31}$$

如果满足式（4-32），属于第一类T形截面。

$$M \leqslant M_u' = \alpha_1 f_c b_f' h_f' \left(h_0 - \frac{h_f'}{2}\right) \tag{4-32}$$

如果满足式（4-33），属于第二类T形截面。

$$M > M_u' = \alpha_1 f_c b_f' h_f' \left(h_0 - \frac{h_f'}{2}\right) \tag{4-33}$$

（2）截面强度核时

已知：b_f'，h_f'，b，h，f_c，f_y，M，α_1，A_s

如果翼缘全部参与受压时提供的压力大于或等于受拉钢筋提供的拉力，说明不需要全部翼缘参与受压（$x<h_f'$）就可以由部分翼缘提供的压力平衡受拉钢筋产生的拉力，受压区在翼缘内，该截面为第一类T形截面。即可用式（4-34）来判别。

$$f_y A_s \leqslant \alpha_1 f_y b_f' h_f' \tag{4-34}$$

如果翼缘全部参与受压时提供的压力小于受拉钢筋提供的拉力，说明全部翼缘参与受压还不能平衡受拉钢筋产生的拉力，受压区在腹板内（$x>h_f'$），该截面为第二类T形截面，即可用式（4-35）判别。

$$f_y A_s > \alpha_1 f_y b_f' h_f' \tag{4-35}$$

三、基本计算公式及其适用条件

1. 第一类T形截面

（1）计算公式

第一类T形截面混凝土的受压区高度小于或最大等于翼缘的高度 h_f'，受压区面积是一个宽度为翼缘宽度 b_f'、高度为 x 的矩形，仿照矩形截面第三阶段末的受力和变形状态，裂缝以下开裂的混凝土，对梁抗弯承载力的提供没有作用。则第一类T形截面就相当于宽度为翼缘宽度 b_f'、高度为梁全高 h 的矩形单筋截面梁。计算时，和单筋矩形截面梁的计算公式的区别仅仅在于受压区宽度由 b 变为 b_f'。T形截面设计计算基本公式为式（4-36）和式（4-37）。

$$\Sigma X = 0 \qquad \alpha_1 f_c b_f' x = f_y A_s \tag{4-36}$$

$$\Sigma M = 0 \qquad M = \alpha_1 f_c b_f' x\left(h_0 - \frac{x}{2}\right) \tag{4-37}$$

（2）公式的适用条件

因为第一类T形截面受压区高度小于或最大等于翼缘厚度，所以 $x \leqslant h_f' < \xi_b h_0$，不会发生超筋破坏。但是由于 x 有非常小的可能，可能会发生少筋的情况。因此，为了防止发生少筋破坏，应满足的适用条件由公式（4-38）表示。

$$\rho \geqslant \rho_{min} \quad 或 \quad A_s \geqslant b h_0 \rho_{min} \tag{4-38}$$

因为梁的最小配筋率是根据钢筋混凝土梁开裂后，受弯承载力与素混凝土梁受弯承载力相等的条件得出的。由于素混凝土T形截面梁的受弯承载力和素混凝土矩形截面梁受弯承载力相近，为了简化计算，采用矩形截面梁的 ρ_{min} 作为T形截面梁的最小配筋率。

2. 第二类T形截面梁

（1）基本计算公式

第二类T形截面梁和第一类T形截面梁的区别在于，第二类T形截面受压区高度较大，当 $x>h_f'$ 时受压区形状变为T形。为了便于计算，将受压区面积分为两部分。第一部分以腹板宽度 b 为界，高度为 x，它提供的压力为 $\alpha_1 f_c bx$，它对应的受拉钢筋面积 A_{s1}，提供的拉力为 $f_y A_{s1}$。另外一部分是由悬挑翼缘部分提供的压力 $\alpha_1 f_c (b_f'-b)h_f'$ 和第二部分受拉钢筋提供的拉力 $f_y A_{s2}$ 建立的平衡关系，如图4-33所示。

因此，可以得到

$$M = M_1 + M_2 \quad 或者\ M_u = M_{u1} + M_{u2} \tag{4-39}$$

$$A_s = A_{s1} + A_{s2} \tag{4-40}$$

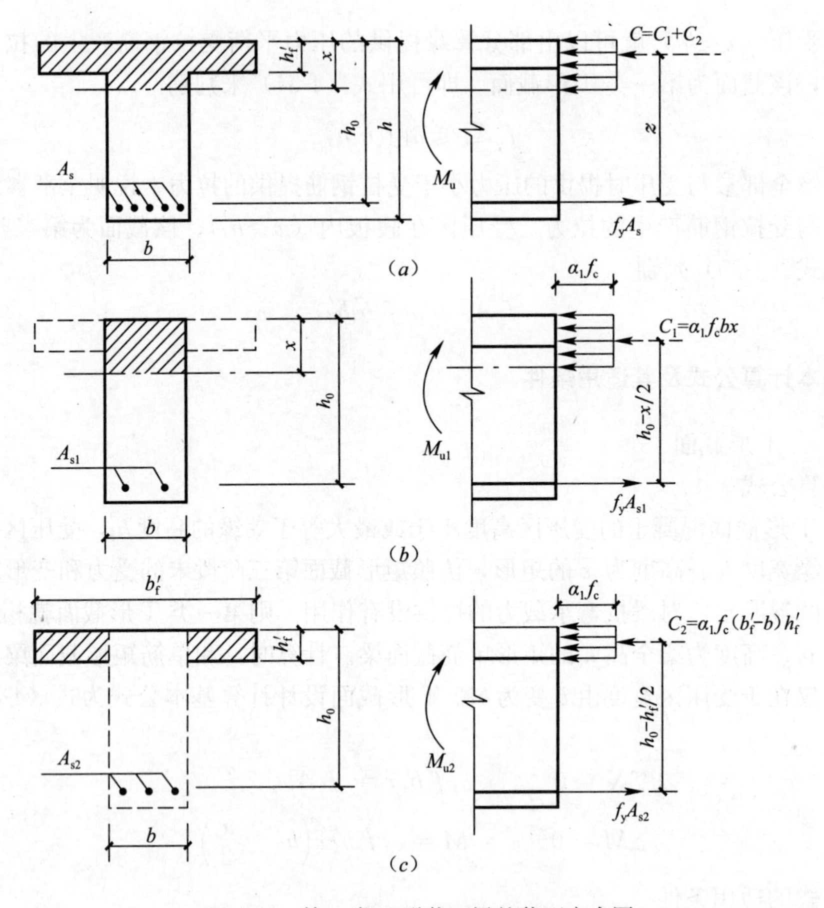

图 4-33　第二类 T 形截面梁的截面应力图

第一部分平衡关系可建立如下计算式

$$\alpha_1 f_c bx = f_y A_{s1} \tag{4-41}$$

$$M_1 = \alpha_1 f_c bx\left(h_0 - \frac{x}{2}\right) \tag{4-42}$$

第二部分平衡关系可建立如下计算式

$$\alpha_1 f_c (b'_f - b)h'_f = f_y A_{s2} \tag{4-43}$$

$$M_2 = \alpha_1 f_c (b'_f - b)h'_f\left(h_0 - \frac{h'_f}{2}\right) \tag{4-44}$$

将式（4-41）+式（4-43）可得 T 形截面受弯构件正截面受弯承载力基本计算时的轴向力平衡公式（4-45），式（4-42）+式（4-44）得 T 形截面受弯构件正截面受弯承载力时的截面弯矩平衡基本计算公式（4-46）。

$$\Sigma X = 0$$

$$\alpha_1 f_c bx + \alpha_1 f_c (b'_f - b)h'_f = f_y A_s \tag{4-45}$$

将式（4-43）+式（4-45）可得

$$\Sigma M = 0$$

$$M = \alpha_1 f_c bx\left(h_0 - \frac{x}{2}\right) + \alpha_1 f_c (b'_f - b)h'_f\left(h_0 - \frac{h'_f}{2}\right) \tag{4-46}$$

（2）公式的适用条件

由于第二类T形截面的混凝土受压区高度 $x>h_f'$，比较大，不会发生少筋的情况，但出现超筋的可能是存在的。A_{s2}是根据力的平衡间接的已知值，它对梁截面配筋率和受压区高度不产生影响，即作为定值的 $A_{s2}f_y$ 不会影响梁的受压区高度 x，影响混凝土受压区高度 x 及配筋率的是 A_{s1}。为了梁不发生超筋破坏，计算时必须满足：

$$x \leqslant x_b，\quad \xi \leqslant \xi_b，\quad A_{s1} \leqslant \rho_{max} b h_0 \tag{4-47}$$

四、基本计算公式的应用

（一）截面设计

1. 第一类T形截面

已知：M，$b\times h$，b_f'，h_f'，f_c，f_y，α_1，ξ

求：A_s=？

解：（1）判别截面类型

$M\leqslant M_u'=\alpha_1 f_c b_f' h_f'\left(h_0-\dfrac{h_f'}{2}\right)$，属于第一类T形截面。

（2）$\alpha_s=\dfrac{M}{\alpha_1 f_c b_f' h_0^2}$

（3）$\gamma_s=\dfrac{1+\sqrt{1-2\alpha_s}}{2}$

（4）$A_s=\dfrac{M}{f_y h_0 \gamma_s}$

（5）查表配筋　复核构造要求并画出包括箍筋和弯起筋在内的截面配筋详图。

【例4-8】 已知某现浇单向板肋形楼盖的次梁，计算梁承受的设计弯矩为 M=108kN·m 计算跨度 l_0=6m，次梁间距1.6m，板厚80mm，次梁高 h=400mm，宽 b=200mm，构件所在环境等级为一级，混凝土强度等级C20（f_c=9.6N/mm²），纵向受力钢筋采用HRBF335级（f_y=300N/mm²），架立筋采用HPB300级光圆钢筋。试计算次梁的截面受拉钢筋面积并配置钢筋。

已知：l_0=6m，h=400mm，b=200mm，f_c=9.6N/mm²，f_y=300N/mm²

求：A_s=？

【解】（1）确定翼缘的计算宽度

$$h_0=h-c-\frac{d}{2}=400-35=365\text{mm}$$

当按梁的翼缘厚度计算时　　$b_f'=\dfrac{l_0}{3}=\dfrac{6}{3}=2\text{m}$

当按梁的净距考虑时　　$b_f'=b+s_n=1.6+0.2=1.8\text{m}$

当按梁的翼缘厚度计算时

$\dfrac{h_f'}{h_0}=\dfrac{80}{365}=0.219>0.1$，查表4-9不受此项限制，故根据表注，从前两项计算结果中选较小值，则 b_f'=1800mm。

（2）判别截面类型

$$M_u=\alpha_1 f_c b_f' h_f'\left(h_0-\frac{h_f'}{2}\right)=1.0\times 9.6\times 1800\times 80\times(365-80/2)=449280000\text{N}\cdot\text{mm}$$

$$= 449.28\text{kN}\cdot\text{m} > 108\text{kN}\cdot\text{m}$$

属于第一类T形截面。

（3）配筋计算

按宽度为b_f'，高度为h的单筋矩形截面计算。

$$\alpha_s = \frac{M}{\alpha_1 f_c b_f' h_0} = \frac{108\times10^6}{1.0\times9.6\times1800\times365^2} = 0.047$$

$$\gamma_s = \frac{1+\sqrt{1-2\alpha_s}}{2} = \frac{1+\sqrt{1-2\times0.047}}{2} = 0.976$$

$$A_s = \frac{M}{f_y h_0 \gamma_s} = \frac{108\times108\times10^6}{300\times365\times0.976} = 1010.6\text{mm}^2$$

（4）查表1-4，选配3Φ^F22（A_s=1140mm²）

（5）验算配筋率

$\rho = \frac{A_s}{bh_0} = \frac{1140}{200\times365} = 1.56\% > \rho_{min} = 0.2\%$　　满足要求。

（6）钢筋间距验算

$2\times25+3\times22+2\times25=166\text{mm}<b=200\text{mm}$　　满足要求。

梁截面的配筋图如图4-34所示。

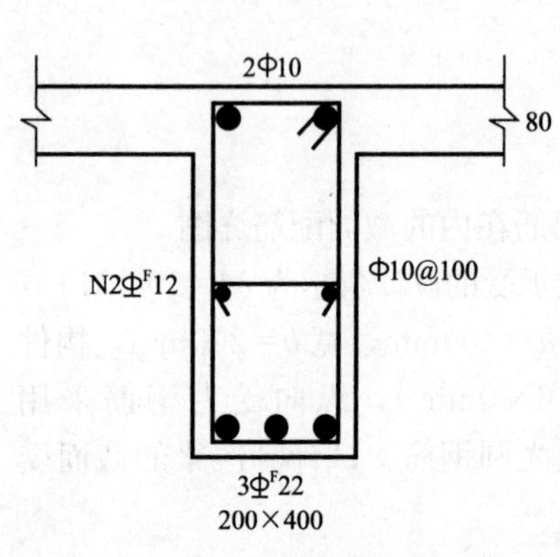

图4-34　例4-8图

2. 第二类T形截面

已知：M，$b\times h$，b_f'，h_f'，f_c，f_y，α_1，ξ

求：A_s=？

解：（1）判别截面类型

当满足$M > M_u = \alpha_1 f_c b_f' h_f'\left(h_0 - \frac{h_f'}{2}\right)$时，为第二类T形截面。

（2）$A_{s2} = \frac{\alpha_1 f_c\ (b_f'-b)\ h_f'}{f_y}$

（3）$M_{u2} = \alpha_1 f_c (b_f'-b)\ h_f'\left(h_0 - \frac{h_f'}{2}\right)$

（4）$M_1 = M_{u1} = M - M_{u2}$

（5）$\alpha_{s1} = \frac{M_1}{\alpha_1 f_c h_0^2}$

（6）$\xi_1 \doteq 1-\sqrt{1-2\alpha_{s1}} \leqslant \xi_b$　或 $\gamma_{s1} = \frac{1+\sqrt{1-2\alpha_{s1}}}{2}$

（7）$A_{s1} = \xi_1\ \frac{f_y}{\alpha_1 f_c} b h_0$　或　$A_{s1} = \frac{M}{f_y h_0 \gamma_{s1}}$

（8）$A_s = A_{s1} + A_{s2}$

（9）选配钢筋并复核构造要求，并画出包含箍筋和架立筋在内的梁截面配筋详图。

仅在受拉区配置受拉钢筋的单筋T形截面梁，其正截面抗弯承载力计算步骤可按图4-35所示的框图进行。

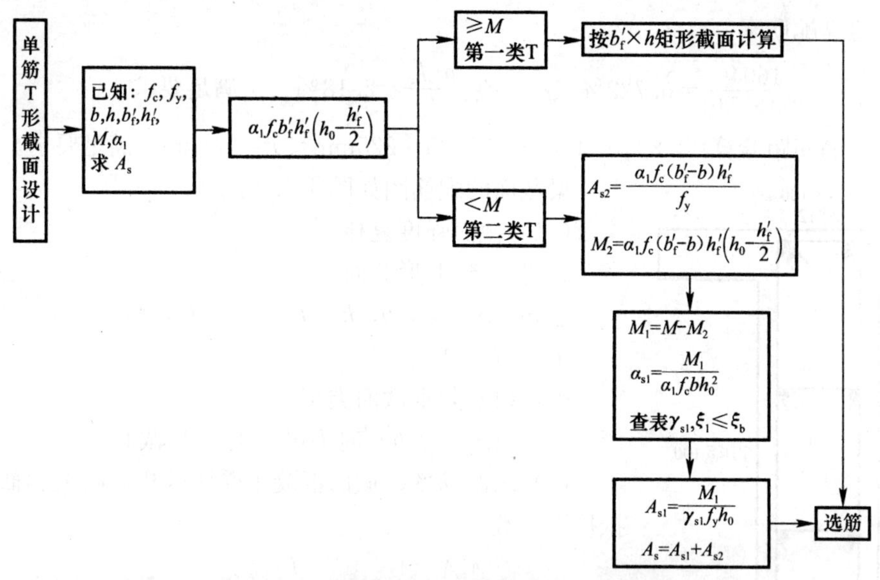

图 4-35　双筋矩形截面梁截面配筋步骤框图

【例 4-9】 已知某矩形截面梁尺寸 $b'_f=600$mm，$h'_f=100$mm，$b=300$mm，$h=800$mm，混凝土采用 C25（$f_c=11.9$Nmm^2），钢筋采用 HRBF335 级（$f_y=300$N/mm^2，$\xi_b=0.566$），承受设计弯矩为 580kN·m。试确定梁截面的配筋。

已知：$b'_f=600$mm，$h'_f=100$mm，$b=300$mm，$h=800$mm，$f_c=11.9$N/mm^2，$f_y=300$N/mm^2，$\alpha_1=1.0$，$M=570$kN·m

求：$A_s=?$

【解】（1）判别截面类型

$$M_u=1.0\times11.9\times600\times100\times\left(740-\frac{100}{2}\right)=492.660\text{kN}\cdot\text{m}<M=570\text{kN}\cdot\text{m}$$

故属于第二类 T 形截面

（2）求 M_2 和 A_{s2}

$$M_2=\alpha_1 f_c(b'_f-b)h'_f\left(h_0-\frac{h'_f}{2}\right)=1.0\times11.9\times(600-300)\times100\times(740-100/2)$$

$$=246.330\text{kN}\cdot\text{m}$$

$$A_{s2}=\frac{\alpha_1 f_c(b'_f-b)h'_f}{f_y}=\frac{1.0\times11.9\times(600-300)\times100}{300}=1190\text{mm}^2$$

（3）求 M_1 和 A_{s1}

$$M_1=M-M_2=570-246.330=323.670\text{kN}\cdot\text{m}$$

$$\alpha_{s1}=\frac{M_1}{\alpha_1 f_c b h_0^2}=0.166\qquad\gamma_{s1}=\frac{1+\sqrt{1-2\alpha_{s1}}}{2}=0.909$$

$$A_{s1}=\frac{M_1}{f_y h_0\gamma_{s1}}=1604\text{mm}^2$$

（4）求 A_s

$$A_s=A_{s1}+A_{s2}=1604+1190=2794\text{mm}^2$$

查表 2-4，选配 6Φ^F25，上排 2Φ^F25，下排 4Φ^F25。

(5) 验算配筋率

$$\rho_1=\frac{A_{s1}}{bh_0}=\frac{1604}{300\times740}=0.722\%<\rho_{max}=\xi_b\frac{\alpha_1 f_c}{f_y}=2.18\% \quad 满足要求。$$

(6) 钢筋间距验算　$2\times25+4\times25+3\times25=225mm<b=300mm$　满足要求。

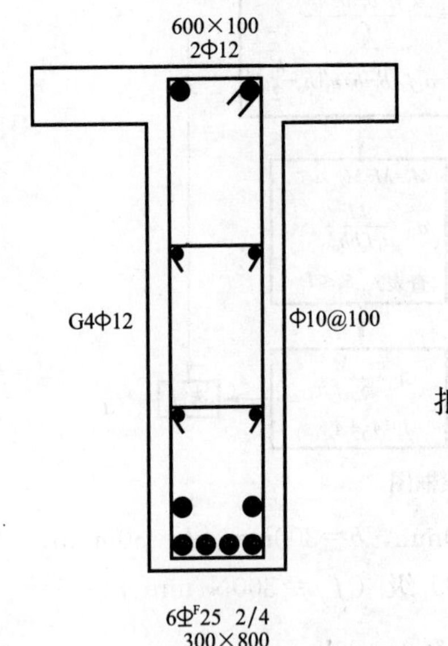

图 4-36　例 4-9 图

梁截面的配筋图如图 4-36 所示。

(二) 截面强度复核

1. 第一类 T 形截面

已知：b_f'，h_f'，b，h，f_c，A_s，f_y，M

求：M_u=?

解：(1) 判别截面类型

当 $f_yA_s\leqslant\alpha_1 f_c b_f' h_f'$ 时为第一类 T 形截面。

(2) 求配筋率、截面混凝土受压区相对高度和截面抗弯抵抗矩系数

$$\rho=\frac{A_s}{bh_0},\quad \xi=\rho\frac{f_y}{\alpha_1 f_c},\quad \alpha_s=\xi(1-0.5\xi)$$

(3) 求 M_u

$$M_u=\alpha_s\alpha_1 f_c b_f' h_0^2$$

(4) 比较 M 与 M_u 的大小关系

如果 $M\leqslant M_u$，该梁安全可靠，反之，不安全。

【例 4-10】 某单向板肋形楼盖 T 形截面次梁，$b_f'=1500mm$，$h_f'=80mm$，$b=250mm$，$h=500mm$，混凝土为 C25，钢筋为 HRBF335 级，$\xi_b=0.566$，配有纵向受拉钢筋 4Φ^F22 ($A_s=1520mm^2$)，梁承受设计弯矩为 $M=150kNm$。试验算该梁是否安全。

已知：$b_f'=1500mm$，$h_f'=80mm$，$b=250mm$，$h=500mm$，$f_c=11.9N/mm^2$，$f_y=300N/mm^2$，$A_s=1520mm^2$，$M=150kN\cdot m$

求：M_u=?

【解】 (1) 判别截面类型

$$f_yA_s=300\times1520=456kN<\alpha_1 f_c b_f' h_f'=1.0\times11.9\times1500\times80=1428kN$$

故属于第一类 T 形截面。

(2) 求 ρ、ξ 及 α_s

$$\rho=\frac{A_s}{b_f' h_0}=\frac{1520}{1500\times460}=0.22\%>\rho_{min}=0.2\%$$

$$\xi=\rho\frac{f_y}{\alpha_1 f_c}=0.0022\times\frac{300}{1.0\times11.9}=0.0554$$

$$\alpha_s=\xi(1-0.5\xi)=0.0554\times(1-0.5\times0.0554)=0.054$$

(3) 求 M_u 并 M 与比较

$$M_u=\alpha_s\alpha_1 f_c b_f' h_0^2=0.054\times1\times11.9\times1500\times460^2=203.96kN\cdot m>M=150kN\cdot m$$

该梁截面承载力满足要求。

2. 第二类 T 形截面

已知：b_f'，h_f'，b，h，f_c，f_y，A_s

求：$M_u=?$

解：(1) 判别截面类型

当$f_y A_s > \alpha_1 f_c b_f' h_f'$时，　　属于第二类T形截面。

(2) 求A_{s2}和M_2

$$A_{s2}=\frac{\alpha_1 f_c(b_f'-b)h_f'}{f_y}$$

$$M_2=M_{u2}=\alpha_1 f_c(b_f'-b)h_f'\left(h_0-\frac{h_f'}{2}\right)$$

(3) 求A_{s1}和M_1

$$A_{s1}=A_{s1}-A_{s2},\quad \rho_1=\frac{A_{s1}}{bh_0},\quad \xi_1=\rho_1\frac{f_y}{\alpha_1 f_c}\leqslant\xi_b$$

$$\alpha_{s1}=\xi_1(1-0.5\xi_1),\quad M_{u1}=\alpha_{s1}\alpha_1 f_c bh_0^2$$

(4) 比较M_u与M的大小关系

当$M\leqslant M_u$，则该梁安全可靠；若$M>M_u$，则该梁不安全。

【例4-11】 某T形截面梁尺寸为$b_f'=500\text{mm}$，$h_f'=100\text{mm}$，$b=250\text{mm}$，$h=800\text{mm}$混凝土强度等级为C25（$f_c=11.9\text{N/mm}^2$），梁下部受拉区实配钢筋采用HRB335（$f_y=300\text{N/mm}^2$）4Φ22+2Φ18（$A_s=2029\text{mm}^2$），截面承受设计弯矩$M=280\text{kN}\cdot\text{m}$。试验算梁正截面抗弯承载力是否满足要求。

已知：$b_f'=500\text{mm}$，$h_f'=100\text{mm}$，$b=250\text{mm}$，$h=800\text{mm}$，$f_c=11.9\text{N/mm}^2$，$f_y=300\text{N/mm}^2$，$A_s=2029\text{mm}^2$，$M=280\text{kN}\cdot\text{m}$，$h_0=800-60=740\text{mm}$

求：$M_u=?$

【解】 (1) 判别截面类型

$f_y A_s=300\times2029=608.7\text{kN}>\alpha_1 f_c b_f' h_f'=1.0\times11.9\times500\times100=595\text{kN}$

故为第二类T形截面。

(2) 求A_{s2}和M_2

$$A_{s2}=\frac{\alpha_1 f_c(b_f'-b)h_f'}{f_y}=\frac{1.0\times11.9\times(500-250)\times100}{300}=992\text{mm}^2$$

$$M_2=M_{u2}=\alpha_1 f_c(b_f'-b)h_f'\left(h_0-\frac{h_f'}{2}\right)=1.0\times11.9\times(500-250)\times100\times\left(740-\frac{100}{2}\right)$$

$$=205.275\text{kN}\cdot\text{m}$$

(3) 求A_{s1}

$$A_{s1}=A_s-A_{s2}=2029-992=1037\text{mm}^2$$

$$\xi_1=\rho_1\frac{f_y}{\alpha_1 f_c}=\frac{1037}{250\times740}\times\frac{300}{1.0\times11.9}=0.141<\xi_b=0.566$$

$$\alpha_{s1}=\xi_1(1-0.5\xi_1)=0.131$$

(4) 求M_{u1}并求和后与设计弯矩比较

$$M_{u1}=\alpha_{s1}\alpha_1 f_c bh_0^2=0.131\times1.0\times11.9\times250\times740\times740=213.51\text{kN}\cdot\text{m}$$

$$M_u=M_{u1}+M_{u2}=205.28+213.51=418.79\text{kN}\cdot\text{m}>M=280\text{kN}\cdot\text{m}$$

该梁安全可靠。

本章小结

1. 本章中心内容是钢筋混凝土梁正截面应力分析，正截面抗弯承载力公式的建立、适用条件的提出、公式的应用。

2. 配筋率$\rho=\frac{A_s}{bh_0}$是区分梁正截面不同破坏类型的根据，在单筋梁中配筋率ρ、截面受压区相对高度ξ、截面混凝土受压区折算高度x是一组相关联的值，$\rho=\xi\frac{\alpha_1 f_c}{f_y}$。

3. 钢筋混凝土适筋梁，是工程实际中采用的梁，它的配筋率$\rho_{min}\leqslant\rho\leqslant\rho_{max}$；适筋梁发生的是延性破坏，材料性能能够最大限度发挥，具有经济性、适用性、合理性和安全性。钢筋混凝土少筋梁、超筋梁破坏都是没有征兆的脆性破坏，材料强度没有得到充分合理的利用，不具备合理性、适用性和安全性，因此，工程实践中不能使用。

4. 钢筋混凝土适筋梁的破坏经历了三个阶段，**第一阶段是以梁下缘混凝土开裂为特征的；第二阶段是以受拉钢筋屈服为依据的；梁的破坏是以受压区混凝土达到极限压应变，最后导致受压区混凝土被压碎为依据的。第一阶段末的截面应力图形是梁抗裂验算的依据；第二阶段末的截面钢筋和混凝土的应力图形是梁裂缝宽度和变形验算的依据，第三阶段末的应力状态是梁正截面承载力计算的依据。简化和等效后的适筋梁第三阶段末的应力图形，是确定适筋梁正截面承载力计算公式的依据。**

5. 单筋矩形截面、双筋矩形截面和单筋T形截面梁基本计算公式是根据简化后的截面应力图形，按照截面轴向力平衡和截面承受弯矩等于截面抵抗矩的条件建立的。根据截面的类型，截面设计计算公式有其适用条件，目的是为了确保截面为适筋梁。

6. 正截面抗弯计算公式的应用包括截面设计和强度复核两类。截面强度设计是根据给定的条件求截面配筋面积，再依据规范给定的构造要求，配置截面纵向受力筋的过程。截面强度复核是根据截面配筋和其他已知条件，反算构件截面承载力能否满足使用要求的过程。

7. T形截面梁正截面设计是根据截面受力情况、截面尺寸、材料强度等级等因素划分为两种不同类型，截面抗弯承载力验算是根据截面受力情况、截面尺寸、材料强度等级等因素划分为两种不同类型。第一类型T形截面相当于宽度为b、高度为h的单筋矩形截面梁，配筋率依然为ρ。第二类T形截面梁可按双筋矩形截面梁的思路，将截面抵抗的弯矩、需要的纵向配筋和提供的内力分为两部分进行计算，一部分是由腹板和第一部分受拉钢筋之间的平衡关系提供的内力；另外一部分是构件截面翼缘出挑部分和第二部分纵向受拉钢筋之间的平衡关系提供的内力，它的配筋率是依据影响受压区高度和截面破坏形态的第一部分钢筋面积计算的，仍然为ρ_1。在截面设计和强度复核时可依据部分之和等于整体的思路进行。

8. 学习时应注意把实验分析结果和《规范》给定的假定以及简化后的压力图形联系起来，理解和记忆截面应力分布图的基础上记忆公式，做到理解的基础上对有关问题牢靠的记忆。做到先通过实验过程分析，得到感性认识，然后理论推导；先基本公式和适用条件的理解和掌握，后截面设计和强度验算；先计算结果，后构造要求；先系统看书理解，后动手做作业。按照上述思路系统、全面地领会、理解所学知识内容，通过作业练习完成从门外汉变成内行的过渡。

复习思考题

一、名词解释

梁的配筋率　少筋梁　适筋梁　超筋梁　梁的保护层厚度　钢筋净距　钢筋间距　受压区相对高度　界限受压区相对高度　界限配筋率　单筋梁　双筋梁

二、问答题

1. 梁中钢筋有几种？它们的作用各是什么？

2. 板中分布钢筋的作用有哪些？设置时有哪些要求？

3. 梁中架立钢筋的作用是什么？设置架立筋时应满足哪些要求？

4. 梁、板中混凝土保护层的作用是什么？为什么不同的构件使用环境保护层厚度不同？

5. 配筋率对梁截面受力破坏形态是如何影响的？

6. 钢筋混凝土梁正截面强度计算时，《规范》给出四条基本假定的内容是什么？

7. 双筋矩形截面梁承载力验算时，受压钢筋的应力取值有何限定？为什么？

8. 界限受压区的相对高度的含义是什么？它与梁的最大配筋率有什么关系？

9. 单筋矩形截面梁的截面应力图形、计算公式和适用条件是什么？

10. 什么情况下采用双筋梁？为什么要满足 $x \geqslant 2\alpha'_s$ 的要求？当 $x < 2\alpha'_s$ 时，应如何处理？

11. T形截面梁截面设计和强度复核时截面类型如何判别？

12. T形截面梁的配筋率是如何确定的？为什么要这样确定？

13. 单向板肋形楼盖中的连续次梁、主梁正截面抗弯承载力计算时，跨中截面为什么要按T形截面计算？支座截面为什么要按矩形截面计算？

三、计算题

1. 已知某矩形截面梁 $b \times h = 200\text{mm} \times 500\text{mm}$，经计算由荷载设计值产生的弯矩 $M=165\text{kN} \cdot \text{m}$，混凝土强度等级为C25，钢筋为HRB400级，结构的安全等级为二级，环境等级为一级。试计算梁截面配筋面积、配置钢筋并复核构造要求。

2. 挑檐板根部厚度80mm，端部厚度60mm，经计算每米板宽承受的设计弯矩 $M=9.2\text{kN} \cdot \text{m}$，采用C30混凝土，HPB300级钢筋。试计算板的配筋。

3. 某钢筋混凝土简支梁，截面尺寸为 $b \times h = 200\text{mm} \times 500\text{mm}$，配置有HRBF400级受拉钢筋4$\Phi^F$18（$A_s = 1017\text{mm}^2$），采用C30混凝土，梁承受的最大设计弯矩为 $M=120\text{kN} \cdot \text{m}$ 环境等级为一级。试复核梁是否安全。

4. 已知某矩形截面梁 $b \times h = 200\text{mm} \times 450\text{mm}$，经计算由荷载设计值产生的弯矩 $M=185\text{kN} \cdot \text{m}$，混凝土强度等级为C25，纵向受力钢筋为HRB400级，箍筋为HPB300级，结构的安全等级为二级，设环境等级为一级，假设受拉钢筋两排配置（$a_s = 60\text{mm}$）。试计算梁截面配筋面积、配置钢筋并复核配筋的构造要求。

5. 已知条件同第4题，但在梁的受压区配有2Φ18的受压钢筋。试求受拉钢筋截面

面积 A_s。

6. 已知某矩形截面简支梁，截面尺寸为 $b \times h = 200\text{mm} \times 500\text{mm}$，配置有 HRBF335 级受压钢筋 2$\Phi^F$16（$A_s' = 402\text{mm}^2$），梁配有受拉钢筋 4$\Phi^F$18（$A_s = 1018\text{mm}^2$）采用 C30 混凝土。求该梁承受的最大设计弯矩值。

7. 某肋形楼盖多跨连续次梁，间距为 2400mm，次梁跨度为 5.7m，次梁高度 $h = 400\text{mm}$，腹板高度 $h_f' = 80\text{mm}$，经计算次梁跨中和支座承受的设计弯矩都为 $M = 110\text{kN} \cdot \text{m}$，纵向受力钢筋为 HRB400 级，箍筋采用 HPB300 级。试求梁跨中和支座截面的配筋截面积，并根据构造要求配置钢筋。

8. 某单筋 T 形截面梁，$b \times h = 200\text{mm} \times 500\text{mm}$，$b_f' = 400\text{mm}$，$h_f' = 100\text{mm}$，混凝土强度等级为 C30，纵向受力钢筋为 HRB335 级，箍筋采用 HPB300 级，设环境等级为一级，截面承受的弯矩设计值 $M = 295\text{kN} \cdot \text{m}$。试计算 T 形梁截面配筋面积、配置钢筋并复核构造要求。

第五章　钢筋混凝土受弯构件斜截面承载力计算及构造

学习要求和目标：

1. 了解梁在外荷载作用下斜裂缝形成和扩展的过程，了解影响梁斜截面受剪承载力的主要影响因素，了解梁斜截面受剪破坏的三种形态。

2. 掌握梁斜截面承载力计算的基本公式及其适用条件，并能应用基本计算公式计算梁内腹筋的数量，能依据有关规定配置梁内腹筋。

3. 理解纵向受力钢筋、弯起钢筋截断时的构造要求。

4. 掌握梁内箍筋、弯起筋的构造要求。

第一节　梁斜截面抗剪承载力计算基本常识

梁在承受的荷载作用下，截面出现弯矩和剪力两种内力，沿梁跨度方向不同截面弯矩 M 和剪力 V 呈连续变化，同时在同一正截面上不同高度同种应力值也不相同。根据材料力学的知识可知，在弯曲应力和剪应力共同作用下，梁截面内会产生主拉应力 σ_{pt} 和主压应力 σ_{pc}，主拉应力迹线如图 5-1 所示，在梁纵剖面图上用开口朝上的细实线表示，每根细实线上的应力都相等，方向是应力迹线的切线方向；图中开口朝下的虚线表示的是主压应力迹线。对梁支座附近产生斜拉引起斜裂缝的是 σ_{pt}。可见要有效防止主拉应力引起的斜截面破坏，不仅要求梁具有合理的截面尺寸，同时还要求配置足够数量的箍筋和弯起筋，这样才可以满足梁斜截面抗剪承载力的要求。

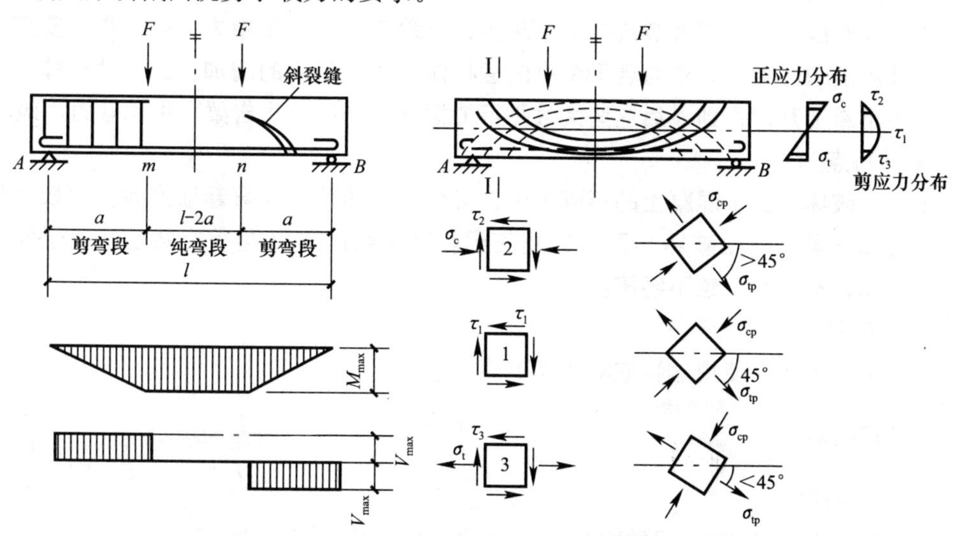

图 5-1　钢筋混凝土简支梁纵剖面主应力迹线示意图

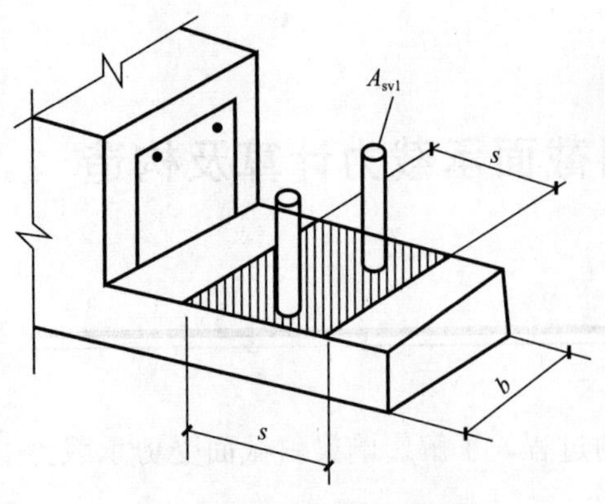

图 5-2　梁内配箍率示意图

试验证实，影响梁斜截面承载力的主要因素包括梁截面形状和尺寸、混凝土强度等级、剪跨比的大小、荷载类型和作用的方式、腹筋（弯起筋和箍筋的统称）的含量多少等。

剪跨比 $\lambda=\frac{a}{h_0}$，它是集中荷载作用点到支座之间的距离 a（剪跨）和梁截面有效高度 h_0 的比值，它反映了梁截面承受的 M 与 V 的比例关系。

梁的配箍率 $\rho_{sv}=\frac{A_{sv}}{bs}$，它反映了梁内箍筋含量的多少，如图 5-2 所示。

梁的斜截面由于受力和自身组成的不同，通常发生斜压破坏、剪压破坏和斜拉破坏三种破坏，三种破坏的形态如图 5-3 所示。

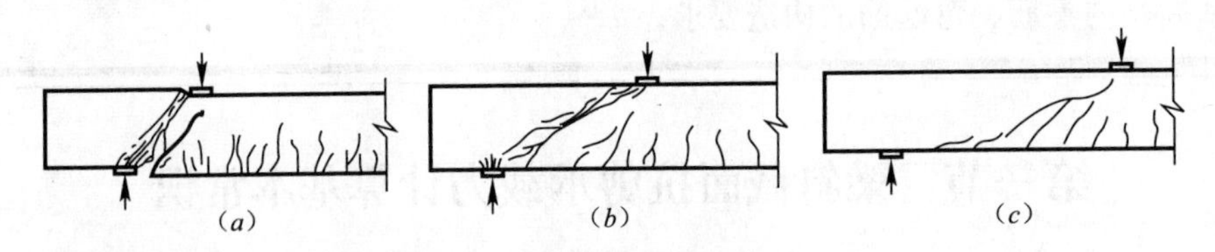

图 5-3　梁斜截面破坏形态

一、斜压破坏

1. 产生的条件

梁截面尺寸 b、h 太小，梁的配箍率 ρ_{sv} 太高，剪跨比 λ 太小（$\lambda<1$）。

2. 破坏的过程

随着梁截面受到的剪力和弯矩不断上升，在梁截面中性轴附近由于主拉应力的影响，首先产生斜向裂缝，荷载越大裂缝的数量越多，裂缝向上指向集中力，向下指向支座，最终将梁裂缝周围的混凝土分割为若干个小的棱柱体，随着荷载的增加，这些棱柱体上受到的斜向压力不断上升，直到最后这些大致平行的棱柱体压溃，宣告梁丧失承载力而破坏。

3. 破坏特点

由于这种破坏取决于混凝土的压碎与否，梁内所配的箍筋和弯起筋没有发挥应有的抗剪作用，类似于梁正截面破坏类型中的超筋梁。这种梁的破坏具有突然性，属于脆性破坏，没有预兆，不安全，也不经济。

4. 工程应用

工程实际中不允许使用这种破坏类型的梁。

二、剪压破坏

1. 产生的条件

梁截面尺寸 b、h 适中，梁的配箍率 ρ_{sv} 适中，剪跨比 λ 值适中（$1\leqslant\lambda\leqslant3$）。

2. 破坏的过程

随着梁截面受到的剪力和弯矩不断上升，在梁下部支座附近首先产生竖向裂缝，随着荷载的继续增加，原来的竖向裂缝开始斜向向上发展，荷载持续上升，其中一条就发展为主斜裂缝并向集中力作用点延伸，随着试验过程的持续，荷载持续加大，梁内腹筋在阻碍裂缝发展中应力不断增加，直至接近屈服强度，裂缝梁上部未开裂的区域的混凝土最后是在剪应力和弯曲正应力共同作用下达到极限应变后宣告梁破坏。

3. 破坏特点

由于这种破坏取决于梁截面剪压区混凝土是否被压碎，以及梁内所配箍筋和弯起筋是否屈服，类似于梁正截面破坏形式中的适筋梁。梁的这种破坏具有预兆，属于延性破坏，比较安全，也比较经济。

4. 工程应用

工程实际中只允许使用产生这种破坏形式的梁。

三、斜拉破坏

1. 产生的条件

梁截面尺寸 b、h 太大，梁的配箍率 ρ_{sv} 太低，剪跨比 λ 太大（$\lambda>3$）。

2. 破坏的过程

在梁截面受到的剪力和弯矩不是太高时，在梁下部支座附近首先产生斜向裂缝，随着荷载的稍微增加即在梁支座到集中力之间形成临界裂缝并向上指向集中力，荷载的增加这条临界裂缝很快将梁斜向拉裂，宣告梁破坏。

3. 破坏特点

当梁内所配的腹筋（箍筋和弯起筋）的含量太少时，构件的破坏由构件混凝土的斜向受拉开裂所决定，此情况下钢筋没能有效发挥抵抗梁斜拉破坏的作用，它类似于梁正截面破坏时的少筋破坏。这种坏破呈现突然性，属于脆性破坏，没有预兆，不安全，也不经济。

4. 工程应用

这种破坏形式的梁工程实际中不允许使用。

规范是通过限制梁截面尺寸不要过小的方式，限制梁不要发生超箍的斜压破坏；通过限制剪跨比和最小配箍率的思路防止斜拉破坏；对于工程实际中允许采用的剪压破坏则是通过确定合理截面尺寸、计算配置所需的箍筋和弯起筋的方式，确保梁斜截面抗剪承载力，防止剪压破坏的发生。

第二节　受弯构件斜截面抗剪承载力的计算

试验分析，梁是在主拉应力影响下产生斜向裂缝，最终形成破坏前的短时的稳定状态。分析梁剪压破坏时的受力状态，以斜裂缝为界把梁靠近支座一侧作为分离体，研究其受力性能，如图 5-4 所示。

一、概述

由图 5-4 可知，当梁处在斜截面剪压破坏的临界状态时，裂缝顶端没有开裂的竖直截

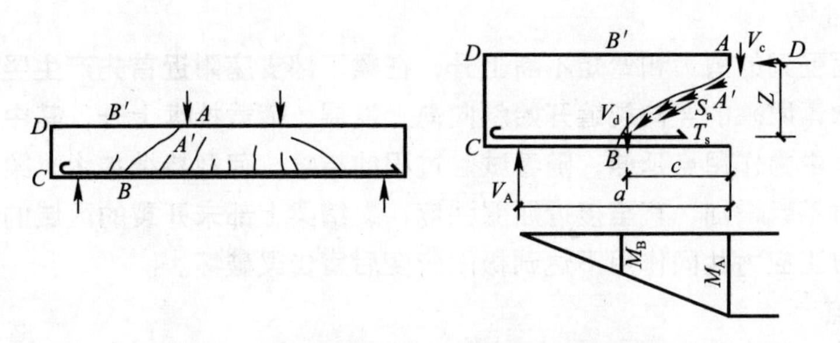

图 5-4　钢筋混凝土梁斜截面内力分布图

面承受弯曲压应力和剪力引起的剪应力二者的共同作用，斜裂缝截面受到裂缝两侧骨料的咬合力和摩擦力的作用，箍筋和弯起筋和斜裂缝相交可以承受拉应力，其次纵向受力钢筋可以提供销栓作用。上述这些抵抗内力共同组成了梁斜截面的抗剪承载力。为了便于设计计算，《规范》把斜裂缝截面的骨料咬合摩擦作用归并于混凝土提供的抗剪承载能力 V_c，把纵筋的销栓作用作为安全储备，在设计计算时不予考虑。因此，梁斜截面设计时只考虑混凝土提供的抗剪承载力、箍筋和弯起筋提供的抗剪承载力三部分，如图 5-5 所示，计算基本公式为式（5-1）。

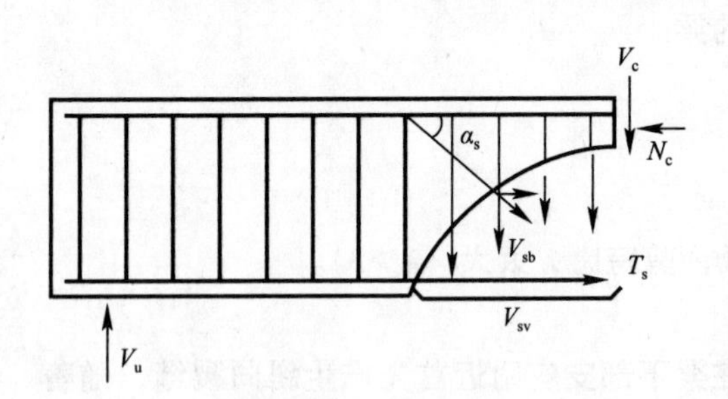

图 5-5　梁斜截面计算时内力分布图

$$V_u = V_c + V_{sv} + V_{sb} \tag{5-1}$$

其中
$$V_{cs} = V_c + V_{sv} \tag{5-2}$$

则
$$V_u = V_{cs} + V_{sb} \tag{5-3}$$

式中　V_u——梁斜截面抗剪承载力设计值；

V_c——梁内混凝土提供的抗剪承载力；

V_{sv}——梁内与斜裂缝相交的箍筋提供的抗剪承载力设计值；

V_{sb}——梁内与斜裂缝相交的弯起筋提供的抗剪承载力设计值；

V_{cs}——梁内混凝土以及梁内与斜裂缝相交的箍筋提供的抗剪承载力设计值总和。

二、梁截面受剪承载能力的计算公式

根据试验得知，梁在不同的荷载作用下发挥出的抗剪承载力值是不一样的。《规范》为计算方便，将梁斜截面抗剪承载力计算分为均布荷载作用下和集中荷载作用下两种类型。

均布荷载、集中荷载作用下矩形、T 形和 I 形截面梁，在材料强度一定情况下，实测对照试验得出的配箍率和梁抗剪承载力之间的关系分布具有共同特征，为了偏于安全的进行设计，确保构件抗剪承载力满足要求，《规范》在确立计算公式时，对试验结果取各组对照散点分析的下限值。均布荷载、集中荷载作用下梁抗剪承载力和影响因素关系如图 5-6 与图 5-7 所示。

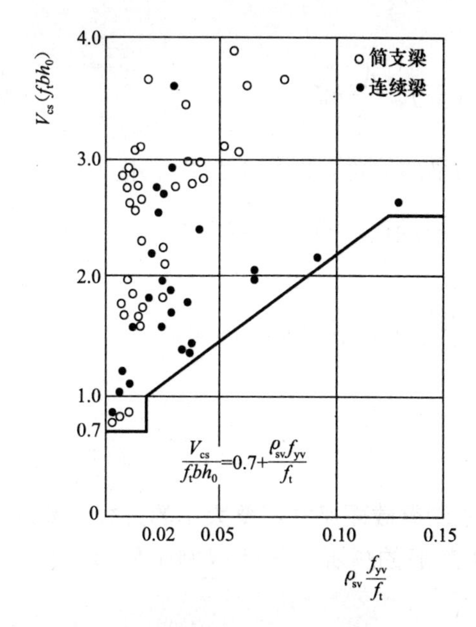

图 5-6 均布荷载作用下梁抗剪承载力和影响因素关系图

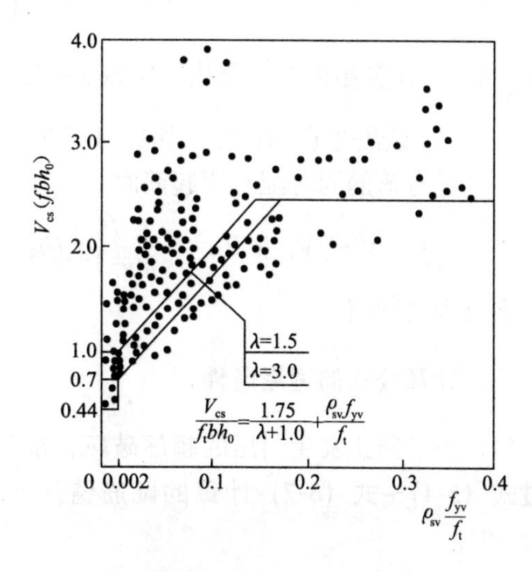

图 5-7 集中荷载作用下梁抗剪承载力和影响因素关系图

1. 均布荷载作用下矩形、T 形、I 形截面的一般受弯构件

(1) 仅配置箍筋时

$$V \leqslant V_{cs} = 0.7 f_t b h_0 + f_{yv} \frac{A_{sv}}{s} h_0 \tag{5-4}$$

式中 f_{yv}——箍筋抗拉强度设计值，按表 2-8 采用；

A_{sv}——配置在同一截面内箍筋各肢的全部截面面积，即 nA_{sv1}，此处 n 为在同一个截面内箍筋的肢数，A_{sv1} 为单肢箍筋的横截面面积；

s——沿构件长度方向的箍筋间距。

(2) 配有箍筋同时配有弯起筋时

梁斜截面抗剪承载力计算公式为：

$$V \leqslant V_{cs} + V_{sb} = 0.7 f_t b h_0 + f_{yv} \frac{nA_{sv1}}{s} h_0 + 0.8 f_y A_{sb} \sin\alpha_{sb} \tag{5-5}$$

式中 f_y——弯起钢筋（受拉纵筋）的抗拉强度设计值，一般梁中弯起钢筋是由纵向受拉钢筋在支座截面弯起形成的，所以弯起钢筋的强度设计值一般情况下等于纵向受拉钢筋的设计强度；

A_{sb}——同一截面内弯起钢筋的截面面积；

α_{sb}——斜截面上弯起钢筋的切线与构件纵轴的夹角。当 $h \leqslant 800$mm 时，取 45°；当 $h > 800$mm 时，取 60°。

2. 集中荷载作用时

以集中荷载为主，包括作用有多种荷载，其中集中荷载对支座截面或节点边缘所产生的剪力值占总剪力的 75%以上的情况下的独立梁，斜截面抗剪承载力的计算公式如式（5-6）所示。

(1) 仅配置箍筋时

$$V \leqslant V_{cs} = \frac{1.75}{\lambda+1} f_t b h_0 + f_{yv} \frac{A_{sv}}{s} h_0 \tag{5-6}$$

式中 λ——计算截面的剪跨比，可取$\lambda=\frac{a}{h_0}$，a为梁的剪跨，即集中荷载作用点至支座或节点边缘的距离；当$\lambda<1.5$时，取$\lambda=1.5$；$\lambda>3$时，取$\lambda=3$。

(2) 配有箍筋同时配有弯起筋时

$$V \leqslant V_{cs} + V_{sb} = \frac{1.75}{\lambda+1} f_t b h_0 + f_{yv} \frac{nA_{sv1}}{s} h_0 + 0.8 f_y A_{sb} \sin\alpha_{sb} \tag{5-7}$$

式中字母含义同前。

三、计算公式的适用条件

(1) 为了防止发生斜压的超筋破坏，规范用限制梁截面尺寸不要太小的方式，来保证通过式（5-4）～式（5-7）计算的配筋值，不发生超筋的情况，具体限制条件为式(5-8)、式（5-9)。

当$\frac{h_w}{b}\leqslant 4$时

$$V \leqslant 0.25\beta_c f_c b h_0 \tag{5-8}$$

当$\frac{h_w}{b}\geqslant 6$时

$$V \leqslant 0.2\beta_c f_c b h_0 \tag{5-9}$$

当$4<\frac{h_w}{b}<6$时，按线性内插法确定。

式中 V——构件斜截面上的最大剪力设计值；

β_c——混凝土强度影响系数。当混凝土强度等级不超过C50时，β_c取1.0；当混凝土强度等级为C80时，β_c取0.8，其间按线性内插法确定；

b——矩形截面梁的宽度，T形截面或I形截面的腹板宽度；

h_0——截面的有效高度；

h_w——梁截面的腹板高度。矩形截面，取有效高度；T形截面取截面高度减去翼缘厚度；I形截面，取腹板净高。

(2) 设计时如果验算不满足式（5-8）或式（5-9）条件的要求时，可以通过加大截面尺寸或提高混凝土强度等级等措施调整，直到满足为止。

(3) 为了防止梁发生斜拉的少筋破坏，规范用限制梁的配箍率不要低于最小配箍率的方式来保证，用公式（5-10）来保证。

$$\rho_{sv} \geqslant \rho_{sv,\min} = 0.24 \frac{f_t}{f_{yv}} \tag{5-10}$$

四、梁斜截面受剪承载能力计算公式的应用

梁斜截面受剪承载力设计是在正截面抗弯设计的基础上进行的，此时，梁截面尺寸、正截面抗弯计算所配的纵筋都已确定。斜截面受剪承载力设计的内容包括：(1) 确定梁最

大剪力所在的截面位置并求出最大剪力；（2）根据已知条件复核梁截面尺寸，判别是否满足规范规定的要求，如不满足调整到满足后进行截面设计。

1. 设计计算截面的确定

根据力学知识和梁斜截面受剪破坏的实际，《规范》规定计算斜截承载力时，剪力设计值的计算截面应按下列规定采用（图 5-8）。

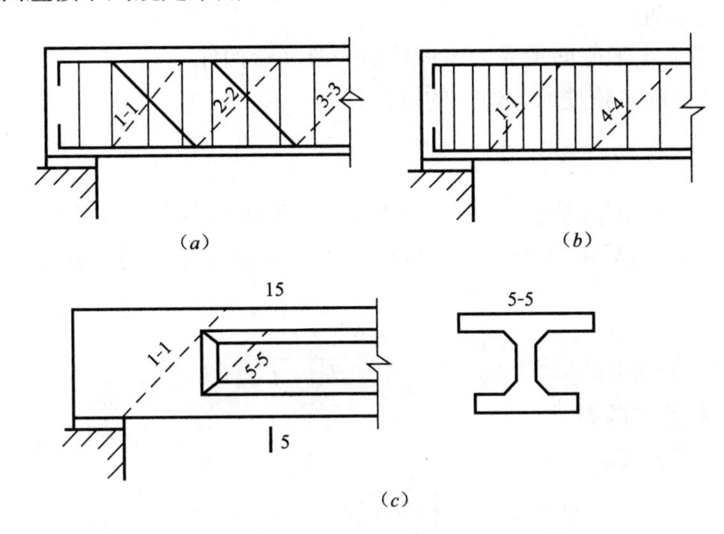

图 5-8 梁斜截面受剪承载力设计值的计算截面的位置

（1）**支座边缘截面；**

（2）**梁受拉区弯起钢筋弯起点处的截面；**

（3）**箍筋截面面积或间距改变处的截面；**

（4）**截面尺寸改变处的截面。**

2. 截面设计

已知：V，b，h，f_t，f_c，f_y，f_{yv}，A_{sv}

求：梁中箍筋的数量。

【解】（1）**复核梁截面尺寸**

当满足式（5-8）或式（5-9）时，梁截面尺寸符合要求，反之，就需要加大梁截面尺寸。

（2）**判断是否需要计算配置腹筋**

当基本计算公式中 V_c 小于 V 时，说明混凝土不能满足抗剪设计要求，需要计算配置腹筋；反之，如果 V_c 大于或等于 V，说明梁截面混凝土提供的受剪承载力可以满足要求，不需要计算配置腹筋，只需要按规范规定的构造要求，取箍筋的最小直径和最大间距配置腹筋即可。均布荷载作用时满足式（5-11），为计算配置腹筋，反之，只需构造配置腹筋；集中荷载作用为主时满足式（5-12），为计算配置腹筋，反之，只需构造配置腹筋。

$$V > V_c = 0.7 f_t b h_0 \tag{5-11}$$

$$V > V_c = \frac{1.75}{\lambda + 1} f_t b h_0 \tag{5-12}$$

1）矩形、T形、I形截面承受均布荷载的一般受弯构件

当满足式（5-11）时采用计算配置腹筋，当$V\leqslant 0.7f_t bh_0$时按构造配置腹筋。

2）对集中荷载为主的梁

当满足式（5-12）时采用计算配置腹筋，当$V\leqslant\frac{1.75}{\lambda+1}f_t bh_0$时按构造配置腹筋。

（3）**只配置箍筋时**

1）**矩形、T形、I形截面承受均布荷载的一般受弯构件**

经判别需要计算配置箍筋时，适用的设计计算公式是：

$$V\leqslant V_{cs}=0.7f_t bh_0+f_{yv}\frac{A_{sv}}{s}h_0 \tag{5-13}$$

先由式（5-13）求出箍筋的数量；再根据梁宽b和梁内所配的纵筋根数选定箍筋的肢数n，箍筋的直径d；最后求出箍筋的间距s，根据计算值缩小后的整数值就是最后确定的钢筋间距。

$$\frac{A_{sv}}{s}\geqslant\frac{V-0.7f_t bh_0}{f_{yv}h_0} \tag{5-14}$$

2）**对集中荷载为主的梁**

适用的设计计算公式是：

$$V\leqslant V_{cs}=\frac{1.75}{\lambda+1}f_t bh_0+f_{yv}\frac{A_{sv}}{s}h_0 \tag{5-15}$$

先由式（5-15）求出箍筋的数量；再根据梁宽b和梁受拉区所配的纵筋的根数选定箍筋的肢数n，箍筋的直径d；最后求出箍筋的间距s，根据计算值缩小后的整数值就是最后确定的钢筋间距。

$$\frac{A_{sv}}{s}\geqslant\frac{V-\frac{1.75}{\lambda+1}f_t bh_0}{f_{yv}h_0} \tag{5-16}$$

（4）既配箍筋又配弯起筋时

1）承受均布荷载为主的一般受弯构件

承受均布荷载为主的一般梁，斜截面受剪承载力的组成和基本构造要求如图5-9所示，适用的设计计算公式为式（5-17）。

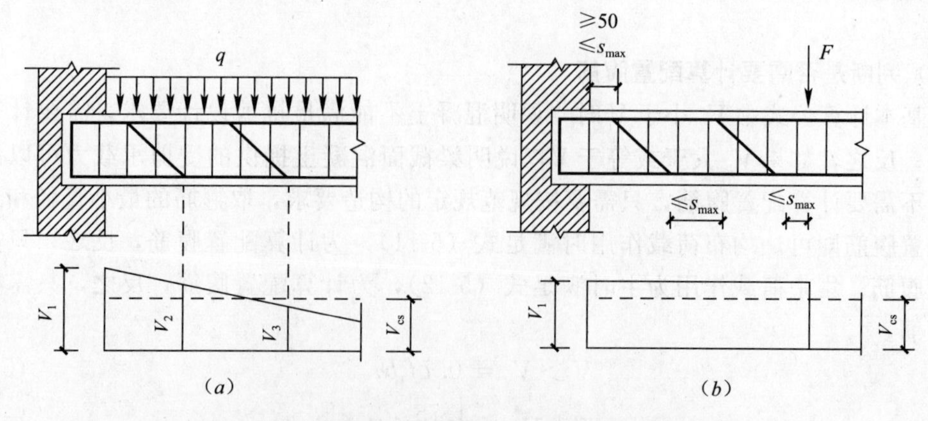

图5-9　梁斜截面受剪承载力的组成和基本构造要求

$$V \leqslant V_{cs} + V_{sb} = 0.7 f_t b h_0 + f_{yv} \frac{n A_{sv1}}{s} h_0 + 0.8 f_y A_{sb} \sin\alpha_{sb} \tag{5-17}$$

第一步，根据构造要求首先选定箍筋的直径、间距和肢数，即公式右侧的箍筋提供的抗剪承载力先设定为已知值。

第二步，由式（5-18）求出计算截面弯起钢筋的面积。

$$A_{sb} \geqslant \frac{V - 0.7 f_t b h_0 - f_{yv} \frac{n A_{sv1}}{s} h_0}{0.8 f_y \sin\alpha_{sb}} \tag{5-18}$$

第三步，从实配纵筋中选择合适截面的作为弯起筋。

第四步，复核前排弯起筋起弯点截面处抗剪强度是否满足，不满足时根据构造要求时，确定后一排弯起钢筋弯终点的位置，继续前述步骤计算后第二排弯起钢筋的面积并确定弯起数量；继续上述步骤，直到满足斜截面抗剪承载力的要求为止。

2）对集中荷载为主且配有弯起筋时的梁

适用的设计计算公式是：

$$V \leqslant V_{cs} + V_{sb} = \frac{1.75}{\lambda + 1} f_t b h_0 + f_{yv} \frac{n A_{sv1}}{s} h_0 + 0.8 f_y A_{sb} \sin\alpha_{sb} \tag{5-19}$$

第一步，根据构造要求首先选定箍筋的直径、间距和肢数，即公式右侧的箍筋提供的抗剪承载力先设定为已知值。

第二步，由式（5-20）求出计算截面所需的弯起钢筋的面积。

$$A_{sb} \geqslant \frac{V - \frac{1.75}{\lambda + 1} f_t b h_0 - f_{yv} \frac{n A_{sv1}}{s} h_0}{0.8 f_y \sin\alpha_{sb}} \tag{5-20}$$

第三步，从实配纵筋中选择合适截面的作为弯起筋。

第四步，复核前排弯起筋起弯点截面处抗剪强度是否满足，不满足时根据构造要求时，确定后一排弯起钢筋弯终点的位置，继续前述步骤计算后第二排弯起钢筋的面积并确定弯起数量；继续上述步骤，直到满足斜截面抗剪承载力的要求为止。

梁斜截面受剪承载力计算可按图 5-10 所示的框图给定的步骤进行。

【例 5-1】 某钢筋混凝土矩形截面简支楼面梁，两端支承在砖墙上，净跨 $l_n = 5.00\text{m}$，梁截面尺寸为 $b \times h = 250\text{mm} \times 500\text{mm}$（$h_0 = 465\text{mm}$），承受均布荷载设计值 $q = 62\text{kN/m}$（包含梁自重）。混凝土采用 C25（$f_c = 11.9\text{N/mm}^2$），箍筋采用 HPB300（$f_{yv} = 270\text{N/mm}^2$），根据正截面抗弯计算实配纵向受拉钢筋为 3$\Phi^F$20 的 HRBF335 级钢筋（$f_y = 300\text{N/mm}^2$）。试计算：（1）只配置箍筋时箍筋的数量；（2）按既配箍筋也配弯起筋时腹筋的数量。

已知：$l_n = 5.00\text{m}$，$b \times h = 250\text{mm} \times 500\text{mm}$，$h_0 = 465\text{mm}$，$q = 62\text{kN/m}$，$f_c = 11.9\text{N/mm}$，$f_t = 1.27\text{N/mm}^2$，$f_{yv} = 270\text{N/mm}^2$，$f_y = 300\text{N/mm}^2$，$\beta_c = 1.0$

【解】（1）只配置箍筋

1）求梁支座边缘的剪力设计值

$$V_n = \frac{q l_n}{2} = \frac{62 \times 5}{2} = 155\text{kN}$$

2）复核梁截面尺寸

$$\frac{h_w}{b} = \frac{465}{250} = 1.86 < 4$$

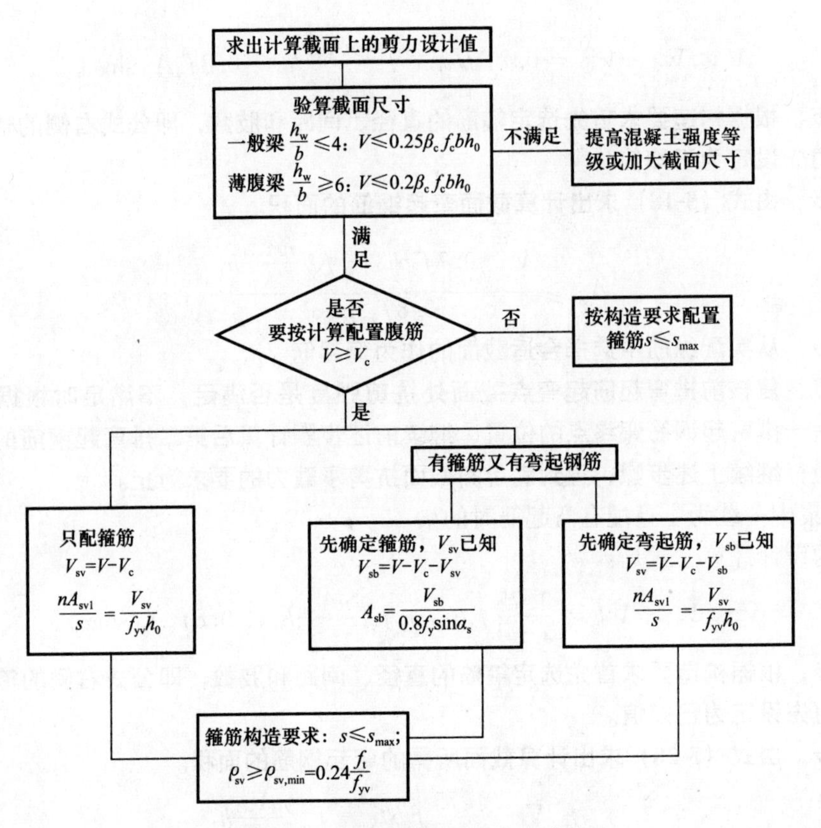

图 5-10 梁斜截面受剪承载力计算

根据式（5-8），可知

$$0.25\beta_c f_c bh_0=0.25\times1.0\times11.9\times250\times465=345.84\text{kN}>V=155\text{kN}$$

梁截面尺寸满足要求。

3）验算是否需要计算配箍

$$0.7f_t bh_0=0.7\times1.27\times250\times465=103.35\text{kN}<V=155\text{kN}$$

满足式（5-11），所以需要计算配置箍筋。

4）求箍筋的数量

由式（5-4）可得

$$\frac{A_{sv}}{s}\geqslant\frac{V-0.7f_t bh_0}{f_{yv}h_0}=\frac{155\times10^3-0.7\times1.27\times250\times465}{270\times465}=0.41\text{mm}^2/\text{mm}$$

5）求箍筋的间距配置箍筋并验算配箍率

选用双肢箍Φ 6（$A_{sv1}=28.3\text{mm}^2$），则 $s\leqslant\frac{nA_{sv1}}{0.41}=\frac{2\times28.3}{0.41}=138\text{mm}$

实际配置 2 Φ 6@130。$\rho_{sv}=\frac{nA_{sv1}}{bs}=\frac{2\times28.3}{250\times130}=0.174\%>\rho_{sv,min}=0.24\times\frac{1.27}{270}=$ 0.113%满足要求。

或采用双肢箍Φ 8（$A_{sv1}=50.3\text{mm}^2$），$s\leqslant\frac{nA_{sv1}}{0.41}=\frac{2\times50.3}{0.41}=245\text{mm}$，实际配置 2 Φ 8@200（截面配筋图从略）。

$$\rho_{sv}=\frac{nA_{sv1}}{bs}=\frac{2\times50.3}{250\times200}=0.201\%>\rho_{sv,min}=0.113\%$$满足要求。

6）画出梁横截面配筋图，如图 5-11 所示。

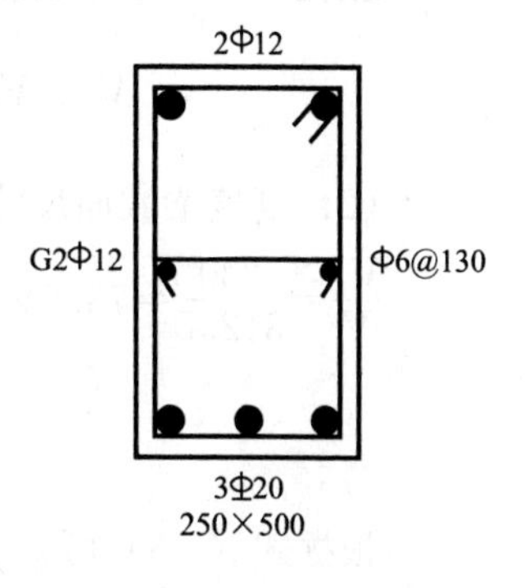

图 5-11　例题 5-1 图

（2）既配置箍筋也配置弯起筋

1）选定箍筋的配筋结果

根据构造要求和以往工程经验，选定箍筋为 2 Φ 6@200。

2）求混凝土和箍筋承担的剪力设计值

由式（5-4）可得

$$V_{cs}=0.7f_tbh_0+f_{yv}\frac{A_{sv}}{s}h_0$$

$$=0.7\times1.27\times250\times465+270\times\frac{2\times28.3}{200}\times465$$

$$=138.88\text{kN}$$

3）计算所需的弯起筋截面面积

根据式（5-18）要求，和前述构造要求，选定弯起钢筋的弯起角 $\alpha=45°$，则可得：

$$A_{sb}\geqslant\frac{V-0.7f_tbh_0-f_{yv}\frac{nA_{sv1}}{s}h_0}{0.8f_y\sin\alpha_{sb}}$$

$$=\frac{155\times10^3-0.7\times1.27\times250\times465-270\times\frac{2\times28.3}{200}\times465}{0.8\times300\times0.707}=95\text{mm}^2$$

从纵向受力钢筋中将不在箍筋角部的一根从距支座边缘 50mm 处弯起（$A_{sb}=254\text{mm}^2$），满足支座边缘截面受剪计算要求。

4）第一排弯起钢筋弯起点截面的受剪承载力复核

第一排弯起钢筋弯起点截面位置距支座边缘的距离为：

$$50+(500-2\times35)=480\text{mm}$$

第一排弯起钢筋弯起点截面位置剪力设计值 V_w

$$V_w=\frac{2500-480}{2500}\times V=125.24\text{kN}<V_{cs}=138.88\text{kN}$$

故不需要配置第二排弯起钢筋。

将梁下部所配置的纵向受拉钢筋的中间一根弯起，上弯点距支座内皮 50mm 处，弯起角度 45°，箍筋按计算结果和前述确定的值配置。

【例 5-2】 某钢筋混凝土矩形截面简支梁两端支承在砖墙上，净跨 $l_0=7.5\text{m}$，梁截面尺寸为 $b\times h=250\text{mm}\times700\text{mm}$，梁截面有效高度 $h_0=640\text{mm}$，在梁三分之一跨处承受集中荷载设计值 $P=230\text{kN}$，$q=22\text{kN/m}$（含结构自重产生的永久荷载）。混凝土采用 C30（$f_c=14.3\text{N/mm}^2$，$f_t=1.43\text{N/mm}^2$），箍筋采用 HPB300（$f_{yv}=270\text{N/mm}^2$）；根据正截面抗弯计算实配纵向受拉钢筋为 6 Φ 25（$A_s=2945\text{mm}^2$）、纵向受压钢筋 2 Φ 18（$A_s'=514\text{mm}^2$）HRB400（$f_y=360\text{N/mm}^2$）级钢筋。试求腹筋的数量，并画出用施工图平面整体标注法标注的梁配筋图。

已知：$l_0=7.5\text{m}$，$b\times h=250\text{mm}\times700\text{mm}$，$h_0=640\text{mm}$，$P=230\text{kN}$，$q=22\text{kN/m}$，

$f_c=14.3\text{N/mm}^2$，$f_t=1.43\text{N/mm}^2$，$\beta_c=1.0$，$f_{yv}=270\text{N/mm}^2$，$f_y=360\text{N/mm}^2$。

【解】 (1) 求梁支座边缘的剪力设计值

$$V=V_p+V_q=p+\frac{ql_n}{2}=230+\frac{22\times7.5}{2}=312.5\text{kN}$$

(2) 复核梁截面尺寸

$\frac{V_p}{V}=\frac{230}{312.5}=73.6\%<75$，所以可按一般梁进行抗剪承载力计算。

$$\frac{h_w}{b}=\frac{640}{250}=2.56<4$$

根据式（5-8）可知

$$0.25\beta_c f_c bh_0=0.25\times1.0\times14.3\times250\times640=572\text{kN}>V=312.5\text{kN}$$

梁截面尺寸满足要求。

(3) 验算是否需要计算配箍

$$0.7f_t bh_0=0.7\times1.43\times250\times640=160.16\text{kN}<V=312.5\text{kN}$$

满足式（5-11），所以需要计算配置腹筋。

(4) 既配置箍筋也配置弯起筋

因为梁跨度大于4.8m，所以需要配置弯起筋，因此，腹筋就包括箍筋和弯起筋两种。

1) 选定箍筋的配筋结果

根据构造要求和以往工程经验，选定箍筋为双肢箍Φ8@200。

2) 求混凝土和箍筋承担的剪力设计值

由式（5-4）可得

$$V_{cs}=0.7f_t bh_0+f_{yv}\frac{A_{sv}}{s}h_0=0.7\times1.43\times250\times640+270\times\frac{2\times50.3}{200}\times640$$
$$=247.08\text{kN}$$

3) 计算所需的弯起筋截面面积

根据式（5-18）要求，和前述构造要求，选定弯起钢筋的弯起角$\alpha=45°$，则可得：

$$A_{sb}\geqslant\frac{V-0.7f_t bh_0-f_{yv}\frac{nA_{sv1}}{s}h_0}{0.8f_y\sin\alpha_{sb}}$$
$$=\frac{312.5\times10^3-0.7\times1.43\times250\times640-270\times\frac{2\times50.3}{200}\times640}{0.8\times300\times0.707}$$
$$=385\text{mm}^2$$

从纵向受力钢筋中将下排中间一根，从距支座边缘50mm处弯起（$A_{sb}=491\text{mm}^2$），满足支座边缘截面抗剪计算要求。

4) 第一排弯起钢筋弯起点截面的抗剪承载力复核

第一排弯起钢筋弯起点截面位置距支座边缘的距离为：

$$50 + (700 - 2 \times 35) = 680\text{mm}$$

第一排弯起钢筋弯起点截面位置剪力设计值 V_w

$$V_w = \frac{3750 - 680}{3750} \times 312.5 = 255.83\text{kN} > V_{cs}$$
$$= 247.08\text{kN}$$

故需要配置第二排弯起钢筋，由于 $V_w - V_{cs} = 8.75\text{kN}$ 比较小，因此将受拉钢筋下排中间另一根钢筋弯起即可。

5）画出梁截面配筋图，如图 5-12 所示。

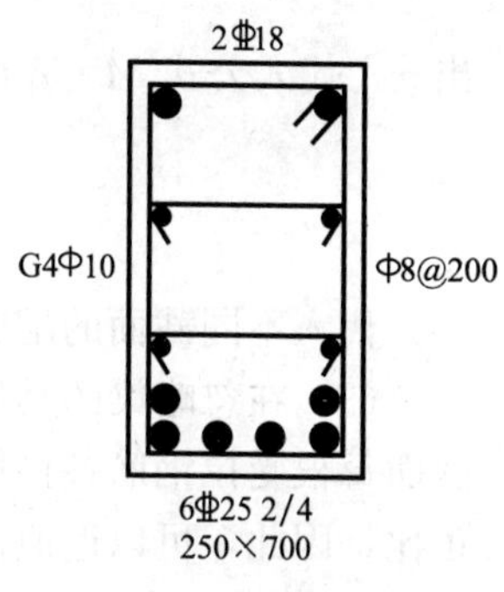

图 5-12　例题 5-2 图

*第三节　受弯构件斜截面抗剪构造要求

本节主要讨论梁斜截面抗弯承载力的问题。梁斜截面抗弯强度主要是依靠构造措施来满足的。一般是保证某根钢筋弯起后对斜裂缝上端剪压面上弯曲压应力作用点产生的抵抗弯矩，不小于该钢筋弯起前它对弯曲压应力作用点产生的抵抗弯矩，本节围绕这一论题展开讨论。

一、抵抗弯矩图（M_u 图）

1. 定义

抵抗弯矩图是指根据梁各个截面实际配筋的面积、配筋位置和梁截面尺寸等因素，计算得出的梁各截面所能提供的抵抗弯矩值所绘制的弯矩图形，也叫做材料图。图 5-13 为某简支梁的抵抗弯矩图示例。

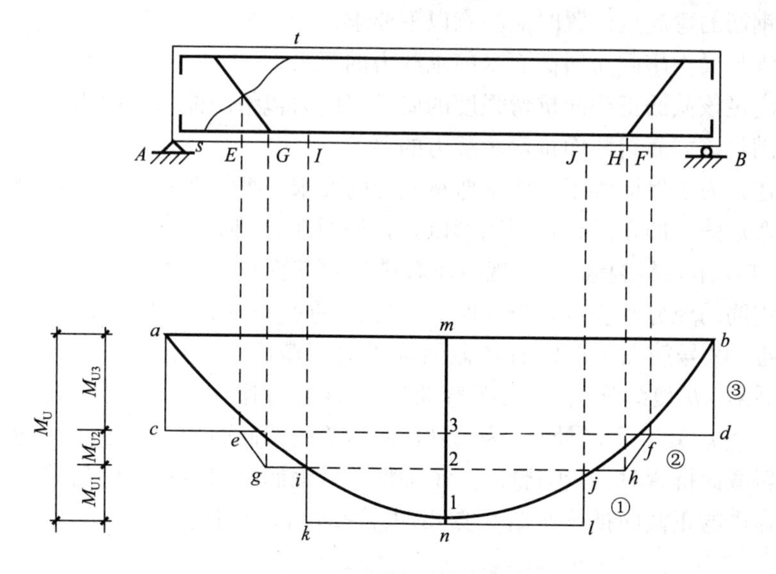

图 5-13　简支梁的抵抗弯矩图

2. 绘制

（1）根据梁内各截面实配钢筋面积和保护层厚度等因素，通过公式 $\alpha_1 f_c bx = f_y A_s$ 求

出 x，代入公式 $M=\alpha_1 f_c bx\left(h_0-\frac{x}{2}\right)$ 可得到梁截面抵抗弯矩图 M_u 的计算公式为：

$$M_u = f_y A_s\left(h_0 - \frac{f_y A_s}{2\alpha_1 f_c b}\right) \tag{5-21}$$

代入不同截面的配筋值就可以得到梁各截面的抵抗弯矩值。

(2) 在忽略梁的其他影响因素后，梁的抵抗弯矩值 M_u 与该截面配筋面积成正比，该截面每根受拉钢筋各自提供的抵抗弯矩与其截面面积在该截面全部受拉配筋总面积的比成正比，因此，可以近似得出每根钢筋所能提供的抵抗弯矩值 M_{ui} 的计算公式为：

$$M_{ui} = \frac{A_{si}}{A_s} M_u \tag{5-22}$$

(3) 根据梁各截面实配受力纵筋情况，可求出各截面提供的抵抗距 M_u，及每根钢筋能够提供的抵抗距 M_{ui}，在同一坐标系里以相同的比例先绘制内力图，然后给抵抗弯矩图。

3. M_u 图的用途

可以直观反映梁截面配筋是否合理；可以确定梁截面每根钢筋的充分利用点、弯起点、理论截断点和实际截断点等。

4. 充分利用点

某根钢筋充分发挥其作用的截面位置。

5. 理论截断点

简单地说，理论截断点就是理论上该截面不再需要某根钢筋继续提供抵抗弯矩的梁横截面与梁纵向形心的交点。在绘制抵抗弯矩图时，编号该钢筋提供的抵抗弯矩 M_{ui} 划分的线内侧（靠近梁一侧）界线与设计弯矩 M 曲线的交点。

6. 钢筋弯起点的确定

在确定钢筋的弯起点位置时应注意以下要求：

(1) 要满足梁支座截面斜截面受剪承载力的要求；

(2) 要满足该截面正截面抗弯强度的要求（内力包络图能包住内力图）；

(3) 要满足该截面斜截面抗弯承载力的要求。

如上所述，为了保证梁正截面抗弯承载力的要求，抵抗弯矩图应能在梁的各个截面充分包络设计弯矩图，即在设计弯矩图形以外，如图 5-14 所示。

如图 5-14 所示，斜裂缝 ab 出现后还有满足斜截面抗弯承载力要求的问题。图中 i 点为②号弯起钢筋的充分利用点，设在距 i 点为 s_1 的点处将②号筋弯起，斜裂缝 ab 顶点位于 i 点截面处。②号筋在 i 点以右各截面提供的正截面抵抗距为 $M_{u2}=f_y A_{s2} z=f_y A_{sb} z$；②号筋弯起后对 ab 裂缝底部剪压面弯曲压应力合力作用点提供的斜截面抵抗弯矩为 $M_{u2b}=f_y A_{s2} z_b=f_y A_{sb} z_b$，此处 A_{sb} 为②号弯起钢筋的截面面积，z 及 z_b 分别为弯起②号筋在正截面及斜截面抗弯时的内力臂。为了确保②号钢筋弯起后提供的斜截面抵抗弯矩不小于弯起前它提供的正截面抵抗弯矩，要求 $M_{u2b} \geqslant M_{u2}$，即满足式（5-23）。

$$z_b \geqslant z \tag{5-23}$$

由图 5-14 可知，$z_b = s_1 \sin\alpha_{sb} + z\cos\alpha_{sb}$，从而可得

$$s_1 = \frac{z(1-\cos\alpha_{sb})}{\sin\alpha_{sb}} \tag{5-24}$$

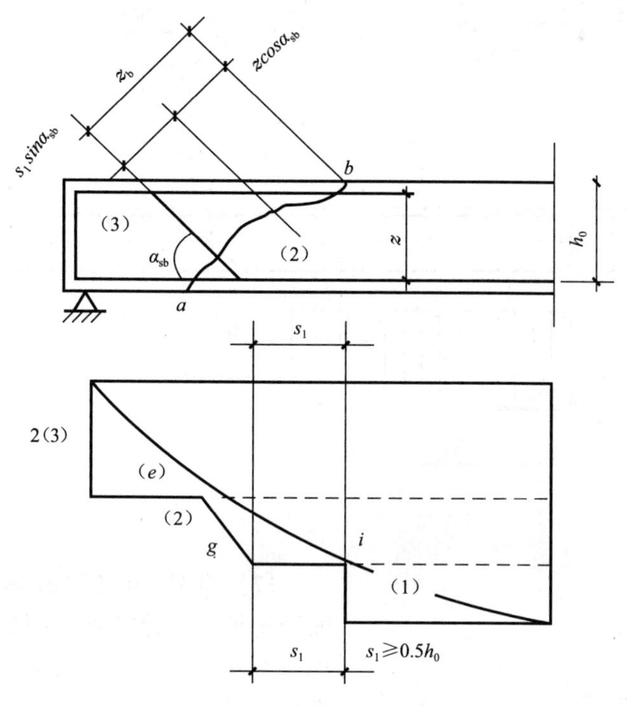

图 5-14　弯起钢筋的构造要求

考虑到 α_{sb} 通常取为 45°和 60°，一般情况下近似认为纵向受力筋的正截面抗弯时的内力臂 $z=0.9h_0$，将以上参数带入式（5-24）可得：$\alpha_{sb}=45°$时，$s_1=0.37h_0$；$\alpha_{sb}=60°$时，$s_1=0.52h_0$。

α_{sb}在 45°～60°之间时，$s_1=(0.37\sim0.52)h_0$。为了方便计算，设计时统一取 $s_1\geqslant 0.5h_0$，如图 5-14 所示。

某根钢筋的弯起点在理论截断点外，应满足离开自身充分利用点 $0.5h_0$ 以上。

混凝土梁宜采用箍筋作为承受剪力的钢筋。当采用弯起筋时，弯起角宜采用 45°或 60°；在弯终点外应留有平行于梁轴心方向的锚固长度，且在受拉区不小于 $20d$，在受压区不小于 $10d$，d 为弯起钢筋直径；梁底层钢筋中的角部钢筋不应弯起，顶层钢筋中的角部钢筋不应弯下。

在混凝土梁的受拉区中，弯起钢筋的弯起点可设在按正截面受弯承载力计算不需要该钢筋的截面之前，但弯起钢筋与梁中心线的交点应位于不需要该根钢筋的截面之外，如图 5-15 所示。同时，弯起点与按充分利用该钢筋的截面之间的距离不应小于 $h_0/2$。

7. 钢筋实际截断点

钢筋实际截断点是根据规范给定的构造要求，在理论截断点以外延伸一定的锚固长度后该钢筋实际截断的位置。该延伸的长度称为受拉钢筋的延伸长度，用 w 表示。一般不宜将受拉纵筋在梁下部简支座附近截断，而是直接通入支座下部锚固牢靠；梁支座截面抵抗负弯矩的纵向受拉钢筋不宜在受拉区截断，确需截断时应符合下列要求：

（1）当 $V\leqslant 0.7f_tbh_0$ 时，应延伸至按正截面受弯承载力计算不需要该钢筋的截面以外不小于 $20d$ 处截断，且从该钢筋强度充分利用截面伸出的长度不应小于 $1.2l_a$；

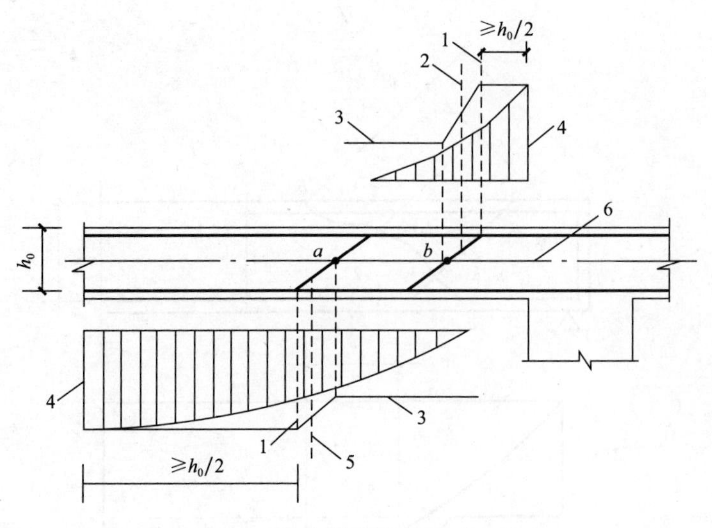

图 5-15　弯起钢筋与弯矩图形的关系

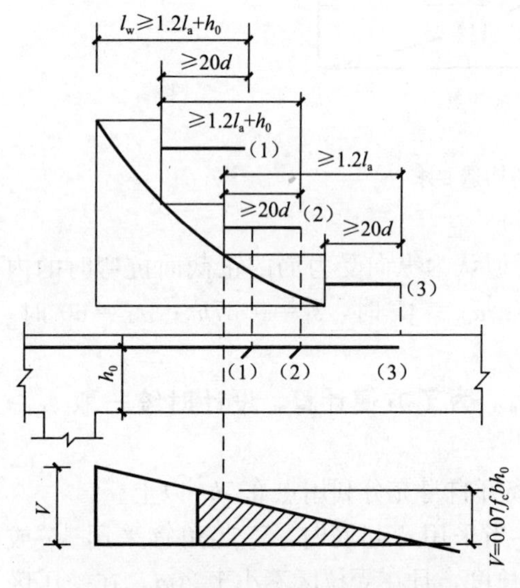

图 5-16　承担支座负弯矩的梁纵向受拉钢筋的延伸长度

(2) 当 $V>0.7f_tbh_0$ 时，应延伸至按正截面受弯承载力计算不需要该钢筋的截面以外不小于 h_0 且不小于 $20d$ 处截断，且从该钢筋强度充分利用截面伸出的长度不应小于 $1.2l_a+h_0$；

(3) 如上述要求规定的钢筋实际截断点仍然位于负弯矩对应的受拉区时，则应延伸至按正截面受弯承载力计算不需要该钢筋的截面以外 $1.3h_0$ 且不小于 $20d$ 处截断，且从该钢筋强度充分利用截面伸出的长度不应小于 $1.2l_a+1.7h_0$。

连续梁支座上部抵抗负弯矩的纵向钢筋实际截断点如图 5-16 所示。

二、纵向钢筋的锚固

（一）支座内的锚固长度

为了确保钢筋和混凝土能够有效地粘结在一起共同工作，无论是简支梁还是连续梁，伸入支座内的钢筋锚固长度 l_{as} 如图 5-17 所示，并满足规范的规定：

1. 当 $V\leqslant 0.7f_tbh_0$ 时

$$l_{as}\geqslant 5d$$

2. 当 $V>0.7f_tbh_0$ 时

对于 HPB300 级光圆钢筋　$l_{as}\geqslant 15d$

对于变形（带肋）钢筋　$l_{as}\geqslant 12d$

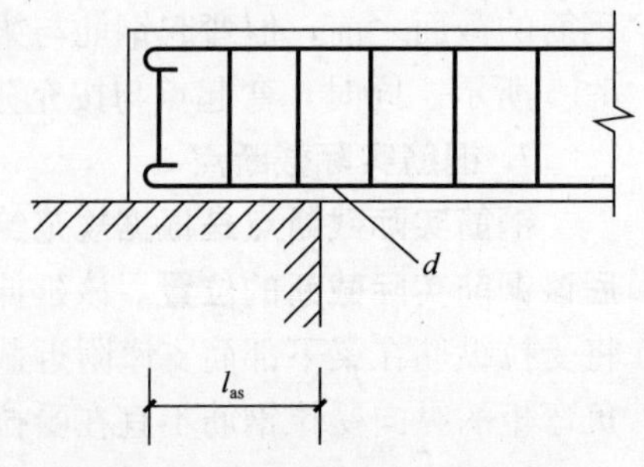

图 5-17　梁内纵向受拉钢筋在支座内的锚固长度

（二）弯钩或机械锚固

当条件所限纵向受力钢筋在支座内锚固长度不符

合上述要求时，在钢筋末端配置弯钩减少锚固长度的有效方式，其原理是利用受力钢筋端部锚头（弯钩、钢筋端部贴焊锚筋、焊接锚板或螺栓锚头）对混凝土的局部挤压作用加大锚固承载力。锚头对混凝土的局部挤压，保证了钢筋不会发生锚固强度不足的拔出破坏，但锚头前必须有一定的直段锚固长度，以控制锚固钢筋的滑移使构件不致发生较大的裂缝和变形。《规范》规定：对钢筋末端弯钩和机械锚固可以乘以 0.6 的修正系数，有效地减少了锚固长度。

钢筋端部弯钩或一侧贴焊锚筋的情况用于截面侧边、角部的偏置锚固时，锚头偏置方向还应向截面内侧偏斜。

锚头和锚板工作时处在局部受压状态，局部受压与其承压面积有关，对锚头或锚板的净挤压面积，不应小于 4 倍的钢筋截面面积，即总投影面积的 5 倍，对方形锚板边长为 1.98d，圆形锚板直径为 2.24d（d 为钢筋的直径）。对弯钩，要求在弯折角度不同时弯后直线长度分别为 12d 和 5d。考虑到机械锚固局部受压区承压承载力与锚固区混凝土的厚度及约束程度有关，集中布置后对锚固性能有不利影响，因此，《规范》规定：锚头宜在纵横两个方向错开，净距均为不宜小于 4d。

梁的简支端支座内钢筋的附加锚固措施如图 5-18 所示。

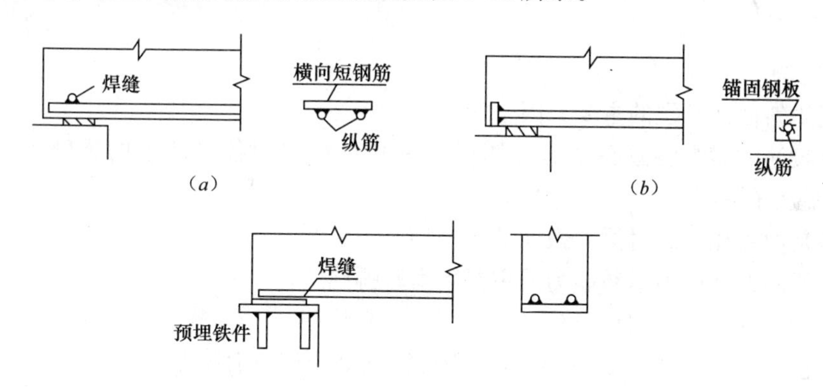

图 5-18　梁的简支端支座内钢筋的锚固长度

（三）其他锚固要求

支承在砌体结构上的钢筋混凝土独立梁，在纵向受力钢筋支座的锚固长度 l_{as} 范围内应配置不少于两个箍筋，该箍筋的直径不宜小于纵向受力钢筋直径的 1/4，间距不宜大于纵向受力钢筋直径（d）的 10 倍。《规范》同时指出，对混凝土强度等级低于 C25 及以下的简支梁和连续梁的简支端，当距支座边 1.5h 范围内作用有集中荷载，且 $V>0.7f_tbh_0$ 时，对带肋钢筋宜采用有效锚固措施，或取锚固长度 $l_{as}\geqslant15d$（d 为锚固钢筋的直径）。

对于钢筋混凝土梁的其他构造措施可按规范的相关规定执行。

本章小结

1. 梁截面尺寸、剪跨比和梁的腹筋配置不同的梁，其斜截面受剪破坏的形式不同。梁斜截面受剪破坏的形态有斜压、剪压、斜拉三种。其中斜压破坏类似于梁正截面破坏时的超筋破坏，斜拉破坏类似于梁正截面的少筋破坏，剪压破坏类似于梁正截面的适筋破坏。

2. 梁斜截面受剪承载力计算公式，是根据梁斜截面出现剪压破坏的试验结果统计分析得到的。梁的斜截面受剪承载能力可以简单理解为，混凝土提供的抗剪承载能力、箍筋提供的受剪承载能力和弯起筋提供的抗剪承载能力三部分。均布荷载作用下和集中荷载下梁斜截面的计算公式基本相似，区别在于混凝土提供的受剪承载力计算式前的系数不同。基本计算公式具一定的适用有件，即尺寸不能太小，配箍率不能太低。

3. 梁斜截面承载力计算包括斜截面受剪承载力计算和斜截面抗弯承载力计算两部分。前者要通过一系列的计算，通过配置腹筋等计算满足；后者则是限制弯起筋的弯起点的位置来保证。

4. 抵抗弯矩图是根据梁内实际配置的纵向抗拉钢筋所提供的梁各截面所能抵抗的弯矩值绘制的图形。钢筋理论截断点、实际截断点、弯起点等的确定是绘制抵抗弯矩图的依据。抵抗弯矩图可以清楚地反映梁内配筋情况。

5. 斜截面构造措施和数值计算具有同等重要的地位，二者互为补充关系，缺一不可。

复习思考题

一、问答题

1. 引起梁斜截面开裂的主要原因是什么？

2. 配有腹筋的梁沿斜截面受剪破坏形态有几种？它们各自产生的条件、破坏特点，以及防止措施各有哪些？

3. 什么是剪跨比？它对梁斜截面破坏是如何产生影响的？

4. 影响梁斜截面受剪承载能力的主要因素有哪些？

5. 梁斜截面受剪承载力计算公式的适用条件有哪些？

6.《规范》指出的梁斜截面受剪承载力计算的截面位置有哪些？

7. 一般厚度的板为什么不进行斜截面受剪承载力计算？

8. 什么是抵抗弯矩图？它与梁的弯矩包络图的关系是什么？

9. 怎样通过构造措施保证梁斜截面抗弯承载力能满足要求？

10. 纵向受拉钢筋的弯起、截断和锚固应注意哪些因素？

11. 设置梁的箍筋时应注意哪些构造要求？

二、计算题

1. 已知矩形截面简支梁，承受的均布荷载在支座边缘截面引起的设计剪力值为 $V=$ 98kN（含梁的自重产生的均布线荷载）。梁截面尺寸为 $b\times h=180\text{mm}\times450\text{mm}$，混凝土强度等级为C25，箍筋采用HPB300级。试按仅配置箍筋的情况设计该梁。

2. 已知矩形截面简支梁，梁净跨度 $l_n=6\text{m}$，截面尺寸为 $b\times h=250\text{mm}\times550\text{mm}$，承受的作用在梁1/3跨间的对称的两个集中荷载分别为120kN，梁上作用有均布荷载设计值为12kN/m，设计剪力值为105kN（含梁的自重产生的均布线荷载）。梁混凝土强度等级为C25，箍筋采用HPB300级。试配置此梁的箍筋。

3. 钢筋混凝土简支梁截面尺寸 $b\times h=200\text{mm}\times600\text{mm}$，承受均布荷载设计值 $p=$ 82kN/m（包括梁的自重），混凝土强度等级为C25，梁内箍筋采用HPB300级，已知梁内实配 HRB400 级的纵向受力钢筋为 4⌀25+2⌀22。求：（1）梁内仅配箍筋时箍筋的计算和配置；（2）既配箍筋又配弯起筋时梁内腹筋的配置。

4. 已知某矩形截面两端外伸梁，梁跨度 6m，外伸长度 2.8m，截面尺寸为 $b\times h=$ 250mm×700mm，跨内承受均布线荷载设计值为 92kN/m，外伸端承受均布线荷载设计值 84kN/m，梁混凝土强度等级为 C25，箍筋采用 HPB300 级。试通过计算配置该梁的腹筋。

*第六章　钢筋混凝土受扭构件、受拉构件

学习要求和目标：

1. 了解钢筋混凝土受扭构件在工程中的应用及构造要求。
2. 了解钢筋混凝土受拉构件在工程中的应用种类。

*第一节　受扭构件在工程中的应用和构造要点

一、钢筋混凝土受扭构件在工程中的应用

结构的构件截面受到扭矩作用的构件属于受扭构件。例如，工业厂房中的吊车梁受到桥架上横向运行小车的制动惯性力作用，通过吊车轨道传递的侧向集中力的影响受扭，如图 6-1（*a*）所示；框架的边梁由于受到一侧次梁根部固端弯矩的带动作用而受扭，如图 6-1（*b*）所示；悬挑的雨篷梁在荷载作用下板根部弯矩带动作用下受扭，如图 6-1（*c*）所示；框架结构中平面为曲线或折线的悬挑梁，如图 6-1（*d*）所示，在不对称的荷载作用下受到扭

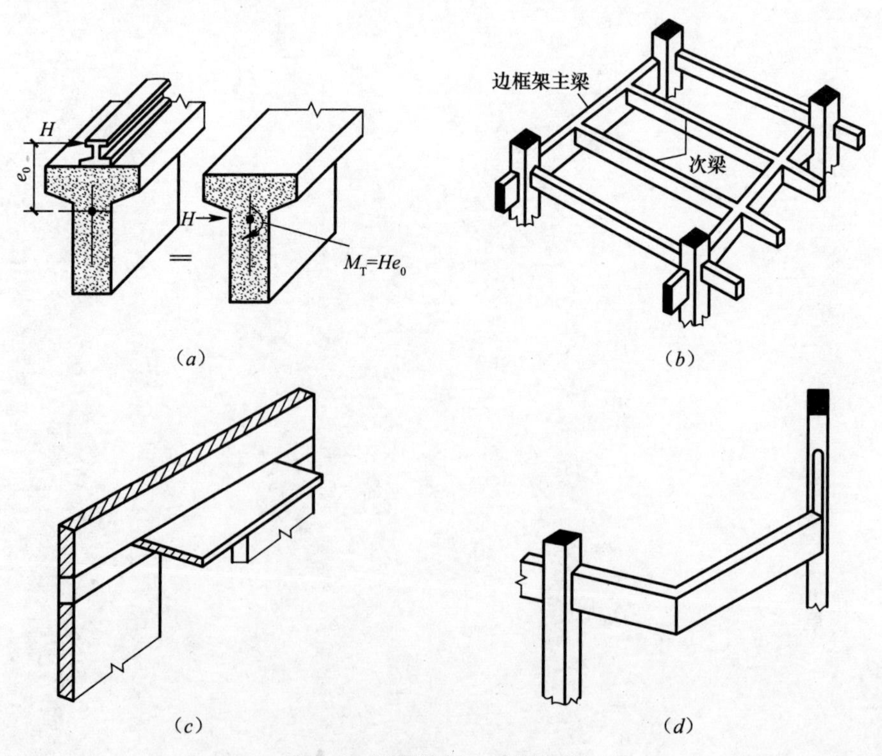

图 6-1　钢筋混凝土受扭构件

矩的作用也属于受扭构件的范围。机械工程中皮带传动轮的轴，可以简化为比较理想的纯扭构件，并依据材料力学中介绍的圆形截面杆件进行分析。建筑工程中圆形截面受扭构件基本不用，混凝土材料的力学性能和钢材的力学性能差异很大，基本没有可借鉴的方面。这里只简单介绍受扭构件的有关配筋构造要求。

二、受扭构件的构造要求

1. 抗扭箍筋

(1) 抗扭箍筋应该采用封闭式。

(2) 当采用复合箍筋时位于截面内部的钢筋不应计入受扭箍筋当中。

(3) 箍筋末端必须做成135°的弯钩，弯钩平直段不应小于10倍箍筋的直径。

(4) 受扭箍筋的最大间距不应大于受弯箍筋的最大间距要求。

(5) 在超静定结构中，考虑协调扭转而配置的箍筋间距不大于截面宽度的0.75倍。

2. 抗扭纵筋

构件截面四角必须设置受扭纵筋，受扭纵筋应沿截面周边均匀对称配置，间距不大于200mm和截面短边尺寸，受扭纵筋应按受拉钢筋的要求一样锚固在支座内。

*第二节　受拉构件在工程中的应用和构造要点

截面承受拉力作用的构件，称为受拉构件，截面承受的拉力通过截面形心轴的构件，称为轴心受拉构件。这类构件包括屋架没有节间荷载作用时的下弦杆，屋架中的受拉腹杆，圆形截面蓄水池的池壁等。轴向拉力作用点和截面形心之间存在偏心距的构件称为偏心受拉构件。这类构件包括工业厂房中使用的钢筋混凝土双肢柱的柱肢，混凝土屋架的上弦杆，矩形截面蓄水池的池壁等。如图6-2所示为常用的几种受拉构件。

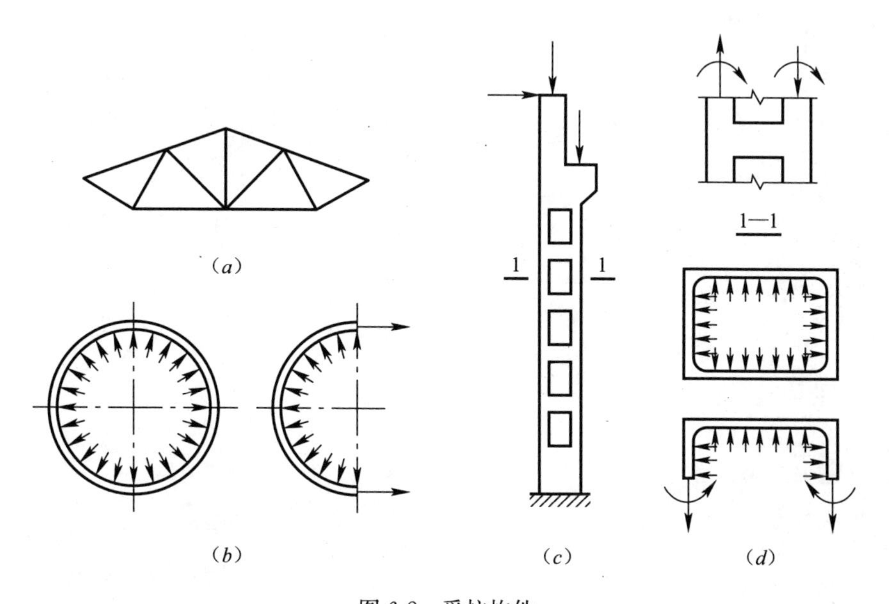

图6-2　受拉构件

本章小结

1. 在建筑工程中受扭构件，主要用于雨篷梁、框架边梁、阳台梁等构件中。

2. 受扭构件的构造要求，其中抗扭箍筋与抗剪箍筋合起来一起配置；抗扭纵筋沿截面周边均匀对称配置，间距不宜太大。

3. 钢筋混凝土受拉构件在工程中的应用较少，通常可作为屋架的弦杆、水池的侧壁等。

复习思考题

1. 工程中的受扭构件有哪些？它们各属于哪些类型？
2. 工程中的受扭构件的构造要求有哪些？
3. 受拉构件在工程中的应用有哪些类型？

第七章 钢筋混凝土受压构件承载力计算及构造

学习要求与目标：

1. 掌握钢筋混凝土受压构件构造要求。
2. 掌握钢筋混凝土矩形截面轴心受压构件的承载力计算。
3. 了解矩形截面对称配筋偏心受压构件正截面承载能力的计算方法。

钢筋混凝土受压构件是工程结构中应用最广泛、最重要的构件之一。它承受沿构件纵向轴线方向外力的作用。当外力合力作用在截面形心时称为轴心受压，外力作用点偏离构件形心时称为偏心受压构件。

受压构件在工程中主要用于房屋结构中的各种柱，如框架柱和排架柱、屋架中的受压腹杆等。

钢筋混凝土受压构件按承受施加于它的荷载作用位置不同，可分为轴心受压和偏心受压两大类。轴心受压构件根据截面形状不同，分为正方形、矩形、多边形、圆形、圆环形等；按箍筋的不同类型，分为配置普通箍筋的柱和配置螺旋箍筋的柱两类。偏心受压构件按配筋不同，分为对称配筋和不对称配筋两种方式，按偏心力的作用位置和受力情况，分单向偏心和双向偏心受压构件两类。无论是轴心受压构件还是偏心受压构件，都必须进行正截面抗压承载力验算，根据承受外力的具体情况，确有必要时还须进行柱斜截面受剪承载力的计算。本章介绍矩形截面轴心受压构件承载力计算和构造要求，以及矩形截面对称配筋偏心受压构件承载力计算的内容。

第一节 受压构件的构造要求

一、材料强度等级

混凝土材料的力学性能是抗压强度远高于抗拉强度，所以在受压构件中充分发挥混凝土抗压强度高的特性具有很明显的经济意义。一般房屋采用C25或C25以上等级的混凝土，重要公共建筑、高层结构底层柱，一般采用强度等级为C40及以上乃至C60混凝土。

在钢筋混凝土受压构件中，现行混凝土结构规范引入了HRB500、HRBF500级高强度钢筋，规定此类钢筋的抗拉强度设计值取$f_y=435\text{N/mm}^2$，抗压强度设计值取$f'_y=410\text{N/mm}^2$，混凝土结构中受压钢筋强度设计值首次突破400N/mm^2的限值规定，在今后工程实际中将会经常使用强度更高、性能更好的钢筋及混凝土，使得未来建筑结构构件的荷载适应性、经济性将大幅度提高。

二、截面形式和尺寸

1. 截面形式

轴心受压构件一般截面形式可以是正方形、矩形、圆形和多边形；偏心受压构件一般采用矩形截面。当柱截面高度大于或等于 800mm 时，为了减轻自重可以改用工字形截面。

2. 尺寸和长细比

柱截面尺寸的确定主要是根据它承受的轴向力设计值的大小、构件长度及构造要求等条件来确定。柱截面尺寸不宜太小，因为尺寸太小要满足承载力要求，就得以增加钢筋用量为代价，显然就不够经济。现行《规范》增加了 HRB500、HRBF500 级高强度钢筋和高强度混凝土的应用，为今后减少构件截面尺寸，降低自重，减少钢筋用量，提高柱构件综合经济性能奠定了基础。

对多层厂房柱的截面尺寸按 $h \geqslant l_0/25$，$b \geqslant l_0/30$。

现浇柱的截面尺寸不宜小于 250mm×250mm。当截面高度不大于 800mm 时，截面以 50mm 的倍数增减；当截面高度大于 800mm 时，以 100mm 的整倍数增加。

3. 纵向钢筋

（1）作用

柱内纵向钢筋的作用包括：

1）最主要、最直接的作用是和混凝土结合在一起，共同受力并赋予混凝土柱更高的承载能力。

2）承受由初始偏心引起的附加弯矩和某些难以预料的偶然弯矩所产生的拉力。

3）和箍筋形成封闭的钢筋骨架，约束柱核芯部分的混凝土，提高柱的延性。

4）降低混凝土的徐变，承受混凝土收缩和温度变化产生的应力。

（2）布置

轴心受压柱中的纵向钢筋应在截面周边均匀对称布置。为了施工方便和增加柱中钢筋骨架的抗变形能力，尽可能选用直径较粗的钢筋。柱中纵向钢筋的最小直径为 12mm。矩形柱每个柱角至少有一根纵筋，圆形柱或圆环形柱不宜少于 8 根，不应少于 6 根，且宜沿周边均匀布置。当偏心受压柱的截面高度 $h \geqslant 600$mm 时，在柱侧面上应设置直径不小于 10mm 的纵向构造钢筋，并相应设置复合箍筋拉结。

（3）间距

柱内纵筋的间距不应小于 50mm，最大间距不宜大于 300mm；水平浇筑的柱内钢筋间距应取为与梁内钢筋间距的要求相同。垂直于弯矩作用平面的侧面上的纵向受力钢筋，以及轴心受压柱中各边的纵向受力钢筋，其中距不大于 300mm。水平浇筑的预制柱，纵向钢筋的最小间距可按第四章中梁的有关规定取用。

（4）配筋率

柱中全部纵筋的最大配筋率不宜超过 5%，当配筋率大于 3%时，箍筋直径不应小于 8mm，间距不应大于 $10d$，且不应大于 200mm；且箍筋宜采用封闭焊接的环状，轴心受压柱计算承载力时要用净截面面积 A_n 代替其计算公式中的毛截面面积 A。在非对称配筋的构件中可能出现截面两侧配筋值不等的情况，所以，规范规定：一侧受压钢筋的最小配筋率 $\rho_{min}=0.2\%$，全部纵向钢筋的最小配筋率见表 4-8 所列。

4. 箍筋

(1) 作用

1) 箍筋可以和纵向钢筋拉结形成封闭的钢筋骨架，确保受力钢筋在构件中的位置。

2) 依靠它与纵向受力钢筋的拉结作用形成的套箍作用，约束柱截面核芯部分混凝土，大大减少了柱核芯混凝土的侧向自由产生变形。

3) 与纵筋一起形成受力和变形性能很好的钢筋骨架，提高构件破坏时的延性。

4) 防止由于纵筋在长度方向约束间距大而发生的伴随混凝土侧向较大变形向外受压凸出，从而保证纵筋和混凝土共同受力直到构件破坏。

5) 从受力角度看它可以间接提高柱的抗压承载力，抵抗柱在横向力的作用产生的主拉应力引起的斜截面受剪破坏。

(2) 布置

为了提高箍筋对柱内混凝土和钢筋的约束作用，箍筋应做成封闭式，两端在交口处弯折成135°弯钩，且弯钩末端平直段长度不应小于10d（d为纵向受力钢筋的最小直径）。当柱截面短边尺寸b>400mm，且各边纵向钢筋多于3根时；当柱截面短边尺寸b≤400mm，但柱内各边所配的纵向钢筋不小于4根时，应设置复合箍筋，详见图7-1(*a*)、(*b*)所示。

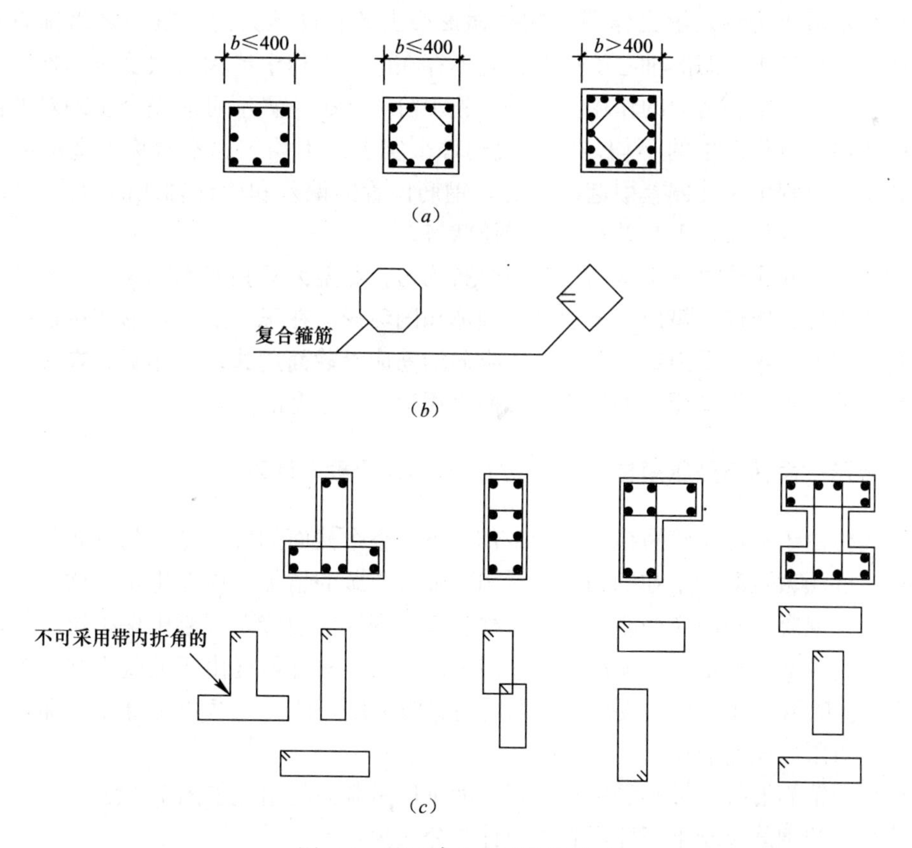

图7-1　受压构件截面配箍形式

（3）间距

1）柱内箍筋的间距不应大于 400mm 及构件尺寸的短边尺寸，同时也不应大于 $15d$，d 为纵向钢筋最小直径；在纵向受拉钢筋搭接区域内箍筋间距不大于 $5d$ 且不大于 100mm。

2）在纵向受压钢筋搭接区域内箍筋间距不大于 $10d$（d 为纵向钢筋最小直径），且不大于 200mm。

（4）直径

箍筋直径 $d_{sv} \geqslant d/4$，且不小于 6mm（d 为柱内纵向钢筋的最大直径）。当柱中所配的全部纵向钢筋的配筋率超过 3%时，箍筋直径不宜小于 8mm。

偏心受压柱截面高度 h 不小于 600mm 时，在柱的侧面上应设置直径不小于 10mm 的纵向构造钢筋，并相应设置复合箍筋和拉筋。

如图 7-1（*c*）所示，I 形柱、倒 L 形柱内不能配置有内阴角的连弯形箍筋，应在不同的矩形分块内配置各自独立的矩形箍筋。

第二节　矩形截面轴心受压构件承载力计算

当钢筋混凝土构件只承受作用在它截面形心上的轴向压力时，就称之为轴心受压构件。实际工程中理想状态的轴心受压构件是不存在的，工程中绝大多数受压构件中都不同程度存在有偏心弯矩和剪力的作用，这是因施工阶段加载位置不可能完全正确对准截面形心，混凝土浇筑过程产生的不均匀性形成构件事实上的不均匀、不对称等造成的人为偏心，制作安装过程中尺寸偏差引起的偏心，钢筋位置的偏差和构件轴线的弯曲和倾斜等，这些因素作用后构件实际上是处在偏心受压状态。

理想的轴心受压构件由于截面压应力分布均匀，尽量为双轴对称截面。一般常用的截面形式有正方形、矩形、箱形、多边形、圆形和圆环形。在正方形、矩形和箱形截面的四角必须各设置一根纵向受力钢筋，其余的纵向钢筋应沿截面周边均匀布置。在多边形、圆形和圆环形构件中，纵向受力钢筋应沿着截面周边均匀布置。

一、矩形截面轴心受压短柱（长细比 $l_0/h \leqslant 8$）承载力计算

这类构件由于相对比较短粗，在荷载作用下，整个截面的应变是均匀分布的，轴向力在截面产生的压力由混凝土和钢筋共同承担。随着荷载的增加，应变也迅速增加，直到加荷的后期构件混凝土横向应变明显增加，柱表面出现纵向裂缝，混凝土保护层剥落，核芯区混凝土横向应变快速增加，箍筋间的纵向钢筋外凸。构件最终由于混凝土被压碎宣告破坏，如图 7-2 所示。破坏时一般是纵筋先达到屈服强度，此时荷载仍可继续增加，最后是混凝土达到极限压应变破坏。

矩形截面钢筋混凝土轴心受压构件正截面抗压承载力的组成如图 7-3 所示。

试验测定的钢筋混凝土短柱承载能力计算公式为：

$$N_s = f'_y A'_s + f_c A \tag{7-1}$$

式中　f_c——混凝土抗压强度设计值；

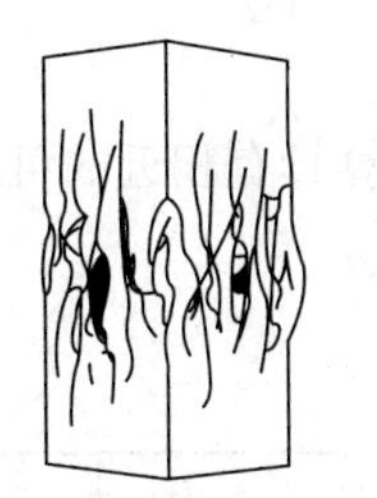

图 7-2　轴心受压短柱的破坏形态

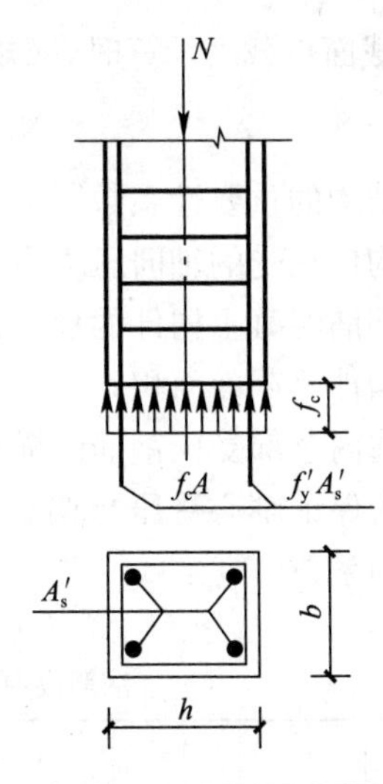

图 7-3　配置普箍钢筋的轴心受压柱

A——构件截面面积；

f'_y——钢筋抗压强度设计值；

A'_s——柱内全部受压钢筋的横截面面积。

二、矩形截面轴心受压长柱承载力计算

对于长细比大于 8 的柱，实际工程中加载位置不可能完全正确对准截面形心，混凝土浇筑形成的不均匀性不可避免就会产生偏心作用，制作安装过程中的偏差引起的截面尺寸改变，钢筋位移的偏差和构件轴线的弯曲和倾斜，这些因素都会引起构件出现水平位移。由于上述因素不可避免地存在，导致初始偏心距持续加大，加剧了构件的受力，使得构件承载能力明显下降。试验还证明，构件在其他条件不变的前提下，长细比越大，承载力下降幅度越大。柱的长细比超过某一个特定的较大值时，当荷载继续增加，构件的侧向挠度突然剧增，而承载力急剧下降，在这个最大值（也称为承载力临界值）作用下，钢筋和混凝土的应变都小于各自达到材料强度破坏时的极限应变值。这种在材料强度破坏之前发生的破坏称为失稳破坏。

综上所述，同等条件下，长柱的承载力低于短柱的承载力，《规范》用稳定系数 φ 反映长柱承载力相对于短柱承载力下降的幅度，即

$$\varphi = \frac{N_l}{N_s} \tag{7-2}$$

式中　φ——钢筋混凝土轴心受压构件的稳定系数，按表 7-1 取值。

把式（7-2）代入式（7-1）得长柱的承载力计算公式为：

1. 长柱承载力计算公式

$$N_l = \varphi N_s = \varphi(f_cA + f'_yA'_s) \tag{7-3}$$

考虑到非匀质弹性体的混凝土构件，截面重心和形心不重合，工程中理想状态的轴心受压构件是不存在的，因而截面上的应力分布不是绝对均匀，故配有纵筋和箍筋的混凝土

轴心受压柱正截面承载力计算时，《规范》考虑了上述因素，给出了公式为：

$$\gamma_0 N = 0.9\varphi(f_c A + f'_y A'_s) \tag{7-4}$$

式中 γ_0——结构的重要性系数；

N——构件承受的轴向压力设计值；

φ——钢筋混凝土构件的稳定性系数，由《规范》给定的表 7-1 查用；

A——构件毛截面面积；

A'_s——柱内全部受压钢筋的横截面面积；

0.9——为保证轴心受压与偏心受压构件正截面承载力计算具有相近的可靠度所采用的系数。

钢筋混凝土轴心受压构件稳定系数 φ　　表 7-1

l_0/b	≤8	10	12	14	16	18	20	22	24	26	28
l_0/d	≤7	8.5	10.5	12	14	15.5	17	19	21	22.5	24
l_0/i	≤28	35	42	48	55	62	69	76	83	90	97
φ	1.00	0.98	0.95	0.92	0.87	0.81	0.75	0.70	0.65	0.60	0.56
l_0/b	30	32	34	36	38	40	42	44	46	48	50
l_0/d	26	28	29.5	31	33	34.5	36.5	38	40	41.5	43
l_0/i	101	111	118	125	132	139	146	153	160	167	174
φ	0.52	0.48	0.44	0.40	0.36	0.32	0.29	0.26	0.23	0.21	0.19

注：1. l_0 为构件的计算长度，对钢筋混凝土柱可按表 7-2、表 7-3 规定取用；
2. b 为矩形截面宽度，d 为圆形截面直径，i 为截面的最小回转半径。

由表 7-1 可以看出，构件的长细比越大，φ 值就越小，当构件长细比小于 8 时为短柱，φ=1.0。同时从表中还可以看到，对圆形截面的长细比用 l_0/d（d 是圆形截面的直径）表示，其他不规则截面的长细比用 l_0/i 表示，i 是截面绕两个形心轴的回转半径中的较小值，$i=\sqrt{I/A}$，l_0 是杆件计算长度，它与杆件两端的支承情况有关，构件两端约束越牢靠，计算长度越短，稳定系数就越大，构件的承载力就越高。反之，构件两端约束越不牢靠，计算长度就越大，查表 7-1 得到的构件稳定系数就越小，说明构件的承载力就越低。

《规范》规定轴心受压和偏心受压柱的计算长度 l_0 按下列规定确定：

（1）刚性屋盖单层厂房柱、露天吊车柱和栈桥柱，其计算长度按表 7-2 取用。

刚性屋盖单层厂房柱、露天吊车柱和栈桥柱的计算长度　　表 7-2

柱的类别		l_0		
		排架方向	垂直排架方向	
			有柱间支撑	无柱间支撑
无吊车房屋柱	单跨	$1.5H$	$1.0H$	$1.2H$
	两跨及多跨	$1.25H$	$1.0H$	$1.2H$

续表

柱的类别		l_0		
		排架方向	垂直排架方向	
			有柱间支撑	无柱间支撑
有吊车房屋柱	上柱	$2.0H_u$	$1.25H_u$	$1.5H_u$
	下柱	$1.0H_l$	$0.8H_l$	$1.0H_l$
露天吊车柱和栈桥柱		$2.0H_l$	$1.0H_l$	—

注：1. 表中 H 为从柱子顶面算起的柱子全高；H_l 为从基础顶面至装配式吊车梁底面或现浇吊车梁顶面的柱子下部全高；H_u 为从装配式吊车梁底面或从现浇吊车梁顶面算起的柱子上部高度；

2. 表中有吊车厂房排架柱的计算长度，当计算中不考虑吊车荷载时，可按无吊车房屋柱的计算长度采用，但上柱的计算长度仍可按有吊车房屋采用；

3. 表中有吊车房屋排架柱的上柱在方向的计算长度，仅适用于 H_u/H_l 不小于 0.3 的情况；当 H_u/H_l 小于 0.3 时，计算长度宜采用 $2.5H_u$。

（2）一般多层房屋中梁柱为刚接的框架结构，各层柱的计算长度 l_0 可按表 7-3 采用。

一般多层房屋的钢筋混凝土框架柱（柱与梁为刚接），现浇楼盖底层柱 $l_0=1.0H$，其余各层柱 $l_0=1.25H$；装配式楼盖底层柱 $l_0=1.25H$，其余各层柱 $l_0=1.5H$，H 为层高。底层层高 H 取基础顶面到一层楼盖顶面的高度，其余各层，为上下楼盖顶面之间的距离。框架结构各层住的计算长度按表 7-3 取用。

框架结构各层住的计算长度 **表 7-3**

楼盖类型	柱顶的类别	l_0
现浇楼盖	底层柱	$1.0H$
	其余各层柱	$1.25H$
装配式楼盖	底层柱	$1.25H$
	其余各层柱	$1.5H$

注：表中 H 为底层柱从基础底面到楼盖顶面的高度；其余各层柱为上下两层楼盖之间的高度。

当 $\rho=A'_s/A>3\%$ 时，公式中如果继续使用毛截面面积，将会比较明显过多地考虑了混凝土提供的抗压承载力，为此《规范》规定，将计算公式中的 A 用净截面面积 $A_n=A-A'_s$ 代替。

2. 公式应用

(1) 截面设计

已知：$b\times h$，H，f_c，f'_y，N

求：截面配筋 $A'_s=?$

【解】 1) 查表 7-2 或表 7-3 求出 l_0，由 l_0/b 查表 7-1 得 φ；

2) 由式 (7-4) 求出 $A'_s=\dfrac{N/(0.9\varphi)-f_cA}{f'_y}$；

3) 查表配筋并验算配筋率 $\rho_{min}\leqslant\rho\leqslant\rho_{max}$；

4) 按构造要求配置箍筋，并画出截面配筋图。

(2) 截面复核

已知：N，l_0，f_c，f'_y，A'_s

求：$N_u=?$

【解】 1) 查表 7-2 或表 7-3，根据 H 求出 l_0，由 l_0/b 查表 7-1 得 φ；

2）验算配筋率 $\rho_{max} \geqslant \rho \geqslant \rho_{min}$；

3）由式（7-4），求出 N_u；

4）当 $N_u \geqslant N$ 时，该柱安全、可靠；反之，不安全。

【例 7-1】 某多层现浇钢筋混凝土框架结构，结构安全等级为一级，底层内柱承受轴向压力设计值 $N=1680\text{kN}$（包括柱的自重），柱截面尺寸 $b \times h=400\text{mm} \times 400\text{mm}$，基础顶面到一层楼面的高度为 $H=5.6\text{m}$，混凝土强度等级 C25（$f_c=11.9\text{N/mm}^2$），纵向受压钢筋采用 HRBF335 级（$f_y=300\text{N/mm}^2$）。试确定柱内应配置的纵筋和箍筋，并会出配筋截面图。

已知：$b \times h=400\text{mm} \times 400\text{mm}$，$l_0=5.6\text{m}$，$N=1680\text{kN}$，$f'_y=300\text{N/mm}^2$，$f_c=11.9\text{N/mm}^2$，$\gamma_0=1.1$。

求：$A'_s=?$

【解】 1）计算杆件长细比，确定构件稳定性系数 φ

$l_0/b=5.6/0.4=14$，查表 7-1 可得 $\varphi=0.92$。

2）求纵向受力钢筋面积

由公式（7-4）可知

$$A'_s=\frac{\dfrac{1.1 \times 1680 \times 10^3}{0.9 \times 0.92}-11.9 \times 400 \times 400}{300}=1093\text{mm}^2$$

3）查表 3-4 确定截面配筋并验算配筋率

选配 4Φ^F20（$A'_s=1256\text{mm}^2$）

$$\rho'=\frac{A'_s}{bh}=\frac{1256}{400 \times 400}=0.79\%<3\% \text{ 满足要求}$$

纵筋间的净距 $400-2\times(35+20)=290\text{mm}<300\text{mm}$

满足规范给定的要求。

4）箍筋选用并绘制截面配筋图

选用Φ 8@200，$s=200<15d=300\text{mm}$

满足要求。

配筋图如图 7-4 所示。

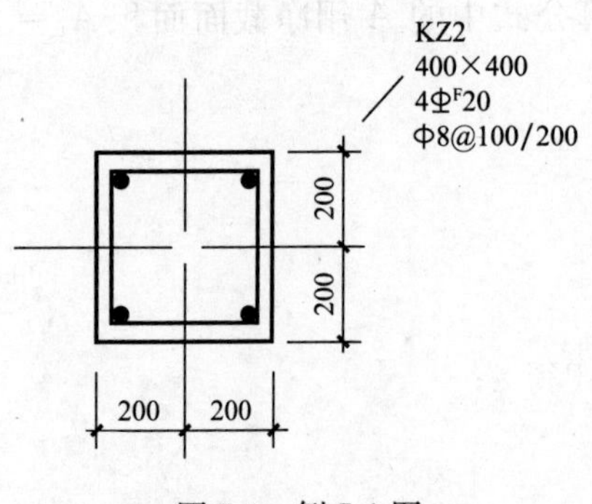

图 7-4　例 7-1 图

【例 7-2】 某轴心受压柱截面尺寸 $b \times h=350\text{mm} \times 350\text{mm}$，结构安全等级为二级，配有 HRB400 级 4Φ18 钢筋（$f_y=360\text{N/mm}^2$，$A'_s=1017\text{mm}^2$），混凝土强度等级为 C25（$f_c=11.9\text{N/mm}^2$），计算长度 $l_0=4.2\text{m}$，承受轴向力设计值 $N=1480\text{kN}$。试验算该柱承载力能否满足要求。

已知：$b \times h=350\text{mm} \times 350\text{mm}$，$l_0=4.2\text{m}$，$f'_y=360\text{N/mm}^2$，$f_c=11.9\text{N/mm}^2$，$\gamma_0=1.0$，$A'_s=1017\text{mm}^2$。

求：$N_u=?$

【解】 1）计算柱的长细比 l_0/b 并确定稳定性系数 φ

$l_0/b=4.2/0.35=12$，查表 7-1 可得 $\varphi=0.95$。

2）求出 N_u

$$N_u = 0.9\varphi(f_c A + f'_y A'_y) = 0.9 \times 0.95 \times (11.9 \times 350 \times 350 + 360 \times 1017) = 1559.4\text{kN}$$

$N < N_u$，该柱安全、可靠。

*第三节　矩形截面偏心受压构件正截面承载力计算

如前所述，理想的轴心受压构件是不存在的，几乎所有构件都是偏心受压构件。偏心受压构件是指，截面不仅受到轴向压力的作用影响，同时还受到引起截面侧向弯曲变形的弯矩的作用影响的这一类构件。**截面承受的纵向力只在截面一个形心轴上产生偏心距时，称为单向偏心受压构件；截面承受的纵向力对截面上两个形心轴都产生偏心距的这类构件，称为双向偏心受压构件。**

一、偏心受压构件的破坏特征

偏心受压构件根据偏心力、偏心距的大小、截面内所配的受力钢筋配置和受力破坏特性的不同，可以分为受压破坏和受拉破坏两种类型。

（一）大偏心受压（受拉破坏）

1. 定义

柱截面承受的纵向力偏心距大，远离轴向力一侧的配筋量较少，破坏过程开始于远离轴向力一侧受拉钢筋屈服的这类偏心受力构件，称为大偏心受压破坏（受拉破坏），如图 7-5 所示。

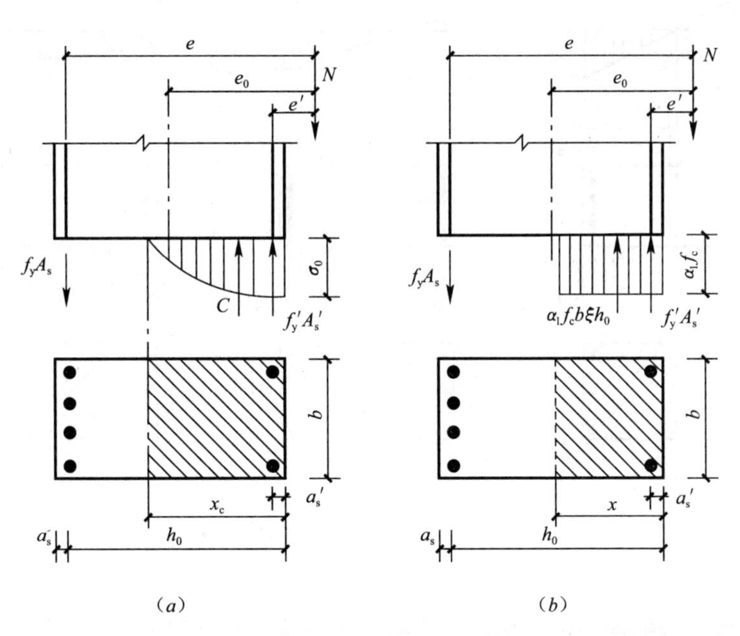

图 7-5　大偏心受压（受拉破坏）

2. 破坏过程

开始施加外力时，柱在纵向力和弯矩共同作用下产生纵向压缩，同时也出现侧向挠曲，外力增加，截面远离偏心力作用的一侧受拉向外凸出，轴向力的近侧形成凹面，构件外侧受拉部位出现水平裂缝，构件的受压一侧出现纵向裂缝，构件出现明显的弯曲变形。随着试验过程的延续，截面远离偏心力作用的一侧混凝土边缘的拉应力超过其抗拉强度开裂，混凝土受到的拉力就转移给受拉钢筋；受压一侧的混凝土和配置不多的受压钢筋应力不断上升，压应变不断增加；随着外力继续上升，受拉一侧钢筋首先屈服，并维持应力不变、应变继续增加，受压区混凝土和受压钢筋的应力随着变形的不断上升达到各自的屈服强度和屈服应变，宣告构件破坏。

3. 特点

受拉钢筋、受压钢筋和受压混凝土都先后达到屈服，内力计算比较简单。

（二）小偏心受压（受压破坏）

1. 定义

柱截面承受的纵向力偏心距小，远离轴向力一侧的配筋量较多，破坏过程开始于受压侧钢筋和混凝土到达设计强度和屈服应变的这类受力构件，称为小偏心受压破坏（受压破坏）。

2. 破坏过程

开始施加外力时，柱在纵向力和弯矩共同作用下，产生纵向压缩的同时也出现侧向挠曲，侧向变形不很明显。随着试验过程延续和外力增加，截面上离偏心力作用点较近的一侧，压应力上升明显，产生纵向裂缝，轴向力的远侧截面可能受到的是较小的拉力，或偏心距很小时也许是较小的压力，试验的后期外力作用的近侧混凝土和钢筋率先达到屈服强度和受压屈服应变值，导致构件丧失承载力，宣告构件破坏，如 7-6 所示。

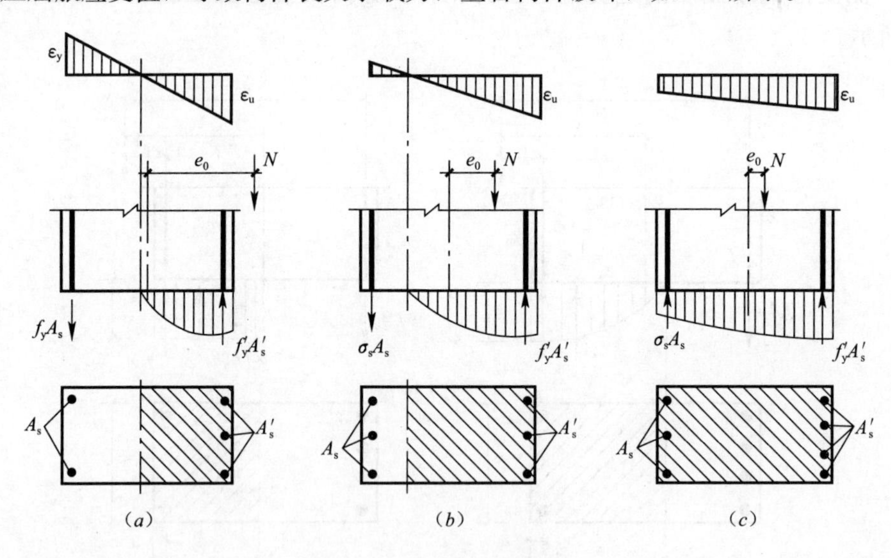

图 7-6 小偏心受压破坏

3. 特点

远离轴心力一侧的钢筋没有屈服，只有受压钢筋和受压混凝土达到屈服，内力计算时比较复杂。

二、偏心受压构件的判定

试验研究结果表明，在构件受力过程中，偏心受压构件中远离轴向力一侧所配置的钢筋的应力是随着偏心距的变化而变化，偏心距的改变，截面受压区高度随着变化。类似于受弯构件，偏心受压构件截面受压区相对高度是区分大、小偏心受压的界限，在截面受压区相对高度附近变化，截面内远离轴向压力一侧钢筋应力发生明显变化。受压区高度不超过界限受压区高度，远离轴向力一侧钢筋屈服，反之，就不屈服。

大小偏心受压界限状态的构件截面内力分布如图 7-7 所示，当受压区高度超过界限状态截面受压区高度时为小偏心受压构件，反之，应为大偏心受压构件。

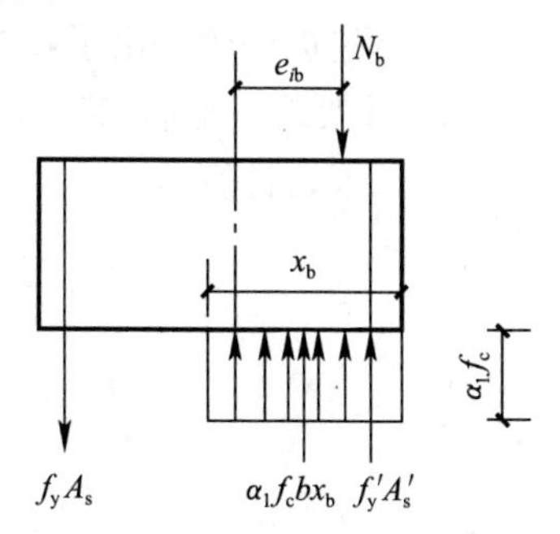

图 7-7　大小偏心的界限破坏时的受力状态

所以，满足

$$x \leqslant x_b = \xi_b h_0 \tag{7-5}$$

为大偏心受压。

如果满足

$$x > x_b = \xi_b h_0 \tag{7-6}$$

为小偏心受压。

三、偏心受压构件远离轴向力一侧钢筋的应力确定

偏心受压构件远离轴向力一侧钢筋的应力 σ_s 可按下列情况确定：

（1）当初步判别时，计算的 ξ 值根据式（7-5）判别为大偏心受压构件时，取 $\sigma_s = f_y$，$\xi = x/h_0$，ξ 值根据表 4-7 采用。

（2）当初步判别时，由计算的 ξ 值根据式（7-6）判别为小偏心受压构件时，可由式（7-7）或式（7-8）计算。

$$\sigma_{si} = E_s \varepsilon_{cu}\left(\frac{\beta_1 h_{0i}}{x} - 1\right) \tag{7-7}$$

$$\sigma_s = \frac{f_y}{\xi_b - \beta_1}\left(\frac{x}{h_{0i}} - \beta_1\right) \tag{7-8}$$

式中　h_{0i}——第 i 层纵向钢筋截面重心至截面受压边缘的距离；

x——等效矩形应力体系的混凝土受压区高度；

σ_{si}——第 i 层纵向钢筋的应力，正值代表拉力，负值代表压力。

四、附加偏心距

由于材料特性、构件施工、外力作用位置等原因，在进行偏心受力构件计算时应充分考虑附加偏心距 e_a 对构件受力产生的不利影响。《规范》规定，附加偏心距为 20mm 和 $h/30$ 中的较大值。

考虑了附加偏心距后构件计算时的初始偏心距 e_0 就变为：

$$e_i = e_0 + e_a \tag{7-9}$$

五、偏心受压构件初始弯矩的调整

轴向力初始偏心距产生的弯矩称为一阶效应，它与偏心距的大小成正比，它的值为 Ne_i，计算时相对简单和直观。轴向力作用在容易产生细长效应的构件时，在初始偏心弯矩 Ne_i 作用下随即产生侧向挠曲，实测和理论分析证明，**侧向挠度的变化与轴向力 N 之间**

不是线性关系，而是侧向挠度增的加速度远大于轴向力增加的速度。一般将细长构件截面在侧向挠曲过程弯矩最大截面新增加的非线性弯矩称为二阶弯矩。

细长偏心受压构件中的二阶效应是偏心受压构件中由轴向压力在产生了挠曲变形的构件引起的曲率和弯矩增量。现行规范沿用我国处理这个问题使用传统的极限曲率表达式，结合国际先进经验提出了新的方法，具体内容如下：

1. 排架结构考虑二阶效应的弯矩设计值

可按下式计算：

$$M = \eta_s M_0 \tag{7-10}$$

$$\eta_s = 1 + \frac{1}{1500e_i/h_0}\left(\frac{l_0}{h}\right)^2 \zeta_c \tag{7-11}$$

$$\zeta_c = \frac{0.5f_c}{N} \tag{7-12}$$

$$e_i = e_0 + e_a \tag{7-13}$$

式中 ζ_c——截面曲率修正系数，当 $\zeta_c > 1$ 时取 $\zeta_c = 1$；

e_i——初始偏心距；

M_0——一阶弹性分析柱端弯矩设计值；

e_0——轴向压力对截面重心的偏心距，$e_0 = M_0/N$；

e_a——附加偏心距；

l_0——排架柱的计算长度，可按表 7-2 取值；

h——考虑弯曲方向柱截面高度；

h_0——考虑弯曲方向柱截面有效高度。

2. 非排架结构考虑二阶效应的弯矩设计值

对于计算内力时已考虑侧移影响和无侧移的结构的偏心受压构件，若构件的长细比较大时，在轴向力作用下，应考虑由于构件自身挠曲对截面弯矩产生的不利影响，通常把这种影响称为 p-δ 效应。p-δ 效应一般会增大构件中间区段截面的弯矩，特别是当构件较细长，构件两端弯矩同号（即均使杆件同侧受拉）且两端弯矩的比值接近 1.0 时，可能出现杆件中间区段截面的一阶弯矩考虑 p-δ 效应后的弯矩值超过杆端弯矩的情况。从而，使杆件中间区段截面成为设计的控制截面。相反，在结构中常见的反弯点位于柱高中部的偏心受压杆件，二阶效应虽能增大杆件除两端区域外各截面的曲率和弯矩，但增大后的弯矩通常不可能超过柱两端控制截面的弯矩。因此，在这种情况下，p-δ 效应不会对构件截面的偏心受压承载力产生不利影响。《规范》根据分析结果，给出了可不考虑 p-δ 效应的条件。规范规定，弯矩作用平面内截面对称的偏心受压构件，当同一主轴方向的杆端弯矩比 $M_1/M_2 \leqslant 0.9$，且轴压比不大于 0.9，时，若杆件长细比满足式（7-14）时，可不考虑轴向压力在该方向挠曲构件中产生的附加弯矩的影响；否则，应按两个主轴方向分别考虑轴向压力在挠曲杆件中产生的附加弯矩影响。

$$l_c/i \leqslant 34 - 12(M_1/M_2) \tag{7-14}$$

(1) 两端铰支等偏心距单向压弯构件

图 7-8 为一两端铰支的细长杆件，设在其两端对称平面内作用初始偏心距 e_i 的偏心轴向压力 N。它在构件两端产生的弯矩为同号弯矩。构件在弯矩作用平面内将产生单向弯曲

变形，设中间截面的挠度为 δ。当构件中间截面挠度增加到 $(e_i+\delta)$ 时，则构件控制截面的弯矩就增加为：

$$M = N(e_i+\delta) = N\left(1+\frac{\delta}{e_i}\right)e_i \tag{7-15}$$

式中 e_i——调整后的初始偏心距，其值为 e_0+e_a。

令

$$\eta_{ns}=\frac{e_i+\delta}{e_i}=1+\frac{\delta}{e_i} \tag{7-16}$$

于是

$$M=\eta_{ns}Ne_i \tag{7-17}$$

式中 N——与弯矩设计值对应的轴向力设计值；

η_{ns}——弯矩增大系数。

根据材料力学中两端铰接压杆的曲率公式和挠度计算公式的推导，得到界限破坏时柱的中点的最大挠度值：

$$\delta = \frac{h_0}{1300}\left(\frac{l_c}{h}\right)^2\zeta_c \tag{7-18}$$

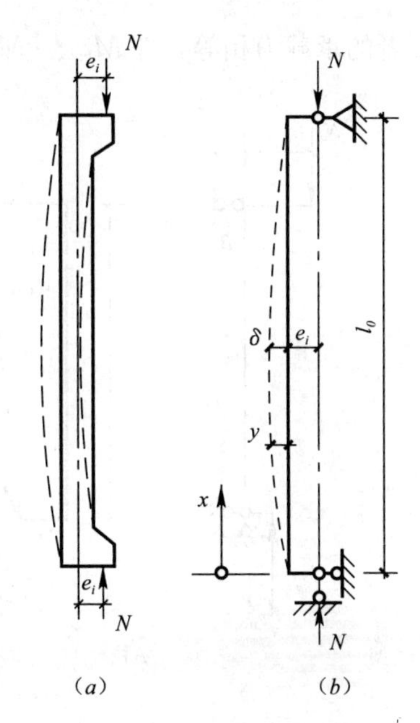

图 7-8 两端铰支等偏心距偏心受压构件

试验证明，对于大偏心受压构件，构件破坏时实测曲率与界限破坏时曲率相近；而对小偏心受压构件，其纵向受拉钢筋的应力达不到屈服强度。为此引进了曲率修正系数 ζ_c，根据试验分析结果可得：

$$\zeta_c = \frac{N_b}{N} = \frac{0.5f_cA}{N} \tag{7-19}$$

式中 N_b——构件受压区高度 $x=x_b$ 时构件界限承载力设计值，《规范》近似取 $N_b=0.5f_cA$，当 $N<N_b$ 时，为大偏心受压破坏，即 $\zeta_c>1$，此时取 $\zeta_c=1.0$；当 $N>N_b$ 时，为小偏心受压破坏，应取计算值 $\zeta_c<1.0$。

将式（7-18）代入式（7-16），就得到《规范》给定的弯矩增大系数计算公式：

$$\eta_{ns} = 1+\frac{1}{1300\dfrac{e_0+e_a}{h_0}}\left(\frac{l_0}{h}\right)^2\zeta_c \tag{7-20}$$

式中 l_0——构件计算长度；

e_a——附加偏心距；

h_0——截面有效高度；

h——截面高度。

（2）两端铰支不等偏心距单向压弯构件

在如图 7-9 所示的两端铰支不等偏心距的单向压弯构件中，设构件底部的 A 端的弯矩 $M_1=Ne_{i1}$，B 端弯矩 $M_2=Ne_{i2}$，$|M_2|\geqslant|M_1|$。在二阶弯矩影响下，其总弯矩图如图 7-9（b）所示，其控制截面的弯矩为 $M_{\mathrm{I}max}$。在求 $M_{\mathrm{I}max}$时采用等代柱法。

等代柱法是指把求两端铰支不等偏心距（e_{i1}、e_{i2}）的压弯构件控制截面的弯矩，变换为求其等效的两端铰支等偏心距 C_me_{i2}的压弯构件控制截面的弯矩 $M_{\mathrm{II}max}$。并把前柱称为原柱，后者称为等代柱。其中 C_m 为待定系数，称为构件端部截面偏心距调解系数，参见图 7-9（c）。等代柱两端的一阶弯矩为 NC_me_{i2}，在二阶弯矩影响下其总弯矩图如图 7-9（d）所示。控制截面位于构件 1/2 高度处，其弯矩值为 $M_{\mathrm{II}max}$。为了使两柱等效，显然，令两者的承载力相等，即 $M_{\mathrm{I}\max}=M_{\mathrm{II}\max}=M$。

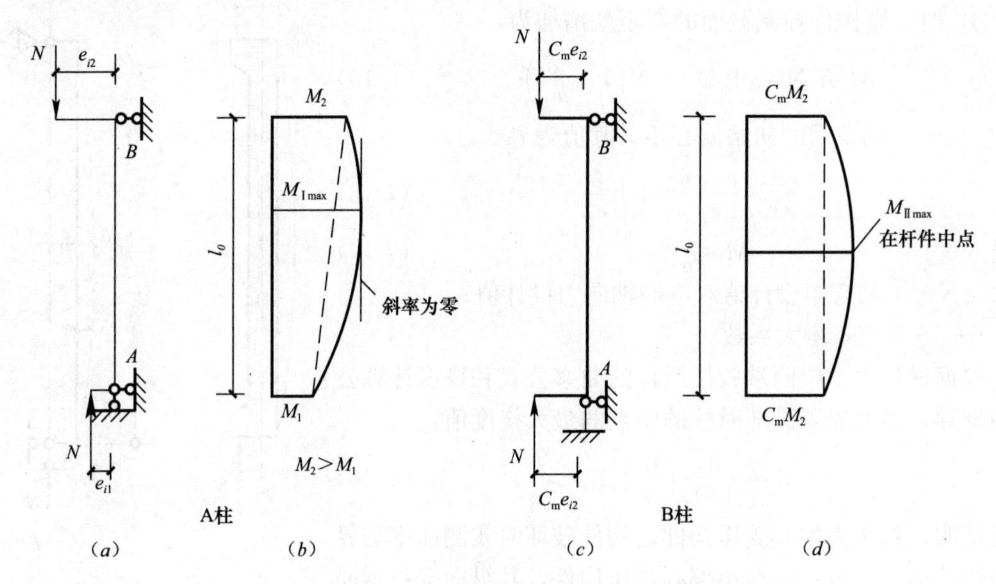

图 7-9　两端铰支不等偏心距偏心受压构件的计算

(*a*) 原柱；(*b*) 原柱弯矩图；(*c*) 等代柱；(*d*) 等代柱弯矩图

《规范》给出的偏心受压构件端部截面偏心距调节系数的表达式：

$$C_m = 0.7 + 0.3\frac{M_1}{M_2} \geqslant 0.7 \tag{7-21}$$

因为等代柱为两端铰支等偏心距单向压弯构件，因此可直接按（7-22）计算除排架柱以外的的偏心受压构件考虑轴向力在挠曲杆件中产生的二阶效应后控制截面的弯矩设计值：

$$M = \eta_{ns} C_m M_2 \tag{7-22}$$

式中　M——考虑二阶效应后控制截面的弯矩设计值；

C_m——构件端部截面偏心距调节系数，当计算值小于 0.7 时，取 0.7；

η_{ns}——弯矩增大系数，按式（7-23）计算。当 $\eta_{ns}C_m$ 计算值小于 1.0 时，取 1.0；

$$\eta_{ns} = 1 + \frac{1}{1300(M_2/N + e_a)/h_0}\left(\frac{l_0}{h}\right)^2 \zeta_c \tag{7-23}$$

l_0——构件计算长度，可近似取偏心受压构件相应主轴方向上下支撑点间的距离；

N——与设计弯矩相应的轴向压力设计值；

e_a——附加偏心距；

ζ_c——截面曲率修正系数，当计算值大于 1.0 时，取 1.0；

h——截面高度；对圆环形构件取截面外径，对于圆形截面取直径；

h_0——与偏心距平行的截面有效高度；对环形截面，取 $h_0=r_2+r_s$；对圆形截面，取 $h_0=r+r_s$；此处，r、r_2 分别为环形和圆形截面的半径；r_s 为环形截面纵向普通钢筋重心所在圆周的半径。

3. 偏心弯矩 M 和轴线压力 N 对偏心受压构件正截面承载力的影响

（1）偏心受压构件达到承载能力极限状态时截面承载力 N_u 与 M_u 并不是独立的，而是相关的，也就是说给定轴力 N_u 时，有唯一对应 M_u，或者说构件可以在不同的多组 N_u 和 M_u 组合下达到承载力极限状态。

在纵轴和曲线的交点（0，N_u）是轴心受压时构件的极限承载力（图 7-10）；曲线上 B 点，它的坐标为（M_b，N_b），它的是大偏心和小偏心受压的分界点；曲线和横坐标轴相交的点，它的坐标为（M_u，0），为受弯构件的承载力。

（2）N—M 相关曲线上任意一点 D 的坐标（M_D，N_D）代表此截面在这一组内力组合下恰好处于极限状态，是安全的；若 D 点位于 M—N 曲线的外侧，表明截面在该点所确定的内力组合下，截面承载力不满足设计要求。

（3）在上述过 B 点的水平线以上的小偏心区域，在相同的 M 值时，N 值越小越安全，N 值越大越不安全。设计时可以利用 M—N 曲线的变化规律，在多组不同的内力组合中找到最不利的内力组合。

偏心受压构件 N_u—M_u 关系曲线如图 7-10 所示。

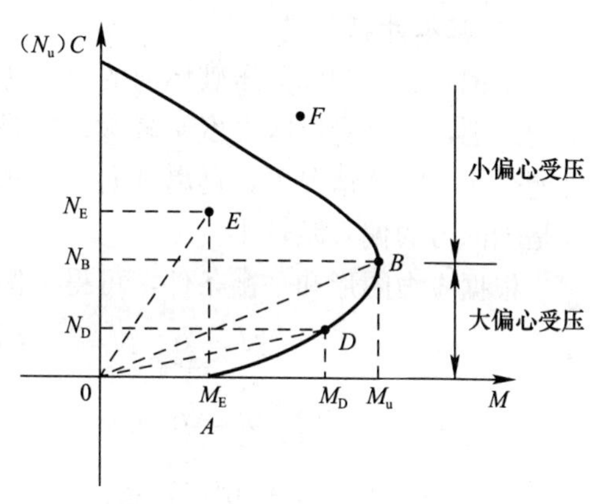

图 7-10　N_u—M_u 关系曲线

4. 计算公式及适用条件

偏心受压构件基本计算公式的建立，仍然需要遵循混凝土构件正截面承载力计算的几条基本假定，详细内容参见第四章第二节的内容。

（1）大偏心受压（$\xi \leqslant \xi_b$）

1）基本计算公式

根据基本假定和大偏心受压截面应力图形，如图 7-5 所示，由截面内力与外荷载作用力设计值平衡，截面产生的抵抗弯矩与外荷载在截面引起的弯矩平衡，可以得到计算公式为：

$$\sum N = 0 \qquad N = \alpha_1 f_c bx + f'_y A'_s - f_y A_s \tag{7-24}$$

$$\sum M = 0 \qquad Ne = \alpha_1 f_c bx\left(h_0 - \frac{x}{2}\right) + f'_y A'_s (h_0 - \alpha'_s) \tag{7-25}$$

$$e = e_i + \frac{h}{2} - a \tag{7-26}$$

式中　e——轴向压力作用点至纵向受拉钢筋合力点的距离；

e_a——附加偏心距，按本章第三节的规定确定；

e_i——初始偏心距；

a——纵向受拉钢筋合力点至截面近边缘的距离；

N——构件所受的轴向力设计值；

e_0——轴向压力对截面重心的初始偏心距。对于排架柱，为排架柱验算截面弯矩设计值与对应的轴向力设计值之比；对于非排架柱，为考虑截面弯矩二阶效应，将构件受到的较大端 M_2 调整为设计弯矩 M 后与对应的轴向力设计值之比。

2）适用条件

$\xi \leqslant \xi_b$ 或 $x \leqslant \xi_b h_0$ 是为了保证截面为大偏心受压构件；

$x \geqslant 2a_s'$是为了充分保证受压钢筋截面面积A_s'达到屈服强度。

当$x < 2a_s'$时，表明受压钢筋达不到屈服强度f_y'为了偏于安全起见。取$x = 2a_s'$，并对受压钢筋的合力点取矩，得

$$Ne' = f_y A_s (h_0 - a_s') \quad (7\text{-}27)$$

式中 e'——轴向压力作用点至受压钢筋合力点的距离，其值为：$e = e_i - \dfrac{h}{2} + a_s$；其他字母的含义及取值同前。

(2) 小偏心受压构件（$\xi > \xi_b$）

1）基本计算公式

小偏心受压构件受压破坏前的应力状态如图7-6所示，它与大偏心受压截面压力分布图的区别，一是受压区高度x较大；二是远离轴向力一侧的钢筋应力较小，可能受压，也可能受拉，特殊情况下，远离轴向力一侧的钢筋处在消压状态（$\sigma_s = 0$），即$-f_y' \leqslant \sigma_s \leqslant f_y$；三是轴向力的偏心距较小。

根据应力图形和平衡条件，可得小偏心受压破坏时截面设计计算的基本公式为：

$$\sum N = 0 \quad N = \alpha_1 f_c bx + f_y' A_s' - \sigma_s A_s \quad (7\text{-}28)$$

$$\sum M = 0 \quad Ne = \alpha_1 f_c bx \left(h_0 - \frac{x}{2}\right) + f_y' A_s' (h_0 - \alpha_s') \quad (7\text{-}29)$$

式中 e——轴向压力作用点至远离自身一侧的钢筋合力点的距离；用式（7-26）求得；

σ_s——对于远离轴向力一侧的钢筋它的应力值σ_s，根据式（7-7）、式（7-8）求得。其余字母含义同前。

2）公式的适用条件

$$\xi > \xi_b \text{ 或 } x > x_b \quad (7\text{-}30)$$

当$x \geqslant h$时，取$x = h$计算。

*第四节 对称配筋矩形截面偏心受压构件正截面承载力计算

根据受力需要，偏心受压构件截面可设计为**对称配筋和不对称配筋两种。所谓对称配筋是指在偏心力作用方向截面的两端配筋值（面积和强度等级）相同的配筋形式。不对称配筋是指在偏心力作用方向截面的两端配筋值不相同的配筋形式。**

对称配筋形式是截面配筋最常用的形式，它的主要优点就是可以承受外加作用方向发生变化时出现的应力。例如，大风、地震作用和工业厂房中受吊车横向力作用的排架柱等。其次施工简单，不宜发生配错筋的质量事故。这种配筋方式适应性强，应用最为广泛。

在结构承受的各种作用比较明确，绝大多数情况下受力状态不发生明显改变，采用对称配筋将不够经济时，经过上述两种方对比，采用不对称配筋经济合理性高的情况下，也通常采用不对称配筋形式。

正截面设计是根据已知条件求截面配筋的过程。它是根据已知作用在截面的内力M、N和构件的计算长度l_0，先选定混凝土强度等级、钢筋级别，根据设计经验或以往设计成果，确定偏心受压构件截面尺寸，其次考虑二阶效应情况下求出杆件控制截面的弯矩设计

值，调整初始偏心距，判别截面类型，根据公式计算所需钢筋面积的过程。

一、截面强度设计

在截面设计时，可按下述步骤进行：

根据对称配筋时 $f_yA_s=f'_yA'_s$的特点，在大偏心受压计算公式（7-24）中，受压钢筋产生的压力和受拉钢筋产生的拉力相互抵消，仅剩 $N\leqslant\alpha_1f_cbx$，按极限状态可写为 $N=\alpha_1f_cbx$（$x=\xi h_0$），由此可得：

$$\xi=\frac{N}{\alpha_1f_cbh_0} \tag{7-31}$$

当 $\xi\leqslant\xi_b$ 时，或 $x\leqslant x_b$ 时为大偏心受压构件；反之，当 $\xi>\xi_b$ 时，或 $x>x_b$ 时为小偏心受压构件。

（一）大偏心受压

已知：N，M，b，h，f_c，f_y，f'_y，α_1，β_1，l_0

求：$A_s=A'_s=?$

【解】（1）按式（7-31）求出 ξ，当 $\xi\leqslant\xi_b$ 时判定为大偏心受压构件。

（2）当 $2a'_s/h_0\leqslant\xi\leqslant\xi_b$ 时，用 ξh_0 代替 x，由公式（7-25）可得

$$A'_s=A_s=\frac{Ne-\alpha_1f_cbh_0^2\xi(1-0.5\xi)}{f'_y(h_0-a'_s)} \tag{7-32}$$

式中　$e=e_i+h/2—a_s$

（3）当 $\xi\leqslant 2a'_s/h_0$ 时，可按式（7-27）求出：

$$A_s=A'_s=\frac{Ne'}{f'_y(h_0-a'_s)} \tag{7-33}$$

式中

$$e=e_i-\frac{h}{2}+a_s \tag{7-34}$$

（4）查表配筋，验算实配钢筋的配筋率 $\rho_{min}=0.2\%\leqslant\rho\leqslant\rho_{max}=3\%$。

（5）画出满足构造要求，包括箍筋在内的柱截面配筋图。

（二）小偏心受压

已知：N，M，b，h，f_c，f_y，f'_y，α_1，β_1，l_0

求：$A_s=A'_s=?$

【解】（1）求出 $\xi=\dfrac{N}{\alpha_1fb_ch_0}>\xi_b$，初步判定为小偏心受压构件；

（2）求出小偏心受压构件的混凝土受压区相对高度 ξ，根据《规范》给定的公式（7-35），可求出截面 ξ 的确切值。

$$\xi=\frac{N-\xi_b\alpha_1f_cbh_0}{\dfrac{Ne-0.43\alpha_1f_cbh_0^2}{(\beta_1-\xi_b)(h_0-a'_s)}+\alpha_1f_cbh_0}+\xi_b \tag{7-35}$$

（3）将由式（7-33）求得 ξ

将 ξ 代入式（7-29）求得

$$A'_s=A_s=\frac{Ne-\alpha_1f_cbh_0^2\xi(1-0.5\xi)}{f'_y(h_0-a'_s)} \tag{7-36}$$

式中　$e=e_i+h/2-a_s$

（4）查表配筋、验算实配钢筋的配筋率

$$\rho_{min}=0.2\%\leqslant\rho\leqslant\rho_{max}=3\%$$

（5）根据式（7-28）验算垂直于受力平面外的轴心抗压强度，直到满足。

（6）画出满足构造要求，包括箍筋在内的柱截面配筋图。

对称配筋的偏心受压构件截面设计可按图 7-11 所列的框图给定的步骤进行：

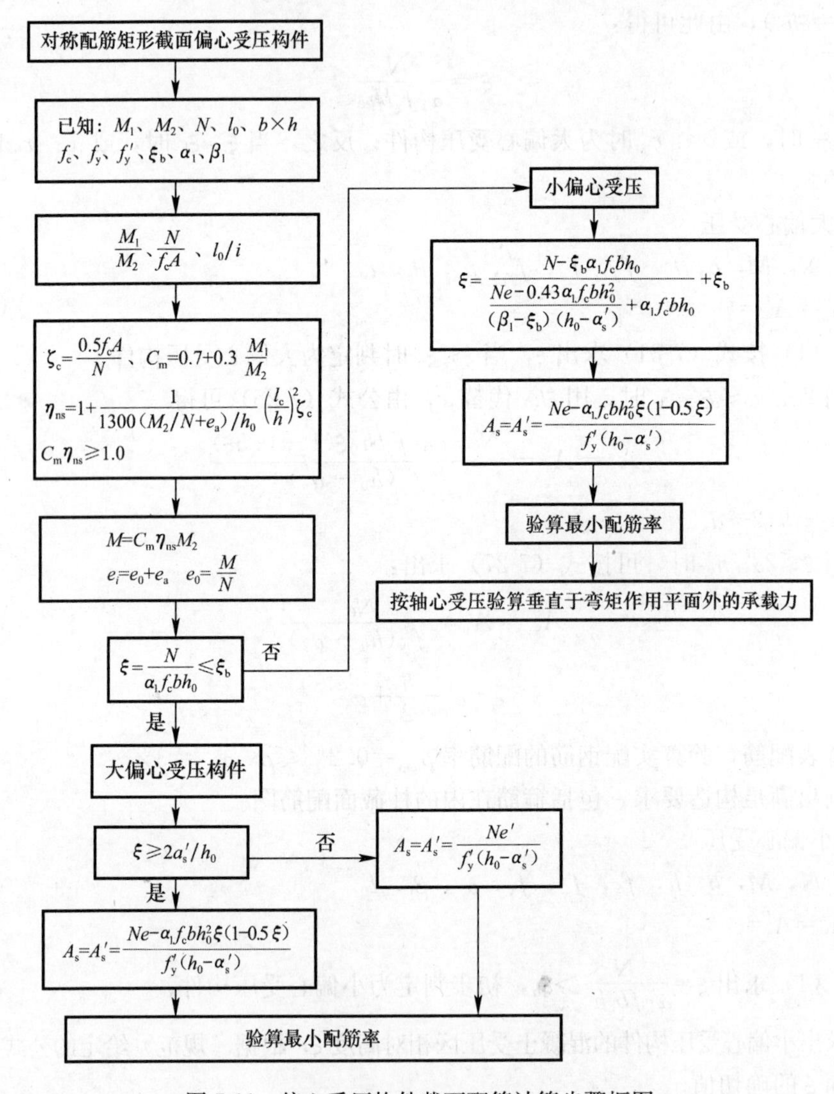

图 7-11　偏心受压构件截面配筋计算步骤框图

【例 7-3】 某矩形截面偏心受压排架柱，截面尺寸 $b\times h=300\text{mm}\times500\text{mm}$，$\alpha_s=\alpha_s'=40\text{mm}$，承受纵向压力设计值 $N=300\text{kN}$，弯矩设计值 $M_0=270\text{kNm}$，混凝土为 C25（$f_c=11.9\text{N/mm}^2$），钢筋为 HRB335 级（$f_y=f_y'=300\text{N/mm}^2$，$\xi_b=0.550$），柱的长边和短边的计算长度均为 $l_0=6.0\text{m}$。试计算对称配筋时柱内所需的纵向受力钢筋截面面积。

已知：$b\times h=300\text{mm}\times500\text{mm}$，$\alpha_s=\alpha_s'=40\text{mm}$，$N=300\text{kN}$，$M=270\text{kN}\cdot\text{m}$，$f_c=11.9\text{N/mm}^2$，$f_y=f_y'=300\text{N/mm}^2$，$l_0=6.0\text{m}$，$\xi_b=0.550$。

求：$A_s=A_s'=?$

【解】 (1) 长边弯矩作用方向的偏心受压验算

1) 求出偏心距增大系数 η

$$e_0=\frac{M_0}{N}=270\text{kN}\cdot\text{m}/300\text{kN}=0.9\text{m}$$

$$h_0=500-40=460\text{mm}$$

$$h/30=16.7\text{mm}<20\text{mm},\quad 故\ e_a=20\text{mm}$$

$$e_i=e_0+e_a=920\text{mm}$$

$$\zeta_c=\frac{0.5f_cA}{N}=2.975>1\quad 取\ \zeta_c=1.0$$

$$\eta_s=1+\frac{1}{1500e_i/h_0}\left(\frac{l_0}{h}\right)^2\zeta_c=1+\frac{1}{1500\times920/440}\left(\frac{6000}{500}\right)^2\times1.0=1.046$$

$$M=\eta_sM_0=1.046\times270=282.42\text{kN}\cdot\text{m}$$

$$e_0=\frac{M}{N}=\frac{282.42\times10^6}{300\times10^3}=941\text{mm}$$

调整后的初始偏心距为：$e_i=e_0+e_a=941+20=961\text{mm}$

2) 判别大小偏心

$$\xi=\frac{N}{\alpha_1f_cbh_0}=\frac{300\times10^3}{1.0\times11.9\times300\times440}=0.191<\xi_b=0.550$$

故构件属于大偏心受压。

$$x=84\text{mm}>2a_s'=80\text{mm}$$

$$e=e_i+\frac{h}{2}-a_s=961+300-40=1221\text{mm}$$

3) 由式 (7-25) 可得

$$A_s=A_s'=\frac{Ne-\alpha_1f_cbh_0^2\xi(1-0.5\xi)}{f_y'(h_0-a_s')}$$

$$=\frac{300\times10^3\times1221-1.0\times11.9\times300\times440^2\times0.191\times(1-0.5\times0.191)}{300\times(460-40)}$$

$$=1910\text{mm}^2$$

4) 查表配筋

实配 4Φ25 ($A_s=A_s'=1964\text{mm}^2$)

验算配筋率：$\rho_{min}=0.2\%<\rho'=\dfrac{A_s'}{b\times h}=\dfrac{1964}{300\times500}=1.31\%<\rho_{max}=3\%$

满足要求。

箍筋为：Φ8@100/200。

截面长边钢筋间距大于 300mm，因此需要在长边中部每侧设置一根直径 12mm 的 HPB300 级构造钢筋。

5) 画出截面配筋图

横截面配筋如图 7-12 所示。

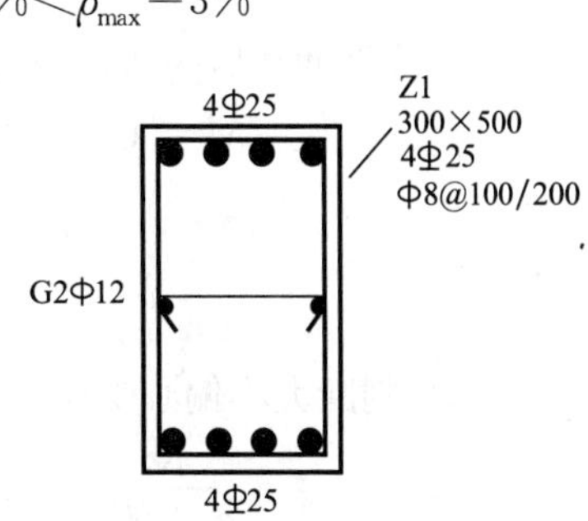

图 7-12 例 7-3 图

【例 7-4】 某钢筋混凝土偏心受压柱的截面尺寸 $b\times h=400\text{mm}\times500\text{mm}$，弯矩作用平面内的计算长度为 $l_0=$

4.8m，垂直弯矩作用平面的柱计算长度 $l_0=5.6$m，混凝土强度等级 C25（$f_c=11.9\text{N/mm}^2$），钢筋采用 HRB400 级（$f_y=f'_y=360\text{N/mm}^2$，$\xi_b=0.518$），承受在弯矩设计值 $M_1=-236\text{kN}\cdot\text{m}$，$M_2=260\text{kN}\cdot\text{m}$，与 M_2 对应的轴向力设计值为 $N=1480$kN，取 $\alpha_s=\alpha'_s=70$mm。试按对称配筋进行截面计算。

已知：$b\times h=400\text{mm}\times500\text{mm}$，$l_0=4.8$m，$f_c=11.9\text{N/mm}^2$，$f_y=f'_y=360\text{N/mm}^2$，$\xi_b=0.518$，$M_1=-236\text{kN}\cdot\text{m}$，$M_2=260\text{kN}\cdot\text{m}$，$N=1480$kN

求：$A_s=A'_s=?$

【解】 （1）判断是否需要考虑轴向力在弯曲方向二阶效应对影响截面偏心距的影响。

1）柱两端弯矩的比值

$$\frac{M_1}{M_2}=\frac{236}{260}=0.91>0.9$$

2）柱长细比

$$l_0/i=4800/500/(2\times1.732)=33.25>34-12(M_1/M_2)=24.31$$

3）柱的轴压比

$$\frac{N}{f_cA}=\frac{1480\times10^3}{11.9\times400\times500}=0.622<0.9$$

需要考虑轴力作用下二阶效应对影响截面偏心距的影响。

（2）调整截面承受的弯矩

1）附加偏心距 e_a

从 $h/30=17$mm 和 20mm 的较大值为附加偏心距，即 $e_a=20$mm。

2）求 C_m

$$C_m=0.7+0.3\frac{M_1}{M_2}=0.973>0.7$$

3）求 ζ_c

$$\zeta_c=\frac{0.5f_cA}{N}=\frac{0.5\times11.9\times400\times500}{1480\times10^3}=0.804$$

4）求 η_{ns}

$$\eta_{ns}=1+\frac{1}{1300(M_2/N+e_a)/h_0}\left(\frac{l_0}{h}\right)^2\zeta_c$$

$$=1+\frac{1}{1300\times(260\times10^6/1480\times10^3+20)/440}\times\left(\frac{4800}{500}\right)^2\times0.804=1.128$$

5）计算调整后的弯矩设计值

$$M=C_m\eta_{ns}M_2=0.973\times1.128\times260=285.36\text{kN}\cdot\text{m}$$

$$e_0=\frac{M}{N}=\frac{285.36\times10^6}{1480\times10^3}=192.8\text{mm}$$

$$e_i=e_0+e_a=193+20=213\text{mm}$$

（3）判断大小偏心受压

$$\xi=\frac{N}{\alpha_1f_cbh_0}=\frac{1480\times10^3}{1.0\times11.9\times400\times440}=0.707>\xi_b=0.518$$

故该柱为小偏心受压柱。

（4）求 ξ

$$e=e_i+\frac{h}{2}-a_s=212.8+250-60=402.8\text{mm}$$

$$\xi=\frac{N-\xi_b\alpha_1 f_c bh_0}{\dfrac{Ne-0.43\alpha_1 f_c bh_0^2}{(\beta_1-\xi_b)(h_0-a_s')}+\alpha_1 f_c bh_0}+\xi_b$$

$$=\frac{1480\times10^3-0.518\times1.0\times11.9\times400\times440}{\dfrac{1480\times10^3\times402.8-0.43\times1.0\times11.9\times400\times440^2}{(0.8-0.518)\times(440-60)}+1.0\times11.9\times400\times440}+0.518$$

$$=0.618$$

（5）求截面配筋面积

$$A_s=A_s'=\frac{Ne-\alpha_1 f_c bh_0^2\xi(1-0.5\xi)}{f_y'(h_0-a_s')}$$

$$=\frac{1480\times10^3\times402.8-1.0\times11.9\times400\times440^2\times0.618\times(1-0.5\times0.618)}{360\times(440-60)}$$

$$=1481\text{mm}^2$$

（6）查表配筋并验算基本构造要求

查表选配：4 ⌀ 22（$A_s=A_s'=1520\text{mm}^2$）

配筋率验算：

$$\rho_{min}'=0.22\%<\rho'=\frac{A_s'+A_s}{bh}=\frac{1520+1520}{400\times500}=1.52\%<\rho_{max}'=3\%$$

符合要求。

短边方向钢筋间距：

$(400-2\times60-4\times22)/3=64\text{mm}>30\text{mm}$

且大于 $1.5d=33\text{mm}$

长边方向钢筋间距：

$(500-2\times60-22)=358\text{mm}>300\text{mm}$

故需要在长边方向的中点靠箍筋内皮配置 HPB300 级 2 Φ 12 构造钢筋。

柱的配筋构造详图如图 7-13 所示。

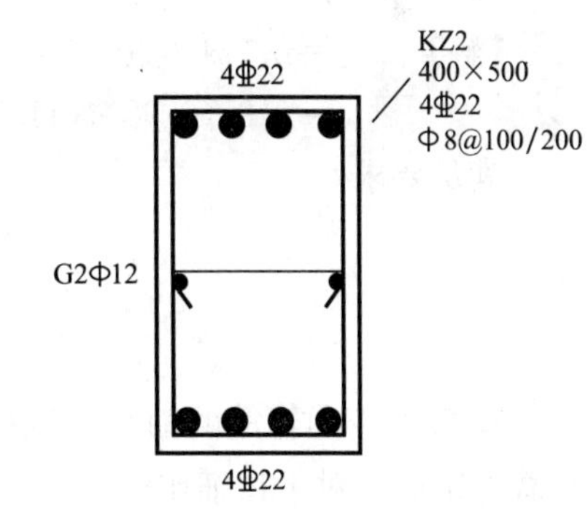

图 7-13 例 7-4 图

二、截面强度复核

在进行截面承载力复核时，一般已知截面尺寸 $b\times h$、配筋面积 $A_s=A_s'$、材料强度设计值 f_c、$f_y=f_y'$，构件计算长度 l_0，柱端的轴向压力设计值和柱端设计弯矩值 M_1、M_2，复核截面是否安全。

1. 弯矩作用平面内的承载力复核

构件弯矩作用平面内的承载力复核，通常是已知作用在构件两端的弯矩设计值和轴向压力设计值，需要复核控制截面承载力。一般是根据已知条件计算该截面所需的配筋面积，然后与实际配筋比较。若实际配筋不足，则说明承载力不能满足要求。对于已建成投入使用的结构构件，就必须进行加固。这种假定截面配筋未知，通过截面配筋计算求出理论上截面所需配筋面积，再与实际配筋值比较的方法较为简单和实用。

2. 垂直于弯矩作用平面的承载力验算

纵向压力较大且弯矩作用平面内的偏心距 e_i 较小，若垂直于弯矩作用平面的长细比较大时，则有可能构件的破坏是由垂直于弯矩作用平面的纵向受压起控制作用。因此，《规范》规定，偏心受压构件除应计算弯矩作用平面内的受压承载力外，还应按轴心受压构件验算垂直于弯矩平面的受压承载力。计算公式为：

$$N \leqslant 0.9\varphi[(A_s + A'_s)f'_y + f_c A] \tag{7-37}$$

式中　φ——稳定系数，根据构件短边长细比 l_0/b，在表 7-1 中查得。

【例 7-5】 试对【例 7-3】中的柱进行弯矩作用平面外的承载力验算。

已知：$b \times h = 300\text{mm} \times 500\text{mm}$，$a_s = a'_s = 40\text{mm}$，$N = 300\text{kN}$，$M = 270\text{kN} \cdot \text{m}$，$f_c = 11.9\text{N/mm}^2$，$f_y = f'_y = 300\text{Nmm}^2$，$l_0 = 6.0\text{m}$，$\xi_b = 0.550$，$A_s = A'_s = 1964\text{mm}^2$。

求：$N_u = ?$

【解】 $N_u = 0.9\varphi[f_c A + (A'_s + A_s)f'_y]$

$= 0.9 \times 0.75 \times (11.9 \times 400 \times 500 + 1964 \times 2 \times 300) = 2000.30\text{kN} > N = 300\text{kN}$

满足要求

【例 7-6】 试对【例 7-4】中的柱进行弯矩作用平面外的承载力验算。

已知：$b \times h = 400\text{mm} \times 500\text{mm}$，$l_0 = 4.8\text{m}$，$f_c = 11.9\text{N/mm}^2$，$\xi_b = 0.518$，$f_y = f'_y = 360\text{N/mm}^2$，$N = 1480\text{kN}$，$A_s = A'_s = 1520\text{mm}^2$。

求：$N_u = ?$

【解】 $N_u = 0.9\varphi[f_c A + (A'_s + A_s)f'_y]$

$= 0.9 \times 0.92 \times (11.9 \times 400 \times 500 + 1520 \times 2 \times 360) = 2876.80\text{kN} > N = 1480\text{kN}$

满足要求。

本章小结

1. 配有普通箍筋的轴心受压构件承载力由混凝土和纵向受力钢筋两部分提供的抗压承载力组成，对于长细比较大的柱子还要考虑纵向弯曲的影响，长柱的承载力计算公式为 $N \leqslant 0.9\varphi(f_c A + f'_y A'_s)$。

2. 偏心受压构件按其破坏特征不同，分为大偏心受压和小偏心受压。大偏心受压破坏时，受拉钢筋先达到屈服，最后轴向力的近侧混凝土达到极限应变被压碎，受压钢筋达到设计强度。小偏心受压构件在轴向力和偏心弯矩作用下，轴向力的近侧混凝土首先被压碎，受压钢筋达到屈服强度，而距轴向力较远一侧钢筋无论受拉或受压均不能达到屈服强度。

3. 当截面受压区的相对高度 $\xi \leqslant \xi_b$ 时为大偏心受压构件，$\xi > \xi_b$ 时为小偏心受压构件。

4. 偏心受压构件正截面承载力计算时，都要考虑附加偏心距 e_a 和长细比过大产生的偏心弯矩增大系数 η_{ns} 的影响。

5. 对于长细比较大的小偏心受压构件，在截面设计或强度复核时要验算构件垂直于弯矩作用平面轴心抗压强度。

复习思考题

一、名词解释

轴心受压构件　构件的细长效应　小偏心受压构件　界限受压破坏　大偏心受压构件　偏心距增大系数　附加偏心距

二、问答题

1. 受压构件中纵向钢筋的作用有哪些?

2. 受压构件中箍筋的作用有哪些?它对构件纵向抗压有什么影响?

3. 短柱和长柱的区别有哪些?长柱计算时如何考虑其长细效应对承载力的不利影响?

4. 偏心受压构件有几种破坏形态?各自的特点是什么?

5. 什么是偏心受压构件的附加偏心距?它对构件承载力有何影响?怎样计算附加偏心距?

6. 偏心距增大系数如何计算?它对构件承载力有何影响?

7. 如何判别大小偏心受压构件?大偏心受压和小偏心受压构件的承载力计算步骤各有哪些?

8. 何种偏心受压构件需要验算短边方向的轴心抗压强度?为什么?

三、计算题

1. 已知柱截面尺寸 $b\times h=300\text{mm}\times300\text{mm}$,计算长度 $l_0=4.2\text{m}$,采用 C25 混凝土和 HRB400 级纵向钢筋,柱底承受的轴向压力(含柱的自重)$N=1350\text{kN}$。试确定柱的纵向受力钢筋。

2. 已知柱截面尺寸 $b\times h=300\text{mm}\times300\text{mm}$,计算长度 $l_0=3.9\text{m}$,采用 C20 混凝土,RRB400 级纵向钢筋,实配 4Φ^{R}18,箍筋为 HPB300 级,实配ϕ8@200;柱底承受的轴向压力(含柱的自重)$N=1180\text{kN}$。试验算该柱的承载力是否满足需要?

3. 某矩形截面偏心受压柱,截面尺寸为 $b\times h=300\text{mm}\times500\text{mm}$,计算长度 $l_0=3.6\text{m}$,$\alpha_s=\alpha_s'=40\text{mm}$,混凝土强度等级为 C30,钢筋采用 HRB400 级,截面承受的弯矩设计值 $M=188\text{kN}\cdot\text{m}$,承受的轴向力设计值 $N=1165\text{kN}$。求采用对称配筋时柱截面的配筋面积。

4. 某矩形截面偏心受压柱,截面尺寸为 $b\times h=400\text{mm}\times500\text{mm}$,计算长度 $l_0=3.9\text{m}$,$\alpha_s=\alpha_s'=40\text{mm}$,混凝土强度等级为 C30,钢筋采用 HRB400 级,截面承受的弯矩设计值 $M=195\text{kNm}$,承受的轴向力设计值 $N=780\text{kN}$。求采用对称配筋时截面的配筋面积。

5. 某矩形截面偏心受压柱,截面尺寸为 $b\times h=400\text{mm}\times600\text{mm}$,计算长度 $l_0=3.0\text{m}$,$\alpha_s=\alpha_s'=40\text{mm}$,混凝土强度等级为 C30,钢筋采用 RRB400 级,截面承受的弯矩设计值 $M=400\text{kN}\cdot\text{m}$,承受的轴向力设计值为 $N=800\text{kN}$,柱内每侧配有 3Φ^{R}25 的钢筋。试复核该柱正截面承载力是否满足要求。

第八章　预应力混凝土的基本知识

学习要求与目标：

1. 理解预应力混凝土的基本概念，了解施压预应力的方法。
2. 掌握预应力混凝土构件对材料的要求。
3. 理解预应力混凝土结构的基本构造。

第一节　预应力混凝土的基本概念

一、概述

钢筋混凝土结构中由于混凝土的极限拉应变很小，约为 $(1.0\sim1.5)\times10^{-3}$，抗拉强度也很低，大约为其抗压强度的 1/10 左右。对应于混凝土开裂时的裂缝宽度，受拉钢筋的应力仅为 $20\sim30\text{N/mm}^2$。对于使用中允许开裂的构件，当裂缝宽度在 0.2～0.3mm 时，已经比较宽，钢筋的应力只能达到 250N/mm^2 左右。因此，高强钢筋在普通混凝土结构中不能发挥应有的作用，要使高强钢筋达到屈服，构件的裂缝宽度将很大，构件早就超过允许的裂缝宽度，难以满足使用要求。由于高强钢筋无法使用，和截面过早开裂导致构件截面刚度下降，影响结构功能的正常发挥。**为了满足刚度要求就必须加大截面高度和宽度，由此会引起结构自重的增加；梁跨度增加时自重引起的内力在迅速上升，以均布荷载左右的简支梁为例，梁跨度增加时梁跨中截面的弯矩是以跨度增加倍数的平方的关系在迅速增加，钢筋混凝土结构在大跨结构和承受很大荷载的结构中无法使用。**

二、预应力混凝土的基本概念

对密封性或耐久性要求较高的结构构件和对裂缝控制要求较严的结构，就必须避免普通混凝土结构的裂缝过早出现带来的不良后果，裂缝的控制就成为必须认真解决的问题。为了充分利用高强钢筋和高强混凝土，更好地解决混凝土带裂缝工作的问题，20 世纪 30 年代以后，人们在普通钢筋混凝土结构的基础上通过较长时间的试验研究，发明了目前普遍采用的预应力混凝土结构。**它是在结构构件承受外荷载作用之前，预先对构件工作阶段的受拉区施加预压力，造成一种人为的预压应力状态，由此产生的预压应力可以减少或抵消外荷载引起的截面混凝土拉应力，甚至使截面处在受压状态。在工程结构中，由配置受力的预应力钢筋通过张拉或其他方法建立预加应力的混凝土制成的结构称为预应力混凝土结构。**

建筑工程中钢筋混凝土屋架的下弦是轴心受拉杆，一般多采用后张法施加预应力构件。钢筋混凝土屋架的下弦的施工和使用阶段受力过程可以简单概括为，在屋架钢筋绑扎完毕后首先浇筑屋架下弦的混凝土，并预留预应力筋的孔道，同时浇筑屋架的上弦和所有腹杆混凝土，养护屋架混凝土使其混凝土达到设计强度75%以上时，穿预应力钢筋，并用专用的张拉设备给屋架下弦施预压应力，达到设计规定的值后锚固预应力钢筋。这个过程实际上是屋架下弦预压应力形成的过程，通过这个阶段，屋架下弦混凝土承受了人为施加的预压应力。当屋架安装就位后屋面板和施工荷载逐步作用在屋架上时，预应力下弦便同步产生拉力，随着荷载的增长，下弦的拉力不断上升，当荷载引起的拉力抵消预压应力时截面边缘处在预压应力被抵消后的消压状态，截面应力此时为0，荷载继续增加，截面开始出现拉应力，这个过程一直持续到截面混凝土受到的拉应力达到混凝土的抗拉设计强度和受拉极限应变而开裂，最后到裂缝截面受拉钢筋屈服预应力受拉构件屈服，如图8-1所示。

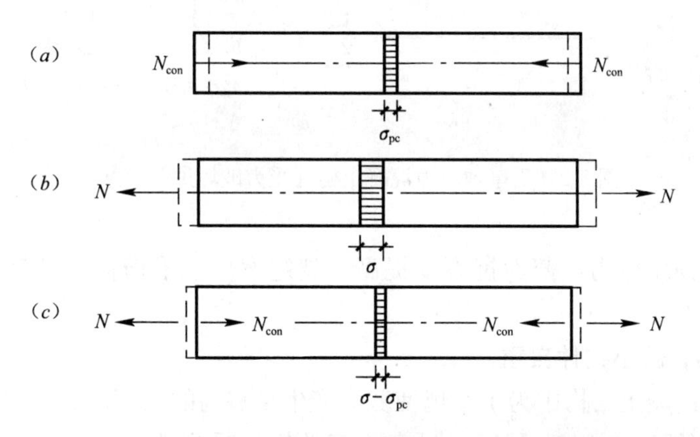

图8-1 轴心受拉预应力混凝土构件受力破坏过程示意图

工程中最常用的预应力混凝土空心楼板和预应力梁，就是在这类受弯构件。在受弯构件施工阶段预先施加预压应力，当构件投入使用后在荷载作用下产生的拉应力就必须首先抵消预压应力，随着外荷载的增加预压应力被全部抵消时构件受拉区边缘处于消压状态，此后的荷载增量才开始在截面引起拉应力，随着荷载的持续增加构件受拉区应力不断增加，最后受拉区开裂直到破坏，如图8-2所示。

三、预应力混凝土结构的优缺点及其应用

（一）优点

预应力混凝土结构与普通混凝土结构相比，具有下列优点：

1. 构件抗裂性能好

由于对构件截面的受拉区施加了预压应力，对不允许出现裂缝的构件就可以满足抗裂的要求，防止了裂缝的产生；对于允许出现裂缝但对裂缝宽度有要求的构件，根据裂缝宽度验算的结果施工，延缓了构件截面裂缝的出现，同时也可有效地限制裂缝宽度不超过《规范》的限值。

2. 刚度大

对于裂缝验算等级为一级的构件，由于截面没有开裂，相对于正常情况下带裂缝工作的普通混凝土构件，截面刚度提高；对于允许截面开裂，但对截面裂缝宽度有限制的构

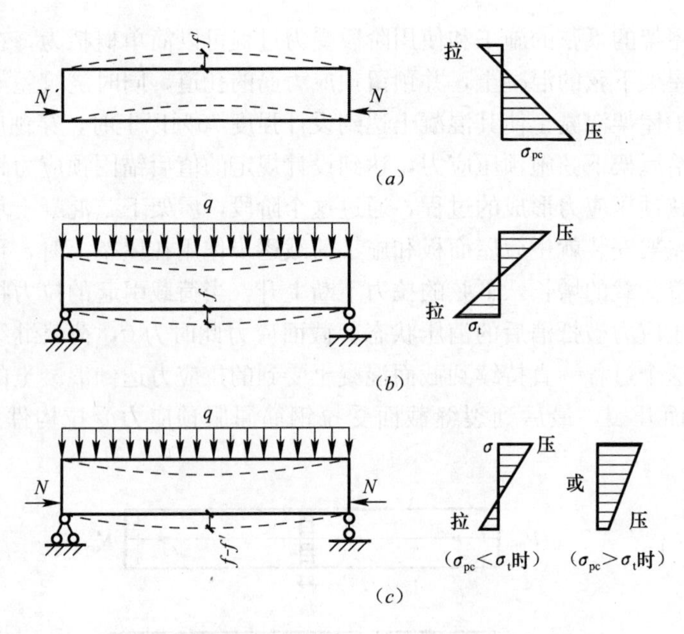

图 8-2 受弯预应力混凝土构件受力破坏过程示意图

件，由于施加了预压应力，截面抗裂度提高，裂缝宽度或沿横截面开裂的高度会大大下降，所以截面刚度就大。

3. 节省材料，减小构件自重

由于预应力混凝土结构中为了实现使截面产生足够高的预压应力，必须使用高强度的混凝土承受较高的预压应力，同时通过高强度的钢筋受到的很高的拉应力的弹性回缩作用，给高强混凝土截面施加较高的预压应力，这就要求预应力混凝土结构中必须使用高强钢筋和高强混凝土。由于高强材料的使用，同等外荷载作用下出现的内力，就需要较小的构件截面尺寸和较小的截面配筋面积，因而，构件自重减轻。因此，构件自身消耗的钢筋与混凝土少，自重小，带来材料运输量和成本下降。

4. 提高了构件的抗剪能力

在第六章中我们已经知道，轴向力在一定的范围内，能够阻止、减缓柱斜裂缝的出现和开展，所以具有提高柱斜截面受剪承载能力的作用。这是由于轴向力的存在，使柱中主拉应力的方向与柱轴线夹角变大，从而使斜裂缝的倾角（与构件轴线的夹角）减少，柱截面内剪压区面积相对于无轴向力时有所增大，剪压区混凝土抗剪性能得到了充分发挥的缘故。

5. 提高受压构件的稳定性

试验研究证明，钢筋混凝土受压构件长细比 $l_0/h<25$ 时，稳定性还有一定的保证，长细比过大的构件整体稳定性较差。如果对钢筋混凝土柱施加预应力，纵向受力钢筋就在预拉力作用下被拉紧，预应力筋不易被压弯，同时它可以帮助周围的混凝土提高抗压的能力，使得构件的受压稳定性得以提高。

6. 提高了构件的抗疲劳性能

由于预应力钢筋的存在，截面所配置的钢筋总量明显增加，在重复荷载作用的结构构件中，由于往复作用的可变荷载出现的应力幅远小于截面所有钢筋的拉压应力最高值，变幅作用的应力幅也远低于钢筋的拉压最高应力值，近似于常幅应力的作用，所以构件的抗疲劳性能会大大提高。

（二）缺点

预应力混凝土结构与普通混凝土结构相比，具有下列缺点：

1. 工艺复杂，需要训练有素的施工人员队伍，加大了生产难度和成本。

2. 需要专门设备，如台座、锚具、夹具、孔道压力灌浆机，千斤顶等；对于后张法构件锚具是随构件一起工作的叫工作锚具，不能重复使用，所以构件加工生产成本比普通混凝土构件高。

3. 预应力构件加工工艺与技术要求使用的设备专用性高，这些专用设备的投资在构件中摊销的比例高，构件数量越少成本越高。

4. 制作工艺相对普通混凝土构件复杂程度高、质量控制难度大。

总体上看预应力混凝土结构具有普通混凝土结构无法具备的优点，是对混凝土结构的补充完善和提高，它的优点与缺点相比，优点是主要的。

预应力混凝土结构的出现是普通钢筋混凝土结构发展史上一次革命性的进步，它的完善和提高也是随着科技进步也在不断改进和提高的，这些缺点将会在工程实践中不断得以克服，并将为预应力混凝土结构的广泛运用开辟美好的前景。

（三）预应力混凝土结构的应用

预应力混凝土结构的特点决定了它具有广泛的应用范围。**在建筑结构中，通常大跨屋架、吊车梁、预应力空心板、小梁、檩条等，在大跨结构和高层房屋现浇结构中也经常使用；另外，大跨度桥梁结构、塔桅构筑物、储液罐、压力管道以及原子能反应堆容器等都有使用。**

第二节　施加预应力的方法

预应力混凝土构件根据预应力的施加与混凝土浇筑的先后次序不同，分为先张法和后张法两种。

一、先张法预应力混凝土结构

1. 定义

在台座上张拉预应力钢筋后浇筑混凝土，并通过粘结力传递而建立预加应力的混凝土结构称为先张法预应力混凝土结构。如图 8-3 所示为先张法预应力混凝土结构构件的生产流程图。

2. 工艺过程

在台座间布筋，张拉预应力钢筋，锚固张拉达到控制指标（单控时只控制预应力钢筋的张拉应变，双控时既控制张拉应变也控制张拉应力）的预应力钢筋，浇筑混凝土并养护使其达到设计强度的 75％以上，放松（切断）预应力钢筋。

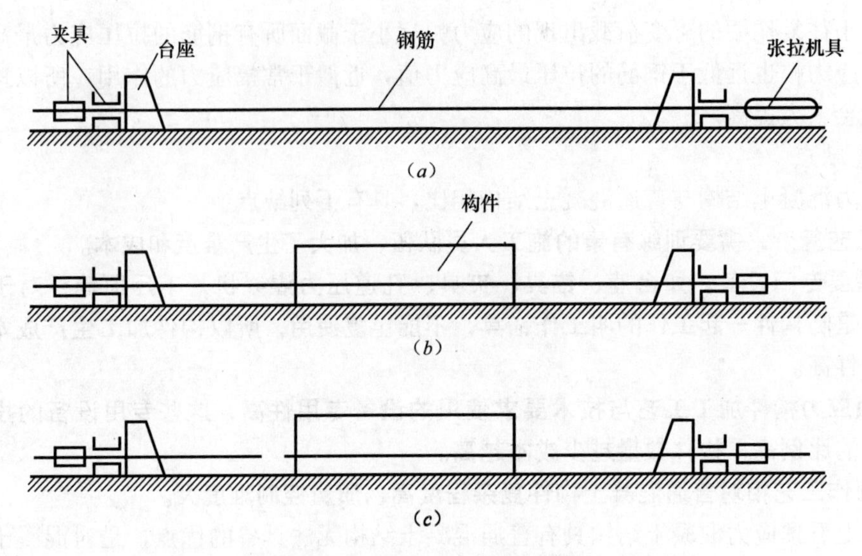

图 8-3　先张法预应力混凝土结构构件的生产流程图

3. 设备

台座、锚具、夹具、张拉机械，钢筋切割机、千斤顶、吊装用起重设备等。

4. 注意事项

(1) 钢筋张拉时注意现场人员的安全，防止钢筋被拉断弹力伤人。

(2) 张拉控制指标严格遵守设计要求。

(3) 养护混凝土要确保湿度、温度，以便混凝土强度得到充分发挥。

(4) 钢筋切断时要保证混凝土强度符合设计要求。

(5) 码放或现场吊装堆放时注意确保板叠块数不超过有关规程的规定，搁置时要保证板上下表面方向的正确。

5. 特点

(1) 构件生产工厂化程度高，施工队伍专业化程度高，所以构件质量稳定。

(2) 可以大批量生产，生产效率高，便于运输。

(3) 锚具等设备可以重复使用，摊销进构件中的成本低，可以有效减少用钢量。

6. 应用

方便运输的中小型构件，如各种楼板、檩条、梁等。

二、后张法预应力混凝土结构

1. 定义

在混凝土达到规定强度后，通过张拉预应力钢筋并在结构上建立预加应力的混凝土结构称为后张预应力混凝土结构。图 8-4 所示为后张法预应力混凝土结构构件的生产流程图。

2. 工艺过程

在底模上绑扎非预应力钢筋和其他构造钢筋，同时穿孔道成形的充气橡皮管（或其他类型预留孔道的钢管）并固定其位置，经对钢筋验收通过后支侧模，并检查保护层和钢筋

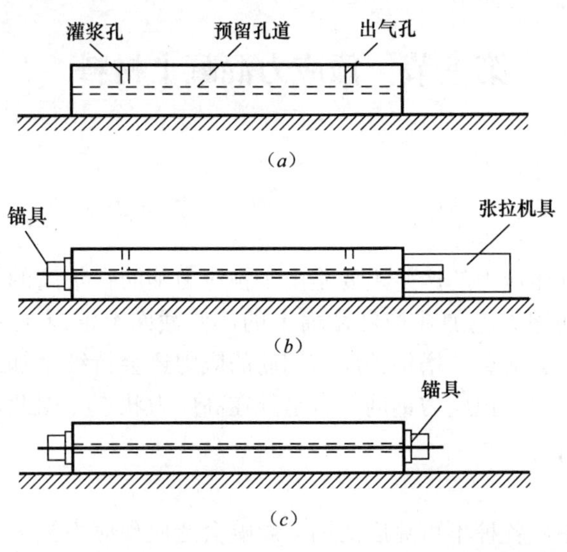

图 8-4 后张法预应力混凝土结构构件的生产流程图

位置无误时，开始浇筑混凝土。在混凝土浇筑的同时对形成预留孔道的钢管要连续转动，防止由于混凝土凝结硬化后与钢管粘在一起，导致钢管不能抽出造成构件作废，待构件混凝土凝固后水平方向抽出钢管，养护使构件达到设计要求的强度后，穿预应力钢筋，采用机械或电张法使预应力钢筋达到规定的张拉应变后，使用工作锚具锚固预应力钢筋。通过压力从预留的灌浆孔灌浆，等灌浆砂浆凝结硬化后，构件制作就告完成，最后通过吊装设备吊装就位固定。

3. 设备

锚具、夹具、张拉机械，压力灌浆机、钢管或可充压的橡皮管、千斤顶、吊装用起重设备等。

4. 注意事项：

（1）混凝土振捣密实必须严格按规定要求操作。

（2）孔道成形的钢管抽出时间和方法要正确得当。

（3）张拉控制指标严格遵守设计要求。

（4）养护混凝土要确保湿度，以便混凝土强度充分发挥。

（5）吊装时要用符合施工组织设计要求的专门吊装设备，通过专业操作人员对构件吊装施工，防止构件和已就位的其他构件刮擦和碰撞。

（6）就位后要及时和其他相邻的构件有效拉结，确保构件在空中的安全。

5. 特点

（1）后张法工艺与先张法工艺相反，构件生产施工只能够在现场进行，受施工现场条件和施工人员技术影响，构件质量控制难度大。

（2）锚具是随着构件一起工作的，不能重复使用，摊销进构件中的成本高，用钢量比先张法高。

6. 应用

不便于运输的大型构件，如屋架、桥梁等。

第三节　预应力混凝土材料

一、预应力钢筋

（一）性能要求

预应力混凝土中预压应力的产生主要是由于预应力钢筋在很高的张拉力作用下，平衡在构件上很大的弹性回缩力施加在构件截面上的，使截面上混凝土受到很大压力来完成的。构件投入工作后随着荷载的增加预应力钢筋的应力还会持续增加。所以，从构件施工到构件投入使用的全过程，预应力钢筋一直是处在高应力状态。因此，预应力钢筋应具备如下特性。

1. 强度高

预应力形成过程中，各种不可克服的因素影响会造成预应力损失，导致预应力效果降低或施加预应力失败。为了使截面在满足要求前提下具有较高的预压应力，就必须要求预应力钢筋提供较高的预拉应力，因此，一般强度等级的钢筋不能提供高应力和高回弹力。所以，在预应力混凝土结构中只能使用高强度钢筋。

2. 具有一定的塑性

预应力混凝土结构构件可能处在低温环境，吊车梁一类构件还可能承受冲击荷载作用，为了防止构件发生低温冷脆破坏，防止在冲击荷载作用下发生脆性破坏，一般要求预应力钢筋必须具备一定的塑性。但由于高强度钢筋通常塑性都较差，这就产生了矛盾。为此，《规范》要求，各类预应力钢筋在最大力下的总伸长率不得＞3.5％。

3. 良好的工作性能

良好的可焊性要求容易焊接、焊后不裂、焊后不产生大的变形。自锁锚固的钢筋要求具有良好的可镦性能，钢筋端头镦粗时不发生脆裂或过大的塑性卷曲，同时力学性能不能发生明显变化。

4. 与混凝土之间具有良好的粘结力

如前所述，先张法构件中预应力的形成靠的是预应力钢筋和混凝土的粘结力，后张法构件中预应力在构件长度方向的均匀传递靠的也是钢筋和混凝土之间的粘结力，可以说粘结力是构件截面产生预压应力的基础性条件之一。在后张法构件中，预压力一大部分是通过构件端部的锚具对截面的挤压作用施加给构件的，另一部分还必须通过孔道灌浆硬结后通过预应力钢筋传给截面。钢筋和混凝土之间良好的粘结力无论在普通混凝土结构中，还是预应力混凝土结构中都是二者共同工作的前提。

（二）预应力钢筋的分类

常用的预应力钢筋分为中强度预应力钢丝、预应力螺纹钢筋、消除预应力钢丝、高强度预应力钢绞线等几种。

1. 中强度预应力钢丝

现行规范中列入了中强度预应力钢丝，以补充中等强度预应力钢筋的空缺，这类预应力钢丝主要用于中小跨度的预应力构件，如预应力檩条、楼板、预应力楼（屋）面梁等构件。它分为光面和螺旋肋两类，公称直径有 5mm、7mm、9mm 等。它的极限强度标准值最高达到1270MPa，抗拉设计强度最高达到810MPa，抗压设计强度为410MPa。

2. 预应力螺纹钢筋

现行规范列入大直径的预应力螺纹钢筋（精轧螺纹钢筋），它的公称直径有18mm、25mm、32mm、40mm和50mm等。其极限强度标准值最高达到1230MPa，抗拉设计强度最高达到900MPa，抗压设计强度为410MPa。这类预应力钢筋主要用于大跨度的预应力构件中。

3. 消除预应力钢丝

消除预应力钢丝有光面、螺旋肋两种，它的公称直径有4mm、5mm、6mm、7mm、8mm和9mm几种。其极限强度标准值最高达到1860MPa，抗拉设计强度最高达到1320MPa，抗压设计强度为410MPa。在中小型构件中应用比较多。

4. 高强度预应力钢绞线

由三股或七股高强钢丝绞结而成，三股钢绞线的公称直径分为8.6mm、10.8mm和12.0mm三种，七股钢绞线的公称直径分为9.5mm、12.7mm、15.2mm、17.6mm和21.6mm五种，它强度高，使用方便。其极限强度标准值最高达到1960MPa，抗拉设计强度最高达到了1390MPa，抗压设计强度为390MPa。在受力较大的大中型构件中使用。极限强度标准值最高达到了1960MPa，直径达21.6mm的钢绞线用作预应力钢筋时，应注意其锚具的匹配性，应经检验并确认锚具夹具合格以后方可在工程中使用。

二、预应力混凝土构件中的混凝土

根据预应力混凝土构件的受力变化特征，预应力混凝土结构中应选择具有以下性能要求的混凝土。

1. 强度高

由于预压应力很大，混凝土强度不足时很容易在施工施加预应力过程就发生挤压破坏，高强钢筋也不能发挥它应有的作用。只有使用高强度混凝土才能很好地发挥高强度钢筋的力学性能，才能达到节省材料，满足受力要求的目的。同时很强的粘结力也要求采用高强混凝土。

2. 收缩和徐变小

收缩和徐变是引起混凝土产生变形不可克服的特性，也是造成预应力损失的主要因素。为了有效降低预压力损失，防止预应力构件施工中由于徐变过大，造成预应力徐变损失太大，导致构件损毁，要求选用收缩和徐变小的混凝土。

3. 快硬、早强

这一要求是从加快预应力混凝土构件施工进度，提高设备周转率和提高工效的要求提出的。

《规范》规定，在预应力混凝土结构中采用的混凝土强度等级不宜低于C40级，且不应低于C30级。目前随着技术进步，高强度混凝土从专业的混凝土搅拌站就可以配置完成，这就为预应力混凝土结构的普遍使用提供了基本保证。

第四节　预应力混凝土构件的构造要求

和普通钢筋混凝土结构一样，构造设计是预应力混凝土结构设计重要的组成部分，对全面贯彻设计意图具有重要意义。本节简要介绍常用的预应力混凝土结构构造要求，更为全面的内容可参考《规范》和有关设计手册和标准图。

一、一般要求

1. 截面形式和尺寸

(1) 截面形式

跨度较小的梁、板构件一般采用矩形截面；跨度或承受的荷载都较大时，为了降低梁的自重，可以选用 T 形截面、I 字形或箱形截面。

(2) 截面尺寸

一般预应力混凝土梁 $h=(1/20\sim1/14)l$；翼缘宽度 $b_f'=(1/3\sim1/2)h$；翼缘的厚度 $h_f'=(1/10\sim1/16)h$；腹板宽度 $b=(1/15\sim1/8)h$。

2. 预应力钢筋的布置

(1) 直线形布置

一般适用于跨度较小，或荷载也较小的中小型构件；先张法的楼板，后张法屋架下弦等均可使用；施工简单，使用比较常见。

(2) 曲线形布置

常见于跨度大、荷载大的受弯构件；后张法构件可用于工业厂房大吨位的吊车梁、屋面梁等构件；由孔道划分的截面上部分形状和梁的弯矩图相似，支座附近主拉应力作用可能产生斜裂，因此将一部分钢筋弯起满足斜截面受力要求。

(3) 折线形布置

用于梁两端部截面倾斜的梁，先张法构件使用居多，此时会产生在转向装置处的摩擦预应力损失。

(4) 非预应力筋的配置

为了防止预应力混凝土构件在制作、约束、堆放或吊装时构件施工阶段之前的受拉区(预拉区) 工作阶段的受压区开裂，可沿着预拉区截面均匀配置直径不超过 14mm 的非预应力筋。

二、先张法构件的构造要求

1. 并筋配筋的等效直径

单根配置预应力筋不能满足要求时采用同直径的钢筋并筋配筋的方式。对双根并筋时的直径取单根直径的 1.4 倍；对三根并筋时的直径取单根直径的 1.7 倍。计算并筋后的构件其保护层厚度、锚固长度、预应力传递长度以及构件挠度、裂缝等的验算均应按等效直径考虑。

当预应力钢绞线等预应力钢筋采用并筋方式时，应有可靠的构造措施。

2. 预应力筋的净距

和普通混凝土结构一样，先张法预应力钢筋之间也应根据混凝土浇筑、施加预应力及钢筋锚固等要求保持足够的净距。预应力钢筋之间的净距不应小于其公称直径的 2.5 倍和粗骨料最大粒径的 1.25 倍，且应符合下列规定：预应力钢丝，不应小于 15mm；三股钢绞线，不应小于 20mm；七股钢绞线不小于 25mm。对混凝土振捣密实有可靠保证时，净间距可放宽到最大粗骨料粒径的 1.0 倍。

3. 构件端部加强措施

对于先张法预应力混凝土构件，《规范》规定，预应力筋端部周围的混凝土应采取以下加强措施：

1）单根配置的预应力筋，其端部宜设置螺旋筋。

2）分散布置的多根预应力筋，在构件端部 $10d$（d 为预应力钢筋的公称直径）且不小于 100mm 长度范围内，宜设置 3～5 片与预应力筋垂直的钢筋网片。

3）采用预应力钢丝配置的薄板，在板端 100mm 的长度范围内沿构件板面设置附加横向钢筋，其数量不应少于两根。

4）对采用预应力钢丝配筋的薄板，在板端 100mm 范围内应适当加密横向钢筋。

5）对槽形板类构件，应在构件端部 100mm 范围内沿构件板面设置附加横向钢筋，其数量不少于两根。

6）当有可靠经验并能保证混凝土浇筑质量时。预应力孔道可水平并列贴近布置，但并排的数量不应超过 2 束。

7）对预应力钢筋在构件端部全部弯起的受弯构件或直线配筋的先张法构件，当构件端部与下部支承结构焊接时，应考虑混凝土收缩、徐变及温度变化所产生的不利影响，宜在构件端部可能产生裂缝的部位设置足够的非预应力纵向构造钢筋，以防止预应力构件端部预拉区出现裂缝。

三、后张法构件的构造要求

后张法预应力筋及预留孔道布置应符合下列规定。

1. 预应力筋的预留孔道

预应力筋的预留孔道布置时应考虑张拉设备的位置、锚具的尺寸及构件端部混凝土局部受压等因素。

(1) 预留的预应力孔道之间的净距不应小于 50mm，且不小于粗骨料粒径的 1.25 倍；孔道至构件边缘的净距不应小于 30mm，且不小于孔道直径的 50%。

(2) 孔道的直径应比预应力钢筋束外径及穿过孔道的连接器外径大 6mm～15mm。

(3) 从孔道外壁至构件边缘的净间距，梁底不宜小于 50mm，梁侧不宜小于 40mm，裂缝控制等级为三级的梁，梁底、梁侧不宜小于 60mm 和 50mm。

(4) 在构件两端及跨中设置灌浆孔或排气孔，其孔距不宜大于 12m。

(5) 凡制作时需要起拱的构件，预留孔道宜随构件同时起拱。

(6) 后张法预应力钢丝束、钢绞线束的预留孔道应符合下列要求：

1）对预制构件，孔道之间的水平净距不宜小于 50mm，孔道至构件边缘的净距不宜小于 30mm，且不宜小于孔道的半径。

2）在框架梁中，预留孔道在垂直方向的净距不宜小于孔道外径，水平方向的净距不应小于 1.5 倍的孔道外径。

3）从孔道壁算起的混凝土保护层厚度，梁底不宜小于 50mm，梁侧不宜小于 40mm。

4）预留孔道的内径应比预应力钢丝束或钢绞线束外径及需穿过孔道的连接器外径大 15～20mm。

2. 孔道灌浆

孔道灌浆要求密实，水泥砂浆强度等级不宜低于M20，其水灰比宜为0.4～0.45；为减少收缩，宜掺入0.01%水泥用量的铝粉。

3. 构件端部构造

(1) 采用普通垫板时，应按《规范》规定进行局部受压承载力计算，并配置间接钢筋，其体积配筋率不应小于0.5%，垫板的刚性扩散角应取为45°。

(2) 局部承压承载力计算时，局部压力设计值对有粘结预应力混凝土构件取1.2倍的张拉控制应力，对无粘结预应力混凝土取1.2倍的张拉控制应力和（$f_{ptk}A_p$）中的较大值。

(3) 当采用整体铸造垫板时，其局部受压区的设计应符合相关规定。

(4) 对构件端部锚固区应按下列规定配置间接钢筋：在局部受压间接钢筋配置区以外，在构件端部长度不小于$3e$（e为截面重心线上部活下部预应力钢筋的合力点至其到构件最近边缘的距离）但不大于$1.2h$（h为构件端部的高度）、高度为$2e$的附加配筋区范围内，应均匀配置附加箍筋或网片，其体积配筋率不小于0.5%，如图8-5所示。

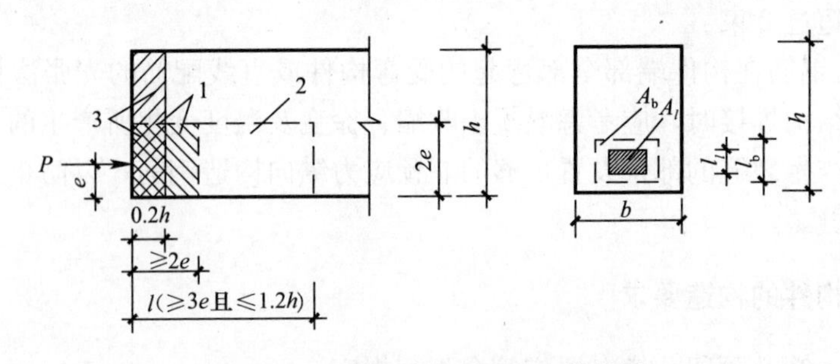

图8-5 防止沿端部裂缝的配筋范围

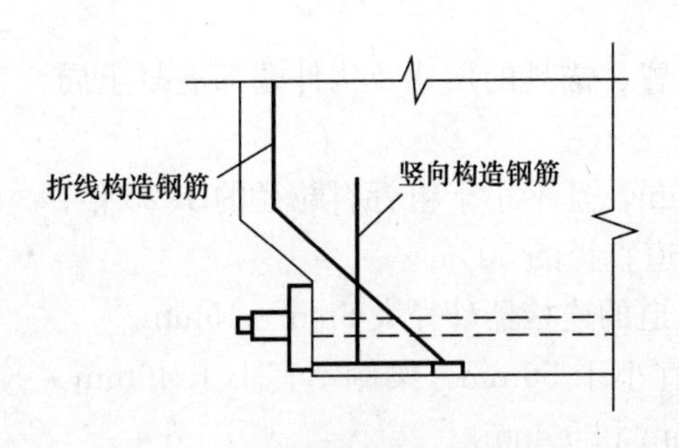

图8-6 构件端部凹进处构造配筋

(5) 对外漏锚具应采取涂刷油漆或砂浆封闭等防锈措施。

(6) 在预拉区和预压区中，应设置纵向非预应力构造钢筋，在预应力钢筋的弯折处，应加密箍筋或沿弯折处内侧设置钢筋网片。

(7) 当构件在端部有局部凹进时，应增设折线构造钢筋，如图8-6所示，或其他有效的构造钢筋。

预应力混凝土结构构件，在通过对一部分纵向钢筋施加预应力已能满足裂缝控制要求时，承载力计算所需的其余纵向钢筋可采用非预应力钢筋。非预应力钢筋宜采用HRB400、HRBF400级钢筋。

本章小结

1. 预应力混凝土构件是指在结构构件承受荷载之前，预先对外荷载作用下截面混凝土的受拉区施加预压力的构件。预应力混凝土构件和普通混凝土构件相比，具有抗裂性能好，能充分利用高强材料的强度，提高构件的刚度，减少构件变形的特点。

2. 根据钢筋张拉和混凝土浇筑的先后顺序不同，施加预应力的方法分为两种。张拉钢筋在先、混凝土浇筑在后的方法叫做先张法。先张法构件适宜在预制厂大批量生产便于运输的中小型构件。混凝土浇筑在先、钢筋张拉在后的施工工艺叫做后张法。后张法工艺一般是在施工现场生产不便运输的大型构件。

3. 张拉控制应力是在预应力构件施工时控制预应力钢筋使其达到的预应力值。它与预应力钢筋的种类、施加预应力的方法等有关。张拉控制应力不能太高，太高安全储备小，施工过程容易产生事故。张拉控制应力太低，预应力效果差，钢筋强度利用不充分，造成材料浪费。

4.《规范》和其他有关规程等给定的构造要求是保证顺利实现设计意图的重要技术措施，是强制性的规定，必须认真执行。

复习思考题

一、名词解释

预应力　预应力混凝土结构　先张法　后张法

二、问答题

1. 什么是预应力混凝土结构？预应力混凝土结构和普通混凝土结构相比具有哪些优点？

2. 为什么普通混凝土结构不能使用高强材料，而预应力混凝土结构必须使用高强材料？

3. 先张法和后张法施工工艺的适用范围和用途各有什么不同？

第九章　钢筋混凝土结构平法施工图的识读

学习要求与目标：

1. 理解结构施工图的基本概念，掌握结构施工图的内容和绘制规则。
2. 掌握识读结构施工图的方法，并能熟练地识读结构施工图。
3. 熟悉梁、板、柱平法施工图的表示方法及相关规定。
4. 运用平法制图规则，能够理解和读懂有关平法施工图。

第一节　概　述

一、结构施工图在建筑工程中的作用

建筑工程项目从其开始筹划到交付使用全过程，一般要经历项目前期准备阶段，这一阶段包括项目选址、项目构思、市场调研、项目初步可研（项目建议书）、项目可研、评估、规划设计及审批等内容；进入项目实施阶段后包括场地勘察、设计和施工等内容，项目后期的竣工验收及交付使用等阶段。可以说，项目前期阶段是项目各种功能孕育的阶段，它赋予项目许多根本性的特征和功能，它是项目建设最重要的阶段，项目投资效益的高低、项目的功能、项目的经济性能都在这一阶段基本完成。**设计阶段是实现项目投资人投资意图赋予项目更加具体客观，更加实际的特性及功能的很重要阶段，这一阶段通过设计人员、项目投资人或业主的配合、交流、沟通和协作，设计人员通过其智力活动过程实现设计任务书规定的设计目标，把项目投资人和业主的意图通过一整套设计图纸和文字资料，完整、准确、翔实、科学地表达出来，为项目审批、实施、竣工验收和交付使用等提供信息完备、准确、可行的基础性和根本性的依据，确保施工的建筑产品符合国家有关政策、规范、规程的规定，符合投资人和项目业主的要求。**

房屋建筑施工全套图纸包括建筑施工图、结构施工图、水暖电施工图、特殊情况下还包括设备安装施工图。结构施工图是表示房屋承重结构中各个构件之间相互关系、构件自身信息的设计文件，它包括下部结构的地基基础施工图、上部主体结构中承受作用的墙体、柱、板、梁或屋架等的施工图纸。这些图纸反映了组成结构的各个构件之间的位置关系，各构件的形状、尺寸，所用的建筑材料、构造要求及它们之间的相互关系，同时也反映了其他专业如建筑、给水排水、暖通和电气等对结构设计及施工的要求以及相互协作的关系。结构施工图是围绕建筑施工图进行的，它在充分理解建筑设计意图的前提下配合建筑设计、赋予建筑设计安全性、适用性、耐久性和经济性功能。结构施工图对指导结构施工具有非常重要和现实意义，如对施工放线、基槽开挖、支模、绑扎钢筋、设置预埋件和

预留孔洞、浇筑混凝土，安装梁、板、柱等构件，以及编制施工组织设计文件和施工图预算都具有基础性的作用。

二、结构施工图的内容

房屋建筑结构施工图设计，必须符合现行国家标准《房屋建筑制图标准》GB/T 50001和《建筑结构制图标准》GB/T 50105，以及国家现行的有关标准、规范、规程的要求。做到设计计算依据可靠，设计计算过程准确无误，设计构造合理，符合国家有关规范和规程的规定。图纸说明清楚、完备、简洁、易懂，避免含混不清的表达；图纸设计符合规范要求，信息全面准确，布图紧凑，前后交代关系明确，明了易懂。

结构施工图包括结构设计说明、结构平面图以及结构详图，它们是结构图整体中联系紧密、相互补充、相互关联、相辅相成的三部分。

1. 结构设计总说明

结构设计说明是对结构设计文件全面、概括性的文字说明，包括结构设计依据，适用的规范、规程、标准图集等，结构重要性等级、抗震设防烈度、场地土的类别及工程特性、基础类型、结构类型、选用的主要工程材料、施工注意事项等。

2. 结构平面布置图

结构平面布置图是表示房屋结构中各种结构构件总体平面布置的图样，包括以下三种：

（1）基础平面图

基础平面图反映基础在建设场地上的布置，标高、基坑和桩孔尺寸、地下管沟的走向、坡度、出口，地基处理和基础细部设计，以及地基和上部结构的衔接关系的内容。如果是工业建筑还应包括设备基础图。

（2）楼层结构布置图

包括底层、标准层结构布置图，主要内容包括各楼层结构构件的组成、连接关系、材料选型、配筋、构造做法，特殊情况下还有施工工艺及顺序等要求的说明等。对于工业厂房，还应包括纵向柱列、横向柱列的确定、吊车梁、连系梁，必要时设置的圈梁，柱间支撑，山墙抗风柱等的设置。

（3）屋顶结构布置图

包括屋面梁、板、挑檐、圈梁等的设置、材料选用、配筋及构造要求；工业建筑包括屋架、屋面板、屋面支撑系统、天沟板、天窗架、天窗屋面板、天窗支撑系统的选型、布置和细部构造要求。

3. 细部构造详图

一般构造详图是和平面结构布置图一起绘制和编排的。主要反映基础、梁、板、柱、楼梯、屋架、支撑等的细部构造做法和适用的材料，特殊情况下包括施工工艺和施工环境条件要求等内容。

三、常用构件代号

在全套的结构施工图中，构件种类繁多，就同一类构件也许会有多个不同的型号，布置位置也各不相同，这就给施工带来了许多麻烦。为了使图纸表示简单明了，方便施工，工程实际中常规的做法是用代号表示构件，构件代号是用各自名称的汉语拼音字母缩写表示的。如屋面板可用 WB 代表，楼面梁用 L 表示，过梁用 GL 表示，楼梯梁用 TL 表示。如果同一类构件中有不同型号可根据常用程度分别用小写的阿拉伯数字加以区分，如梁 1 和梁 2 写为 L1 和 L2、过梁 1 和过梁 2 写为 GL1 及 GL2。对于预应力混凝土构件的代号前加上 Y 的字样，如预应力吊车梁可写为 Y-DL。为了便于汇总、制表和查阅，一般各类构件要按一定的分类方法（构件所在位置或构件类型）编号排列，见表 9-1 所示。

常用构件代号 **表 9-1**

序号	名称	代号	序号	名称	代号	序号	名称	代号
1	板	B	15	圈梁	QL	29	设备基础	SJ
2	屋面板	WB	16	过梁	GL	30	桩	ZH
3	空心板	KB	17	连系梁	LL	31	柱间支撑	ZC
4	槽形板	CB	18	基础梁	JL	32	垂直支撑	CC
5	折板	ZB	19	楼梯梁	TL	33	水平支撑	SC
6	密肋板	MB	20	檩条	LT	34	梯	T
7	楼梯板	TB	21	屋架	WJ	35	雨篷	YP
8	盖板或地沟盖板	GB	22	托架	TJ	36	阳台	YT
9	吊车安全走道板	DB	23	天窗架	CJ	37	梁垫	LD
10	墙板	QB	24	框架	KJ	38	预埋件	M
11	天沟板	TGB	25	刚架	GJ	39	天窗端壁	TD
12	梁	L	26	支架	ZJ	40	钢筋网	W
13	屋面梁	WL	27	柱	Z	41	钢筋骨架	G
14	吊车梁	DL	28	基础	J			

注：预应力混凝土构件的代号，应在上列构件代号前面加注“Y-”，如用 Y-DL 表示预应力钢筋混凝土吊车梁。

四、钢筋混凝土结构施工图平面整体表示法

1. 钢筋混凝土结构施工图平面整体表示法的产生

传统的结构施工图虽然具有翔实、逼真和细致的特点，但是设计者重复劳动，图纸绘制工作量大，易于产生疏漏；读识图的工作量大，费工费时，对人力资源和物质资源消耗量大，不经济也不科学，也不符合国际上大多数国家工程设计成果的表示方法。陈青来教授及其工作团队会同中国建筑标准设计研究院的专家，经过多年探讨研究，在我国首先提出并制定出既与国际接轨，又符合国家相关设计规范规定的钢筋混凝土结构施工图平面整体表示法（以下简称“平法”），并编制了用平法表示的系列结构施工图集，经进一步完善已经在工程实践中得到普及使用，大大降低了设计者的劳动强度，使施工图设计工作的局面焕然一新。平法的普及也极大地方便了施工技术人员的工作，通过采用明了、简捷、易懂的平法设计图纸，使原来易于出错、易于产生漏洞、含混不清的环节得以补救，提高了施工质量和效益。同时，平法标准图集的问世在推动建筑行业设计标准化、定型化等方面起到积极的示范和带头作用。在减轻设计者和施工管理人员劳动强度、提高设计质量、节约能源和资源方面具有非常重要的意义。

2. 钢筋混凝土结构施工图平法的基本概念

（1）定义

钢筋混凝土结构施工图平法概括地讲，就是把结构构件的尺寸和配筋，按照平面整体

表示方法制图规则，整体直接表达在各类构件的结构平面布置图上，再与标准构造详图相配合，使之构成一套新型完整的结构施工图，这种表示方法简称为平法。

（2）特点

1）标准化程度高，直观性强。

2）降低设计时的劳动强度，提高工作效率。

3）减少出图量，节约图纸量，与传统设计法相比减少了60%～80%，符合环保和可持续发展模式的要求。

4）减少了错、漏、碰、缺现象，校对方便，出错易改。

5）易于施工管理者识读，方便施工，提高了工效。

（3）图纸构成

平法施工图一般是由各类构件的平法施工图和标准构造图两大部分组成。复杂的结构还需要增加模板、预埋件、开洞等的平面图；在特别特殊的情况下才需要增加剖面配筋图。

（4）表示方法

在平法施工图中，将所有结构构件进行了编号，编号分为类型代号和序号等。类型代号主要作用是指明所选用的标准构造详图。在标准构造详图上，已经按其所属构件类型注明代号，已明确该图与平法施工图中相同构件的互补关系，使二者结合构成完整的结构设计图。

第二节　有梁楼盖板的平法施工图

一、有梁楼盖板的平法施工图表达方式

有梁楼盖顾名思义就是有梁有板的楼盖，即板支承在梁上，梁作为板的支座的楼（屋）面板，用平法表示它的施工图，是在板面布置图上注写的方式表达楼板的尺寸及配筋的方法。

为了方便设计和施工识图，规定结构平面的坐标方向为：当轴网正交布置时，图面的左右方向为 X 方向，图面的上下方向为 Y 方向；当轴网转折时，局部坐标方向顺轴网转折方向作相应转折；当轴网向心布置时，切向为 X 向，径向为 Y 向。平面布置复杂的区域，如转折交界处向心布置的核心区域等，平面坐标方向一般由设计者另行规定并在图上表示清楚。

板平面注写的方式有两种，即板块集中标注和支座原位标注，以下分别予以介绍。

1. 板块集中标注

（1）定义

就是将板的编号、厚度、X 和 Y 两个方向的配筋等信息在板中央集中表示的方法。

（2）标注内容

板块编号、板厚、双向贯通筋及板顶面高差。

（3）板块划分

对于普通楼（屋）面板两向均单独看作为一跨作为一个板块；对于密肋楼（屋）面

板，两方向主梁（框架梁）均以一跨作为一个板块（非主梁的密肋次梁不视为一跨）。

(4) 板块编号

需要注明板的类型代号和序号，例如楼面板 4，标注时写为 LB4；屋面板 2，标注时写为 WB2；延伸悬挑板 1，标注时写为 YXB1；纯悬挑板 6，标注时写为 XB6 等。构造上应注意延伸悬挑板的上部受力钢筋应与相邻跨内板的上部纵向钢筋连通配置。

所有板块先按受力特征分类再按顺序编号，如肋形楼屋盖中的角部板编同一个号，边区板中长边与边支座相连的板编同一个号，短边与边支座相连的板编同一个号；中心区四边与主梁和次梁相连的板编同一个号；当板标高不同时的标高的变化也须标注清楚。同一编号的板只需在其中一块板内集中标注板厚和两个方向的钢筋，其他同类板同编号的板只需在板上括号内注写板的序号就可。

板块编号 **表 9-2**

板类型	代号	序号	板类型	代号	序号
楼面板	LB	××	延伸悬挑板	YXB	××
屋面板	WB	××	纯悬挑板	XB	××

注：延伸悬挑板的上部受力钢筋应与相邻跨内板的上部纵筋连通配置。

(5) 板厚

板厚用 h=×××表示，单位为 mm，一般省略不写；当悬挑板端和板根部厚度不一致时，注写时在等号后先写根部厚度，加注斜线后写板端的厚度，即 h=×××/×××。如图中已经明确了板厚可以不予标注。

(6) 贯通纵筋

贯通纵筋按板块的下部和上部分别标注，板块上部没有贯通筋时可不标注。板的下部贯通筋用 B 表示，上部贯通筋用 T 表示，B&T 代表下部与上部均配有同一类型的贯通筋；X 方向的贯通筋用 X 打头，Y 方向的贯通筋用 Y 打头，双向均设贯通筋时用 X&Y 打头。

单向板中垂直于受力方向的贯通的分布钢筋设计中一般不标注，在图中统一标注即可。

(7) 板面标高高差

板面标高高差是指相对于结构层楼面标高的高差，楼板结构层有高差时需要标注清楚，并将其写在括号内。

同一编号板块的板类型、厚度和贯通筋可以相同，同一编号的板面标高、跨度、平面形状及支座上部非贯通筋也可不同。图 9-1 为板平法施工图集中标注方式。

在图 9-1 中①～②轴和Ⓐ～Ⓑ轴线间的板块，序号为 1，板厚 100mm，板的下部沿 X 方向贯通筋和沿 Y 中方向的贯通筋配筋值均为Φ 8@130mm，钢筋为 HPB300 级钢筋，板上部未设贯通筋。

②～③轴线间悬挑在Ⓐ轴以外的为延伸悬挑板，板序号为 2，板根部厚度 150mm，板端部厚度 100mm，X 和 Y 方向板下部贯通筋配筋值为Φ 10@180mm，钢筋为的 HPB300 级钢筋。沿 X 轴方向的上部贯通筋配筋值也为Φ 10@180mm，钢筋也为 HPB300 级。

2. 板支座处原位标注

板支座原位标注的内容主要包括板支座上部非贯通纵筋和纯悬挑板上部受力钢筋。

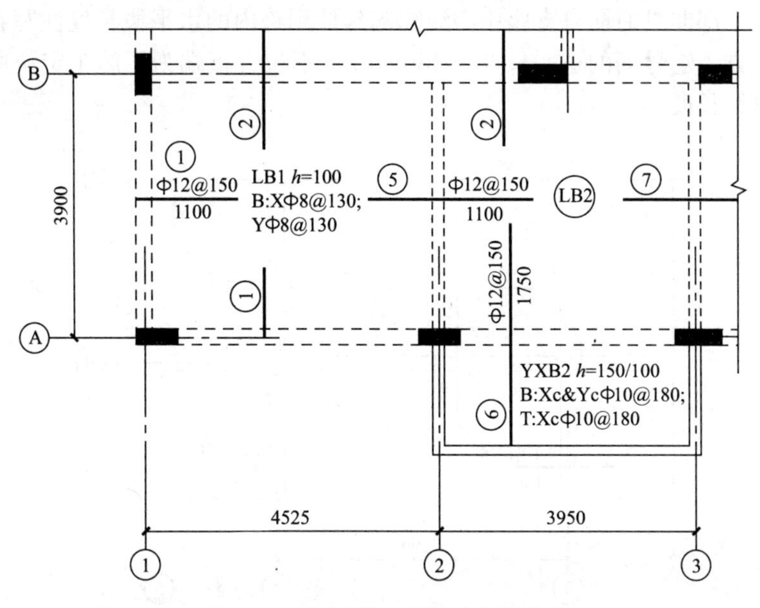

图 9-1 板平法施工图集中标注方式

板支座原位标注的钢筋一般标注在配置相同钢筋的第一跨内，当在两悬挑部位单独配置时就在两跨的原位分别标注。在配置相同钢筋的第一跨或悬挑部位，用垂直于板支座一段适宜长度的中粗实线表示，当该钢筋通常设置在悬挑板上部或短跨上部时，该中粗实线应通至对边或贯通短跨；用上述中粗实线代表支座上部非贯通筋，并在线段上方注写钢筋编号、配筋值，括号内注写横向连续布置的跨数（××），如果只有一跨可不注写；（××A）代表该支座上部横向贯通筋在横向贯通的跨数和一段布置到了梁的悬挑端；（××B）代表该横向贯通的跨数和两端布置到了梁的悬挑端。图 9-2 为板支座平法原位标注施工图的示意图。

图 9-1 中的①号钢筋为未贯通的筋配筋值为Φ 12@150mm，钢筋为 HPB300 级。从Ⓐ～Ⓑ轴跨内/①轴线的板支座上侧向跨内以及从①～②轴线间/Ⓐ轴的板支座中心向跨内延伸长度为 1100mm（不包含板端为了施工定位所设的支撑在板上的直角弯钩长度），钢筋为 HPB300 级。横跨了一个跨间，所以在表示该钢筋的中粗线上最后没有出现括号。同理，⑤号筋从Ⓐ～Ⓑ轴跨内/②轴线的板支座上侧向两侧跨内延伸的长度为 110mm，配筋值为Φ 12@150mm，钢筋为 HPB300 级。向两侧延伸的长度是指从支座中心算起向两边跨内延伸的水平段的长度（不包含板端为了施工定位所设的支撑在板上的直角弯钩长度），钢筋为 HPB300 级。②～③轴线间/Ⓐ轴的⑥号筋为一侧通至延伸悬挑板的端部，另一端延伸至Ⓐ～Ⓑ轴线间的非贯通钢筋，它的配筋值为Φ 12@150mm，从支座中心算起向Ⓐ～Ⓑ轴跨内延伸长度为 1750mm（不包含板端为了施工定位所设的支撑在板上的直角弯钩长度），钢筋为 HPB300 级。因为只横跨一个跨间，所以配筋值的数字后面没有括号及内写的数字。根据平法表示规则，类似于图上线段通至对边贯通全悬挑长度上部通常纵筋，贯通全跨或延伸至全悬挑一侧的钢筋长度值不标注，只标注未贯通的另一侧的钢筋延伸长度。

图 9-2 中⑦号钢筋配筋值为Φ 10@100，钢筋为 HPB300 级。后面括号内的数字表示⑦号筋布置在③～④轴线间的Ⓑ和Ⓒ支座上，同样⑦号筋也在④～⑤轴线间的Ⓑ和Ⓒ支座上

布置。板支座上部非贯通筋自支座中心线算起延伸到跨内的水平段长度注写在表示该钢筋的中粗线的下方，⑦号筋的这一长度为1800mm（不包含板端为了施工定位所设的支撑在板上的直角弯钩长度）。

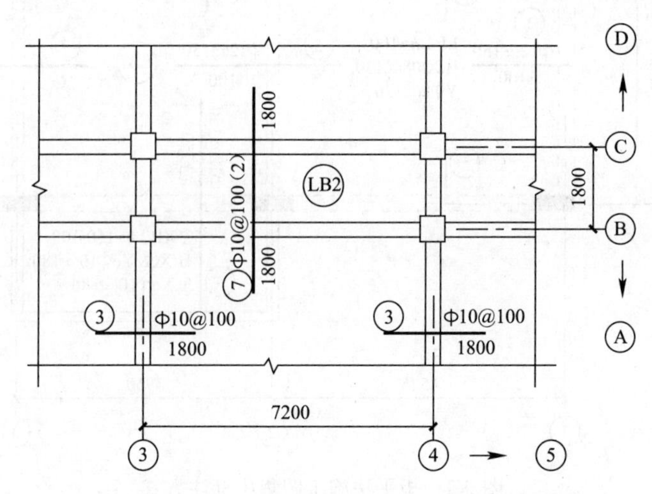

图 9-2　板支座平法原位标注施工图的示意图

板支座上部非贯通钢筋伸入左右两侧跨内长度相同时只在一侧表示该钢筋的中粗线的下方标写伸入长度即可，如果伸入两侧长度不同则要分别标写清楚。

板的上部非贯通钢筋和纯悬挑板上部的受力钢筋一般仅在一个部位注写，对于其他相同的非贯通钢筋，则仅在代表钢筋的线段上部注写编号及横向连续布置的跨数即可。

对于弧形支座上部配置的放射状的非贯通筋，设计时应标明配筋间距的度量位置并加注“放射状分布”字样，如图 9-3 所示。

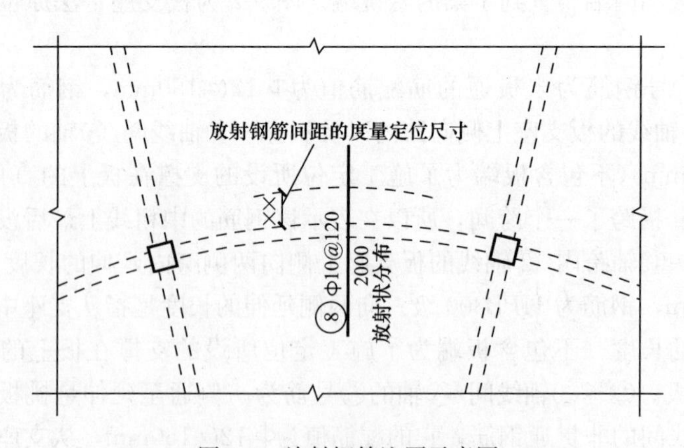

图 9-3　放射钢筋注写示意图

当板的上部已经配置有贯通纵筋，但是增配板支座上部非贯通筋时，二者之间的直径、间距要相互协调，采取隔一布一的方式配置。

二、楼板相关的构造制图规则

楼板相关构造的平法施工图设计是在板平面施工图上用直接引注方式表达的。包括 13

项常用的构造，它们主要包括纵筋加强带、后浇带、柱帽 ZMx 的引注、局部升降板 SJB 的引注、板加腋 JY 引注、板开洞 BD 的引注、板翻边 FB 的引注，挑檐板 TY 引注以及抗冲切箍筋 Rb 引注等。具体引注方法可查阅国标 04G102-4。

第三节　柱平法施工图

柱平法施工图是指在柱平面布置图上，根据设计计算结果，采用列表注写或截面注写方式表达柱截面配筋的施工图。施工图是施工人员用来组织工程施工的依据，所以俗称柱的平法施工图。设计时采用适当比例单独绘制柱平面布置图，并按规定注明各结构层的标高及相应的结构层号。

一、柱列表注写方式

在柱平面布置图上，在编号相同的柱中选择一个或几个截面标注该柱的几何参数代号；在柱表中注写柱号，柱段的起止标高，几何尺寸和柱的配筋，并配以柱各种及其箍筋类型图的方式来表示柱平法施工图。在结构设计时，柱表注写的内容主要包括：柱编号、柱的起止标高、柱几何尺寸和对轴线的偏心、柱纵筋、柱箍筋等主要内容。

1. 柱编号

柱的编号由类型代号和序号两部分组成，类型代号表示的是柱的类型，例如框架柱类型代号为 KZ，框支柱类型代号为 KZZ，芯柱的类型代号为 XZ，梁上柱类型代号为 LZ，剪力墙上柱类型代号为 QZ。由此可见，柱的类型代号也是其名称汉语拼音字母的大写。序号是设计者依据自己习惯或设计顺序给每类柱所编的排序号，一般用小写阿拉伯数字表示，编号时，当柱的总高、分段截面尺寸和配筋都对应相同，但是柱分段截面与轴线的关系不同时，可以将这些柱编成相同的编号，见表 9-3。

柱的编号　　　　**表 9-3**

柱类型	代号	序号	柱类型	代号	序号
框架柱	KZ	××	梁上柱	LZ	××
框支柱	KZZ	××	剪力墙上柱	QZ	××
芯柱	XZ	××			

2. 柱的起止标高

（1）各段起止标高的确定

各个柱段的分界线是自柱根部向上开始，钢筋没有改变到第一次变截面处的位置，或从该段底部算起柱内所配纵筋发生改变处截面作为分段界限分别标注。

（2）柱根部标高

框架柱（KZ）和框支柱（KZZ）的根部标高为基础顶面标高；芯柱（XZ）的根部标高是指根据实际需要确定的起始位置标高；梁上柱（LZ）的根部标高为梁的顶面标高；剪力墙上柱的根部标高分两种情况：一是当柱纵筋锚固在墙顶时，柱根部标高为剪力墙顶面标高；当柱与剪力墙重叠一起时，柱根部标高为剪力墙顶面往下一层的结构楼面标高。

3. 柱几何尺寸和对轴线的偏心

(1) 矩形柱

矩形柱的注写截面尺寸 $b\times h$ 及与轴线的几何参数代号 b_1、b_2 和 h_1、h_2 的具体数值，一般对应于各段柱分别标注。其中 $b=b_1+b_2$，$h=h_1+h_2$。当柱截面的某一侧收缩至与柱轴线重合时，对应的几何参数 b_1、b_2 和 h_1、h_2 对应的值就为 0；当其中某一侧收缩到柱轴线另一侧时该对应的参数变为负值。

(2) 圆柱

柱表中 $b\times h$ 改为在圆柱直径数字之前加 d 表示。设计中为了使表达的更简单，圆柱形截面与轴线的关系用 b_1、b_2 和 h_1、h_2 表示，即 $d=b_1+b_2=h_1+h_2$。

4. 柱内纵筋

当柱纵筋直径相同、各边根数也相同时，将纵筋注写在"全部纵筋"一栏中，除此之外，纵筋分为角筋、截面 b 边中部筋和 h 边中部钢筋三类要分别注写。对于对称配筋截面柱只需要注写一侧的中部筋，对称边可以省略。

5. 柱箍筋类型号

对于箍筋宜采用列表注写法，在柱表中按图选择相应的柱截面形状及箍筋类型号，并注写在表中，见表 9-4 和图 9-4 所示。

柱列表注写方式 **表 9-4**

柱号	标高(m)	$b\times h$(mm)	b_1(mm)	b_2(mm)	h_1(mm)	h_2(mm)	全部纵筋	角筋	b 边一侧中部筋	h 边一侧中部筋	箍筋类型号	箍筋	备注
KZ1	−0.30～8.7	500×500	250	250	200	300	12⌀20	4⌀20	2⌀20	2⌀20	1(4×4)	Φ8@100	
KZ1a	−0.30～8.7	500×500	200	300	200	300	12⌀20	4⌀20	2⌀20	2⌀20	1(4×4)	Φ8@100	
KZ4	−0.30～8.7	400×400	150 (250)	250 (150)	250 (150)	150 (250)	8⌀20	4⌀20	1⌀20	1⌀20	2(2×2)	Φ8@100	
KZ5	−0.30～8.7	400×400	200	200	200	200	8⌀20	4⌀20	1⌀20	1⌀20	2(2×2)	Φ8@100	
KZ5a	−0.30～8.7	400×400	200	200	150	250	8⌀20	4⌀20	1⌀20	1⌀20	2(2×2)	Φ8@100	
KZ6	−0.30～5.6	d=500	250	250	250	250	10⌀20				6	Φ8@100	$d=b_1+b_2=h_1+h_2$

6. 柱箍筋

包括箍筋的级别、直径和间距。在具有抗震设防的柱上下端箍筋加密区与柱中部非加密区长度范围内箍筋的不同间距，在注写时用斜线符号"/"加以区分，斜线前是加密区的箍筋间距，斜线后为非加密区箍筋的间距。箍筋沿柱高间距不变时不需要斜线。例如，某柱箍筋注写为Φ10@100/200，表示箍筋采用的是 HPB300 级钢筋，箍筋直径为 10mm，柱端加密区箍筋加密区箍筋间距 100mm，非加密区箍筋间距为 200mm。

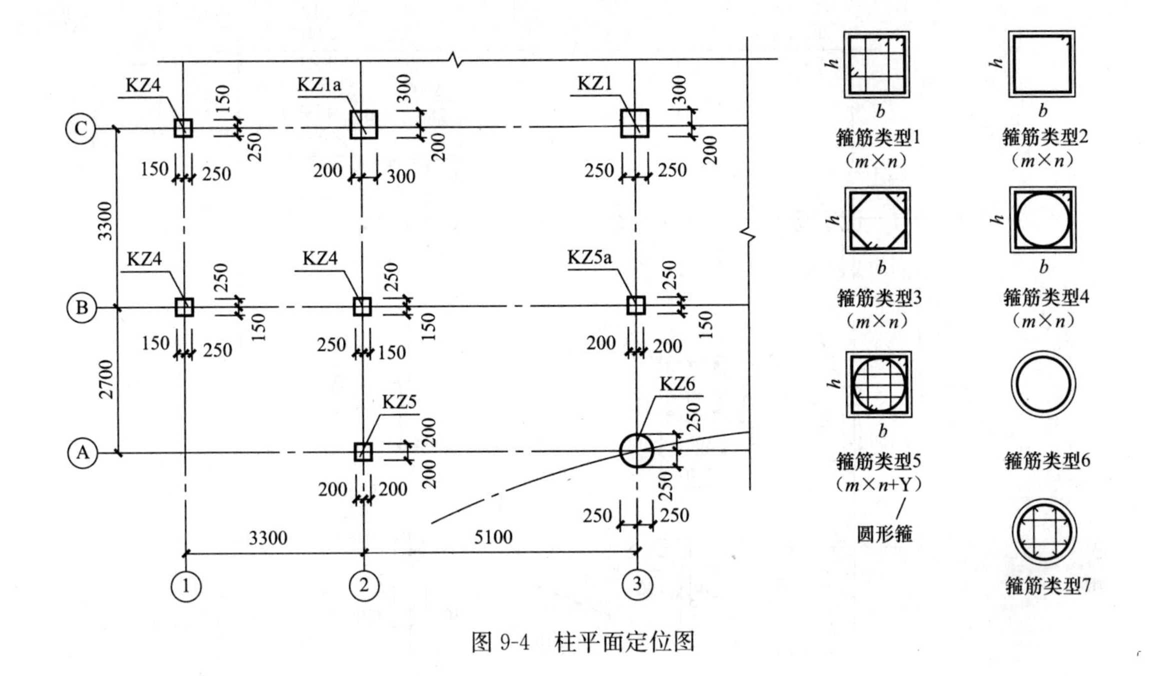

图 9-4　柱平面定位图

又如，某柱箍筋注写为Φ 10@100，表示箍筋采用的是 HPB300 级钢筋，箍筋直径为 10mm，箍筋间距 100mm，沿柱全高箍筋加密。

当柱截面为圆形时，采用螺旋箍筋时，在钢筋前加“L”。例如，某柱箍筋标注为 LΦ 10@100/200，表示该柱采用螺旋箍筋，箍筋为 HPB300 级钢筋，为Φ 10mm，加密区间距 100mm，非加密区间距为 200mm。抗震设防时的柱端钢筋加密区的长度根据《建筑抗震设计规范》GB 50011—2010 的规定，参照标准构造详图，在几种不同要求的长度中取最大值。

二、柱截面注写方式

1. 柱截面注写方式的概念

在施工图设计时，在各标准层绘制的柱平面布置图的柱截面上，分别在相同编号的柱中选择一个截面，将截面尺寸和配筋数值直接标注在选定的截面上的方式，称为柱截面注写方式，如图 9-5 所示。

2. 绘制施工图时的注意事项

（1）当柱的分段截面尺寸和配筋均相同，仅分段截面与轴线的关系即柱偏心情况不同时，这些柱采用相同的编号。但需要在未画配筋的截面上注写该柱截面与轴线关系的具体尺寸。

（2）按平法绘制施工图时，从相同编号的柱中选择一个截面，按需要的比例原位放大绘制柱截面配筋图，并在各配筋图上柱编号的后面注写截面尺寸 $b \times h$、全部纵筋（全部纵筋为同一直径）、角筋、箍筋的具体数值，另外在柱截面配筋图上标注柱截面与轴线关系 b_1、b_2、h_1、h_2 的具体数值。

（3）当柱纵筋采用两种直径时，将截面各边中部纵筋的具体数值注写在截面的侧边；当矩形截面柱采用对称配筋时，仅在柱截面一侧注写中部纵筋，对称边则不注写。

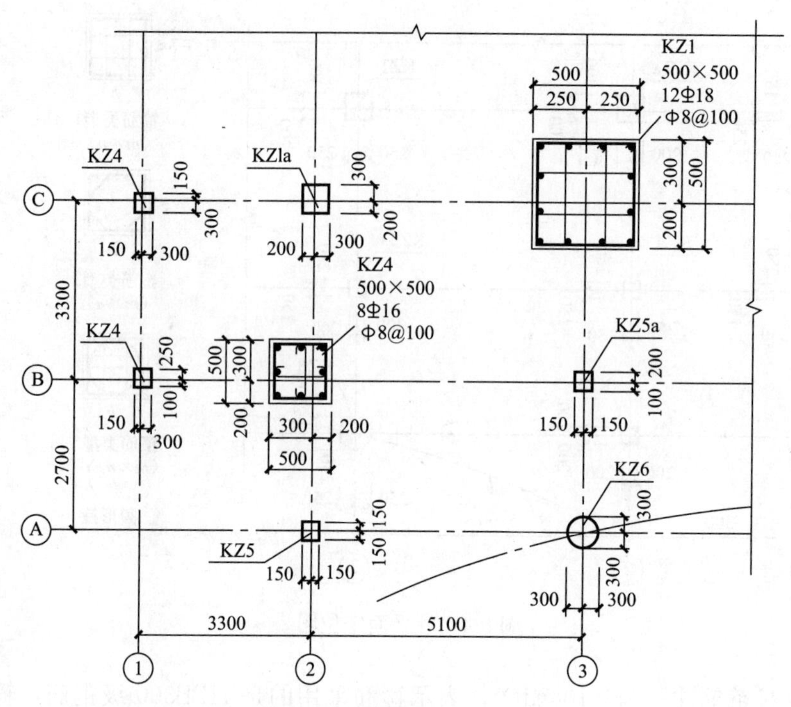

图 9-5 柱截面注写法

第四节 梁平法施工图

在梁平面布置图上采用平面注写方式和截面注写方式表达梁结构设计成果的方法，称为梁结构施工图的平面标注方法，简称梁的平法。绘制梁的平法施工图时是分不同结构层（标准层）将全部梁和与其相关的柱、墙和板一起，采用适当的比例绘制成梁的平面布置图，在此平面图上按照梁的平法制图规则，标注出想要标注的梁所有必须标注的信息。

一、梁平面注写方法

1. 概念

梁平面注写方式是指在梁平面布置图上，分别在不同编号的梁中各选一根，将截面尺寸和配筋的具体数值标注在该梁上，以此来表达梁平面的整体配筋的方法，如图 9-6 所示。

图 9-6 中梁集中标注各符号代表的含义如图 9-7 所示。

2. 两种标注法

平面注写方式包括集中标注和原位标注两种方式。

(1) 梁的集中标注

梁的集中标注表达梁的通用数值，它包括 5 项必注值和一项选注值。标注值包括梁的编号、梁的截面尺寸、梁箍筋、梁上部通长筋或架立筋、梁侧面纵向构造钢筋或受扭钢筋的配置；选注值为梁顶面标高高差。

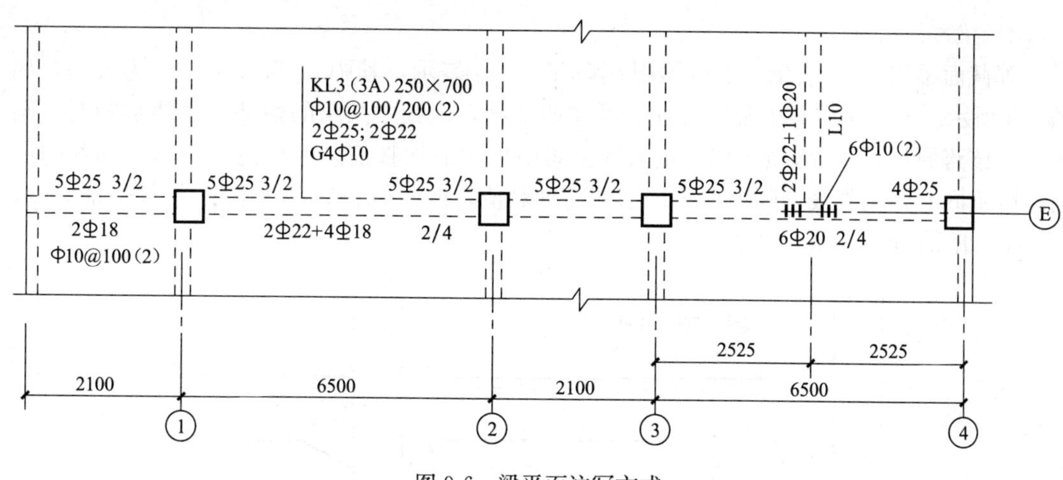

图 9-6　梁平面注写方式

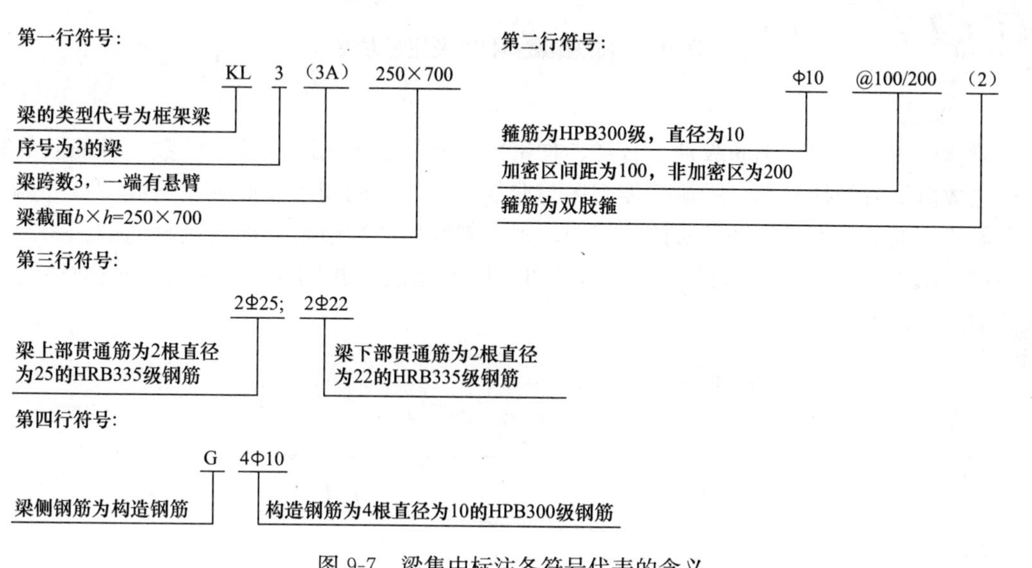

图 9-7　梁集中标注各符号代表的含义

1）梁编号

梁编号由梁类型代号、序号、跨数及有无悬挑几项组成并应符合表 9-5 的规定。

梁编号　　**表 9-5**

梁类型	代号	序号	跨数及是否带有悬挑
楼层框架梁	KL	××	（××）、（××A）或（××B）
屋面框架梁	WKL	××	（××）、（××A）或（××B）
框支梁	KZL	××	（××）、（××A）或（××B）
非框架梁	L	××	（××）、（××A）或（××B）
悬挑梁	XL	××	
井字梁	JZL	××	（××）、（××A）或（××B）

注：（××A）为一端有悬挑，（××B）为两端有悬挑，悬挑不计入跨数。

2）梁截面尺寸

等截面梁用 $b\times h$ 表示；加腋梁用 $b\times h\text{Y}c_1\times c_2$ 表示，其中 c_1 为腋长，c_2 为腋高，如图 9-8 所示。但在多跨梁的集中标注已经注明加腋，但其中某跨的根部不需要加腋时，则通过在该跨原位标注等截面的 $b\times h$ 来修正集中标注的加腋信息。悬挑梁根部和端部的截面高度不同时，用斜线分隔根部与端部的高度数值，即 $b\times h_1/h_2$，其中 h_1 是板根部厚度，h_2 是板端部厚度，如图 9-8 所示。

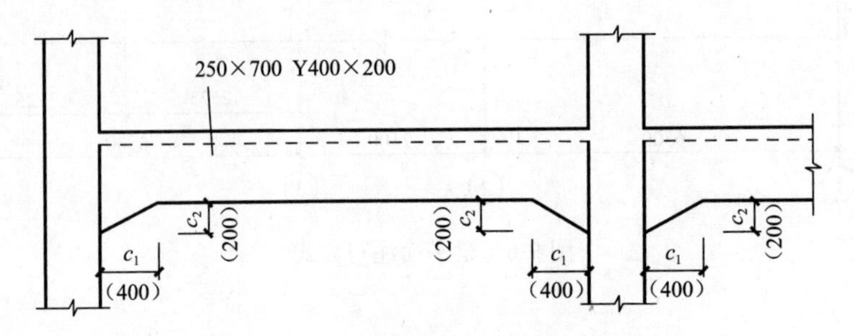

图 9-8　加腋梁截面尺寸及注写方法

3）梁箍筋

梁箍筋需标注包括钢筋级别、直径、加密区与非加密区间距及箍筋肢数，箍筋肢数写在标注数值最后的括号内。梁箍筋加密区与非加密区的不同间距及肢数用斜线“/”分隔，写在斜线前面的数值是加密区箍筋的间距，写在斜线后的数值是非加密区箍筋的间距。梁上箍筋间距没有变化时不用斜线分隔。当加密区箍筋肢数相同时，则将箍筋肢数注写一次，如图 9-9 所示。

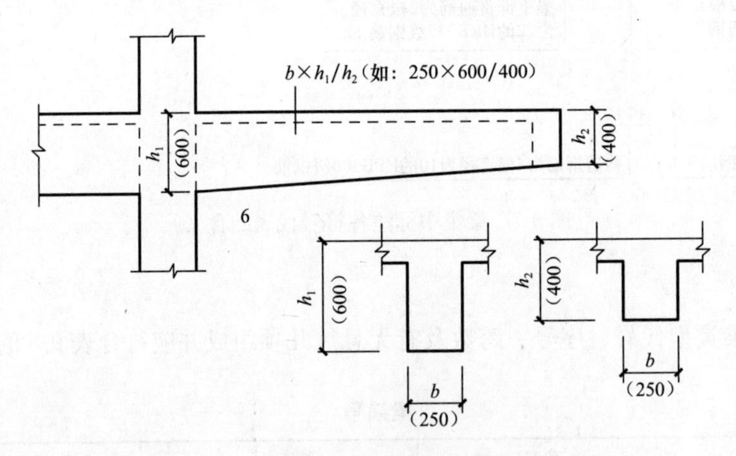

图 9-9　悬挑梁不等高截面尺寸注写方法

4）梁上通长筋或架立筋

梁上通长钢筋是根据梁受力以及构造要求配置的，架立筋是根据箍筋肢数和构造要求配置的。当同排纵筋中既有通长筋也有架立筋时用“＋”将通常筋和架立筋相连，注写时将角部纵筋写在加号前，架立筋写在加号后面的括号内，以此来区别不同直径的架立筋和通长筋，如果两上部钢筋均为架立筋时，则写入括号内。

在当大多数跨配筋相同时，梁上部和下部纵筋均为通长筋时，在标注梁上部钢筋时同时标写下部钢筋，但要在上部和下部钢筋之间加“；”用其将梁上部和下部通长纵筋的配筋值分开。

例如，某梁上部钢筋标注 2Φ20，表示用于双肢箍；若标注为“2Φ20（2Φ12)”，其中 2Φ20 为通长筋，2Φ12 为架立筋。

例如，某梁上部钢筋标注为“2Φ25；2Φ20”，表示该梁上部配置的通长筋为 2Φ25，梁下部配置的通长筋为 2Φ20。

5）梁侧面纵向构造筋或受扭钢筋。

《规范》规定，当梁的腹板高度 $h_w \geqslant 450$mm 时，在梁的两个侧面应沿高度方向配置纵向构造钢筋，标写时第一字符应为构造钢筋汉语拼音第一个字母的大写 G，其后注写设置在梁两侧的总配筋值，并对称配筋。

例如，某梁侧向钢筋标注 G6Φ14，表示该梁两侧分别对称配置纵向构造钢筋 3Φ14，共 6Φ14。

当梁承受扭矩作用需要设置沿梁截面高度方向均匀对称配置的抗扭纵筋时，标注时第一个字符为扭转的扭字汉语拼音的第一个字母的大写 N，其后标写配置在梁两侧的抗扭纵筋的总配筋值，并对称配置。

例如，某梁侧向钢筋标注 N6Φ22，表示该梁的两侧配置分别 3Φ22 纵向受扭钢筋，共配置 6Φ22。

6）梁顶顶面标高高差。

梁顶顶面标高不在同一高度时，对于结构夹层的梁，则是指相对于结构夹层楼面标高的高差。有高差时，将此项高差标注在括号内，没有高差则不标注，梁顶面高于结构层的楼面标高，则标高高差为正值，反之，为负值。

（2）梁原位标注

这种标注方法主要用于梁支座上部和下部纵筋。

1）梁支座上部纵筋

梁支座上部纵筋包括用通长配置的纵筋和梁上部单独配置的抵抗负弯矩的纵筋，以及为截面抗剪设置的弯起筋的水平段等。

① 当梁的上部纵筋多于一排时，用斜线“/”线将各排纵筋自上而下隔开，斜线前表示上排钢筋，斜线后表示下排钢筋。例如，图 9-6 中 KL3 在①轴支座处，计算要求梁上部布置 5Φ25 纵筋，按构造要求钢筋需要配置成上下两排，原位标注为 5Φ25 3/2，表示上一排纵筋为 3Φ25 的 HRB335 级钢筋，下一排为 2Φ25 的 HRB335 级钢筋。

② 当梁的上部和下部同排纵筋直径在两种以上时，在注写时用“+”号将两种及以上钢筋连在一起，角部钢筋写在前边。例如，图 9-6 中 L10 在Ⓔ轴支座处，梁上部纵筋注写为 2Φ22+1Φ20，表示此支座处梁上部有 3 根纵筋，其中角部纵筋为 2Φ22，中间一根为 1Φ20。

③ 当梁中间支座两边的上部纵筋不同时，须在支座两边分别标注；梁支座两边配筋相同时，可仅在支座一边标注配筋即可。

④ 当梁上部纵筋跨越短跨时，仅将配筋值标注在短跨梁上部中间位置。例如，图 9-6 中 KL3 在②轴与③轴间梁上部注写 5Φ25 3/2，表示②轴和③轴支座梁上部纵筋贯穿该跨。

2）梁支座下部纵筋

① 当梁的下部纵筋多于一排时，用斜线“/”线将各排纵筋自上而下隔开，斜线前表示上排钢筋，斜线后表示下排钢筋。例如，图 9-6 中 KL3 在③轴和④轴间梁的下部，计算需要配置 6⌀20 的纵筋，按构造要求需要配置成两排，故原位标注为 6⌀20 2/4，表示上一排纵筋为 2⌀20 的 HRB335 级钢筋，下一排为 4⌀20 的 HRB335 级钢筋。

② 当梁的下部同排纵筋有两种以上直径时，在注写时用“＋”号将两种及以上钢筋连在一起，角部钢筋写在前边。例如，图 9-6 中 KL3 在①轴到②轴间梁下部，据算需要配置 2⌀22＋4⌀18 纵筋，表示此梁下部共有 6 根钢筋，其中上排筋为 2⌀18，下排角部纵筋2⌀22，中部钢筋为 2⌀18。

③ 当梁下部纵筋不全部伸入支座时，将梁支座下部纵筋减少的数量写在括号内。例如，某根梁的下部纵筋标注为 2⌀22＋2⌀18（—2）/5⌀22，表示上排纵筋为 2⌀22 和 2⌀18，其中 2⌀18 不伸入支座；下一排纵筋为 5⌀22，且全部深入支座。

④ 当梁的集中标注中已按规定分别标写了梁上部和下部均为通长的纵筋时，则不需要在梁下部重复作原位标注。

3）附加箍筋和吊筋

当主次梁相交时由次梁传给主梁的荷载有可能引起主梁下部被压坏时，在设计时在主次梁相交处一般设置有附加箍筋或吊筋，可将附加箍筋或吊筋直接画在主梁上，用细实线引注总配筋值。例如，图 9-6 中的 L10③轴到④轴间跨中 6⌀10(2)，表示在轴支座处需配置 6 根附加箍筋（双肢箍），L10 的两侧各 3 根，箍筋间距按标准构造取用，一般为 50mm。在一份图纸上，绝大多数附加箍筋和吊筋相同时，可在两平法施工图上统一注明，少数与统一注明不同时，再进行原位标注。

4）例外情况

当梁上集中标注的内容不适于某跨或某悬挑部分时，则将其不同数值原位标注在该跨或悬挑部分，施工时按原位标注的数值取用。其中梁上集中标注的内容一般包括梁截面尺寸、箍筋、上部通长筋或架立筋、梁两侧纵向构造筋或受扭纵筋，以及梁顶面标高高差中的某一项或几项数值。例如，图 9-6 中①轴左侧梁悬挑部分，上部注写的 5⌀25，表示悬挑部分上部纵筋与①轴支座右侧梁上部纵筋相同；下部注写 2⌀18 表示悬挑部分下部纵筋为 2⌀18 的 HRB335 级钢筋。⌀10@100(2) 表示悬挑部分的箍筋通长为直径 10mm，间距 100mm 的双肢箍。

梁截面注写方式是指在分标准层绘制的梁平面布置图上，分别在不同编号的梁中各选一根梁用剖面符号标出配筋图，并在其上注写截面尺寸和配筋具体数值的表示方式，如图 9-10 所示。

5）梁施工图绘制的规定

① 梁按前述方法规定的编号，从相同编号的梁中选择一根梁，先将单边截面号（如 1|、2|、3|等）标注在该梁上，再将截面配筋图画在本图或其他图中。

② 当梁的顶面标高与结构层的楼面标高不同时，在梁编号后注写梁顶面标高高差，注写规定同两平面注写方式。

③ 在截面配筋详图上注写截面尺寸、上部钢筋、下部钢筋、侧面构造钢筋、侧面受扭钢筋及箍筋的具体数值，表达方式同前述上面几种钢筋的注写方式。

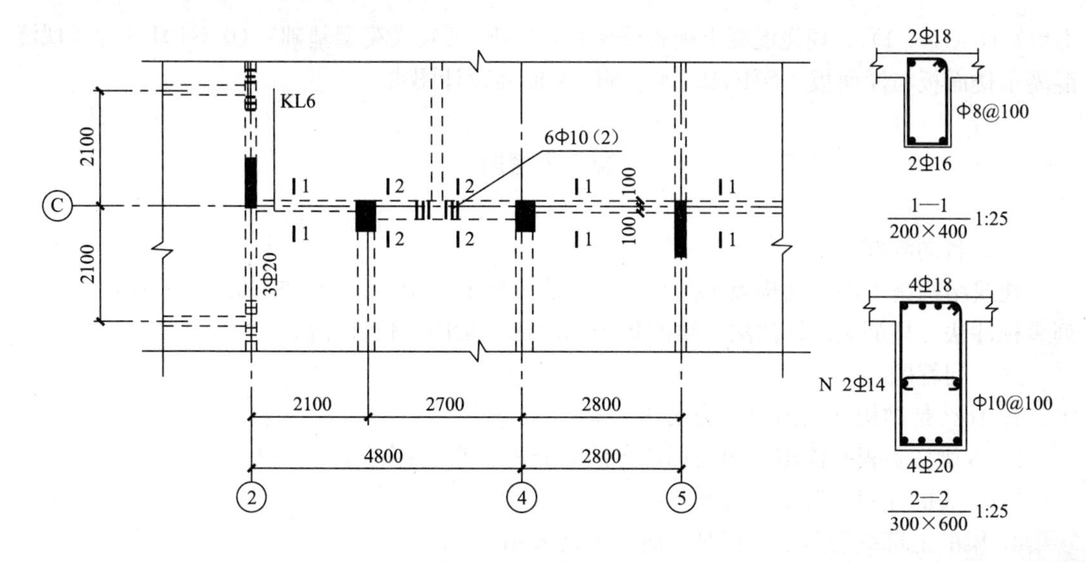

图 9-10　梁截面注写法

④ 梁截面注写方式也可与平面注写方式结合使用。假如，在梁平法施工图的平面布置中，当局部区域梁间距太小、梁布置过于密集时，为使梁的图面表示得更加清晰，经常采用平面注写方式来表示。用截面注写方式标注异形截面梁时效果更好。

平法是在长期工程设计和施工过程中不断摸索、积累、深化、完善得到的，它是结构设计中具有重大改革意义的成果，用国家标准的方式推广应用，具有极其重要的意义。它不仅使设计制图工作量大大减少，把结构设计者从繁重的绘图工作中解放了出来，节约了许多设计资源，符合节能、环保、可持续发展的思路；而且也使施工技术人员可以比较清楚明了地读识结构施工图，降低差错率，提高了生产效益。便于和国际接轨，是我国的建筑业走向世界、参与世界更大的市场竞争的基本技术要求之一。因此，在未来的绝大多数施工图设计中平法将承担主要角色，掌握平法的全部内容是对未来的工程建设者最基本的素质要求，只要我们熟练掌握结构设计原理和基本计算方法，了解混凝土结构中各构件的作用、受力特征、基本构造等知识，不断熟悉平法的各种标准图集，掌握平法施工图标注施工图的原理，并将其用于工程实践就是一件简单愉快和非常有趣的学习活动。

本章小结

1. 完整的结构施工图主要包括：

(1) 结构设计总说明。

(2) 结构平面布置图（基础平面图、楼层结构布置图、屋面结构布置图等）。

(3) 构件详图（梁、板、柱、基础、楼梯详图）。

2. 钢筋混凝土结构施工图平面整体标注法（以下简称平法）的表达方式，概括地说，就是把结构构件的尺寸和配筋等，按照平面整体表示法的制图规则，整体直接表达在各类构件的结构平面布置图上，再与标准构造详图相配合，使之成为一套新型完整的结构施工图。

3. 平法施工图的主要绘制依据是《现浇混凝土框架、剪力墙、框架-剪力墙、框支剪力墙》（03G101-1）、《现浇混凝土板式楼梯》（03G101-2）、《筏型基础》（04G101-3）、《现浇混凝土楼面板与屋面板》（04G101-4）等国家标准设计图集。

复习思考题

一、名词解释

建筑结构施工图　结构施工图平面标注法　柱的集中标注法　板的原位标注法　柱的列表标注法　柱的截面标注法　梁的集中标注法　梁的原位标注法

二、问答题

1. 什么是结构施工图的平法表达方式？

2. 有梁楼盖板平法施工图的标注方法有几种？它们各有什么不同？

3. 柱表的注写内容主要有哪几项？

4. 梁的上部纵筋多于一排时，应该如何表示？

5. 解释 6Φ25 2（—2)/4 表示的意义。

6. 矩形、多边形及其他不规则形状的楼板是否可以变为同一编号的板块？

第十章　钢筋混凝土梁板结构的构造及施工图

学习要求和目标：

1. 理解单向板肋梁楼（屋）盖的组成、受力特点和构造要求。
2. 理解双向板肋梁楼（屋）盖的组成、受力特点和构造要求。
3. 掌握单向板肋梁楼（屋）盖、双向板肋梁楼（屋）盖施工图的读识方法和技巧。
4. 熟悉梁式楼梯、板式楼梯、雨篷、楼梯施工图的读识技巧。

第一节　概　　述

梁板结构是指由梁和板组合而成共同承受施加于它的各种作用结构体系。在工业和民用建筑中，现浇整体式肋梁楼盖是梁板结构的最主要形式之一。肋梁楼盖常用的类型包括单向板肋梁楼盖、双向板肋梁楼盖两大类。现浇整体式楼（屋）盖主要用于如图 10-1（*a*）

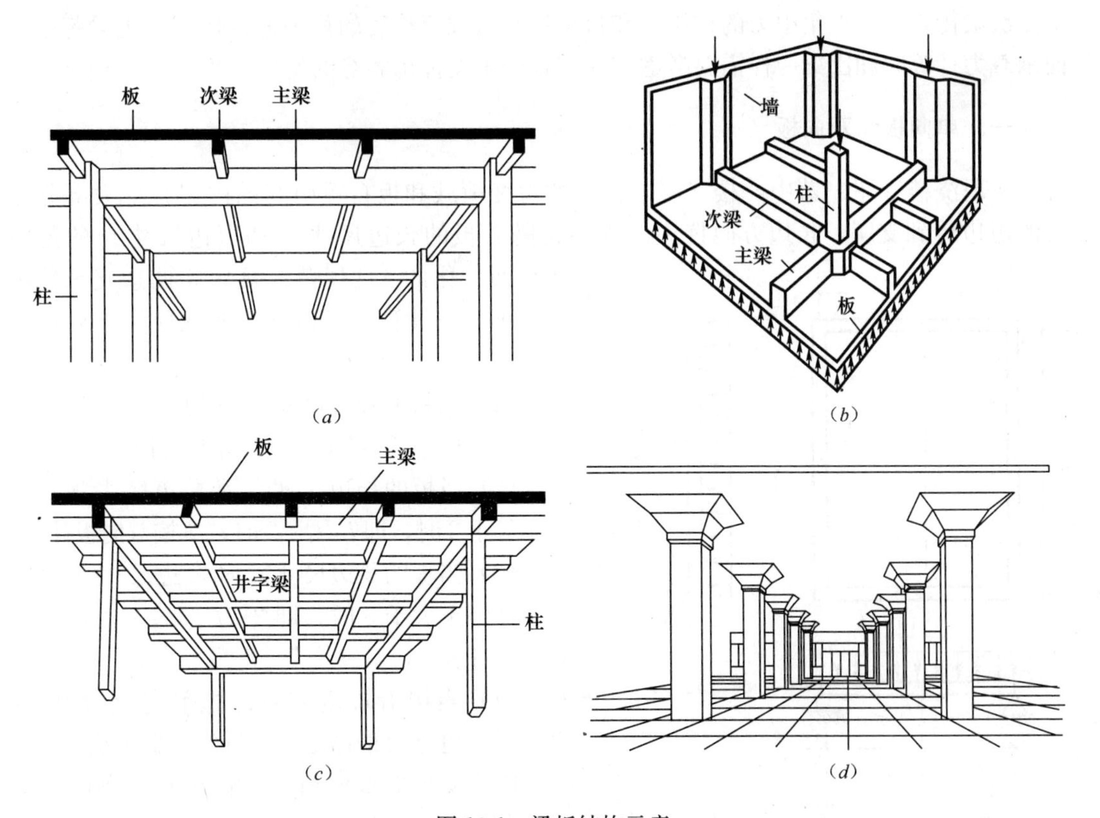

图 10-1　梁板结构示意

所示的肋梁楼（屋）盖、如图10-1（b）所示的筏板式基础、如图10-1（c）所示的井式楼盖、如图10-1（d）所示的无梁楼盖等。此外，现浇整体式肋梁楼盖还可以用于大型水厂蓄水池的顶盖和底板、挡土墙等构筑物的建设中。

作为现浇结构，现浇整体式肋梁楼（屋）盖具有整体性好、耐久性、耐火性好、整体刚度大、防水性好的诸多优点；但耗费模板、施工周期长、质量控制难度大，冬期和雨期施工受气候条件限制等特点。由预制板铺设在楼（屋）面梁或墙顶的楼（盖）称为装配式楼（屋）盖。装配式楼盖的抗震性能比现浇整体式肋梁楼（屋）盖要差，但装配式楼盖构件具有施工难度小、速度快等特点，所以，在工程实际中仍然广泛使用。本章讨论现浇单向板肋梁楼（屋）盖、双向板楼（屋）盖的基本构成和施工图的读识，装配式楼（屋）盖的基本构成，钢筋混凝土现浇楼梯的基本构成和施工图的读识，雨篷的基本构成等内容。

现浇板单向板肋梁楼盖由主梁、次梁和板三部分组成，板在最上部，承受自重和楼（屋）面使用可变荷载作用，板的支座是次梁，板的受力方向为板的短边方向，板的跨度是次梁的间距。次梁是中间过渡的构件，承受板传来的上部荷载和自重引起的弯矩和剪力，次梁的支座是主梁及房屋两端的墙体，次梁的跨度是主梁间距或主梁到边墙的距离，在次梁计算时考虑了它与板整体浇筑的实际，在次梁的跨中它与板整体受力，板的受力分析和配筋计算按T形截面受弯构件进行；次梁支座截面上部受拉，板在支座截面受到负弯矩作用开裂，不能与次梁形成整体共同受力，故次梁的支座截面按矩形截面设计。主梁是肋梁楼（屋）盖中最重要的构件，主梁承受包括自重在内楼（屋）盖的全部荷载，是多跨连续梁。主梁的跨度是自身纵向轴线方向的柱距或柱到边墙（柱）支座的距离，主梁主要承受次梁传来的交点集中力的作用，和自重均布荷载折算后的集中荷载作用，主梁跨中截面承载力计算时和次梁一样需要考虑整体浇筑的板发挥出翼缘的作用，按T形截面计算。

一、单向板和双向板

在现浇楼（屋）盖中，楼（屋）盖上的可变荷载和板自重引起的内力，绝大部分沿板的短边传到支座，长边方向传递的内力是随着板的长边尺寸 l_2 和短边尺寸 l_1 的比值变化而变化的。《规范》规定，两边支承的板应按单向板计算；四边支承的板应按下列规定计算。

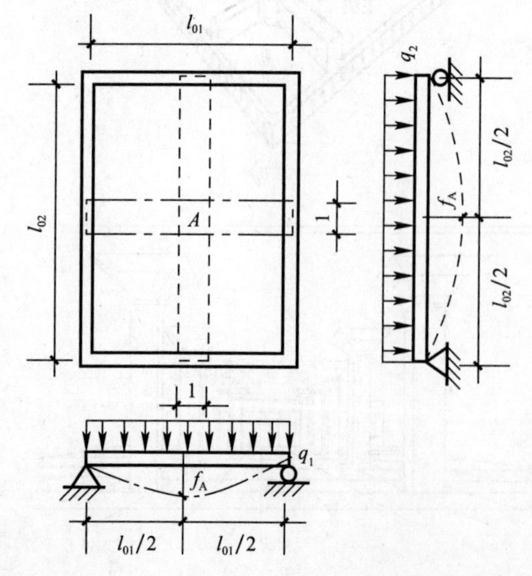

图10-2　四边支承板的荷载传递

（1）当板的长边尺寸 l_2 和短边尺寸 l_1 之比大于3，即 $l_2/l_1>3$ 时，按单向板计算。

（2）当板的长边尺寸 l_2 和短边尺寸 l_1 之比小于等于2时，即 $l_2/l_1 \leqslant 2$ 时，应按双向板计算。

（3）当板的长边尺寸 l_2 和短边尺寸 l_1 之比大于2但不大于3时，即 $2<l_2/l_1 \leqslant 3$ 时，宜按双向板计算。

（4）当按沿短边方向计算单向板内力时，应沿板长边方向布置足够数量的构造钢筋。

四边支承的板面荷载的传递示意图，如图10-2所示。

二、结构平面布置

结构平面布置是根据现场条件和房屋功能要求，选择相对合理方案的过程。这个过程是对各种结构布置方案进行对比、分析、优化和选择的过程，也是充分展现设计者自身职业素养和实际工作技能的过程。

结构平面布置时应坚持的原则包括三个主要方面：一是注意确保使所设计的房屋满足使用功能的要求；二是追求结构受力的可靠性与合理性，同时兼顾综合造价相对较低的经济合理性；三是要使所设计的楼（屋）盖的梁格布置简单，规整统一，构件类型少，配筋合理，方便施工等。

根据各种方案受力性能比较和工料分析对照，得出如下几种综合性能比较合理的结构布置方案，如图 10-3 所示。梁板结构布置时应做到以下几个方面。

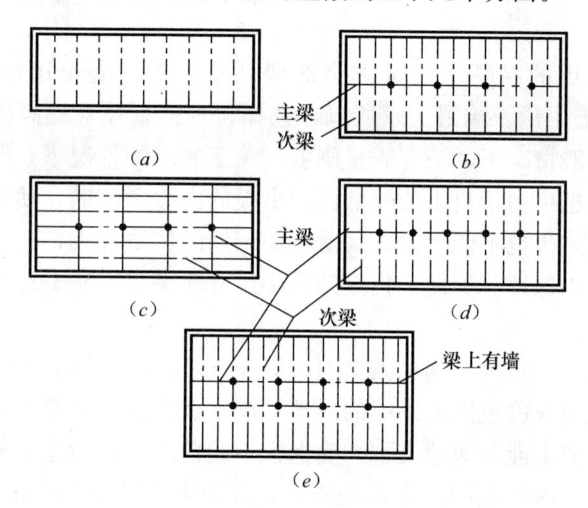

图 10-3　单向板肋形楼屋盖平面结构布置

（1）楼（屋）盖结构布置应力求简单、整齐、经济、适用，柱网尽量布置成方形或矩形。

（2）当房屋的宽度在 5～7m 之间时，可只沿房屋宽度方向布置次梁，不需要布置主梁。

（3）同等条件下主梁应沿房屋横向布置，以便主梁与外纵墙或框架柱等支承构件形成较为牢固的横向抗侧力体系，增加房屋的横向抗侧移刚度，以提高房屋承受横向荷载作用和地震作用的能力。

（4）内廊式砌体结构房屋可以不设主梁；用内纵墙代替主梁，只设置次梁和板。

（5）对于通风和采光要求高的房屋，楼面主梁应沿房屋横向布置。

（6）对房屋净高有特殊要求时，当房屋横向柱距大于纵向柱距时，主梁应该沿着纵向布置，可减少主梁高度，提高房屋净空高度。

（7）为了满足合理实用的要求，板的经济跨度是 1.7～2.8m，次梁的合理跨度为 4～6m，主梁的合理跨度是 5～8m。

根据分析比较可知，楼（屋）盖结构中板消耗的混凝土量最大，而影响板混凝土用量的最直接直接因素为板的厚度，合理的板跨是确定合理板厚的前提。板跨小，板厚就薄，次梁根数增加；板跨增大，其厚度就增加，次梁的根数就会减少。但是，仅仅从混凝土用量这个因素考虑决定板厚是不科学的，板变薄混凝土用量少，受力钢筋量就会增加。同时，板的厚度过小在外荷载作用下的挠度就会增大，超过规范对正常使用极限状态相关功能的限值，就会影响结构的正常使用，同时板太薄时也会给施工带来麻烦，导致施工质量无法保证。所以，现浇肋梁楼（屋）盖中的板的厚度应不小于表 4-1 和表 4-3 的要求。

第二节　单向板肋形楼盖结构施工图

一、单向板肋形楼盖的构造要求

（一）板的构造要求

1. 板厚

在肋形楼盖中，板的混凝土用量占全部楼（屋）盖混凝土用量的一半以上，对楼（屋）盖自重和混凝土用量影响最大，所以，选择合理的板厚对提高楼（屋）盖经济效益具有明显的效果。一般情况下，板在满足刚度、施工要求的情况下，厚度尽可能小些，这样不仅节省混凝土，也可由于自重的降低而减少板的内力和配筋，使楼板的经济性能得以提高。工程实践证明，板也不能太薄，太薄会使钢筋的用量加大，也会导致板的经济性能下降，施工质量也难以保证。为此，板厚的最小尺寸应满足表 4-3 的要求。

2. 板的支承长度

确定板的支承长度一是为了满足其受力钢筋在支座内的锚固长度要求；二是确保在通常情况下板在墙上支承长度范围内砌体的局部受压承载力能满足要求；三是当地震等剧烈震动发生后确保板在墙上能有效地支承，确保板不脱落。如前所述，板在墙上的支承长度应大于等于钢筋在支座内的锚固长度 l_{as} 的要求，且应大于等于 120mm。

3. 板中受力钢筋

（1）板中受力钢筋

板中的受力钢筋一般采用 HPB300、HRB335 和 HRB400 级钢筋，以确保在按考虑塑性内力重分布的方法进行设计后，支座截面具有足够的转动能力。受力钢筋的直径采用 8mm 以上，常用的为 8mm、10mm、12mm 和 14mm。为了防止支座负弯矩钢筋由于其他工种作业和施工人员踩踏和其他材料的挤压而改变位置后作用的减弱，设置在支座截面的用以抵抗负弯矩钢筋，其直径不小于 8mm，尽可能为 10mm 或 12mm；对于较厚的板通常设计为双筋截面，此时，可通过设置马凳筋来保证钢筋网中上部受力筋的位置。

（2）板中受力钢筋的间距

最小间距 s_{min} 为 70mm；最大间距应满足当板厚 $h \leqslant 150$mm 时，$s_{max} \leqslant 200$mm；当板厚 $h > 150$mm 时，$s_{max} \leqslant 1.5h$，且 $\leqslant 250$mm；由板中伸入支座的下部钢筋，其间距不大于 400mm，其截面面积不应小于跨中受力钢筋面积的 1/3。

（3）板中受力钢筋在支座内的锚固长度

简支板或连续板下部纵向受力钢筋伸入支座内的锚固长度不应小于 $5d$，d 为下部纵向受力钢筋的直径。当连续板内温度、收缩应力较大时，伸入支座内的锚固长度宜适当增加。

1）为了便于施工和有效协调相邻跨通入支座底部以及弯起后经由支座上部锚入的负弯矩钢筋，各跨的板跨中钢筋和支座截面负弯矩钢筋间距应一致，根据受力不同可以采用不同的直径，但钢筋直径不宜多于两种。实际选用钢筋的面积不宜超过10%计算结果，尤其是支座截面，实际配筋面积超过计算结果太多时会影响板支座截面塑性转动性能的发挥。

2）受力钢筋的配筋形式

① 弯起式配筋。弯起式配筋是指用于支座截面抵抗负弯矩的钢筋，是由板跨中截面抵抗正弯矩的受力钢筋弯起后形成的，如图10-4所示。

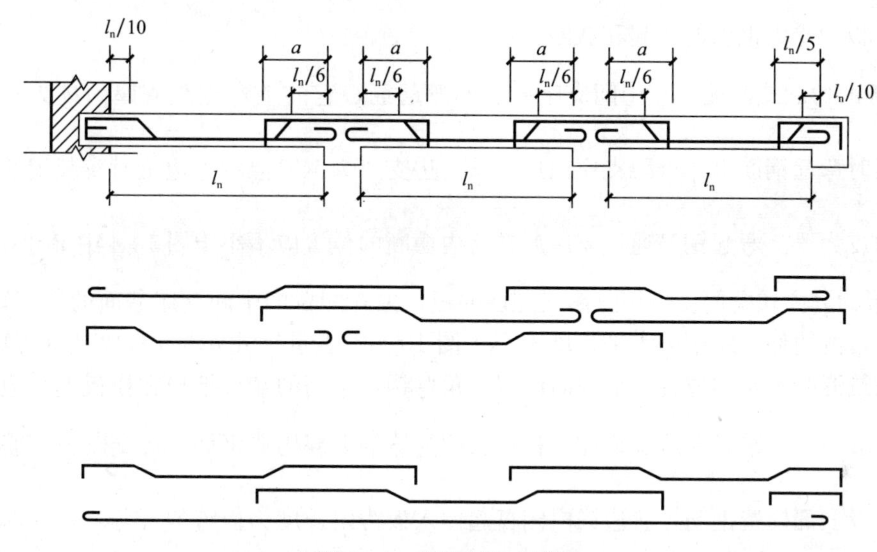

图10-4　板的弯起式配筋

弯起式配筋可先按跨中正弯矩确定其受力钢筋的直径和间距，在支座附近按需要可弯起跨中受力钢筋的1/3～1/2；一般为1/2，这样做的原因是比较简单，施工方便，不易出错。弯起钢筋的弯起角不小于30°；当板厚$h>120$mm时，可用45°。

如果通过弯起钢筋抵抗支座负弯矩不满足要求时，可另行配置直钢筋补充。

板底配置的光面钢筋采用半圆形弯钩，变形钢筋可不设置弯钩。配置于支座上部用于抵抗负弯矩的钢筋，为了确保其位置，端头可设置直钩抵顶于模板表面，内侧需配置直径6mm，间距250mm的HPB300级构造钢筋。

弯起式配筋的板整体性好，适用于承受振动荷载的板中，由于使用了跨中抵抗正弯矩的钢筋在支座附近弯起后抵抗负弯矩，不需要全部另行配置负弯矩钢筋，所以，比较节省钢筋。但是钢筋加工麻烦，不便于施工。

② 分离式配筋。分离式配筋是指板跨中承受正弯矩作用的钢筋和支座截面抵抗负弯矩的钢筋分别单独配置的配筋方式，如图10-5所示。

采用分离式配筋的板，钢筋加工和绑扎简单、施工方便，在没有振动荷载作用时一般大多采用这种配筋方式。但它的整体性差，相对于弯起式配筋的板，采用分离式配筋的板用钢量较大，经济性较差，所以当板厚$h\leqslant 120$mm，且所受荷载不大时，为方便施工一般采用这种配筋方式。

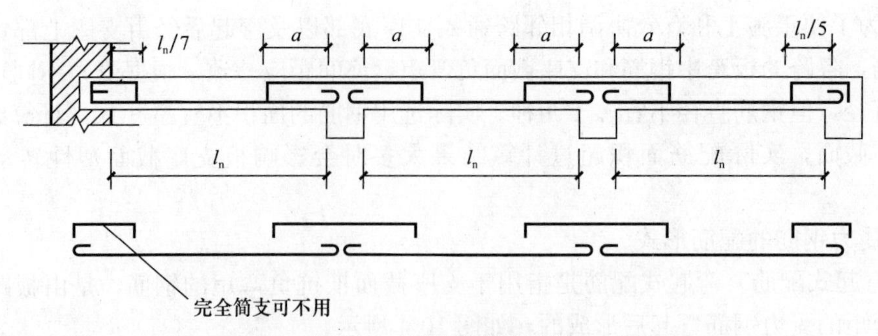

图 10-5　板的分离式配筋

（4）板中受力钢筋的弯起和截断

① 板的弯起式配筋。在中间支座截面的弯起筋，它的上弯点距支座内皮为$\frac{l_n}{6}$；边支座为砖墙时弯起钢筋上弯点距支座内皮为$\frac{l_n}{7}$，边支座为钢筋混凝土边梁时弯起钢筋上弯点距支座内皮为$\frac{l_n}{5}$。弯起钢筋通过支座后在跨内截断的位置应不小于图 10-4 中尺寸 a。

② 板的分离式配筋。采用分离式配筋的板，独立配置的中间支座截面的负弯矩钢筋，从梁边算起两边伸入跨中的水平长度不小于图 10-5 中表示尺寸 a，且只要是负弯矩钢筋，为便于浇筑混凝土时的位置，端头需设置直角弯钩，钢筋的端头抵顶在模板上。边支座为砖墙时可沿墙边通常设置从墙边伸入板跨长度为$\frac{l_n}{7}$的上部构造钢筋，边支座为钢筋混凝土边梁时，板上部构造钢筋，从边梁内侧算起伸入板跨内长度为板跨的五分之一，即$\frac{l_n}{5}$，如图 10-5 所示。分离式配筋的板中支座上部钢筋和墙边上部构造筋的内侧需配置直径 6mm，间距 250mm 的 HPB300 级构造钢筋。

弯起式和分离式配筋的板中尺寸 a 的取值按下面的规定采用：

当 $q/g \leqslant 3$ 时：

$$a=\frac{l_n}{4} \tag{10-1}$$

当 $q/g>3$ 时：

$$a=\frac{l_n}{3} \tag{10-2}$$

式中　g——作用在板上的永久荷载设计值；

q——作用在板上的可变荷载设计值；

l_n——板的净跨的跨长。

在确定板的受力和配筋时，如果板的跨度差大于 10％或各跨荷载相差太大，必须依据包络图去确定板中钢筋的弯起和截断位置。

4．板中的构造钢筋

见本书第四章第二节梁、板的一般构造中的相关内容。

（二）次梁计算和构造

次梁受力钢筋的弯起和截断原则上讲应按弯矩包络图确定，为了方便计算，在误差允许的范围内，对于等跨或跨度差不大于20%，$\frac{q}{g}<3$时，为简化计算可按图 10-6 和图 10-7 所示设置钢筋。

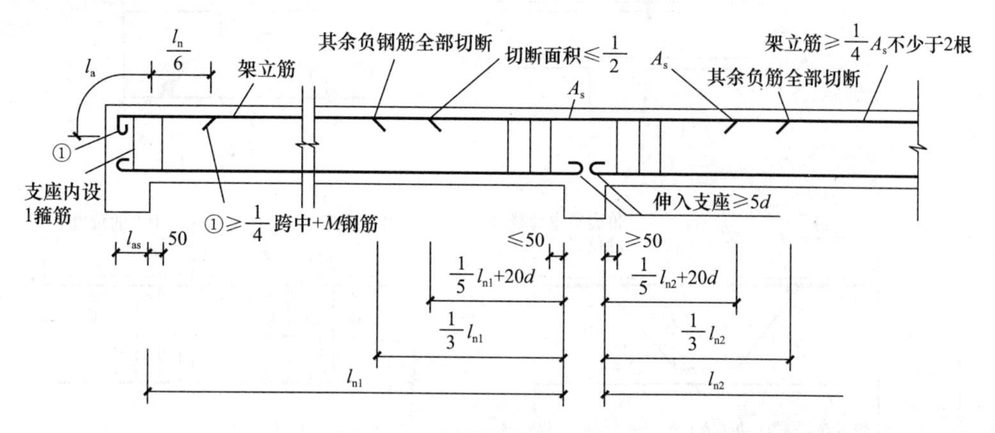

图 10-6　次梁的钢筋组成及布置

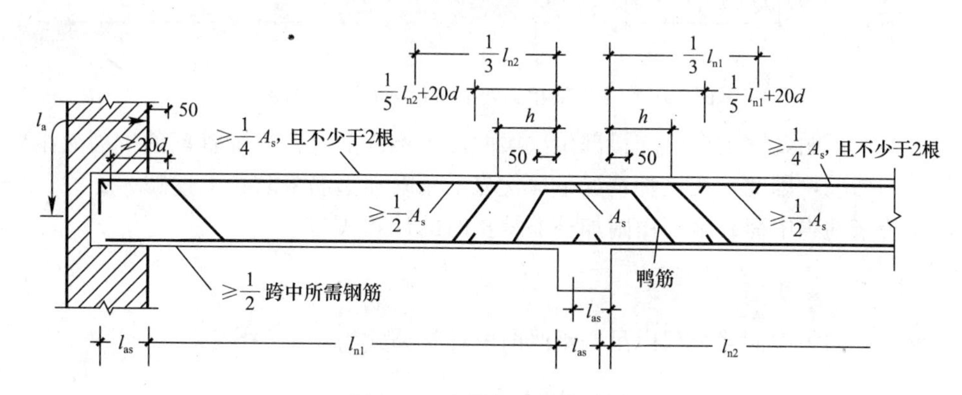

图 10-7　次梁的配筋构造图

（三）主梁构造要求

主梁纵向受力钢筋和弯起钢筋的确定，应根据在弯矩包络图基础上所绘制的抵抗弯矩图，以及《规范》中给定的构造要求确定，详见图 5-14。

主梁承受次梁传来的集中荷载和自重折算后的集中荷载作用，剪力包络图是平行于梁纵向形心轴的矩形方块。如果用弯起钢筋抵抗梁截面的一部分剪力，则应保证跨内要有足够的钢筋可以被弯起，使抵抗剪力图能够完全覆盖剪力包络图。如跨中可供弯起的钢筋不能满足所需的抗剪弯起筋的数量要求，则应在支座处设置抗剪鸭筋，如图 10-7 所示。

在主梁和次梁相交处由于主梁是次梁的支座，次梁承受的荷载将通过次梁截面传至次梁底面与主梁下半部相交处截面，产生主拉应力，可能导致主梁产生“八”字形斜裂缝，如图 10-8（a）所示。为了防止主梁下部被次梁传来的集中力在主梁下部产生的主拉应力影响下引起的破坏，通过计算在次梁向主梁传递集中荷载的位置，以次梁的纵向形心轴为中心，在主梁内次梁两侧设置吊筋可以防止上述破坏的发生，如图 10-8（b）所示；在主、次梁相交部位次梁两侧主梁内，通过计算配置附加箍筋，也能有效防止次梁传来的集中力对主梁下部造成的潜在的破坏作用，附加箍筋的设置区域为包括次梁宽度在内的 $3b+2h_1$

的范围，如图 10-8（c）所示。

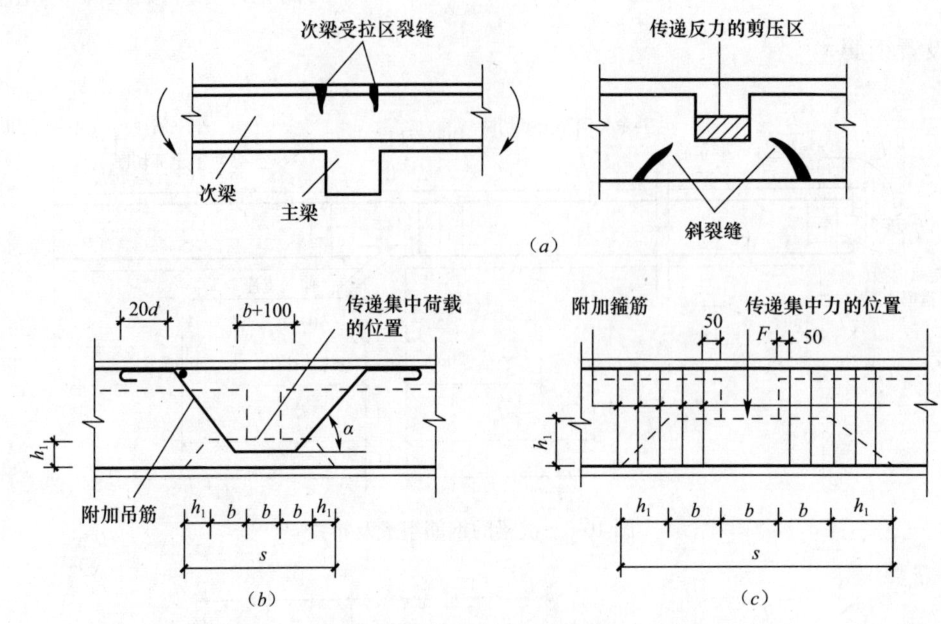

图 10-8　主次梁相交处吊筋和附加箍筋的设置

工程实践证明，在主次梁交接部位次梁两侧主梁内部设置附加箍筋的抗裂效果要优于设置吊筋的情况，因此，在这种情况下应优先采用附加箍筋来防止上述破坏。

次梁传来的集中荷载全部由附加箍筋承担时的计算式为：

$$A_{sv}=\frac{F}{f_{yv}} \tag{10-3}$$

次梁传来的集中荷载全部由吊筋承受时的计算公式为：

$$A_{sb}=\frac{F}{2f_{yb}\sin\alpha_{sb}} \tag{10-4}$$

求得吊筋的截面面积后先选择吊筋直径，然后确定吊筋的根数即可。

如果为了平衡集中力 F，同时采用箍筋和弯起筋时，应满足下式的要求。

$$F\leqslant 2A_{sb}f_{yb}\sin\alpha_{sb}+mnA_{sv1}f_{yv} \tag{10-5}$$

式中　A_{sv1}——附加单肢箍筋的横截面面积；

f_{yv}——附加横向抗拉钢筋设计强度；

A_{sb}——承受集中荷载 F 所需的附加吊筋的截面面积；

F——作用在梁的下部或截面高度范围内的集中荷载设计值；

m——在附加箍筋加密区 s 范围内附加箍筋的个数；

n——同一截面内附加箍筋的肢数；

α_{sb}——附加吊筋弯起部分和梁纵向形心轴之间的夹角，一般梁为 45°，当梁高 $h>$ 800mm 时取 60°。

二、单向板肋梁楼盖板施工图解读

【例 10-1】 某现浇单向板肋梁楼盖中经内力分析和配筋设计，板内配筋为 HPB300 级，板配筋的平法表示图如图 10-9 所示。试解读该现浇楼肋梁楼盖中板的配筋及基本构造要求。

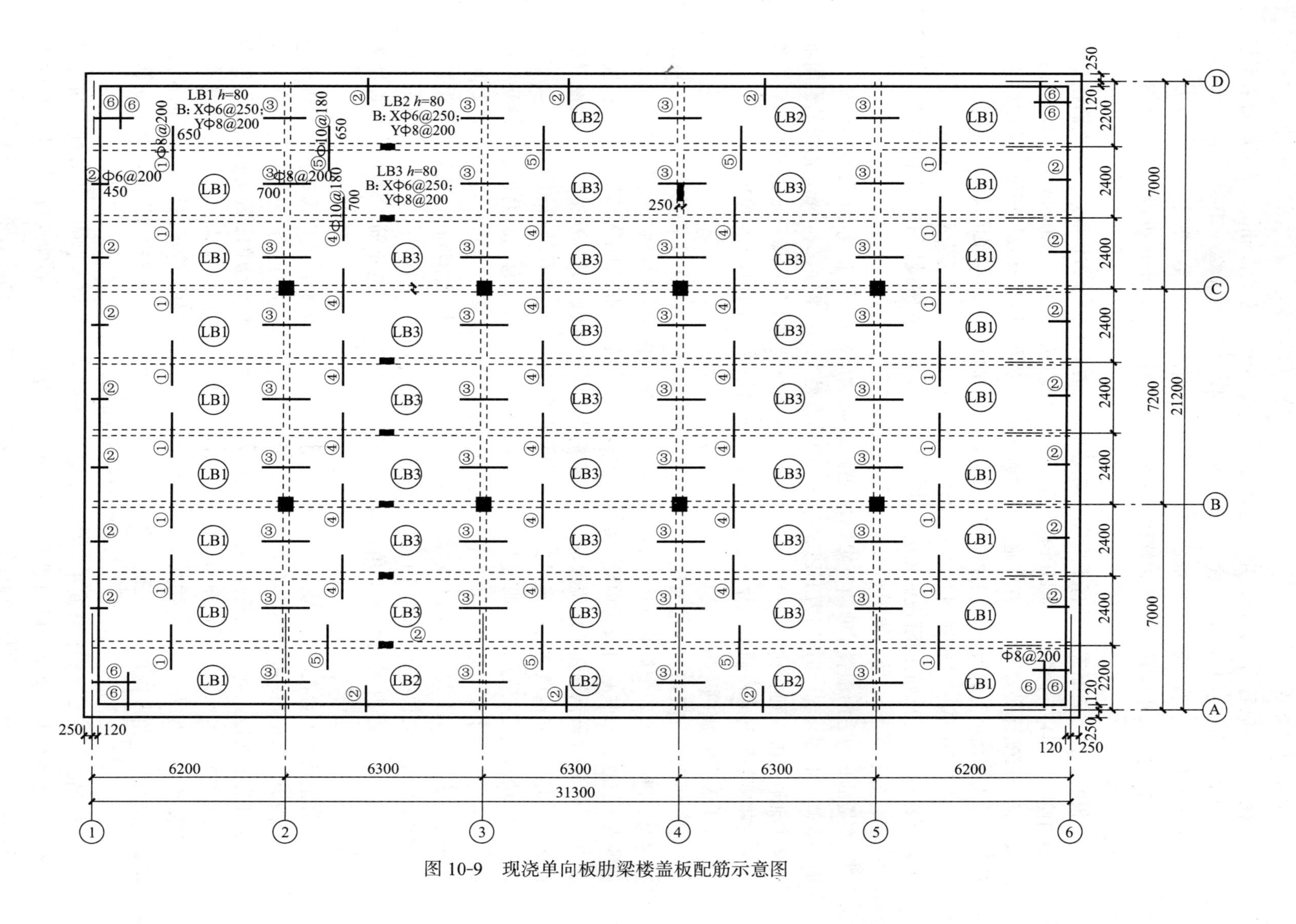

图 10-9　现浇单向板肋梁楼盖板配筋示意图

1. 基本组成介绍

从图 10-9 可以看出，该板采用的是分离式配筋。板的厚度为 80mm，楼板配筋采用集中表示和原位表示法相结合的方式。从图上可以看到，①～③轴/Ⓐ～Ⓓ轴线间共 18 个板块中，板的跨中受力钢筋为 HPB300 级，配筋值为直径 8mm；受力钢筋沿板的短边方向布置，一根通入支座设置 180°弯钩锚固，间隔一根在离支座 200mm 处设置 180°弯钩锚固在板的下部表面。

在板的长边方向配置了垂直于短边方向配置的受力钢筋的分布钢筋，分布钢筋在受力钢筋内侧（上部）。分部钢筋为 HPB300 级、配筋直径 6mm、间距 250mm，沿板的纵向轴线从①轴通长配置到⑥轴线，并在施工时要通过绑扎与受力钢筋有效形成钢筋网片后要用预制垫片将钢筋网与底模通过垫片垫起后分开，以确保板受力钢筋保护层厚度。

从②～⑤轴/Ⓐ～Ⓓ轴线间共 27 个板块中，板的跨中受力钢筋为 HPB300 级，配筋值为直径 8mm；受力钢筋的沿板的短边方向布置，一根通入支座设置 180°弯钩锚固，间隔一根在离支座 200mm 处设置 180°弯钩锚固锚在板的下部表面。

在板的长边方向配置了垂直于短边方向配置的受力钢筋的分布钢筋，分布钢筋在受力钢筋内侧（上部）。分部钢筋为 HPB300 级、配筋直径 6mm、间距 250mm，沿板的纵向轴线从①轴通长配置到⑥轴线，并在施工时要通过绑扎与受力钢筋有效形成钢筋网片后用预制垫片将钢筋网与底模通过垫片垫起后分开，以确保板受力钢筋保护层厚度。

2. 配筋情况解读

①号钢筋为配置在①～②轴和⑤～⑥轴线间板的支座（次梁）上部的受力钢筋，钢筋强度为 HPB300 级，配筋值直径 8mm，沿次梁的跨度方向均匀配置的间距为 200mm，从板的支座（次梁）中心向板跨内伸入的长度为 650mm，两端带直角弯钩抵顶在底模板上表面。为了确保该钢筋在板面位置，需要该钢筋内上角以及内上角到次梁外侧之间设置沿钢筋长方向的架立构造钢筋，该架立筋共 6 根间距为 250mm，直径为 6mm。

②号钢筋为配置在除板的四角外，沿楼面四边墙从板的上部深入板跨内，该钢筋从板边伸入板跨内的水平长度为 450mm，②号钢筋的配筋值为直径 6mm，沿墙边均匀间距 200mm，强度为 HPB300 级，在支座内伸入长度为支座长度减去 15mm，钢筋两端设置直角弯钩抵顶在板底模板的表面的钢筋。为了确保该钢筋在板面位置，需要在支座内距支座边缘 20mm 处和跨内该钢筋的上角设置沿墙长方向的架立构造钢筋，该架立筋直径为 6mm。

③号钢筋为配置在垂直于主梁，沿主梁上部在板内均匀分布，用以抵抗板的长边方向传来的内力（数值很小但客观存在）产生的主梁边缘上表面负弯矩引起沿主梁跨度方向板的上表开裂的构造钢筋。该钢筋在主梁上表面，从主梁中心伸入板的长跨方向的长度各为 700mm，该钢筋的配筋值为直径 8mm，沿主梁长度均匀配置的间距为 200mm，强度等级为 HPB300 级，两端带直角弯钩抵顶在板的底模板上表面。为了确保该钢筋在板面位置，需要该钢筋内上角及内角与主梁侧边之间设置沿钢筋长方向的架立构造钢筋，该架立筋共 6 根，主梁两侧各 3 根，间距为 200mm，直径为 6mm。

④号筋配置在②～⑤轴线间板的中间支座共 18 根梁的上部，它的作用和配置与①号筋相似，区别在于沿次梁跨度的间距为 180mm，每边从次梁中心伸入板的短跨内长度为 700mm，端头需要设置直角弯钩抵顶在板的上表面。且需要在钢筋上部配置的构造钢筋为

6根，主梁两侧各3根，间距为200mm，直径为6mm。

⑤号钢筋配置在②～⑤轴线间板的第一内支座（共6跨次梁）上部抵抗负弯矩的钢筋，其直径为10mm，间距为180mm。每边从次梁中心伸入板的短跨内的长度为650mm，端头需要设置直角弯钩抵顶在板的上表面。且需要在钢筋上部配置的构造钢筋为6根，每边3根，直径为6mm，该构造的位置与④号筋上部内侧构造筋位置相同。

⑥号钢筋为配置在楼盖四角板表面相互垂直交叉，为HPB300级，配筋值为直径8mm，间距为200mm的构造筋。该钢筋从板支座中心算起伸入板内长度为1000mm，配筋时两端设置直角弯钩，一端锚固在支座内，一端支承在板角部跨内。

三、单向板肋梁楼盖次梁、主梁施工图解读

【例10-2】 某现浇单向板肋梁楼盖的次梁、主梁经内力分析和配筋设计，次梁和主梁内配置HRB335级受力钢筋，配筋如图10-10所示。试解读该现浇肋梁楼盖中次梁、主梁的配筋及基本构造要求。

1. 基本组成情况简介

本题所列的平法施工图，是【例10-1】中楼盖的次梁和主梁的平法施工图。从图上可以看到次梁为五跨连续梁，边跨的跨度为6200mm，中间三跨的跨度为6300mm；主梁为三跨连续梁，边跨跨度为7000mm，中间跨跨度为7200mm；外墙厚度370mm，定位轴线距内墙皮为120mm。

2. 配筋情况解读

（1）次梁配筋解读

从次梁配筋集中标注可以看到，次梁为五跨连续梁，截面尺寸为$b \times h = 200\text{mm} \times 500\text{mm}$，箍筋配置值为双肢箍，直径8mm，间距为200mm的HPB300级钢筋。梁下部纵向受拉通长钢筋为两根直径18mm的HRB335级钢筋。

次梁边跨下部纵向受拉钢筋包括配置在箍筋两个下角的通长钢筋外在下部增加了一根直径18mm的HRB335级钢筋，跨中纵筋为3根直径18mm的HRB335级钢筋。其中配在箍筋两个下角的纵向钢筋通入支座内，在满足钢筋在支座内锚固长度的条件下截断，另一根在次梁支座附近弯起后从支座上部通入第二跨（第四跨）后在距支座边缘处截面2100mm处截断。

次梁中间三跨下部纵向受拉钢筋只包括配置在箍筋两个下角的通长钢筋，配筋值为直径18mm，HRB335级钢筋，该钢筋两端锚入支座内。次梁中间三跨内箍筋为双肢箍直径8mm，间距200mm。

次梁的两个第一内支座截面配置抵抗负弯矩的钢筋，为两根直径18mm的HRB335级钢筋加一根直径22mm的HRB335级钢筋。除边跨弯起后配在支座上部的1根直径18mm的HRB335级钢筋外，需在支座上部另外配置1根直径18mm的HRB335级水平钢筋和1根直径22mm的HRB335级钢筋，这两根钢筋的截断位置也在距第一内支座边缘2100mm处。

次梁的两个中间支座截面配置的抵抗负弯矩的钢筋为两根直径18mm的HRB335级钢筋加一根直径14mm的HRB335级钢筋。这三根钢筋均为配置在支座上部的纵向水平钢筋，它们的截断位置也在距第一内支座边缘2100mm处。

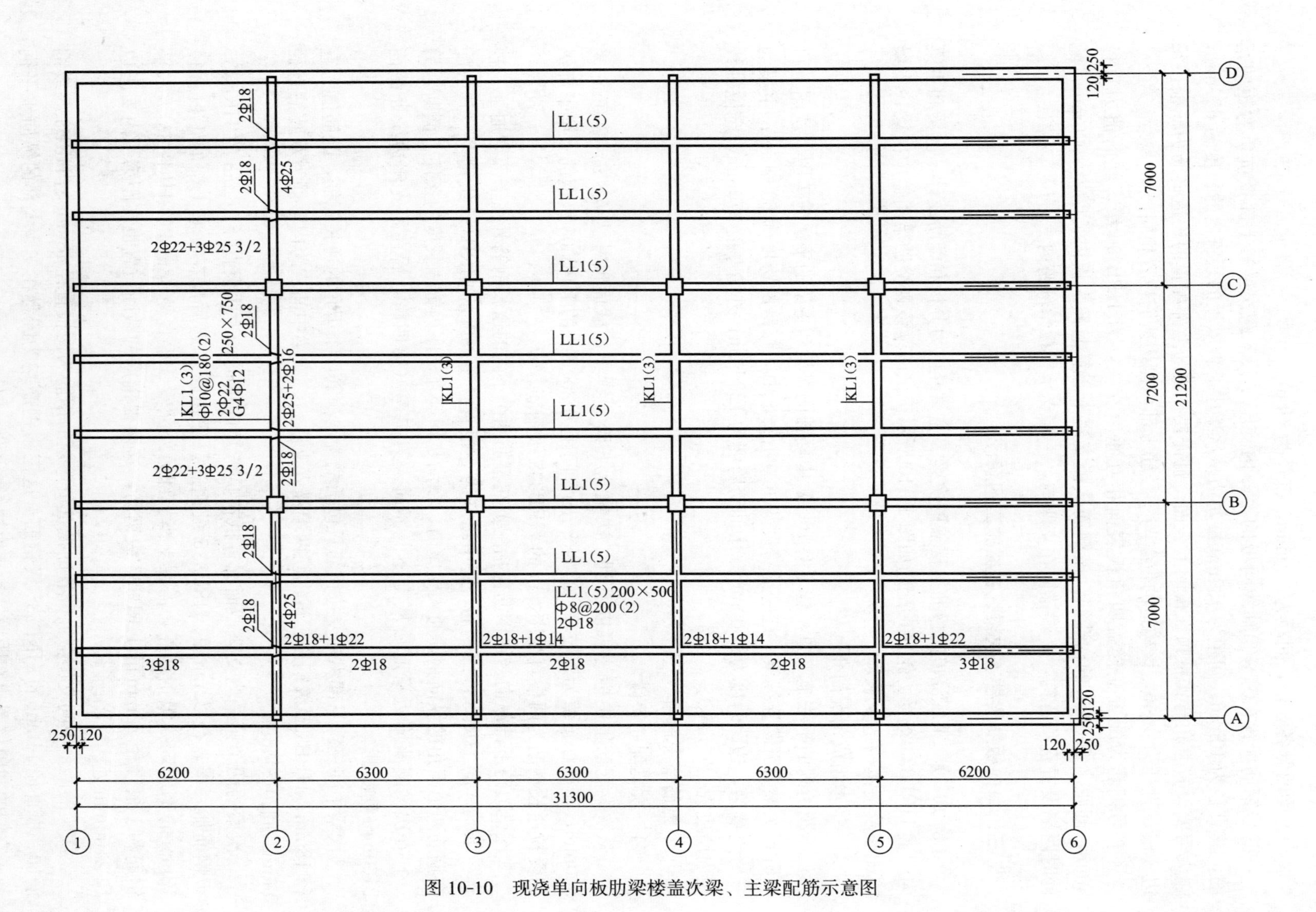

图10-10　现浇单向板肋梁楼盖次梁、主梁配筋示意图

(2) 主梁配筋简介

从图 10-10 中可以看出，主梁为三跨连续梁，主梁截面尺寸为 $b \times h = 250\text{mm} \times 750\text{mm}$。两边跨的梁端支承在外纵墙上，一端支承在内框架柱上，跨度为 7000mm；中间跨两端支承在内框架柱顶部，跨度为 7200mm。三根主梁跨间在三分之一梁跨处有两个正交的次梁及其传来的竖向荷载。由于主梁截面高度较大，根据规范规定，沿截面高度方向配置了梁截面中部 4 根直径为 12mm 的构造钢筋，并用一个小的箍筋进行拉结，该小箍筋的间距为 360mm。梁的架立筋沿全梁各跨相同，为配置在箍筋上部两个内角处的各一根的直径 12mm，HPB300 级钢筋。

主梁边跨跨中截面下部纵向配置 4 根直径 25mm 的 HRB335 级受拉钢筋，箍筋为直径 8mm，间距为 180mm 的双肢箍筋。在主次梁交接处主梁的厚度范围内均匀配置两个直径 18mm 的 HRB335 级吊筋，为了安全起见，可在沿主梁跨度方向次梁的两侧每侧各增配附加箍筋 4 个（从次梁边起），间距 50mm。梁截面中部构造钢筋及拉结该构造筋的小箍筋，梁的架立筋全梁各跨相同。在主梁边跨支座附近两根直径 25mm 的跨中截面纵向受力钢筋弯起后水平通过支座上部截面，作为主梁第一内支座抵抗负弯矩的纵向受力钢筋，并在根据抵抗弯矩图确定的实际截断点截面以外截断。

主梁中间跨的跨中截面下部纵向配置 2 根直径 25mm 的 HRB335 级受拉钢筋，这两根钢筋在支座下部锚固到主梁的支座内。箍筋为直径 8mm，间距为 180mm 的双肢箍筋。在主次梁交接处主梁的厚度范围内均匀配置两个直径 18mm 的 HRB335 级吊筋，为了安全起见，可在沿主梁跨度方向次梁的两侧每侧从次梁边起各增配附加箍筋 4 个，间距 50mm。梁截面中部构造钢筋及拉结该构造筋的小箍筋，梁的架立筋全梁各跨相同。

主梁内支座截面上部纵向配置 4 根直径 25mm 的 HRB335 级受拉钢筋加 2 根直径 20mm 的 HRB335 级受拉钢筋，箍筋为直径 8mm，间距为 180mm 的双肢箍筋。梁截面中部构造钢筋及拉结该构造筋的小箍筋，梁的架立筋全梁各跨相同。另外配置的两根直径 25mm 配置在钢筋的两个上部内角，两根直径 20mm 的 HRB335 级直钢筋配在支座截面从上往下的第二排。这四根钢筋的截断也应根据抵抗弯矩图确定的实际截断点位置确定。

*第三节　双向板肋梁楼盖结构施工图

一、双向板受力特点

1. 概述

双向板上的荷载将向两个方向传递，板在两个方向均发生弯曲并产生内力，内力的分布取决于双向板四边的支承条件（简支、嵌固、自由等）、几何条件（板边长的比值）以及作用于板上荷载的形式（集中、均布荷载）等因素。

承受均布荷载四边简支的双向板，随着荷载的增加，第一排裂缝首先出现在板底中央，随后沿对角线向四角扩展。当荷载增加到接近破坏荷载时，在板顶的四角附近出现了垂直于对角线方向大体成圆形的裂缝，裂缝的出现，使得板中钢筋的应力增大，应变增加，直至钢筋屈服，裂缝进一步发展，最后导致破坏。

当四边支承的板的两方向跨度 $\frac{l_2}{l_1} \leqslant 3$，在板面荷载作用下板内沿两个方向传递弯矩，受力钢筋应沿两个方向布置。

2. 钢筋的配置

双向板中钢筋配置的主要特点就是受力钢筋应沿板的两个方向布置，并且沿短向的受力钢筋放在沿长向配置的钢筋的外面。

按弹性理论分析时，由于板的跨中弯矩比板的周边弯矩大，因此，当 $l_1 \geqslant 2500$mm 时，配筋采取分带布置的方法，将板的两个方向都划分为三带，边带宽度均为$\frac{l_1}{4}$，其余为中间带。在中间带均需要按计算配筋，两边带内的配筋各为同方向中间板带的1/2，且每米不少于3根。支座截面抵抗负弯矩钢筋按计算配置，边带中不减少。当 $l_1 < 2500$mm 时，则不分板带，全部按计算配筋如图10-11所示。

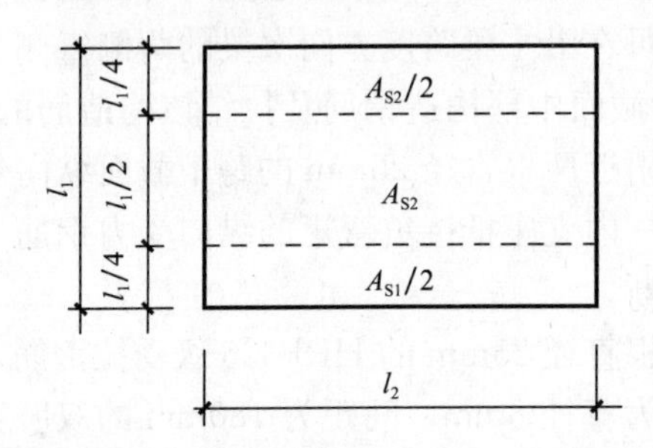

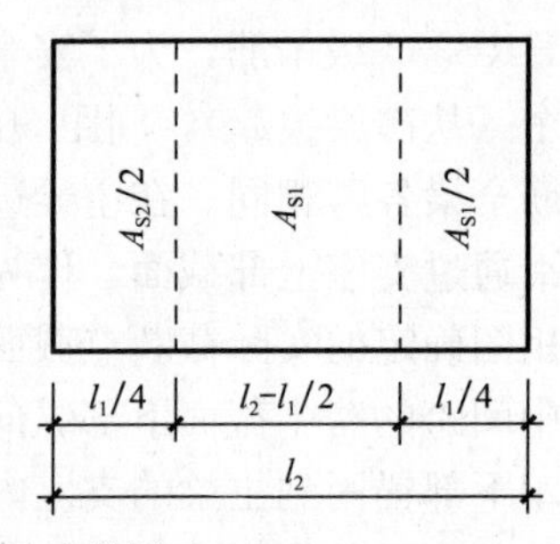

图 10-11　双向板钢筋分带布置示意图

布置双向板中的钢筋时，选择钢筋直径与间距应作全面考虑，既满足计算的要求，也应使板的两个方向上其跨中支座上的钢筋间距有规律地配合，以方便施工。

按塑性理论计算时，为了施工方便，跨中支座钢筋一般采用均匀配置而不分带。对于简支的双向板，考虑到支座实际上有部分嵌固作用，可将跨中钢筋弯起1/3～1/2（上弯点距支座边缘为 l/10）；对于两端完全嵌固的双向板以及连续的双向板，可将跨中钢筋在距支座 l_1/4 处弯起1/3～1/2，以抵抗支座截面的负弯矩，不足时可再增设直钢筋，如图10-11所示。

双向板的厚度一般不小于80mm，也不得大于160mm，双向板应具有足够的刚度，一般设计时不做变形和裂缝宽度验算。

双向板中的配筋宜采用HPB300、HRB335级钢筋，配筋率要满足《规范》的要求，配筋方式类似于单向板，有弯起式和分离式配筋两种，如图10-12所示，为了施工方便通常多采用分离式配筋。

二、双向板肋形楼盖中板的施工图解读

某工业厂房楼盖为双向板肋梁楼盖，结构平面布置如图10-13所示，楼板厚120mm；经内力分析和配筋计算板的配筋图如图10-14所示。试识读本双向板肋梁楼盖设计图。

（一）结构平面布置图识读

根据图10-13所示，该厂房楼面为纵向和横向均为三个跨间，且均为不等跨布置，中间跨的跨度大于两个边跨。纵向Ⓐ～Ⓑ轴及Ⓒ～Ⓓ轴线间的尺寸均为4200mm，中间跨Ⓑ～Ⓒ轴线间的尺寸为5250mm。横向①～②轴及③～④轴线间的尺寸均为4400mm，中间跨②～③轴线间的尺寸为5500mm。

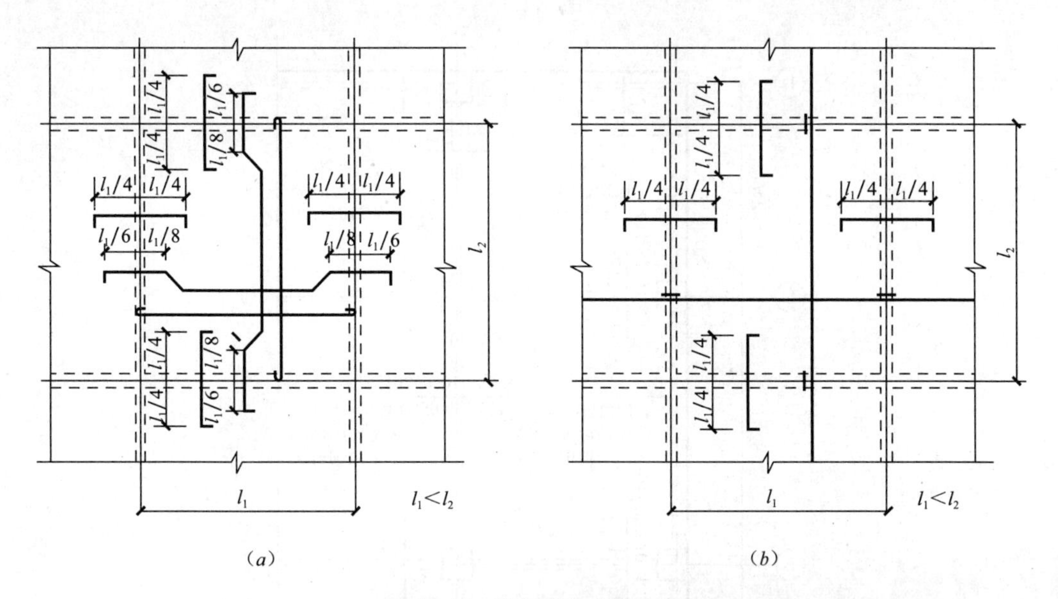

图 10-12　双向板的配筋方式

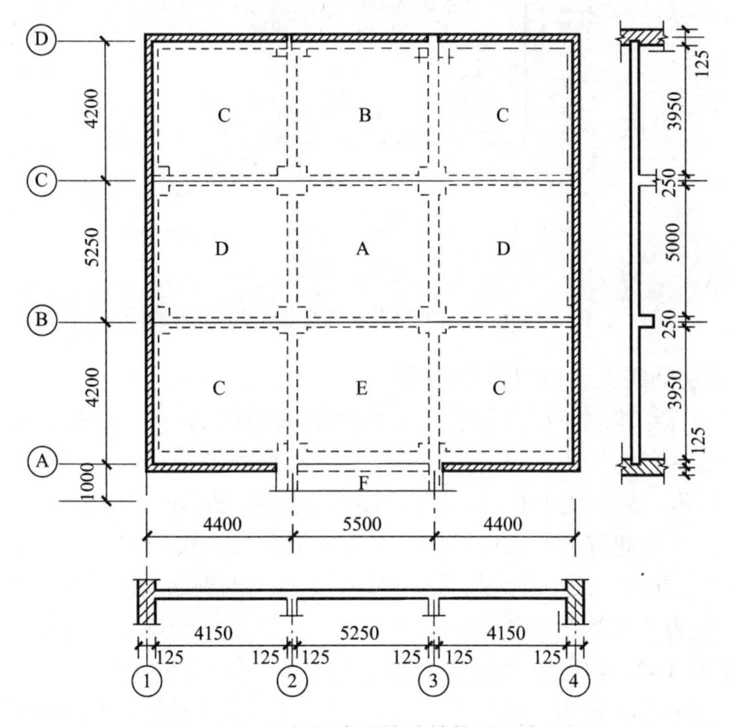

图 10-13　双向板肋形楼盖结构平面布置图

因为由纵横向梁组成的梁格所界定的每块板 x 方向和 y 方向边长之比均满足 $l_2/l_1 \leqslant 3$ 的条件，故图 10-13 中的 9 块板均为双向板。

如图 10-13 所示，根据结构设计时现浇板计算跨度的确定方法，得知板的长边方向的计算跨度分别为：沿板纵向轴线（x 轴方向）为长边方向，两个边跨计算跨度相等为 4150mm，中间跨度为 5250mm。沿板横向轴线（y 轴方向）为短边方向，两个边跨计算跨度相等，为 3950mm，中间跨度为 5000mm。

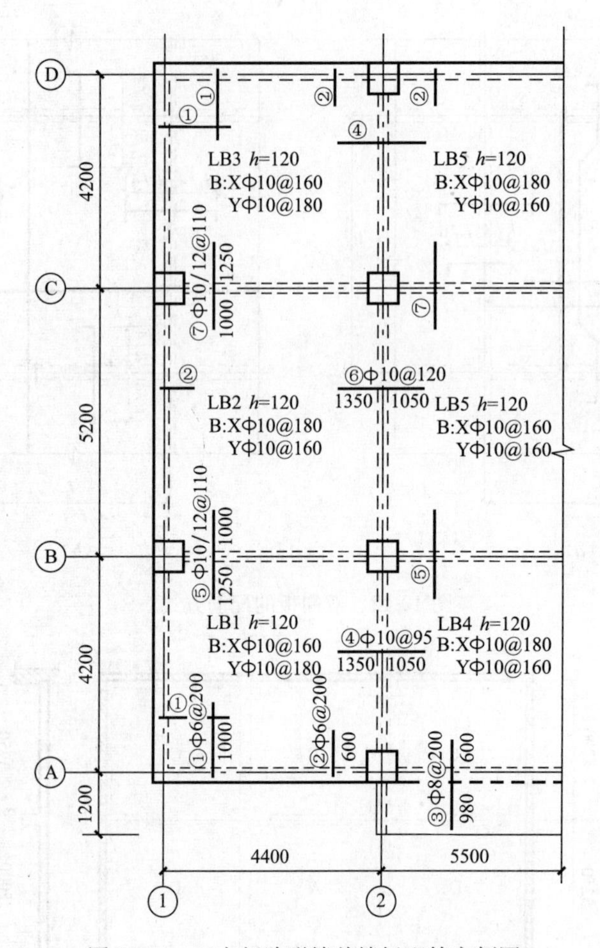

图 10-14 双向板肋形楼盖楼板配筋实例图

（二）双向板肋形楼盖楼板配筋实例图解读

因为本厂房楼盖结构属于纵向和横向双轴对称，当结构对称、荷载对称时，各对称跨板内对称位置所受到的弯矩也相等，厂房楼盖板内配筋也是对称的。

如图 10-13 所示，从板块中心起，根据板的受力及配筋不同，将板分为 A、B、C、D、E 共五种板块。下面依此解读各板块的配筋。为了简化板内钢筋解读，各块板的短边方向均为图 10-4 上的 x 方向，长边方向均为 y 方向；x 方向的钢筋均配置在板的下表面，y 方向的钢筋均配置在板 x 方向的钢筋的内侧上表面；无论是 x 轴还是 y 轴方向所配的受力钢筋，伸入中间支座（梁）内的钢筋长度为梁宽一半即 $b/2-10$mm 处，然后设 180°弯钩后锚固，在靠墙一侧的板支座内在距板端 15mm 处设 180°弯钩后锚固；楼板厚度各板块相同，均为 120mm。

为了节约绘图资源和减少绘图工作量，也能较清楚地显示板内配筋实际，故只画出纵向对称轴以左部分的配筋详图。

1. 各板块双向受力钢筋

(1) A 板块

1）该板块沿横向轴线方向的短边配置的板下部 x 方向的受力钢筋配筋值为直径 10mm，间距为 160mm 的 HPB300 级。为了便于施工，该钢筋每隔 1 根两端在距Ⓑ、Ⓒ轴线梁的边缘为500mm处设置弯钩后截断。

2）该板块沿纵向轴线方向的长边配置在板下部 x 方向受力钢筋内侧的受力钢筋，配筋值为直径10mm，间距为160mm的HPB300级。为了便于施工，该钢筋每隔1根两端在距②、③轴线梁的边缘为500mm处设置弯钩后截断。

（2）B板块

1）该板块沿横向轴线方向的短边配置的板下部 x 方向的受力钢筋配筋值为直径10mm，间距为180mm的HPB300级。为了便于施工，该钢筋每隔1根两端在距Ⓒ、Ⓓ轴线梁的边缘为500mm处设置弯钩后截断。

2）该板块沿纵向轴线方向的长边配置在板下部 x 方向受力钢筋内侧的受力钢筋，配筋值为直径10mm，间距为160mm的HPB300级。为了便于施工，该钢筋每隔1根两端在距②、③轴线梁的边缘为500mm处设置弯钩后截断。

（3）C板块

1）该板块沿横向轴线方向的短边配置的板下部 x 方向的受力钢筋配筋值为直径10mm，间距为160mm的HPB300级。为了便于施工，该钢筋每隔1根两端在距①、②轴线梁的边缘为500mm处设置弯钩后截断。

2）该板块沿纵向轴线方向的长边配置在板下部 x 方向受力钢筋内侧的受力钢筋，配筋值为直径10mm，间距为180mm的HPB300级。为了便于施工，该钢筋每隔1根两端在距Ⓒ、Ⓓ轴线梁的边缘为500mm处设置弯钩后截断。

（4）D板块

1）该板块沿横向轴线方向的短边配置的板下部 x 方向的受力钢筋配筋值为直径10mm，间距为180mm的HPB300级。为了便于施工，该钢筋每隔1根两端在距①、②轴线梁的边缘为500mm处设置弯钩后截断。

2）该板块沿纵向轴线方向的长边配置在板下部 x 方向受力钢筋内侧的受力钢筋，配筋值为直径10mm，间距为160mm的HPB300级。为了便于施工，该钢筋每隔1根两端在距Ⓑ、Ⓒ轴线梁的边缘为500mm处设置弯钩后截断。

（5）E板块

1）该板块沿横向轴线方向的短边配置的板下部 x 方向的受力钢筋配筋值为直径10mm，间距为180mm的HPB300级。为了便于施工，该钢筋每隔1根两端在距②、③轴线梁的边缘为500mm处设置弯钩后截断。

2）该板块沿纵向轴线方向的长边配置在板下部 x 方向受力钢筋内侧的受力钢筋，配筋值为直径10mm，间距为160mm的HPB300级。为了便于施工，该钢筋每隔1根两端在距Ⓐ、Ⓑ轴线梁的边缘为500mm处设置弯钩后截断。

2. 各板块支座上部受力钢筋，及板角、板边上部构造筋。

板角双向配置的上表面构造钢筋双向交叉，在支座内和板跨内均设置直角弯钩抵顶在模板表面，双向配置在板短边跨度 l_1 的1/4范围内。其余的各板块支座上部受力钢筋、板边上部构造筋的共同特点是配置在板上表面，保护层厚度15mm，两端设置直角弯钩抵顶在模板上表面，且为连续等距离配置，为了保证这些钢筋的正确位置需在其板内侧角部、支座边缘该钢筋的内侧和水平段内侧配置与之拉结的纵、横向构造钢筋，以确定上述各受力钢筋和构造钢筋在空间的正确位置，该构造钢筋配筋值为直径6mm，间距为250～

300mm 不等的 HPB300 级，理由是以上钢筋在板上表面伸入长度各不相同，不能一概而论。

（1）①号钢筋为配置在板的四个大角部位板上表面的双向构造钢筋，其配筋值为直径 6mm、间距 200mm 的 HPB300 级钢筋。它在板角从支座伸入板面长 1000mm，两端带直角弯钩抵顶在板的上表面，在支座内的长度为板在墙体内支承长度减去 15mm。其作用是防止板角在双向墙体约束下产生的负弯矩引起的板角上表面环形开裂。

（2）②号筋筋是除了①号钢筋外，在楼盖四边沿板与墙的支承部位，设置的抵抗负弯矩的构造钢筋，其配筋值为直径 6mm、间距 200mm 的 HPB300 级钢筋。它从板边伸入板面长 600mm，两端带直角弯钩抵顶在板的上表面，在支座内的长度为板在墙体内支承长度减去 15mm。其作用是防止板边在上部墙体约束下产生的负弯矩引起的板角上表面环形开裂。

（3）③号钢筋为配置在Ⓐ轴线与②～③轴线 E 板块与外伸连接的支座上部负弯矩钢筋。其配筋值为直径 8mm、间距 200mm 的 HPB300 级钢筋。它从支座上部伸入Ⓐ～Ⓑ轴线间板块的上表面长 600mm，两端带直角弯钩抵顶在模板的上表面，在悬挑外伸部分从支座上部板上表面伸入板端设直角弯钩抵顶在模板的上表面。

（4）④号筋为配置在②、③轴线的两根三跨连续梁Ⓐ～Ⓑ轴线与Ⓒ～Ⓓ轴线两跨上部的抵抗板支座负弯矩的受力钢筋。其配筋值为直径 10mm、间距 95mm 的 HPB300 级钢筋。它从这两根三跨梁支座上部伸入①、②和③、④轴线的间板块的上表面长 1350mm，伸入②、③轴线的间支座右侧和左侧板块的上表面长 1050mm，这根钢筋两端带直角弯钩抵顶在板的上表面。

（5）⑤与⑦号筋为配置在Ⓑ、Ⓒ轴线的两根三跨梁上部的抵抗板支座负弯矩的受力钢筋。其配筋值为直径 10mm 和 12mm，相间配置，间距 110mm 的 HPB300 级钢筋。它从这两根三跨梁支座上部伸入Ⓐ、Ⓑ和Ⓒ、Ⓓ轴线的间板块的上表面长 1250mm，伸入Ⓑ、Ⓒ轴线的间支座右侧和左侧板块的上表面长 1000mm，这两种钢筋两端带直角弯钩抵顶在抹板的上表面。

（6）⑥号筋为配置在②、③轴线的两根三跨连续梁Ⓑ轴线到Ⓒ轴线这一跨上部的抵抗板支座负弯矩的受力钢筋。其配筋值为直径 10mm、间距 1200mm 的 HPB300 级钢筋。它从这两根三跨梁支座上部伸入①、②和③、④轴线的间板块的上表面长 1350mm，伸入②、③轴线的间支座右侧和左侧板块的上表面长 1050mm，这根钢筋两端带直角弯钩抵顶在板的上表面。

*第四节　装配式钢筋混凝土楼盖结构基本构造

装配式楼盖是指由钢筋混凝土预制楼板直接安装到楼（屋）面梁或墙体上所形成的楼盖。装配式楼（屋）盖采用铺板式，即预制楼板两端支承在砖墙、楼面梁、屋面梁或屋架的上弦杆上等形式。这种楼盖具有施工速度快，节省材料和生产效率高等优点，对实现建筑设计标准化、施工机械化也具有重要意义。所以装配式楼（屋）盖在大量的工业与民用建筑中工程中得到普遍的使用。

预制板的宽度根据安装时的起重条件、制造及运输设备以及楼盖尺寸等因素确定，预制板的跨度是根据建筑设计的要求尺寸决定的。除工业厂房的屋面板是全国通用标准构件外，各省、市都有自己的民用建筑的楼面板标准图，可用于指导各自省、市的预制楼板的设计和施工。

一、装配式楼盖的构件形式

装配式楼盖主要由楼面板和楼面梁组成。常用的楼面板有实心板、空心板、槽形板等几种常用形式。

1. 实心板

实心板是工程中最简单的一种楼面板，它具有制作和构造简单、施工方便等优点；但它又有自重大、抗剪刚度小、材料消耗量大的缺点，正是这些缺点在跨度较大时实心板的使用就受到限制。一般实心板适用于跨度为 1.2～2.7m，即便使用预应力混凝土实心板，其跨度也不会超过 3.0m；板厚一般在 50～80mm；板宽一般在 500～900mm。实心板在楼面中主要用在房屋中走廊板和跨度小的楼面中。

实心板横截面形状是梯形，上表面的宽度尺寸比板的标注尺寸小 20～30mm，下底面比标注尺寸小 10mm，这主要是考虑到板缝需要灌注混凝土，有抗震要求时板缝需要加设构造钢筋的需要，同时，也是为了施工时吸收偏差和保证施工工具能够正常使用的需要。

2. 空心板

空心板俗称多孔板，它和实心板相比受力性能、材料消耗量等相比，是相对合理的截面，在同样混凝土用量下，制作的空心楼面板面积要比实心板要大出许多；从受力角度看，孔洞上下缘是受压和受拉的区域，受拉预应力钢筋提供的拉力通过孔洞侧边的边肋与中肋混凝土和受压边缘混凝土联系起来了，空心板在降低混凝土用量和构件自重的前提下，具有刚度高、受力性能好、适用的跨度大、施工方便、隔声效果好等优点。如果构造措施得当，施工质量充分保证，预制装配式楼盖整体性也能满足高烈度区抗震性能的要求。

空心板的孔洞形状一般是圆形，因为它可以方便地采用钢管抽芯形成，此外也有方孔和椭圆孔等。

板的宽度为 500mm、600mm、900mm、1200mm；板的厚度有 120mm、180mm 和 240mm；普通板的跨度可从 2.4～4.8m，预应力空心板的跨度从 2.4～7.5m，一般单层工业厂房屋面使用的是 1.5m 宽，6m 跨的大型屋面板。

3. 槽形板

槽形板是指形状为沿板长向两侧设置纵肋，横向根据需要设置一定数量的横肋（为了增加板的刚度，在槽口内设置了横肋）的板。从受力的角度看，槽形板又是在空心板基础上进一步改进的结果，同样的混凝土消耗量，槽形板覆盖面积远大于空心板的覆盖面积，它的槽底即面板厚度在 25mm 左右，所以，槽形板自重轻，刚度大。在民用建筑中板截面高度为 120mm 或 180mm；用于标准工业厂房楼面时板厚为 180mm，肋宽 100mm 左右。

4. 其他板

除上述常用的楼面板外，在大跨或多层工业建筑楼面中还经常使用 T 形楼面板，双 T 板，多 T 板，此外还有双向板、双向密肋板和折叠式 V 形板等。

5. 预制梁

装配式楼盖中的预制梁，可以是矩形、L 形、花篮形和十字形截面。由于十字形和花篮形梁，在满足刚度要求的前提下不增加梁高，在保证房屋净高的条件下减少了房屋层高，所以在实际中使用较为广泛。预制楼（屋）面梁的截面高度、材料强度、截面配筋等都是根据设计时刚度、强度等条件决定。

二、装配式楼盖构件计算特点

装配式构件的计算，包括使用阶段的设计计算和施工阶段的验算两方面内容，为了保证构件和结构安全，两个方面的计算都必须满足要求。

装配式楼盖中板和梁在使用阶段的计算，一是要按承载能力极限状态下的安全性功能进行设计计算，二是按正常使用极限状态验算梁或板的挠度及裂缝宽度。当构件截面满足截面最小高度要求时可以不进行裂缝宽度验算。由于是预制装配式结构，支承处截面往往是铰接连接，所以板可以看做是单跨简支连接的受弯构件。

施工阶段的验算，应考虑施工顺序、楼面材料或构件的运输和堆放位置、预应力板或预应力梁吊装时可能在构件上产生的负弯矩的影响，因为，施工阶段验算的梁或板受力情况和使用阶段差异较大，所以要进行施工阶段的验算。

预制构件施工阶段的验算应注意下列要求：

（1）计算简图应按运输、堆放的实际情况和吊点位置确定。

（2）考虑运输和吊装时的动力特性，自重引起的永久荷载应乘 1.5 的动力系数。

（3）确定结构的重要性系数 γ_0 时，施工阶段验算时构件的重要性等级按降低一级的原则取用，但最低不低于三级。

（4）施工或检修集中荷载，对预制板、檩条、预制小梁、挑檐和雨篷，应按最不利位置上作用 1kN 的施工或检修集中荷载进行验算，但此集中荷载不与使用可变荷载同时考虑。

为便于吊装，预制构件设置吊环时，吊点位置对于一般预制板和梁应选在距构件端头为（0.1～0.2）l 处（l 为构件长度），为了防止吊环脆性断裂，一般吊环应该使用塑性较好的 HPB300 级钢筋，严禁使用脆性很大高强度钢筋。吊环埋入深度不应小于 $30d$（d 为吊环钢筋直径），并应焊接或绑扎在钢筋骨架上。设计吊环时每个吊环按两个受力截面计算，计算公式为：

$$A_s = G/(2m[\sigma_s]) \tag{10-6}$$

式中 G——构件自重（不考虑动力系数）标准值；

m——受力吊环数，当一个构件上设有四个吊环时，最多只能考虑三个发挥作用，取 $m=3$；

$[\sigma_s]$——吊环钢筋的容许设计应力，按经验可取 $[\sigma_s]=50\text{N/mm}^2$（已将动力作用考虑在此容许应力中）。

三、构造要求

装配式楼盖的整体性差是制约它广泛使用的主要原因，尤其是破坏性很强的大地震或特大地震发生后，楼板整体性的高低对房屋结构抗震性能的好坏影响较大。为了提高装配式楼盖的整体性，楼板板缝之间、楼板端头之间必须进行可靠的连接。此外，楼板在墙体和梁上的支承长度是否满足要求，也是影响楼盖能否可靠工作的重要条件。通常情况下，板面通过与相邻板之间的连接形成整体，当板上局部承受荷载作用时，依靠多块板相互之间的连接形成的整体性共同受力，这种情况下板的刚度就高，楼盖在竖直方向的变形就会变小。楼板作为平面刚度很大的水平受弯构件，可以将房屋水平方向的作用力按各墙体的水平抗剪刚度分配给支承它的各道墙体，楼板可以承受纵墙传来的墙面水平风荷载，起到外纵墙侧向水平支撑的作用，减少了纵墙计算高度，确保了纵墙的稳定性。楼板在墙体内支承截面处截面的连接及预制楼板和墙体之间的连接楼板如图 10-15 所示。

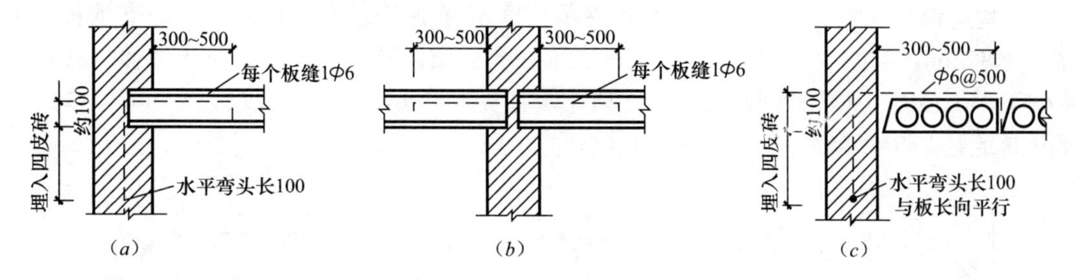

图 10-15　预制楼板和墙之间的连接

1. 板与板的连接

在同一开间内板与板的连接，主要通过板缝的良好连接来实现。为了使相邻的楼板有效地粘结在一起共同受力，板缝浇灌混凝土之前必须把可能影响粘结的异物、油污和板侧的泥土清理干净，板缝宽度符合要求，如图 10-16（*a*）、（*b*）所示。板缝上口宽度不宜小于 30mm，板缝下端宽度不宜小于 10mm，如图 10-16（*c*）所示；当板缝宽度≥50mm 时，则应在板缝内下部配置按楼面荷载设计值计算的单根受力钢筋，此时，灌缝用混凝土强度等级要高出预制板的强度等级；当板缝宽度≥100mm 时，可在板缝上、下两侧配置钢筋，按楼面荷载设计值计算求得的上下各一根直径不小于 10mm 的 HPB300 级钢筋，并用拉结钢筋有效拉结，板缝混凝土不低于楼板混凝土的强度等级。当缝宽低于 20mm 时灌缝用的细石混凝土的强度不宜低于 C20，当楼面宽度较大时，为了增加楼面整体性，可在《建筑物抗震构造详图》03G329 规定的范围设置沿纵向房屋纵墙内侧的钢筋混凝土现浇带，以增加楼板的整体性。

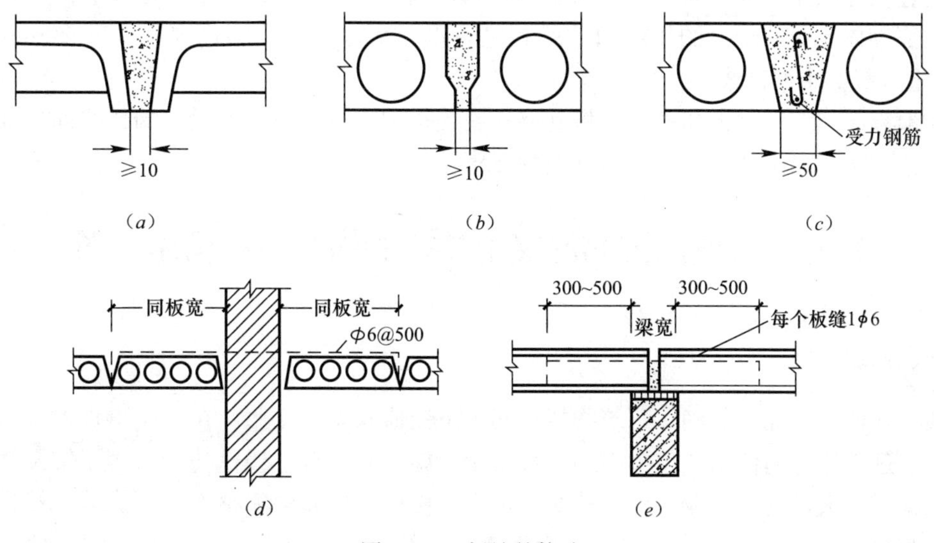

图 10-16　板缝的构造

2. 板与墙、板与梁的连接

墙体上和梁上铺板之前墙顶必须用水泥砂浆找平，即浇湿后水平铺设一层15～20mm厚强度不低于M5的水泥砂浆，然后将板平铺上去，一般相邻两开间的板端预应力钢筋（俗称胡子筋）要头对头进行有效地拉结，必要时用沿着墙长方向配置的构造纵筋将两端对头的板有效地拉结在一起；地震高烈度区可以通过墙中心预埋的竖向带弯钩的钢筋和上述纵向构造钢筋有效拉结。板在墙上的支承长度不宜小于100mm，在梁上的支承长度不宜小于80mm，如图10-17所示。空心板支承在多层砌体楼面时，为了防止墙体压在板头将板压坏，必须用砖或预制好的混凝土堵头块将板端堵实，堵块距孔端为50mm，以便于灌缝混凝土或砂浆能够有效灌满板头缝隙。

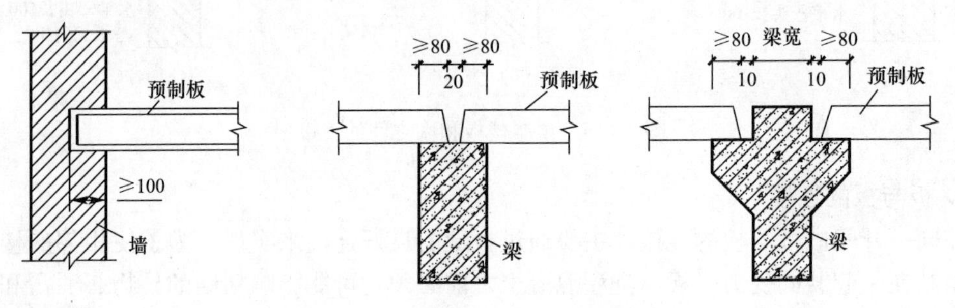

图10-17　板与墙、板与梁的连接

在装配式平屋顶、地下室楼面等对整体性要求高的情况下，预制板在支座上部应设置锚固钢筋与墙或梁连接，构造尺寸应满足《建筑物抗震构造详图》03G329规定的要求。

3. 梁与墙的连接

梁在墙上的支承长度应满足梁内受力钢筋在支座内的锚固长度要求，和梁支座处砌体的局部受压要求。梁在墙上的支承长度不应小于240mm，预制梁安装时梁端底部的墙顶应坐浆厚10～20mm，以承受上部偏心力作用在梁端产生的水平拉力，在地震区为增加梁端与墙体的连接作用，预制梁端应设置水平方向的拉结钢筋和墙体砌筑成整体。

经过验算梁端下砌体局部抗压强度不足时，应设置混凝土或钢筋混凝土梁垫，以扩散梁端下部砌体承受的较大的压应力。梁和垫块以及垫块和墙之间都要坐10～20mm厚的M5以上等级的水泥砂浆。

在地震高烈度区楼板与楼板、板和墙体、楼板和梁、楼板以及梁与墙体之间的连接要满足国家和省、市抗震设计的有关规定的要求。

第五节　现浇钢筋混凝土楼梯的构造与结构施工图

一、概述

楼梯在通常情况下起确保建筑物楼层间上下交通联系的作用，在突发事件发生后起紧急疏散和逃生通道的作用。楼梯结构设计质量、施工质量对于楼梯功能可否正常发挥有直接的关系。在大量性的工业与民用建筑中，由于楼梯间楼面的完整性受到影响，楼梯间开间尺寸相对于正常房间要小一些，楼梯间横墙的抗侧移刚度大，楼梯间吸收的地震能量大，这也是楼梯间震害较为严重的主要原因。因此，在结构重要性等级为三级以上的建筑中不宜使用装配式楼梯。

钢筋混凝土现浇楼梯经济耐用，防火性能好，整体性好，因此，在绝大多数工业与民用建筑中普遍使用。楼梯按施工工艺分为现浇整体式和装配式两类，按梯段受力形式不同分为板式、梁式、折板悬挑式和螺旋式楼梯，如图 10-18 所示。本章只讨论现浇钢筋混凝土板式楼梯和梁式楼梯。

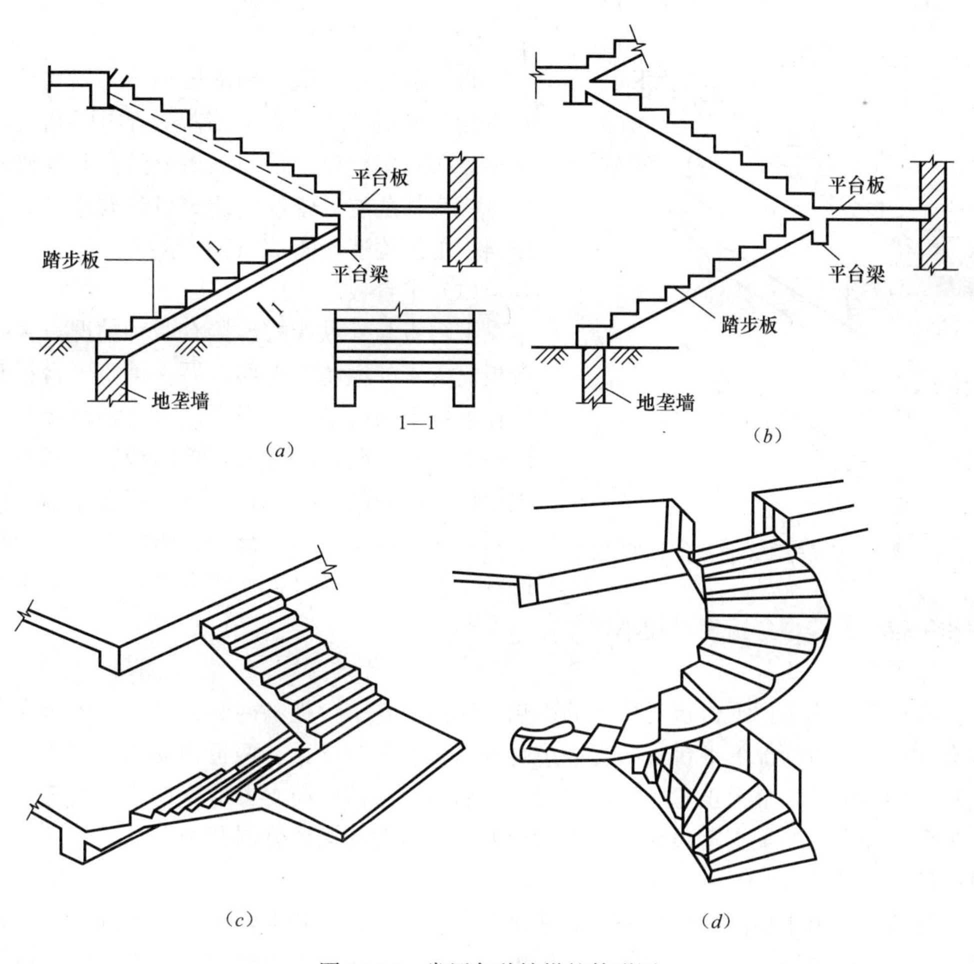

图 10-18　常用各种楼梯的外形图

（一）现浇板式楼梯

1. 板式楼梯的组成和各部分的功能

板式楼梯由梯段板、平台板和平台梁三部分组成。梯段板是斜向支承于上下平台梁上的斜板，它由斜板下部起受弯作用的斜板和表面的踏步两部分组成；它的作用是承受自重为主的永久荷载和作用在踏步上的可变荷载，并将承受的两部分荷载传给上下支座即上下平台梁。它是斜向受弯构件，和普通水平搁置的板一样抗剪能力能够满足要求（$V<0.7f_tbh_0$），设计时只需进行正截面抗弯承载力计算。斜板内的受力钢筋布置在板的下部沿斜板长度方向，数量由计算确定，板内受力钢筋配置方式有弯起式和分离式两种。

板的构造钢筋布置在受力钢筋内侧，沿梯段宽度方向（垂直于受力钢筋）与受力钢筋绑扎或焊接成钢筋网，数量按构造要求每个踏步内设置一根直径 6mm 的 HPB300 级的钢筋。斜板和平台梁连接处由于负弯矩的存在，需要设置位于连接部位上表面的构造钢筋，同时平台板内的构造钢筋也可从板表面伸入板内在满足锚固长度要求的截面截断后锚固。平台梁承受梯段斜板、平台板传来的均布线荷载以及自重永久荷载，是简支于楼梯间横墙上的简支梁。平台板承受自身表面作用的可变荷载以及板的自重永久荷载；使用期间具有联系上下梯段和供使用人员休息的功能，它是支承于平台梁和外纵墙上的单向板。

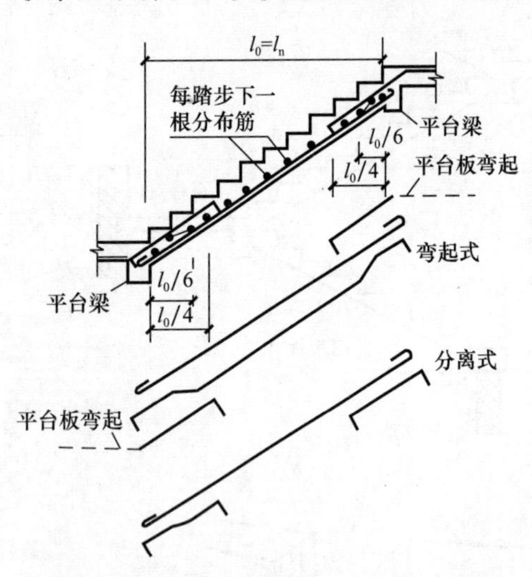

图 10-19　板式楼梯梯段斜板配筋构造详图

2. 尺寸确定

板厚的确定应满足刚度要求，一般可取梯段水平投影长的 1/30 左右。踏步结构层和表面抹灰层，按建筑设计的踏步三角形的高和宽确定尺寸。板底抹灰层的厚度按建筑设计要求考虑。梯段斜板配筋构造如图 10-19 所示。

（1）平台板

平台板与外纵墙的连接有两种情况，一是平台板简支于外纵墙的内部；另一种是平台板和设置在外墙中的边梁整体浇筑，这两种情况都属于两边支承的情况，所以都是单向板。这两种不同支承情况内力的计算稍有区别，简支在墙内的板受到墙体约束作用较弱跨中弯矩较大，平台板与设置在外纵墙内的边梁整体浇筑时，受到边梁的嵌固作用较大，跨中弯矩相对较小。

（2）平台梁

抗弯计算时不考虑平台板对抗弯的影响，原因是在平台板和两侧横墙连接处板在横墙内没有生根，一般情况下平台板的支承边是外纵墙和平台梁，在两道横墙内没有支承。在求得平台梁跨中截面最大正弯矩设计值后，然后按矩形截面简支梁计算正截面配筋。

根据已经求得的梁支座边缘的剪力设计值按一般简支梁计算斜截面所需的箍筋（必要时可以配置弯起筋）。

一般情况下由于梯段一侧传来的荷载比平台板传来的荷载大，平台梁实际上会发生向梯段斜板方向的扭转，为了有效平衡此扭矩，可以适当增加抗扭箍筋。箍筋配置时可将抗剪箍筋和抗扭箍筋的数量合并后一起配置。

3. 现浇钢筋混凝土板式楼梯解读

【例 10-3】 某住宅楼采用现浇钢筋混凝土板式楼梯，楼梯结构施工图如 10-20 所示。试解读此板式楼梯各组成部分的配筋情况。

（1）楼梯基本构成简介

本住宅楼梯为钢筋混凝土现浇板式楼梯，楼梯间开间轴线尺寸为 2700mm，楼梯间进深Ⓑ～Ⓒ轴线尺寸为 4500mm，楼层间休息平台宽度Ⓐ～Ⓑ轴线尺寸为 1200mm。底层入户门进口上部设置了从柱外缘向外悬挑宽度 1200mm，与开间柱外缘同宽的雨篷。同层两个梯段之间的梯井宽度 100mm。

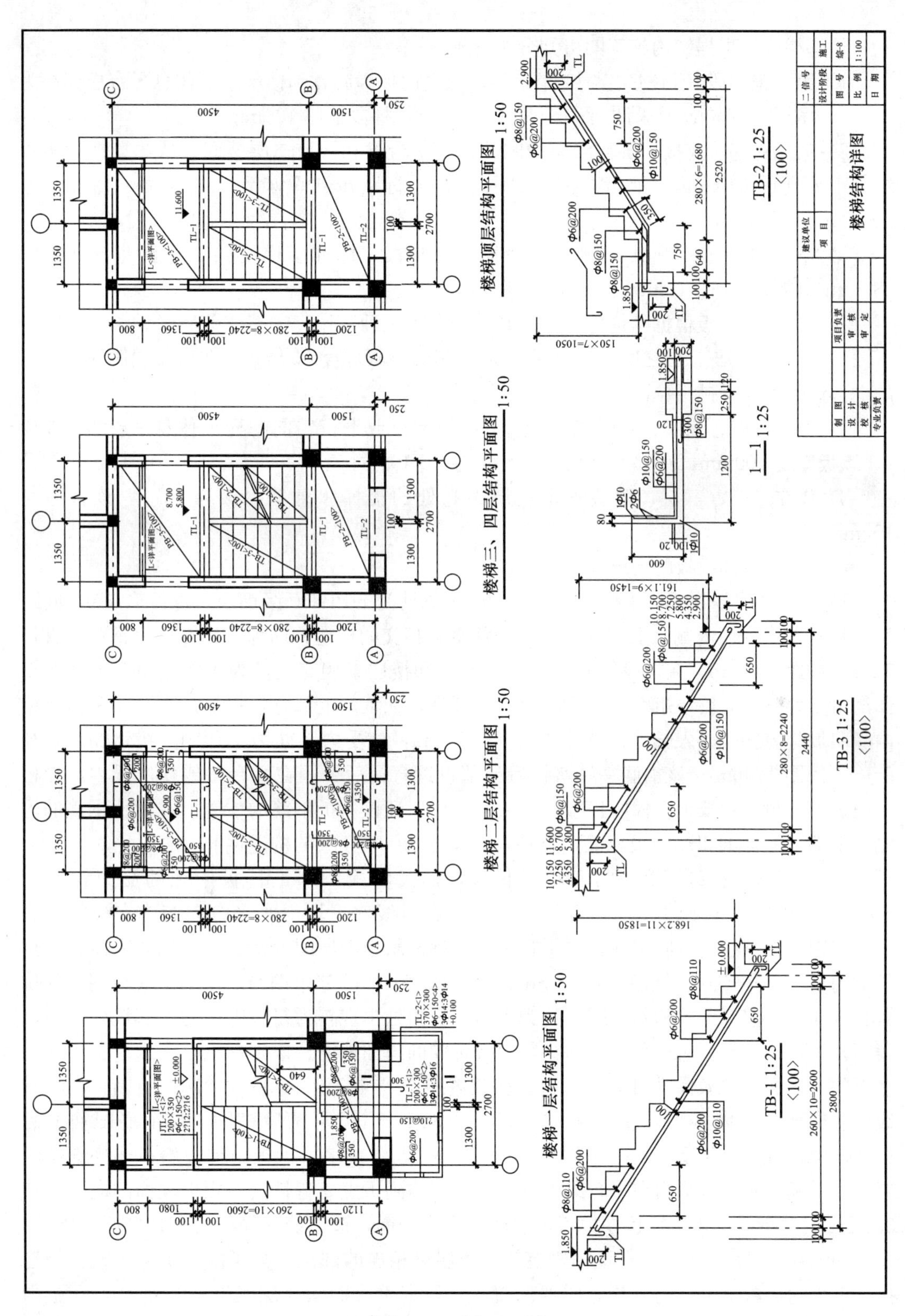
楼梯一层结构平面图 1:50
楼梯二层结构平面图 1:50
楼梯三、四层结构平面图 1:50
楼梯顶层结构平面图 1:50
TB-1 1:25
<100>
TB-3 1:25
<100>
TB-2 1:25
<100>
1—1 1:25
楼梯结构详图

图 10-20　例 10-3 图

楼梯梯段板根据结构施工图可知分为三种：

1）第一跑梯段（TB-1）共 11 个踏步，从室内标高起算到楼层中部休息平台板标高为 1.85m，踏步宽 260mm，踏步平均高度 168.2mm，梯段板厚 100mm。

2）第二跑梯段连接一层与二层中间的休息平台梁和板与二层楼面，从休息平台梁边缘处水平延伸 640mm 后上折为一折线梯段，上行踏步共 7 步到二层楼面，梯段板厚 100mm。

3）第三跑到第六跑共四跑梯段为标准层梯段，标准层梯段共 9 个踏步，踏步宽 280mm，踏步高 161.1mm，梯段板厚 100mm。

楼梯休息平台板根据结构施工图可知分为分为三种：

1）设在一层与二层之间的休息平台为 PB-1，该板厚度 100mm；在房屋主体外入户门的上部设了外伸悬挑板作雨篷。

2）设在二层、三层、四层三个楼层中部使上行或下行转向的楼梯休息平台板为 PB-2，该板厚度 100mm，在Ⓐ～Ⓑ轴线间尺寸与 PB-1 相同。

3）设在二层、三层、四层三个楼层标高处的楼梯休息平台板为 PB-3，该板厚度 100mm。

（2）楼梯各梯段板配筋解读

1）梯段板 TB-1。TB-1 板底部配置的受力钢筋为 HPB300 级钢筋，直径 10mm，间距 110mm；在受力筋内侧（上表面）与受力筋垂直相交的构造钢筋为 HPB300 级钢筋，直径 6mm，间距 200mm。在梯段斜板与休息平台梁和楼层梁相交处，为了防止由于板和梁整体浇筑受力后承受负弯矩引起梯段板上表面开裂，配置的上部弯折钢筋从平台梁和楼层梁内缘向板跨内斜向伸入长度的水平投影为 650mm，该受力钢筋为 HPB300 级钢筋，直径 8mm，间距 110mm；该钢筋一端弯折后端部设置弯钩后锚固在平台梁或楼层梁内，在板跨内折为直角弯钩抵顶在梯段模板的上表面，以保证该弯折钢筋的位置。在弯折钢筋的内侧（下部）配置 HPB300 级钢筋，直径 6mm，间距 200mm 的构造钢筋。

2）梯段板 TB-2。TB-2 为一折线梯段，梯段斜板和水平折板中配的受力钢筋为 HPB300 级钢筋，直径 10mm，间距 150mm，在折线水平段沿水平方向布置在板的下表面，该钢筋末端设弯钩固定在休息平台梁内。梯段斜板内所配的受力钢筋内侧需沿钢筋全长均匀配置 HPB300 级钢筋，直径 6mm，间距 200mm 的分布钢筋，以固定受力钢筋的位置。在梯段下部水平段和斜板转折处为了防止折角处出现较为复杂的内力引起该处梯段上表面开裂，需要附加从水平折板向梯段斜板延伸的附加钢筋，该附加钢筋在水平板内配置在板的上表面，进入梯段斜板时弯起在斜板内斜向延伸 350mm 后设弯钩后折断，在Ⓑ轴线的楼梯平台梁内从平台板下侧向下延伸 200mm 后设弯钩后锚固，该钢筋配筋值为 HPB300 级钢筋，直径 8mm，间距 150mm。同时也要在水平折板与梯段斜板连接部位配置在水平板板底一端锚固在平台梁上部，一端延伸到折点处弯折到斜板上表面的向上延伸 350mm 后弯折成直角后抵顶在模板上表面的构造钢筋，该钢筋配筋值为 HPB300 级钢筋，直径 8mm，间距 150mm。在该梯段上部与楼层梁相连的部位，为了防止整体浇筑在该连接处产生的负弯矩引起的开裂，需要配置从梯段板上表面向楼层梁下折 200mm，在板内斜向延伸的水平投影 750mm，端头带直角弯钩抵顶在模板表面的附加钢筋，该附加箍筋配筋值为 HPB300 级钢筋，直径 8mm，间距 150mm；该附加钢筋内侧需配置 HPB300 级钢筋，直径 6mm，间距 200mm 的分布钢筋，以确保该附加钢筋的位置得到保证。

3）梯段板 TB-3。TB-3 板底部配置的受力钢筋为 HPB300 级钢筋，直径 10mm，间距 150mm；在受力筋内侧（上表面）与受力筋垂直相交的构造钢筋为 HPB300 级钢筋，直径 6mm，间距 200mm。在梯段斜板与休息平台梁和楼层梁相交处，为了防止由于板和梁整体浇筑受力后承受负弯矩引起梯段板上表面开裂，配置的上部弯折钢筋从平台梁和楼层梁内缘向板跨内斜向伸入长度的水平投影为 650mm，该受力钢筋为 HPB300 级钢筋，直径 8mm，间距 150mm；该钢筋一端弯折后端部设置弯钩后锚固在上、下层平台梁和楼层平台梁内，在板跨内折为直角弯钩抵顶在梯段模板的上表面，以保证该弯折钢筋的位置，在该弯折钢筋的内侧（下部）配置 HPB300 级钢筋，直径 6mm，间距 200mm 的构造钢筋。

（3）休息平台板及雨篷板配筋解读

1）休息平台板 PB-1。该平台板在Ⓐ～Ⓑ轴线间，与休息平台梁 TL-1 和 TL-2 整体浇筑，以 TL-1 和 TL-2 为支座的双向板。PB-1 短边方向板底配置的受力钢筋为 HPB300 级钢筋，直径 8mm，间距 200mm，由于该板外部带有外伸悬挑板，故该钢筋从板底位置通过 TL-2 延伸到雨篷板下部延伸长度为 300mm 处设置弯钩后截断。沿板长边在板底短边所配的受力筋内侧配置 HPB300 级钢筋，直径 6mm，间距 150mm 受力钢筋。在 PB-1 的短边方向为了防止墙体的嵌固作用引起沿板短边方向的开裂，需要设置 HPB300 级钢筋，直径 8mm，间距 200mm，从侧墙内侧板的上部伸入板长边方向 350mm 的构造钢筋，为了确保该构造筋的位置正确，需要在板内折角内侧和边墙（板长边方向的支座内沿板的短边方向）设置两根 HPB300 级、直径 6mm 的架立筋。由于雨篷板通过 TL-2 和平台板 PB-1 连成整体，雨篷板上部抵抗负弯矩的钢筋通过 TL-2 延伸通过 PB-1 后锚固到 TL-1 中，钢筋配置在平台板 PB-1 的上部，在雨篷板内从板的上表面延伸到雨篷板前端部弯折小矩形后，向上通过雨篷翻边内侧上升 600mm 后设直角折钩前部抵顶在前部竖向的模板上，该受力钢筋配筋值为 HPB300 级钢筋，直径 10mm，间距 150mm；翻边最上部的钢筋和翻边折角处的钢筋小矩形内折角内侧需要配置沿雨篷宽度通常的直径 10mm 的 HPB300 级钢筋，翻边竖直段内沿雨篷宽度方向通长配置两根直径 6mm 的 HPB300 级钢筋该受力钢筋的内侧（下部）需要配置直径 6mm、间距 200mm 的 HPB300 级分布钢筋，以固定该受力钢筋的位置。在雨篷板左右两个侧面翻边配有如同雨篷板前缘翻边形状相同的钢筋，翻边内的钢筋与前述钢筋相同，在板的长边方向从板受力筋下部伸入板内并与板的受力钢筋绑扎后再从横向定位轴线算起延伸长度 800mm 处截断。

2）休息平台板 PB-2。该平台板为Ⓐ～Ⓑ轴线间，与休息平台梁 TL-1 和 TL-2 整体浇筑，以 TL-1 和 TL-2 为支座的双向板，该板共有三块。PB-2 短边方向板底配置的受力钢筋为 HPB300 级，直径 8mm，间距 200mm 的受力钢筋；沿板长边在板底短边所配的受力筋内侧配置 HPB300 级钢筋，直径 6mm，间距 150mm 受力钢筋。在 PB-2 的短边方向为了防止墙体的嵌固作用引起沿板短边方向的开裂，需要设置 HPB300 级钢筋，直径 8mm，间距 200mm，从侧墙内侧板的上部伸入板长边方向 350mm 的构造钢筋，为了确保该构造筋的位置正确，需要在板内折角内侧和边墙（板长边方向的支座内沿板的短边方向）设置两根 HPB300 级，直径 6mm 的架立筋。

3）休息平台板 PB-3。该平台板为楼梯间进深另一侧的楼层过渡处楼梯休息平台板，该板共有三块。PB-3 短边方向板底配置的受力钢筋为 HPB300 级，直径 8mm，间距 200mm 的受力钢筋；沿板长边在板底短边所配的受力筋内侧配置 HPB300 级钢筋、直径 6mm、间距 150mm 受力钢筋。在 PB-3 的短边方向为了防止墙体的嵌固作用引起沿板短边方向的开裂，需要设置 HPB300 级钢筋，直径 8mm，间距 200mm，从侧墙内侧板的上部伸入板长边方向 350mm 的构造钢筋，为了确保该构造筋的位置正确，需要在板内折角内侧和边墙（板长边方向的支座内沿板的短边方向）设置两根 HPB300 级、直径 6mm 的架立筋，该构造钢筋和架立筋局限在从楼层休息平台梁到距该平台梁 1360mm 处楼面小梁的范围内。在梯梁 TL-1 和 PB-3 连接处为了防止整体浇筑在该部位形成的接触处上表面开裂，配置沿着 TL-1 的板面上部构造钢筋，其配筋值为 HPB300 级钢筋，直径 8mm，间距 200mm，从 TL-1 内侧板的上部伸入 PB-3 板短边方向 350mm 的构造钢筋，为了确保该构造筋的位置正确，需要在板内折角内侧和边墙（板长边方向的支座内沿板的短边方向）设置两根 HPB300 级，直径 6mm 的架立筋。为了防止 PB-3 上的小梁到外墙之间宽度为 800mm 的板块受力破坏，处在该板块下部由 PB-3 短边方向受力钢筋拉通配置外，在该板块上表面配置 HPB300 级，直径为 8mm，均匀分布间距为 200mm 的受力钢筋，该受力钢筋在板的短边方向延伸通过 PB-3 上小梁的上部过小梁侧边 350mm，后设直角弯钩后抵顶在板的表面。该板块的长边方向配置在短边方向受力筋的内侧（上部）配置 HPB300 级、直径 6mm、间距为 200mm 的构造钢筋。该板块的短边方向配置 HPB300 级、直径 8mm、间距 200mm，伸入板块长边方向的长度为 200mm 的墙边板面构造钢筋。

（4）楼梯平台梁配筋解读

1）基础楼梯平台梁 JTL-1。该梁位于楼梯底层上行第一跑梯段板的下部，用于将上行第一跑梯段板的荷载承受后传给楼梯间两侧的井桩上去或基础墙上去，同时也使基础梁形成封闭完整的平面受力整体，一部楼梯梁只有一根，该梁顶面标高为±0.000m 处。根据施工图上集中标注的信息可知，该梁截面尺寸 $b \times h = 200\text{mm} \times 350\text{mm}$，箍筋为 HPB300 级、直径 6mm、间距 150mm 的双肢箍，梁 JTL-1 上部配置 2 根直径 12mm 的 HPB300 级架立筋，下部配置两根 HPB300 级直径 16mm 的纵向受力钢筋。

2）楼梯平台梁 TL-1。该梁位于每层中间休息平台板和二层、三层、四层楼面处的平台梁，该梁共有 7 根。根据施工图上集中标注的信息可知，该梁截面尺寸 $b \times h = 200\text{mm} \times 300\text{mm}$，箍筋为 HPB300 级，直径 6mm，间距 150mm 的双肢箍，梁 TL-1 上部配置 2 根直径 14mm 的 HPB300 受力筋，下部配置三根 HPB300 级直径 16mm 的纵向受力钢筋。

3）楼梯平台梁 TL-2。该梁位于Ⓐ轴线上各楼层处的平台梁，该梁共有 4 根。根据施工图上集中标注的信息可知，该梁截面尺寸 $b \times h = 370\text{mm} \times 300\text{mm}$，箍筋为 HPB300 级，直径 6mm，间距 150mm 的四肢箍，梁 TL-2 上部配置三根直径 14mm 的 HPB300 受力筋，下部配置三根 HPB300 级直径 14mm 的纵向受力钢筋。该梁顶面比 PB-2 提高 100mm。

（二）梁式楼梯简介

1. 梁式楼梯构成

梁式楼梯由踏步板、梯段斜梁、平台梁、平台板四部分组成。踏步板是承受楼梯表面使用可变荷载和自重引起的永久荷载的最上部构件，它以梯段斜梁为支座，是简支的受弯构件。梯段斜梁承受踏步板传来的均布线荷载和自重引起的永久荷载，是支承于上下平台梁的倒 L 形截面受弯构件。平台梁承受梯段斜梁传来的集中荷载、平台板传来的均布荷载和自重引起的均布线荷载，是支承于楼梯间横墙上的简支梁。平台板承受表面使用可变荷载和自重引起的永久荷载；在楼梯试用期间作为使用人员休息和改变行走方向的中间空间，它是支承于楼梯平台梁和外墙上的单向板。

每个踏步板的受力情况基本相同，都是支承在斜梁上的单向简支板，计算以一个踏步为研究对象，它的截面形状为梯形，可按面积不变的原则折算为矩形截面，折算高度 $h_1=c/2+d/\cos\alpha$，计算宽度为一个踏步的实际宽度 b。由于梯段斜梁和踏步板整体浇筑在一起，当梯段斜梁弯曲时带动踏步板同时受弯，计算时可把踏步板看做是斜梁的翼缘，斜梁截面为倒L形截面。斜梁的高度 $h\geqslant l_0/20$（l_0 是梯段斜梁水平投影的计算跨度），斜梁的宽度 $b=(1/3\sim1/2)h$。平台梁承受斜梁传来的四个集中荷载和平台板传来的均布线荷载，以及平台梁自重引起的均布荷载，是一般的简支梁，截面高度 $h=(1/12\sim1/8)l_0$（l_0 是楼梯平台梁的计算跨度），平台梁的宽度 $b=(1/3\sim1/2)h$。平台板的厚度确定和板式楼梯的类似。

2. 梁式楼梯配筋图示例

【例 10-4】 某梁式楼梯开间尺寸为 4.2m，进深为 6.8m，经前期建筑设计，确定休息平台梁为 $b\times h=200\text{mm}\times450\text{mm}$，休息平台板厚度为 100mm，踏步宽度为 300mm，踏步高度为 150mm，梯段斜梁 $b\times h=150\text{mm}\times250\text{mm}$，经内力分析和配筋计算，该楼梯梯段斜梁和踏步板的配筋如图 10-21 所示。试解读该梁式楼梯梯段斜梁和踏步板各配件的配筋图。

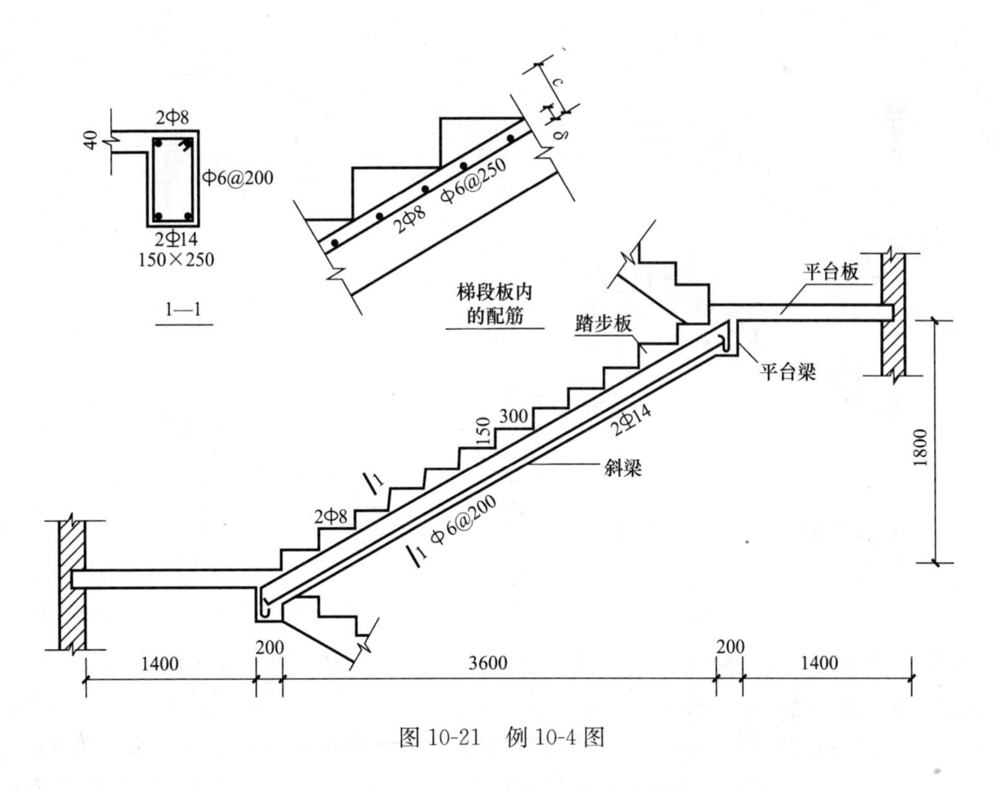

图 10-21　例 10-4 图

（1）基本构成介绍

图 10-21 所示梁式楼梯，梯段水平投影为 3600mm，大于板式楼梯梯段板水平投影较

为合理尺寸 3000mm 的界限，从节省材料、满足使用要求等方面考虑，采用梁式楼梯较为合理。

（2）梯段斜梁配筋解读

从图 10-21 中 1-1 剖面可知，梯段斜梁截面宽度为 150mm，截面高度为 250mm，根据梯段板与梯段斜梁整体浇筑和共同弯曲变形的实际，梯段斜梁可按倒 L 形截面计算内力。梯段斜梁为单筋截面，下部配置的纵向受拉钢筋的配筋值为两根直径为 14mm 的 HRB335 级钢筋；上部架立筋为两根直径 8mm 的 HPB300 级钢筋；箍筋的配置为直径 6mm，钢筋强度等级为 HPB300，间距 200mm。

（3）踏步板配筋解读

踏步板内实配钢筋为每步一根直径 6mm 的 HPB300 级钢筋，为了有效固定踏步板内受力钢筋，需要在踏步板受力钢筋内侧沿着梯段斜板方向配置直径 6mm，间距 300mm 的 HPB300 级钢筋。

梁式楼梯平台板、平台梁配筋与板式楼梯相似，由于篇幅限制，这里不再赘述。

（三）折线形楼梯简介

为了满足建筑设计和使用要求，在房屋建筑中有时需要采用折线形楼梯，它是将平台板和梯段连为一体，在平台和梯段连接处省去了一道平台梁，犹如将梯段折角后放平作为休息平台一样，所以称为折线形楼梯，如图 10-22 所示。折线形楼梯曲折处配筋构造要求如图 10-23 所示。

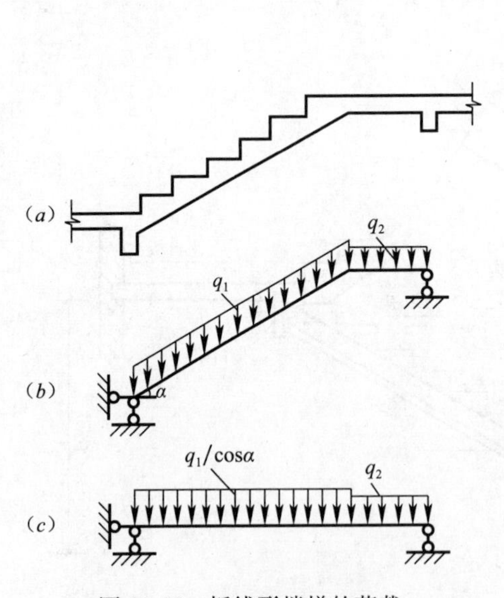

图 10-22　折线形楼梯的荷载

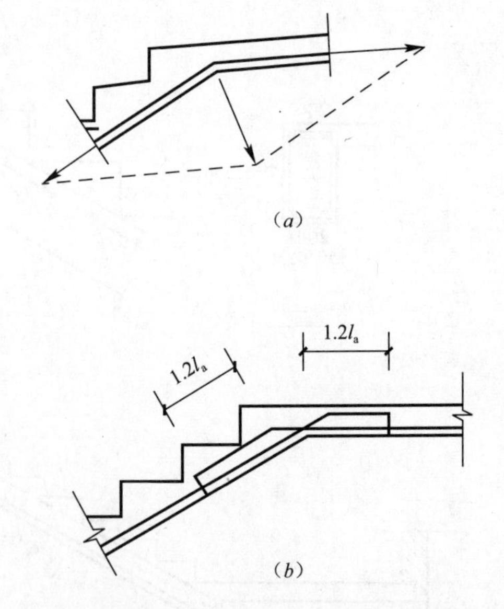

图 10-23　折线形楼梯在曲折处的配筋

折线形楼梯根据梯段跨度和上部荷载的大小也分为板式楼梯和梁式楼梯。它们各自的适用范围和普通钢筋混凝土楼梯是一致的。折线式楼梯的梯段斜梁或斜板的内力分析的思路和普通梁式及板式楼梯一样，一般是将斜梯段上的荷载转化为沿水平长度分布的荷载，如图 10-22（*b*）、（*c*）所示。当折线形楼梯转化为简支梁时就能比较简单地求出跨内最大弯矩 M_{max}和支座边缘的最大剪力 V_{max}的值。

折线形楼梯在梯段梁（板）转折处形成朝下的内折角，在平台板和梯段连接处配筋时如果连续配置，则此处钢筋受拉有在张力作用下拉紧的趋势，水平方向平台下支承梁和（平台板）与梯段内钢筋的合力，如图 10-23（*a*）所示，这个合力将使转角处内侧混凝土在拉力作用下开裂，致使混凝土保护层剥落，钢筋被绷出松动后失去受力的功能。为此，在折线式楼梯内折角处配置钢筋时应该将钢筋分别配置，即梯段内的钢筋伸入平台板内锚固，对应位置的平台板内钢筋伸入梯段内锚固，由于该部位是受拉区，上述钢筋的锚固长度应为基本锚固长度的 1.2 倍，即从转角处算起各为 $1.2l_a$，如图 10-23（*b*）所示。如果是梁式折线形楼梯，折梁在折角处箍筋应适当加密。

第六节　现浇钢筋混凝土雨篷基本结构与构造

雨篷是设在房屋外墙门洞上侧供人们出入时避雨悬挑构件，对悬挑长度大的雨篷，一般都设有雨篷梁支承雨篷板。它是一种最简单的梁板结构，一般情况下雨篷是由雨篷板固定在雨篷梁上形成的，雨篷梁一般兼作洞口的过梁，雨篷梁不仅承受雨篷板传来的弯矩引起的扭矩，同时还受到上部墙体传来的荷载及自重形成的永久荷载产生的弯矩和剪力影响。

雨篷在荷载作用下可能发生以下三种破坏：1）雨篷板的根部由于抗弯承载力不足而破坏；2）雨篷梁在上部荷载引起的弯矩、剪力和扭矩作用下因承载力不足而破坏；3）雨篷由于抗倾覆能力不足整体发生倾覆破坏。

因此，雨篷设计时根据安全性功能要求，不仅要进行承载力验算外，还要进行整体的抗倾覆验算。

一、雨篷板的构造

雨篷板是悬臂板，雨篷板根部厚取 $l_n/12$（l_n 为雨篷板悬挑端净跨）。根据雨篷板悬挑长度不同，雨篷板根部厚度要求的最小值也不同。当 $l_n=0.6\sim1$m 时，雨篷板根部最小厚度通常大于等于 70mm；当 $l_n\geqslant1.2$m 时，雨篷板根部厚度≥80mm。雨篷板端的最小厚度要求不小于 50mm。

二、雨篷梁

1. 荷载

（1）板传至梁的荷载

雨篷板传给雨篷梁的荷载包括雨篷板的自重、板面的可变荷载以及板端施工检修荷载，这部分荷载按自重永久荷载＋板面可变荷载，以及自重永久荷载＋板端均布荷载两种组合中的较大值，这种荷载引起雨篷梁受扭。

（2）雨篷梁承受上部墙体的荷载

如前所述，雨篷梁兼作门洞处的过梁，根据《砌体结构设计规范》的规定，过梁上部荷载应按以下规定确定。

对于砖砌体，当过梁上的墙体高度 $h_w<l_n/3$ 时（l_n 为过梁的净跨），应按梁上全部墙体均布荷载取用；当 $h_w\geqslant l_n/3$ 时，应按高度 $l_n/3$ 墙体的均布自重采用。

（3）对于小型砌块砌体，当过梁上的墙体高度 $h_w<l_n/2$ 时，应按梁上全部墙体均布

荷载取用；当 $h_w \geqslant l_n/2$ 时，应按高度 $l_n/2$ 墙体的均布自重采用。

(4) 对于中型砌块砌体，当过梁上的墙体高度 $h_w < l_n$ 或 $h_w < 3h_b$ 时 (h_b 为砌筑过梁的单个垫块的高度)，应按梁上全部墙体均布荷载取用；当 $h_w \geqslant l_n$ 且 $h_w \geqslant 3h_b$ 时，应按高度 l_n 和 $3h_b$ 较大值的墙体均布自重采用。

过梁上部有楼板或梁压在过梁上部时，板或梁传至过梁的荷载按下列规定确定。

(1) 对于砖和小型砌块砌体，当梁板下到过梁顶面的墙体高度 $h_w < l_n$ 时，可按梁板传来的荷载采用。当梁板下到过梁顶面的墙体高度 $h_w \geqslant l_n$ 时，可不考虑梁、板荷载。

(2) 对于中型砌块砌体，当梁板下到过梁顶面的墙体高度 $h_w < l_n$ 或 $h_w < 3h_b$ 时 (h_b 为砌筑过梁的单个垫块的高度)，应按梁上全部墙体均布荷载采用；当梁、板下到过梁顶面的墙体高度 $h_w \geqslant l_n$ 且 $h_w \geqslant 3h_b$ 时，可不考虑梁板自重。

2. 构造要求

雨篷板的上表面必须是水平的，排水坡度由面层水泥砂浆层找坡形成，落水管根据建筑设计要求设置，并在混凝土浇筑前与板面钢筋牢固焊接。雨篷梁的高可参照普通简支梁确定，但应符合单皮砖的整倍数。为防止雨水在雨篷板上滞留后渗入墙内，在雨篷梁和雨篷板的连接部位正上方沿雨篷梁长度方形设置 60mm×60mm 的堵水凸条，见图 10-24 所示。

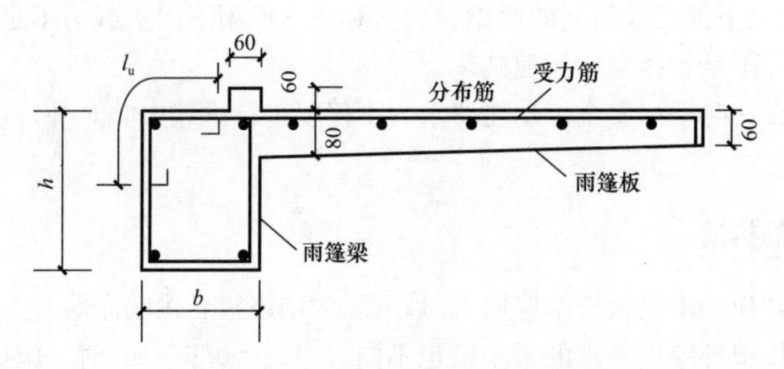

图 10-24 雨篷堵水凸块构造示意图

本 章 小 结

1. 整体式单向板肋梁楼盖按弹性理论方法计算时假定梁板为理想的匀质弹性体，其内力可按结构力学方法进行计算。连续梁板各跨计算跨度相差不超过 10%时可按等跨计算。跨数超过五跨时，按五跨计算；跨数在五跨以内时按实际跨数计算。对于多跨连续梁板按弹性方法计算内力时，要考虑可变荷载最不利内力布置的问题，将各种最不利内力布置下的可变荷载产生的内力，与永久荷载作用下的各截面内力相叠加，用同一比例分别画在同一个图上，对于各个控制截面的内力用包络图的上、下边缘值来表示。

2. 连续梁板的配筋方式有弯起式和分离式两种。板和次梁不需通过内力包络图确定受力钢筋和构造钢筋，一般按构造规定确定受力钢筋弯起和截断的位置。主梁受力钢筋和构造钢筋可依据在内力包络图基础上所作的抵抗弯矩图以及构造要求确定。主、次梁相交处为了防止由于次梁传来的集中荷载将主梁下部压掉，需要通过计算设置附加箍筋或吊筋。

3. 塑性内力重分布的计算方法是根据钢筋混凝土连续梁、板受力分析，是按材料力学中研究的理想弹性体的方法进行的，而配筋计算依据的是受弯构件受力破坏试验的第三阶段末的弹塑性受力状态，这就要求连续梁板内力分析时需要考虑塑性内力重分布的因素。对于超静定结构，某个截面的屈服并不意味着其他截面全部都达到承载力极限状态，随着屈服截面塑性铰的出现和荷载的增加，结构在外荷载持续作用下内力的分布将不再依照原来的规律进行，即出现了内力的重新分布，且这个特性可以被人们用来对连续梁进行截面内力的调控。利用塑性内力重分布的原理，可以人为调整连续梁支座和跨中的弯矩值，使支座弯矩的下降不致引起跨中截面弯矩增加太多超过内力包络图上跨中的最大弯矩值，既确保了跨中和支座受力的安全可靠，也节省了钢筋，方便了支座处混凝土的浇筑。由于塑性铰的转动，连续梁板变形加大，裂缝宽度增加，对于重要的结构和不允许出现大的裂缝的结构不适宜采用考虑塑性内力重分布的方法进行设计。

4. 装配式楼盖整体性差，抗震性能差，在地震高烈度区的房屋或在房屋使用人数多且有大空间的学校、医院等建筑中禁止采用装配式楼盖。

5. 常用的现浇楼梯有板式、梁式楼梯两类，跨度小、楼梯表面使用可变荷载较小的情况下可采用板式楼梯，反之，采用梁式楼梯。楼梯各组成部分的计算按一般受弯构件要求进行。

6. 雨篷板是悬挑板，要满足抗弯的要求；雨篷梁是受扭、受弯和抗剪构件，应按弯扭和剪扭构件计算。

复习思考题

一、名词解释

单向板　双向板　分离式配筋　弯起式配筋　附加箍筋　吊筋

二、问答题

1. 单向板和双向板的配筋有哪些异同？

2. 梁板结构选型时应注意哪些问题？

3. 肋梁楼盖中板、次梁、主梁计算简图如何确定？

4. 板、次梁、主梁中的构造钢筋各有哪些？它们的作用是什么？对它们的要求各有哪些？

*第十一章　钢筋混凝土单层工业厂房排架结构房屋

学习要求和目标：

1. 了解单层工业厂房的组成及受力特点，了解支撑的作用及其布置。
2. 了解单层工业厂房主要构件的常见类型。
3. 掌握排架柱配筋图的读识和相关构造。
4. 掌握排架柱下钢筋混凝土独立基础配筋图的识读和相关构造要求。

单层工业厂房是所有工业厂房中使用最广泛、最常见的类型之一。单层工业厂房的横向承重结构通常分为排架结构和刚架结构两大类。单层厂房的排架结构按主要受力构件所用材料不同，可以分为混合结构和钢筋混凝土结构两大类。混合结构可以细分为钢筋混凝土砖排架以及钢和钢筋混凝土排架。

如图 11-1（a）所示为单跨厂房排架；图 11-1（b）所示为两跨等高排架厂房排架；图 11-1（c）所示为三跨不等高厂房排架；图 11-1（c）为锯齿形多跨厂房。

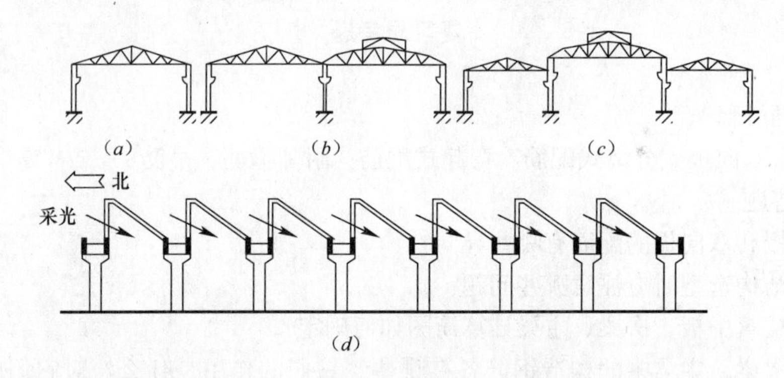

图 11-1　钢筋混凝土单层厂房排架结构

钢筋混凝土砖排架是指由钢筋混凝土屋面板、砖柱和基础组成的排架体系。它承载和跨越空间的能力较小，宜用于跨度不大于 15m，檐高不大于 8m，吊车起重吨位不大于 50kN 的轻型工业厂房。

钢和钢筋混凝土排架是由钢屋架、钢筋混凝土柱和基础组成的排架体系。承载能力和跨越空间的能力都较大，宜用于跨度大于 36m，吊车起重量在 2500kN 以上的重型工业厂房。

钢筋混凝土排架是由钢筋混凝土屋面梁或屋架、柱基础组成的排架体系。跨度在 18～36m 之间，檐高在 20m 以内，吊车起重吨位在 200kN 以内的绝大部分工业厂房。

单层厂房的刚架结构，因为梁与柱连接成整体，在荷载作用下，刚架的转折处将产生较大的弯矩，容易开裂；刚架柱在横梁的水平推力的作用下，将产生相对位移，使厂房的跨度发生变化，此类结构的刚度较差，适用于屋盖较轻的无吊车或吊车吨位不超过100kN、跨度不超过18m的轻型屋架厂房或仓库。

综上所述，工业厂房中主要采用排架结构，刚架结构适用范围有限。在排架结构中钢筋混凝土排架结构是使用最为普遍的形式。

*第一节　单层工业厂房排架结构组成

一、单层工业厂房的组成及主要结构构件的选型

单层工业厂房的结构体系主要由屋盖结构、柱和基础三大部分组成。屋盖结构根据屋架上是否设置檩条，可分为有檩体系和无檩体系两种。有檩体系房屋由于屋盖结构高度增加、构件类型增多、传力途径复杂、施工程序多、刚性和整体性差、不利于抗震等缺点，使用受到限制，仅适用于一般中小厂房。无檩体系屋盖根据是否设置天窗，分为有天窗排架结构和不设天窗的排架结构两类。单层工业厂房的结构组成如图11-2所示。

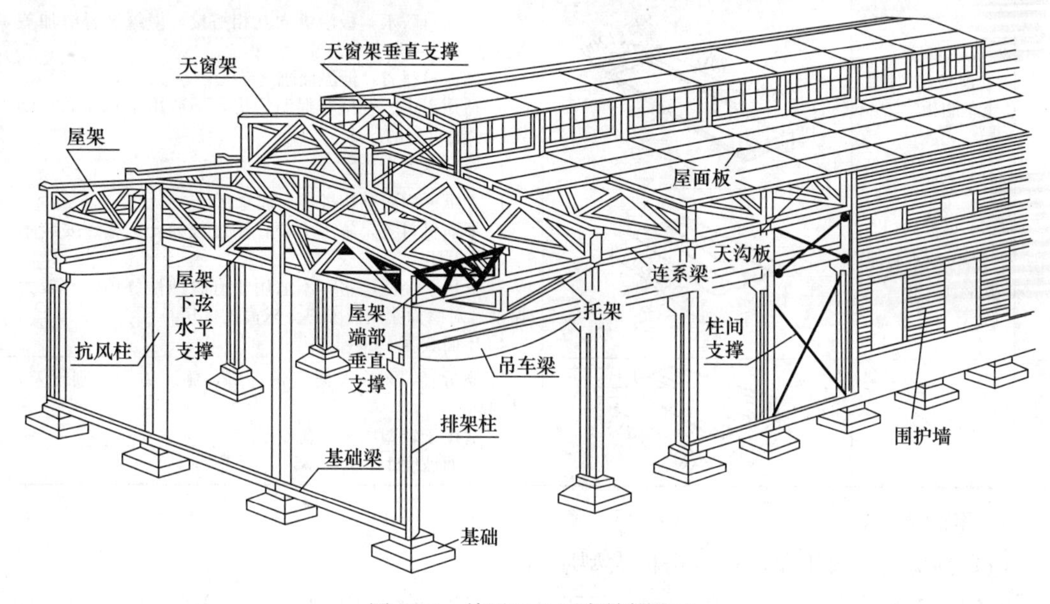

图11-2　单层工业厂房结构组成

二、主要结构构件及选型

（一）屋盖结构

不设天窗的无檩体系房屋的屋盖结构主要由屋面板、屋架或屋面大梁，以及工艺要求需要取消某些排架柱时为了支承屋架传递内力而设置的托架等组成。设天窗的无檩体系的房屋，由于天窗在厂房中部局部升高了屋面，所以比无天窗的厂房多出了天窗屋面板、天窗架等结构构件。屋顶结构在建筑上具有围护作用，将室外空间和厂房内的空间有效分隔；在结构上具有承受自重以及承受作用于屋面的雪荷载、风荷载、积灰荷载以及施工和检修荷载的作用。

在屋面结构中，屋面板用量最多，在屋盖结构的造价中占的比例最高，因此，正确选用单层工业厂房面板对屋顶结构乃至厂房总造价影响比较明显。常用的屋面板包括如下几种，详见表11-1。

工业厂房常用屋面板 **表11-1**

序号	构件名称	形式	特点及适用条件
1	预应力混凝土屋面板	5970(8970)；1490；240(300)	1. 屋面有卷材防水及非卷材防水两种 2. 屋面水平刚度好 3. 适用于中、重型和振动较大、对屋面要求较高的厂房 4. 屋面坡度：卷材防水最大1/15，非卷材防水1/4
2	预应力混凝土F形屋面板	5370；1490；200	1. 屋面自防水，板沿纵向互相搭接，横缝及脊缝加盖瓦和脊瓦 2. 屋面材料省，屋面水平刚度及防水效果较预应力混凝土屋面板差，如构造和施工不当，易飘雨、飘雪 3. 适用于中、轻型非保温厂房，不适用于对屋面刚度及防水要求高的厂房 4. 屋面坡度1/4
3	预应力混凝土单肋板	3980(5980)；935(1200)；180(250)	1. 屋面自防水，板沿纵向互相搭接，横缝及脊缝加盖瓦和脊瓦，主肋只有一个 2. 屋面材料省，但屋面刚度差 3. 适用于中、轻型非保温厂房，不适用于对屋面刚度及防水要求高的厂房 4. 屋面坡度1/3～1/4
4	钢丝网水泥波形瓦	990；1700(2000)	1. 在纵、横向互相搭接，加脊瓦 2. 屋面材料省，施工方便，刚度较差，运输、安装不当，易损坏 3. 适用于轻型厂房，不适用于有腐蚀性气体、有较大振动、对屋面刚度及隔热要求高的厂房 4. 屋面坡度1/3～1/5
5	石棉水泥瓦	~994；1820~2800	1. 质量轻，耐火及防腐蚀性好，施工方便，刚度差，易损坏 2. 适用于轻型厂房、仓库 3. 屋面坡度1/2.5～1/5

1. 屋面板

(1) 预应力混凝土屋面板（俗称大型屋面板）

它的标志尺寸为6000（9000）mm×1500mm×300mm，实际尺寸为5970（8970）mm×1490mm×240（300）mm。它的特点和适用条件为：

1）适用于卷材防水和非卷材防水两种。

2）屋面水平刚度好。

3）适用于中、重型振动较大，对屋面要求较高的厂房。

4）卷材防水时屋面坡度最大为1/5，非卷材屋面防水时为1/4。

(2) 预应力混凝土F形板

它的标志尺寸为5400mm×1500mm×200mm，实际尺寸为5370mm×1490mm×200mm。其特点和适用条件为：

1）屋面自防水，板的搭接缝沿房屋纵向，板头横缝和屋脊纵缝加盖瓦和脊瓦。

2）屋面构造简单、节省材料、施工简单方便，但屋面水平刚度及防水效果较预应力混凝土屋面板差。

3）适用于中、轻型不需要保温的厂房；对屋面刚度和防水要求较高的厂房不适用。

4）屋面适用坡度 1/4。

（3）预应力混凝土单肋板

它的标志尺寸为 4000（6000）mm×950（1200）mm×180（250）mm，实际尺寸为 3980（5980）mm×935（1200）mm×180（250）mm。特点和适用条件为：

1）屋面自防水，板沿纵向互相搭接，板端头的板缝加盖瓦，脊缝加盖脊瓦。

2）屋面构造简单、节省材料、施工简单方便，但屋面水平刚度差。

3）适用于中、轻型不需要保温的厂房，对屋面刚度和防水要求较高的厂房不适用。

4）屋面适用坡度

屋面适用坡度为 1/3～1/4。

其他类型的屋面板如钢丝网水泥波瓦、石棉水泥瓦屋盖不适于在常规的中大型工业厂房中使用，这里不再赘述。

2. 屋面梁和屋架

屋面梁和屋架是屋盖结构中最主要的承重构件，种类较多，适用于不同的条件下使用，常用的屋面梁和屋架如下：

（1）预应力混凝土单坡屋面梁

它是薄腹梁，跨度为 9m 或 12m。其自重大，适应于跨度不大，有较大震动或有腐蚀性介质的厂房，屋面坡度 1/8～1/12。

（2）预应力混凝土双坡屋面梁

属于薄腹梁范围，跨度为 12m、15m 和 18m。其特点及适用条件和预应力单坡屋面梁相似。

（3）钢筋混凝土两铰拱屋架

它的上弦为钢筋混凝土构件，下弦为角钢，顶节点为刚接。适用跨度 9m、12m 和 15m。它的特点是自重小、构造简单。适用于跨度不大的中、轻型工业厂房，卷材屋面坡度 1/5，非卷材屋面的坡度为 1/4。

（4）钢筋混凝土三铰拱屋架

它的上弦为先张法预应力钢筋混凝土构件，下弦为角钢。适用跨度 12m、15m 和 18m。它的特点是自重小、构造简单。适用于跨度不大的中、轻型工业厂房，卷材屋面坡度 1/5，非卷材屋面的坡度为 1/4。

（5）钢筋混凝土折线形屋架（卷材防水）

它是由钢筋混凝土材料制作而成的，适用跨度为 15m、18m。它的特点是外形合理，屋面坡度合适；适用于卷材防水屋面的中型厂房；屋面坡度 1/2～1/3。

（6）预应力混凝土折线形屋架（卷材防水）

它的下弦是预应力轴心受拉构件，上弦和腹杆是混凝土构件。适用跨度 18m、21m、24m、27m 和 30m。它的特点是外形合理，屋面坡度合适、自重轻；适用于卷材防水屋面的重型厂房；屋面坡度 1/5～1/15。

（7）预应力混凝土折线形屋架（非卷材防水）

它的下弦是预应力轴心受拉构件，上弦和腹杆是混凝土构件；适用跨度为 18m、

21m、24m、27m 和 30m。它的特点是外形合理，屋面坡度合适、自重轻；适用于非卷材防水屋面的中型厂房；屋面坡度 1/4。

工业厂房常用屋面梁和屋架类型见表 11-2。

工业厂房常用屋面梁和屋架类型 表 11-2

序号	构件名称	形式	跨度（m）	特点及适用条件
1	预应力混凝土单坡屋面梁		9 12	1. 自重较大 2. 适用于跨度不大、有较大振动或有腐蚀性介质的厂房 3. 屋面坡度 1/8～1/12
2	预应力混凝土双坡屋面梁		12 15 18	
3	钢筋混凝土两铰拱屋架		9 12 15	1. 上弦为钢筋混凝土构件，下弦为角钢，顶节点刚接，自重较轻，构造简单，应防止下弦受压 2. 适用于跨度不大的中、轻型厂房 3. 屋面坡度：卷材防水 1/5，非卷材防水 1/4
4	预应力混凝土三铰拱屋架		12 15 18	上弦为先张法预应力混凝土构件，下弦为角钢，其他同上
5	钢筋混凝土折线形屋架（卷材防水屋面）		15 18	1. 外形较合理，屋面坡度合适 2. 适用于卷材防水屋面的中型厂房 3. 屋面坡度 1/2～1/3
6	预应力混凝土折线形屋架（卷材防水屋面）		18 21 24 27 30	1. 外形较合理，屋面坡度合适，自重较轻 2. 适用于卷材防水屋面的中、重型厂房 3. 屋面坡度 1/5～1/15
7	预应力混凝土折线形屋架（非卷材防水屋面）		18 21 24 30	1. 外形较合理，屋面坡度合适，自重较轻 2. 适用于非卷材防水屋面的中型厂房 3. 屋面坡度 1/4

（二）吊车梁

吊车梁是支承在牛腿柱上用以安装吊车轨道，确保吊车安全可靠地在厂房纵向和横向运行的梁，它承受吊车起重瞬间和运行时产生的动荷载，将纵向刹车制动力和横向制动力有效地传给厂房排架体系；在连接各个排架确保厂房空间整体性方面具有重要作用。吊车梁承受重复荷载作用，疲劳验算和抗扭验算是其重要的验算内容之一，这也是区别于一般受弯构件的关键所在。

1. 钢筋混凝土吊车梁

截面形式为 T 形，适用跨度 6m；吊车适用起重量范围为：中级工作制 10～320kN；重级工作制时 50～200kN。

2. 先张法预应力混凝土等截面吊车梁

截面为上翼缘宽下翼缘窄的 I 字形截面，适用跨度 6m。吊车适用起重量范围为：轻级工作制 50～1250kN；中级工作制 50～750kN；重级工作制时 50～500kN。

3. 后张法预应力混凝土吊车梁

截面为上翼缘宽下翼缘窄的 I 字形截面，适用跨度 6m。吊车适用起重量范围为：中级工作制时 50～1000kN；重级工作制时 50～500kN。

4. 后张法预应力混凝土鱼腹式吊车梁

截面为上翼缘宽下翼缘窄的 I 字形截面，适用跨度 6m。吊车适用起重量范围为：中级工作制时 150～1250kN；重级工作制时 100～1000kN。

5. 后张法预应力混凝土鱼腹式吊车梁

截面为上翼缘宽下翼缘窄的 I 字形截面，适用设有托架的部位，跨度 12m。吊车适用起重量范围为：中级工作制时 50～2000kN；重级工作制时 50～500kN。

（三）柱

柱是厂房结构中主要的受力构件之一，承受屋盖结构、吊车梁、连系梁、圈梁、支撑体系和自重等传来的全部竖向荷载，并传至基础；在地震、大风等突发事件中能够起到承受和传递内力的作用。

（四）支撑

支撑体系中包括屋盖支撑及柱间支撑两大类。屋盖支撑的作用主要是保证施工阶段屋架就位后的安全，厂房结构投入使用后传递山墙风荷载、吊车纵向刹车制动力、传递地震惯性力引起的地震作用，增加厂房结构的整体性和空间刚度。柱间支撑的主要作用是平衡厂房纵向排架体系传来的水平力，并将这些作用力有效地传递到基础，最终平衡于大地。

（五）基础

基础不但承受柱传来的上部荷载，还承受压在杯口顶面上的基础梁传来的墙体荷载，并将这些荷载传至地基最终扩散到大地。单层工业厂房基础常用的类型主要为柱下独立杯形基础和桩基础两类。

杯形基础适用于地基土质好，承载力高，厂房荷载一般的工业厂房；当上部荷载较大，地质土构造复杂，地耐力较低时适用桩基础。

（六）围护结构

单层工业厂房的围护结构主要是指山墙、外纵墙、山墙抗风柱、连系梁和基础等。一般情况下山墙和外纵墙是自承重构件，当大风作用在墙面时，它可以承受并传递风荷载。抗风柱承受山墙传来的风荷载并传给山墙部位的屋架上弦和下弦，并通过纵向支撑系统传给柱间支撑和基础。连系梁在纵向将每榀排架拉结成整体，增加厂房空间刚度，在竖向承受墙体重量传给排架柱；基础梁承受墙体重量传给排架柱，图 11-3 为单层工业厂房常用的杯形基础图。

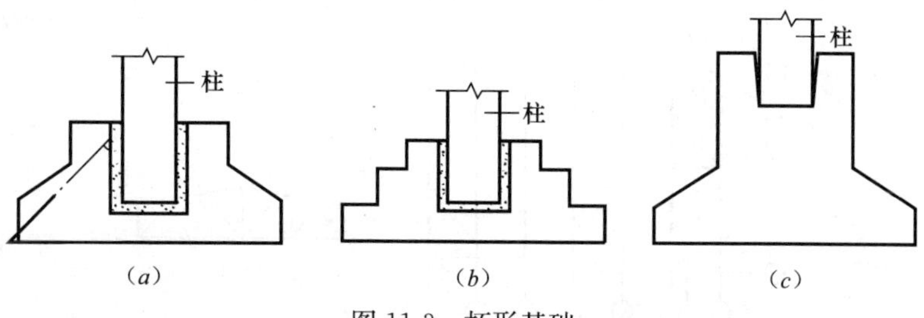

图 11-3　杯形基础

(a) 锥形；(b) 阶梯形；(c) 高杯口形

*第二节　厂房结构布置

厂房结构布置方案是在厂房建筑设计和工艺设计基础上确定的，结构布置方案的确定必须符合建筑设计和工艺设计的要求，厂房柱网布置是建筑设计决定的，结构设计时要围绕建筑设计和工艺设计的要求去工作，其中，最先需要了解的就是厂房柱网布置的基本要求。厂房柱网布置中应满足的基本常识性要求，详见图 11-4 所示。

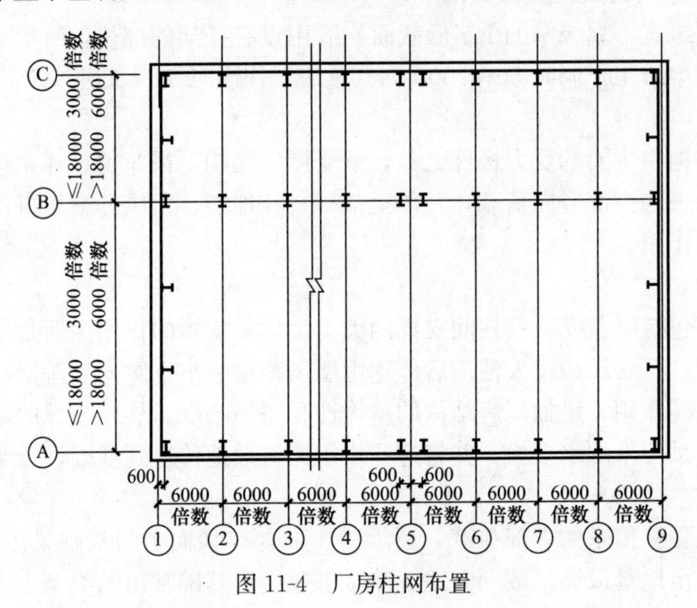

图 11-4　厂房柱网布置

一、结构构件及配件的作用

支撑的作用不仅在于传递厂房结构的内力，增加厂房整体性，而且在保证屋架安装时的稳定和安全性方面也具有很重要的作用。支撑按所处的位置分为屋盖支撑和柱间支撑两类，按和水平面的夹角大小分为水平支撑和垂直支撑，按支撑的走向分为纵向支撑和横向支撑，按截面和组成分为支撑桁梁和系杆。对于设有天窗架的厂房，天窗架的支撑是屋面支撑的继续和升高，作用和屋面支撑相似。

1. 上弦横向支撑

一般在屋架的上弦沿着相邻屋架每隔一个节点交叉设置，因大致和水平面平行，所以称为上弦横向水平支撑。上弦横向水平支撑的布置如图 11-5 所示。

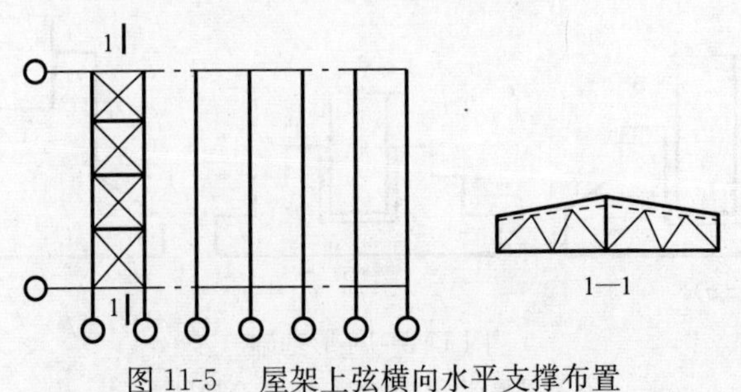

图 11-5　屋架上弦横向水平支撑布置

(1) 作用

上弦横向支撑传递由山墙抗风柱传来的水平风荷载到纵向排架体系，提高屋盖结构的整体性，可有效地减少屋架上弦杆件平面外的计算长度，降低λ_y，增加平面外的稳定性。

(2) 设置位置

一般位于厂房两端离开山墙的第二柱距内，也可在离开变形缝的第二柱距内设置。

(3) 注意事项

在无檩体系不设屋架上弦水平支撑的厂房中，当采用大型屋面板时，屋面板上的预埋钢板和屋架上弦的预埋钢板至少有三点牢固焊接，此情况下屋面板能起到上弦支撑的作用时，可不设置上弦水平支撑。此外，上弦横向水平支撑和下弦横向水平支撑应设置在同一柱距内。

2. 下弦横向支撑

一般在屋架的下弦沿着相邻屋架每隔一个节点交叉设置，因和水平面基本平行，所以称为下弦横向水平支撑，如图 11-6 所示。

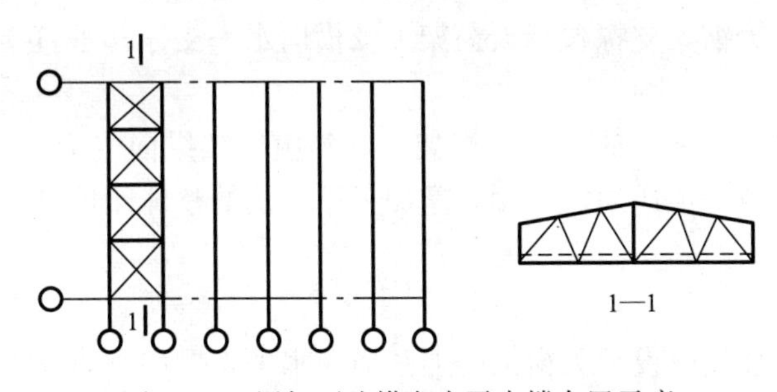

图 11-6　屋架下弦横向水平支撑布置示意

(1) 作用

下弦横向支撑传递由山墙抗风柱传来的水平风荷载到纵向排架体系，提高屋盖结构的整体性，可有效减少屋架下弦杆件平面外的计算长度，降低λ_y，降低屋架下弦的振动。

(2) 设置

设置位置与上弦横向水平支撑在同一柱距内。当厂房吊车起重量大，振动荷载大时，均应设置屋架下弦横向水平支撑。

(3) 注意事项

下弦横向水平支撑和上弦横向水平支撑应设置在同一柱距内。

3. 下弦纵向支撑

下弦纵向支撑因和水平面基本平行，所以称为下弦纵向水平支撑，如图 11-7 所示。

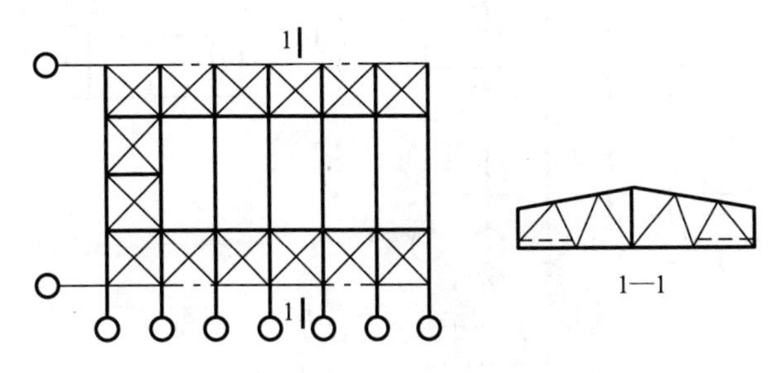

图 11-7　屋架下弦纵向水平支撑

（1）作用

提高屋盖结构的整体性，增加屋盖的刚度，保证房屋横向受到的力在各个纵向布置的排架中的分布，增加横向排架杆件的工作性能。

（2）设置

一般在屋架的下弦沿着两侧靠近屋架支座的纵向或屋架下弦的中部沿厂房纵向拉通布置。

（3）注意事项

厂房由于工艺设计要求需要抽去某根柱后采用托架承接该处屋架传来的内力时，必须设置下弦纵向水平支撑；同时设置屋架下弦横向支撑和屋架下弦纵向水平支撑时，应尽可能使屋架的下弦横向支撑和下弦纵向水平支撑形成封闭的支撑体系。

4. 天窗架支撑

通常天窗实际上是厂房屋面局部升高后用于通风和采光的侧窗。它是屋盖的重要组成部分。天窗架的稳定性和传力的可靠性也直接影响支承它的屋架，所以天窗架支撑其实就是屋面支撑的延续。天窗架支撑包括天窗架上弦横向水平支撑和垂直支撑。

（1）作用

将天窗端壁承受的水平风荷载传至屋架，并经由屋架纵向受力体系传至基础和地基；当地震发生后可以有效地传递地震作用，增加天窗系统的整体刚度，保证天窗架上弦杆件平面外的稳定性。

（2）设置

天窗两端的第一柱间应设置天窗架的上弦横向水平支撑和垂直支撑，天窗架支撑与屋架上弦支撑应尽可能设置在同一柱距内，如屋架支撑是设置厂房两端在离开山墙的第二柱距内，一般天窗架是从厂房第二柱距开始设置，所以设在天窗靠端壁的第一柱距内的天窗架支撑和屋架支撑是同一柱距，可以加强两端屋架的整体作用。

（3）注意事项

设有天窗的厂房均应设置天窗架支撑，且应与屋架支撑设在同一柱距内，否则，对屋架整体刚度会有影响。

5. 垂直支撑和水平系杆

垂直支撑和系杆设置在相邻两榀屋架之间，对于确保屋架施工阶段的安全和传递水平纵向力，提高屋架整体性都有着直接作用，如图 11-8 所示。

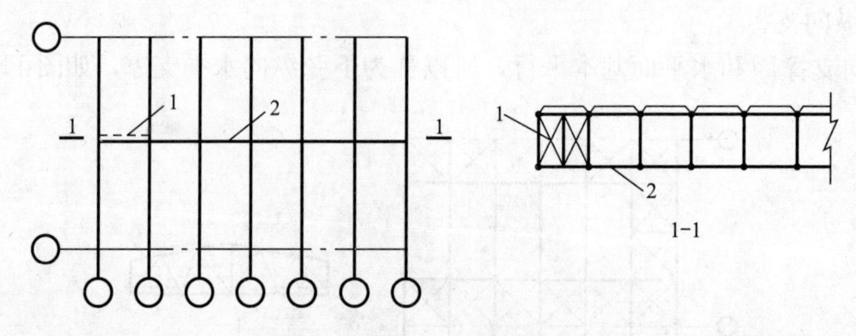

图 11-8　屋架垂直支撑与水平系杆

1—垂直支撑；2—水平系杆

(1) 作用

垂直支撑可保证屋架在安装和使用阶段的侧向稳定，防止屋架在安装阶段的倾覆；厂房投入使用后可增加厂房的整体刚度。上弦水平系杆可保证上弦的侧向稳定性，防止上弦杆件局部失稳；下弦水平系杆可防止由吊车或其他振动影响产生的下弦侧向颤动。

(2) 设置

1) 设有天窗时，应沿屋脊设置一道通长钢筋混凝土受压水平系杆。

2) 厂房跨度大于等于 18m 时，应在伸缩缝区段两端第一或第二柱间设一道跨中垂直支撑；当厂房跨度大于等于 30m 时应设两道对称的垂直支撑。

3) 对梯形屋架或端部竖杆较高的折线形屋架，除按上面的要求设置垂直支撑和水平系杆外，还应在屋架的端部设置垂直支撑和水平系杆。

(3) 注意事项

垂直支撑应与上弦横向水平支撑设于同一柱距，而且应在相应的下弦节点处设通长水平系杆。

6. 柱间支撑

柱间支撑一般设置在房屋的纵向柱列之间，故称为柱间支撑。它分为上部柱间支撑和下部柱间支撑，上部柱间支撑设置在吊车梁的上部，下部柱间支撑设置在吊车梁以下。一般情况下柱间支撑由交叉钢拉杆组成（俗称剪刀撑），当由于通行等原因不能设置交叉剪刀撑时，可采用门式支撑。

(1) 作用

上部柱间支撑用于承受山墙水平风荷载的作用；下部柱间支撑用于承受它上部屋架支撑传来的水平力和吊车纵向制动时的制动力，并将这些水平力传至基础；柱间支撑还可以增加厂房纵向刚度，提高厂房纵向稳定性。常用柱间支撑如图 11-9 所示。

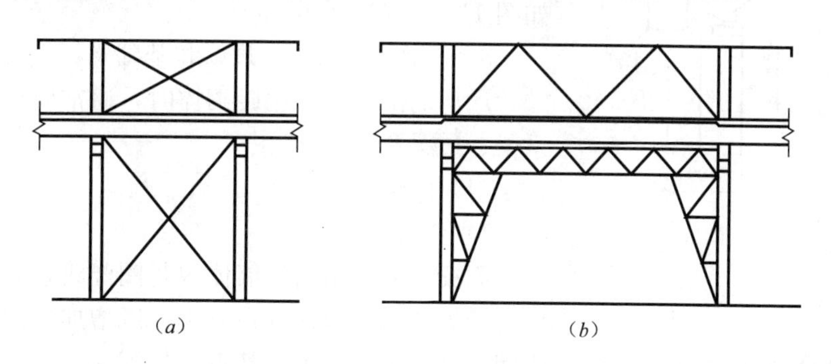

图 11-9 柱间支撑

(a) 交叉支撑；(b) 门式支撑

(2) 设置

柱间支撑一般设置在厂房伸缩缝区段的中部，当温度变化时，厂房可向两端自由伸缩，以缓解温度应力的影响。上部的柱间支撑一般设置在厂房两端第一个柱距内，以便能直接传递山墙风荷载。单层工业厂房有下列情况之一时应设置柱间支撑：

1) 设有悬臂吊车或起重量 30kN 及以上的悬挂式吊车。

2) 设有重级工作制吊车，或设有中级、轻级工作制吊车，其起重量在 100kN 及以上时。

3）厂房的跨度在 18m 及以上，或柱高在 8m 以上时。

4）厂房柱列中柱的根数在 7 根以上时。

5）露天吊车栈桥的柱列。

7. 抗风柱

（1）作用

单层工业厂房山墙高度高，迎风面积大，受到的风荷载也大。为了有效传递山墙受到的风荷载，一般需要设置抗风柱将山墙分成几个区格，以便使墙面受到的风荷载一部分直接传给纵向柱列；另一部分则经抗风柱上端通过屋盖结构传给纵横向柱列并经柱间支撑传给基础。

（2）设置

1）当厂房高度和跨度均不大（如柱顶高度在 8m 以下，跨度为 9～12m 时），可采用砖柱和墙体一起砌筑作为抗风柱。

2）当厂房高度和跨度均较大时，一般都采用设在山墙内侧的钢筋混凝土抗风柱。

（3）注意事项

抗风柱一般与基础刚接，与屋架上弦铰接，有时也可以根据情况与下弦铰接或同时与上、下弦铰接。抗风柱与屋架连接必须满足两个条件：

1）在水平方向必须与屋架有可靠地连接，以保证有效地传递风荷载。

2）在竖向应容许抗风柱和屋架之间可以产生一定的相对位移，以防止抗风柱和厂房沉降不均匀时产生的不利影响。

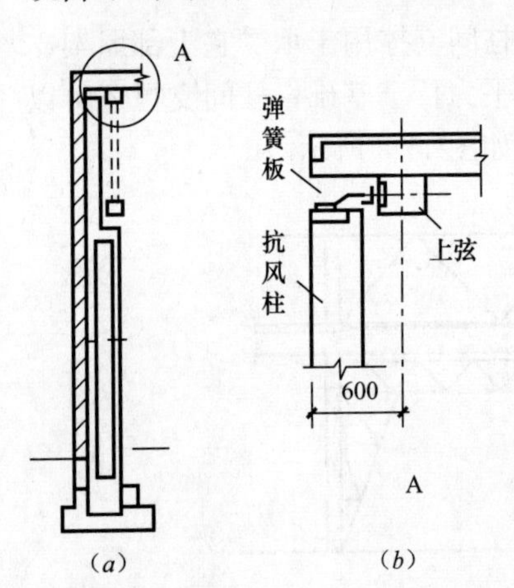

图 11-10　抗风柱和屋架上弦的连接

因此，抗风柱和屋架一般采用竖向可移动，水平向又有较大刚度的弹簧板连接，如图 11-10（*a*）所示。如厂房沉降较大时，则宜采用通过长圆孔螺栓进行连接，如图 11-10（*b*）所示。

8. 圈梁、连系梁、过梁和基础梁

厂房的围护墙采用砖砌体时，通常要设置圈梁、连系梁、过梁和基础梁。

（1）圈梁

1）作用

圈梁在混合结构的墙体内封圈浇筑，它的作用是将厂房的墙体和厂房柱箍在一起，以增加厂房的整体性和空间刚度，防止由于地基不均匀沉降或较大振动作用对厂房产生的不利影响。圈梁与柱通过钢筋拉结，圈梁是墙体的组成部分，不承受墙体荷载，柱上不设置支承圈梁的牛腿。

2）设置

圈梁的布置与墙体高度、对厂房的刚度要求及地基情况有关。一般应按下列要求设置：

① 对无桥式吊车的厂房，当砖墙厚 $h \leqslant 240$mm 时，檐口标高 5～8m 时，应设圈梁一道；当檐口高大于 8m 时，宜适当增设圈梁。

② 对无桥式吊车的厂房，当砌块或石砌墙体厚 $h \leqslant 240$mm 时，檐口标高 4～5m 时，

应设圈梁一道；当檐口标高大于 8m 时，宜适当增设圈梁。

③ 对有桥式吊车或有较大振动设备的单层工业厂房，除在檐口或窗顶标高处设置圈梁外，尚宜在吊车梁标高处或其他适当位置增设。

3）注意事项

圈梁应连续设置在墙体的同一平面上，并尽可能沿整个建筑物形成封闭状。当遇门窗洞口圈梁被隔断时，应在洞口设置一道截面和配筋与原圈梁一致的附加圈梁和原圈梁搭接，搭接长度每侧为圈梁和附加圈梁高度差的 1.5 倍。

（2）连系梁

连系梁的作用是联系纵向柱列，以增强厂房的纵向刚度并将风荷载传给纵向柱列，此外，连系梁还承受其上墙体的自重。连系梁是预制的，两端搁置在牛腿上，用电焊或螺栓与牛腿连接。

（3）过梁

过梁是承托门、窗洞口上部墙体重力荷载的梁。过梁的设计与民用建筑中的过梁相同。

在进行厂房结构布置时，应尽可能使圈梁、过梁、连系梁结合起来，使构件起到两种或三种构件的作用，以节约材料，方便施工，减少投资。

（4）基础梁

基础梁的作用是承受围护墙体的重力荷载，因支承在基础顶面所以叫做基础梁。基础梁底面距土层表面预留 100mm 的空隙，使梁可以随柱基础一起沉降。当基础梁下有冻胀土时，应在梁下铺一层干砂、碎砖或矿渣等松散材料，并留 50～150mm 的空隙，防止土壤冻胀时将梁顶裂。基础梁与柱一般不要求连接，直接搁置在杯口上，如图 11-11 所示。当基础埋置较深时，基础梁则搁置在基础顶的混凝土垫块上。施工时，基础梁的顶面在室内地坪以下 50mm 的标高处。

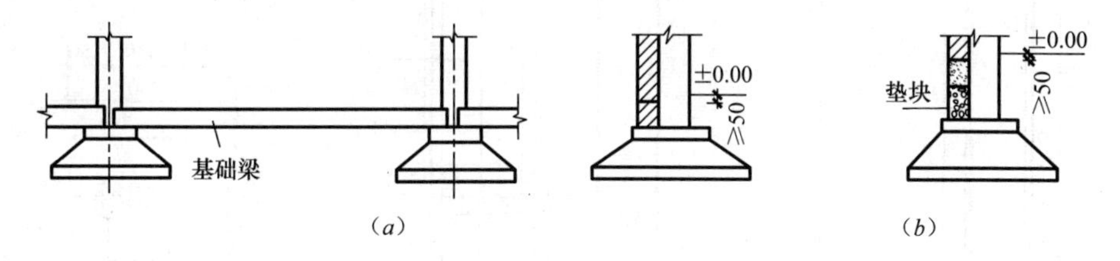

图 11-11 基础梁的布置

当厂房高度较小，地基较好，柱基础又埋得较浅时，也可不设基础梁，可做砖石或混凝土基础。

二、排架柱模板图及配筋图解析

某单层钢筋混凝土排架柱厂房结构设计的模板图和配筋图如图 11-12 所示，排架柱中纵向钢筋采用 HRB400 级钢筋，箍筋采用 HPB300 级钢筋，混凝土采用 C30 级。试解读该排架柱的模板图结构配筋图。

1. 排架柱基本构成简介

如图 11-12 所示，排架柱上柱为正方形截面，截面尺寸 $b\times h$=400mm×400mm，下柱

截面为宽度 $b_f'=b_f=400$mm，高度 $h=900$mm，腹板厚度 $b=100$mm，翼缘厚度 $h_f'=h_f=150$mm（175mm）的I字形截面。牛腿部位柱截面柱截面长度1000mm，牛腿高600mm，牛腿宽度400mm，柱根部矩形截面尺寸为 $b\times h=400\text{mm}\times 900\text{mm}$。柱顶标高12.300m，牛腿顶面标高为8.400m，±0.000m以下柱长1350mm，柱总长13.65m。牛腿顶部设置与屋架相连的预埋件M-1，上柱外侧设置了连接连系梁的预埋件M-6，上柱侧面设置了连接上柱纵向垂直支撑的预埋件M-4，上柱下部牛腿顶面上部设置与吊车梁支座处预埋件相连的预埋件M-2，牛腿顶面设置了与吊车梁支座底部相连的预埋件M-3，柱的牛腿侧面部位和柱下部侧面±0.000m以上共设置四个与柱间支撑相连的预埋件M-5，柱牛腿高度处

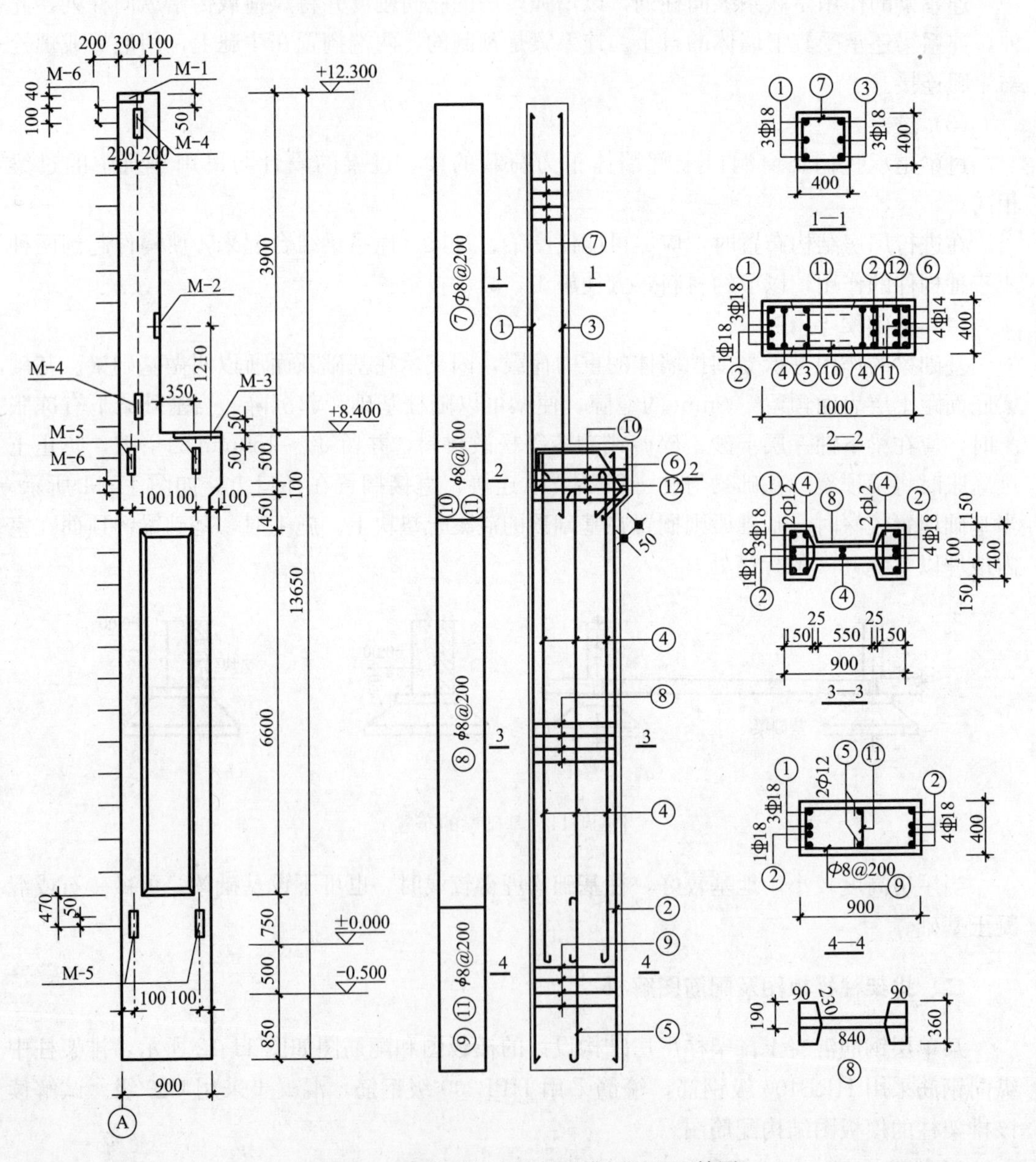

图11-12　钢筋混凝土排架柱模板图和配筋图

的背部设置与圈梁连接的预埋钢板 M-6。模板图背部的水平向伸出的竖向均匀分布的细实线表示柱模板后背留出的墙体拉结钢筋伸出的位置。

2. 排架柱内配筋解读

(1) 上柱

该厂房排架柱上柱采用对称配筋方式，在截面外侧和内侧沿柱的厚度方向各配置 3 根直径 18mm，强度等级为 HRB400 级钢筋，箍筋为双肢箍筋，直径 8mm，间距为 200mm 的 HPB300 级钢筋。

(2) 牛腿部位

牛腿部位是柱受力和配筋最为复杂的部位，除包括从上柱的外侧贯通到柱底的 3 根直径 18mm，强度等级为 HRB400 级①号钢筋，以及上柱内侧锚入牛腿的 3 根直径 18mm，强度等级为 HRB400 级③号钢筋外，下柱外侧从牛腿高度范围内向柱底部增配的 1 根直径 18mm，强度等级为 HRB400 级②号钢筋，牛腿以下 I 字形截面两个翼缘箍筋的内侧配置的各 2 根以及设置在 I 字形截面腹板中部箍筋内侧的两根直径 12mm 的 HPB300 级的④号钢筋，④号筋从牛腿上部到距柱根部 900mm 处设置弯钩后截断。从牛腿内侧向下柱内侧翼缘外侧配置的 4 根直径 18mm，强度等级为 HRB400 级②号钢筋。牛腿顶面配置的 4 根直径 14mm 的 HRB400 级⑥钢筋；在牛腿顶面中部斜向弯折投入牛腿下部再弯折回柱身的 4 根直径 mm 的 14mm 的 HRB400 级⑫号钢筋；牛腿内的箍筋为直径 8mm，间距 100mm 的双肢箍筋。为了拉结从上柱插入牛腿内的③号筋和⑫号钢筋，设置了间距为 100mm，直径 8mm 的 HPB300 级一字形两端带弯钩的拉结钢筋。

(3) 下柱中部

下柱中部为 I 字形截面，柱截面外侧配置了 3 根直径 18mm 的 HRB400 级①号钢筋和 1 根直径 18mm 的 HRB400 级②号钢筋；在柱内缘的外侧配置 4 根直径 18mm 的 HRB400 级②号钢筋；两个翼缘的内侧及腹板中部箍筋内侧各配置 2 根直径 12mm 的 HPB300 级④号钢筋；下柱 I 字形截面内所配箍筋由顺着腹板沿截面全高配置的矩形⑧号箍筋，和在两个翼缘内的多边形⑧号箍筋其间距均为 200mm，直径为 8mm。

(4) 下柱底板

下柱底板为 $b \times h = 400\text{mm} \times 900\text{mm}$ 的矩形截面，柱截面外侧配置了 3 根直径 18mm 的 HRB400 级①号钢筋和 1 根直径 18mm 的 HRB400 级②号钢筋；在柱内缘的外侧配置 4 根直径 18mm 的 HRB400 级②号钢筋；中部配有从工字形截面底部（矩形截面的顶部）配置 2 根直径 12mm 的延伸到柱底带弯钩的 HPB300 级钢筋，该中部构造钢筋有⑪号一字形两端带弯钩的拉结钢筋。柱下部矩形截面内所配的箍筋配筋值为 HPB300 级，直径 8mm，间距 200mm。

*第三节　柱下钢筋混凝土独立基础构造要点

单层工业厂房柱下独立基础通常采用阶形基础或锥形基础两种。

一、独立基础构造要点

现行国家标准《建筑地基基础设计规范》GB50007—2011 规定，对柱下钢筋混凝土独立基础，应符合下列构造规定：

（1）混凝土强度等级不应低于C20，常用的为C20～C40。

（2）锥形基础边缘的厚度不小于200mm；阶形基础的每阶高度一般为300～500mm，如图11-13所示。

（3）基础底板受力钢筋的最小直径不宜小于10mm，间距不宜大于200mm，也不宜小于100mm；当有垫层时，钢筋保护层的厚度不宜小于40mm，当无垫层时不应小于70mm。

（4）基础底部设置垫层时，垫层厚度不小于100mm；垫层混凝土强度等级应为C15。

（5）当基础边长大于等于2.5m时，底板双向的钢筋长度均可取对应边边长的0.9倍，并应交错布置，如图11-14所示。

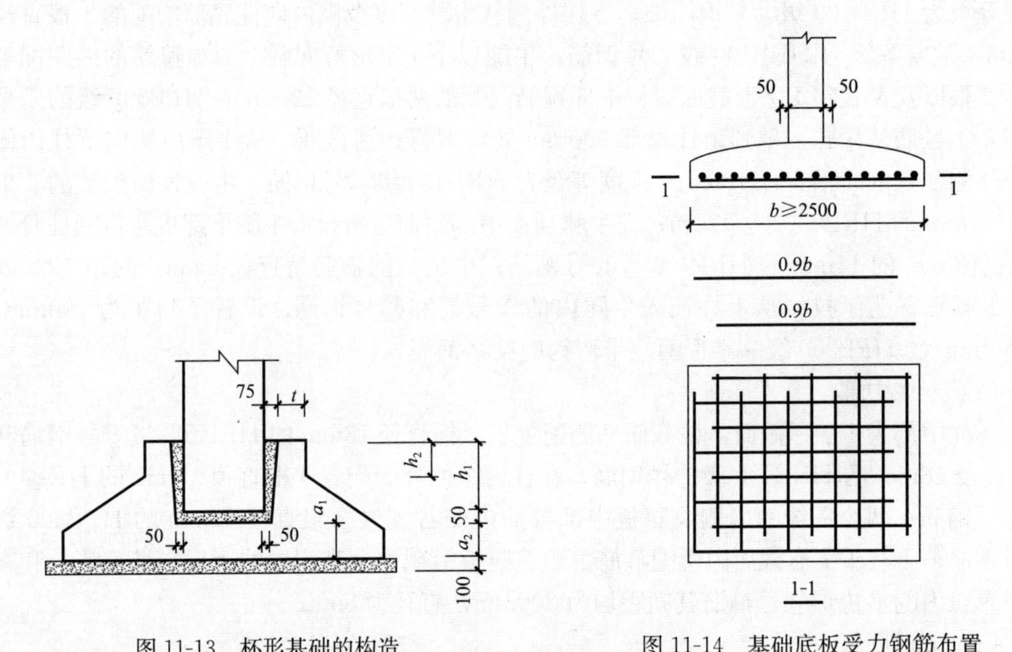

图11-13　杯形基础的构造　　图11-14　基础底板受力钢筋布置

（6）对于现浇柱的基础，其插筋的数量、直径和钢筋的种类应与柱内纵向钢筋相同，其下端宜做成直角弯钩固定在基础底板钢筋网上。

（7）预制钢筋混凝土柱与杯形基础的连接，应符合下列要求，如图11-15所示。

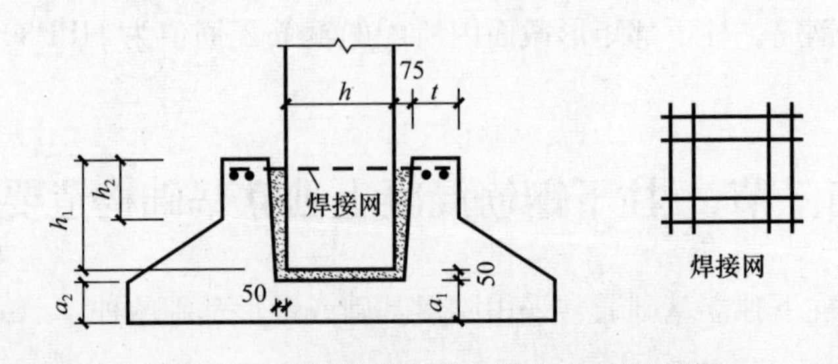

图11-15　预制混凝土柱与独立基础的连接

（8）柱插入基础杯口的深度 h_1 可按表11-3选用，并应满足柱内钢筋在柱内的锚固长度及吊装时柱的稳定性的要求。

柱插入杯口的深度 h_1（mm） **表 11-3**

矩形或工字形柱				双肢柱
$h<500$	$500 \leqslant h<800$	$800 \leqslant h \leqslant 1000$	$h>1000$	
$h \sim 1.2h$	h	$0.9h$，且$\geqslant 800$	$0.8h$，且$\geqslant 1000$	$(1/3 \sim 1/2)\ h_a$，$(1.5 \sim 1.8)\ h_b$

注：1. h 为柱截面长边尺寸；h_a 为双肢柱全截面长边尺寸，h_b 为双肢柱全截面短边尺寸；
2. 轴心受压或小偏心受压时，h_1 可以适当减少，偏心距大于 $2h$ 时，h_1 应适当加大。

（9）基础杯底厚度和杯壁厚度 a_1 可按表 11-4 选用。

基础的杯底厚度和杯壁厚度 a_1 **表 11-4**

柱截面长边尺寸（mm）	杯底厚度 a_1（mm）	杯壁厚度（mm）
$h<500$	$\geqslant 150$	150～200
$500 \leqslant h<800$	$\geqslant 200$	$\geqslant 200$
$800 \leqslant h \leqslant 1000$	$\geqslant 200$	$\geqslant 300$
$1000 \leqslant h<1500$	$\geqslant 250$	$\geqslant 350$
$1500 \leqslant h<2000$	$\geqslant 300$	$\geqslant 400$

注：1. 当有基础梁时，基础梁下的杯壁厚度，应满足其支承宽度的要求；
2. 柱插入杯口的部分表面应凿毛，柱与杯口之间的空隙，应用比基础混凝土强度等级高一级的细石混凝土充填密实，当达到材料设计强度 70%以上时，方能进行上部吊装；
3. 当柱为轴心受压或小偏心受压且 $t/h_2 \geqslant 0.65$ 时，或大偏心受压且 $t/h_2 \geqslant 0.75$ 时，杯壁可不配筋；当柱为轴心受压或小偏心受压且 $0.5 \leqslant t/h_2 < 0.65$ 时，杯壁可按表 11-5 配置构造钢筋；其他情况下，应按计算配筋。

（10）杯壁构造钢筋要求见表 11-5。

杯壁构造钢筋表 **11-5**

柱截面（mm）	$h<1000$	$1000 \leqslant h<1500$	$1500 \leqslant h \leqslant 2000$
钢筋直径（mm）	8～10	10～12	12～16

注：表中钢筋置于杯口顶部，每边两根（图 11-15）。

二、基础配筋图解读

某单层钢筋混凝土排架柱下预制杯形基础设计如图 11-16 所示，基础采用 HRB335 级钢筋，C30 混凝土。试解读杯口基础配筋图。

1. 基础基本构成

从图 11-16 可以看到，该基础为钢筋混凝土杯形独立基础，基础的埋置深度为 1.65m，因基础顶面标高为－0.500m，室内外高差为－0.15mm，基础埋置深度从室外地坪算起在室外地坪以下 1.500m 深度处。柱插入杯口的深度为 850mm，杯底的厚度为 250mm，基础的高度为 1150mm。杯壁厚度为 325mm，杯口长度为 1050mm，杯口宽度为 550mm。基础杯长度为 1700mm，基础杯宽 1200mm。基础底板厚度（除杯口部位）为 300mm，基础底面长度 3600mm，基础底面宽度为 2700mm。厂房的纵向定位轴线在距基础外边缘 1350mm 处，即基础中心从定位轴线向厂房跨内移 450mm；除过厂房四角的四个排架柱基础外，在厂房的横向，厂房基础和排架柱短边中心线与厂房横向定位轴线重合。

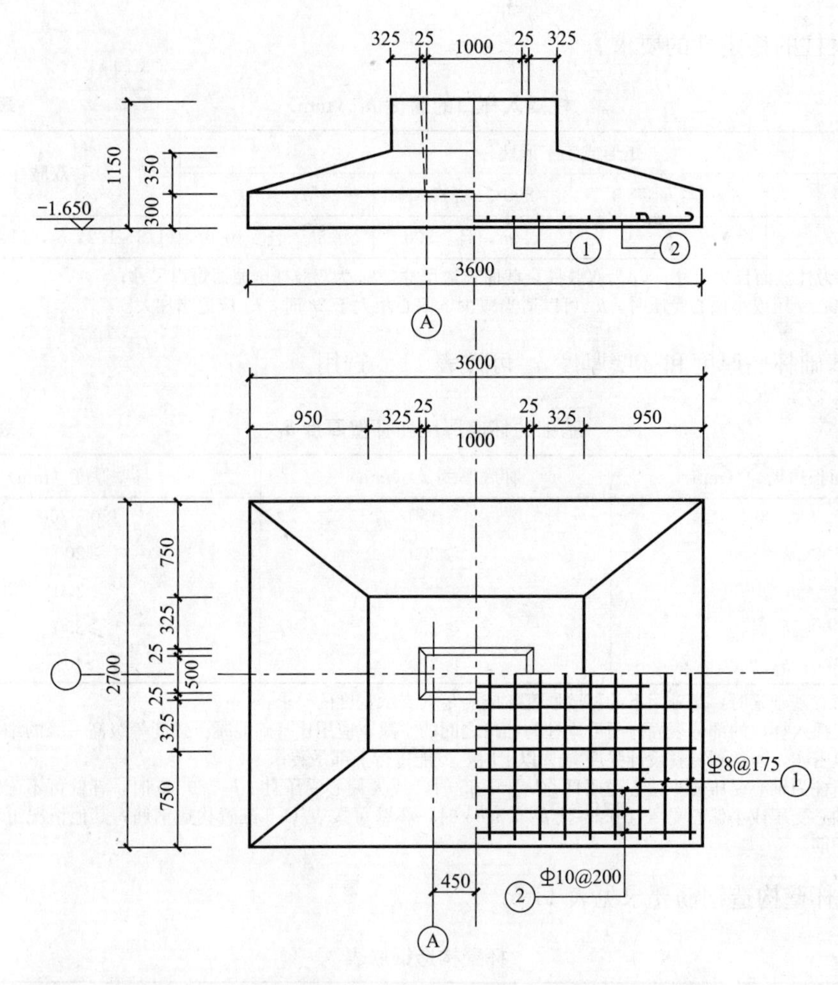

图 11-16　钢筋混凝土排架柱下预制杯形基础底板配筋图

2. 基础底板配筋解读

从图 11-16 中可以看到，沿着基础底板长度方向配置，顺着短边方向的①号钢筋配筋值为 HRB335 级，直径 8mm，间距 175mm，钢筋配置范围应在扣去基础底板侧边保护层厚度后 3500mm 的范围内，实际配置 21 根，钢筋间距应为 175mm；①号钢筋配筋长为 2600mm，且应如图所示在基础底板长边方向交错配置。②号钢筋配筋值为 HRB335 级，直径 10mm，间距 200mm，钢筋配置范围应在扣去基础底板侧边保护层厚度后的 3250mm 范围内，实际配置 14 根，钢筋间距应为 200mm，且应如图所示在基础底板短边方向交错配置。

本 章 小 结

1. 单层工业厂房的结构形式有排架结构和刚架结构两种。其中，排架结构应用较普遍。排架的特点是柱顶与横梁铰接，柱与基础刚接。

2. 单层工业厂房由屋盖、吊车梁、柱、支撑、基础和外部围护结构等组成。

3. 支撑包括屋盖支撑及柱间支撑两大类，它们的主要作用是增强厂房的整体性及空间刚度，保证屋架构件平面外的稳定性，传递纵向风荷载，吊车纵向水平荷载及水平地震作用等。

4. 柱下独立钢筋混凝土基础常采用杯形基础，杯形基础分为阶形基础和锥形基础两种。

杯形基础的设计步骤是：

（1）确定基础底面尺寸，轴心受压基础底面一般采用正方形；偏心受压基础常取 $b=(1.5\sim2.0)l$；

（2）确定基础高度，基础高度通常有冲切承载力控制；

（3）计算基础底板配筋，一般短边方向的受力钢筋放在长边方向受力钢筋的上边。当底板边长≥2.5m 时，板底受力钢筋的长度可取 $0.9b$（或 $0.9l$），并宜交错布置。

（4）绘制基础施工图。

复习思考题

一、名词解释

排架结构　屋盖结构　柱间支撑　屋盖上弦水平支撑　屋盖下弦水平支撑　屋盖纵向垂直支撑　抗风柱　天窗架支撑　系杆　连续梁　圈梁

二、问答题

1. 单层工业厂房的常用结构形式有哪两种？各自的特点有哪些？
2. 单层工业厂房由哪些结构构件组成？各构件的作用是什么？
3. 厂房结构的支撑分为几类？它们各自的作用是什么？
4. 怎样读识单层工业厂房排架柱的配筋图？
5. 简述柱下钢筋混凝土杯形基础的基本构造和配筋要求。

第十二章　钢筋混凝土多层框架结构房屋

学习目标与要求：

1. 掌握框架结构布置方案的选择。
2. 掌握框架结构的基本构造。
3. 掌握框架结构施工图的识读方法与技巧。

*第一节　概　　述

多层建筑和高层建筑的划分，在不同地域不同的时期是不同的，随着经济社会发展和科技的进步，高层建筑的高度不断增加，层数也不断增多，在我国现阶段进行的城镇化发展进程中，中小城镇的建筑中，8层房子就可能被认为是高层建筑，在大城市8层建筑就属于多层建筑；改革开放初期一段时间里人们习惯地把超过8层的建筑叫做高层建筑。**《高层建筑混凝土结构技术规程》JGJ3—2010将10层及以上或高度超过28m的建筑定义为高层建筑，因此，在大中城市2～9层建筑就属于多层建筑。**

从建筑全寿命内所消耗的社会资源总量看，高层建筑对土地使用的效率最高，但施工阶段资源的消耗量很大，投入使用后消耗的能源和资源总量远远大于小高层和多层建筑，除非在特大城市土地资源非常珍贵，以及公众对房屋需求很大的情况下，一般不宜建设高层特别是超高层建筑。**小高层建筑相对于多层和低层建筑具有土地使用率高，比高层建筑节约建筑成本和使用维护成本等特点，在大城市特别是特大城市具有很好的建房效果。**多层建筑具有使用功能完备、结构受力性能好、耐久性好、耐火性高、抗震性能好及使用成本低廉的优点，但具有房屋建设容积率低、建房面积少的缺点，所以，在大城市使用就受到限制。但是，多层工业厂房和民用建筑中的一般公共建筑却比较多的选用多层混凝土框架结构。

*第二节　多层框架结构的分类和布置方案

一、钢筋混凝土框架结构的分类

钢筋混凝土框架结构是指由钢筋混凝土梁和柱以刚接或铰接相连而构成承重体系的结构。按施工工艺不同，钢筋混凝土框架结构分为全现浇框架、半现浇框架、装配整体式框架和全装配式框架四类。

1. 全现浇框架

(1) 定义

全现浇框架是指作为框架结构的板、梁和柱整体浇筑成为一体的框架结构。

（2）特点

整体性好，抗震性能好，建筑平面布置灵活，能比较好的满足使用功能要求；但由于施工工序多，质量难以控制，工期长，需要的模板量大，建筑成本高，在北方地区冬期施工成本高，质量较难控制。

（3）工序

1）绑扎柱内钢筋，经检验合格后支柱模板。

2）支楼面梁和板的模板、绑扎楼面梁和板的钢筋，经检验合格后先浇筑柱的混凝土，等柱混凝土达到一定强度后浇筑梁、板的混凝土并养护，逐层类推完成主体框架施工。

2. 半现浇框架

（1）定义

半现浇框架是柱预制、承重梁和连续梁现浇、板预制，或柱和承重梁现浇，板和连系梁预制，组装成形的框架结构。

（2）特点

节点构造简单，整体性好；比全现浇框架结构节约模板，比装配式框架节约水泥，经济性能较好。

（3）工序

1）先绑扎柱钢筋，经检验合格后支模，浇筑混凝土。

2）绑扎框架承重梁和连系梁的钢筋，经检验和合格后支模板，然后浇筑混凝土。

3）等现浇梁柱混凝土达到设计规定的强度后，铺设预应力混凝土预制板。

4）按构造要求灌缝，做好细部处理工作。

3. 装配整体式框架

（1）定义

装配整体式框架结构是装配整体式混凝土结构的一种，所谓装配整体式混凝土结构是指由预制混凝土构件或部件通过钢筋、连接件或施加预应力以连接并现场浇筑混凝土而形成整体的结构。

在装配式框架或半现浇框架的基础上，为了提高框架的整体性，对楼屋面采用后浇叠合层，使楼（屋）面形成整体，以达到提高楼（屋）盖整体性的框架结构形式。

（2）特点

具有装配式框架施工进度快，也具有现浇框架整体性好的双重优点，在地震低烈度区应用较为广泛。

（3）工序

在现场吊装梁、柱，浇筑节点混凝土形成框架，或现场现浇混凝土框架梁、柱，在混凝土达到设计规定的强度值后，开始铺设预应力混凝土空心板，然后在楼（屋）面浇筑后浇钢筋混凝土整体面层。

4. 装配式框架

（1）定义

框架结构中的梁、板、柱均为预制构件，通过施工现场吊装、就位、支撑、焊接钢筋，后浇节点混凝土所形成的拼装框架结构。

（2）特点

构件设计定型化、生产标准化、施工机械化程度高，与全现浇框架相比，节约模板、施工进度快、节约劳动力、成本相对较低。但整体性差、接头多，预埋件多、焊接节点多，耗钢量大，层数多、高度大的结构吊装难度和费用都会增加，由于其整体性差的缺点在大多数情况下已不再使用。

二、框架结构的布置

在结构选型后，结构布置对实现设计意图，赋予框架结构安全性、适用性和耐久性功能具有很重要的作用。

1. 框架结构布置原则

（1）结构的平面和立面布置宜简单、规则、整齐，使结构在平面和立面上刚度中心和质量重心重合；防止在房屋高度方向形成多个薄弱层。

（2）尽量统一开间和进深尺寸，统一层高，减少构件类型，简化设计，方便施工。

（3）限制结构高宽比，提高结构整体抗侧能力和整体稳定性，确保在特大地震发生后房屋具有很高的抗倒塌能力。

（4）充分注重温度应力、混凝土收缩、地基不均匀沉降对框架结构造成的不良影响，《规范》给定的混凝土结构伸缩缝最大间距应符合表12-1的规定。

混凝土结构伸缩缝最大间距（m）　　表12-1

结构类别		室内或土中	露　天
排架结构	装配式	100	70
框架结构	整体式	75	50
	现浇式	55	35
剪力墙结构	装配式	65	40
	现浇式	45	30
挡土墙、地下室墙壁等类结构	装配式	40	30
	现浇式	30	20

注：1. 装配整体式结构伸缩缝的间距，可根据结构的具体情况取表中装配式结构与现浇结构之间的数值；
2. 框架—剪力墙结构或框架—核心筒结构房屋的收缩缝间距，可根据结构的具体情况取表中框架结构与剪力墙结构之间的数值；
3. 当屋面无保温或隔热措施时，框架结构、剪力墙结构的伸缩缝间距宜按表中露天栏中的数值取用；
4. 现浇挑檐板、雨罩等外露结构的伸缩缝间距不宜大于12m。

（5）在同一建筑中，因基础类型、埋深不一致，或土层构成变化较大，以及房屋不同区域层数、荷载相差悬殊时，应设沉降缝将相邻部分分开，沉降缝应从基础底面将房屋彻底分开，宽度不应大于100mm。如果设计要求设置伸缩缝、抗震缝，要做到“三缝合一”，且缝宽应以宽度要求最大的抗震缝的要求确定。

2. 柱网与柱高

框架结构的柱网尺寸，决定了房屋的进深和开间尺寸，在民用建筑中是由使用功能决定的；在工业建筑中主要是由生产工艺要求决定的。柱网布置时要力求做到柱网平面简单规则，符合模数要求；有利于建筑工业发展的“三化”。根据房屋的类别及使用要求，民用建筑框架和工业建筑框架柱网尺寸应分别满足下列要求：

（1）民用建筑

民用建筑涉及国民经济的各行各业，建筑种类繁多，功能要求各异，柱网和层高各有不同。一般柱网以300mm为基本模数，柱距和开间可根据建筑设计的要求确定，同时也要考虑梁柱受力合理、经济可靠等因素。房屋的进深即横向承重框架的跨度可为4.2m、4.8m、5.1m、5.4m、5.7m、6.0m等。房屋的开间尺寸可为3.0m、3.3m、3.6m、3.9m、4.2m，直到6.0m。

(2) 工业建筑

多层钢筋混凝土框架结构工业厂房的柱网和层高是根据生产工艺的要求决定的，厂房布置形式为跨度组合式和中间过道式（内廊式）两类。内廊式过道的跨度一般为2.4m、2.7m、3.0m、3.3m和3.6m，车间的跨度一般为6.0m、6.6m、6.9m；柱距一般有4.5m、5.1m、5.4m和6.0m等。

跨度组合式厂房的跨度尺寸通常为：6.0m、7.5m、9.0m、12.0m；开间尺寸一般为6.0m，多层工业厂房的层高一般为3.6m、3.9m、4.2m、4.5m、4.8m、5.4m。

3. 框架结构承重方案

框架承重体系是指由梁、板、柱和基础等组成的受力共同体，在结构平面定位后形成的空间整体布置方案。框架结构常用的布置方案如图12-1所示，共分为三种。

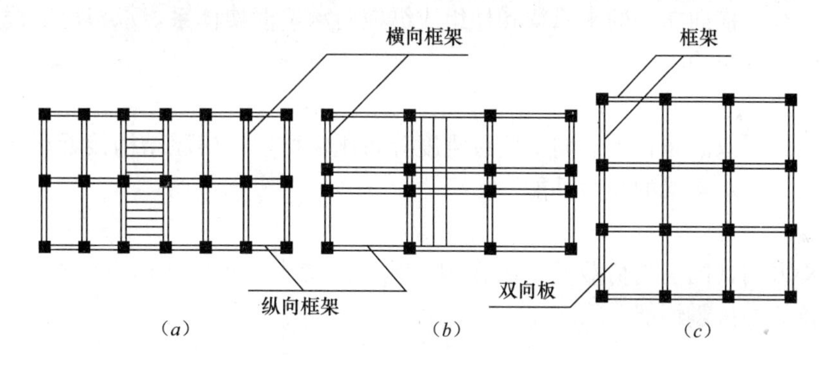

图12-1 常用的承重框架结构体系

(1) 横向框架承重方案

1) 组成。

横向承重框架受力体系是由横向承重梁、柱及基础组成；板、横向框架承重梁及纵向连系梁整体浇筑在一起，或预制混凝土板沿房屋纵向布置，两端支承于横向框架梁上。在房屋纵向各个框架由纵向连系梁拉结形成空间受力体系，如图12-1 (*a*) 所示。

2) 内力分析。

在竖向荷载作用下，横向框架按多层刚架进行内力分析；纵向各层连系梁一般按多跨连续梁进行分析，而不考虑它与柱的刚性连接。

在水平风荷载作用下，一般仅对横向框架进行内力分析；纵向由于房屋长度较长，柱列中柱的根数多，纵向抗侧性能好，一般不会先于横向发生破坏，故纵向可不必进行承载力和变形验算。

对结构进行地震作用验算时，一般纵横向均应按抗震规范的要求进行抗震承载力和变形验算。通常情况下，地震作用不与风荷载同时考虑。

3) 特点。

由于承重梁在横向布置，房屋结构横向抗侧刚度增加，提高了房屋横向抗震性能。同时，由于截面高度大的承重梁沿房屋横向布置，室内的采光和通风效果良好。

（2）纵向框架承重方案

1）组成。

纵向承重框架受力体系是由纵向承重梁、柱及基础组成；板、纵向框架承重梁及横向连系梁整体浇筑在一起，或预制混凝土板沿房屋横向布置，两端支承于纵向框架梁上。在房屋横向各个框架由横向连系梁拉结形成空间受力体系，如图 12-1（*b*）所示。

2）内力分析。

在竖向荷载作用下，纵向框架按多层刚架进行内力分析；横向各层仍应按多层刚架进行承载力和变形验算。

3）特点。

由于承重梁在纵向布置，房屋结构横向利于管道穿行；可以利用截面尺寸较大的纵梁调节纵向发生的地基不均匀沉降带来的影响；楼层净高比横向承重方案的框架要高。

（3）纵横向框架承重方案

1）组成。

由沿房屋纵、横向布置的承重梁和柱组成纵横向承重框架体系，承担房屋楼（屋）面及水平方向的荷载影响。

2）内力分析。

楼面框架梁在双向布置，双向抗侧移刚度分布比较均匀；房屋结构接近正方形，便于充分发挥两个方向承重梁的受力性能。

3）特点。

房屋结构方向共同承受荷载及地震作用，纵横向受力，刚度在两方向相差不太悬殊；纵横向均有较好的抗震性能。

*第三节　框架构件截面和节点构造

一、框架梁、柱截面尺寸和材料强度

1. 框架梁

（1）截面形状

框架梁通常情况下以承受竖向荷载为主，截面在荷载作用下受到的内力主要是弯矩和剪力。在不对称的垂直荷载、水平风荷载或地震作用影响下，梁截面还会产生压力。框架结构类型不同，框架梁的截面形状不同。在全现浇框架中，梁、板、柱三者整体浇筑在一起，梁在荷载作用下发生弯曲变形时，板作为梁的翼缘随梁一起受弯，框架梁实际受力相当于T形截面或倒T形截面在承担内力。在半现浇框架和装配式框架承重方案中，由于楼（屋）面板是后铺于框架梁上的，板与梁不可能整体受力，板不会担当梁翼缘的角色。所以，梁截面一般为矩形、T形、花篮形和十字形。框架连系梁的截面形状，一般有矩形、倒L形、T形和倒T形几种。

（2）截面尺寸

根据框架结构中梁的承载力和刚度要求，框架梁的截面尺寸可按下式计算：

$$h=\left(\frac{1}{8}\sim\frac{1}{12}\right)l_0$$

(3) 材料强度

框架梁的混凝土强度等级不低于 C25，一般应在 C25～C40 之间；预制梁可采用 C30～C50。框架梁内纵向受力钢筋应采用 HRBF335、HRB400、HRBF400、HRB500、HRBF500 级钢筋，箍筋宜采用 HPB300、HRBF335 级钢筋。

2. 框架柱

(1) 截面形状

框架柱一般多采用矩形，特殊情况下也可为 T 形、L 形、十字形等异形截面。

(2) 框架柱截面尺寸

框架柱截面尺寸可根据柱承受的竖向荷载预估值 N，按下式计算：

$$\frac{N}{f_c A_c}\leqslant 0.9$$

式中 N——根据经验和初步计算的柱轴向压力设计值；

f_c——混凝土抗压强度设计值；

A_c——柱截面面积，$A_c=b\times h$。

通常取柱宽 $b=(0.5\sim1.0)h$，结合 A_c 便可确定柱截面尺寸。

框架柱截面尺寸应满足下列要求：

1) 柱截面高度不小于 600mm；截面宽度不小于 400mm。

2) 柱截面尺寸以 50mm 为模数递增或递减。

3) 柱的净高 H_n 与柱截面长边尺寸 h 之比不宜小于 4。

4) 圆柱的直径不宜小于 350mm。

(3) 材料强度

柱内混凝土强度等级不宜低于 C25，一般使用 C30～C50 级。纵向受力钢筋宜采用 HRBF335、HRB400、HRBF400、HRB500、HRBF500 级钢筋，箍筋宜采用 HPB300、HRBF335 级钢筋。

二、节点的构造

在进行平面框架内力分析时，现浇框架的节点上梁柱纵筋相互穿插，拉结很牢靠，节点刚度很大，计算时可视为刚节点。装配式框架梁柱节点处为后焊或搭接连接，然后浇灌节点混凝土，其刚性较差，可按铰接点对待。图 12-2 是顶层端节点梁、柱纵向钢筋在节点内的锚固与搭接；图 12-3 是现浇框架梁上部纵向钢筋在中间层端节点内的锚固；图 12-4 是现浇框架梁上部纵向钢筋在中间层端节点内的锚固；图 12-5 为梁下部纵向钢筋在中间节点或中间支座范围的锚固与搭接。

图 12-6 (a) 所示为整体式现浇混凝土框架基础和柱的支座连接方式，为固定支座连接。图 12-6 (b) 所示为装配式混凝土框架结构杯形基础和钢筋混凝土预制柱的连接，用细石混凝土浇筑灌实杯口时由于支座刚性很大，通常按固定支座考虑。图 12-6 (c) 所示为杯形基础用沥青麻丝嵌缝时，由于刚性不足通常按铰支座考虑。

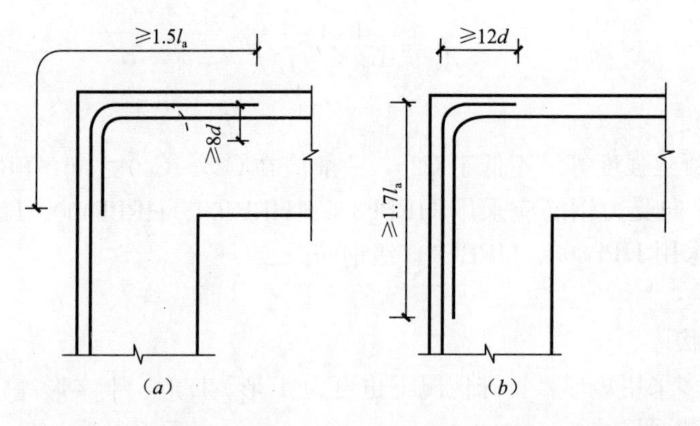

图 12-2　顶层端节点梁、柱纵向钢筋在节点内的锚固与搭接

(a) 对接接头沿顶层端节点外侧及梁端顶部布置；(b) 搭接接头沿节点外侧布置

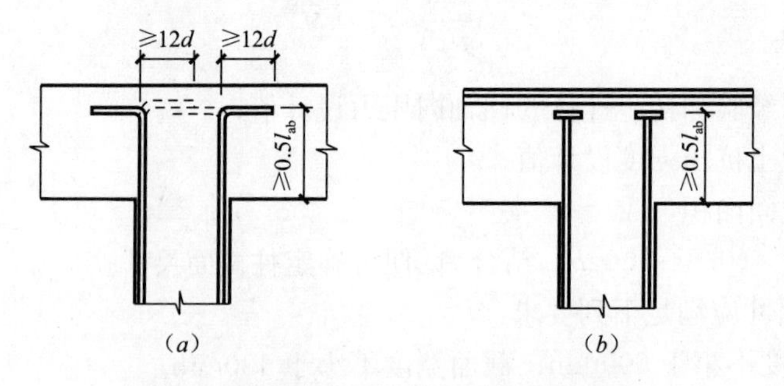

图 12-3　现浇框架中柱顶层和梁的连接节点

(a) 柱纵筋 90°弯折锚固；(b) 柱纵向钢筋端头加锚板锚固

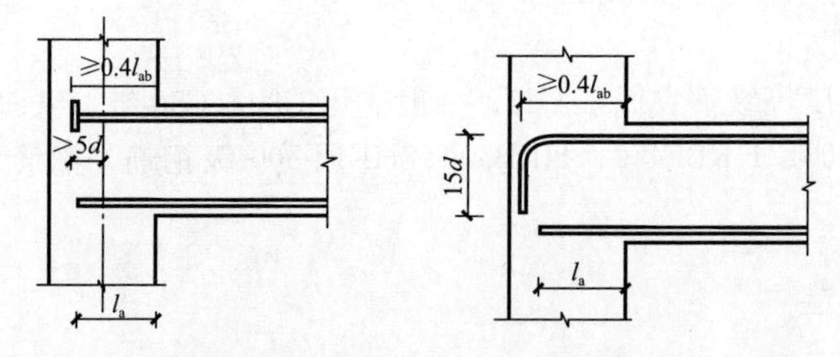

图 12-4　现浇框架梁上部纵向钢筋在中间层端节点内的锚固

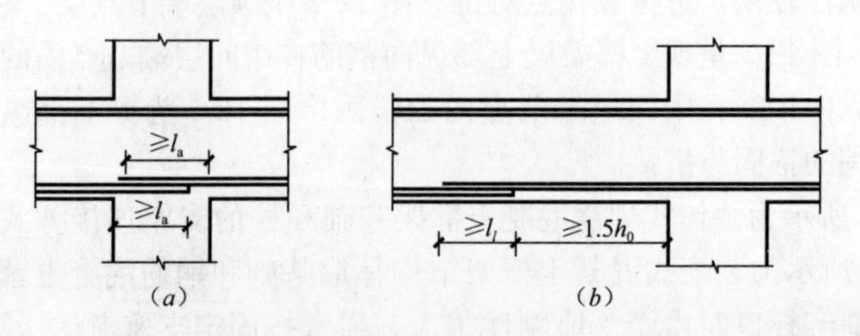

图 12-5　梁下部纵向钢筋在中间节点或中间支座范围的锚固与搭接

(a) 下部纵向钢筋在节点中直线锚固；(b) 下部纵向钢筋在节点或支座范围外的搭接

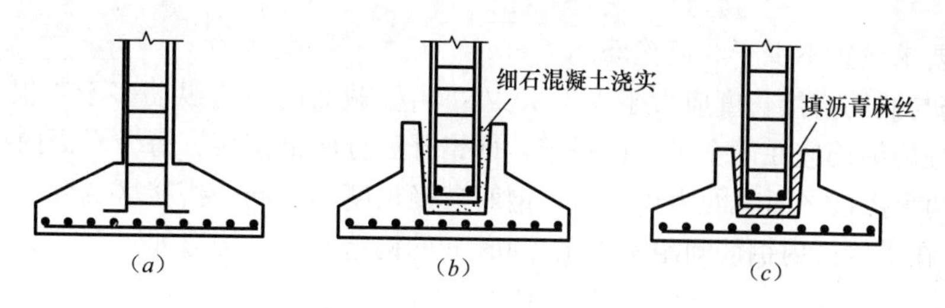

图 12-6　框架柱与基础的连接

三、构造措施

框架节点是框架梁柱有效连接形成框架结构很重要的组成部分。节点的设计应确保框架结构的安全可靠、经济合理及便于施工。图 12-7 所示为非地震区框架钢筋布置图。

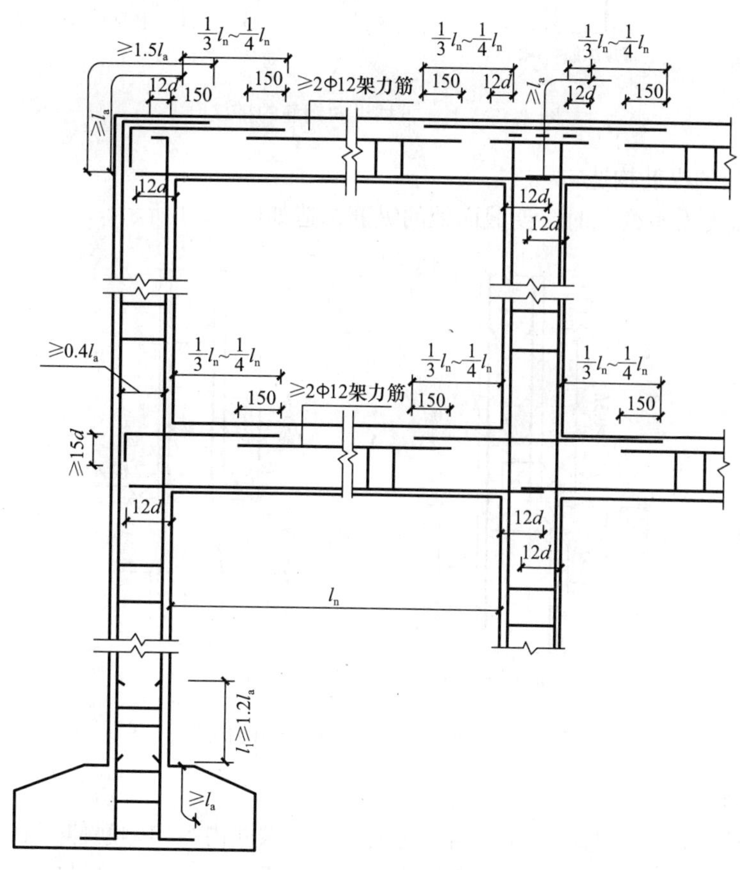

图 12-7　非地震区框架柱在横向钢筋在节点区的锚固要求

1. 柱与基础的连接

现浇框架柱与基础的连接应保证固接。由基础内预留的插筋与柱内纵筋搭接时应注意以下几点：

1）插筋的直径、数量和间距均应与柱内纵筋相同。

2）插筋一般均应伸入基础底部，且从基础顶面算起插筋的锚固长度不小于 l_a，基础内需按构造要求设置不少于 3 道箍筋。

3）柱筋与插筋搭接长度应大于等于 $1.2l_a$。当柱截面内每边纵筋多于 4 根（5～8 根）时，插筋与柱内纵筋应在两个平面内搭接，即错开后分两批搭接。每个平面内搭接的长度不小于 l_l，两个搭接平面间的距离应满足钢筋搭接长度不在同一搭接区的要求，即间距不小于 $1.3l_l$。在搭接区内钢筋间距不大于 100mm 的构造要求，构造如图 12-8 所示。

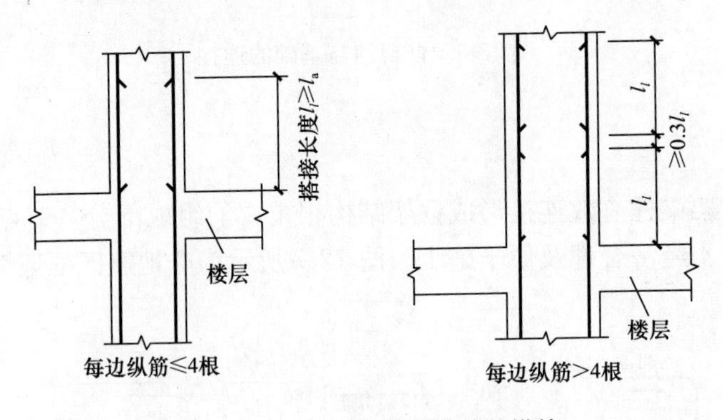

图 12-8 上、下柱纵向钢筋的搭接

2. 变截面处的纵筋构造

当上下柱截面发生变化时，变截面处的纵筋构造如图 12-9 所示。

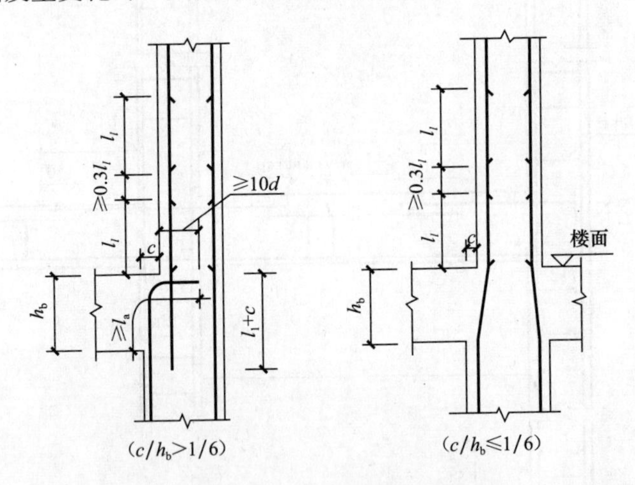

图 12-9 框架柱变截面处纵筋的构造

（1）中间节点

顶层中间节点，要考虑柱内纵向钢筋的锚固，要求柱内纵向钢筋伸入节点内的锚固长度不小于 l_a；当在节点内垂直锚固长度不够时应沿柱顶在梁的上部梁纵向受力筋下侧向同侧弯折。

梁内纵向受力钢筋在框架顶层中间节点的锚固长度与楼层中间节点内的锚固长度相同。

（2）边节点

框架顶层边节点因为没有像中间柱一样具有上柱的轴心压力的有利影响，因此，应采取有效地锚固措施予以加强。

在梁宽范围内的柱外侧的纵向受力钢筋可与梁上部纵向钢筋搭接，搭接长度不小于 $1.5l_a$；在梁跨范围以外的纵向受力钢筋可伸入板内，其伸入板内的长度与伸入梁内的长度相同。当柱外侧纵向钢筋的配筋率大于 1.2%时，伸入梁内的柱纵向钢筋宜分两批截断，其截断点之间的距离不宜小于 20 倍纵向钢筋直径。

3. 节点箍筋的设置

不考虑抗震设防的框架，虽然节点承受的水平剪切力较小，但仍应在框架的核心区设置水平箍筋，箍筋直径、肢数以及间距与柱中相同，间距不宜大于 250mm。对四边有梁与节点相连的节点，可仅在节点周围设置矩形箍筋。

第四节　钢筋混凝土框架结构工程实例简介

一、工程名称

×××中心小学教学楼

二、工程概况

本工程位于×××中心小学院内，为三层教学楼，平面为一字形，最大 $B \times L = 9.7\text{m} \times 38.5\text{m}$，层高均为 3.6m，平面柱网主要尺寸纵向为 3.9m、4.5m，横向为 2.4m、6m、6.9m，全现浇钢筋混凝土框架结构。基础采用人工挖孔灌注桩基础，持力层为角砾层，地基承载力特征值为 $f_{ak}=300\text{kPa}$，桩极限端阻力标准值为 $q_{pk}=2500\text{kPa}$，结构主体高度为 11.70m。

三、建筑结构安全等级及设计使用年限

1. 建筑结构安全等级为：二级。
2. 结构的设计使用年限：50 年。
3. 建筑抗震设防类别：乙类。
4. 地基基础设计等级：丙级。
5. 框架抗震等级，二级。
6. 建筑物耐火等级：二级。

四、自然条件（50 年一遇）

1. 基本风压：$w_0=0.3\text{kN/m}^2$；地面粗糙类别 B 类。

2. 基本雪压：$S_0=0.4\text{kN/m}^2$

3. 场地地震基本烈度：7 度。

抗震设防烈度 7 度（0.15g，第三组）；结构阻尼比 0.005；水平地震影响系数最大值：0.12；建筑场地类别为：Ⅱ类；特征周期 0.45s，场地稳定性好，适宜本工程建设。

4. 从工地最大冻土层深度：1.5m。

五、±0.000m 建筑物相应的绝对标高详见建施图。

六、设计依据

1.《×××中心小学教学楼岩土工程勘察报告（详细设计阶段）》

2. 标准与规范

《工程结构设计可靠度统一标准》GB 50153—2008

《建筑工程抗震设防分类标准》GB 50223—2008

《建筑结构荷载规范》GB 50009—2012

《建筑抗震设计规范》GB 50011—2010

《混凝土结构设计规范》GB 50010—2010

《建筑地基基础设计规范》GB 50007—2012

《建筑桩基技术规范》JGJ 94—2008

《建筑基桩测试技术规范》JGJ 106—2003

《工业建筑防腐蚀设计规范》GB 50046—2008

本工程按现行国家设计标准进行设计，施工时除应遵守本说明及各设计图纸说明外，尚应严格执行现行国家及工程所在地区的有关规范和规程。

七、设计计算程序

采用结构空间有限元分析与计算机软件 SAT—8（2010 版），计算嵌固端在灌注桩基础顶部。

八、结构混凝土环境类别

地下部分及地上外露部分构件为二 b 类，其他为一类，结构混凝土耐久性的基本要求见附表。

九、设计采用的均布活荷载标准值（kN/m²）

教室、办公室、盥洗间：2.0；卫生间：8.0；走廊、楼梯：3.5；不上人屋面：0.5。

十、主要结构构件（图中注明者除外）

1. 混凝土强度等级：

（1）灌注桩基础：C30、抗渗等级 P6。

（2）各层结构混凝土强度等级详见结构层高与混凝土强度等级对照表。

（3）构造柱、过梁：C20。

2. 钢筋及钢材：

（1）钢筋采用：HPB300 级（Φ），HRB335 级（Φ），HRB400 级（Φ）。

（2）框架及斜撑（包括梯段板）中纵向钢筋的抗拉强度实测值与屈服强度实测值的比值不应小于 1.25，且屈服强度实测值与强度标准值的比值不应大于 1.30，钢筋在最大拉力下的总伸长率实测值不得小于 9%，钢筋的强度标准值应有不小于 95%的保证概率。

(3) 钢板采用 Q235-B，Q-345B 钢。

(4) 吊钩、吊环均采用 HPB300 级钢筋，不得采用冷加工钢筋。

3. 砌体：

±0.000m 以上填充墙外墙 300mm 厚和内墙 200mm 厚均采用非承重粉煤灰炉渣空心砌块（容重≤9.0kN/m^3），空心砌块体的强度等级不低于 MU5，用 M5 混合砂浆砌筑；卫生间隔墙采用 90mm 厚 KP1 型承重烧结黏土多孔砖，采用 M5 水泥砂浆砌筑，楼梯间及人流密集的通道处填充墙应采用钢丝网砂浆面层加强。

4. 焊条：HPB300 钢筋采用 E43××，HRB335 采用 E50××，HRB400 采用 E55××型。

5. 油漆：凡外露钢铁件必须在除锈后涂防腐漆，面漆两道，并经常注意维护。

十一、混凝土的构造要求

1. 最外层钢筋保护层厚（图中注明者除外）：

(1) 柱、梁 20mm，且不应小于纵筋直径；

(2) 楼板、楼梯板和其他混凝土墙板 15mm；

(3) ±0.00m 以下基础梁、框架柱为 35mm。

2. 纵向受拉钢筋最小锚固及搭接长度详见 11G101-1 第 53、55 页。

3. 梁、柱的抗震构造详见 11G101-1 中相关要求和详图。

4. 梁侧面的构造筋和拉筋未注明部分同国标图集 11G101-1 的相关要求。

5. 框架梁的钢筋接头均采用焊接接头，梁的接头位置，上部负筋应在跨中 1/3 跨度内，下部钢筋在支座处锚固。非框架梁的上部钢筋接头，钢筋直径小于 22mm 者，可采用搭接，搭接范围箍筋全长加密，所有钢筋每次接头面积在同一搭接区内不应超过 50%。

6. 框架柱纵向钢筋接头均采用电渣压力焊接头，钢筋直径大于 22mm 时，采用Ⅱ级直螺纹机械接头，相邻纵向钢筋连接接头互相错开，在同一截面内钢筋接头面积百分率不应超过 50%。

7. 当上层柱钢筋根数多于下层柱或钢筋直径大于下层时，应在下层柱预埋插筋，其做法详见 11G101-1 中相应构造要求。

8. 梁、柱的箍筋和拉筋的弯钩构造做法见 11G101-1 第 56 页。

9. 主次梁相交处，主梁两侧均应加设附加箍筋，每侧 3 个，直径、肢数、同主梁箍筋，间距 50mm，附加吊筋未注明者均为 2⌀14。

10. 主次梁等高时，次梁钢筋应放在主梁钢筋之上。

11. 楼板、屋面板的构造要求：

(1) 楼板钢筋的放置，短向底筋置于外层，长向在内层，跨度≥4m 的板施工时应按规范要求起拱。

(2) 当钢筋长度不够时，楼板及屋面板上部筋应在跨中 1/3 处搭接，板下部钢筋应在支座处搭接；同一截面钢筋搭接接头数量不得超过钢筋总量的 25%，相邻接头截面间的最小距离为 45d。

(3) 各板角负筋，纵横两向必须重叠设置成网格状。

(4) 单向板、双向板的构造分布筋均为Φ6@200.

(5) 板边缘支座负筋应锚入梁内 l_a，板底下部纵向钢筋伸入支座内的锚固长度为 10d

（d 为钢筋直径），且不小于 100mm，不应小于 1/2 支座宽度，板支座负筋下面的数字为钢筋伸过梁的长度。

（6）板内钢筋如遇洞口，当 $D \leqslant 300$mm 时，钢筋绕过洞口，不需要截断（D 为洞口直径）；当 $D \geqslant 300$mm 时，钢筋于洞口边截断并弯曲锚固，洞口边增设加强钢筋（见具体施工图）。

（7）板内埋设管线时，所铺设管线应在板底钢筋之上、板顶钢筋之下，且管线的混凝土保护层厚度应不小于 30mm。

（8）施工时对设备的预留孔洞及预埋件必须与安装单位密切配合，如有疑问请与设计单位及时联系，共同协商解决。

12. 其他要求：

（1）采用标准图，重复使用图或通用图时，均应按所用图集要求进行施工。

（2）混凝土结构施工前应对预留孔、预埋件、楼梯栏杆和阳台栏杆的位置与各专业图纸加以核对，并与设备及其他工种密切配合施工。

（3）悬挑构件需待混凝土达到设计强度 100％后拆除底部模板。

（4）施工期间不得在楼板堆放建材和施工垃圾，特别注意梁板上集中负荷时对结构受力和变形的不利影响。

（5）悬挑梁和跨度≥4m 的梁，其楼板应预先起拱，起拱高度为跨度的 0.35％。

（6）纯悬挑梁、非框架梁、屋面框架梁的悬挑跨，其上部负筋伸入梁内的长度取 1.2 倍的悬挑跨度、l_{aE}、相邻内跨的 1/3 三者之间的较大值。

十二、填充墙与框架柱的连接及过梁、构造柱的要求

1. 凡填充墙与柱交接处，每 500mm 预埋 2Φ6 拉结筋，沿墙体通长设置，若遇洞口时伸到洞边断开，其拉结方式见 02G02。

2. 门窗及消防箱、电表箱等洞口的过梁，应根据梁净跨和墙厚按 02G05 中Ⅱ级荷载选用 KGLA；若过梁与柱相碰时，应改为现浇。

3. 当墙长大于 2 倍层高或 8m 时，应在墙内中部适当加设构造柱，截面尺寸及配筋为：墙厚 200mm，主筋 4Φ12，箍筋Φ6@200。

4. 门窗设备洞口之间的墙垛长度小于 300mm 者，该墙垛改为构造柱，截面为墙垛厚×墙垛长，主筋 4Φ12，箍筋Φ6@200。

5. 砌体施工质量控制等级为 B 级。

十三、选用标准图集

《平面整体表示方法制图规则和构造详图》国标 11G101-1。

十四、其他

1. 未经技术鉴定和设计许可，不得改变结构用途和使用环境。

2. 未经设计单位同意不得改用其他更重的墙体材料。

3. 本套施工图中标高为 m，其他尺寸为 mm。

4. 电气避雷引下线位置见有关电气施工图。

5. 施工安装过程中，采用有效措施保证结构的稳定性，确保施工安全。

6. 本工程设计未考虑冬期施工。

7. 本图需通过施工图审查后方可施工。

结构耐久性对混凝土性能的基本要求见表 12-2 所示。

结构混凝土耐久性的基本要求 **表 12-2**

环境类别	最大水灰比	最低混凝土强度等级	最大氯离子含量（%）	最大碱离子含量（%）
一	0.60	C20	0.30	不限制
二 b	0.50	C30	0.15	3.0

结构层楼面标高、结构层高、混凝土强度等级见表 12-3。

结构层楼面标高、结构层高、混凝土强度等级 **表 12-3**

层　号	标高（m）	层高（m）	梁板柱混凝土强度等级
屋面	10.800	—	C30
3	7.200	3.600	
2	3.600	3.600	
1	—1.000	4.600	

第五节　钢筋混凝土框架结构基础平面布置图解读

根据基础平面布置图 12-10 可知，该房屋纵向由 5 个 4500mm 开间和 4 个 3900mm 开间组成，轴线间总长度 38.100m，房屋轴线间总宽 9.3m。过道轴线间宽度 2.4m，房间进深分为 6m 和 5.1m 两种。基础采用井桩基础，房屋四角井桩为同一类型，其他部位为另一类型。基础平面布置图上其他信息如图 12-10 所示。

基础平面框架梁采用了集中标注和原位标注两种方法结合的表示法，现解读如下。

1. KL1

KL1 为Ⓓ轴线在①～④轴线桩基上，共三跨。

从基础平面图上集中标注的信息可知，KL1 左边两跨的跨度为 4500mm，右边一跨的跨度为 3400mm，截面尺寸为 $b \times h = 300\text{mm} \times 900\text{mm}$。箍筋为 HPB300 级，直径为 8mm，双肢箍，紧邻桩基的箍筋加密区间距为 100mm，梁跨中间距为 150mm。梁上部角筋是贯通筋，配筋值为 2 根直径 20mm 的 HRB400 级钢筋，梁下部贯通筋为 3 根（其中两根为角筋）配筋值为直径 20mm 的 HRB400 级钢筋。

从基础平面图上原位标注的信息可知，KL1 在支座上部（桩基上表面）配置了抵抗负弯矩的通长筋，配筋值为 3 根直径 20mm 的 HRB400 级钢筋。

2. KL2

KL2 为Ⓒ轴线与支承在④轴的 KL9 上到⑦轴线桩基上的三跨连续梁。

从基础平面图上集中标注的信息可知，KL2 由两跨跨度 3900mm 和一跨跨度 4500mm 跨组成，截面尺寸为 $b \times h = 300\text{mm} \times 900\text{mm}$。箍筋为 HPB300 级，直径 8mm，双肢箍，

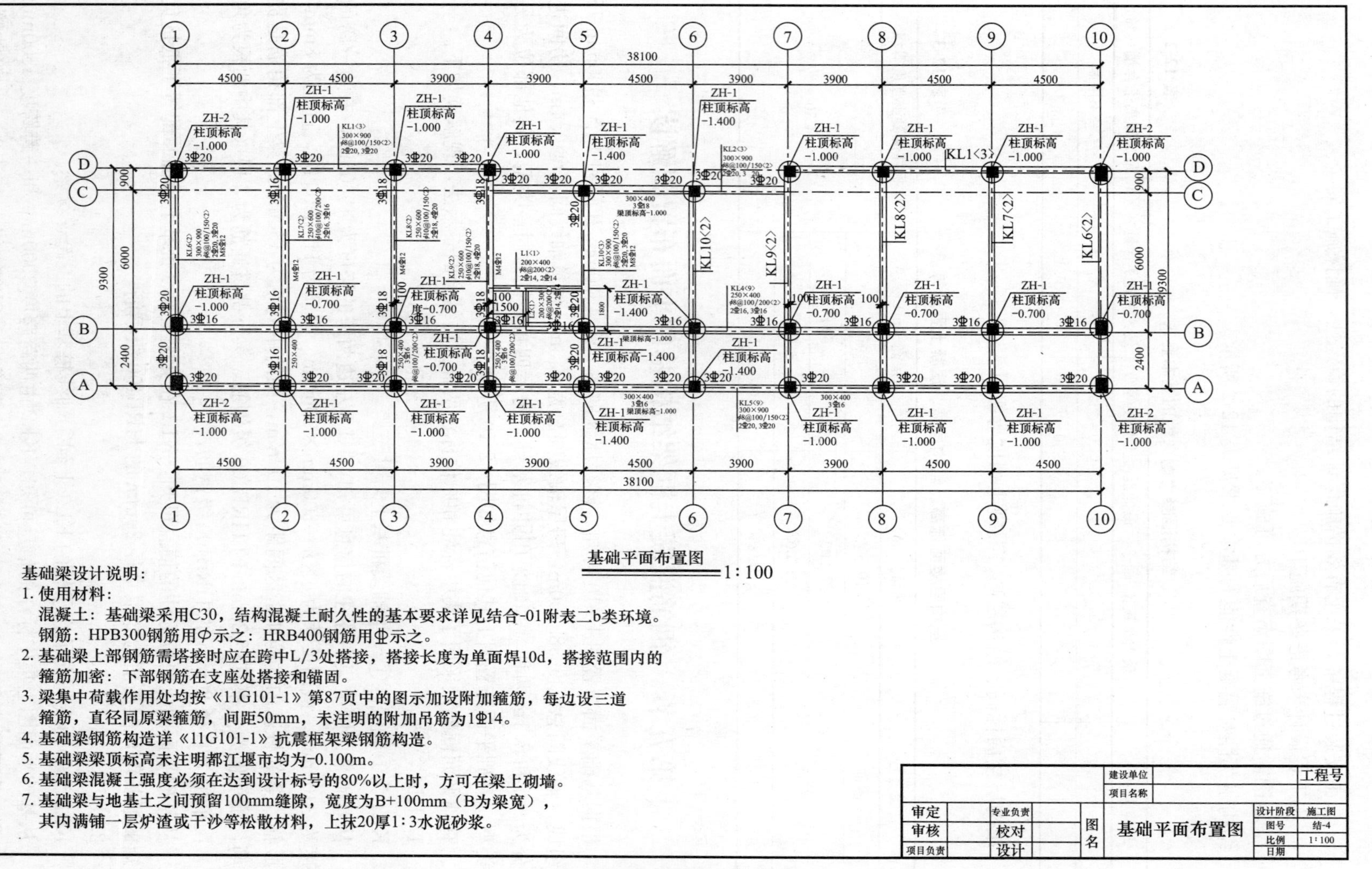

基础梁设计说明：

1. 使用材料：

   混凝土：基础梁采用C30，结构混凝土耐久性的基本要求详见结合-01附表二b类环境。

   钢筋：HPB300钢筋用ф示之；HRB400钢筋用⏀示之。

2. 基础梁上部钢筋需塔接时应在跨中L/3处搭接，搭接长度为单面焊10d，搭接范围内的箍筋加密；下部钢筋在支座处搭接和锚固。

3. 梁集中荷载作用处均按《11G101-1》第87页中的图示加设附加箍筋，每边设三道箍筋，直径同原梁箍筋，间距50mm，未注明的附加吊筋为1⏀14。

4. 基础梁钢筋构造详《11G101-1》抗震框架梁钢筋构造。

5. 基础梁梁顶标高未注明都江堰市均为-0.100m。

6. 基础梁混凝土强度必须在达到设计标号的80%以上时，方可在梁上砌墙。

7. 基础梁与地基土之间预留100mm缝隙，宽度为B+100mm（B为梁宽），其内满铺一层炉渣或干沙等松散材料，上抹20厚1:3水泥砂浆。

图 12–10　基础平面布置图

紧邻桩基的箍筋加密区间距为100mm，梁跨中间距为150mm。梁上部角筋为贯通筋，配筋值为2根直径20mm的HRB400级钢筋，梁下部贯通筋（两根为角筋）配筋值为3根直径20mm的HRB400级钢筋。

从基础平面图上原位标注的信息可知，KL2在支座桩基上表面和桩基侧面均在上部含通长筋共配置了3根直径20mm的HRB400级钢筋。

3. KL3

KL3为Ⓓ轴线上支承在⑦～⑩轴线间，共三跨梁。

根据结构对称、荷载对称、弯矩对称、剪力反对称等规则可知，KL3与KL1左右对称，所以配筋也应对称，即左侧边跨与右侧边跨对应，左侧第二跨与右侧第二跨对应，左侧第三跨与右侧第三跨对应，这里不再赘述。

4. KL4

KL4为Ⓑ轴线上连续布置，共九跨梁。

从基础平面图上集中标注的信息可知，KL4为九跨连续梁，在①～③轴线间两跨、⑤～⑥轴线间一跨、⑧～⑩轴线间两跨共五跨的跨度4500mm，剩余其他四跨的跨度为3900mm，梁截面尺寸为$b \times h = 250\text{mm} \times 400\text{mm}$。箍筋为HPB300级，直径8mm，双肢箍，紧邻桩基的箍筋加密区间距为100mm，梁跨中间距为200mm。梁上部角筋为贯通筋，配筋值为2根直径16mm的HRB400级钢筋；梁下部贯通筋3根中两根为角筋，配筋值为3根直径16mm的HRB400级钢筋。

由于L2支承在④～⑤轴线间的KL4和L1上，在L2和KL4的支座上，L2的两侧沿着L4长度方向每边各增加3各箍筋，其间距为50mm。

从基础平面图上原位标注的信息可知，KL4在支座（桩基上表面）和桩基侧面均在上部含通长筋共配置了3根直径16mm的HRB400级钢筋。

5. KL5

KL5为Ⓐ轴线上连续布置，共九跨梁。

从基础平面图上集中标注的信息可知，KL5在①～③轴线间两跨、⑤～⑥轴线间一跨、⑧～⑩轴线间两跨共五跨的跨度4500mm，剩余其他四跨的跨度为3900mm，截面尺寸为$b \times h = 300\text{mm} \times 900\text{mm}$。箍筋为HPB300级，直径8mm，双肢箍，紧邻桩基的箍筋加密区间距为100mm，梁跨中间距为150mm。梁上部贯通筋为角筋，配筋值为2根直径20mm的HRB400级钢筋，梁下部贯通筋为3根（其中两根为角筋），配筋值为直径20mm的HRB400级钢筋。

从基础平面图上原位标注的信息可知，KL5在支座（桩基上表面）和桩基侧面均在上部配置了（含通长筋）抵抗负弯矩的钢筋，配筋值为3根直径20mm的HRB400级钢筋。

6. KL6

KL6为①轴线上边框架梁，共两跨，短跨跨度为2400mm，长跨跨度为6000mm。

从基础平面图上集中标注的信息可知，KL6截面尺寸为$b \times h = 300\text{mm} \times 900\text{mm}$。箍筋为HPB300级，直径8mm，双肢箍，紧邻桩基的箍筋加密区间距为100mm，梁跨中间距为150mm。梁上部贯通筋为角筋。配筋值为2根直径20mm的HRB400级钢筋，梁下部贯通筋（包含两根角筋），配筋值为3根直径20mm的HRB400级钢筋。由于梁截面高度较高，又为边框架梁，在梁顶面的上部荷载不对称，会引起梁截面受扭。为此，梁截面中部配置了8根直径12mm的HRB400级抗扭纵筋，这8根纵筋在梁的箍筋内侧每边4根等距布置，并用两个双肢箍筋将每侧4根有效进行拉结。

从基础平面图上原位标注的信息可知，KL6在支座（桩基）上表面包括通长筋（其中两根是角筋）配置了抵抗负弯矩的钢筋，配筋值为3根直径20mm的HRB400级钢筋。

7. KL7

KL7为②轴线上的框架梁，共两跨，短跨跨度为2400mm，长跨跨度为6000mm。

从基础平面图上集中标注的信息可知，KL7短跨截面尺寸为$b\times h$=250mm×mm400，长跨截面尺寸为$b\times h$=250mm×600mm。箍筋为HPB300级，直径8mm，双肢箍，紧邻桩基的箍筋加密区间距为100mm，梁跨中间距为200mm。梁上部贯通筋为角筋，配筋值为2根直径16mm的HRB400级钢筋，梁下部贯通筋（包含两根角筋），其配筋值为3根直径16mm的HRB400级钢筋。梁截面中部配置了4根直径12mm的HRB400级抗扭纵筋，这4根纵筋在梁的箍筋内侧每边2根等距离布置，并用两个拉钩将每侧2根有效进行拉结。

从基础平面图上原位标注的信息可知，KL7在支座（桩基）上表包括通长筋（其中两根为角筋）面配置了抵抗负弯矩的钢筋，配筋值为3根直径16mm的HRB400级钢筋。

8. KL8

KL8为③轴线上的框架梁，共两跨，短跨跨度为2400mm，长跨跨度为6000mm。

从基础平面图上集中标注的信息可知，KL8短跨截面尺寸为$b\times h$=250mm×400mm，长跨截面尺寸为$b\times h$=250mm×600mm。

长跨内箍筋为HPB300级，直径10mm，双肢箍，紧邻桩基的箍筋加密区间距为100mm，梁跨中间距为150mm。梁上部贯通筋为角筋，配筋值为2根直径18mm的HRB400级钢筋，梁下部贯通筋（包含两根角筋），配筋值为4根直径20mm的HRB400级钢筋。梁截面中部配置了4根直径12mm的HRB400级抗扭纵筋，这4根纵筋在梁的箍筋内侧每边2根等距布置，并用两个拉钩将每侧2根有效进行拉结。

短跨中下部配置4根贯通筋，配筋值为直径20mm的HRB400级，箍筋为支座附近加密区间距100mm，跨中间距200mm直径8mm的HPB300级双肢箍。

从基础平面图上原位标注的信息可知，KL8在支座（桩基）上表面配置了抵抗负弯矩的钢筋，含通长筋（其中两根为角筋）共配置了3根直径18mm的HRB400级钢筋。

9. KL9

KL9为④轴线上的框架梁，共两跨，短跨跨度为2400mm，长跨跨度为6000mm。

从基础平面图上集中标注的信息可知，KL9短跨截面尺寸为$b\times h$=250mm×400mm，长跨截面尺寸为$b\times h$=250mm×600mm。

长跨内箍筋为HPB300级，直径10mm，双肢箍，紧邻桩基的箍筋加密区间距为100mm，梁跨中间距为150mm。在跨内LI的支座两侧，沿KL9跨度方向每边增设3个箍筋，其间距为50mm。

梁上部贯通筋为角筋，配筋值为2根直径18mm的HRB400级钢筋，梁下部贯通筋其中两根为角筋，配筋值为4根直径20mm的HRB400级钢筋。梁截面中部配置了4根直径12mm的HRB400级抗扭纵筋，这4根纵筋在梁的箍筋内侧每边2根等距布置，并用两个拉钩将每侧2根有效进行拉结。

短跨截面下部配置3根（其中两根为角筋）直径16mm的HRB400级钢筋；箍筋为支

座附近加密区间距100mm，跨中间距200mm，直径8mm的HPB300级双肢箍

从基础平面图上原位标注的信息可知，KL8在支座（桩基）上表面配置了抵抗负弯矩的通长筋（其中两根为角筋），配筋值为3根直径18mm的HRB400级钢筋。

10. KL10

KL10为⑤轴线和⑥轴线上的框架梁，共两跨，短跨跨度为2400mm，长跨跨度为6000mm。

从基础平面图上集中标注的信息可知，KL10短跨截面尺寸为$b \times h = 250\text{mm} \times 400\text{mm}$，长跨截面尺寸为$b \times h = 250\text{mm} \times 600\text{mm}$。

长跨内箍筋配筋值为HPB300级，双肢箍直径10mm，紧邻桩基的箍筋加密区间距为100mm，梁跨中间距为150mm。短跨内箍筋配筋值为HPB300级，双肢箍直径10mm，紧邻桩基的箍筋加密区间距为100mm，梁跨中间距为200mm。在L1与KL10相交处L1两侧KL10内每侧应增加3各箍筋，增加的3个箍筋之间的间距为50mm。

梁上部贯通筋为角筋。配筋值2根直径20mm的HRB400级钢筋，梁下部贯通筋（其中两根为角筋）的配筋值配筋值为3根直径20mm的HRB400级钢筋。梁截面中部配置了8根直径12mm的HRB400级抗扭纵筋，这8根纵筋在梁的箍筋内侧每边4根等距布置，并用两个双肢箍筋将每侧4根有效进行拉结。

短跨下部配置通长筋（其中两根为角筋），配筋值为3根直径20mm的HRB400级钢筋；箍筋为支座附近加密区间距100mm，跨中间距200mm直径8mm的HPB300级双肢箍。

从基础平面图上原位标注的信息可知，KL8在支座（桩基）上表面配置有抵抗负弯矩的钢筋，配筋值为含通长筋共配置了3根（其中两根为角筋）直径20mm的HRB400级钢筋。

11. L1

L1为支承在④轴线和⑤轴线上KL10上的长跨上的梁。

从地基平面布置图上集中标注的信息可以看到，跨度为3900mm，梁截面尺寸为$b \times h = 200\text{mm} \times 400\text{mm}$。梁内箍筋为直径8mm，间距200mm的HPB300级双肢箍沿全跨均匀配置，需要说明的是，L2支承在④～⑤轴线间的KL4和L1上，在L1与L2相交处，在L2的两侧沿L1长度方向每边各增加3个箍筋，其间距为50mm。

L1的上部和下部各配置2根直径14mm的HRB400级纵向受力钢筋。

12. L2

L2为支承在Ⓑ轴线的④～⑤轴线的梁跨和L1上的小梁，共一跨。

从地基平面布置图上集中标注的信息可以看到，跨度为1800mm，梁截面尺寸为$b \times h = 200\text{mm} \times 300\text{mm}$。梁内箍筋为直径8mm，间距200mm的HPB300级双肢箍，沿全跨均匀配置。L2的上部和下部各配置2根直径14mm，HRB400级纵向受力钢筋。

本节中桩顶标高、梁顶标高和基础的设计说明等内容，在图中有明确表示，这里不再赘述。

第六节　钢筋混凝土框架结构框架柱定位图与配筋图解读

如图12-11所示，框架柱根据在框架结构平面所处的位置不同，其受力也不同。框架柱共分为8种，用平法表示的定位图解读和列表表示的配筋表解读如下：

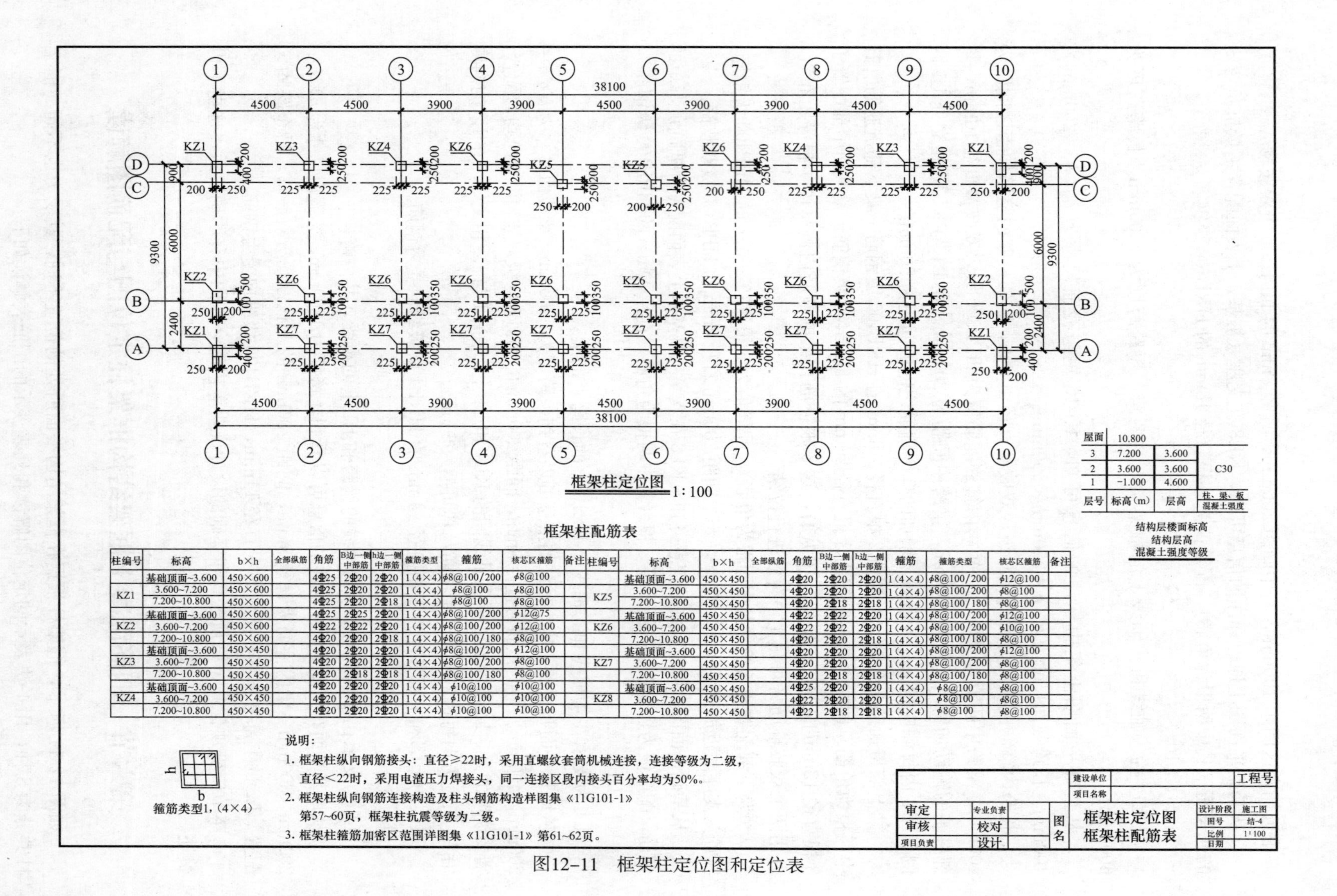

框架柱配筋表

柱编号	标高	b×h	全部纵筋	角筋	B边一侧中部筋	h边一侧中部筋	箍筋类型	箍筋	核芯区箍筋	备注
KZ1	基础顶面~3.600	450×600		4Φ25	2Φ20	2Φ20	1(4×4)	φ8@100/200	φ8@100	
	3.600~7.200	450×600		4Φ25	2Φ20	2Φ20	1(4×4)	φ8@100	φ8@100	
	7.200~10.800	450×600		4Φ25	2Φ20	2Φ18	1(4×4)	φ8@100	φ8@100	
KZ2	基础顶面~3.600	450×600		4Φ25	2Φ25	2Φ20	1(4×4)	φ8@100/200	φ12@75	
	3.600~7.200	450×600		4Φ22	2Φ22	2Φ20	1(4×4)	φ8@100/200	φ12@100	
	7.200~10.800	450×600		4Φ20	2Φ20	2Φ18	1(4×4)	φ8@100/180	φ8@100	
KZ3	基础顶面~3.600	450×450		4Φ20	2Φ20	2Φ20	1(4×4)	φ8@100/200	φ12@100	
	3.600~7.200	450×450		4Φ20	2Φ20	2Φ20	1(4×4)	φ8@100/200	φ8@100	
	7.200~10.800	450×450		4Φ20	2Φ18	2Φ18	1(4×4)	φ8@100/180	φ8@100	
KZ4	基础顶面~3.600	450×450		4Φ20	2Φ20	2Φ20	1(4×4)	φ10@100	φ10@100	
	3.600~7.200	450×450		4Φ20	2Φ20	2Φ20	1(4×4)	φ10@100	φ10@100	
	7.200~10.800	450×450		4Φ20	2Φ20	2Φ20	1(4×4)	φ10@100	φ10@100	

柱编号	标高	b×h	全部纵筋	角筋	B边一侧中部筋	h边一侧中部筋	箍筋	箍筋类型	核芯区箍筋	备注
KZ5	基础顶面~3.600	450×450		4Φ20	2Φ20	2Φ20	1(4×4)	φ8@100/200	φ12@100	
	3.600~7.200	450×450		4Φ20	2Φ20	2Φ20	1(4×4)	φ8@100/200	φ8@100	
	7.200~10.800	450×450		4Φ20	2Φ18	2Φ18	1(4×4)	φ8@100/180	φ8@100	
KZ6	基础顶面~3.600	450×450		4Φ22	2Φ22	2Φ20	1(4×4)	φ8@100/200	φ12@100	
	3.600~7.200	450×450		4Φ22	2Φ22	2Φ20	1(4×4)	φ8@100/200	φ10@100	
	7.200~10.800	450×450		4Φ20	2Φ20	2Φ18	1(4×4)	φ8@100/180	φ8@100	
KZ7	基础顶面~3.600	450×450		4Φ20	2Φ20	2Φ20	1(4×4)	φ8@100/200	φ12@100	
	3.600~7.200	450×450		4Φ20	2Φ20	2Φ20	1(4×4)	φ8@100/200	φ8@100	
	7.200~10.800	450×450		4Φ20	2Φ18	2Φ18	1(4×4)	φ8@100/180	φ8@100	
KZ8	基础顶面~3.600	450×450		4Φ25	2Φ20	2Φ20	1(4×4)	φ8@100	φ8@100	
	3.600~7.200	450×450		4Φ22	2Φ20	2Φ20	1(4×4)	φ8@100	φ8@100	
	7.200~10.800	450×450		4Φ22	2Φ18	2Φ18	1(4×4)	φ8@100	φ8@100	

层号	标高(m)	层高	柱、梁、板混凝土强度
屋面	10.800		
3	7.200	3.600	C30
2	3.600	3.600	
1	−1.000	4.600	

结构层楼面标高
结构层高
混凝土强度等级

箍筋类型1,(4×4)

说明：

1. 框架柱纵向钢筋接头：直径≥22时，采用直螺纹套筒机械连接，连接等级为二级，直径<22时，采用电渣压力焊接头，同一连接区段内接头百分率均为50%。
2. 框架柱纵向钢筋连接构造及柱头钢筋构造样图集《11G101-1》第57~60页，框架柱抗震等级为二级。
3. 框架柱箍筋加密区范围详图集《11G101-1》第61~62页。

审定		专业负责		图名	框架柱定位图 框架柱配筋表	建设单位		工程号
审核		校对				项目名称		
项目负责		设计				设计阶段	施工图	
						图号	结-4	
						比例	1:100	
						日期		

图12-11　框架柱定位图和定位表

一、框架柱定位图解读

1. 框架柱 1

框架柱 1 代号为汉语拼音前两个字母的声母大写后加柱的编号 1，即 KZ1。从图中可以看到 KZ1 位于房屋的四个角，均为双向偏心受压构件。①轴线与Ⓐ轴线相交处的框架柱 1，在 b 边尺寸①轴线左、右分别为 200mm、250mm，在 h 边Ⓐ轴线的外侧为 200mm，Ⓐ轴的内侧为 400mm；①轴线与Ⓓ轴线相交处的框架柱 1，在 b 边尺寸①轴线左、右分别为 250mm、200mm，在 h 边Ⓓ轴线的外侧为 200mm，Ⓓ轴的内侧为 400mm；⑩轴线与Ⓐ轴线相交处的框架柱 1，在 b 边尺寸⑩轴线左、右分别为 250mm、200mm，在 h 边Ⓐ轴线的外侧为 200mm，Ⓐ轴的内侧为 400mm；⑩轴线与Ⓓ轴线相交处的框架柱 1，在 b 边尺寸①轴线左、右分别为 250mm、200mm，在 h 边Ⓓ轴线的外侧为 200mm，Ⓐ轴的内侧为 400mm。

2. 框架柱 2

从图中可以看到 KZ2 位于Ⓑ轴线与①轴线、Ⓑ轴线与⑩轴线相交处，共两根，均为双向偏心受力构件。①轴线与Ⓑ轴线相交处的框架柱 2，在 b 边尺寸①轴线左、右分别为 200mm、250mm，在 h 边分别为 100mm 和 500mm；⑩轴线与Ⓑ轴线相交处的框架柱 2，在 b 边尺寸①轴线左、右分别为 250mm、200mm，在 h 边分别为 100mm 和 500mm。

3. 框架柱 3

从图中可以看到 KZ3 位于Ⓓ轴线与②轴线、Ⓓ轴线与⑨轴线相交处，共两根，均为单向偏心受压构件。KZ3 在 b 边尺寸②轴线、⑨轴线左、右两侧均为 225mm，在 h 边Ⓓ轴线内侧为 250mm，在Ⓓ轴线外侧为 200mm。

4. 框架柱 4

从图中可以看到 KZ4 位于Ⓓ轴线与③轴线、Ⓓ轴线与⑧轴线相交处，共两根，均为单向偏心受压构件。KZ4 在 b 边尺寸③轴线、⑧轴线左、右两侧均为 225mm，在 h 边Ⓓ轴线内侧为 250mm，在Ⓓ轴线外侧为 200mm。

5. 框架柱 5

从图中可以看到 KZ5 位于Ⓒ轴线与⑤轴线、Ⓒ轴线与⑥轴线相交处，共两根，均为单向偏心受压构件。KZ5 在 b 边尺寸⑤轴线左侧为 250mm、右侧为 200mm，⑥轴线左为 200mm、右为 250mm，在 h 边Ⓒ轴线内侧为 250mm，在Ⓓ轴线外侧为 200mm。

6. 框架柱 6

从图中可以看到 KZ6 位于Ⓑ轴线与②～⑨轴线相交处的所有柱，共 8 根，均为单向偏心受压构件。每根 KZ6 在 b 边均以对应的横向定位轴线为对称，左右两侧的距离均为 225mm 在 h 边的尺寸分别为 100mm 和 600mm。

7. 框架柱 7

从图中可以看到 KZ7 位于Ⓐ轴线与②～⑨轴线相交处的所有柱，共 8 根，均为单向偏心受压构件。每根 KZ7 在 b 边均以对应的横向定位轴线为对称，左右两侧的距离均为 225mm 在 h 边的Ⓐ轴线的外侧为 200mm，在Ⓐ轴线的内侧为 250mm。

8. 框架柱 8

从图中可以看到 KZ8 位于Ⓓ轴线与④、Ⓓ轴线与⑦轴线相交处，共两根，均为双向偏心受压构件。Ⓓ轴线与④轴线相交处的 KZ8 在 b 边横向定位轴线左侧为 250mm，横向定位轴线右侧为 200mm；在 h 边的Ⓓ轴线的外侧为 200mm，在Ⓓ轴线的内侧为 250mm。

二、框架柱配筋表解读

8 种框架柱的楼层标高起止位置均相同，底层从基础顶面到 3.600m 标高处，二层从 3.600～7.200m 标高处，三层从标高 7.200～10.800m 处。各框架柱均为等截面柱。柱截面均配置 12 根纵向受力钢筋，除四角的角筋外每边中间均配置两根纵筋。箍筋均为双向四肢箍。除角柱 KZ1 以及 KZ4 和 KZ8 箍筋沿全高加密外，其他主箍筋加密区间距均为 100mm，非加密区钢筋间距为 200mm。KZ1 和 KZ2 横截面尺寸为 $b \times h = 450\text{mm} \times 600\text{mm}$，其他框架柱的横截面尺寸均为 $b \times h = 450\text{mm} \times 450\text{mm}$。各柱内配筋情况如下。

1. KZ1

纵向受力钢筋包括角部 4 根直径 25mm 的 HRB400 级钢筋外，四个边每边各配置 2 根直径 20mm 的 HRB400 级钢筋，横截面有纵向受力钢筋为 4 根直径 25mm 的 HRB400 级钢筋加 8 根直径 20mm 的 HRB400 级钢筋。

箍筋类型号为 1，为双向四肢箍筋，箍筋的强度等级为 HPB300 级，直径为 8mm，间距为 100mm 沿柱全高加密。

2. KZ2

底层：纵向受力钢筋包括角部 4 根直径 25mm 的 HRB400 级钢筋外，柱的两个 b 边各配置 2 根直径 25mm 的 HRB400 级钢筋，柱的两个 h 边各配置 2 根直径 20mm 的 HRB400 级钢筋，横截面有纵向受力钢筋为 8 根直径 25mm 的 HRB400 级钢筋加 4 根直径 20mm 的 HRB400 级钢筋。

底层：箍筋类型号为 1，为双向四肢箍筋，箍筋的强度等级为 HPB300 级，直径为 8mm，加密区间距为 100mm，非加密区为 200mm，在底层框架柱与基础框架梁重合的高度内配置直径 12mm，间距为 75mm 的 HPB300 级箍筋。

二层：从标高 3.600～7.200m 范围内，纵向受力钢筋包括角部 4 根直径 22mm 的 HRB400 级钢筋外，柱的两个 b 边各配置 2 根直径 22mm 的 HRB400 级钢筋，柱的两个 h 边各配置 2 根直径 20mm 的 HRB400 级钢筋，横截面有纵向受力钢筋为 8 根直径 22mm 的 HRB400 级钢筋加 4 根直径 20mm 的 HRB400 级钢筋。

二层：箍筋类型号为 1，为双向四肢箍筋，箍筋的强度等级为 HPB300 级，直径为 8mm，加密区间距为 100mm，非加密区为 200mm，在柱与框架梁重合的柱核心区内配置直径 12mm，间距为 100mm 的 HPB300 级箍筋。

三层：从标高 7.200～10.800m 范围内，纵向受力钢筋包括角部 4 根直径 20mm 的 HRB400 级钢筋外，柱的两个 b 边各配置 2 根直径 20mm 的 HRB400 级钢筋，柱的两个 h 边各配置 2 根直径 18mm 的 HRB400 级钢筋，横截面有纵向受力钢筋为 8 根直径 20mm 的 HRB400 级钢筋加 4 根直径 18mm 的 HRB400 级钢筋。

三层：箍筋类型号为 1，为双向四肢箍筋，箍筋的强度等级为 HPB300 级，直径为 8mm，加密区间距为 100mm，非加密区为 200mm，在柱与框架梁重合的柱核心区内配置直径 12mm，间距为 100mm 的 HPB300 级箍筋。

3. KZ3

底层：纵向受力钢筋包括角部4根直径20mm的HRB400级钢筋外，柱的两个b边各配置2根直径20mm的HRB400级钢筋，柱的两个h边各配置2根直径20mm的HRB400级钢筋，横截面有纵向受力钢筋为12根直径20mm的HRB400级钢筋。

底层：箍筋类型号为1，为双向四肢箍筋，箍筋的强度等级为HPB300级，直径为8mm，加密区间距为100mm，非加密区为180mm，在底层框架柱与基础框架梁重合的高度内配置直径8mm，间距为100mm的HPB300级箍筋。

二层：从标高3.600～7.200m范围内，纵向受力钢筋包括角部4根直径20mm的HRB400级钢筋外，柱的两个b边各配置2根直径20mm的HRB400级钢筋，柱的两个h边各配置2根直径20mm的HRB400级钢筋，横截面有纵向受力钢筋为12根直径20mm的HRB400级钢筋。

二层：箍筋类型号为1，为双向四肢箍筋，箍筋的强度等级为HPB300级，直径为8mm，加密区间距为100mm，非加密区为200mm，在柱与框架梁重合的柱核心区内配置直径8mm，间距为100mm的HPB300级箍筋。

三层：从标高7.200～10.800m范围内，纵向受力钢筋包括角部4根直径20mm的HRB400级钢筋外，柱的两个b边各配置2根直径18mm的HRB400级钢筋，柱的两个h边各配置2根直径18mm的HRB400级钢筋，横截面有纵向受力钢筋为4根直径20mm的HRB400级钢筋加8根直径18mm的HRB400级钢筋。

三层：箍筋类型号为1，为双向四肢箍筋，箍筋的强度等级为HPB300级，直径为8mm，加密区间距为100mm，非加密区为180mm，在柱与框架梁重合的柱核心区内配置直径10mm，间距为100mm的HPB300级箍筋。

4. KZ4

一至三层：纵向受力钢筋包括角部4根直径20mm的HRB400级钢筋外，柱的两个b边各配置2根直径20mm的HRB400级钢筋，柱的两个h边各配置2根直径20mm的HRB400级钢筋，横截面有纵向受力钢筋为12根直径20mm的HRB400级钢筋。

一至三层：箍筋类型号为1，为双向四肢箍筋，箍筋的强度等级为HPB300级，直径为8mm，为全柱高度范围内加密区，间距为100mm的HPB300级箍筋。

5. KZ5

底层：纵向受力钢筋包括角部4根直径20mm的HRB400级钢筋外，柱的两个b边各配置2根直径20mm的HRB400级钢筋，柱的两个h边各配置2根直径20mm的HRB400级钢筋，横截面有纵向受力钢筋为12根直径20mm的HRB400级钢筋。

底层：箍筋类型号为1，为双向四肢箍筋，箍筋的强度等级为HPB300级，直径为8mm，加密区间距为100mm，非加密区为200mm，在底层框架柱与基础框架梁重合的高度内配置直径12mm，间距为100mm的HPB300级箍筋。

二层：从标高3.600～7.200m范围内，纵向受力钢筋包括角部4根直径20mm的HRB400级钢筋外，柱的两个b边各配置2根直径20mm的HRB400级钢筋，柱的两个h边各配置2根直径20mm的HRB400级钢筋，横截面有纵向受力钢筋为12根直径20mm的HRB400级钢筋。

二层：箍筋类型号为1，为双向四肢箍筋，箍筋的强度等级为HPB300级，直径为

8mm，加密区间距为100mm，非加密区为200mm，在底层框架柱与基础框架梁重合的高度内配置直径12mm，间距为100mm的HPB300级箍筋。

三层：从标高7.200～10.800m范围内，纵向受力钢筋包括角部4根直径20mm的HRB400级钢筋外，柱的两个b边各配置2根直径18mm的HRB400级钢筋，柱的两个h边各配置2根直径18mm的HRB400级钢筋，横截面有纵向受力钢筋为4根直径20mm的HRB400级钢筋加8根直径18mm的HRB400级钢筋。

三层：箍筋类型号为1，为双向四肢箍筋，箍筋的强度等级为HPB300级，直径为8mm，加密区间距为100mm，非加密区为180mm，在柱与框架梁重合的柱核心区内配置直径10mm，间距为100mm的HPB300级箍筋。

6. KZ6

底层：纵向受力钢筋包括角部4根直径22mm的HRB400级钢筋外，柱的两个b边各配置2根直径22mm的HRB400级钢筋，柱的两个h边各配置2根直径20mm的HRB400级钢筋，横截面有纵向受力钢筋为8根直径22mm的HRB400级钢筋加4根直径20mm的HRB400级钢筋。

底层：箍筋类型号为1，为双向四肢箍筋，箍筋的强度等级为HPB300级，直径为8mm，加密区间距为100mm，非加密区为200mm，在底层框架柱与基础框架梁重合的高度内配置直径12mm，间距为100mm的HPB300级箍筋。

二层：从标高3.600～7.200m范围内，纵向受力钢筋包括角部4根直径22mm的HRB400级钢筋外，柱的两个b边各配置2根直径22mm的HRB400级钢筋，柱的两个h边各配置2根直径20mm的HRB400级钢筋，横截面有纵向受力钢筋为8根直径22mm的HRB400级钢筋加4根直径20mm的HRB400级钢筋。

二层：箍筋类型号为1，为双向四肢箍筋，箍筋的强度等级为HPB300级，直径为8mm，加密区间距为100mm，非加密区为200mm，在底层框架柱与基础框架梁重合的高度内配置直径10mm，间距为100mm的HPB300级箍筋。

三层：从标高7.200～10.800m范围内，纵向受力钢筋包括角部4根直径20mm的HRB400级钢筋外，柱的两个b边各配置2根直径20mm的HRB400级钢筋，柱的两个h边各配置2根直径18mm的HRB400级钢筋，横截面有纵向受力钢筋为8根直径20mm的HRB400级钢筋加4根直径18mm的HRB400级钢筋。

三层：箍筋类型号为1，为双向四肢箍筋，箍筋的强度等级为HPB300级，直径为8mm，加密区间距为100mm，非加密区为180mm，在柱与框架梁重合的柱核心区内配置直径8mm，间距为100mm的HPB300级箍筋。

7. KZ7

底层：纵向受力钢筋包括角部4根直径20mm的HRB400级钢筋外，柱的两个b边各配置2根直径20mm的HRB400级钢筋，柱的两个h边各配置2根直径20mm的HRB400级钢筋，横截面有纵向受力钢筋为12根直径20mm的HRB400级钢筋。

底层：箍筋类型号为1，为双向四肢箍筋，箍筋的强度等级为HPB300级，直径为8mm，加密区间距为100mm，非加密区为200mm，在底层框架柱与基础框架梁重合的高度内配置直径12mm，间距为100mm的HPB300级箍筋。

二层：从标高3.600～7.200m范围内，纵向受力钢筋包括角部4根直径20mm的

HRB400 级钢筋外，柱的两个 b 边各配置 2 根直径 20mm 的 HRB400 级钢筋，柱的两个 h 边各配置 2 根直径 20mm 的 HRB400 级钢筋，横截面有纵向受力钢筋为 12 根直径 20mm 的 HRB400 级钢筋。

二层：箍筋类型号为 1，为双向四肢箍筋，箍筋的强度等级为 HPB300 级，直径为 8mm，加密区间距为 100mm，非加密区为 200mm，在底层框架柱与基础框架梁重合的高度内配置直径 8mm，间距为 100mm 的 HPB300 级箍筋。

三层：从标高 7.200～10.800m 范围内，纵向受力钢筋包括角部 4 根直径 20mm 的 HRB400 级钢筋外，柱的两个 b 边各配置 2 根直径 18mm 的 HRB400 级钢筋，柱的两个 h 边各配置 2 根直径 18mm 的 HRB400 级钢筋，横截面有纵向受力钢筋为 4 根直径 20mm 的 HRB400 级钢筋加 8 根直径 18mm 的 HRB400 级钢筋。

三层：箍筋类型号为 1，为双向四肢箍筋，箍筋的强度等级为 HPB300 级，直径为 8mm，加密区间距为 100mm，非加密区为 180mm，在柱与框架梁重合的柱核心区内配置直径 8mm，间距为 100mm 的 HPB300 级箍筋。

8. KZ8

底层：纵向受力钢筋包括角部 4 根直径 25mm 的 HRB400 级钢筋外，柱的两个 b 边各配置 2 根直径 20mm 的 HRB400 级钢筋，柱的两个 h 边各配置 2 根直径 20mm 的 HRB400 级钢筋，横截面有纵向受力钢筋为 4 根直径 25mm 的 HRB400 级钢筋加 8 根直径 20mm 的 HRB400 级钢筋。

底层：箍筋类型号为 1，为双向四肢箍筋，箍筋的强度等级为 HPB300 级，直径为 8mm，柱全高加密，间距为 100mm 的双向四肢箍筋。

二层：从标高 3.600～7.200m 范围内，纵向受力钢筋包括角部 4 根直径 22mm 的 HRB400 级钢筋外，柱的两个 b 边各配置 2 根直径 20mm 的 HRB400 级钢筋，柱的两个 h 边各配置 2 根直径 20mm 的 HRB400 级钢筋，横截面有纵向受力钢筋为 4 根直径 22mm 的 HRB400 级钢筋加 8 根直径 20mm 的 HRB400 级钢筋。

二层：箍筋类型号为 1，为双向四肢箍筋，箍筋的强度等级为 HPB300 级，直径为 8mm，柱全高加密，间距为 100mm 的双向四肢箍筋。

三层：从标高 7.200～10.800m 范围内，纵向受力钢筋包括角部 4 根直径 22mm 的 HRB400 级钢筋外，柱的两个 b 边各配置 2 根直径 18mm 的 HRB400 级钢筋，柱的两个 h 边各配置 2 根直径 18mm 的 HRB400 级钢筋，横截面有纵向受力钢筋为 4 根直径 22mm 的 HRB400 级钢筋加 8 根直径 18mm 的 HRB400 级钢筋。

三层：箍筋类型号为 1，为双向四肢箍筋，箍筋的强度等级为 HPB300 级，直径为 8mm，柱全高加密，间距为 100mm 的双向四肢箍筋。

第七节　钢筋混凝土框架结构梁平法施工图解读

本章第四节介绍的现浇钢筋混凝土框架结构教学楼共三层，各楼层房屋使用功能不同，房间布置也不同，其中第二层带有三个阳台，构件最多，也最复杂，三层楼面和屋面配筋图相对简单。

一、二层楼面梁平法施工图解读

如图 12-12 所示，为现浇钢筋混凝土框架结构教学楼二层梁平法施工图。其中框架梁有 10 种，其他小梁有 5 种。以下分别进行解读。

1. KL1

KL1 为Ⓓ轴线在①～④轴线间三跨连续梁。

从二层梁平法施工图上集中标注的信息可知，KL1 左边两跨的跨度为 4500mm，右边一跨的跨度为 3400mm，截面尺寸为 $b \times h = 300\text{mm} \times 400\text{mm}$。箍筋为 HPB300 级，直径 8mm，双肢箍，紧邻框架柱的箍筋加密区间距为 100mm，梁跨中间距为 150mm。

梁上部角筋为贯通筋，配筋值为 2 根直径 20mm 的 HRB400 级钢筋。

从二层梁平法施工图上原位标注的信息可知，KL1 在最左边支座上表面配置的抵抗负弯矩的钢筋为 4 根 HRB400 级直径为 20mm 的钢筋，在第二、第三、第四个支座上面所配的负筋，配筋值均为 2 根 HRB400 级直径 20mm 加 2 根 HRB400 级直径 18mm 钢筋。最左边跨梁截面下部配置了 3 根 HRB400 级直径 20mm 纵向受拉钢筋；第二、第三跨梁截面下部均配置 3 根 HRB400 级直径 18mm 纵向受拉钢筋。

2. KL2

KL2 为Ⓒ轴上的三跨连续梁。

从二层梁平法施工图上集中标注的信息可知，KL2 第一和第三跨的跨度 3900mm，第二跨跨度为 4500mm，截面尺寸为 $b \times h = 300\text{mm} \times 400\text{mm}$。箍筋为 HPB300 级，直径 8mm，双肢箍，紧邻框架柱的箍筋加密区间距为 100mm，梁跨中间距为 150mm。梁上部贯通筋为角筋，配筋值为 2 根直径 22mm 的 HRB400 级钢筋；梁最左边和最右边支座上部所配抵抗负弯矩的钢筋共有 5 根，上排紧贴箍筋内皮的为 3 根（其中两根为角筋）直径 22mm 的 HRB400 级钢筋，第二排为 2 根直径 20mm 的 HRB400 级钢筋；中间两个支座上部截面配置 4 根（其中两根为角筋）直径 22mm 的 HRB400 级钢筋。梁左右两跨截面下部纵向受力钢筋配筋值为 4 根（其中两根为角筋）HRB400 级直径 20mm 的钢筋，中间跨截面下部纵向受力钢筋配筋值为 3 根（其中两根为角筋）HRB400 级直径 20mm 的钢筋。

3. KL3

KL3 为Ⓓ轴线上支承在⑦～⑩轴线间，共三跨梁。

根据结构对称，荷载对称弯矩对称，剪力反对成等规则可知，KL3 与 KL1 左右对称，所以配筋也应对称，即左侧边跨与右侧边跨对应，左侧第二跨与右侧第二跨对应，左侧第三跨与右侧第三跨对应，这里不再赘述。

4. KL4

KL4 为Ⓑ轴线上连续布置的共九跨梁。

从二层梁平法施工图上集中标注的信息可知，KL4 在①～③轴线间两跨、⑤～⑥轴线间一跨、⑧～⑩轴线间两跨，共五跨的跨度 4500mm，剩余其他四跨的跨度为 3900mm，截面尺寸为 $b \times h = 250\text{mm} \times 400\text{mm}$。箍筋为 HPB300 级，直径 8mm，双肢箍，紧邻框架柱的箍筋加密区间距为 100mm，梁跨中间距为 200mm。梁上部贯通筋为角筋，配筋值为 2 根直径 20mm 的 HRB400 级钢筋。除过两端两个边支座和第一内支座上部配置的抵抗负弯矩的钢筋配筋值为角部 2 根直径 20mm 的 HRB400 级钢筋，角筋中间加 2 根直径 22mm

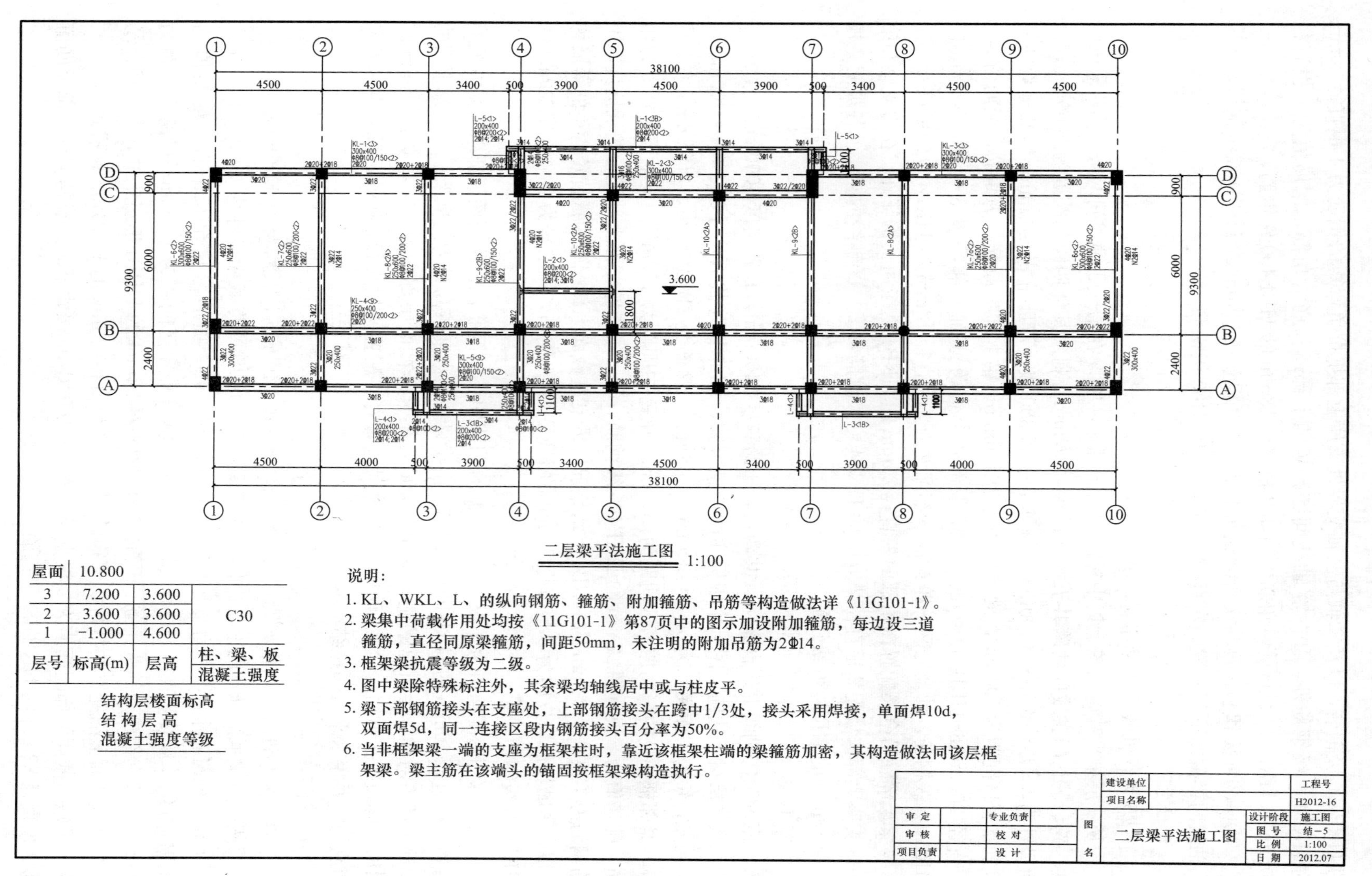

图12-12 二层梁平法施工图

的 HRB400 级钢筋，以及⑥轴与Ⓑ轴交界处支座上部抵抗负弯矩的钢筋为 4 根直径 20mm 的 HRB400 级钢筋外，②～⑨轴线间各跨梁的上部通长筋为角筋，配筋值为 2 根直径 20mm 的 HRB400 级钢筋，角筋中间加 2 根直径 18mm 的 HRB400 级钢筋。

①～②轴线和⑨～⑩轴线间梁截面下部配置 3 根直径 20mm 的 HRB400 级钢筋，②～⑨轴线间梁截面下部配置 3 根直径 18mm 的 HRB400 级钢筋。

5. KL5

KL5 为Ⓐ轴线上连续布置，共九跨梁，

从二层梁平法施工图上集中标注的信息可知，KL5 在①～③轴线间两跨、⑤～⑥轴线间一跨、⑧～⑩轴线间两跨共五跨的跨度 4500mm，剩余其他四跨的跨度为 3900mm，截面尺寸为 $b \times h$=300mm×400mm。箍筋为 HPB300 级，双肢箍直径 8mm，紧邻框架柱的箍筋加密区间距为 100mm，梁跨中间距为 150mm。梁上部贯通筋为为角筋，配筋值为 2 根直径 20mm 的 HRB400 级钢筋；梁下部两个边跨截面下部配置 3 根直径 20mm 的 HRB400 级钢筋，其余之间 7 跨截面下部配件为 3 根直径 18mm 的 HRB400 级钢筋。

梁上部除沿全长配置在角部两根直径 20mm 的 HRB400 级通长钢筋外，在边支座和第一内支座上部需加配 2 根直径 22mm 的 HRB400 级钢筋，②～⑧轴线的支座上各加配 2 根直径 18mm 的 HRB400 级钢筋。

6. KL6

KL6 为①轴线上边框架梁，共两跨，短跨跨度 2400mm，长跨跨度 6000mm。

从二层梁平法施工图上集中标注的信息可知，KL6 长跨截面尺寸为 $b \times h$=300mm×600mm，短跨截面尺寸为 $b \times h$=300mm×400mm。箍筋为 HPB300 级，直径 8mm，双肢箍，紧邻框架柱的箍筋加密区间距为 100mm，梁跨中间距为 150mm。梁上部贯通筋为角筋，配筋值为 2 根直径 22mm 的 HRB400 级钢筋；Ⓐ、Ⓒ支座截面上部配置的抵抗负弯矩的钢筋为 4 根直径 22mm 的 HRB400 级钢筋，Ⓑ支座截面上部配置的抵抗负弯矩的钢筋为 5 根，紧贴箍筋内皮的为 3 根直径 22mm 的 HRB400 级钢筋，第二排为 2 根直径 18mm 的 HRB400 级钢筋。

梁下部短跨配筋值为 3 根直径 22mm 的 HRB400 级钢筋，长跨截面下部纵向受力配筋值为 4 根直径 20mm 的 HRB400 级钢筋。由于梁截面高度较高又为边框架梁，在梁顶面的上部荷载不对称，会引起梁截面受扭，为此，梁长跨截面中部配置了 4 根直径 14mm 的 HRB400 级抗扭纵筋。梁截面中部截面两侧箍筋内均配置一根直径 14mm，HRB400 级抗扭纵筋，并用水平拉钩拉结牢靠。

7. KL7

KL7 为②轴线上的框架梁，共两跨，短跨跨度 2400mm，长跨跨度 6000mm。

从二层梁平法施工图上集中标注的信息可知，KL7 短跨截面尺寸为 $b \times h$=250mm×400mm，长跨截面尺寸为 $b \times h$ = 250mm × 600mm。箍筋沿梁全长配置。配筋值为 HPB300 级，双肢箍直径 8mm，紧邻框架柱的箍筋加密区间距为 100mm，梁跨中间距为 200mm。梁上部贯通筋为角筋，配筋值为 2 根直径 22mm 的 HRB400 级钢筋；Ⓐ、Ⓑ、Ⓒ三个支座截面上部配置的抵抗负弯矩的钢筋为 3 根直径 22mm 的 HRB400 级钢筋。

梁短跨截面下部配筋值为 3 根直径 20mm 的 HRB400 级钢筋，梁长跨截面下部配筋值为 3 根直径 22mm 的 HRB400 级钢筋。

梁截面中部截面两侧箍筋内均配置一根直径 14mm，HRB400 级抗扭纵筋，并用水平拉钩拉结牢靠。

8. KL8

KL8 为③轴线上的框架梁，共两跨在Ⓐ轴线外带一端悬挑端，短跨跨度 2400mm，长跨 6000mm，悬挑端的长度为 1100mm。

从二层梁平法施工图上集中标注的信息可知，KL8 短跨截面尺寸为 $b\times h=250\text{mm}\times 400\text{mm}$，长跨截面尺寸为 $b\times h=250\text{mm}\times 600\text{mm}$。

梁全长范围内箍筋为 HPB300 级，双肢箍直径 8mm，紧邻框架柱的箍筋加密区间距为 100mm，梁跨中间距为 200mm。梁上部贯通筋为角筋，配筋值为 2 根直径 22mm 的 HRB400 级钢筋；Ⓐ支座截面上部需在通长筋（角筋）之间加配 2 根直径 20mm 的 HRB400 级钢筋；Ⓑ支座截面上部需在通长筋（角筋）之间加配 1 根直径 22mm 的 HRB400 级钢筋；Ⓒ支座截面上部需在通长筋（角筋）之间加配 1 根直径 22mm 的 HRB400 级钢筋。

短跨截面下部配置 3 根贯通筋，配筋值为 3 根直径 20mm 的 HRB400 级，长跨截面下部配置 4 根（含 3 根贯通筋）直径 20mm 的 HRB400 级。

梁截面中部截面两侧箍筋内均配置一根直径 14mm，HRB400 级抗扭纵筋，并用水平拉钩拉结牢靠。

悬挑端截面尺寸为＝250mm×400mm，截面上部配置两根直径 14mm 的 HRB400 级钢筋，箍筋为直径 8mm 间距 100mm 的双肢箍筋。

9. KL9

KL9 为④轴线上的框架梁，共两跨，短跨跨度 2400mm，长跨 6000mm，Ⓐ轴线外一端带长度 1100mm 的悬挑端。

从二层梁平法施工图上集中标注的信息可知，KL9 短跨截面尺寸为 $b\times h=250\text{mm}\times 400\text{mm}$，长跨截面尺寸为 $b\times h=250\text{mm}\times 600\text{mm}$。

长跨内箍筋为 HPB300 级，直径 8mm，双肢箍，紧邻框架柱的箍筋加密区间距为 100mm，梁跨中间距为 150mm；短跨内箍筋为 HPB300 级，双肢箍直径 8mm，紧邻支座的箍筋加密区间距为 100mm，梁跨中间距为 200mm。在跨内 L2 的支座两侧，沿 KL9 跨度方向每边增设 3 个箍筋，其间距为 50mm 同时设置两根吊筋，具体做法按施工图说明执行。

梁上部贯通筋中两根为角筋，上部贯通筋的配筋值为 3 根直径 22mm 的 HRB400 级钢筋。Ⓐ、Ⓑ支座上部抵抗负弯矩的钢筋为 3 根直径 22mm 的 HRB400 级的上部通长筋，其中两根为角筋。Ⓒ轴线间设置扁柱伸入梁内的抵抗负弯矩的钢筋为 5 根直径 22mm 的 HRB400 级钢筋，上排紧靠钢筋内皮的 3 根为贯通筋，第二排配两根锚入支座内的直径 22mm 的 HRB400 级钢筋。

梁下部贯通筋为 3 根（两根为角筋）直径 20mm 的 HRB400 级钢筋，其中两根为角筋，短跨内配筋值为 3 根直径 20mm 的 HRB400 级钢筋；长跨内配筋值为 4 根直径 20mm 的 HRB400 级钢筋。

梁截面中部配置了 2 根直径 14mm 的 HRB400 级抗扭纵筋，这 2 根纵筋在梁的箍筋内侧每边 1 根等距布置，并用 1 个拉钩将每侧 2 根有效进行拉结。

悬挑端截面尺寸为=250mm×400 mm，截面上部配置两根直径 14mm 的 HRB400 级钢筋，箍筋为直径 8mm 间距 100mm 的双肢箍筋。

10. KL10

KL10 为⑤轴线和⑥轴线上的框架梁，共两跨外加一个悬挑端，短跨跨度 2400mm，长跨 6000mm。

从二层梁平法施工图上集中标注的信息可知，KL10 短跨截面尺寸为 $b\times h$=250mm×400mm，长跨截面尺寸为 $b\times h$=250mm×600mm。

长跨内箍筋配筋值为 HPB300 级，双肢箍直径 10mm，紧邻框架柱的箍筋加密区间距为 100mm，梁跨中间距为 150mm。短跨内箍筋配筋值为 HPB300 级，双肢箍直径 10mm，紧邻框架柱的箍筋加密区间距为 100mm，梁跨中间距为 200mm。在 L2 与 KL10 相交处 L2 两侧 KL10 内顺着跨度方向每侧应增加 3 个箍筋，增加的 3 个箍筋之间的间距为 50mm，同时设置两根吊筋，具体做法按施工图说明执行。

梁上部贯通筋配筋值 3 根（其中两根为角筋）直径 22mm 的 HRB400 级钢筋；Ⓐ、Ⓑ支座上部抵抗负弯矩的钢筋为梁截面上部贯通筋 3 根直径 22mm 的 HRB400 级钢筋，其中两根是角筋，一根是附加的直钢筋；Ⓒ支座上部抵抗负弯矩的钢筋为贯通筋另加两根 20mm 的 HRB400 级钢筋，3 根贯通筋紧贴箍筋内皮，另加的两根配置在第二排。

梁截面长跨中部配置了两根直径 14mm 的 HRB400 级抗扭纵筋，这两根纵筋在梁的箍筋内侧每边 1 根布置在梁截面中部，并用 1 个双拉钩将两侧 1 根可能纵筋有效进行拉结。

短跨下部配置通长筋（其中两根为角筋），配筋值为 3 根直径 20mm 的 HRB400 级钢筋。

悬挑端截面尺寸 $b\times h$=250mm×mm400，上部配置 3 根直径 16mm 的 HRB400 级受力钢筋，箍筋为 HPB300 级直径 8mm 间距 100mm 的双肢箍筋。

11. L1

L1 为支承在④轴线挑梁端头和⑦轴线挑梁端头，三跨两端带悬挑端的梁。

从二层梁平法施工图上集中标注的信息可知，第一跨和第三跨的跨度 3900mm，第二跨跨度为 4500mm，挑出端长度 500mm，截面尺寸为 $b\times h$=200mm×400mm。箍筋为 HPB300 级，双肢箍直径 8mm，全长范围内等间距为 200mm。梁上部贯通筋配筋值为 3 根（其中两根为角筋）直径 14mm 的 HRB400 级钢筋；梁上、下部贯通筋均为为 3 根（其中两根为角筋）直径 14mm 的 HRB400 级钢筋。

12. L2

L2 为支承在④～⑤轴线上 KL9 和 KL10 上的单跨梁，跨度 3900mm，梁截面尺寸 $b\times h$=200mm×400mm，箍筋为 HPB300 级，双肢箍直径 8mm，全长范围内等间距为 200mm。梁上部贯通筋均为为 2 根直径 14mm 的 HRB400 级钢筋。梁上、下部贯通筋均为为 3 根（其中两根为角筋）直径 16mm 的 HRB400 级钢筋。

13. L3

L3 为Ⓐ轴线外两个挑台外端单跨两端带悬挑端的梁。

从图中可以看到，L3 截面尺寸为 $b\times h$=200mm×400mm，箍筋为 HPB300 级，双肢箍，直径 8mm，全长范围内等间距为 200mm。梁上部贯通筋均为为 2 根直径 14mm 的 HRB400 级钢筋。梁上、下部贯通筋均为为 3 根（其中两根为角筋）直径 14mm 的

HRB400 级钢筋。悬挑端内两根直径 14mm 的 HRB400 级，上部钢筋由梁跨内延伸出来，梁下部钢筋角筋伸出到悬挑端向上弯折后截断，一根在支座内锚固。

14. L4

L4 为设置在 L3 两悬挑端，跨度仅 1100mmm 的小梁。截面尺寸为 $b \times h = 200\text{mm} \times 400\text{mm}$，箍筋为 HPB300 级，双肢箍直径 8mm，全长范围内等间距为 200mm。梁上部、下部贯通筋均为角筋，配筋值为 2 根直径 14mm 的 HRB400 级钢筋。

15. L5

L5 为设置在 L1 两悬挑端，跨度仅 1100mmm 的小梁。截面尺寸为 $b \times h = 200\text{mm} \times 400\text{mm}$，箍筋为 HPB300 级，双肢箍直径 8mm，全长范围内等间距为 200mm。梁上部、下部贯通筋均为角筋，配筋值为 2 根直径 14mm 的 HRB400 级钢筋。

二层框架柱、梁、板所需混凝土强度等级均为 C30，其他说明见图 12-13 所示。

二、三层楼面梁平法施工图解读

如图 12-13 所示，为现浇钢筋混凝土框架结构教学楼三层梁平法施工图。其中框架梁有 10 种，其他小梁有 1 种。以下分别进行解读：

1. KL1

KL1 为Ⓓ轴线在①～④轴线间三跨连续梁。

从三层梁平法施工图上集中标注的信息可知，KL1 左边两跨的跨度为 4500mm，右边一跨的跨度为 3400mm，截面尺寸为 $b \times h = 300\text{mm} \times 400\text{mm}$。箍筋为 HPB300 级，直径 8mm，双肢箍，紧邻框架柱的箍筋加密区间距为 100mm，梁跨中间距为 150mm。

梁上部角筋为贯通筋，配筋值为 2 根直径 20mm 的 HRB400 级钢筋。

从二层梁平法施工图上原位标注的信息可知，KL1 在最左边 3 个支座上表面配置的抵抗负弯矩的钢筋为 3 根 HRB400 级直径为 20mm 的钢筋，第四个支座上面所配的负筋，配筋值均为 2 根 HRB400 级直径 20mm 加 2 根 HRB400 级直径 18mm 钢筋。最左边跨梁截面下部配置了 3 根 HRB400 级直径 18mm 纵向受拉钢筋；第二、第三跨梁截面下部均配置 3 根 HRB400 级直径 16mm 纵向受拉钢筋。

2. KL2

KL2 为Ⓒ轴上的三跨连续梁。

从三层梁平法施工图上集中标注的信息可知，KL2 第一和第三跨的跨度 3900mm，第二跨跨度为 4500mm，截面尺寸为 $b \times h = 300\text{mm} \times 400\text{mm}$。箍筋为 HPB300 级，双肢箍直径 8mm，紧邻框架柱的箍筋加密区间距为 100mm，梁跨中间距为 150mm。梁上部贯通筋为角筋也是各支座截面抵抗负弯矩的钢筋，配筋值为 3 根直径 20mm 的 HRB400 级钢筋；

梁各跨截面下部纵向受力钢筋配筋值均为 3 根（其中两根为角筋）HRB400 级直径 16mm 的钢筋。

3. KL3

KL3 为Ⓓ轴线上支承在⑦～⑩轴线间共三跨梁。

根据结构对称，荷载对称弯矩对称，剪力反对成等规则可知，KL3 与 KL1 左右对称，所以配筋也应对称，即左侧边跨与右侧边跨对应，左侧第二跨与右侧第二跨对应，左侧第

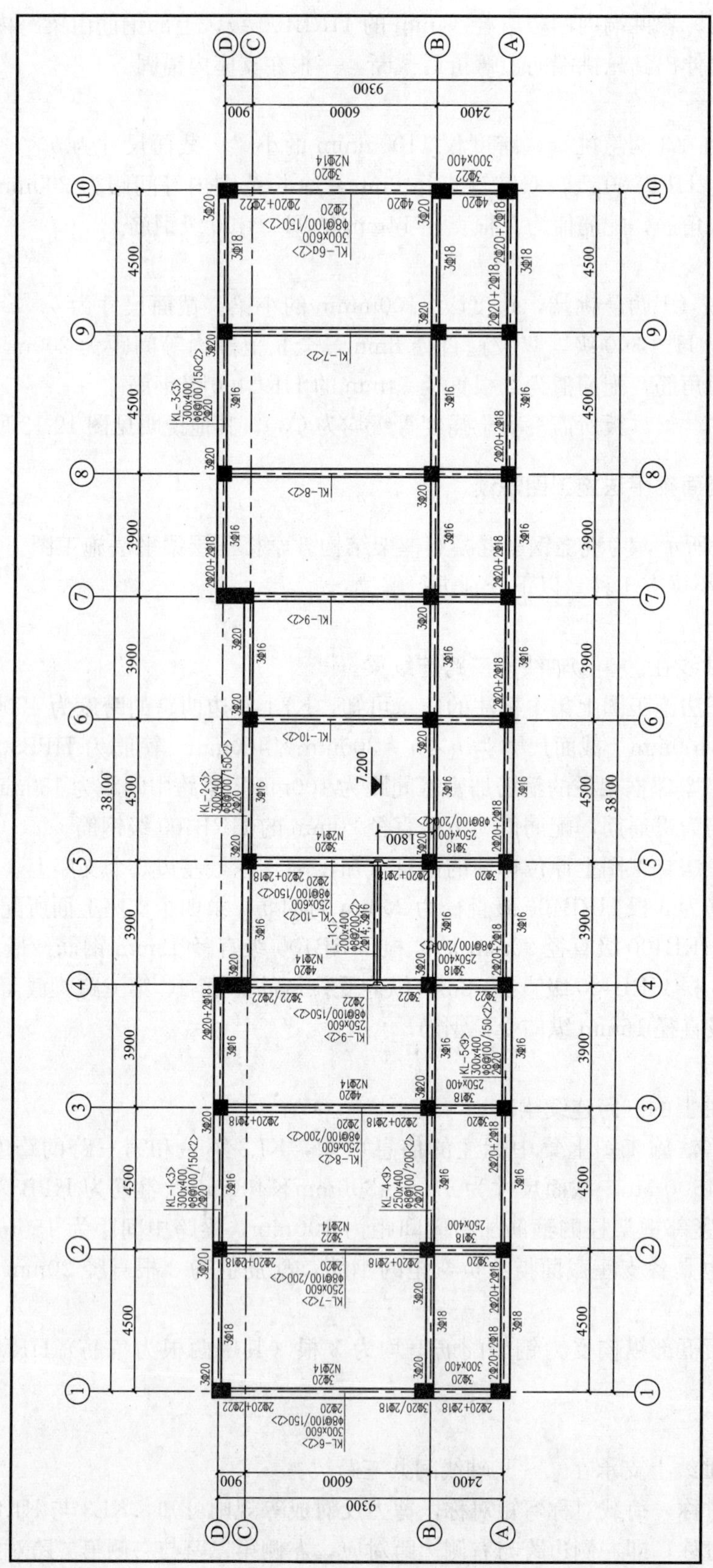

图12-13 二层梁平法施工图

三跨与右侧第三跨对应，这里不再赘述。

4. KL4

KL4 为Ⓑ轴线上连续布置的共九跨梁。

从三层梁平法施工图上集中标注的信息可知，KL4 在①～③轴线间两跨、⑤～⑥轴线间一跨、⑧～⑩轴线间两跨，共五跨的跨度 4500mm，剩余其他四跨的跨度为 3900mm，截面尺寸为 $b\times h=250\text{mm}\times400\text{mm}$。箍筋为 HPB300 级，双肢箍直径 8mm，紧邻框架柱的箍筋加密区间距为 100mm，梁跨中间距为 200mm。梁上部贯通筋为角筋，配筋值为 2 根直径 20mm 的 HRB400 级钢筋。所有支座上部配置的抵抗负弯矩的钢筋配筋值为角部 3 根直径 20mm 的 HRB400 级钢筋。

连续梁左右两个边跨截面下部配置 3 根直径 18mm 的 HRB400 级钢筋，中间 7 跨截面下部均配置 3 根直径 16mm 的 HRB400 级钢。

5. KL5

KL5 为Ⓐ轴线上连续布置的共九跨梁。

从三层梁平法施工图上集中标注的信息可知，KL5 在①～③轴线间两跨、⑤～⑥轴线间一跨、⑧～⑩轴线间两跨共五跨的跨度 4500mm，剩余其他四跨的跨度为 3900mm，截面尺寸为 $b\times h=300\text{mm}\times400\text{mm}$。箍筋为 HPB300 级，双肢箍直径 8mm，紧邻框架柱的箍筋加密区间距为 100mm，梁跨中间距为 150mm。梁上部贯通筋为角筋，配筋值为 2 根直径 20mm 的 HRB400 级钢筋；梁下部两个边跨截面下部配置 3 根直径 18mm 的 HRB400 级钢筋，其余之间 7 跨截面下部配件为 3 根直径 16mm 的 HRB400 级钢筋。

梁上部除沿全长配置在角部两根直径 20mm 的 HRB400 级通长钢筋外，在边支座和第一内支座上部需加配 2 根直径 18mm 的 HRB400 级钢筋，②～⑧轴线的支座上各加配 2 根直径 18mm 的 HRB400 级钢筋。

6. KL6

KL6 为①轴线上边框架梁，共两跨，短跨跨度 2400mm，长跨跨度 6000mm。

从三层梁平法施工图上集中标注的信息可知，KL6 长跨截面尺寸为 $b\times h=300\text{mm}\times600\text{mm}$，短跨截面尺寸为 $b\times h=300\text{mm}\times400\text{mm}$。梁全长范围内箍筋为 HPB300 级，直径 8mm，双肢箍，紧邻框架柱的箍筋加密区间距为 100mm，梁跨中间距为 150mm。梁上部贯通筋为角筋，配筋值为 2 根直径 20mm 的 HRB400 级钢筋。Ⓐ支座截面上部配置的抵抗负弯矩的钢筋为 2 根直径 20mm 的 HRB400 级钢筋，再加上 2 根直径 18mm 的 HRB400 级钢筋；Ⓑ支座截面上部配置的抵抗负弯矩的钢筋为 5 根，紧贴箍筋内皮的为 3 根直径 20mm 的 HRB400 级钢筋，第二排为 2 根直径 18mm 的 HRB400 级钢筋；Ⓒ支座上部抵抗负弯矩的改进为为 2 根直径 20mm 的 HRB400 级钢筋，再加上 2 根直径 22mm 的 HRB400 级钢筋。

梁两跨截面下部均配置 3 根直径 20mm 的 HRB400 级钢筋。

梁截面中部截面两侧箍筋内均配置一根直径 14mm 的 HRB400 级抗扭纵筋，并用水平拉钩拉结牢靠。

7. KL7

KL7 为②轴线上的框架梁，共两跨，短跨跨度 2400mm，长跨跨度 6000mm。

从三层梁平法施工图上集中标注的信息可知，KL7 短跨截面尺寸为 $b\times h=250\text{mm}\times$

600mm，长跨截面尺寸为 $b \times h = 250\text{mm} \times 600\text{mm}$。箍筋沿梁全长配置。配筋值为HPB300 级，双肢箍直径 8mm，紧邻框架柱的箍筋加密区间距为 100mm，梁跨中间距为200mm。梁上部贯通筋作为角筋，配筋值为 2 根直径 20mm 的 HRB400 级钢筋；Ⓐ支座截面上部配置的抵抗负弯矩的钢筋为 3 根直径 20mm 的 HRB400 级钢筋，Ⓑ、Ⓒ支座截面上部配置的抵抗负弯矩的钢筋为 2 根直径 20mm 的 HRB400 级钢筋，再加上两根 18mm 的HRB400 级钢筋。

梁短跨截面下部配筋值为 3 根直径 18mm 的 HRB400 级钢筋，梁长跨截面下部配筋值为 3 根直径 22mm 的 HRB400 级钢筋。

梁截面中部截面两侧箍筋内均配置一根直径 14mm，HRB400 级抗扭纵筋，并用水平拉钩拉结牢靠。

8. KL8

KL8 为③轴线上的框架梁，共两跨，短跨跨度 2400mm，长跨跨度 6000mm。

从三层梁平法施工图上集中标注的信息可知，KL8 短跨截面尺寸为 $b \times h = 250\text{mm} \times 400\text{mm}$，长跨截面尺寸为 $b \times h = 250\text{mm} \times 600\text{mm}$。

梁全长范围内箍筋为 HPB300 级，双肢箍直径 8mm，紧邻框架柱的箍筋加密区间距为 100mm，梁跨中间距为 200mm。梁上部贯通筋作为角筋，配筋值为 2 根直径 20mm 的HRB400 级钢筋。Ⓐ支座截面上部需在通长筋（角筋）之间加配 1 根直径 20mm 的HRB400 级钢筋；Ⓑ支座截面上部需在通长筋（角筋）之间加配 2 根直径 18mm 的HRB400 级钢筋；Ⓒ支座截面上部需在通长筋（角筋）之间加配 2 根直径 18mm 的HRB400 级钢筋。

短跨截面下部配置 3 根直径 18mm 的 HRB400 级，长跨截面下部配置 4 根直径 20mm 的 HRB400 级。

梁截面中部截面两侧箍筋内均配置一根直径 14mm，HRB400 级抗扭纵筋，并用水平拉钩拉结牢靠。

9. KL9

KL9 为④轴线上的框架梁，共两跨，短跨跨度 2400mm，长跨 6000mm。

从三层梁平法施工图上集中标注的信息可知，KL9 短跨截面尺寸为 $b \times h = 250\text{mm} \times$ mm400，长跨截面尺寸为 $b \times h = 250\text{mm} \times 600\text{mm}$。

长跨内箍筋为 HPB300 级，直径 8mm，双肢箍，紧邻框架柱的箍筋加密区间距为100mm，梁跨中间距为 150mm；短跨内箍筋为 HPB300 级，直径 8mm，双肢箍，紧邻支座的箍筋加密区间距为 100mm，梁跨中间距为 200mm。在跨内 L1 的支座两侧，沿 KL9跨度方向每边增设 3 个箍筋，其间距为 50mm 同时设置两根吊筋，具体做法按施工图说明执行。

梁上部贯通筋为 3 根直径 22mm 的 HRB400 级钢筋，其中两根为角筋。Ⓐ、Ⓑ支座上部抵抗负弯矩的钢筋为 3 根直径 22mm 的 HRB400 级的上部通长筋，其中两根为角筋；Ⓒ轴线间设置扁柱伸入梁内的抵抗负弯矩的钢筋为 5 根直径 22mm 的 HRB400 级钢筋，上排紧靠钢筋内皮的 3 根通长筋，第二排加配两根锚固在支座内的两根直径 22mm 的 HRB400 级钢筋。

梁短跨下部配置 3 根直径 18mm 的 HRB400 级钢筋；梁长跨下部配置 4 根直径 20mm 的 HRB400 级钢筋。

梁截面中部配置了 2 根直径 14mm 的 HRB400 级抗扭纵筋，这 2 根纵筋在梁的箍筋内侧每边 1 根等距布置，并用 1 个拉钩将每侧 2 根有效进行拉结。

10. KL10

KL10 为⑤轴线和⑥轴线上的框架梁，共两跨，短跨跨度 2400mm，长跨 6000mm。

从三层梁平法施工图上集中标注的信息可知，KL10 短跨截面尺寸为 $b\times h=250\text{mm}\times400\text{mm}$，长跨截面尺寸为 $b\times h=250\text{mm}\times600\text{mm}$。

梁全长范围内箍筋配筋值为 HPB300 级，双肢箍直径 10mm，紧邻支座的箍筋加密区间距为 100mm，梁跨中间距为 150mm。在 L1 与 KL10 相交处 L1 两侧沿着 KL10 跨度方向每侧应增加 3 各箍筋，增加的 3 个箍筋之间的间距为 50mm 同时设置两根吊筋，具体做法按施工图说明执行。

梁上部贯通筋为角筋，配筋值 2 根直径 20mm 的 HRB400 级钢筋，Ⓐ支座上部抵抗负弯矩的钢筋为梁截面上部贯通筋 3 根直径 20mm 的 HRB400 级钢筋；Ⓑ、Ⓒ支座上部抵抗负弯矩的钢筋为贯通筋另加两根 18mm 的 HRB400 级钢筋。

梁短跨截面下部配置 3 根直径 18mm 的 HRB400 级钢筋；梁长跨截面下部配置 3 根直径 20mm 的 HRB400 级钢筋。

梁截面中部配置了 2 根直径 14mm 的 HRB400 级抗扭纵筋，这 2 根纵筋在梁的箍筋内侧每边 1 根等距布置，并用 1 个拉钩将每侧 2 根有效进行拉结。

11. L1

L1 为支承在④～⑤轴线上 KL9 和 KL10 上的单跨梁，跨度 3900mm，梁截面尺寸 $b\times h=200\text{mm}\times400\text{mm}$，箍筋为 HPB300 级，双肢箍直径 8mm，全长范围内等间距为 200mm。梁上部贯通筋均为为 2 根（其中两根为角筋）直径 14mm 的 HRB400 级钢筋。梁上、下部贯通筋均为为 3 根（其中两根为角筋）直径 16mm 的 HRB400 级钢筋。

三、屋面梁平法施工图解读

如图 12-14 所示，为现浇钢筋混凝土框架结构教学楼三层梁平法施工图。其中框架梁有 10 种，以下分别进行解读：

1. KL1

KL1 为Ⓓ轴线在①～④轴线间三跨连续梁。

从屋面梁平法施工图上集中标注的信息可知，KL1 左边两跨的跨度为 4500mm，右边一跨的跨度为 3400mm，截面尺寸为 $b\times h=300\text{mm}\times400\text{mm}$。箍筋为 HPB300 级，直径 8mm，双肢箍，紧邻框架柱的箍筋加密区间距为 100mm，梁跨中间距为 150mm。

梁上部通长筋配筋值为 3（其中两根为角筋）根直径 18mm 的 HRB400 级钢筋，另一根为配置的直筋。

从屋面梁平法施工图上原位标注的信息可知，KL1 的 4 个支座上表面配置的抵抗负弯矩的钢筋为 3 根 HRB400 级直径为 18mm 的钢筋。

梁三跨截面下部均配置了 3 根 HRB400 级直径 14mm 纵向受拉钢筋。

2. KL2

KL2 为Ⓒ轴上④～⑦轴线间的三跨连续梁。

从屋面层梁平法施工图上集中标注的信息可知，KL2 第一和第三跨的跨度 3900mm，

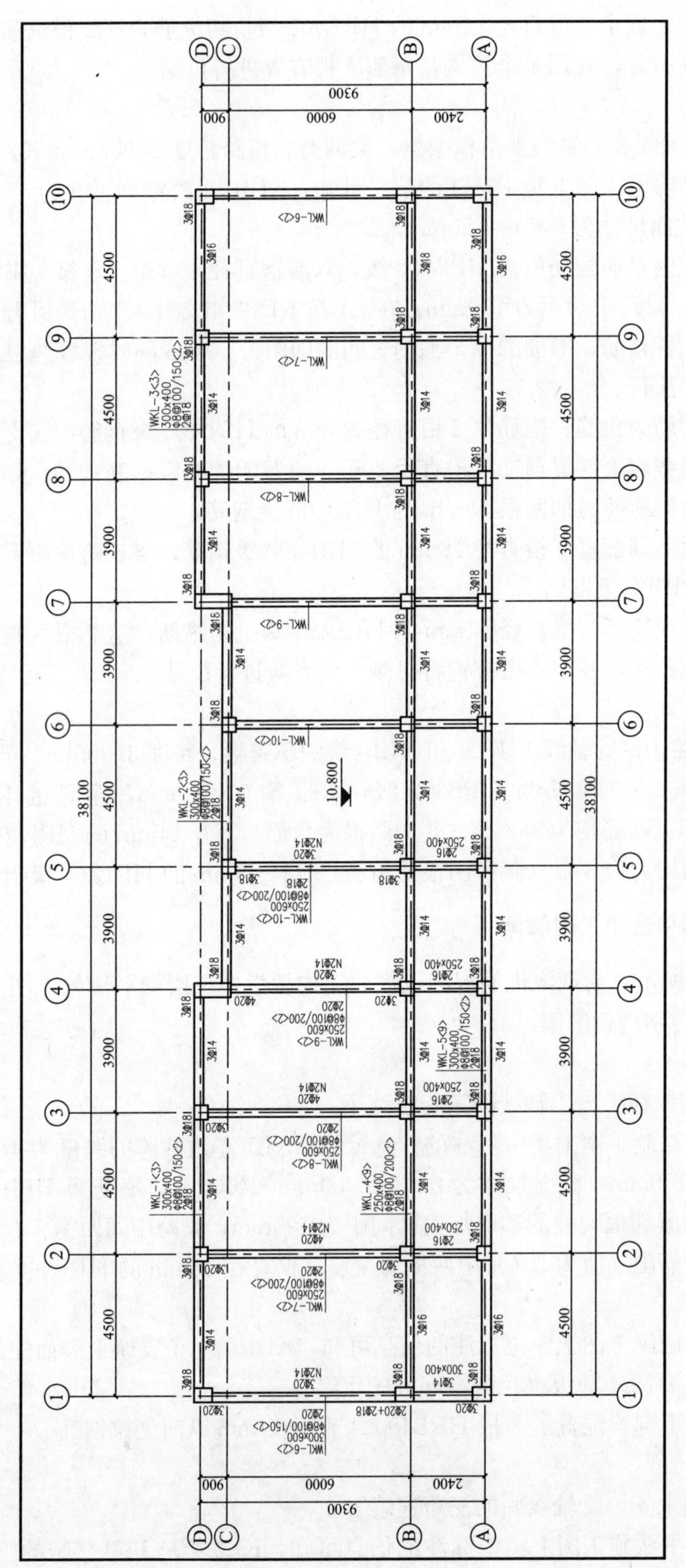

图12-14 屋面梁平法施工图

第二跨跨度为4500mm，截面尺寸为$b\times h=300mm\times400mm$。箍筋为HPB300级，双肢箍直径8mm，紧邻框架柱的箍筋加密区间距为100mm，梁跨中间距为150mm。梁上部贯通筋配筋值为2根直径18mm的HRB400级钢筋。

梁4个支座抵抗弯矩的钢筋均为3根直径18mm的HRB400级钢筋，其中两根是梁上部贯通筋，另一根是另外配置的锚入支座的钢筋（边）和水平钢筋（中间支座）。

梁各跨截面下部纵向受力钢筋配筋值均为3根（其中两根为角筋）HRB400级直径14mm的钢筋。

3. KL3

KL3为Ⓓ轴线上支承在⑦～⑩轴线间共三跨梁。

根据结构对称，荷载对称弯矩对称，剪力反对成等规则可知，KL3与KL1左右对称，所以配筋也应对称，即左侧边跨与右侧边跨对应，左侧第二跨与右侧第二跨对应，左侧第三跨与右侧第三跨对应，这里不再赘述。

4. KL4

KL4为Ⓑ轴线上连续布置的共九跨梁。

从屋面梁平法施工图上集中标注的信息可知，KL4在①～③轴线间两跨、⑤～⑥轴线间一跨、⑧～⑩轴线间两跨，共五跨的跨度4500mm，剩余其他四跨的跨度为3900mm，截面尺寸为$b\times h=250mm\times400mm$。箍筋为HPB300级，双肢箍直径8mm，紧邻框架柱的箍筋加密区间距为100mm，梁跨中间距为200mm。梁上部贯通筋为角筋，配筋值为2根直径18mm的HRB400级钢筋。所有支座上部配置的抵抗负弯矩的钢筋配筋值为角部3根直径18mm的HRB400级钢筋。

连续梁左边跨截面下部配置3根直径16mm的HRB400级钢筋，右边跨截面下部配置3根直径18mm的HRB400级钢筋，中间7跨截面下部均配置3根直径14mm的HRB400级钢。

5. KL5

KL5为Ⓐ轴线上连续布置的共九跨梁。

从屋面梁平法施工图上集中标注的信息可知，KL5在①～③轴线间两跨、⑤～⑥轴线间一跨、⑧～⑩轴线间两跨共五跨的跨度4500mm，剩余其他四跨的跨度为3900mm，截面尺寸为$b\times h=300mm\times400mm$。箍筋为HPB300级，双肢箍直径8mm，紧邻框架柱的箍筋加密区间距为100mm，梁跨中间距为150mm。梁上部贯通筋为角筋，配筋值为2根直径18mm的HRB400级钢筋；梁下部两个边跨截面下部配置3根直径16mm的HRB400级钢筋，其余之间7跨截面下部配件为3根直径14mm的HRB400级钢筋。

梁上部除沿全长配置在角部两根直径18mm的HRB400级通长钢筋外，支座截面均配置3根直径18mm的HRB400级钢筋，其中一根为加配钢筋，另两根为通长筋。

6. KL6

KL6为①轴线上边框架梁，共两跨，短跨跨度2400mm，长跨跨度6000mm。

从屋面梁平法施工图上集中标注的信息可知，KL6长跨截面尺寸为$b\times h=300mm\times600mm$，短跨截面尺寸为$b\times h=300mm\times400mm$。梁全长范围内箍筋为HPB300级，直径8mm，双肢箍，紧邻框架柱的箍筋加密区间距为100mm，梁跨中间距为150mm。梁上部贯通筋为角筋，配筋值为2根直径20mm的HRB400级钢筋。Ⓐ支座截面上部配置的抵抗负弯矩的钢筋为 2 根直径 20mm 的 HRB400 级钢筋，再加上 2 根直径 18mm HRB400 级钢筋；Ⓑ支座截面上部配置的抵抗负弯矩的钢筋为 4 根，为 2 根直径 20mm 的 HRB400 级通长钢筋加 2 根直径 18mm 的 HRB400 级钢筋；Ⓒ支座上部抵抗负弯矩的钢筋为 3 根直径 20mm 的 HRB400 级钢筋。

短跨梁截面下部配置 3 根直径 14mm 的 HRB400 级钢筋，长跨梁截面下部配置 3 根直径 20mm 的 HRB400 级钢筋。

梁截面中部截面两侧箍筋内均配置一根直径 14mm，HRB400 级抗扭纵筋，并用水平拉钩拉结牢靠。

7. KL7

KL7 为②轴线上的框架梁，共两跨，短跨跨度 2400mm，长跨跨度 6000mm。

从屋面层梁平法施工图上集中从屋面层梁平法施工图上集中标注的信息可知，KL7 长跨截面尺寸为 $b \times h = 300\text{mm} \times 600\text{mm}$，短跨截面尺寸为 $b \times h = 300\text{mm} \times 400\text{mm}$。梁全长范围内箍筋为 HPB300 级，直径 8mm，双肢箍，紧邻桩基的箍筋加密区间距为 100mm，梁跨中间距为 150mm。梁上部贯通筋为角筋，配筋值为 2 根直径 20mm 的 HRB400 级钢筋。梁三个支座上部抵抗负弯矩的钢筋均为 3 根直径 20mm 的 HRB 400 级钢筋。

梁下部短跨配筋值为 2 根直径 16mm 的 HRB400 级钢筋，长跨截面下部纵向受力配筋值为 4 根直径 20mm 的 HRB400 级钢筋。

梁截面中部截面两侧箍筋内均配置一根直径 14mm，HRB400 级抗扭纵筋，并用水平拉钩拉结牢靠。

8. KL8

KL8 为③轴线上的框架梁，共两跨，短跨跨度 2400mm，长跨跨度 6000mm。

从屋面层梁平法施工图上集中标注的信息可知，KL8 短跨截面尺寸为 $b \times h = 250\text{mm} \times 400\ \text{mm}$，长跨截面尺寸为 $b \times h = 250\text{mm} \times 600\text{mm}$。

梁全长范围内箍筋为 HPB300 级，双肢箍直径 8mm，紧邻框架柱的箍筋加密区间距为 100mm，梁跨中间距为 200mm。梁上部贯通筋为角筋，配筋值为 2 根直径 20mm 的 HRB400 级钢筋。Ⓐ支座截面上部需在通长筋（角筋）之间加配 2 根直径 20mm 的 HRB400 级钢筋；Ⓑ支座截面上部需在通长筋（角筋）之间加配 1 根直径 18mm 的 HRB400 级钢筋；Ⓒ支座截面上部需在通长筋（角筋）之间加配 1 根直径 18mm 的 HRB400 级钢筋。

短跨截面下部配置 3 根贯通筋，配筋值为 3 根直径 18mm 的 HRB400 级，长跨截面下部配置 4 根直径 20mm 的 HRB400 级。

梁截面中部截面两侧箍筋内均配置一根直径 14mm 的 HRB400 级抗扭纵筋，并用水平拉钩拉结牢靠。

9. KL9

KL9 为④轴线上的框架梁，共两跨，短跨跨度 2400mm，长跨 6000mm。

从屋面层梁平法施工图上集中标注的信息可知，KL9 短跨截面尺寸为 $b \times h = 250\text{mm} \times 400\text{mm}$，长跨截面尺寸为 $b \times h = 250\text{mm} \times 600\text{mm}$。

梁全长范围内箍筋为 HPB300 级，直径 8mm，双肢箍，紧邻支座的箍筋加密区间距为 100mm，梁跨中间距为 150mm。梁上部贯通筋为 3 根直径 22mm 的 HRB400 级钢筋，中两根为角筋。Ⓐ、Ⓑ支座上部抵抗负弯矩的钢筋为3根直径20mm的HRB400级的上部通长筋，其中两根为角筋；Ⓒ轴线间设置扁柱伸入梁内的抵抗负弯矩的钢筋为4根直径20mm的HRB400级钢筋。

梁短跨下部配置3根直径16mm的HRB400级钢筋；梁长跨下部配置3根直径20mm的HRB400级钢筋。

梁截面中部配置了两根直径14mm的HRB400级抗扭纵筋，这2根纵筋在梁的箍筋内侧每边1根等距布置，并用1个拉钩将每侧2根有效进行拉结。

10. KL10为⑤轴线和⑥轴线上的框架梁，共两跨，短跨跨度2400mm，长跨6000mm。

从屋面层梁平法施工图上集中标注的信息可知，KL10短跨截面尺寸为$b\times h$=250mm×400mm，长跨截面尺寸为$b\times h$=250mm×600mm。

梁全长范围内箍筋配筋值为HPB300级，双肢箍直径10mm，紧邻支座的箍筋加密区间距为100mm，梁跨中间距为150mm。

梁上部贯通筋为角筋，配筋值2根直径18mm的HRB400级钢筋，3个支座上部抵抗负弯矩的钢筋为梁截面上部贯通筋3根直径18mm的HRB400级钢筋。

梁短跨截面下部配置两根直径16mm的HRB400级钢筋；梁长跨截面下部配置3根直径20mm的HRB400级钢筋。

梁截面中部配置了两根直径14mm的HRB400级抗扭纵筋，这两根纵筋在梁的箍筋内侧每边1根等距布置，并用1个拉钩将每侧两根有效进行拉结。

第八节　钢筋混凝土框架结构楼面板及屋面板施工图解读

一、二层楼面板配筋图解读

二层楼面板配筋图见图12-15。

1. XB1

XB1为⑧～⑩轴/Ⓑ～Ⓓ轴线间的两个板块，为双向板，板厚130mm。

(1) 板的短边方向在底层配置HPB300级，直径10mm，间距150mm的受力钢筋，该钢筋两端设置180°弯钩后锚入板两边的支座内。

(2) 板的长边方向在短边方向受力钢筋的内侧配置HPB300级，直径8mm，间距150mm的受力钢筋，该钢筋两端设置180°弯钩后锚入板两边的支座内。

(3) 沿板的长边方向（⑧轴线和⑩轴线方向）的板与梁相连部位，连续均匀在板边支座上部配置PB300级，直径10mm，间距150mm的构造钢筋，该钢筋两端设置直角弯钩后一端锚固在梁内，另一端抵顶在模板表面，它从梁边缘伸入跨内的长度为1150mm，钢筋上部水平段内侧从板边开始需要配置与该钢筋垂直4根直径6mm的HPB300级构造钢筋。

(4) 沿板的短边方向（Ⓓ轴线方向）的板与梁相连支座部位，连续均匀配置板边支座上部配置HPB300级，直径10mm，间距180mm的构造钢筋，该钢筋两端设置直角弯钩后一端在梁内锚固，另一端抵顶在模板表面，它从梁边缘伸入跨内的长度为1150mm，钢

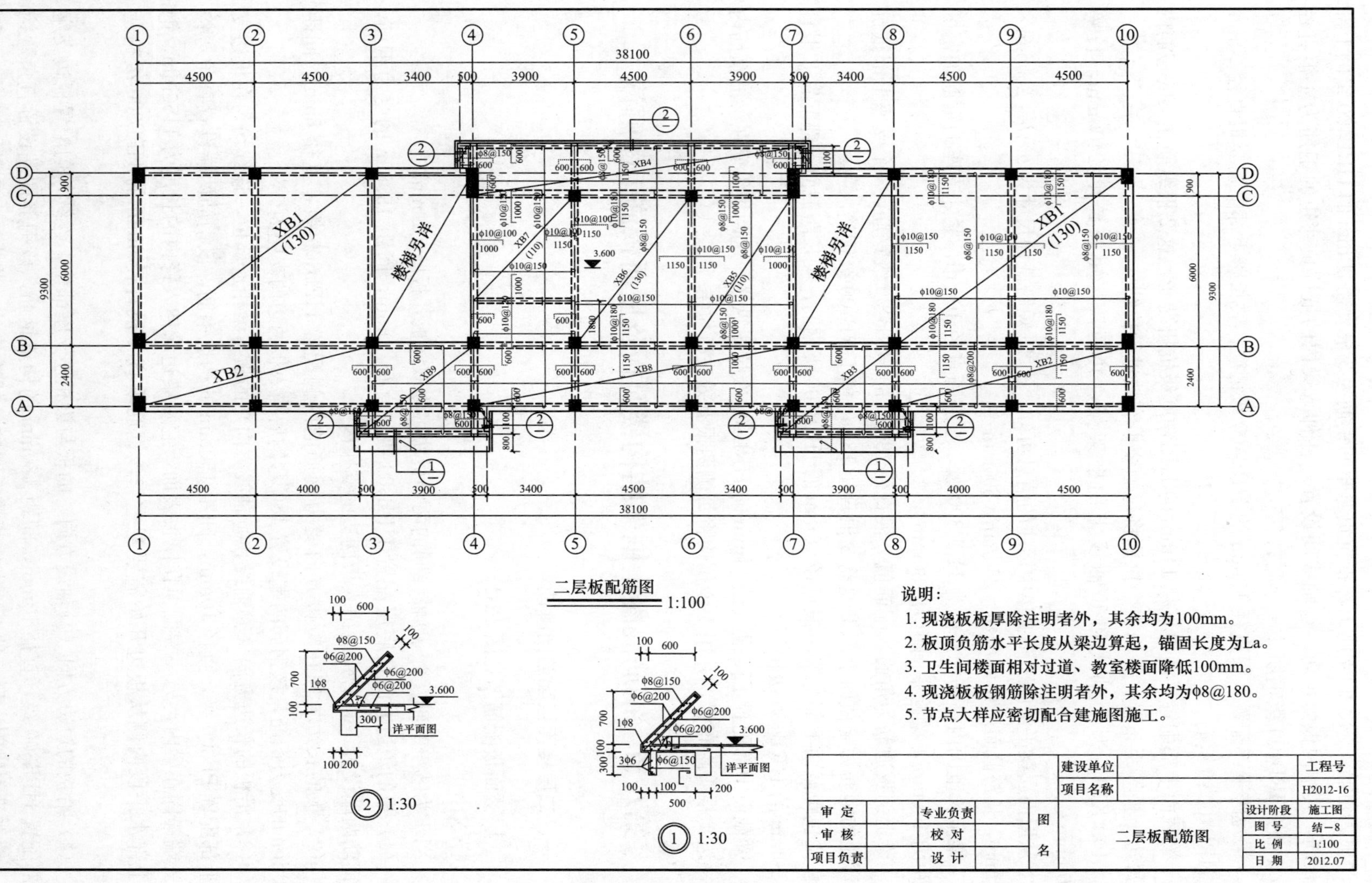

图12-15　二层板配筋图

筋上部水平段内侧从板边开始需要配置与该钢筋垂直的 4 根直径 6mm 的 HPB300 级构造钢筋。

（5）沿Ⓑ轴线与 XB2 的共同支座的梁和板的上部 XB1 长向、XB2 的短向配置抵抗支座截面负弯矩的构造钢筋，该钢筋从梁的两侧算起分别伸入两块板内的长度 1150mm，该钢筋为直径 10mm，均匀分别在梁上的间距为 180mm，HPB300 级钢筋，该钢筋端头设置直角弯钩抵顶在模板表面，钢筋上部水平段内侧从板边开始需要配置与该钢筋垂直 4 根直径 6mm 的 HPB300 级构造钢筋。

2. XB2

XB2 为⑧～⑩轴/Ⓐ～Ⓑ轴线间的两个板块，为双向板，板厚 100mm。

（1）板的短边方向在底层配置 HPB300 级，直径 10mm，间距 200mm 的受力钢筋，该钢筋两端设置 180°弯钩后锚入板两边的支座内。

（2）板的长边方向在短边方向受力钢筋的内侧配置 HPB300 级，直径 8mm，间距 180mm 的受力钢筋，该钢筋两端设置 180°弯钩后锚入板两边的支座内。

（3）沿板的长边方向板的支座Ⓐ轴线和板短边方向⑩轴线方向梁板连接上表面，连续均匀配置板边支座上部配置 HPB300 级，直径 8mm，间距 180mm 的构造钢筋，该钢筋两端设置直角弯钩后一端在梁内锚固，另一端设置直角弯钩后抵顶在模板表面，它从梁边缘伸入跨内的长度为 600mm，钢筋上部水平段内侧从板边开始需要配置与该钢筋垂直 3 根直径 6mm 的 HPB300 级构造钢筋。

（4）沿板的短边方向（⑨轴线和⑩轴线方向）的板支座部位梁板上部，连续均匀配置板边支座上部配置 HPB300 级，直径 8mm，间距 180mm 的构造钢筋，该钢筋两端设置直角弯钩后抵顶在模板表面，它从梁两边缘伸入跨内的长度均为 600mm，钢筋上部水平段内侧从板边开始需要配置与该钢筋垂直 3 根直径 6mm 的 HPB300 级构造钢筋。

3. XB3

XB3 为⑦～⑧轴/Ⓐ～Ⓑ轴线间的单个板块和Ⓐ轴线外的门厅入口处雨篷板，为双向板外带悬挑板，板厚 100mm。

（1）板的短边方向在底层配置 HPB300 级，直径 8mm，间距 180mm 的受力钢筋，该钢筋两端设置 180°弯钩后锚入板两边的支座内。

（2）板的长边方向在短边方向受力钢筋的内侧配置 HPB300 级，直径 8mm，间距 180mm 的受力钢筋，该钢筋两端设置 180°弯钩后锚入板两边的支座内。

（3）沿板的长边方向板的支座Ⓑ轴线方向的⑦～⑧轴线间，连续均匀配置板边支座上部配置 HPB300 级，直径 8mm，间距 180mm 的构造钢筋，该钢筋一端设置直角弯钩后锚固在梁内，另一端设置直角弯钩后抵顶在模板表面，它从梁边缘伸入跨内的长度为 600mm，钢筋上部水平段内侧从板边开始需要配置与该钢筋垂直 3 根直径 6mm 的 HPB300 级构造钢筋。

（4）沿板的短边方向Ⓐ～Ⓑ轴线间的⑦轴线和⑧轴线方向板短边方向的支座部位梁板上部，向两侧的长边方向伸入跨内的长度均为 600mm，板连续均匀配置板边支座上部配置 HPB300 级，直径 8mm，间距 180mm 的构造钢筋，该钢筋两端设置直角弯钩后抵顶在模板表面，它从梁两边缘钢筋上部水平段内侧从板边开始需要配置与该钢筋垂直 3 根直径 6mm 的 HPB300 级构造钢筋。

(5) 在Ⓐ轴线以外的⑦～⑧轴线间雨篷板上表面配置的受力钢筋，配置在板的上表面，端部伸入Ⓐ～Ⓑ轴线间的板内 600mm，设置直角弯钩后抵顶在板的表面，该钢筋通过Ⓐ轴线的纵梁上部通入板上表面的端部折成 45°角后通到雨篷斜向翻边的内侧，在上部通过直角钩抵顶在外侧模板面上，该钢筋的配筋值为直径 8mm 的 HPB300 级钢筋，间距 150mm。

(6) 从 L3 支座内挑板的下部外伸至板的顶端折 45°角后从斜板外侧斜向延伸到斜板顶部后折直角后顶在斜板后面的模板上。

(7) 雨篷板下部前面设置的下沿高度 300mm 挡雨装饰板的前缘配置 HPB300 级直径 6mm、间距 150mm 直角形钢筋，在雨篷板内上表面水平长度为 400mm 处折 180°弯钩后锚固，在挡雨装饰板的下部前侧折直角后抵顶在后面的模板上。

(8) 雨篷左右折板内所配的弯折钢筋形状与⑤、⑥轴两种钢筋大致相似，区别是在板内侧板的上表面这根钢筋通入延伸梁内侧 600mm 折成直角后抵顶在板的表面，从板的下部伸至斜板前部的弯折钢筋在板内下部伸入侧边梁 300mm 弯折 180°弯钩后锚固。

折角翻边内其他构造钢筋如图中所示，这里不逐一介绍。

4. XB4

XB4 为④～⑦轴/Ⓒ～Ⓓ轴线间的两个板块和Ⓓ轴线外的雨篷板，为双向板外带悬挑板，板厚 100mm。

(1) 板的短边方向在底层配置 HPB300 级，直径 8mm，间距 180mm 的受力钢筋，该钢筋两端设置 180°弯钩后一段锚入Ⓒ轴线的梁内，悬挑端锚入 L1 内。

(2) 板的长边方向在短边方向受力钢筋的内侧配置 HPB300 级，直径 8mm，间距 180mm 的受力钢筋，该钢筋两端设置 180°弯钩后锚入板两边的支座内。

(3) 沿板的长边方向板的支座Ⓒ轴线方向的④～⑦轴线间，连续均匀配置板边支座上部配置 HPB300 级，直径 10mm，间距 180mm 的构造钢筋，该钢筋一端设置直角弯钩后抵顶在Ⓒ轴线内的板块中，另一端设置直角弯钩后抵顶在悬挑板内的模板表面，它从梁边缘伸入跨内的长度为 115mm，钢筋上部水平段内侧从梁（悬挑板的支座内）的两侧板边开始需要配置与该钢筋垂直 4 根直径 6mm 的 HPB300 级构造钢筋。

(4) 沿板的短边方向Ⓒ～Ⓓ轴线间的④～⑦轴线间板短边方向的支座部位梁板的上部，向两侧的长边方向伸入板跨内的长度均为 600mm，板连续均匀配置板边支座上部配置 HPB300 级，直径 8mm，间距 180mm 的构造钢筋，该钢筋一端设置直角弯钩后抵顶在模板表面，另一端折成直角弯钩后锚固在支座内，该钢筋从梁两边缘钢筋上部水平段内侧从板边开始需要配置与该钢筋垂直 3 根直径 6mm 的 HPB300 级构造钢筋。

(5) 在Ⓓ轴线以外的④～⑦轴线间外挑板上表面配置的受力钢筋，配置在板的上表面，端部伸入 L1 内侧板内 600mm，设置直角弯钩后抵顶在板的表面，该钢筋通过Ⓓ轴线的纵梁上部通入板上表面的端部折弯钩后折成 45°角后通到雨篷斜向翻边的内侧，在上部通过直角钩抵顶在外侧模板面上，该钢筋的配筋值为直径 8mm 的 HPB300 级钢筋，间距 150mm。

(6) 从 L5 支座内挑板的下部外伸至板的顶端折 45°角后从斜板外侧斜向延伸到斜板顶部后折直角后顶在斜板后面的模板上。

(7) ④轴线和⑦轴线在Ⓓ轴线以外的悬挑端在房屋纵向左右两侧与 L5 连接的底板内

配置HPB300级，直径8mm，间距180mm的构造钢筋。

（8）⑤轴线和⑥轴线在Ⓓ轴线以外的悬挑端上部和悬挑板连接部位配置HPB300级，直径8mm，间距180mm的构造钢筋，该钢筋在悬挑端梁两侧各延伸600mm后折成直角弯钩抵顶在模板表面上，为了固定该构造钢筋，需要在垂直该钢筋方向的，该钢筋的内侧配置HPB300级，直径6mm，间距300mm的构造钢筋，以确保该钢筋的位置。

折角翻边内其他构造钢筋如图所示，这里不逐一介绍。

5. XB5

XB5为⑥～⑦轴/Ⓑ～Ⓒ轴线间单个板块，板厚100mm。

（1）板的短边方向在底层配置HPB300级，直径10mm，间距150mm的受力钢筋，该钢筋两端设置180°弯钩后两端分别锚入⑥轴线和⑦轴线梁内。

（2）板的长边方向在短边方向受力钢筋的内侧配置HPB300级，直径8mm，间距150mm的受力钢筋，该钢筋两端设置180°弯钩后锚入板两边的支座内。

（3）沿板的长边方向板的支座⑦轴线方向梁板连接处，设置两端带直角弯钩配置在板面的构造钢筋，该钢筋一端固定在⑦轴线的梁内，另一端抵顶在模板表面，从梁边算伸入板宽度方向的尺寸为1000mm。为了有效固定该构造钢筋，需要在其内皮布置3根直径6mm，HPB300级架立钢筋。

（4）在Ⓑ轴线的板短边支座与相邻XB8一起配置是指在梁上部板的受拉区的板面构造钢筋，该钢筋配筋值为直径8mm，间距150mm的HPB300级钢筋，该钢筋伸入梁两侧板内的长度均为1000mm，端部带直角弯钩抵顶在模板上。在⑥轴线梁即板长边支座上部与相邻XB6一起，沿板的上部受拉区配置横跨支座锚固在两块板内的构造钢筋，该钢筋配筋值为直径10mm，间距150mm的HPB300级钢筋，该钢筋伸入梁两侧板内的长度均为1150mm，端部带直角弯钩抵顶在模板上。以上这两种构造钢筋内侧均应配置HPB300级，直径6mm，间距不大于300mm的架立筋。

连续均匀配置板边支座上部配置HPB300级，直径10mm，间距180mm的构造钢筋，该钢筋一端设置直角弯钩后抵顶在Ⓒ轴线内的板块中，另一端设置直角弯钩后抵顶在悬挑板内的模板表面，它从梁边缘伸入跨内的长度为115mm，钢筋上部水平段内侧从梁（悬挑板的支座内）的两侧板边开始需要配置与该钢筋垂直4根直径6mm的HPB300级构造钢筋。

（5）沿板的短边方向Ⓐ～Ⓑ轴线间的④轴线和⑦轴线间板短边方向的支座部位梁板的上部，向两侧的长边方向伸入板跨内的长度均为600mm，板连续均匀配置板边支座上部配置HPB300级，直径8mm，间距180mm的构造钢筋，该钢筋一端设置直角弯钩后抵顶在模板表面，另一端折成直角弯钩后锚固在支座内，该股近从梁两边缘钢筋上部水平段内侧从板边开始需要配置与该钢筋垂直3根直径6mm的HPB300级构造钢筋。

6. XB6

XB6为⑤～⑥轴/Ⓑ～Ⓒ轴线间单个板块，板厚100mm。

（1）板的短边方向在底层配置HPB300级，直径10mm，间距150mm的受力钢筋，该钢筋两端设置180°弯钩后两端分别锚入⑤轴线和⑥轴线的梁内。

（2）板的长边方向在短边方向受力钢筋的内侧配置HPB300级，直径8mm，间距150mm的受力钢筋，该钢筋两端设置180°弯钩后锚入板两边的支座内。

(3) 沿板的长边方向板的支座⑤轴线Ⓑ～Ⓒ轴线间梁板连接处，设置两端带直角弯钩配置在板面的构造钢筋，该钢筋一端固定在⑤轴线的梁内，另一端抵顶在模板表面，从梁边算伸入板宽度方向的尺寸为1150mm。为了有效固定该构造钢筋，需要在其内皮布置3根直径6mm，HPB300级架立钢筋。

(4) 在Ⓑ轴线的板短边支座与相邻XB8一起配置是指在梁上部板的受拉区的板面构造钢筋，该钢筋配筋值为直径8mm，间距150mm的HPB300级钢筋，该钢筋伸入梁两侧板内的长度均为1150mm，端部带直角弯钩抵顶在模板上。在⑥轴线梁即板长边支座上部与相邻XB5一起配置的构造钢筋，沿Ⓒ轴线与XB4一起在Ⓒ轴线的梁上部配置的构造筋，如前所述，这里不再重复。

7. XB7

XB7为④～⑤轴/Ⓑ～Ⓒ轴线间单个板块，板厚100mm。

(1) 板的短边方向在底层配置HPB300级，直径10mm，间距150mm的受力钢筋，该钢筋两端设置180°弯钩后一端锚入⑤轴线和⑥轴线的梁内。

(2) 板的长边方向在短边方向受力钢筋的内侧配置HPB300级，直径10mm，间距150mm的受力钢筋，该钢筋从Ⓑ轴线延伸至Ⓓ轴线以外的悬挑板端头，两端设置180°弯钩后锚入板两边的支座内。

(3) 沿板的长边方向板的支座⑤轴线方向梁板连接处，设置两端带直角弯钩配置在板面的构造钢筋，该钢筋一端固定在⑤轴线的梁内，另一端抵顶在模板表面，从梁边算伸入板宽度方向的尺寸为1150mm，该钢筋的配筋值为HPB300级，直径10mm，间距150mm。为了有效固定该构造钢筋，需要在其内皮布置3根直径6mm，HPB300级架立钢筋。

(4) 沿板的长边方向板的支座④轴线方向梁板连接处，设置两端带直角弯钩配置在板面的构造钢筋，该钢筋一端固定在⑤轴线的梁内，另一端抵顶在模板表面，从梁边算伸入板宽度方向的尺寸为1000mm。为了有效固定该构造钢筋，需要在其内皮布置3根直径6mm，HPB300级架立钢筋。

(5) 在Ⓒ轴线板的短边支座上表面，从支座内向板的长跨内延伸配置在板上表面的构造钢筋，该钢筋一端固定在Ⓒ轴线的梁内，另一端抵顶在模板表面，从梁边算伸入板长度方向的尺寸为1000mm，末端设置直角弯钩抵顶在模板上表面，该钢筋的配筋值为直径12mm，间距120mm。为了有效固定该构造钢筋，需要在其内皮布置3根直径6mm，HPB300级架立钢筋。

8. XB8

XB8为④～⑦轴/Ⓐ～Ⓑ轴线间三个板块，板厚100mm。

(1) 3块板的短边方向在底部受力钢筋的配置图上没有注明，根据本图说明第4条可知，其配筋值应为HPB300级，直径8mm，间距180mm的钢筋，该钢筋两端设置180°弯钩后一段锚入⑤轴线和⑥轴线的梁内。

(2) 板的长边方向在短边方向受力钢筋的内侧配置HPB300级，直径8mm，间距180mm的受力钢筋，该钢筋两端设置180°弯钩后锚入板两边的支座内。

(3) 沿板的长边方向板的支座Ⓐ轴线方向梁板连接处，设置两端带直角弯钩配置在板面的构造钢筋，该钢筋一端固定在Ⓐ轴线的梁内，另一端抵顶在模板表面，从梁边算伸入板宽度方向的尺寸为600mm，该钢筋的配筋值为HPB300级，直径8mm，间距180mm。

为了有效固定该构造钢筋，需要在其内皮布置 3 根直径 6mm，HPB300 级架立钢筋。

（4）沿板的长边方向板的支座Ⓑ轴线方向梁板连接处，设置两端带直角弯钩配置在板面的构造钢筋，与 XB5、XB6 同时配置，这里不再赘述。在④～⑤轴线间从Ⓑ轴线方向梁板连接处，配置一端锚固在梁内，一端伸入板内长度 600mm，端部抵顶在模板的上表面的构造钢筋，该钢筋的配筋值为 HPB300 级，直径 8mm，间距 180mm。为了有效固定该构造钢筋，需要在其内皮布置 3 根直径 6mm，HPB300 级架立钢筋。

XB9 与 XB3 位置对称、配筋相同，这里从略。

二、三层楼面板配筋图解读

三层楼面板配筋图见图 12-16。

1. XB1

XB1 为⑧～⑩轴/Ⓑ～Ⓓ轴线间的两个板块，为双向板，板厚 130mm。

（1）板的短边方向在底层配置 HPB300 级，直径 10mm，间距 150mm 的受力钢筋，该钢筋两端设置 180°弯钩后锚入板两边的支座内。

（2）板的长边方向在短边方向受力钢筋的内侧配置 HPB300 级，直径 8mm，间距 150mm 的受力钢筋，该钢筋两端设置 180°弯钩后锚入板两边的支座内。

（3）沿板的长边方向（⑧轴线和⑩轴线方向）的板与梁相连部位，连续均匀配置板边支座上部配置 HPB300 级，直径 10mm，间距 150mm 的构造钢筋，该钢筋两端设置直角弯钩后一端锚固在梁内，另一端抵顶在模板表面，它从梁边缘伸入跨内的长度为 1150mm，钢筋上部水平段内侧从板边开始需要配置与该钢筋垂直 4 根直径 6mm 的 HPB300 级构造钢筋。

（4）沿板的短边方向（Ⓓ轴线方向）板与梁相连支座部位，连续均匀配置板边支座上部配置 HPB300 级，直径 10mm，间距 180mm 的构造钢筋，该钢筋两端设置直角弯钩后一端在梁内锚固，另一端抵顶在模板表面，它从梁边缘伸入跨内的长度为 1150mm，钢筋上部水平段内侧从板边开始需要配置与该钢筋垂直 4 根直径 6mm 的 HPB300 级构造钢筋。

（5）沿Ⓑ轴线与 XB2 的共同支座的梁和板的上部 XB1 长向、XB2 的短向配置抵抗支座截面负弯矩的构造钢筋，该钢筋从梁的两侧算起分别伸入两块板内的长度 1150mm，该钢筋为直径 10mm，均匀分别在梁上的间距为 180mm，HPB300 级钢筋，该钢筋端头设置直角弯钩抵顶在模板表面，钢筋上部水平段内侧从板边开始需要配置与该钢筋垂直 4 根直径 6mm 的 HPB300 级构造钢筋。

2. XB2

XB2 为⑧～⑩轴/Ⓐ～Ⓑ轴线间的两个板块，为双向板，板厚 100mm。

（1）板的短边方向在底层配置 HPB300 级，直径 10mm，间距 200mm 的受力钢筋，该钢筋两端设置 180°弯钩后锚入板两边的支座内。

（2）板的长边方向在短边方向受力钢筋的内侧配置 HPB300 级，直径 8mm，间距 180mm 的受力钢筋，该钢筋两端设置 180°弯钩后锚入板两边的支座内。

（3）沿板的长边方向板的支座Ⓐ轴线和板短边方向⑩轴线方向梁板连接上表面，连续均匀配置板边支座上部配置 HPB300 级，直径 8mm，间距 180mm 的构造钢筋，该钢筋两端设置直角弯钩后一端在梁内锚固，另一端设置直角弯钩后抵顶在模板表面，它从梁边缘

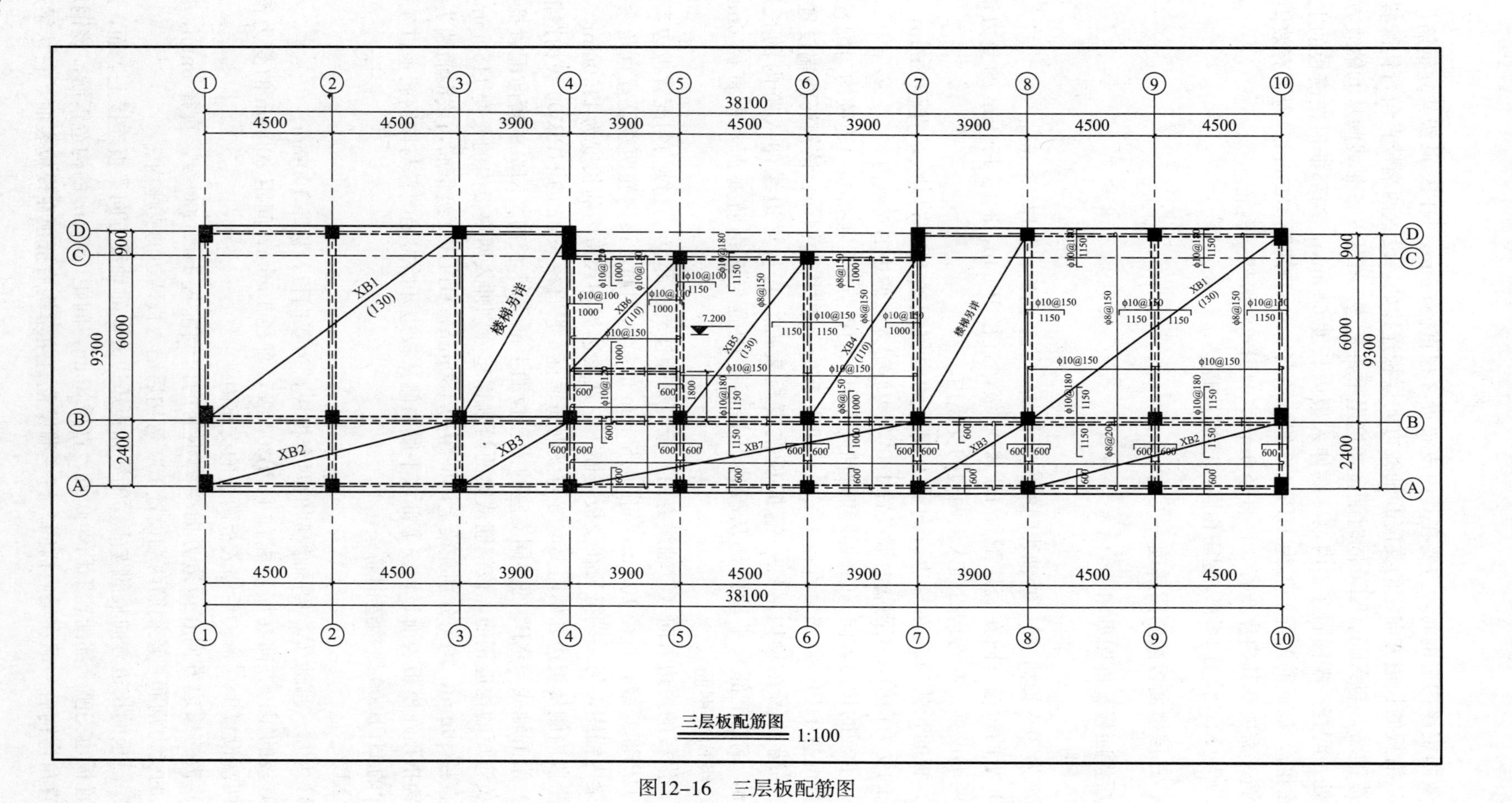

图12-16 三层板配筋图

伸入跨内的长度为 600mm，钢筋上部水平段内侧从板边开始需要配置与该钢筋垂直 3 根直径 6mm 的 HPB300 级构造钢筋。

（4）沿板的短边方向（⑨轴线和⑩轴线方向）的板支座部位梁板上部，连续均匀配置板边支座上部配置 HPB300 级，直径 8mm，间距 180mm 的构造钢筋，该钢筋两端设置直角弯钩后抵顶在模板表面，它从梁两边缘伸入跨内的长度均为 600mm，钢筋上部水平段内侧从板边开始需要配置与该钢筋垂直 3 根直径 6mm 的 HPB300 级构造钢筋。

3. XB3

XB3 为⑦～⑧轴/Ⓐ～Ⓑ轴线间的单个板块，板厚 100mm。

（1）板的短边方向在底层配置 HPB300 级，直径 8mm，间距 180mm 的受力钢筋，该钢筋两端设置 180°弯钩后锚入板两边的支座内。

（2）板的长边方向在短边方向受力钢筋的内侧配置 HPB300 级，直径 8mm，间距 180mm 的受力钢筋，该钢筋两端设置 180°弯钩后锚入板两边的支座内。

（3）沿板的长边方向板的支座Ⓐ、Ⓑ轴线方向的⑦～⑧轴线间，连续均匀配置板边支座上部配置 HPB300 级，直径 8mm，间距 180mm 的构造钢筋，该钢筋一端设置直角弯钩后锚固在梁内，另一端设置直角弯钩后抵顶在模板表面，它从梁边缘伸入跨内的长度为 600mm，钢筋上部水平段内侧从板边开始需要配置与该钢筋垂直 3 根直径 6mm 的 HPB300 级构造钢筋。

（4）沿板的短边方向Ⓐ～Ⓑ轴线间的⑦轴线和⑧轴线方向板短边方向的支座部位梁板上部，向两侧的长边方向伸入跨内的长度均为 600mm，板连续均匀配置板边支座上部配置 HPB300 级，直径 8mm，间距 180mm 的构造钢筋，该钢筋两端设置直角弯钩后抵顶在模板表面，它从梁两边缘钢筋上部水平段内侧从板边开始需要配置与该钢筋垂直 3 根直径 6mm 的 HPB300 级构造钢筋。

4. XB4

XB4 为⑥～⑦轴/Ⓑ到Ⓒ轴线间单个板块，板厚 100mm。

（1）板的短边方向在底层配置 HPB300 级，直径 10mm，间距 150mm 的受力钢筋，该钢筋两端设置 180°弯钩后一端锚⑥轴线和⑦轴线梁内。

（2）板的长边方向在短边方向受力钢筋的内侧配置 HPB300 级，直径 8mm，间距 150mm 的受力钢筋，该钢筋两端设置 180°弯钩后锚入板两边的支座内。

（3）沿板的长边方向板的支座⑦轴线方向梁板连接处，设置两端带直角弯钩配置在板面的构造钢筋，该钢筋一端固定在⑦轴线的梁内，另一端抵顶在模板表面，从梁边算伸入板宽度方向的尺寸为 1000mm。为了有效固定该构造钢筋，需要在其内皮布置三根直径 6mm，HPB300 级架立钢筋。

（4）在Ⓑ轴线的板短边支座与相邻 XB7 一起配置是指在梁上部板的受拉区的板面构造钢筋，该钢筋配筋值为直径 8mm，间距 150mm 的 HPB300 级钢筋，该钢筋伸入梁两侧板内的长度均为 1000mm，端部带直角弯钩抵顶在模板上。在⑥轴线到Ⓑ～Ⓒ轴线间梁即板长边支座上部与相邻 XB5 一起，沿板的上部受拉区配置横跨支座锚固在两块板内的构造钢筋，该钢筋配筋值为直径 10mm，间距 150mm 的 HPB300 级钢筋，该钢筋伸入梁两侧板内的长度均为 1150mm，端部带直角弯钩抵顶在模板上。以上这两种构造钢筋内侧均应配置 HPB300 级，直径 6mm，间距不大于 300mm 的架立筋。

（5）沿板的短边方向Ⓐ～Ⓑ轴线间的④轴线和⑦轴线间板短边方向的支座部位梁板的上部，向两侧的长边方向伸入板跨内的长度均为 600mm，板连续均匀配置板边支座上部配置 HPB300 级，直径 8mm，间距 180mm 的构造钢筋，该钢筋一端设置直角弯钩后抵顶在模板表面，另一端折成直角弯钩后锚固在支座内，该股近从梁两边缘钢筋上部水平段内侧从板边开始需要配置与该钢筋垂直 3 根直径 6mm 的 HPB300 级构造钢筋。

5. XB5

XB5 为⑤～⑥轴/Ⓑ～Ⓒ轴线间单个板块，板厚 100mm。

（1）板的短边方向在底层配置 HPB300 级，直径 10mm，间距 150mm 的受力钢筋，该钢筋两端设置 180°弯钩后一端锚入⑤轴线和⑥轴线的梁内。

（2）板的长边方向在短边方向受力钢筋的内侧配置 HPB300 级，直径 8mm，间距 150mm 的受力钢筋，该钢筋两端设置 180°弯钩后锚入板两边的支座内。

（3）沿板的长边方向板的支座⑤轴线Ⓑ～Ⓒ轴线间梁板连接处，设置两端带直角弯钩配置在板面的构造钢筋，该钢筋一端固定在⑤轴线的梁内，一端抵顶在模板表面，从梁边算伸入板宽度方向的尺寸为 1150mm，该钢筋的配筋值为直径 10mm，间距 1.00mm 的 HPB300 级钢筋。为了有效固定该构造钢筋，需要在其内皮布置三根直径 6mm，HPB300 级架立钢筋。在⑤轴线的Ⓐ～Ⓑ轴线间梁的上部板上部受拉区与 XB6 共同配置伸入两侧板内水平长度 600mm 的两端带直角弯钩的构造钢筋，该钢筋的配筋值为直径 8mm，间距 180mm 的 HPB300 级钢筋。

（4）在Ⓑ轴线的板短边支座与相邻 XB7 一起配置是指在梁上部板的受拉区的板面构造钢筋，该钢筋配筋值为直径 8mm，间距 150mm 的 HPB300 级钢筋，该钢筋伸入梁两侧板内的长度均为 1150mm，端部带直角弯钩抵顶在模板上。在⑥轴线到Ⓑ～Ⓒ轴线间梁即板长边支座上部与相邻 XB4 一起，沿板的上部受拉区配置横跨支座锚固在两块板内的构造钢筋，该钢筋配筋值为直径 10mm，间距 150mm 的 HPB300 级钢筋，该钢筋伸入梁两侧板内的长度均为 1150mm，端部带直角弯钩抵顶在模板上。以上这两种构造钢筋内侧均应配置 HPB300 级，直径 6mm，间距不大于 300mm 的架立筋。

（5）沿板的短边方向 A 轴线的⑤轴线和⑥轴线间板短边方向的支座部位梁板的上部，向两侧的长边方向伸入板跨内的长度均为 600mm，板连续均匀配置板边支座上部配置 HPB300 级，直径 8mm，间距 180mm 的构造钢筋，该钢筋一端设置直角弯钩后抵顶在模板表面，另一端折成直角弯钩后锚固在支座内，该股近从梁两边缘钢筋上部水平段内侧从板边开始需要配置与该钢筋垂直 3 根直径 6mm 的 HPB300 级构造钢筋。

6. XB6

XB6 为④～⑤轴/Ⓑ～Ⓒ轴线间单个板块，板厚 100mm。

（1）板的短边方向在底层配置 HPB300 级，直径 10mm，间距 150mm 的受力钢筋，该钢筋两端设置 180°弯钩后一端锚入⑤轴线和⑥轴线的梁内。

（2）板的长边方向在短边方向受力钢筋的内侧配置 HPB300 级，直径 10mm，间距 150mm 的受力钢筋，该钢筋从Ⓑ轴线延伸至Ⓓ轴线以外的悬挑板端头，两端设置 180°弯钩后锚入板两边的支座内。

（3）沿板的长边方向板的支座④、⑤轴线梁上 L2 到Ⓒ轴线间梁板连接处，设置两端带直角弯钩配置在板面的构造钢筋，该钢筋一端固定在⑤轴线的梁内，一端抵顶在模板表面，从梁边算伸入板宽度方向的尺寸为1000mm，该钢筋的配筋值为HPB300级，直径10mm，间距100mm。为了有效固定该构造钢筋，需要在其内皮布置3根直径6mm，HPB300级架立钢筋。在④、⑤轴线梁上L2到Ⓑ轴线间梁板连接处，另一端抵顶在模板表面，从梁边算伸入板宽度方向的尺寸为600mm的一字钢筋，该钢筋的配筋值为HPB300级，直径8mm，间距180mm。

（4）沿板的短边方向Ⓐ、Ⓑ轴线方向梁板连接处，设置两端带直角弯钩配置在板面的构造钢筋，该钢筋一端固定在Ⓐ、Ⓑ轴线的梁内，一端抵顶在模板表面，从梁边算伸入板宽度方向的尺寸为600mm。为了有效固定该构造钢筋，需要在其内皮布置三根直径6mm，HPB300级架立钢筋。沿板的短边方向Ⓒ轴线方向梁板连接处，设置两端带直角弯钩配置在板面的构造钢筋，该钢筋一端固定在Ⓒ轴线的梁内，一端抵顶在模板表面，从梁边算伸入板宽度方向的尺寸为1000mm。为了有效固定该构造钢筋，需要在其内皮布置三根直径6mm，HPB300级架立钢筋。为了以上钢筋定位，必须在钢筋内侧设置直径6mm，间距不大于300mm的HPB300级钢筋作的架立筋。

（5）在L2到Ⓑ轴之间的板块中，沿房屋横向在板块的短边方向配置的上部受力钢筋，从Ⓑ支座向上延伸到L2以上1000mm处截断，该钢筋两端设直角弯钩抵顶在模板上表面，其配筋值为直径10mm，间距120mm的HPB300级钢筋。该板块在房屋纵向配置板底配置的受力钢筋两端设置180°弯钩锚固在两侧梁内，配筋值为HPB300级钢筋，直径8mm，间距180mm。为了该钢筋定位，必须在钢筋内侧设置直径6mm，间距不大于300mm的HPB300级钢筋作的架立筋。

在Ⓐ到Ⓑ轴线间④、⑤轴线梁上表面配置的两头设直角弯钩纵向分别支承在相邻板块内的构造钢筋，二者完全相同，在XB5时已叙述，这里不再赘述。

三、屋面板配筋图解读

屋面板配筋图见图12-17。

1. XB1

XB1为⑧～⑩轴/Ⓑ～Ⓓ轴线间的两个板块，为双向板，板厚130mm。

（1）板的短边方向在底层配置HPB300级，直径10mm，间距150mm的受力钢筋，该钢筋两端设置180°弯钩后锚入板两边的支座内。

（2）板的长边方向在短边方向受力钢筋的内侧配置HPB300级，直径8mm，间距150mm的受力钢筋，该钢筋两端设置180°弯钩后锚入板两边的支座内。

（3）沿板的长边方向（⑧轴线、⑨轴线和⑩轴线方向）的板与梁相连部位，连续均匀配置板边支座上部配置HPB300级，直径12mm，间距125mm的构造钢筋，该钢筋两端设置直角弯钩后一端锚固在梁内，另一端抵顶在模板表面，它在梁两边伸入跨内的长度为1150mm，在通过⑩轴线上部延伸至挑檐板端部，该钢筋上部水平段内侧梁的两边应分别需要设置4根直径6mm的HPB300级构造钢筋。

（4）沿板的长边方向和短边方向与屋面梁相连支座上部，从板内向檐口外端延伸，连续均匀配置板边支座上部配置HPB300级，直径12mm，间距150mm的构造钢筋，该钢筋在板内延伸至板内2100处端部设直角弯钩，依靠垂直方向内侧所配的架立构造筋固定在板上表面。

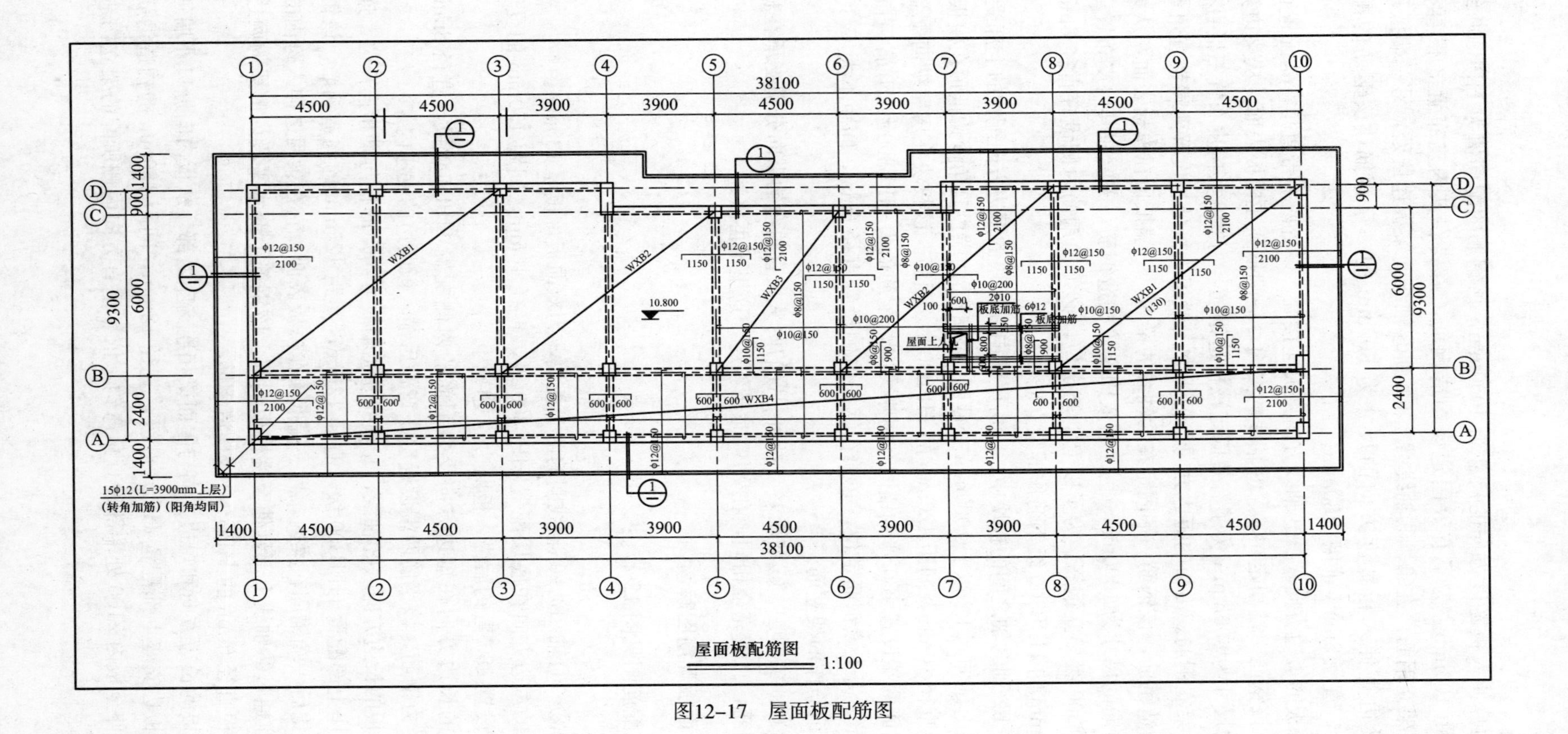

图12-17　屋面板配筋图

（5）从Ⓐ轴线梁内向板的长边方向延伸 1150mm 的板支座上部构造钢筋，配筋值为直径 10mm，间距 150mm，两端设置直角弯钩，依靠下部内侧垂直方向的构造架立筋固定在板的表面。

2. XB2

XB2 为⑥～⑧轴/Ⓑ～Ⓓ轴线间的两个板块，为双向板，板厚 100mm。其中在⑦～⑧轴线间靠近Ⓑ轴线的部位设有屋面上人孔。

（1）上人孔到Ⓓ轴之间的板块，板的短边方向在底层配置 HPB300 级，直径 10mm，间距 100mm 的受力钢筋，该钢筋两端设置 180°弯钩后锚入板两边的支座内。在上人孔部位板的受力钢筋被截断后锚入洞口边缘。

（2）板的在短边方向受力钢筋的内侧配置 HPB300 级，直径 10mm，间距 200mm 的受力钢筋，该钢筋两端设置 180°弯钩后锚入板两边的支座内。在上人孔部位板的受力钢筋被截断后锚入洞口边缘。

（3）沿板的长边方向配置的位于短边方向受力筋以内的受力钢筋，其配筋值为 HPB300 级，直径 10mm，间距 200mm 的受力钢筋，两端设置 180°弯钩后锚入板两边的支座内。

（4）沿板的长边方向⑦轴线方向的板支座部位截面上部，连续均匀在板边支座上部配置 HPB300 级，直径 10mm，间距 150mm 的构造钢筋，该钢筋两端设置直角弯钩后抵顶在模板表面，它从梁两边缘伸入跨内的长度均为 1150mm，沿⑧轴线方向的板支座部位梁板上部，连续均匀在板边支座上部配置 HPB300 级，直径 12mm，间距 150mm 的构造钢筋，该钢筋两端设置直角弯钩后抵顶在模板表面，它从梁两边缘伸入跨内的长度均为 1150mm，上述两钢筋上部水平段内侧从板边开始需要配置与该钢筋垂直、3 根直径 6mm 的 HPB300 级构造钢筋。

（5）沿板的长边方向板与梁相连支座上部，从板内向檐口外端延伸，连续均匀在板边支座上部配置 HPB300 级，直径 12mm，间距 150mm 的构造钢筋，该钢筋在板内延伸至板内 2100 处端部设直角弯钩，依靠垂直方向内侧所配的架立构造筋固定在板上表面。

（6）在⑥～⑦轴线间的板块板的长边方向在短边方向受力钢筋的内侧配置 HPB300 级，直径 10mm，间距 200mm 的受力钢筋，该钢筋两端设置 180°弯钩后锚入板两边的支座内。

（7）在⑥～⑦轴线间板的长边方向在短边方向受力钢筋的内侧配置 HPB300 级，直径 8mm，间距 150mm 的受力钢筋，该钢筋两端设置 180°弯钩后锚入板两边的支座内。

（8）在⑥～⑦轴线的长边方向上部配置的构造钢筋，在两根梁两侧伸入板跨的长度为 1150mm，配筋值为直径 12mm 的间距 150mm 的 HPB300 级钢筋。

（9）锚固在Ⓑ轴⑥～⑦轴线间梁上部在板长跨方向截断的构造钢筋，从梁边伸入长度 1160mm，配筋值为直径 10mm 的间距 150mm 的 HPB300 级钢筋。

锚固在Ⓒ轴线梁以内长度为 2100mm 的挑檐板上表面的钢筋为挑檐板中的弯折钢筋，如前所述，这里不再赘述。

3. XB3

XB3 为⑦～⑧轴/Ⓐ～Ⓑ轴线间的单个板块，板厚 100mm。

（1）板的短边方向在底层配置 HPB300 级，直径 10mm，间距 150mm 的受力钢筋，该钢筋两端设置180°弯钩后锚入板两边的支座内。

（2）沿板的长边方向配置的位于短边方向受力筋以内的受力钢筋，其配筋值为HPB300级，直径8mm，间距150mm的受力钢筋，两端设置180°弯钩后锚入板两边的支座内。

（3）⑤、⑥轴线梁的板支座部位梁板上部，连续均匀配置板边支座上部配置HPB300级，直径12mm，间距150mm的构造钢筋，该钢筋两端设置直角弯钩后抵顶在模板表面，它从梁两边缘伸入跨内的长度均为1150mm。

（4）位于Ⓒ轴/⑤～⑥轴线间梁边连接处配置的板面构造钢筋，一端锚固造该梁内，另一端伸入板内1150mm端头带直角弯钩后抵顶在模板表面，其配筋值为HPB300级，直径10mm，间距150mm。

（5）锚固在Ⓒ轴线梁以内长度为2100mm的挑檐板上表面的钢筋为挑檐板中的弯折钢筋，如前所述，这里不再赘述。

锚固在Ⓒ轴线梁以内长度为2100mm的挑檐板上表面的钢筋为挑檐板中的弯折钢筋，如前所述，这里不再赘述。

4. XB4

XB4是①～⑩轴/Ⓐ～Ⓑ轴线九块板，该板带为双筋板，板厚100mm，每个版块均为双向板。

（1）板下部短边方向配置的受力钢筋和长边方向配置的位于短边方向受力筋内侧的受力钢筋，根据图纸说明，配筋值均为HPB300级、直径8mm、间距150mm。

（2）板的上部配置的延伸至挑檐板端头折钩后从翻边斜板后背斜向上的钢筋，布置在板的上表面，其配筋值为直径12mm，间距150mm的HPB300级钢筋。该受力钢筋内侧配置与该钢筋垂直的直径6mm，间距200mm的HPB300级架立筋。

（3）Ⓐ～Ⓑ轴/②～⑨轴线各梁上部与板连接的部位所配置的梁上部构造钢筋，在梁两侧延伸600mm带直角弯钩抵顶在模板表面，根据图纸说明，它的配筋值为直径8mm、间距150mm、HPB300级钢筋。

（4）在①轴线左侧和⑩轴线右侧，在板内带直角弯钩锚入长度为2100mm的檐口板端折钩后斜向弯入翻边后侧的受力钢筋，配筋值为直径12mm，间距150mm的HPB300即钢筋。

（5）在挑檐板的四个大角，为了防止在相互垂直的板面荷载作用下发生板角上表面顺着梁根部环形开裂，每需在板角上部配置15根直径12mm，水平面长度3900mm的放射状钢筋，该钢筋在挑檐板内的做法与弯折进入翻边的钢筋相同，在板内其内侧亦应配置分布筋定位。

屋面上设置的上人口、女儿墙、圈梁和压顶板等配筋如本页图纸上详图，这里不再赘述。

本章小结

1. 框架结构按施工方法不同分为现浇式、装配整体式、半现浇式及现浇整体式框架，其中现浇框架应用最为广泛。

2. 现浇钢筋混凝土框架结构的设计步骤：

(1) 确定结构布置方案和结构布置、初步选定梁、柱截面尺寸及材料强度等级。

(2) 风荷载作用下的弹性位移验算。

(3) 风荷载、永久荷载和可变荷载单独作用下框架的内力计算。

(4) 内力组合。

(5) 柱、梁、楼盖、基础的配筋计算、柱、梁节点有关构造。

复习思考题

一、名词解释

高层建筑　小高层建筑　多层建筑　全现浇框架　半现浇框架　装配式框架　横向承重框架结构　纵向承重框架结构　纵横向承重框架结构

二、问答题

1. 按施工方法不同，框架结构分为哪几类？各有什么优缺点？

2. 框架结构布置应注意哪些问题？

3. 框架的设计简图是如何确定的？

4. 框架结构基础平面图上有哪些信息？

5. 框架结构柱定位图与配筋图怎样解读？

6. 框架结构梁平法施工图怎样解读？

7. 框架结构板平法施工图怎样解读？

第二篇　砌体结构基本原理及应用实务

第十三章　砌体材料及其力学性能

学习要求与目标：

1. 了解块材、砂浆和砌体的分类以及力学性能。
2. 熟练掌握砌体抗压强度及与抗压强度有关的砌体破坏过程、应力状态和影响因素。
3. 掌握砌体各种力学指标的查用方法。

砌体结构是块材和砂浆砌筑而成的墙、柱作为建筑物主要受力构件的结构，是砖砌体、砌块砌体和石砌体结构的统称。砌体结构是房屋建筑重要的结构形式之一，目前及今后较长时间内它仍然是我国广大农村和城镇最常用的结构类型；学习并掌握砌体材料的力学性能，是学习和掌握砌体构件及砌体结构房屋设计的重要基础。

砌体材料包括块材和砂浆两部分，块材和硬化后的砂浆所形成的灰缝均为脆性材料，抗压强度较高，抗拉强度较低。砌体构件在房屋结构中主要用于轴心受压和偏心受压的情况下，也有用于受拉、受剪、受弯的状态。本章主要讨论块材和砂浆的类型、砌体受压的强度和变形性能，以及影响砌体抗压强度的因素。

第一节　砌 体 材 料

砌体是由块材和砂浆砌筑形成的整体。根据砌体内部是否配置钢筋，砌体可分为无筋砌体和配筋砌体。无筋砌体根据所用的块材不同可分为砖砌体、砌块砌体、石材砌体等，配筋砌体分为横向配筋砌体和纵向配筋砌体两大类。

一、块材

块材是组成砌体的主要部分，砌体的强度主要来自于砌块。现阶段工程结构中常用的块材有砖、砌体和各种石材。

1. 烧结普通砖

烧结普通砖是由煤矸石、页岩、粉煤灰或黏土为主要原料，经过焙烧而成的实心砖。分烧结煤矸石砖、烧结页岩砖、烧结粉煤灰砖、烧结黏土砖等。实心黏土砖是我国砌体结构中最主要的和最常见的块材，其生产工艺简单、砌筑时便于操作、强度较高、价格较低廉，所以使用量很大。但是由于生产黏土砖消耗黏土的量大、毁坏农田，与农业争地的矛盾突出，焙烧时造成的大气污染等对国家可持续发展构成负面影响，除在广大农村和城镇

大量使用以外，大中城市已不允许建设隔热保温性能差的实心砖砌体房屋。

（1）烧结普通砖

烧结黏土砖的尺寸为 240mm×115mm×53mm。为符合砖的规格，砖砌体的厚度为 240mm、370mm、490、620mm、740mm 等。

（2）烧结多孔砖

烧结多孔砖是由矸石、页岩、粉煤灰或黏土为主要原料，经过焙烧而成、空洞率不大于 35%，孔的尺寸小而数量多，主要用于承重部位的砖。

根据我国标准的规定，黏土空心砖可分为以下三种型号：

KM_1 尺寸为　190mm×190mm×190mm；

KP_1 尺寸为　240mm×115mm×90mm；

KP_2 尺寸为　240mm×180mm×115mm。

其中 K 为空心两字的汉语拼音缩写第一个字母的大写，M 表示模数的，P 表示普通，即 KM1 为模数 1 空心砖；KP1 为空心普通砖 1，KP2 为空心普通砖 2。空心砖相对于实心砖具有强度不降低、重量轻、制坯时消耗的黏土量少、可少用农田，节约烧制燃料、施工劳动强度低和生产效率高、在墙体中使用隔热保温性能良好等特点，所以，它可作为实心黏土砖的最好替代品。各地生产的空心黏土砖的孔洞率在 10%～35%之间，孔型各不相同。

（3）砖的强度等级

砖的强度等级是根据标准试验方法（半砖叠砌）测得的破坏时的抗压强度确定，同时考虑到这类砖的厚度较小，在砌体中易受弯、受剪后易折断，《规范》同时规定某种强度的砖同时还要满足对应的抗折强度要求。《砌体结构设计规范》GB50003—2011 规定，普通黏土砖和黏土空心砖的强度共有 MU30、MU25、MU20、MU15、MU10 五个等级。

烧结空心砖的强度确定和实心砖一样是根据规定的试验方法测得的破坏压应力（N/mm^2）折算到受压毛截面积上后得到的，实用中砌体验算时直接取用《砌体结构设计规范》中给定的值就可以，不需要再考虑孔洞率的影响。烧结空心砖如图 13-1 所示。

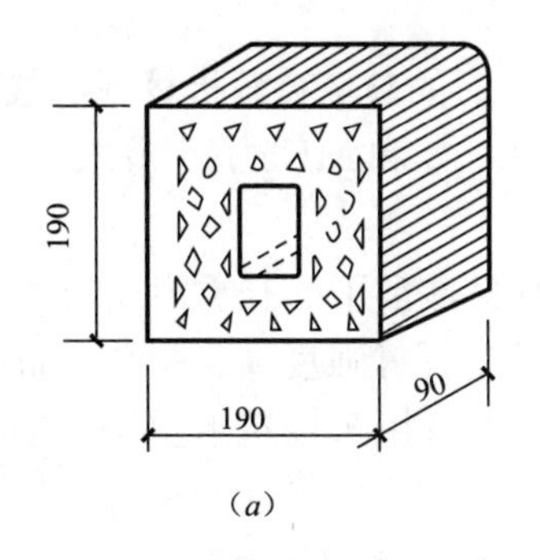

（*a*）

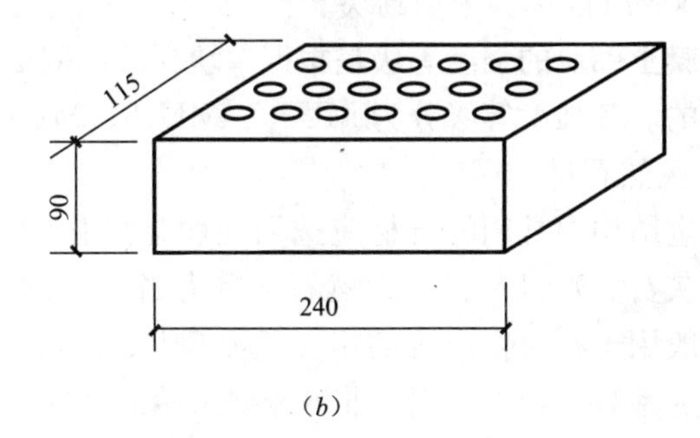

（*b*）

图 13-1　烧结多孔砖的规格

2. 非烧结硅酸盐砖

这类砖是用硅酸盐类材料或工业废料粉煤灰为主要原料生产的，具有节省黏土不损毁农田、有利于工业废料再利用、减少工业废料对环境污染的作用，同时可取代黏土砖生产，从而可有效降低黏土砖生产过程中环境污染问题，符合环保、节能和可持续发展的思路。这类砖常用的有蒸压灰砂普通砖、蒸压粉煤灰普通砖两类。

（1）蒸压灰砂普通砂砖。它是以石灰等钙质材料和砂等硅质材料为主要原料，经坯料制备、压制排气成型、高压蒸汽养护而成的实心砖。

（2）蒸压粉煤灰普通砖。它是以石灰、消石灰（如电石渣）或水泥等钙质材料与粉煤灰等硅质材料（砂等）为主要原料，掺加适量石膏，经坯料制备、压制排气成型、高压蒸汽养护而成的实心砖。

蒸压灰砂普通砖和蒸压粉煤灰普通砖的规格尺寸与实心黏土砖相同，能基本满足一般建筑的使用要求，但这类砖强度较低、耐久性稍差，在多层建筑中不用为宜。在高温环境下也不具备良好的工作性能，不宜用这类砖砌筑壁炉和烟囱。由于蒸压灰砂砖和粉煤灰砖自重小，用作框架和框架剪力墙结构的填充墙不失为较好的墙体材料。

蒸压灰砂砖的强度等级，与烧结普通砖一样，由抗压强度和抗折强度综合评定。在确定粉煤灰砖强度等级时，要考虑自然碳化影响，对试验室实测的值除以碳化系数1.15。砌体结构设计规范规定，它们的强度等级分为MU25、MU20、MU15三个等级。

3. 混凝土砖

混凝土砖以水泥为胶凝材料，以砂、石为主要集料，加水搅拌、成型、养护制成的一种多孔的混凝土半盲孔砖或实心砖。多孔砖的主要规格尺寸为240mm×150 mm×90 mm、240mm×190 mm ×90mm、190mm×190mm×90mm 等；实心砖的主要规格尺寸为240mm×115mm×53mm、240mm×115mm×90mm 等。

4. 混凝土小型空心砌块

它是由普通混凝土或轻集料混凝土制成，主要规格尺寸为390mm×190mm×190mm、空心率为25%～50%的空心砌块。简称为混凝土砌块或砌块。

砌块体积可达标准砖的60倍，因为其尺寸大才称为砌块。砌体结构中常用的砌块的原料为普通混凝土或轻骨料混凝土。混凝土空心砌块是由于尺寸大，砌筑效率高，同样体积的砌体可减少砌筑次数，降低劳动强度。砌块分为实心砌块和空心砌块两类，空心砌块的空洞率在25%～50%之间。通常，把高度小于380mm的砌块称为小型砌块，高度在380～900mm的称为中型砌块。

混凝土砌块的强度等级是根据单块受压毛截面积试验时的破坏荷载折算到毛截面积上后确定的。其强度等级分为MU20、MU15、MU10、MU7.5和MU5五个等级。

5. 天然石材

承重结构中常用的石材应选用无明显风化的天然石材，常用的有重力密度大的花岗石、石灰石、砂岩及轻质天然石。重力密度大的重质天然石材强度高、耐久，抗冻性能好。一般用于石材生产区的房屋基础砌体或挡土墙中，也可用于砌筑承重墙，但其热阻小，导热系数大，不宜用于北方需要采暖的地区。

石材按其加工后的外形规整程度分为料石和毛料石。料石多用于墙体，毛石多用于地下结构和基础。

料石按加工粗细程度不同分为细料石、半细料石、粗料石和毛料石4种。料石截面高度和宽度尺寸不宜小于200mm，且不小于长度的1/4。毛石外形不规整，但要求中部厚度不应小于200mm。

石材通常用3个70mm的立方体试块抗压强度的平均值确定。

石材抗压强度等级有MU100、MU80、MU60、MU50、MU40、MU30和MU20七

个等级。

二、砂浆

砂浆是由胶凝材料水泥和石灰、细骨料砂子加水拌合而成的，特殊情况下根据需要掺入塑性掺合料和外加剂，按照一定的比例混合后搅拌而成。砂浆的作用是将砌体中的块材粘结成整体共同工作；同时，砂浆平整地填充在块材表面，能使块材和整个砌体受力均匀；由于砌体填满块材间的缝隙，也同时提高了砌体的隔热、保温、隔声、防潮和防冻性能。

1. 砂浆的种类

砂浆按其组成成分可以分为水泥砂浆、混合砂浆和非水泥砂浆等三类，按使用砌筑材料不同分为混凝土砌块（砖）专用砂浆、蒸压灰砂砖、蒸压粉煤灰普通砖专用砌筑砂浆和常用的其他砌筑砂浆。

（1）水泥砂浆

水泥砂浆是指不掺加任何其他塑性掺合料的纯水泥砂浆。其强度高、耐久性好、适用于强度要求较高、潮湿环境的砌体。但和易性及保水性差，在强度等级相同的情况下，用同样块材砌筑而成的砌体强度比砂浆流动性好的混合砂浆砌筑的砌体要低。

（2）混合砂浆

混合砂浆是指在水泥砂浆的基本组成成分中加入塑性掺合料（石灰膏、黏土膏）拌制而成的砂浆。它的强度较高、耐久性较好、和易性和保水性好，施工灰缝容易做到饱满平整，便于施工。一般墙体多用混合砂浆，在潮湿环境不适宜用混合砂浆。

（3）非水泥砂浆

它是不含水泥的石灰砂浆、黏土砂浆、石膏砂浆的统称。其强度低、耐久性差、通常用于地上简易的建筑。

（4）混凝土砌块（砖）专用砌筑砂浆

它是指由水泥、砂、水以及根据需要掺入的掺和料和外加剂等组分，按一定比例，采用机械拌和制成，专门用于砌筑混凝土砌块的砂浆。简称砌块专用砂浆。

（5）蒸压灰砂普通砖、蒸压粉煤灰普通砖专用砂浆

由水泥、砂、水以及根据需要掺入的掺和料和外加剂等组分，按一定比例采用机械拌和制成，专门用于砌筑蒸压灰砂砖或蒸压粉煤灰砖砌体，且砌体抗剪强度不低于烧结普通砖砌体的取值的砂浆。

2. 流动性和保水性对砂浆性能的影响

砌筑用砂浆除满足强度要求外，还应具有足够的流动性和保水性，在砌筑过程中应使砌块之间均匀密实的连接在一起，这就要求砂浆容易而且能够均匀地铺开，要有合适的稠度，以保证砂浆有一定的流动性。砂浆在存放运输过程中保持水分的能力叫做保水性。保水性差的砂浆在砌筑过程中水分流失严重，一部分被砌块吸收，一部分析出后流失，砂浆的稠度就会增加，灰缝就难以铺平和均匀，砂浆就会过早硬化，这是导致砌筑质量下降的主要因素之一。在砂浆中掺加塑性掺合料后，砂浆的流动性和保水性增加，节约了水泥，改善了砂浆的性能，提高了砌体的砌筑质量。纯水泥砂浆的流动性和保水性比同强度等级的混合砂浆低，所以，条件相同的情况下，强度等级相同的混合砂浆砌筑的砌体比纯水泥砂浆砌筑的砌体强度要高。

3. 砂浆强度的确定

砂浆强度等级是以 70.7mm 的标准立方体试块，在标准状况下养护 28d，进行抗压实验测得的极限抗压强度确定的。

三、混凝土砌块灌孔混凝土

它是由水泥、集料、水以及根据需要掺入的掺和料和外加剂等组分，按一定比例，采用机械搅拌后，用于浇注混凝土砌块芯柱或其他需要填实部位孔洞的混凝土。简称砌块灌孔混凝土。

四、块材和砂浆的选择

砌体材料的选用，应首先考虑使用功能要求，做到满足强度和耐久性两个方面的要求，在北方严寒地区为了保证砌体的耐久性，还要考虑砌块和砂浆抗冻性的要求。

1. 块材的选择

块材选择时，应本着因地制宜、就地取材的原则，依据建筑物使用要求、安全性和耐久性要求、建筑物的层高和层数，受力特点以及使用环境综合考虑。《砌体结构设计规范》规定：设计使用年限为 50 年时，砌体材料的耐久性应符合下列要求：

(1) 地面以下或防潮层以下的砌体，潮湿房间的墙或环境类别 2 的砌体，所用材料的最低强度等级应符合表 13-1 的规定：

地面以下或防潮层以下的砌体、潮湿房间墙所用材料最低强度等级　　表 13-1

潮湿程度	烧结普通砖	混凝土普通砖、蒸压普通砖	混凝土砌块	石　材	水泥砂浆
稍潮湿的	MU15	MU20	MU7.5	MU30	M5
很潮湿的	MU20	MU20	MU20	MU30	M7.5
含水饱和的	MU20	MU25	MU25	MU40	M10

说明：1. 在冻胀地区，地面以下或防潮层以下的砌体，不宜采用多孔砖，如采用时，其孔洞应采用强度等级不低于 Cb20 的混凝土预先灌实；
2. 对安全等级为一级或设计使用年限大于 50 年的房屋，表中混凝土强度等级至少提高一级。

(2) 处于环境类别 3～5 等有侵蚀性介质的砌体材料应符合下列规定：

1) 不应采用蒸压灰砂普通砖、蒸压粉煤灰普通砖。

2) 应采用实心砖，砖的强度等级不应低于 MU20，水泥砂浆强度等级不应低于 M10。

3) 混凝土砌块的强度等级不应低于 MU15，灌孔混凝土的强度等级不应低于 Cb30，砂浆强度等级不应低于 Mb10。

4) 应根据环境条件对砌体材料的抗冻性，耐酸、耐碱性能提出要求，应符合有关规范的规定。

严寒地区（冬季平均气温在－10°以下）和一般地区，是依据冬季室外计算温度划分的。严寒地区，为了保证砌体结构的耐久性，砌块还必须满足抗冻性要求，以保证经过冻融循环后块体不致逐层剥落。有抗震要求时尚需满足《建筑抗震设计规范》的要求。

2. 砂浆的选择

《砌体结构设计规范》GB5003—2011 规定，砂浆的强度应按下列规定采用：

(1) 烧结普通砖、烧结多孔砖、蒸压灰砂普通砖和蒸压粉煤灰普通砖采用的砂浆强度等级：M15、M10、M7.5、M5 和 M2.5；蒸压灰砂普通砖和蒸压粉煤灰普通砖采用的专用砌筑砂浆强度等级：Ms15、Ms10、Ms7.5、Ms5。

(2) 混凝土普通砖、混凝土多孔砖、单排孔混凝土砌块和煤矸石混凝土砌块砌体采用的砂浆强度等级：Mb20、Mb15、Mb10、Mb7.5 和 Mb5。

(3) 双排孔或多排孔轻集料混凝土砌块砌体采用的砂浆强度等级：Mb10、Mb7.5 和 Mb5。

(4) 毛料石、毛石砌体采用的砂浆强度等级：M7.5、M5 和 M2.5。

确定砂浆强度等级时应采用同类块体为砂浆强度等级试块底模。

在新砌筑的砌体中由于砂浆尚未凝结，强度没有充分发挥出来时的砂浆强度认为 0。

第二节 砌体种类

由于**砌体是由块材和砂浆砌筑而成的整体，所以砌块的组砌方式对砌体自身强度影响很大，为了确保砌体均匀受压和使其有效构成一个整体，确保砌体具有良好的隔热、保温和隔声的物理性能要求，砌体灰缝饱满和均匀布置十分重要。**常用的砌体分为无筋砌体和配筋砌体，国外也有少数国家开始使用预应力砌体，本节只讨论前两种类型的砌体。

一、无筋砌体

在我国无筋砌体通常包括砖砌体、砌块砌体和石材砌体。

1. 砖砌体

在房屋建筑中，砖砌体被广泛用于条形基础、承重墙、柱、围护墙及隔墙。其厚度一般根据建筑物所在地的冬季极端气温、承载力及高厚比等方面的要求确定的。随着外墙保温技术的不断推广和普及，用增加墙厚去提高室内温度或降低采暖费用的方法将成为历史。绝大多数情况下，砖砌体采用的是实心截面，抗震性能和整体性较差的空斗墙已在永久性建筑中很少使用，根据**《砌体结构设计规范》规定砖柱应该实砌。**

常见的砖墙厚度为 120mm（半砖厚）、240mm 和 370mm，其中 120mm 厚的砖墙属于自承重墙，可用于房屋内房间、卫生间、厨房等处的隔墙。后面两种厚度的墙体是工程中常见的内墙或外墙厚度，既可以是只起分隔围护作用的自承重墙，也可用于承重墙。图 13-2（*a*）所示为一顺一丁组砌方式砌筑的砖墙，图 13-2（*b*）所示为梅花丁组砌方式砌筑的砖墙，图 13-2（*c*）所示为三顺一丁组砌方式砌筑的砖墙。

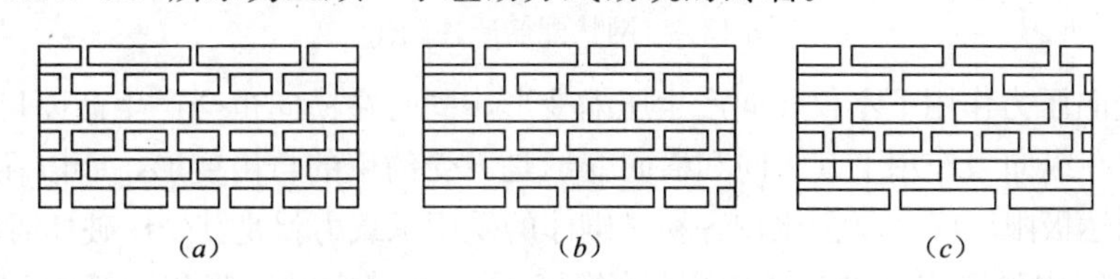

图 13-2 实心砖砌体组砌方式

2. 砌块砌体

砌块一般多用于定型设计的民用建筑以及工业厂房的墙体中。目前我国使用最多的是混凝土小型空心砌块砌体以及其他硅酸盐砌块。砌块在工业与民用建筑的围护墙中使用较广，在房屋结构中一般不用于承重墙体。

3. 石材砌体

石材砌体是由石材和砂浆砌筑而成的整体。其中料石砌体可作为一般民用建筑的承重墙、柱和基础，毛石砌体因块体只有一个面平整，可用于挡土墙、基础等。

石材砌体的类型如图 13-3 所示。

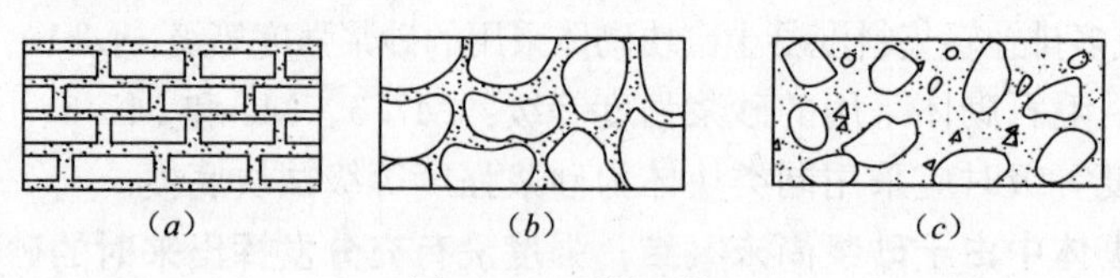

图 13-3　石材砌体

二、配筋砌体

在砌体构件截面受建筑设计的限定不能加大，构件截面承载力不足时，可以通过在砌体内部配置受力钢筋，形成配筋砌体。常用的配筋砌体有配置网状钢筋的砖砌体、组合砖砌体、组合砖墙和配筋砌块砌体等。

1. 配置网状钢筋的砖砌体

这种配筋砖砌体是在砖柱或砖墙内的水平灰缝内配置网状钢筋所形成的配筋砖砌体。图 13-4（*a*）所示为方格网配筋砖柱，图 13-4（*b*）所示为连弯钢筋网，图 13-4（*c*）所示为方格网配筋砖墙。

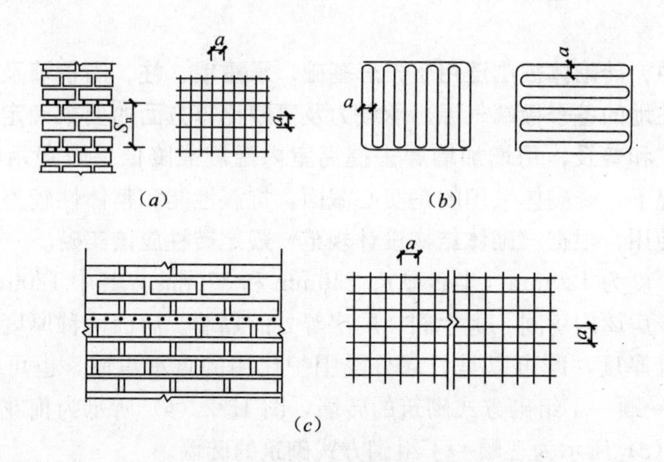

图 13-4　网状配筋砖柱砌体

砌体在竖向压力作用下不仅竖向产生压缩变形，同时在横向也会产生截面尺寸增大的变形，无筋砌体在纵向力作用下其纵向和横向变形是不受约束的自由变形，所以在荷载作用下纵向和横向到达极限压应变就会比较容易，砌体的受压承载力就是其受压破坏时的正常值。

如果在灰缝内设置方格网状或连弯状的钢筋网，灰缝内的砂浆和钢筋网与砌块粘结成整体，在纵向压力作用下砌体就会产生纵向压缩和横向增大截面的变形，这时由于钢筋网的存在，构件横向变形时出现的拉力被钢筋网中的钢筋所平衡，横向应变和变形的增加受到钢筋网的约束，横向变形的速度就会显著变慢。每隔一定层数的砌块高度在灰缝内配置的钢筋网，就如同钢筋混凝土柱中的箍筋一样，有效约束墙体横向变形，使砌体处在三向受力的状态，箍筋使柱压坏时到达极限应变的荷载提高，墙体内的钢筋网也同样会使配筋砌体到达极限应变的受压承载力大大提高，这就是配筋砌体提高砌体承载力的基本原理。

2. 组合砖砌体

组合砖砌体是由砖砌体和钢筋混凝土面层组成的。图 13-5 所示为承重组合砖柱的几种截面形式。

在中小城镇建的临街商铺，大多采用底层框架或内框架结构，二层及以上各层为混合结构的正常开间的房屋，以便在底层形成可供商用的大空间，上部各层用于居住或办公的房屋。在内框架楼面大梁的竖向偏心力作用下，柱或墙体便成为大偏心受压构件，为了有效抵抗竖向大偏心的作用力对柱或墙产生的不利影响，在柱或墙两侧配置延性和承载力都很好的钢筋混凝土层，犹如钢筋混凝土柱远离轴力和轴力近侧配置的纵向受力钢筋一样，可以有效发挥抗压和抗拉的作用，从而大大提高了墙体和柱的抗压承载力。组合砖砌体中的水平拉结筋在墙体砌筑时就配置了，墙体砌筑完成后分层设置竖向纵筋和箍筋，待墙体达到设计强度后支侧模浇筑混凝土，使墙体和后浇带形成受力整体。组合砖砌体的计算可参照《砌体结构设计规范》的有关规定进行。

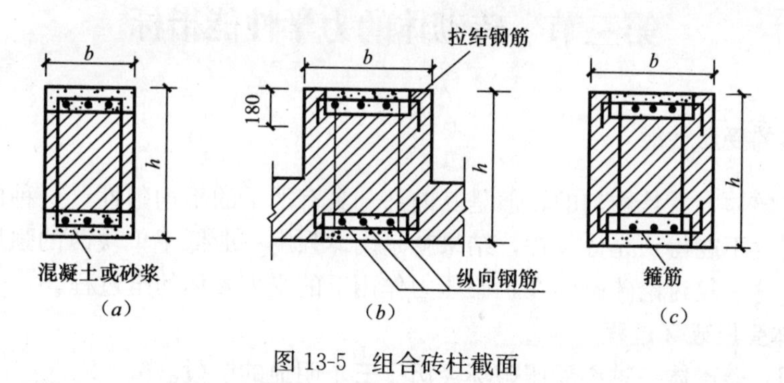

图 13-5　组合砖柱截面

3. 组合砖墙

组合砖墙是由砖砌体和钢筋混凝土构造柱组成的（图 13-6），在荷载作用下，由于砖墙的刚度小于钢筋混凝土构造柱，在竖向力作用下墙体内会产生内力重分布，构造柱可以分担墙体承受的一部分竖向荷载。构造柱和圈梁整体浇筑形成弱框架，在上下和左右方向约束了砌体的变形，提高了砌体的整体稳定性和承载能力，砖砌体和构造柱组合砖墙面如图 13-7 所示。

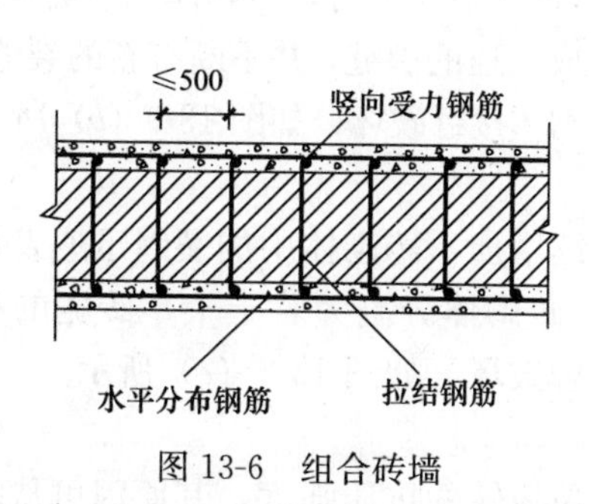

图 13-6　组合砖墙

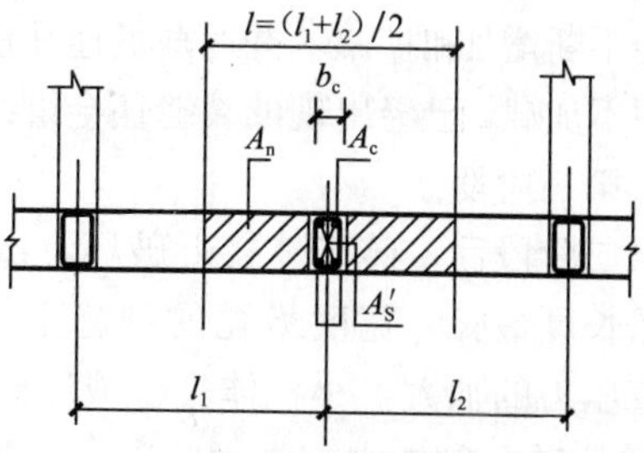

$l=(l_1+l_2)/2$　b_c　A_n　A_c　A_s'　l_1　l_2

图 13-7　砖砌体和构造柱组合砖墙面

构造柱和圈梁对墙体承载力提高作用一般都看作为一种安全贮备，在承载力计算时不予考虑。

4. 配筋砌块砌体

在砌块砌体的水平灰缝或灌浆孔中配置钢筋，构成配筋砌块砌体。它的原理类似于配筋砖砌体，如图 13-8 所示。因使用不多，这里不再多述。

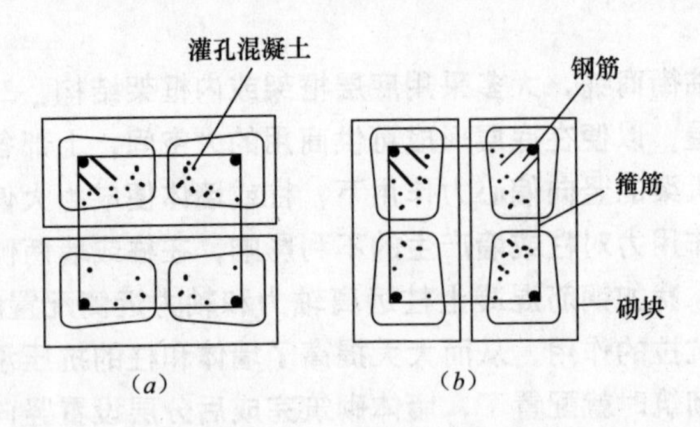

图 13-8　配筋砌块砌体上皮砌块和下皮砌块截面示意图

第三节　砖砌体的力学性能指标

一、砌体的受压性能

砖砌体在整体上看是均匀的，但是其内部却具有严重的不均匀性，这种内部的不均匀性造成块材强度不能得到充分发挥，结果就是砌体强度一般低于单块砖的强度。为了能够说明这一点，这里仅讨论砖砌体在轴心压力作用下的受力破坏的全过程。

1. 砖砌体受压破坏过程

试验表明，砖砌体在轴心受压破坏经历了三个明显的阶段。

(1) 第一阶段

开始加压时砖砌体尚处在弹性阶段，受力和变形都比较小，随着加载的持续，有缺陷的砖和不饱满的竖向灰缝的缺陷逐步显现，弹性变形结束。大约加载到破坏荷载的 50%～70%时，出现第一批细小裂缝，这时如不增加荷载，这些细小裂缝也不发展，处在相对静止平衡状态，如图 13-9 (*a*) 所示。

(2) 第二阶段

在第一阶段的基础上继续加载，达到破坏荷载的 80%～90%时，砖砌体中单块砖内部个别裂缝会不断增加和扩展，并逐渐贯通几皮砖厚，形成贯通的裂缝，并不断有新的裂缝出现。此时即便不加载，已经出现的裂缝还会继续扩展，砖砌体接近破坏，如图 13-9 (*b*) 所示。

(3) 第三阶段

到第二阶段后，砖砌体接近破坏，试验荷载继续增加，砖砌体中的裂缝迅速发展，其中有几条长度最长，宽度最宽的裂缝上下贯通，把砖砌体分割为若干个半砖宽的小棱柱体，随着压力的加大，小柱体失稳或压碎，砌体宣告破坏，如图 13-9 (*c*) 所示。

2. 单块砖在砌体内的受力状态

试验结果还表明，砖砌体的抗压强度明显低于单块转的抗压强度，其原因可从单块砖在砌体内的受力变形机理来说明。

(1) 砌体内的灰缝厚度不均匀性和饱满度的不一致性。单块砖在砌体内并不是均匀受

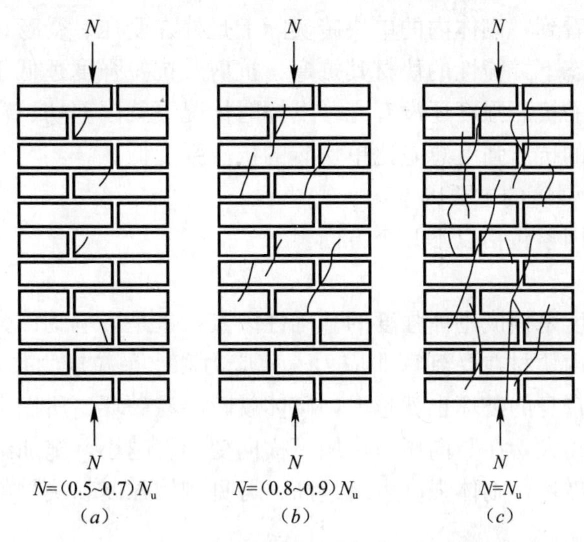

图 13-9　砖砌体受压破坏的三个阶段

压的，而是处在既不均匀且比较复杂的受力状态。灰缝不饱满或砖体不规整，单块砖不仅受压，同时还要受到弯矩、剪力的影响，图 13-10 所示为单块砖在砌体中的受力状态。单块砖的厚度有限、抗弯刚度较小，加之砖是脆性材料，抗弯、抗剪的能力较差，在上述弯矩、剪力作用下很快就出现裂缝。可以判定第一批裂缝的出现是由于单块砖受弯和受剪强度不足引起的。

（2）构件在纵向压力作用下，长度减少的同时截面横向尺寸就会增加，砖砌体也是如此。在压力作用下，砖砌体侧向产生拉应变，由于砂浆硬结后的弹性模量低于砖材，在竖向压应力作用下灰缝和砖材的侧向应变不一致，灰缝的侧向应变大于砖材侧向应变，这种应变的差异，使得砖受到灰缝通过粘结力传来的拉应力，导致砖体内受拉出现裂缝，加剧了单块砖在砌体内的破坏，图 13-11 所示为砖砌体中砂浆对砖的作用。

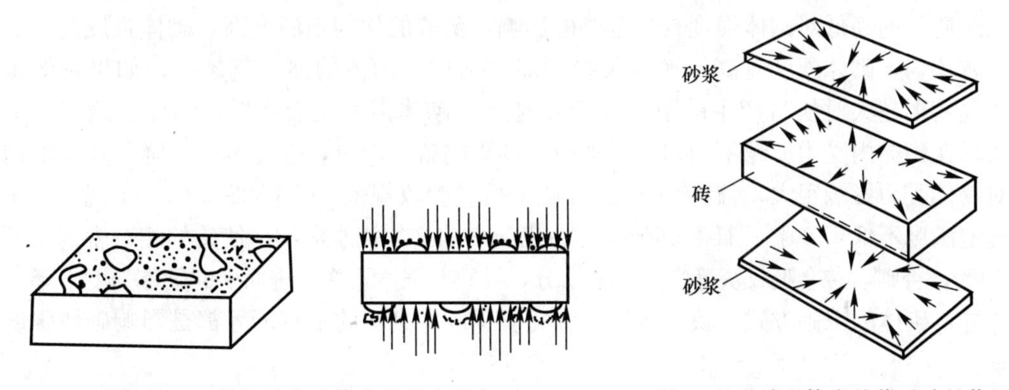

图 13-10　单块砖在砌体中的受力状态　　　　图 13-11　砖砌体中砂浆对砖的作用

（3）砖平铺在灰缝内的砂浆上，可以形象地把灰缝内的砂浆看作弹性地基梁，砂浆的弹性模量越小，砖的弯曲变形越大，弯曲和剪切应力越高。这个因素也加剧了单块砖在其体内的破坏。

（4）竖向灰缝的不饱满造成砖砌体的不连续性，位于竖向灰缝上的块材中产生拉应力和应力集中，加快了单块砖的开裂，也将引起砖砌体抗压强度的降低。

由以上几点可以看到，砌体内的单块砖实际上是处在受压、受弯、受剪、受拉和局部受压等的复杂应力状态下，脆性的块材其抗弯、抗剪及抗拉强度远低于其抗压强度，以至于在砌体内的单块砖的抗压强度还没有充分发挥时情况下就因剪切、弯曲和受拉等原因破坏了，所以，砖砌体的抗压强度总是比单块砖的抗压强度低。

3. 影响砌体抗压强度的主要因素

影响砖砌体强度因素包括以下几个方面：

（1）砂浆的强度

块材和砂浆的强度是构成砌体强度的基础性因素，也是影响砌体强度的重要因素。块材强度越高，在砌体内块材在受到弯曲应力、剪应力和水平拉应力作用时抵抗能力就高，在外荷载引起的内力自身的破坏也就越迟，砌体就越不易破坏，所以强度就明显提高。砂浆强度越高弹性模量越大，在竖向压力作用下横向变形就越小，施加给块材的横向拉力就越小，块材也就不易破坏，砌体强度也就越高。可见砌体强度和块材与砂浆的强度呈正向相关关系。

（2）块材的外形和尺寸

块材的外形越规整它在砌体内和灰缝的粘结面积就越大，它受到的上述弯曲、剪切、拉力的影响就越小，就越不易破坏。块材的尺寸越大，墙体中的竖向和水平灰缝就越少，灰缝的不饱满和灰缝施加于砌块的拉力等对砌体强度不利影响就会越少；同时，块材尺寸的增加其自身抗弯高度增加，抵抗弯曲、剪切、拉力的能力就越大，对砌体的强度也就越有利。因此，块材尺寸越大、块材外形越规整，同等条件下所砌筑的砌体抗压强度越高。

（3）砂浆和易性和保水性

用和易性良好的砂浆砌筑的砌体，灰缝内的砂浆均匀密实，可以减少单块砖内的复杂应力，使砌体的强度提高。灰缝内的砂浆保水性好，灰缝中的水分不易散失或被块材吸收，砂浆内的水泥颗粒水化充分，灰缝强度就高，砌体的强度也就随之提高。

（4）砌筑质量

砌筑质量的高低对砌体强度具有重要的影响。灰缝的均匀饱满度高，砌体强度高；灰缝铺设越均匀，砌体强度越高；水平灰缝的厚度适中，砌体的强度就越高；如果灰缝太厚，灰缝变形越大对块材产生的附加拉力就越大，砌体强度就会降低；同样灰缝厚度太小，块材在砌体内受力就越不均匀，附加应力的影响就越严重，强度也会下降。灰缝的饱满度对砌体受力影响很大，《砌体结构工程施工质量验收规范》GB 50203—2011 规定，水平灰缝饱满度不低于 80％；砖和其他块材在砌筑之前必须浇水湿润，使砖的相对含水率不低于 40％，否则，砖会吸收灰缝中的砂浆水分，导致其强度下降，进而引起砌体强度下降。

此外，砌体的组砌方式、块材的形状和完整程度、砌体的垂直度等都是影响砌体强度的因素。

4. 砌体抗压强度设计值

影响砌体抗压强度的因素很多，建立一个完善准确的砌体抗压强度计算公式较为困难，根据大量试验结果分析，《砌体结构设计规范》规定，龄期为 28d 的以毛截面计算的砌体抗压强度设计值，当施工质量控制等级为 B 级时，应根据块材和砂浆强度等级分别按下列规定采用：

（1）烧结普通砖、烧结多孔砖砌体的抗压强度设计值，应按表 13-2 采用。

烧结普通砖和烧结多孔砖砌体的抗压强度设计值（N/mm^2）　表 13-2

砖强度等级	砂浆强度等级					砂浆强度
	M15	M10	M7.5	M5	M2.5	0
MU30	3.94	3.27	2.93	2.59	2.26	1.15
MU25	3.60	2.98	2.68	2.37	2.06	1.05
MU20	3.22	2.67	2.39	2.12	1.84	0.94
MU15	2.79	2.31	2.07	1.83	1.60	0.82
MU10	—	1.89	1.69	1.50	1.30	0.67

注：当烧结多孔砖的孔洞率大于30%时，表中数值应乘以0.9。

（2）混凝土普通砖和混凝土多孔砖砌体的抗压强度设计值，应按表13-3采用。

混凝土普通砖和混凝土多孔砖砌体的抗压强度设计值（N/mm^2）　表 13-3

砖强度等级	砂浆强度等级					砂浆强度
	Mb20	Mb15	Mb10	Mb7.5	Mb5	0
MU30	4.61	3.94	3.27	2.93	2.59	1.15
MU25	4.21	3.60	2.98	2.68	2.37	1.05
MU20	3.77	3.22	2.67	2.39	2.12	0.94
MU15	—	2.79	2.31	2.07	1.83	0.82

（3）蒸压灰砂普通砖和蒸压粉煤灰普通砖砌体的抗压强度设计值，应按表13-4采用。

蒸压灰砂普通砖和蒸压粉煤灰普通砖砌体的抗压强度设计值（N/mm^2）　表 13-4

砖强度等级	砂浆强度等级				砂浆强度
	M15	M10	M7.5	M5	0
MU25	3.60	2.98	2.68	2.37	1.05
MU20	3.22	2.67	2.39	2.12	0.94
MU15	2.79	2.31	2.07	1.83	0.82

注：当采用专用砂浆砌筑时，其抗压强度设计值按表中的数值采用。

（4）单排孔混凝土砌块和轻集料混凝土砌块对孔砌筑砌体抗压强度设计值，应按表13-5采用。

单排孔混凝土砌块和轻集料混凝土砌块对孔砌筑砌体抗压强度设计值（N/mm^2）　表 13-5

砖强度等级	砂浆强度等级					砂浆强度
	Mb20	Mb15	Mb10	Mb7.5	Mb5	0
MU30	6.3	5.68	4.95	4.44	3.94	2.33
MU25	—	4.61	4.02	3.61	3.20	1.89
MU20	—	—	2.79	2.50	2.22	1.31
MU15	—	—	—	1.93	1.71	1.01
MU10	—	—	—	—	1.19	0.70

注：对独立柱或厚度为双排组砌的砌块砌体，应按表中的数值承以0.7；对T形截面墙体、柱，应按表中的数值承以0.85。

（5）单排孔混凝土砌块对孔砌筑时，灌孔砌筑的抗压强度设计值 f_g，应按下列方法确定。

1）混凝土砌块砌体的灌孔混凝土强度等级不应低于 Cb20，且不应低于 1.5 倍的砌块强度等级。灌孔混凝土强度指标取同强度等级的混凝土强度指标。

2）灌孔混凝土砌块砌体的抗压强度设计值 f_g，应按下式计算：

$$f_g = f + 0.6\alpha f_c \tag{13-1}$$

$$\alpha = \delta\rho \tag{13-2}$$

式中 f_g——灌孔混凝土砌块砌体的抗压强度设计值，该值不应大于未灌孔砌体抗压强度设计值的 2 倍；

f——未灌孔混凝土砌块砌体的抗压强度设计值，应按表 13-5 采用；

f_c——灌孔混凝土的抗压强度设计值；

α——混凝土砌块砌体中灌孔混凝土面积与砌体毛截面积的比值；

δ——混凝土砌块的孔洞率；

ρ——混凝土砌块砌体的灌孔率，系截面灌孔混凝土面积与截面孔洞面积的比值，灌孔率应根据受力或施工条件确定，且不应小于 33%。

（6）双排孔或多排孔轻集料混凝土砌块砌体的抗压强度设计值，应按表 13-6 采用。

双排孔或多排孔轻集料混凝土砌块砌体的抗压强度设计值（N/mm^2） **表 13-6**

砌块强度等级	砂浆强度等级			砂浆强度
	Mb10	Mb7.5	Mb5	0
MU10	3.08	2.76	2.45	1.44
MU7.5	—	2.13	1.88	1.12
MU5	—	—	1.31	0.78
MU3.5	—	—	0.95	0.56

注：表中砌块为火山渣、浮石和陶粒轻集料混凝土砌块；对厚度方向为双排组砌的轻集料混凝土砌块砌体的抗压强度设计值，应按表中的数值乘以 0.8 采用。

（7）砌块高度为 180～350mm 的毛料石砌体的抗压强度设计值应按表 13-7 采用。

砌块高度为 180～350mm 的毛料石砌体的抗压强度设计值（N/mm^2） **表 13-7**

毛料石强度等级	砂浆强度等级			砂浆强度
	M7.5	M5	M2.5	0
MU100	5.42	4.80	4.18	2.13
MU80	4.85	4.29	3.37	1.91
MU60	4.20	3.71	3.23	1.65
MU50	3.83	3.39	2.95	1.51
MU40	3.43	3.04	2.64	1.35
MU30	2.97	2.63	2.29	1.17
MU20	2.42	2.15	1.87	0.95

注：对细料石砌体、粗料石砌体和干砌勾缝石砌体，表中数值应分别乘以调整系数 1.4、1.2 和 0.8。

(8) 毛石砌体的抗压强度设计值，应按表 13-8 采用。

毛石砌体的抗压强度设计值（N/mm^2） **表 13-8**

毛石强度等级	砂浆强度等级			砂浆强度
	M7.5	M5	M2.5	0
MU100	1.27	1.12	0.98	0.34
MU80	1.13	1.00	0.87	0.30
MU60	0.98	0.87	0.76	0.26
MU50	0.90	0.80	0.69	0.23
MU40	0.80	0.71	0.62	0.21
MU30	0.69	0.61	0.53	0.18
MU20	0.56	0.51	0.44	0.15

二、砌体的轴心受拉、受弯和受剪性能

1. 轴心受拉

与砌体轴心受压强度相比，砌体的轴心抗拉强度很低，但是在房屋结构和构筑物中有时不可避免地存在着砌体轴心受拉的情况，如图 13-12 所示。

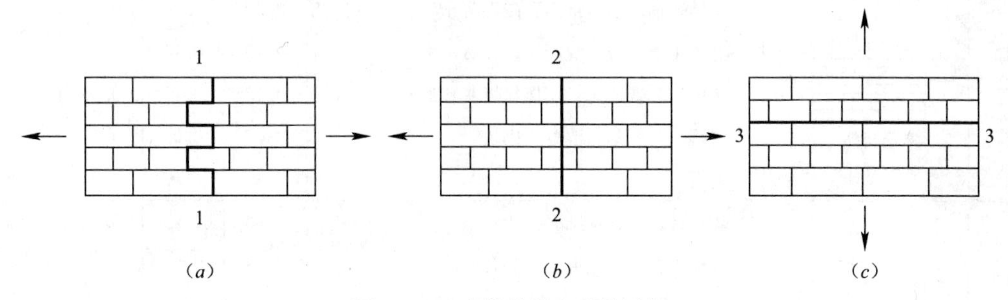

图 13-12 砌体的轴心受拉破坏

轴心拉力与砌体水平灰缝平行可能发生下面三种破坏：

(1) 在垂直于外力方向，由于灰缝强度太低，在拉力作用下砌体构件将沿着齿缝截面被拉坏，如图 13-12 (*a*) 所示。

(2) 在垂直于外力方向，由于块材强度较低，砂浆强度较高，在拉力作用下砌体将会沿着直缝被拉断，如图 13-12 (*b*) 所示。

(3) 当外力作用方向与水平灰缝方向垂直时，在外力作用下砌体有可能沿着水平灰缝被拉裂，如图 13—12 (*c*) 所示。

上述 3 种破坏形式中 (1)、(3) 两种主要取决于砂浆和砌体的粘结，即灰缝砂浆的强度的高低。第 (2) 种主要由块材的强度所决定。在实际设计中往往不好明显区分和判断发生的是哪种破坏，就需要计算时按两种情况分别验算，哪种承载力小就将发生那种破坏。砌体沿灰缝截面破坏时的轴心抗拉强度设计值见表 13-9 所列。

2. 砌体的弯曲受拉

用块材砌筑的挡土墙或砖过梁等砌体构件，在弯矩作用下，因受拉而破坏。砌体弯曲受拉破坏有三种：

(1) 在弯矩作用下砌体沿齿缝截面受拉开裂破坏，如图 13-13 (*a*) 所示。

（2）沿块体直缝弯曲受拉破坏，如图 13-13（b）所示。

（3）沿通缝截面弯曲受拉破坏，如图 13-13（c）所示。砌体弯曲受拉破坏的强度设计值可查表 13-9。

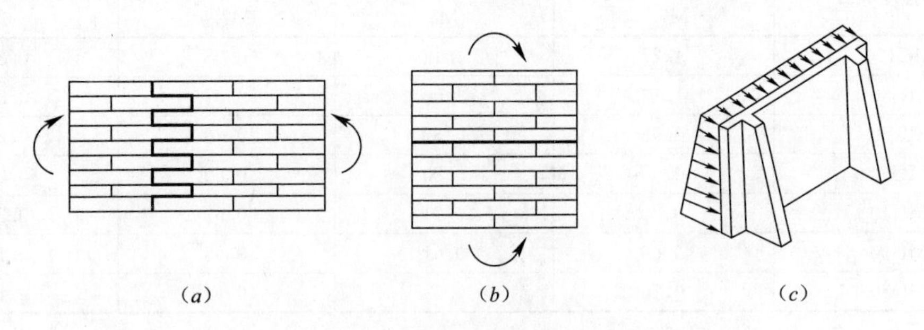

图 13-13　砌体的弯曲受拉破坏

各类砌体轴心受拉、弯曲抗拉和抗剪强度设计值（N/mm²）　　**表 13-9**

强度类别	破坏特征及砌体种类		砂浆强度等级			
			M10	M7.5	M5	M2.5
轴心抗拉	沿齿缝	烧结普通砖、烧结多孔砖混凝土	0.19	0.16	0.13	0.09
		混凝土普通砖、混凝土多孔砖	0.19	0.16	0.13	—
		蒸压灰砂普通砖、蒸压粉煤灰普通砖	0.12	0.10	0.08	—
		混凝土和轻集料混凝土砌块	0.09	0.08	0.07	—
		毛石	—	0.07	0.06	0.04
弯曲抗拉	沿齿缝	烧结普通砖、烧结多孔砖	0.33	0.29	0.23	0.17
		混凝土普通砖、混凝土多孔砖	0.33	0.29	0.23	—
		蒸压灰砂普通砖、蒸压粉煤灰普通砖	0.24	0.20	0.16	—
		混凝土和轻集料混凝土砌砌块	0.11	0.09	0.08	—
		毛石	—	0.11	0.09	0.07
	沿通缝	烧结普通砖、烧结多孔砖	0.17	0.14	0.11	0.08
		混凝土普通砖、混凝土多孔砖	0.17	0.14	0.11	—
		蒸压灰砂普通砖、蒸砂粉煤灰普通砖	0.12	0.10	0.08	—
		混凝土和轻集料混凝土砌块	0.08	0.06	0.05	—
抗剪	烧结普通砖、烧结多孔砖		0.17	0.14	0.11	0.08
	混凝土普通砖、混凝土多孔砖		0.17	0.14	0.11	—
	蒸压灰砂普通砖、蒸压粉煤灰普通砖		0.12	0.10	0.08	—
	混凝土和轻集料混凝土砌块		0.09	0.08	0.06	—
	毛石		—	0.19	0.16	0.11

注：1. 对于用形状规则的块体砌筑的砌体，当搭接长度与块体高度的比值小于 1 时，其轴心抗拉强度设计值 f_t 和弯曲抗拉强度设计值 f_{tm} 应按表中数值乘以搭接长度与块体高度比值后采用；

2. 表中数值是依据普通砂浆砌筑的砌体确定，采用经研究性试验且通过技术鉴定的专用砂浆砌筑的蒸压灰砂普通砖、蒸压粉煤灰普通砌砖体，其抗剪强度设计值按相应普通砂浆强度等级砌筑的烧结普通砖砌体采用；

3. 对混凝土普通砖、混凝土多孔砖、混凝土和轻集料混凝土砌块体，表中的砂浆等级分别为：≥Mb10、Mb7.5 及 Mb5。

3. 砌体受剪

砌体砌筑的挡土墙在墙后土体的水平压力作用下，如果强度不足可能会发生沿水平通缝的破坏，如图 13-14（*a*）所示。当墙体基础发生不均匀沉降后墙体将发生竖向齿缝的破坏如图 13-14（*b*）所示。作为门窗过梁的砖砌弧拱支座截面也有可能在支座边缘剪切力作用下发生沿水平灰缝截面的受剪破坏，如图 13-14（*c*）所示。

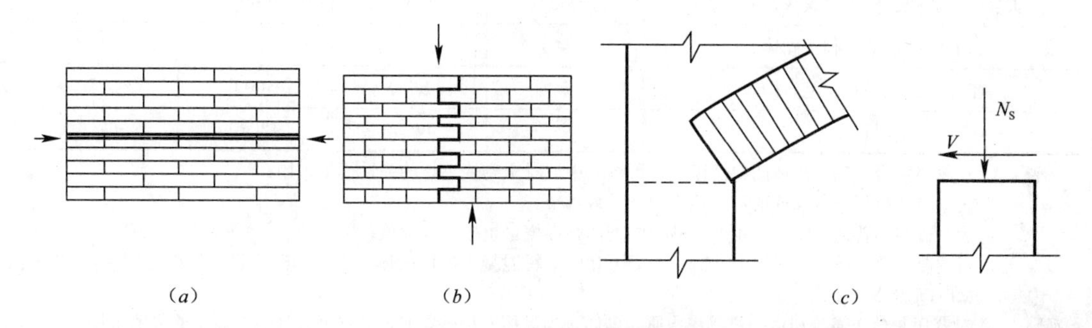

图 13-14　砌体的受剪破坏

4. 砌体强度设计值

龄期为 28d 的以毛截面计算的各类砌体的轴心抗拉设计值、弯曲抗拉强度设计值和抗剪强度标设计值，应符合下列规定：

（1）当施工质量为 B 级时，强度设计值应按表 13-9 中采用。

（2）单排孔混凝土砌块对孔砌筑时，灌孔混凝土强度的设计值 f_{vg}，应按下式计算：

$$f_{vg} = 0.2 f_g^{0.55} \tag{13-3}$$

式中　f_{vg}——灌孔砌体的抗压强度设计值（N/mm^2）。

三、构件抗力调整系数 γ_a

《砌体结构设计规范》GB 50003—2010 规定，下列情况的各类砌体，其砌体强度设计值应乘以调整系数 γ_a。

（1）对无筋砌体构件，其截面面积小于 $0.3m^2$ 时，γ_a 为其截面面积加 0.7：对于配筋砌体构件，当其中砌体截面面积小于 $0.2m^2$ 时，γ_a 为其截面面积加 0.8；构件截面面积以“m^2”计。

（2）当砌体用强度等级小于 M5.0 的水泥砂浆砌筑时，对表 13-2～表 13-8 中的数值，γ_a 为 0.9；对表 13-9 中的数值，γ_a 为 0.8。

（3）当验算施工中房屋的构件时，γ_a 为 1.1。

四、砌体的弹形模量、线膨胀系数和收缩系数、摩擦系数

规范规定，砌体的弹形模量、线膨胀系数和收缩系数、摩擦系数分别按下列规定采用。砌体的剪变模量按砌体的弹性模量的 0.4 倍采用。烧结普通砖砌体的泊松比可取 0.15。

1. 砌体的弹性模量按表 13-10 采用。

砌体的弹性模量 **表 13-10**

砌体种类	砂浆强度等级			
	≥M10	M7.5	M5	M2.5
烧结普通砖、烧结多孔砖砌体	$1600f$	$1600f$	$1600f$	1390f
混凝土普通砖、混凝土多孔砖砌体	$1600f$	$1600f$	$1600f$	—
蒸压灰砂普通砖、蒸压粉煤灰普通砖砌体	$1060f$	$1060f$	$1060f$	—
非灌孔混凝土砌块砌体	$1700f$	$1600f$	$1500f$	—
粗料石、毛料石、毛石砌体	—	5650	4000	2250
细料石砌体	—	17000	12000	6750

注：1. 轻集料混凝土砌块砌体的弹性模量，可按表中混凝土砌块砌体的弹性模量采用；
2. 表中砌体抗压强度设计值不安抗力调整系数调整；
3. 表中砂浆为普通砂浆，采用专用砂浆的砌体弹性模量也按此表取值；
4. 对混凝土普通砖、混凝土多孔砖、混凝土和轻集料混凝土砌块砌体，表中的砂浆强度等级分别为≥Mb10、Mb7.5及Mb5；
5. 对蒸压灰砂普通砖和蒸压粉煤灰普通砖砌体，当采用专用砂浆时，其强度设计值按表中的数值采用。

2. 单排孔且对孔砌筑的混凝土砌块灌孔砌体的弹性模量应按下式计算：

$$E = 2000 f_g \tag{13-4}$$

式中 f_g——灌孔砌体的抗压强度设计值。

3. 砌体线膨胀系数和收缩系数，可按表13-11采用。

砌体线膨胀系数和收缩系数 **表 13-11**

砌体类型	线膨胀系数（10^{-6}/℃）	收缩率（mm/m）
烧结普通砖、烧结多孔砖砌体	5	−0.1
蒸压灰砂普通砖、蒸压粉煤灰普通砖砌体	8	−0.2
混凝土普通砖、混凝土多孔砖、混凝土砌块砌体	10	−0.2
轻集料混凝土砌块砌体	10	−0.3
料石和毛石砌体	8	—

注：表中收缩率由系达到收缩允许标准的块体砌筑28d的砌体收缩系数。当地方有可靠的砌体收缩试验数据时，亦可采用当地的试验数据。

4. 砌体的摩擦系数可按表13-12采用。

砌体的摩擦系数 **表 13-12**

材料类型	摩擦面情况	
	干燥	潮湿
砌体沿砌体或混凝土滑动	0.7	0.60
砌体沿木材滑动	0.6	0.50
砌体沿钢滑动	0.45	0.35
砌体沿砂或卵石滑动	0.60	0.50
砌体沿粉图滑动	0.55	0.40
砌体沿黏性土滑动	0.50	0.50

本章小结

1. 砌体材料抗压强度高、抗拉强度低，是脆性材料；砂浆是弹塑性材料。块材的抗压强度与抗拉强度和抗弯强度差异很大。块材和砂浆的变形有较大的差异，块体变形较小，砂浆变形较大，尤其是在竖向压力作用下的横向变形差别更大。

影响砌体抗压强度的主要因素是块材和砂浆的强度指标。其次像砂浆的类型、组砌的方式、灰缝的饱满程度等都是影响砌体抗压强度的因素。

2. 砌体的强度指标包括抗压强度设计值、轴心抗拉强度设计值、弯曲抗拉强度设计值和抗剪强度设计值。

3. 砌体是块材通过砂浆铺缝粘结成的整体，由于组成砌体的块材和砂浆各种强度都不高，因而反映出：砌体的抗压强度远远低于块材的抗压强度。原因包括灰缝不饱满、不均匀造成受压后块材和砂浆横向变形的差异。由于砌体抗压强度远远高于其他几种强度，所以砌体主要用于轴心受压和偏心距不大的偏心受压构件。

复习思考题

一、名词解释

砌体结构　配筋砌体结构　烧结普通砖　多孔砖　混合砂浆　水泥砂浆　砖砌体　砌块砌体　石材砌体　构件抗力调整系数

二、问答题

1. 块材和砂浆各分几类？它们的强度等级是怎样划分的？

2. 砌体结构对块材和砂浆的选择有哪些注意事项？

3. 砌体分为几类？各有什么特性？

4. 为什么砌体的抗压强度远低于块材的抗压强度？

5. 某一强度等级的块材用同强度等级的水泥砂浆和混合砂浆砌筑，用哪种砂浆砌筑的砌体强度高？为什么？

6. 砌体强度调整系数是怎样取值的？

第十四章　无筋砌体构件的承载力计算及构造

学习要求与目标：

1. 熟练掌握无筋砌体受压构件承载力的计算。
2. 熟练掌握砌体的局部抗压承载力验算的内容。
3. 理解无筋砌体构件的受拉、受弯和受剪承载力的计算。

无筋砌体通常用于混合结构房屋的墙体、柱和基础中，通常处于轴心受压和偏心受压状态。此外，在工程中一部分砌体构件处在局部受压的状态。无筋砌体构件的验算除满足承载能力极限状态的设计要求外，还应满足正常使用极限状态的要求。

第一节　砌体受压构件承载力计算

一、受压构件截面应力变化

砌体是弹塑性的材料，在压应力不大时处在弹性工作阶段，随着截面承受的压应力不断增加，弹塑性性质越来越明显。

轴心受压构件截面应力分布均匀，在外力作用下截面达到最大应力和应变时构件破坏，如图 14-1（*a*）所示。小偏心受压构件截面应力分布不均匀，靠近轴向力的一侧偏心压应力大，远离轴向力一侧应力小，在外荷载作用下构件应力较大的一侧最先达到最大应力和应变后构件破坏，如图 14-1（*b*）所示。在较大偏心力作用下，远离轴向力一侧出现受拉区，轴向力的近侧压应力较大，随着荷载的不断增加，截面受压区高度不断减小，当压应力和压应变达到最大值后构件破坏，如图 14-1（*c*）、（*d*）所示。

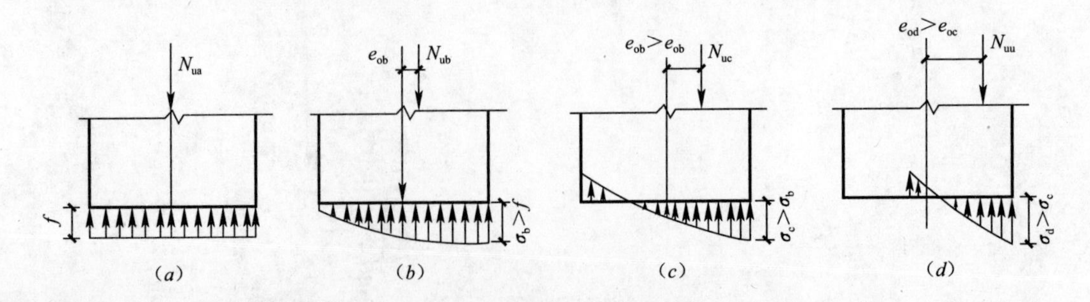

图 14-1　轴向压力在不同偏心距作用下砌体的受力状态

由此可知，偏心受压构件无论构件受到的轴向力偏心距的大小，构件截面压应力的分布呈现曲线分布。同时随着偏心距的不断加大，破坏时构件截面应力较大一侧压应变和压应力将会进一步增加，直到达到最大压应力和最大压应变而破坏。

二、受压构件承载力计算

1. 短柱（$\beta \leqslant 3$）承载力计算

试验证明，**短柱的受压承载力随其偏心距的增大而减小。对于短柱的轴心受压和偏心受压，构件的承载能力均按下式计算：**

$$N \leqslant \varphi_1 f A \tag{14-1}$$

式中 N——轴向力设计值；

f——砌体抗压强度设计值；

A——受压构件截面面积；

φ_1——偏心受压与轴心受压构件承载力的比值，称为偏心距影响系数。对于具有对称轴的截面如式（14-2），对于矩形截面见式（14-3）。

$$\varphi_1 = \frac{1}{1+\left(\frac{e}{i}\right)^2} \tag{14-2}$$

$$\varphi_1 = \frac{1}{1+12\left(\frac{e}{h}\right)^2} \tag{14-3}$$

式中 e——按设计荷载计算的轴向力偏心距；

i——截面沿偏心方向的回转半径；

h——轴心受压时，上式中将 h 换为 b；偏心受压时为沿偏心力方向的偏心距；T形截面可用折算高度 $h_T = 3.5i$ 代替 h。

从式（14-2）、式（14-3）可知，当为轴心受压构件时，$e=0$，则 $\varphi_1 = \varphi_0 = 1$。

2. 受压长柱（$\beta \geqslant 3$）承载力计算

（1）承载力计算

对于高厚比较大的细长柱，在轴向力对准轴心作用的情况下，由于砌体本身的不均匀，荷载也会偏离截面形心，即存在着一定的初始偏心情况下，也会导致构件产生侧向挠度。**对于偏心受压构件，侧向挠度的影响将会产生附加偏心距 e_i，导致荷载的偏心从初始偏心距 e 增加到 $e+e_i$，当考虑附加偏心距时，细长柱的极限承载力可用下式计算：**

$$N \leqslant \varphi f A \tag{14-4}$$

式中 φ——**高厚比和纵向压力偏心距对受压构件承载力的影响系数，按式（14-5）确定。**

$$\varphi = \frac{1}{1+12\left(\frac{e+e_i}{h}\right)^2} \tag{14-5}$$

附加偏心距可用下列边界条件求得：

对于轴心受压长柱，$e_0=0$ 时，$\varphi = \varphi_0$，称为轴心受压构件的稳定系数，则式（14-5）可简化为

$$\varphi = \varphi_0 = \frac{1}{1+12\left(\frac{e_i}{h}\right)^2} \tag{14-6}$$

整理式（14-6）可得 e_i 与 φ_0 的关系：

$$e_i=\frac{1}{\sqrt{12}}\sqrt{\frac{1}{\varphi_0}-1} \tag{14-7}$$

将式（14-7）代入式（14-5）整理后可得：

$$\varphi=\frac{1}{1+12\left\{\frac{2}{h}+\sqrt{\frac{1}{12}\left(\frac{1}{\varphi_0}-1\right)}\left[1+6\frac{e}{h}\left(\frac{e}{h}-0.2\right)\right]\right\}^2} \tag{14-8}$$

轴心受压构件稳定系数

$$\varphi_0=\frac{1}{1+\alpha\beta^2} \tag{14-9}$$

式中 α——与砂浆强度等级有关的系数，当砂浆强度等级大于或等于 M5 时，$\alpha=0.0015$；当砂浆强度等级为 M2.5 时，$\alpha=0.002$；当砂浆强度等级 $f_2=0$ 时，$\alpha=0.009$；

H_0——受压构件的计算长度，应根据房屋类别和构件支承条件按表 14-1 采用；

β——构件的高厚比。对矩形截面，$\beta=\frac{H_0}{b}$；对于 T 形截面，$\beta=\frac{H_0}{h_T}$。

（2）受压构件计算长度的确定

受压构件的计算长度 H_0 **表 14-1**

房屋类别			柱		带壁柱墙或周边拉结的墙		
			排架方向	垂直排架方向	$S>2H$	$2H\geqslant S>H$	$S\leqslant H$
有吊车的单层房屋	变截面柱上段	弹性方案	$2.5H_u$	$1.25H_u$	$2.5H_u$		
		刚性、刚弹性方案	$2.0H_u$	$1.25H_u$	$2.0H_u$		
	变截面柱下段		$1.0H_l$	$0.8H_l$	$1.0H_l$		
无吊车的单层和多层房屋	单跨	弹性方案	$1.5H$	$1.0H$	$1.5H$		
		刚弹性方案	$1.2H$	$1.0H$	$1.2H$		
	多跨	弹性方案	$1.25H$	$1.0H$	$1.25H$		
		刚弹性方案	$1.1H$	$1.0H$	$1.1H$		
	刚性方案		$1.0H$	$1.0H$	$1.0H$	$0.4S+0.2H$	$0.6S$

注：1. 表中 H_u 为变截面柱的上段高度；H_l 为变截面柱的下段高度；
2. 对于上端为自由端的构件，$H_0=2H$；
3. 独立砖柱，当无柱间支撑时，柱在垂直排架方向的 H_0 应按表中数值乘以 1.25 后采用；
4. S 为房屋横墙间距；
5. 自承重墙的计算高度应根据周边支撑或拉接条件确定。

表 14-1 中构件的高度 H 应按下列规定采用：

1）在房屋底层，为楼板顶面到构件下端支点的距离。下部安置点的位置，可取在基础顶面。当基础埋深较深且有刚性地坪时，可取室外地面下 500mm 处。

2）在房屋其他楼层，为楼板或其他水平支点间的距离。

3）对于无壁柱的山墙，可取层高加山墙顶点高度的 1/2；对于带壁柱的山墙可取壁柱处的山墙高度。

4）对有吊车的房屋，当荷载组合不考虑吊车作用时，变截面柱上段的计算高度可按表 14-1 采用；变截面柱下段的计算高度可下列规定采用：

当 $H_u/H \leqslant 1/3$ 时，取无吊车房屋的 H_0；当 $1/3 < H_u/H < 1/2$ 时，取无吊车房屋的 H 乘以修正系数 μ，$\mu = 1.3 - 0.3I_u/I_1$，I_u 为变截面柱上段的惯性矩，I_1 为变截面柱下段的惯性矩；当 $H_u/H \geqslant 1/2$ 时，取无吊车房屋的 H_0，但在确定 β 值时，应采用下柱截面。

（3）偏心距和高厚比影响系数

在运用式（14-8）时，计算过于复杂，为了使用方便，可将 φ 和 β、$\frac{e}{h}\left(\frac{e}{h_T}\right)$ 之间的对应关系列表以方便使用者查用，详见表 14-2、表 14-3、表 14-4。

影响系数 φ（砂浆强度等级≥M5） **表 14-2**

β	$\frac{e}{h}$ 或 $\frac{e}{h_T}$						
	0	0.025	0.05	0.075	0.1	0.125	0.15
≤3	1	0.99	0.97	0.94	0.89	0.84	0.79
4	0.98	0.95	0.90	0.85	0.80	0.74	0.69
6	0.95	0.91	0.86	0.81	0.75	0.69	0.64
8	0.91	0.86	0.81	0.76	0.70	0.64	0.59
10	0.87	0.82	0.76	0.71	0.65	0.60	0.55
12	0.845	0.77	0.71	0.66	0.60	0.55	0.51
14	0.795	0.72	0.66	0.61	0.56	0.51	0.47
16	0.72	0.67	0.61	0.56	0.52	0.47	0.44
18	0.67	0.62	0.57	0.52	0.48	0.44	0.40
20	0.62	0.595	0.53	0.48	0.44	0.40	0.37
22	0.58	0.53	0.49	0.45	0.41	0.38	0.35
24	0.54	0.49	0.45	0.41	0.38	0.35	0.32
26	0.50	0.46	0.42	0.38	0.35	0.33	0.30
28	0.46	0.42	0.39	0.36	0.33	0.30	0.28
30	0.42	0.39	0.36	0.33	0.31	0.28	0.26

β	$\frac{e}{h}$ 或 $\frac{e}{h_T}$					
	0.175	0.2	0.225	0.25	0.275	0.3
≤3	0.73	0.68	0.62	0.57	0.52	0.48
4	0.64	0.58	0.53	0.49	0.45	0.41
6	0.59	0.54	0.49	0.45	0.42	0.38
8	0.54	0.50	0.46	0.42	0.39	0.36
10	0.50	0.46	0.42	0.39	0.36	0.33
12	0.49	0.43	0.39	0.36	0.33	0.31
14	0.43	0.40	0.36	0.34	0.31	0.29
16	0.40	0.37	0.34	0.31	0.29	0.27
18	0.37	0.34	0.31	0.29	0.27	0.25
20	0.34	0.32	0.29	0.27	0.25	0.23
22	0.32	0.30	0.27	0.25	0.24	0.22
24	0.30	0.28	0.26	0.24	0.22	0.21
26	0.28	0.26	0.24	0.22	0.21	0.19
28	0.26	0.24	0.22	0.21	0.19	0.18
30	0.24	0.22	0.21	0.20	0.18	0.17

影响系数 φ（砂浆强度等级等于 M2.5） **表 14-3**

β	$\frac{e}{h}$或$\frac{e}{h_T}$						
	0	0.025	0.05	0.075	0.1	0.125	0.15
≤3	1	0.99	0.97	0.94	0.89	0.84	0.79
4	0.97	0.94	0.89	0.84	0.78	0.73	0.67
6	0.93	0.89	0.84	0.78	0.73	0.67	0.62
8	0.89	0.84	0.78	0.72	0.67	0.62	0.57
10	0.83	0.78	0.72	0.67	0.61	0.56	0.52
12	0.78	0.72	0.67	0.61	0.56	0.52	0.47
14	0.72	0.66	0.61	0.56	0.51	0.47	0.43
16	0.66	0.61	0.56	0.51	0.47	0.43	0.40
18	0.61	0.56	0.51	0.47	0.43	0.40	0.36
20	0.56	0.51	0.47	0.43	0.39	0.36	0.33
22	0.51	0.47	0.43	0.39	0.36	0.33	0.31
24	0.46	0.43	0.39	0.36	0.33	0.31	0.28
26	0.42	0.39	0.36	0.33	0.31	0.28	0.26
28	0.39	0.36	0.33	0.30	0.28	0.26	0.24
30	0.36	0.33	0.30	0.28	0.26	0.24	0.22

β	$\frac{e}{h}$或$\frac{e}{h_T}$					
	0.175	0.2	0.225	0.25	0.275	0.3
≤3	0.73	0.68	0.62	0.57	0.52	0.48
4	0.62	0.57	0.52	0.48	0.44	0.40
6	0.57	0.52	0.48	0.44	0.40	0.37
8	0.52	0.48	0.44	0.40	0.37	0.34
10	0.47	0.43	0.40	0.37	0.34	0.31
12	0.43	0.40	0.37	0.34	0.31	0.29
14	0.40	0.36	0.34	0.31	0.29	0.27
16	0.36	0.34	0.31	0.29	0.26	0.25
18	0.33	0.31	0.29	0.26	0.24	0.23
20	0.31	0.28	0.26	0.24	0.23	0.21
22	0.28	0.26	0.24	0.23	0.21	0.20
24	0.26	0.24	0.23	0.21	0.20	0.18
26	0.24	0.22	0.21	0.20	0.18	0.17
28	0.22	0.21	0.20	0.18	0.17	0.16
30	0.21	0.20	0.18	0.17	0.16	0.15

影响系数 φ（砂浆强度等级为 0） **表 14-4**

β	$\frac{e}{h}$或$\frac{e}{h_T}$						
	0	0.025	0.05	0.075	0.1	0.125	0.15
≤3	1	0.99	0.97	0.94	0.89	0.84	0.79
4	0.87	0.82	0.77	0.71	0.66	0.60	0.55
6	0.76	0.70	0.65	0.59	0.64	0.50	0.46
8	0.63	0.58	0.54	0.49	0.45	0.41	0.38
10	0.53	0.48	0.44	0.41	0.37	0.34	0.52
12	0.44	0.40	0.37	0.34	0.31	0.29	0.27
14	0.36	0.33	0.31	0.28	0.26	0.24	0.23
16	0.30	0.28	0.26	0.24	0.22	0.21	0.19
18	0.26	0.24	0.22	0.21	0.19	0.18	0.17
20	0.22	0.20	0.19	0.18	0.17	0.16	0.15
22	0.19	0.18	0.16	0.15	0.14	0.14	0.13
24	0.16	0.15	0.14	0.13	0.13	0.12	0.11
26	0.14	0.13	0.13	0.12	0.11	0.11	0.10
28	0.12	0.12	0.11	0.11	0.10	0.10	0.09
30	0.11	0.10	0.10	0.09	0.09	0.09	0.08

β	$\frac{e}{h}$或$\frac{e}{h_T}$					
	0.175	0.2	0.225	0.25	0.275	0.3
≤3	0.75	0.68	0.62	0.57	0.52	0.48
4	0.51	0.46	0.43	0.39	0.36	0.33
6	0.42	0.39	0.36	0.33	0.30	0.28
8	0.35	0.32	0.30	0.28	0.25	0.24
10	0.29	0.27	0.25	0.23	0.22	0.20
12	0.25	0.23	0.21	0.20	0.19	0.17
14	0.21	0.20	0.18	0.17	0.16	0.15
16	0.18	0.17	0.16	0.15	0.14	0.13
18	0.16	0.15	0.14	0.13	0.12	0.12
20	0.14	0.13	0.12	0.12	0.11	0.10
22	0.12	0.12	0.11	0.10	0.10	0.09
24	0.11	0.10	0.10	0.09	0.09	0.08
26	0.10	0.09	0.09	0.08	0.08	0.07
28	0.09	0.08	0.08	0.08	0.07	0.07
30	0.08	0.07	0.07	0.07	0.07	0.06

3. 受压构件承载力验算公式的应用

根据上述分析，不论是长柱或短柱、轴心受压构件还是偏心受压构件，它们的承载力都可以用式（14-4）验算。

（1）验算部位的确定

1）多层房屋，当有门窗洞口时，可取窗间墙的宽度；当无窗间墙时，每侧翼墙宽度

可取壁柱高度的1/3。

2）单层房屋，可取壁柱宽加2/3墙高，但不大于窗间墙宽度和相邻壁柱间的距离。

3）计算带壁柱的条形基础时，可取相邻壁柱间的距离。

φ为验算受压构件时高厚比和轴向力偏心距e对受压构件承载力的影响系数，可按式（14-8）计算，也可由表14-2、表14-3、表14-4查用。

（2）注意事项

构件承载能力计算时需要引起注意的事项包括：

1）砌体的类型对构件的承载力的影响。

在确定φ时，应先根据《砌体结构设计规范》GB 50003—2011的规定，对构件高厚比根据构件类型乘以修正系数γ_β，γ_β的取值见表14-5。

高厚比修正系数γ_β　　**表14-5**

砌体材料类型	γ_β
烧结普通砖、烧结多孔砖	1.0
混凝土普通砖、混凝土多孔砖及轻骨料混凝土砌块	1.1
蒸压灰砂普通砖，蒸压粉煤灰普通砖，细料石	1.2
粗料石、毛料石	1.5

注：对灌孔混凝土砌块砌体，γ_β取1.0。

2）构件短边方向承载力的验算。

对于矩形截面，当轴向力偏心方向的尺寸大于另一垂直方向截面尺寸较多时，除对长边方向验算偏心受压承载力以外，也要对构件的短边方向按轴心受压验算其承载能力。

3）轴向力偏心距的限制。

荷载较大和偏心距较大的构件，随着偏心距增大，受压区明显减小，在使用阶段砌体受拉边缘已经产生较宽的裂缝，构件刚度降低，纵向弯曲对构件承载力的影响加大，承载力明显下降。

故《砌体结构设计规范》GB 50003—2011规定，按荷载设计值计算的轴向力的偏心距e应符合式（14-10）的限制要求：

$$e \leqslant 0.6y \tag{14-10}$$

式中　y——截面重心至轴向力所在偏心方向的截面边缘的距离。

【例14-1】 某轴心受压黏土砖柱截面尺寸为$b \times h = 370\text{mm} \times 490\text{mm}$，采用砖的强度等级MU10，纯水泥砂浆强度等级M5砌筑，柱的计算高度$H_0 = 4.5\text{m}$，柱顶承受的轴向力设计值为$N = 120\text{kN}$。求验算柱底截面的受压承载力。

【解】 （1）柱自重设计值

查《建筑结构荷载规范》GB 50009—2012附表得，砂浆砌筑的普通砖砌体的重度为18kN/m^3，则柱的自重设计值

$$N_G = \gamma_G bhH\gamma = 1.2 \times 0.37 \times 0.49 \times 4.5 \times 18 = 17.62\text{kN}$$

（2）柱底截面的轴向力设计值

$$N = N_G + N_s = 17.62 + 120 = 137.62\text{kN}$$

(3) 砖柱高厚比

$$\beta = \gamma_{\beta}\frac{H_0}{h} = 1.0 \times \frac{4.5}{0.37} = 12.16$$

查表 14-2 得 φ=0.816

(4) 构件抗力调整系数

纯水泥砂浆的调整系数 γ_{a1}=0.9

因为构件截面面积小于 A=0.37×0.49=0.1813m^2<0.3m^2

所以，截面尺寸的调整系数 γ_{a2}=0.7+A=0.7+0.37×0.49=0.8813

构件抗力调整系数 $\gamma_a=\gamma_{a1}\times\gamma_{a2}$=0.7932

(5) 查表 13-2 得，砌体的抗压强度设计值 f=1.50N/mm^2

(6) 承载力计算

$$N_u = \varphi\gamma_a fA = 0.816 \times 0.7932 \times 1.5 \times 370 \times 490 = 176020\text{N} = 176.2\text{kN}$$
$$> N = 137.62\text{kN}$$

该柱承载力满足要求。

【例 14-2】 某砖柱截面尺寸为 $b\times h$=370mm×620mm，柱的计算高度 H_0=5.0m，承受的轴向力设计值（包括柱自重设计值）N=137.5kN，沿柱长边作用的弯矩值 M=14.63kN·m，采用 MU10 黏土砖、混合砂浆等级 M2.5 砌筑。求该柱承载能力

【解】 (1) 求柱的偏心距

$$e = M/N = 137.5/14.63 = 0.114\text{m} < 0.6y = 0.186\text{m}$$

(2) 柱的高厚比及 φ 值

$$\beta = \gamma_{\beta}\frac{H_0}{h} = 1.0 \times \frac{5.0}{0.62} = 8.06$$

e/h=114/620=0.184，查表 14-3 得 φ=0.505

(3) 计算构件抗力调整系数 γ_a 及砌体强度设计值 f

查表 13-8 得知，构件截面尺寸 A=0.37×0.62=0.229m^2<0.3m^2

$$\gamma_a = A + 0.7 = 0.929$$

查表 13-3 得知砌体强度设计值 f=1.30N/mm^2

(4) 求柱的承载力设计值

$$N_u = \varphi\gamma_a fA = 0.505 \times 0.929 \times 1.3 \times 370 \times 620 = 139908.4\text{N} = 139.908\text{kN}$$
$$> N = 137.5\text{kN}$$

该柱偏心方向承载力满足要求。

(5) 柱短边方向轴心抗压承载力验算

高厚比 $\beta=\gamma_{\beta}\frac{H_0}{h}=1.0\times\frac{5.0}{0.37}=12.51$；由于 e/b=0 查表 14-3 得 φ=0.735

$$N_u = \varphi fA = 0.735 \times 0.929 \times 1.30 \times 370 \times 620$$
$$= 203629\text{N} = 203.629\text{kN} > N = 137.5\text{kN}$$

该柱两个方向均满足要求，故该柱安全。

【例 14-3】 某仓库的窗间墙为带壁柱的 T 形截面，翼墙宽度 1500mm，厚度 240mm，壁柱宽 490mm，壁柱高 250mm。柱的计算高度 H_0=5.1m，采用砖 MU10 黏土砖，混合

砂浆强度等级 M7.5 砌筑，砌体的抗压强度设计值为 $f=1.69\text{N/mm}^2$。该壁柱承受轴向力设计值 $N=250\text{kN}$，设计弯矩 $M=20\text{kN}\cdot\text{m}$（偏向于翼缘一侧）。求该柱的承载力设计值。

【解】（1）截面几何特征

1）截面面积

$$A=1500\times240+240\times250=420000\text{mm}^2$$

2）截面形心轴，假定截面水平形心轴距翼缘上缘的距离为 y_1，则

$$y_1=[1500\times240+240\times250\times(240+125)]/420000=155\text{mm}$$

$$I=1500\times155^3/3+240\times(250+85)^3/3+2\times(1500-240)\times85^3$$
$$=51275\times10^5\text{mm}^4$$

截面回转半径为：$i=\sqrt{\dfrac{I}{A}}=\sqrt{\dfrac{51275\times10^5}{420000}}=110.5\text{mm}$

截面折算高度　$h_T=3.5i=386.8\text{mm}$

（2）承载力计算

轴向力偏心距 $e=M/N=20\times10^6/250\times10^3=80\text{mm}<0.6y=93\text{mm}$

求高厚比 $\beta=\gamma_\beta\dfrac{H_0}{h}=1.0\times\dfrac{5.1}{0.387}=13.2$

$e/h_T=0.207$　查表 14-2 得 $\varphi=0.4$

因为是水泥砂浆砌筑所以 $\gamma_a=0.9$

窗间墙的最大承载力设计值

$$N_u=\varphi fA=0.4\times0.42\times10^6\times0.9\times1.69\times10^{-3}$$
$$=255.5\text{kN}>N=250\text{kN}$$

承载力满足要求。

第二节　常见砌体构件局部受压承载力计算

在砌体构件截面局部面积上作用有轴向力时，称为局部受压。它是砌体结构中常见的受力形式之一。例如，屋架支座或钢筋混凝土楼（屋）面梁端部的砌体就处在局部受压状态。**当局部受压面积上的压应力均匀分布时，称为局部均匀受压；当局部受压面积上的压应力分布不均匀时，称为不均匀局部受压。**

一、概述

1. 砌体局部受压承载力验算的原因

砌体局部受压范围内的抗压强度比全面积均匀受压时强度会显著提高，这是因为直接位于局部受压面积之下的砌体，横向应变受到周围局部受压面积之外砌体的套箍约束作用，局部受压面积下的砌体处在三向应力状态，不容易到达受压破坏时的纵向应变和横向应变值，因此，局部受压面积范围内的抗压强度就会显著提高。局部受压面积范围内的砌体强度的提高经过测算和推导是有限度的，《砌体结构设计规范》GB 50003—2011 中规定，四边约束时局部抗压强度提高的幅度最大为均匀受压时的 2.5 倍。但有时局部受压面积上承受的压应力可能会在 2.5 倍以上砌体均匀受压破坏时的强度值，因而，局部受压面

积下的砌体可能会在这种高应力作用下发生局部受压破坏。

（1）砌体局部受压时砌体的破坏形态

影响砌体局部受压承载力的因素较多，首先是砌体自身的强度、局部受压面积 A_l、构件水平截面上影响砌体局部受压的计算面积 A_0、局部受压面积周边的约束情况、A_0/A_l 的大小等，其中 A_0/A_l 是影响局部受压破坏形态的主要因素。当 A_0/A_l 不大时，在构件外侧距受压顶面一段距离处首先产生竖向裂缝，随着该裂缝的上下延伸发展导致构件的局部受压破坏。当 A_0/A_l 较大时，在局部压应力作用下一般不会发生过大的变形，这种情况下当构件外侧出现竖向裂缝，局部受压面积下的砌体就会很快产生劈裂破坏。当砌体强度过低时，局部受压面积上的砌体强度太低，虽然构件外侧未出现裂缝，也会由于强度不足局部受压范围面积内过早受压破坏。**工程实际中由于对局部受压不够重视引起重大工程事故的案例并不鲜见。为此在砌体受压构件设计时，在首先完成承载力验算后，若有局部受压的受力状态存在，就必须和承载力验算同样重视，一并进行局部承压承载力验算。**

（2）砌体局部受压验算的内容

局部受压承载力验算通常包括局部均匀受压、梁端下局部不均匀受压、梁端设垫块时垫块下砌体局部受压、垫梁下砌体局部受压验算等情况。

2. 砌体局部均匀受压

局部均匀受压的受力状态是指局部受压面积上的压应力均匀分布的状态。在设计屋架或梁时通过采取结构构造措施，让汇交于支座底板的压力均匀传至其全截面构成了局部均匀受压；承受上部轴心受压柱传来的轴心压应力的砌体基础就为均匀轴心受压。

（1）砌体局部抗压强度提高系数 γ

砌体处在局部受压的应力状态下，其局部抗压承载力的大小取决于砌体自身材料形成的强度和局部受压面积周围砌体对局部受压面积约束作用的大小。在砌体强度一定的情况下，局部抗压承载力主要与局部受压面积周围约束情况有关，理论分析和实测证实，局部抗压下承载力的提高幅度与局部受压面积受到的约束程度同步变化，局部受压面积受到的约束程度一般是与 A_0/A_l 的大小正向相关。工程中砌体的局部受压类型，如图 14-2 所示。

《砌体结构设计规范》GB 50003—2011 **把反映局部受压时砌体抗压承载力提高程度的大小，用砌体的局部抗压强度提高系数 γ 来反映，并未区分均匀和非均匀的受压状态，给出了 γ 的计算表达式为式（14-11）。**

$$\gamma = 1 + 0.35\sqrt{\frac{A_0}{A_l} - 1} \tag{14-11}$$

式（14-11）中等号右侧第一项可以理解为局部受压面积 A_l 上砌体本身的强度，第二项可以理解为 A_l 周围砌体产生的套箍作用提高了的抗压强度《砌体结构设计规范》同时规定：如图 14-2（*a*）所示四边约束时，$\gamma \leqslant 2.5$；如图 14-2（*b*）所示三边约束时，$\gamma \leqslant 2.0$；如图 14-2（*c*）所示两边边约束时，$\gamma \leqslant 1.5$；如图 14-2（*d*）所示一边约束时，$\gamma \leqslant 1.25$。

（2）影响砌体局部抗压强度的计算面积 A_0

根据《砌体结构设计规范》规定，影响砌体局部抗压强度的计算面积 A_0 的取值：在 A_l 四边受到约束时计算范围为图 14-2（*a*）所示；三边受到约束时计算范围为图 14-2（*b*）所示；梁边受到约束时计算范围为图 14-2（*c*）所示；一边受到约束时计算范围为图 14-2（*d*）所示。

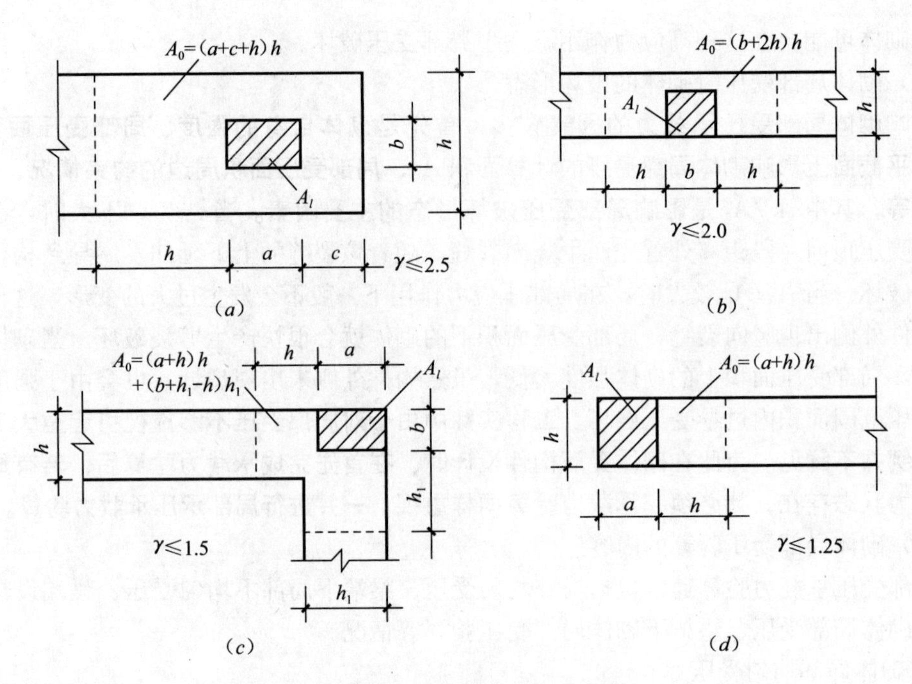

图 14-2　影响砌体局部受压的计算面积 A_0

（3）砌体局部均匀受压时承载力计算

砌体局部均匀受压时承载力计算为：

$$N_l = \gamma f A_l \tag{14-12}$$

式中　N_l——局部受压面积上的轴向力设计值；

γ——局部抗压强度体改系数，按式（14-11）计算；

f——砌体抗压强度设计值，可不考虑 γ_a 的影响；

A_l——局部受压面积。

【例 14-4】 某钢筋混凝土轴心受压柱，截面尺寸 $b=h=300$mm，作用于宽度为 370mm 的墙体水平截面的中部，如图 14-3 所示。墙体采用 MU10 黏土砖、M5 混合砂浆砌筑，柱底轴向力设计值（含柱自重永久荷载设计值）为 $N=135$kN。试验算该墙体局部受压承载力是否满足要求。

【解】（1）查砌体强度设计值

查表 13-2 得砌体的抗压强度设计值 $f=1.50\text{N/mm}^2$

（2）计算 A_0 及 A_l

由于局部受压面积为四边约束，所以 A_0 按照图 14-2（a）所示四边约束情况计算：

$$A_0 = 370 \times (2 \times 370 + 300) = 384800\text{mm}^2$$

$$A_1 = 300 \times 300 = 90000\text{mm}^2$$

（3）计算局部抗压强度提高系数 γ

$$\gamma = 1 + 0.35\sqrt{\frac{A_0}{A_1} - 1} = 1.633 < 2.5$$

（4）局部抗压承载力计算

$$N_l = \gamma f A_l = 1.633 \times 1.5 \times 90000 = 220455\text{N} = 220.455\text{kN} > N = 135\text{kN}$$

该柱下砌体局部受压满足要求。

3. 梁端支承处砌体的局部抗压承载力验算

（1）梁的内拱卸荷作用及上部荷载折减系数

在砌体结构房屋中，钢筋混凝土屋面梁支承在墙顶上或墙体内部，梁端属于无约束支承，楼面梁虽然有上部墙体的存在，但由于梁端支反力作用，梁端下砌体发生了压缩变形，梁端顶面与墙体之间有脱离的可能，也有可能产生了微弱的拉应力。这时在墙体内出现以下情况，一是在梁的上部和侧边形成了一个类似拱的传力体，即由于梁上部与砌体脱开（或受拉），梁顶面上部砌体传来的荷载绕开梁顶面沿着梁的两侧向下传递，这就无形中降低了梁端下局部受压面积上的压应力，这种现象叫做“内拱卸荷作用”，如图 14-3 所示。试验证明，当上部砌体传到局部受压面积上的压应力 σ_0 较小时且 $A_0/A_l \geqslant 2$，就会形成内拱卸荷作用，由于内拱卸荷作用相当于减少了局部受压面积上的压应力，对梁端下局部受压面积内的砌体产生了有利影响，计算时用**上部荷载折减系数** ψ 来考虑；《砌体结构设计规范》给定的 ψ 计算公式为式（14-13）。由式（14-13）不难看到当 $A_0/A_l \geqslant 3$ 时，$\psi=0$，即上部荷载对梁端下砌体不产生影响，内拱卸荷作用达到最大值；当时 $A_0/A_l=1$，$\psi=1$，内拱卸荷作用不发生。

$$\psi = 1.5 - 0.5\frac{A_0}{A_l} \geqslant 0 \tag{14-13}$$

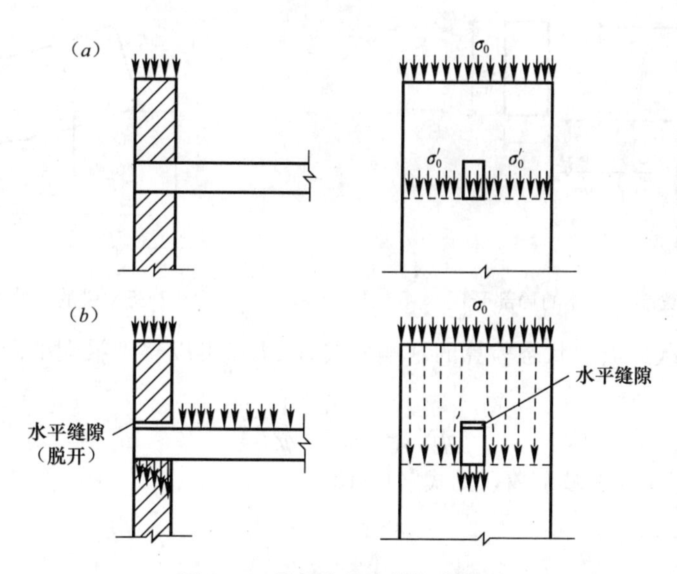

图 14-3 墙体中的内拱卸荷作用

（2）梁端有效支承长度 a_0

由于钢筋混凝土梁不是刚性体，在上部荷载作用下会产生弯曲变形，使得梁端出现转角，在梁伸入墙内的端头可能已经和砌体脱开，梁端内墙皮处压应力最大，从最大压应力所在的内墙皮处向梁端过渡，梁端下局部受压面积上的压应力按三次抛物线的曲线变化规律在减少，直至为 0；**为了有效地计算梁端下砌体的局部受压承载力，把梁端在砌体或刚性垫块界面上压应力沿梁跨方向分布长度称为梁端有效支承长度，用 a_0 表示。如图 14-4 所示。**《砌体结构设计规范》给定的 a_0 计算公式为式（14-14）。为了将梁端下砌体内按三次抛物线分布的压应力简化为作用在 $A_l=a_0b$ 面积上便于计算的均匀压应力，**经过推导得知梁端下砌体内部压应力图形的完整性系数为 $\eta=0.7$**。

$$a_0=10\sqrt{\frac{h_c}{f}} \tag{14-14}$$

式中 h_c——为梁截面高度；

f——为梁端下砌体的抗压强度设计值。

(3) 梁端支承处砌体局部受压承载力计算

当梁端下部砌体的 $A_0/A_l\leqslant3$，梁顶面有墙体传来的竖向荷载作用时，梁截面上部荷载将通过梁顶面传到局部受压面积上，假设墙体顶面的竖向荷载在梁顶面引起的应力为 σ_0，则上部竖向荷载在局部受压面积上产生的竖向压力设计值就为 N_0，梁端的支反力为 N_l，考虑到梁端上部荷载的折减系数 ψ 的影响，梁端下砌体局部受压面积 A_l 上受到的总压力（作用效应）就为：ψN_0+N_l。考虑到梁端下压应力图完整性系数 η 和梁端下砌体局部抗压强度提高系数 γ 等因素，梁端下砌体局部受压面积上能够提供的抵抗能力就为 $\eta\gamma fA_l$。梁端砌体的局部受压如图 14-4、图 14-5 所示。

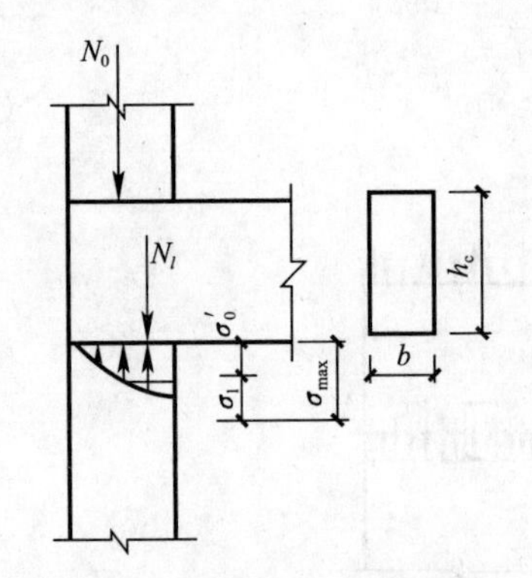

图 14-4 梁端下砌体的局部受压

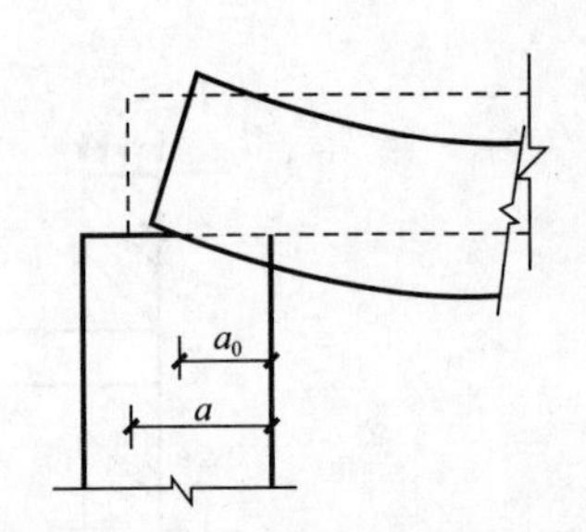

图 14-5 梁的有效支承长度

根据结构承载力极限状态验算的基本公式 $S\leqslant R$，可以得到梁端下砌体局部抗压强度验算公式：

$$\psi N_0+N_l=\eta\gamma fA_l \tag{14-15}$$

式中 ψ——上部荷载折减系数，见式（14-13）。

$$N_0=A_l\sigma_0 \tag{14-16}$$

$$A_l=a_0b \tag{14-17}$$

N_0——局部受压面积内由上部墙体传来的竖向压力设计值；$N_0=A_l\sigma_0$，σ_0 为墙体传来的竖向压力设计值在梁上部截面内引起的压应力（N/mm^2）；

N_l——作用在梁上的全部荷载在梁端支座处引起的竖向压力设计值，在数值上等于梁端支反力；

η——梁端底面下砌体内压应力图形的完整性系数，一般梁取 0.7；对于过梁和墙梁一般取 1.0；

A_l——梁端下局部受压面积（mm^2），a_0 为梁的有效支承长度，b 为梁的宽度。

【例 14-5】 某楼面梁截面尺寸为 250mm×500mm，支承在 1200mm×370mm 的窗间

墙上。梁在墙上的支承长度为$a=240\text{mm}$，经计算梁端支反力$N_l=110\text{kN}$，上部墙体传至梁顶的竖向压力$N_u=130\text{kN}$，支承该梁的窗间墙砌体采用MU10黏土砖、M2.5混合砂浆砌筑。求试验算梁端下砌体的局部抗压承载力是否满足要求。

【解】 (1) $\eta=0.7$，查表$f=1.3\text{Nmm}^2$；

(2) 计算梁的有效支承长度

$$a_0=10\sqrt{\frac{h_c}{f}}=10\sqrt{\frac{500}{13}}=196\text{mm}$$

(3) 梁端下砌体的局部受压面积

$$A_1=a_0b=196\times250=49000\text{mm}^2$$

(4) 影响砌体局部抗压强度的计算面积

$$A_0=(2h+b)h=990\times370=366300\text{mm}$$

(5) 计算上部荷载折减系数

$$\psi=1.5-0.5\frac{A_0}{A_l}<0 \qquad 取\ \psi=0$$

(6) 计算砌体局部抗压强度提高系数

$$\gamma=1+0.35\sqrt{\frac{A_0}{A_l}-1}=1.89<2.0$$

(7) 验算梁端下砌体局部抗压强度

$$\psi N_0+N_l=0\times1132.432\times10^3+110\times10^3\text{N}=110\text{kN}$$

$$>\eta\gamma fA_l=0.7\times1.89\times1.3\times49000=84.275\text{kN}$$

该梁下砌体的局部受压不能满足要求。

(4) 梁端下设有垫块时垫块下砌体的局部抗压承载力计算

1) 原理。

如【例14-5】，当梁端下砌体的局部抗压承载力不能满足要求时，可以在梁的支座下设置素混凝土垫块、钢筋混凝土垫块或者和梁整体浇筑的刚性垫块，未设垫块前梁端下砌体承受的竖向压力，在设置垫块后经由面积远大于梁支座处局部受压截面的垫块，扩散到垫块下较大砌体截面上后，就大大降低了梁下砌体的局部压应力。同时，当梁端较大压力作用于垫块时，垫块不随梁端一起转动，能保证梁端压力在较大面积上均匀地传到砌体截面上去，从而确保梁端下砌体的局部抗压承载力满足要求。

《砌体结构设计规范》GB 50003—2011规定：**跨度大于6m的屋架和跨度大于下列数值的梁，应在支承处砌体上设置混凝土或钢筋混凝土垫块；当墙中设有圈梁时，垫块与圈梁宜浇成整体。**

a. 对砖砌体为4.8m;

b. 对砌块和料石砌块为4.2m;

c. 对毛石砌体为3.9m。

2) 刚性垫块的构造和设置要求。

为了使垫块在梁端压力作用下不产生明显的弹性翘曲变形，以确保基本上在垫块全面积上向下传力，垫块应具有足够的刚度，**《砌体结构设计规范》GB 50003—2011对刚性垫块的设置和构造要求作了如下规定：**

a. 刚性垫块的高度不应小于 180mm，自梁边算起的垫块挑出长度不应大于垫块厚度 t_b，如图 14-7 所示。

b. 在带壁柱的墙内设置刚性垫块时，见图 14-7，由于翼缘墙大多位于压应力较小的一边，翼墙参加受压的工作程度有限，确定垫块下砌体局部抗压强度计算面积 A_0 时，只取壁柱宽乘壁柱高（含翼墙厚）部分的面积；同时壁柱上的垫块伸入翼墙内的长度不应小于 120mm。

c. 当现浇垫块与梁整体浇注时，垫块可在梁高范围内设置，如图 14-6（*b*）所示。

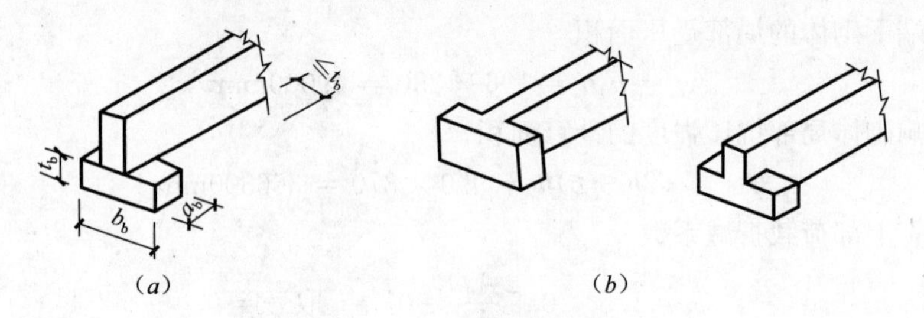

图 14-6 梁端刚性垫块

（*a*）预制刚性垫块；（*b*）与梁端整体浇注的刚性垫块

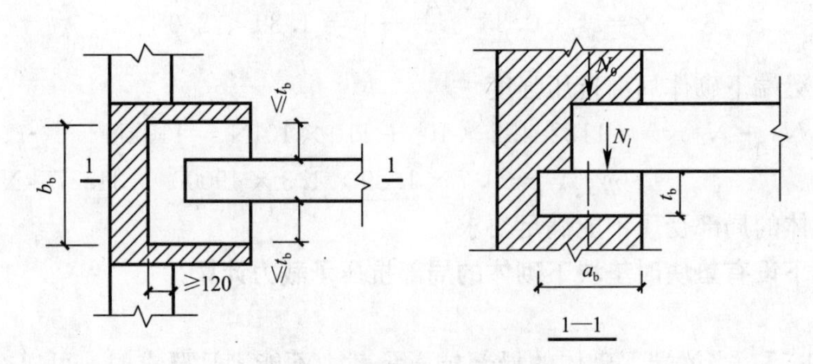

图 14-7 壁柱设置刚性垫块

3）垫块下砌体的局部抗压承载力计算

垫块对其下部砌体产生压力时，砌体底面周围的砌体对垫块下的局部受压面积内的砌体具有侧向约束作用，也会在一定程度上提高垫块下砌体的局部抗压强度，提高的幅度也可按式（14-11）计算，但考虑到垫块底面的压应力分布不均匀，为可靠起见，此时梁端垫块下砌体抗压强度的提高系数就偏低的取为 $\gamma_1=0.8\gamma$（γ 为垫块下砌体局部抗压强度提高系数），γ_1 不小于 1.0。此外，由于垫块面积较梁端水平截面积大得多，加之垫块下的压力有限，不到可能造成垫块顶面与砌体之间受拉或有脱开的可能，所以，验算垫块下砌体局部受压承载力时一般不考虑内拱卸荷作用。

试验进一步证明，预制刚性垫块下砌体的局部受压接近于短柱偏心受压的情况，可按短柱偏心受压构件计算。同时将垫块下砌体局部受压强度提高的因素一并考虑，得到梁端下部设置刚性垫块后垫块下砌体的局部受压承载力验算的公式：

$$N_0+N_l=\varphi\gamma_1 fA_b \tag{14-18}$$

式中 N_0——垫块面积 A_b 内由上部墙体传来的竖向压力设计值；

N_l——梁端底面传至垫块的竖向压力设计值，在数值上等于梁受到的支座反力，作用点位置距内墙皮为 0.4a_0 处；其中：

$$a_0 = \delta_1 \sqrt{\frac{h_c}{f}} \tag{14-19}$$

式中 δ_1——刚性垫块影响系数，可按表 14-6 查用，表中 $\sigma_0 f$ 的值介于表中给定值时用线性内插法确定；σ_0 为上部墙体在梁顶面处的水平面内引起的压应力，$\sigma_0 = N_u/A_0$；

φ——类似于偏心受压构件中的关于偏心距和高厚比有关的内力计算系数，它是把垫块看作高厚比 $\beta \leqslant 3$ 时 N_0 和 N_l 合力对垫块形心的偏心距的影响系数，由表 14-2～表 14-4 查得；

γ_1——垫块外砌体横向约束作用使得垫块下砌体局部抗压强度提高的系数，$\gamma_1 = 0.8\gamma$；

A_b——垫块面积，$A_b = a_b b_b$，其中 a_b 为垫块伸入墙内的长度；b_b 为垫块沿着墙长方向的度。

系数 δ_1 **表 14-6**

σ_0/f	0	0.2	0.4	0.6	0.8
δ_1	5.4	5.7	6.0	6.9	7.8

【例 14-6】 将【例 14-5】中砂浆改为 M5 混合砂浆，其他条件同【例 14-5】。试设计一垫块，使垫块下砌体满足局部承压承载力要求。求设置垫块时垫块下砌体的局部抗压承载力。

【解】 在梁下砌体内设置厚度 $t_b = 180$mm、宽度 $b_b = 600$mm、伸入墙内长度 $a_b = 240$mm 的垫块，经复核符合刚性垫块的构造要求。

根据图 14-2 (*b*) 所示，影响砌体局部受压的计算面积为 $A_0 = (b+2h)h$，$b_b + 2h = 600 + 2 \times 370 = 1340\text{mm} > 1200\text{mm}$，故最大尺寸取窗间墙的宽度 12mm，$A_0 = 1200 \times 370 = 444000\text{mm}^2$。

垫块下砌体的局部抗压强度提高系数为：

$$\gamma = 1 + 0.35\sqrt{\frac{A_0}{A_1} - 1} = 1 + 0.35\sqrt{\frac{444000}{144000} - 1} = 1.5 < 2.0$$

取 $\gamma = 1.5$，则垫块外砌体面积的有利影响系数 $\gamma_1 = 0.8\gamma = 0.8 \times 1.5 = 1.2$，满足要求。

$$\sigma_0 = N_u/A = 130 \times 10^3/370 \times 1200 = 0.292\text{N/mm}^2$$

因为是刚性垫块 $\frac{\sigma_0}{f} = \frac{0.292}{1.3} = 1.95$

查表 14-6 用内插法计算得 $\delta_1 = 5.69$，则梁端有效支承长度

$$a_0 = \delta_1 \sqrt{\frac{h}{f}} = 5.69\sqrt{\frac{500}{1.3}} = 111.5\text{mm}$$

梁端支承压力设计值 N_l 作用点到梁内皮的距离取为 $0.4a_0 = 0.4 \times 111.5 = 44.6$mm

N_l 对垫块形心的偏心距为 $\frac{a_b}{2} - 0.4a_0 = 75.4$mm

垫块内由上部轴向压力设计值引起的压力为：

$$N_0 = \sigma_0 A_b = 0.293 \times 144000 = 42192N = 42.192\text{kN}$$

N_0 作用于垫块形心，全部轴向压力 $N_0 + N_l$ 对垫块形心的偏心距为：

$$e = \frac{N_l\left(\frac{a_b}{2} - 0.4a_0\right)}{N_l + N_0} = 54.5\text{mm}$$

$\frac{e}{a_0} = 0.223$　按 $\beta \leqslant 3$ 查表 14-2 得 $\varphi = 0.645$

梁端下砌体的局部抗压承载力为：

$$\begin{aligned}\varphi\gamma f A_b &= 0.645 \times 1.2 \times 1.5144000 = 167184\text{N} \\ &= 167.184\text{kN} > N_0 + N_l = 152.192\text{kN}\end{aligned}$$

满足要求。

4）梁端下设有垫梁时垫梁下砌体的局部抗压承载力计算

当梁端支承处的墙体上设有钢筋混凝土垫梁，或者钢筋混凝土圈梁与梁支座部位整体一起浇筑时，在梁端集中荷载作用下，垫梁相当于一个弹性地基梁；垫梁下的砌体内部受到的压应力，以梁中心为界沿垫两梁长度呈斜线关系下降，最终在距中点处 $\pi h_0/2$ 消失，即垫梁传力长度范围在以楼面梁为中心的 πh_0 内。《砌体结构设计规范》GB 50003—2011 规定，梁下设有长度大于 πh_0 的垫梁时，垫梁下砌体的局部抗压承载力可按下式计算：

$$N_0 + N_l \leqslant 2.4\delta_2 f b_b h_0 \tag{14-20}$$

式中　N_0——垫梁 $\pi h_0 b_b/2$ 范围内由上部荷载设计值产生的轴向力，$N_0 = \pi b_b h_0 \sigma_0/2$；

δ_2——当荷载沿墙厚方向分布时 $\delta_2 = 1.0$，不均匀分布时 δ_2 取 0.8；

b_b——垫梁在墙厚方向的宽度；

h_0——垫梁的折算厚度，按式（14-21）计算：

$$h_0 = 2 \times \left(\frac{E_b I_b}{Eh}\right)^{\frac{1}{3}} \tag{14-21}$$

式中　E_b——垫梁混凝土弹性模量；

I_b——垫梁截面惯性矩；

E——砌体的弹性模量；

h——墙厚。

垫梁上梁端有效支承长度 a_0 按式（14-19）计算。

*第三节　砌体轴心受拉、受弯和受剪构件的承载力

一、砌体轴心受拉构件承载力计算

砌体材料是抗压强度高抗拉强度低的脆性材料，通常在工程中用于受拉部位的情况很少。但在较小的圆形蓄水池和筒仓中，由于水或松散材料产生的侧向压力作用，圆环形砌体池壁内产生环向拉力，这种情况下砌体为轴心受拉构件等。

砌体轴心受拉构件的承载力按下式验算：

$$N_t \leqslant f_t A \tag{14-22}$$

式中 N_t——砌体验算截面的受拉承载力设计值；

f_t——砌体轴心抗拉强度设计值，查表 13-9 取用；

A——验算截面的横截面积。

二、砌体受弯构件抗弯承载力计算

工程中砖砌平拱过梁、挡土墙等构筑物都属于受弯构件，在弯矩作用下砌体会沿着齿缝截面、沿着直缝截面破坏。此外，过梁和一般梁一样在承受弯矩作用的同时还在支座附近截面承受较大剪力的作用，所以过梁除进行抗弯承载力验算以外，还要进行抗剪切承载力验算。

1. 砌体变弯构件抗弯承载力验算

受弯构件抗弯承载力按下式验算：

$$M \leqslant f_{tm} W \tag{14-23}$$

式中 M——砌体构件验算截面的弯矩设计值；

f_{tm}——砌体的弯曲抗拉强度设计值，查表 13-9 取用；

W——验算截面的抗弯抵抗拒。

2. 砌体受弯构件抗剪承载力验算

受弯构件的抗剪承载力验算按下式计算：

$$V \leqslant f_V b z \tag{14-24}$$

式中 V——受弯构件支座边沿的设计剪力值；

f_V——砌体的抗剪强度设计值，查表 13-9 取用；

b——截面宽度；

z——构件截面内力臂，当截面为矩形时，$z=2h/3$；

在由砌体砌筑的无拉杆拱支座截面处，拱的水平推力将使支座截面受剪，如图 14-8 所示。

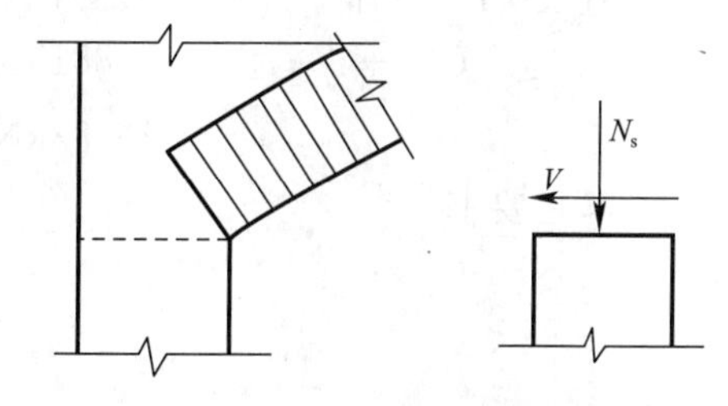

图 14-8　砌体受剪示意图

砌体沿通缝或梯形截面受剪破坏时的抗剪承载力按下式计算：

$$V \leqslant (f_V + \alpha\mu\sigma_0)A \tag{14-25}$$

式中 V——验算截面设计剪力；

f_V——砌体的抗剪强度设计值，查表 13-9 取用；

α——修正系数，当 $\gamma_G=1.2$ 时，砖砌体取 0.60，混凝土砌块砌体取 0.64；当 $\gamma_G=1.35$ 时砖砌体取 0.64，混凝土砌块砌体取 0.66；

μ——剪压复合受力影响系数，可根据《砌体结构设计规范》给定的公式计算，$\gamma_G=1.2$ 时，$\mu=0.26-0.82\dfrac{\sigma_0}{f}$；当 $\gamma_G=1.35$ 时，$\mu=0.23-0.065\dfrac{\sigma_0}{f}\alpha\mu$ 见表 14-7；

σ_0——永久荷载设计值产生的水平截面平均压应力；

A——构件验算的水平截面面积；

f——砌体的抗压强度设计值；

σ_0/f——轴压比，且不大于0.8。

当 $\gamma=1.2$，$\gamma=1.3$ 时 $\alpha\mu$ 值　　表 14-7

γ_G	σ_0/f	0.1	0.2	0.3	0.4	0.5	0.6	0.7	0.8
1.2	砖砌体	0.15	0.15	0.14	0.14	0.13	0.13	0.12	0.12
	砌块砌体	0.16	0.16	0.25	0.15	0.14	0.13	0.13	0.12
1.35	砖砌体	0.14	0.14	0.13	0.13	0.13	0.12	0.12	0.11
	砌块砌体	0.15	0.14	0.14	0.13	0.13	0.13	0.12	0.12

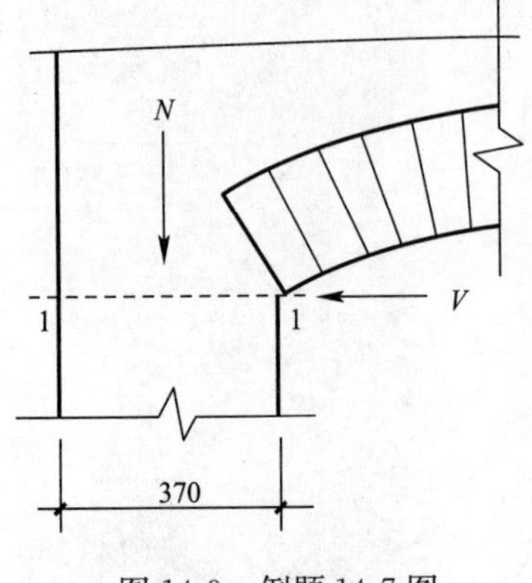

图 14-9　例题 14-7 图

【例 14-7】 某拱形砖过梁，如图 14-9 所示。已知拱式过梁在拱支座处的水平推力设计值 $V=14.4$kN，作用在拱脚截面的竖直向永永久荷载产生的压力设计值 $N=27$kN，过梁宽度为 370mm，窗间墙厚度 490mm，墙体采用 MU10 黏土砖，M2.5 混合砂浆砌筑。试验算拱支座截面受剪承载力是否满足要求。

【解】 1）求永久荷载设计值产生的平均压应力 σ_0

$$A=370\times490=181300\text{mm}^2=0.1813\text{m}^2<0.3\text{m}^2$$

$$\sigma_0=\frac{N}{A}=\frac{27\times10^3}{181300}=0.149\text{N/mm}^2$$

2）截面 1-1 受剪承载力

构件承载力调整系数

$$\gamma_0=0.7+A=0.7+0.1813=0.8813$$

$$\mu=0.26-0.82\frac{\sigma_0}{f}=0.26-0.82\times\frac{0.149}{1.3}=0.25$$

查表 13-9 可知　$f_V=0.08\text{N/mm}^2$

$$(f_V+\alpha\mu\sigma_0)A=0.8813\times(0.08+0.6\times0.25\times0.149)\times182300$$
$$=16.83\text{kN}>14.4\text{kN}$$

满足要求。

本 章 小 结

1. 砌体轴心受压构件是砌体结构中最常见的构件，它的计算公式为：$N\leqslant\varphi fA$

2. 局部受压是砌体结构中常见的受力状态，局部均匀受压时：$N_l\leqslant\gamma fA_l$；梁端下砌体的局部受压验算时的公式：$\psi N_0+N_l\leqslant\eta\gamma fA_l$；刚性垫块下砌体的局部受压验算公式：$\psi N_0+N_l\leqslant\varphi\gamma_1 fA_b$；圈梁下砌体的局部抗压承载力验算公式：$N_0+N_l\leqslant2.4\delta_2 fb_bh_0$。

3. 砌体的轴心受拉计算公式：$N_t=f_tA$；砌体受弯验算公式：$M\leqslant f_{tm}W$；砌体受剪计算公式：$V\leqslant f_Vbz$；抗剪验算的公式：$V\leqslant(f_V+\alpha\mu\sigma_0)A$。

4. 实际工程中进行无筋砌体构件承载力验算的一般步骤是：

（1）根据使用要求和砌体的尺寸模数确定 A（A_l、A_b 等）。

（2）根据实际采用的块材和砂浆的强度等级，确定砌体计算指标 f_{tm}、f_t、f_V 等。

（3）根据构件实际支承情况和受力情况，查表确定系数 φ、γ、ψ、γ_a。

(4) **将上面数据代入承载力计算公式，验算是否满足要求。**

复习思考题

一、名词解释

构件的高厚比　高厚比和偏心距对承载力影响系数　砌体的局部受压内拱卸荷作用　影响砌体局部受压的计算面积　砌体局部受压的计算面积　砌体局部抗压强度提高系数　梁在墙内的支承长度

二、问答题

1. 砌体受压时截面应力的变化情况如何？为什么偏心受压砌体随着相对偏心距 e/y 的增大，构件的承载力会有所下降？

2. 计算轴心受压与偏心受压砌体构件的承载力时，为什么可以采用同一公式？

3. 砌体构件高厚比的定义是什么？

4. 为什么砌体在局部压力作用下，承载力会提高？

5. 如何确定影响砌体的局部受压的影响面积？

6. 梁的有效支承长度 a_0 是如何确定的？a_0 与哪些因素有关？

7. 当梁端下砌体的局部抗压承载力不足时，可采用哪些措施解决？

8. 砌体的轴心受拉、受弯和受剪的计算公式中各字母的含义是什么？

三、计算题

1. 已知一轴心受压砖柱截面尺寸为 $b \times h = 370\text{mm} \times 490\text{mm}$，柱的计算高度 $H_0 = 4.8\text{m}$，柱顶承受的轴向力设计值 $N = 120\text{kN}$。试选择普通黏土砖和混合砂浆的强度等级。

2. 截面为 $b \times h = 490\text{mm} \times 490\text{mm}$ 的砖柱，用 MU10 普通黏土砖和 M5 混合砂浆砌筑，柱的计算高度 $H_0 = 5.4\text{m}$，该柱承受 $M = 9.5\text{kN} \cdot \text{m}$，$N = 125\text{kN}$。试验算该柱的承载力是否满足要求。

3. 某单层单跨仓库的窗间墙尺寸如图 14-10 所示。采用 MU10 烧结普通砖及 M5 混合砂浆砌筑。柱的计算高度 $H_0 = 5.0\text{m}$。当墙的底截面处承受轴向压力设计值 $N = 189\text{kN}$，弯矩设计值 $M = 13\text{kNm}$ 时。试验算其截面承载力。

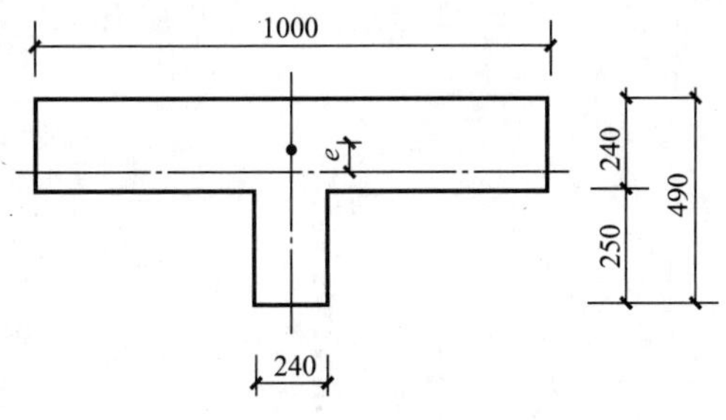

图 14-10　习题 3 图

4. 钢筋混凝土梁的截面尺寸 $b \times h = 250\text{mm} \times 550\text{mm}$，在窗间墙上的支承长度 $a = 240\text{mm}$。窗间墙的截面尺寸为 1200mm×240mm，采用 MU10 烧结普通砖和 M2.5 混合砂浆砌筑，如图 14-11 所示。当梁端支撑处压力设计值 $N_l = 75\text{kN}$，梁底墙体截面由上部荷载设计值产生的轴向力 $N_0 = 43\text{kN}$ 时，试验算梁端支承处砌体的局部受压承载力。若不满足要求，设置刚性垫块，并进行验算。

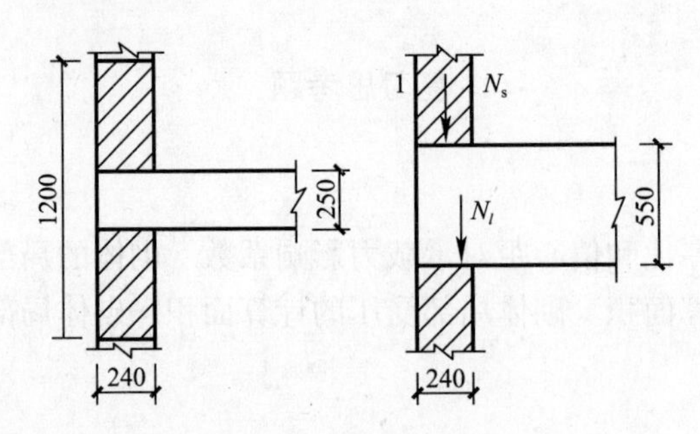

图 14-11　习题 4 图

5. 某矩形水池的池壁底部厚度 740mm，采用 MU15 烧结普通砖和 M7.5 水泥砂浆砌筑。池壁水平截面承受的弯矩设计值 M=9.5kN·m，剪力设计值 V=16.5kN。试验算截面承载力是否满足要求。

6. 某砖拱支座截面厚度为 370mm，采用 MU10 烧结普通黏土砖和 M5 水泥砂浆砌筑。支座截面承受的剪力设计值 V=32kN，永久荷载产生的纵向力设计值 N=43kN（γ_G=1.2）。试验算拱支座截面的抗剪承载力是否满足要求。

第十五章　砌体结构房屋实例解读

学习要求和目标：

1. 了解房屋空间整体工作的概念。
2. 了解混合结构房屋各个静力计算方案。
3. 理解掌握刚性方案房屋墙体的验算方法。
4. 理解墙体布置和高厚比验算及墙体的构造措施。
5. 掌握砌体结构的基础、楼（屋）面、楼梯施工图的识读。

在房屋建筑中，承受作用的体系是由两种以上的工程材料组成的这种房屋，其结构体系称为混合结构。混合结构类型很多，例如有砌体与木楼（屋）盖组成的混合结构；有砌体和钢屋架（楼、屋面梁）组成的混合结构；砌体与钢筋混凝土楼（屋）面板组成的混合结构等。本章主要讨论在实际工程中使用最广泛的砌体与钢筋混凝土楼（屋）面组成的混合结构。

在抗震高烈度区这种结构形式中的预制装配式楼（屋）盖，具有整体性差，楼（屋）面板容易脱落损坏，危及人的生命及财产安全的隐患，修建多层建筑时在接近《建筑抗震设计规范》允许的最多层数和总高度限值的混合结构房屋中，尽可能不要采用。**对医院门诊楼和住院部大楼、学校的教学楼和学生宿舍楼等使用人数多、大空间房子多、房屋整体刚度较低的房屋，由于混合结构房屋整体性差，同等条件下震害严重，破坏后对人们生命威胁大，通常不允许采用混合结构进行上述房屋的建设。**

混合结构房屋虽然具有抗震性能较差的缺陷，**但通过有效、科学地采取技术措施、工程措施，它的抗震性能会进一步改进。它具有便于就地取材、节约钢材、造价低、因地制宜、耐久性好、隔热保温性能好等许多优点，在今后很长的时期内在广大农村和城镇仍然会得到广泛应用。**

*第一节　砌体结构房屋的结构布置方案

混合结构的受力体系主要是由基础、墙体、楼（屋）盖组成的，混合结构房屋结构布置方案中首要的问题是墙体承重方案的选择。墙体布置方案的确定需根据房屋的使用功能和楼（屋）面荷载的大小等因素决定，不同的墙体布置方案建成后房屋的抗侧移刚度不同。实践经验和理论分析都证明，墙体承重方案的选择不仅影响房屋的使用功能，还要影响房屋的经济指标，从长远角度看对房屋承受地震作用等重大自然灾害也具有重要影响。**房屋墙体承重方案分为横墙承重方案、纵墙承重方案、纵横墙承重方案和内框架方案四种类型。**

一、横墙承重方案

1. 定义

房屋的每道横向定位轴线上都设有承重横墙，楼（屋）面的绝大部分荷载都是通过支承在横墙上的楼（屋）面板传给横墙，经由横墙传至基础的，这种结构布置方案称为横墙承重方案。如图 15-1（*a*）所示。

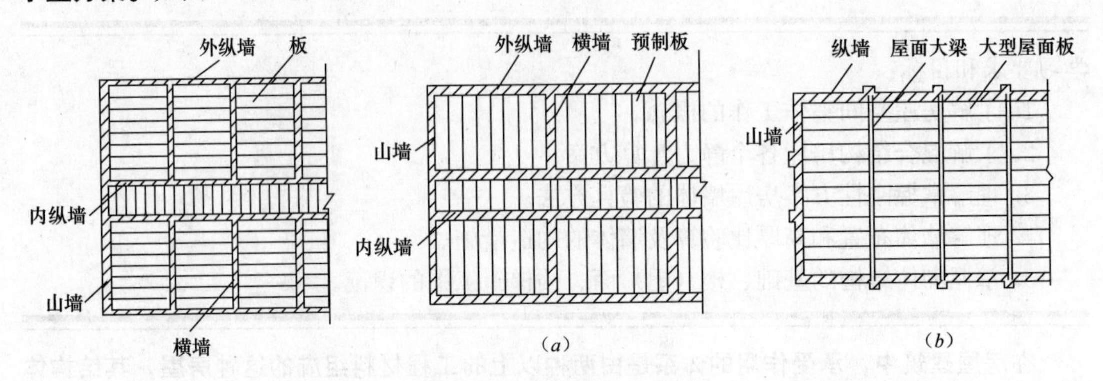

图 15-1 房屋的承重方案

（*a*）房屋的横墙承重方案；（*b*）房屋纵墙承重方案；（*c*）房屋纵横墙承重方案

2. 特点

（1）横墙承受竖向绝大部分荷载。外纵墙是自承重墙，在房屋中起围护作用，同时将横墙在其平面外支撑并拉结起来，与楼（屋）面水平设置的楼板连接成空间整体，使房屋具有抵御所承受各种作用的能力。外纵墙只承受自重，窗间墙、山墙端头墙、高厚比等应满足《建筑抗震设计规范》的相关要求。

（2）这种方案的房屋横墙较多，楼板在楼（屋）面平面内刚度大、变形小、支承牢靠，楼板和墙体形成的横向抗侧移高度很大，对房屋抵抗横向风荷载及地震作用效应较为有利。

（3）楼板顺着纵向布置，两端支承在横墙上，在楼板跨度较小的情况下，无论是预制板还是现浇板，承受荷载减小，楼板截面厚度的减少对提高楼（屋）面经济性能具有现实意义。

3. 用途

横墙承重体系的房屋一般用于建造宿舍楼、办公楼等要求单间房子数量多的房屋。

二、纵墙承重方案

1. 定义

房屋的每道纵向定位轴线上都设有承重纵墙，楼（屋）面的绝大部分荷载都是通过支承在纵墙上的楼（屋）面板传给纵墙，再经由纵墙传至基础，这种结构布置方案称为纵墙承重方案。如图 15-1（*b*）所示。

2. 特点

（1）纵墙承受绝大部分荷载，由于是承重墙，外墙上门窗洞口的大小将受到限制。

（2）这种方案横墙间距大，房间布置较为灵活，容易满足使用要求。

(3) 由于横墙间距大，房屋横向的抗侧移刚度小，整体性较差，不利于抵抗横向的风荷载和地震作用。

3. 用途

这种承重方案适用于房间大、横墙少的办公室、医院食堂、商场和轻型工业厂房等。

三、纵横向承重方案

1. 定义

房屋楼（屋）面荷载一部分经由横墙传至基础，另一部分经由纵墙传至基础，纵横两个方向的墙体都承受竖荷载作用，这类房屋的承重方案称为纵横向承重方案。如图 15-1（*c*）所示。

2. 特点

(1) 它具有纵向承重方案和横向承重方案各自的特点，受力特性和横向刚度介于上述二者之间。

(2) 这种方案横墙间距比纵墙承重方案的小，比横墙承重方案的房屋大，房屋横向的抗侧移刚度比纵墙承重方案房屋的大，但比横墙承重方案的房屋小，房屋整体性也介于二者之间。

(3) 横墙间距较大，房间布置较为灵活，也比横墙承重的大，使用上容易满足要求。

3. 用途

这种承重方案适用于需要一部分大尺寸房间，也需要一部分小尺寸房间的房屋，如办公室、住宅楼等。

四、内框架承重方案

1. 定义

这种承重方案外墙为承重墙，房屋内部为钢筋混凝土框架，内框架的横梁支承在承重外墙的方案，如图 15-2 所示。

2. 特点

1) 容易形成大空间，满足使用功能的要求。

2) 外墙既起围护作用也承受内框架梁传来的荷载，墙体功能发挥得较为完全。

3) 较全框架省工省料，经济性好。

4) 由于内框架不能很好地与墙体连成一个整体，它的整体性和抗侧能力差，抗震性能较差。

3. 用途

内框架承重方案适用于需要较大空间的商场、多层或单层工业厂房或仓库等工业与民用建筑中。在地震高烈度地区这种房屋不允许使用。

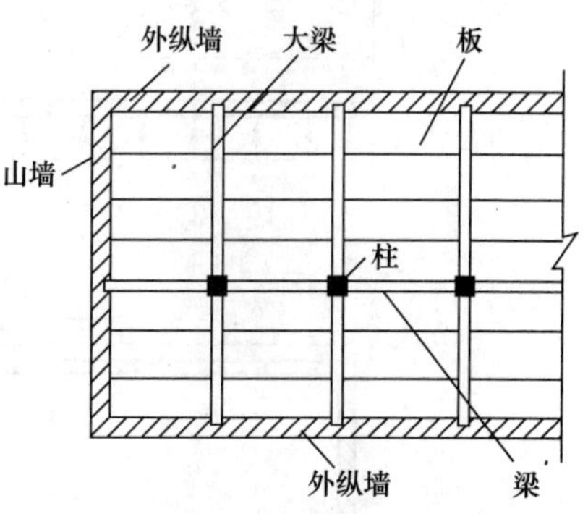

图 15-2　内框架承重方案

房屋承重方案的选择应根据建筑设计提出的使用要求、建设场地的地质条件、房屋的类型和承受的荷载的大小、抗震设防烈度、材料及构配件的供应情况和施工条件等综合确定。按照安全可靠，技术先进，经济合理，综合加以考虑，选择最优化的方案。

*第二节　砌体结构房屋的静力计算方案

一、房屋的空间工作性能及空间刚度

混合结构房屋是由楼（屋）盖、墙体和基础等主要受力构件组成的空间受力体系，组成这个受力体系的各个构件，不仅具有抵抗荷载作用的能力，同时由于它们之间按一定的构造要求相互连接，形成了一个有机的整体，当某构件承受外荷载作用时，和它连接的其他构件也会按一定的对应规律受力，以抵抗该荷载引起的内力和变形。我们**把这种结构内构件之间协同工作的特性叫做空间整体性。力学知识告诉我们，这种空间整体性越好的结构抵抗外力的能力就越强，这里我们借用"刚度"的概念来反映混合结构房屋在外力作用下抵抗变形性能的大小，所以，以后就用房屋的空间刚度这个概念反映房屋结构的空间整体性的大小。**

房屋的外纵墙在水平荷载作用时，纵墙面将水平力通过它与横墙、楼（屋）盖的连接作用传至横墙和楼（屋）盖，此时房屋结构会产生水平位移，内横墙和楼（屋）盖作为结构构件本身具有抵抗荷载作用时产生变形的能力。在这个受力体系中，由于纵横墙的和楼（屋）盖的空间连接作用，一部分水平荷载会传到基础上，最后平衡于大地，另一部分传给楼盖和屋盖，再由楼（屋）盖通过横墙传至基础。由此，我们知道组成混合结构的几种构件它们之间形成了空间有机整体，在荷载作用时具有共同工作的性质。这种空间整体工作的性质是决定其受力变形能力大小的主要因素。如图 15-3 所示，在房屋结构中，由于

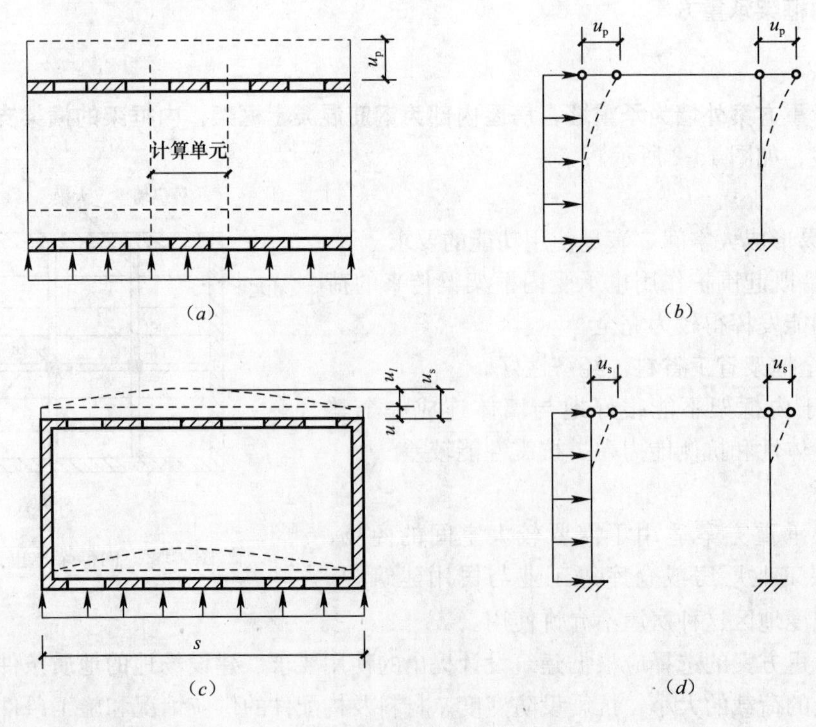

图 15-3　房屋的水平位移

横墙支承楼（屋）盖，在纵墙将水平力传过来的时候，楼（屋）盖如同平卧的大梁，将会出现水平位移，这个位移由两部分组成，一部分是作为受弯构件楼（屋）面产生的弯曲变形 μ，如图 15-3（*a*）所示。横墙在纵墙传来水平力后犹如多个竖向悬臂梁承受楼（屋）盖传来的作用于横墙顶集中力了，同时也承受纵墙传来的沿横墙高度方向作用于横墙与纵墙连接处的均布线荷载，横墙在这两种的水平作用下产生的整体平动位移 Δ_1，如图 15-3（*b*）所示。在整个房屋中部两道横墙中间的最大水平位移就为墙顶水平方向平动位移 Δ_1 与楼屋面水平方向弯曲位移 μ 的和，即 $\Delta=\Delta_1+\mu$，如图 15-3（*c*）所示。

根据以上传力、受力与变形之间的关系分析，不难看出，在混合结构中，如果横墙间距小，房屋的空间刚度就大，在水平荷载作用下，房屋的水平位移 Δ 就会变小，反之，位移就会最大。

同时必须注意，房屋的空间刚度不仅与房屋的承重横墙的间距有关，也与房屋的楼（屋）盖类型有关，也就是说楼（屋）盖自身的整体性和受力性能越好，房屋在承受水平横向荷载作用时，楼（屋）盖弯曲变形就小，水平位移越小，反之，楼（屋）盖弯曲变形就越大。**楼（屋）盖分类就是根据其整体性和抵抗水平变形的能力划分的**，见表 15-1。

房屋空间刚度的大小是判定其静力计算方案的重要尺度，房屋的静力计算方案又是确定房屋排架体系内力的前提和基础，内力计算结果是我们进一步设计墙、柱的重要依据。下面根据房屋空间刚度的不同，讨论三种不同的静力计算方案。

二、房屋的静力计算方案

影响混合结构房屋空间工作性能的因素除承重横墙的间距和楼（屋）盖的类型外，还与屋架跨度、排架刚度和荷载类型等有关。**《砌体结构设计规范》中只考虑楼（屋）盖的类型和横墙的间距这两种主要因素，并依据这两个因素将混合结构的房屋划分为刚性、刚弹性、弹性三种静力计算方案。所谓静力计算方案是指根据房屋的空间工作性能确定的结构静力计算简图。**

1. 刚性方案

（1）定义

在混合结构的房屋中，由于横墙间距较小、楼（屋）盖的刚性较大，由它们组成的房屋空间抗侧移刚度较大，在不对称的垂直荷载或水平荷载作用下，房屋的侧移很小，忽略这个侧移对结构内力计算的结果不发生任何影响，这类房屋的静力计算方案一般为刚性方案。所谓刚性方案是指按楼盖、屋盖作为水平不动铰支座对墙、柱进行静力计算的方案。

（2）侧移

由于水平抗侧移刚度很大，水平侧移很小，近似认为等于零，所以 $\Delta=0$。

（3）计算简图

单层房屋的排架柱与基础之间固定连接，排架柱与排架梁铰接。排架柱顶部假想有一个固定水平支座可以全部限制水平位移，如图 15-4 所示。

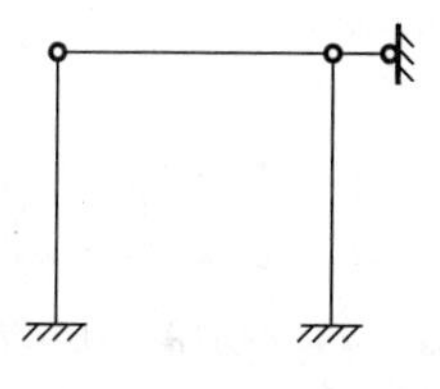

图 15-4　刚性静力计算方案计算简图

（4）特点

这种静力计算方案的房屋抗侧移刚度很大，水平位移很小，抵抗横向水平地震作用的能力较强。排架的计算简图可以看作无侧移的平面排架。

（5）应用

用于单层和多层混合结构工业与民用建筑中。

2. 弹性方案

（1）定义

在任何不设置山墙或山墙间距很大的单层混合结构的房屋中，由于横墙间距很大、屋盖结构的刚度较小，由屋盖和外纵墙组成的房屋受力体系提供的空间抗侧移刚度很小，在不对称的垂直荷载或水平荷载作用下，房屋的侧移很大，排架体系可以看作有侧移的自由侧移排架，这类房屋的静力计算方案一般为弹性方案。所谓弹性方案是指按楼盖、屋盖与墙、柱为铰接，不考虑空间工作的平面排架或框架对墙、柱进行静力计算的方案。

（2）侧移

由于水平抗侧移刚度很小，水平侧移很大，所以$\Delta=\mu_{f}$。

（3）计算简图

排架柱与基础之间固定连接，排架柱与排架梁铰接。排架柱顶部侧移不受任何约束，如图15-5所示。

（4）特点

这种静力计算方案的房屋抗侧移刚度很小，水平位移很大，抵抗横向水平地震作用的能力很差。计算简图可以看作有侧移自由侧移平面排架。

（5）应用

用于非地震区、无台风等极端事件影响的单层工业厂房建筑中。

3. 刚弹性方案

（1）定义

在单层和层数不多的混合结构的房屋中，由于横墙间距相对刚性方案房屋的间距要大许多、屋盖结构的刚度较小，由它和外纵墙组成的房屋受力体系空间抗侧移刚度介于刚性和弹性方案之间，在不对称的垂直荷载或水平荷载作用下，房屋的侧移较大，排架体系可以看作有侧移的侧移受限的排架，这类房屋的静力计算方案一般为刚弹性方案，如图15-6所示。所谓刚弹性方案是指按楼盖、屋盖与墙、柱为铰接，考虑空间工作的排架或框架对墙、柱进行静力计算的方案。

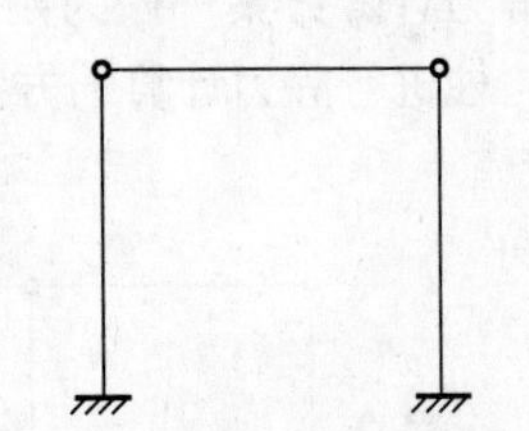

图15-5　弹性静力计算方案房屋的计算简图

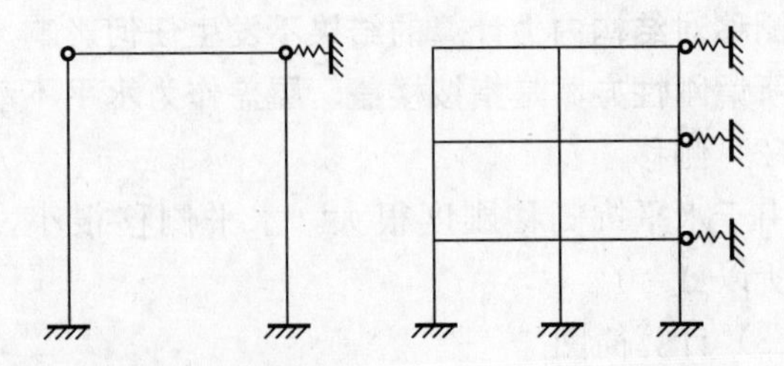

图15-6　刚弹性静力计算方案房屋的计算简图

（2）侧移

由于水平抗侧移刚度中等，水平侧移介于最大的弹性方案的自由侧移和零之间，所以$0\leqslant\Delta\leqslant\mu_{f}$。

（3）计算简图

排架柱与基础之间固定连接，排架柱与排架梁铰接。假想排架柱顶部侧移受到弹性水平支座的约束，如图 15-15 所示。

（4）特点

这种静力计算方案的房屋抗侧移刚度中等，水平位移中等，抵抗横向水平地震作用的能力较弱差。计算简图可以看作有侧移的限制侧移平面排架。

（5）应用

用于地震低烈度区或无台风等极端事件影响的单层工业厂房建筑中。

三、各类静力计算方案房屋的判别

1. 静力计算方案的判别

根据上述讨论，**房屋的空间刚度不同，其静力计算方案就不同。而房屋的空间刚度主要是由楼（屋）盖类型和承重横墙的间距决定的。所谓楼盖、屋盖的类别，是指根据楼（屋）盖的结构构造及相应的刚度对楼盖、屋盖的分类。根据常用结构，可把楼盖、屋盖分为三类，而认为每一类楼盖、屋盖中的水平刚度大致相等。**在横墙满足了自身的强度和稳定性要求的情况下，可根据《砌体结构设计规范》规定，查表 15-1 确定房屋的静力计算方案。

房屋的静力计算方案 **表 15-1**

屋盖或楼盖类别		刚性方案	刚弹性方案	弹性方案
1	整体式、装配整体式和装配式无檩体系钢筋混凝土屋盖或钢筋混凝土楼盖	$s\leqslant32$	$32<s\leqslant72$	$s>72$
2	装配式有檩体系钢筋混凝土屋盖、轻钢屋盖和有密铺望板的木屋盖或木楼盖	$s\leqslant20$	$20<s\leqslant48$	$s>48$
	瓦材屋面的木屋盖和轻钢屋盖	$s\leqslant16$	$16<s\leqslant36$	$s>36$

注：表中 s 为房屋横墙间距，其长度为 m。

当屋盖、楼盖类别不同或横墙间距不同时，可按上柔下刚的多层房屋计算；

对无山墙或伸缩缝处无横墙的房屋，应按弹性方案考虑。

2. 静力计算方案确定时对墙体的要求

《砌体结构设规范》同时规定，**为了保证横墙具有足够的刚度，刚性和刚弹性方案的房屋的横墙应符合下列要求：**

（1）横墙中开有洞口时，洞口的水平截面面积不应超过横墙截面面积的 50%**；**

（2）横墙的厚度不宜小于 180mm**；**

（3）单层房屋的横墙长度不宜小于其高度，多层房屋的横墙高度不宜小于 $H/2$（H **为横墙总高度），在计算横墙总高度时如遇坡屋顶时，取檐口以上高度与山墙高度的一半之和为横墙高度；**

（4）横墙应与纵墙同时砌筑。如受条件限制不能同时砌筑，应采取其他措施，以保证房屋的整体刚度。当横墙不能同时符合上述要求时，应对横墙的刚度进行验算。如其最大水平位移值 $\Delta\leqslant H/4000$ **时，仍可视为刚性或弹性方案房屋的横墙。**

对于单层单跨房屋，当房屋的门窗洞口的水平截面面积不超过横墙全截面积 75%时，横墙的最大水平位移按下式计算：

$$\mu_{max}=\frac{np_1H^3}{6EI}+\frac{2np_1H}{EA} \tag{15-1}$$

式中　n——与所计算的横墙相邻的两横墙间的开间数；

p_1——作用于屋架下弦集中风荷载与假设排架无侧移时，由作用在纵墙上的均布风荷载所求出的柱顶反力之和；

H——横墙的高度；

E——砌体的弹性模量；

I——横墙毛截面的惯性矩；

A——横墙毛截面面积。

在计算横墙最大水平位移时，可考虑纵墙部分截面与横墙共同工作的特性。因此，计算截面可按Ⅰ字形、[形等截面计算，与横墙共同工作的纵墙部分的计算长度 s，每边近似取 $0.3H_0$。

*第三节　砌体结构房屋的墙、柱高厚比验算

一、墙、柱及高厚比验算的概念

墙、柱高厚比是指墙、柱的计算高度与规定厚度的比值。规定厚度对墙取墙厚，对柱取对应边的长，对带壁柱的墙取截面的折算厚度。墙、柱高厚比用公式 $\beta=H_0/h$ 表示。高厚比是墙或柱高厚程度和柱长细程度的反映，它显示墙或柱稳定性高低，也能从侧面反映墙或柱体在同等条件下与不同高厚比的构件之间承载力的大小关系，前述受压构件计算式（14-4）中，φ 是验算受压构件的高厚比和轴向力偏心距 e 对受压构件承载力的影响系数。**可见长细比不仅影响构件的稳定性，同时也影响构件的承载力。另一方面，在构件施工阶段砂浆尚未凝结硬化时，构件稳定性和强度都很低，为确保这一阶段件施工的安全可靠，也必须做到所验算的墙、柱的高厚比符合《砌体结构设计规范》规定的构造要求。**

计算墙、柱高厚比时所采用的高度称为墙、柱计算高度。墙、柱计算高度的取值是在其实际高度基础上综合考虑了房屋类别和构件两端支承情况即受力性能大小和稳定性高低后确定的。它的取值可按表 14-1 采用。

二、不带壁柱的墙、柱的高厚比验算

《砌体结构设计规范》规定的墙、柱高厚比验算公式为：

$$\beta=\frac{H_0}{h}\leqslant\mu_1\mu_2[\beta] \tag{15-2}$$

式中　H_0——墙、柱的计算高度，按表 14-1 采用；

h——墙厚或矩形截面柱与 H_0 相对应的边长；

$[\beta]$——墙、柱的允许高厚比，按表 15-2 采用；

μ_1——非承重墙允许高厚比 $[\beta]$ 的提高系数，按下列规定采用：当墙厚 $h=240$mm 时，$\mu_1=1.2$；当墙厚 $h=90$mm 时，$\mu_1=1.5$；当墙厚 $90\text{mm}<h\leqslant240$mm 时，$\mu_1$ 在 1.2～1.5 之间按线性内插法求得；

墙、柱的允许高厚比 [β] **表 15-2**

砂浆强度等级	墙	柱
M2.5	22	15
M5	24	16
≥M7.5	26	17

注：1. 毛石墙、柱的允许高厚比应按表中数值降低 20%；
2. 组合砖砌体构建的允许高厚比可按表中数值提高 20%；
3. 验算施工阶段尚未硬化的新砌筑的砌体时，允许高厚比对墙取 14，对柱取 11。

μ_2——有门窗洞口墙允许高厚比 $[\beta]$ 值降低系数，按下式确定：

$$\mu_2 = 1 - 0.4\frac{b_s}{s} \tag{15-3}$$

式中 b_s——相邻窗间墙或壁柱间的距离；

s——验算墙体所在的计算单元宽度，按图 15-3 取用。

按式（15-3）算得的 $\mu_2 < 0.7$ 时，取 $\mu_2 = 0.7$；当洞口高度＜墙高的 1/5 时，取 $\mu_2 = 1$。

三、带壁柱的墙和带构造柱的墙的高厚比验算

在跨度较大的单层厂房、仓库和礼堂等房屋的外纵墙中，为了提高窗间墙的受力性能一般采用带壁柱的墙。**所谓带壁柱的墙是指沿墙长度方向隔一定距离将墙体局部加厚，形成的带垛墙体。**带壁柱墙的高厚比验算分两部分进行，一部分是以柱为中心的单开间内一个计算单元的整片墙的验算；另一部分是由两个相邻壁柱间所夹的矩形截面带窗洞的墙的高厚比验算。

1. 整片墙的高厚比验算

整片带壁柱的墙是 T 形截面，壁柱的宽度为 T 形截面宽度，翼缘为壁柱间的墙，翼缘的厚度为墙厚。用式（15-2）验算时就必须将 T 形截面等效为厚度为 h_T 的矩形截面再进行验算。根据换算前后截面惯性矩相等的原则，经换算 $h_T = 3.5i$（i 为带壁柱墙截面的回转半径）。故 **T 形带壁柱的墙高厚比验算按下式进行：**

$$\beta = \frac{H_0}{h_T} \leqslant \mu_1\mu_2[\beta] \tag{15-4}$$

式中 h_T——T 形截面等效高度，$h_T = 3.5i$。

在确定带壁柱墙的计算高度 H_0 时，s 取相邻两壁柱间的距离，同时应注意以下两个方面：1）对于单层房屋，带壁柱的墙翼缘的宽度 $b_f = b + 2H/3$（b 为壁柱宽度，H 为墙高），但 b_f 不大于相邻比逐渐的距离；2）对于多层房屋，当有门窗洞口时，取窗间墙的宽度；当无门窗洞口时，每侧翼墙可取壁柱高度的 1/3。

2. 壁柱间墙的高厚比验算

验算壁柱间墙的高厚比时，可将其看做用不动铰支座连接在壁柱上的矩形截面墙体，按式（15-2）进行验算。公式中墙的计算高度 H_0 和 s 时应取壁柱间的距离，而且，不管房屋的静力计算方案为何种，一律按刚性方案确定。

带壁柱墙内设有钢筋混凝土圈梁时，当圈梁截面宽度 b 与相邻壁柱间的距离 s 之比不小于 1/30 时，圈梁可作为壁柱间墙的不动铰支点。当具备条件不允许增加圈梁宽度，可

按墙平面外刚度相同的原则增加圈梁高度，以满足圈梁作为壁柱间不动铰支点的要求。此时墙的计算高度为圈梁之间的距离。

假设原圈梁截面宽度为 b、高为 h；调整后截面高度为 h_1，为此，必须在圈梁截面宽度不变仅靠增加圈梁截面高度来满足要求，即（$sh^3/30$）$/12\leqslant bh_1^3/12$，调整后圈梁的截面高度应满足：

$$h_1=h\left(\frac{s}{30b}\right)^{\frac{1}{3}} \tag{15-5}$$

当与墙连接的相邻壁柱间的距离 $s\leqslant\mu_1\mu_2$ $[\beta]$ h，墙的计算高度可不受式（15-2）的限制。对于变截面柱，可按上、下段分别验算高厚比，且验算上柱高厚比时，墙柱的允许高厚比可按表 15-2 的数值乘 1.3 后采用。

3. 带构造柱的墙高厚比验算

验算公式依然为式（15-2），此时公式中的 h 取墙厚，当确定墙的计算高度时，s 取相邻横墙间的距离；墙的允许高厚比可乘以提高系数：

$$\mu_c=1+\frac{\gamma b_c}{l} \tag{15-6}$$

式中　γ——系数。对细料石、半细料石，$\gamma=0$；对混凝土砌块、粗料石、毛料石及毛石砌体 $\gamma=1.0$；其他砌体，$\gamma=1.5$；

b_c——构造柱沿墙长方向的宽度；

l——构造柱的间距。

当$\frac{b_c}{l}>0.25$时，取$\frac{b_c}{l}=0.25$；当$\frac{b_c}{l}<0.05$时，取$\frac{b_c}{l}=0$

【例 15-1】 某办公楼采用现浇钢筋混凝土楼板，外墙厚 370mm，内墙及横墙厚 240mm，底层墙计算高度 $H_0=4.8$m（从楼板顶到基础顶面）；隔墙厚 180mm，高 3.6m，经复核属于刚性静力计算方案，砌体采用 M5 混合砂浆、MU10 黏土砖砌筑。纵墙上窗口宽 1800mm，开间 3300mm。试验算窗间墙、内横墙和隔墙的高厚比是否满足要求。

【解】（1）外纵墙高厚比

外纵墙为承重墙所以 $\mu_1=1.0$；$\mu_2=1-0.4b_s/s=1-0.4\times1.8/3.3=0.782>0.7$

查表 15-3 墙体的允许高厚比 $[\beta]=24$，由式（15-2）得

$$\beta=\frac{H_0}{h}=\frac{4.8}{0.37}=12.97\leqslant\mu_1\mu_2[\beta]=1.0\times0.782\times24=18.77$$

外纵墙高厚比满足要求。

（2）内横墙高厚比

内横墙为承重墙所以 $\mu_1=1.0$；墙上无洞口削弱 $\mu_2=1$

查表 15-3 墙体的允许高厚比 $[\beta]=24$，由式（15-2）得

$$\beta=\frac{H_0}{h}=\frac{4.8}{0.24}=20\leqslant\mu_1\mu_2[\beta]=1.0\times1.0\times24=24$$

内横墙高厚比满足要求。

（3）隔墙的高厚比

内隔墙为自承重墙，μ_1 在 240mm 厚时的 1.2 和 90mm 厚时的 1.5 之间内插，经计算

墙厚 180mm 时

$\mu_1=1.179$；因隔墙无洞口削弱，所以 $\mu_2=1.0$

查表 15-3，墙体的允许高厚比 $[\beta]=24$

由式（15-2）得

$$\beta=\frac{H_0}{h}=\frac{4.8}{0.18}=26.67\leqslant\mu_1\mu_2[\beta]=1.179\times1.0\times24=28.29$$

隔墙的高厚比满足要求。

【例 15-2】 已知某仓库的窗间墙为带壁柱的 T 形截面，翼墙宽度 1500mm，窗洞口宽度 $b_s=1500$mm，厚度 240mm，壁柱宽 490mm，壁柱高 250mm。柱的计算高度 $H_0=5.1$m，采用砖 MU10，混合砂浆强度等级 M7.5 水泥砂浆砌筑，经复核仓库结构静力计算方案为刚性。试验算带壁柱承重纵墙的高厚比是否满足要求。

【解】（1）截面几何特征

1）截面面积

$$A=1500\times240+240\times250=420000\text{mm}^2$$

2）截面形心轴

假定截面水平形心轴距翼缘上缘的距离为 y_1，则

$$y_1=[1500\times240+240\times250\times(240+125)]/420000=155\text{mm}$$

$$I=1500\times155^3/3+240\times(250+85)^3/3+2\times(1500-240)\times85^3$$
$$=51275\times10^5\text{mm}^4$$

截面回转半径为：

$$i=\sqrt{\frac{I}{A}}=\sqrt{\frac{51275\times10^5}{420000}}=110.5\text{mm}$$

折算高度　　$h_T=3.5i=386.8$mm

（2）高厚比

查表 15-3 墙体的允许高厚比 $[\beta]=26$

外纵墙为承重墙，所以 $\mu_1=1.0$，$\mu_2=1-0.4\dfrac{b_s}{s}=1-0.4\dfrac{1.5}{3}=0.8>0.7$

$$\beta=\frac{H_0}{h_T}=\frac{5.1}{0.3868}=13.185\leqslant\mu_1\mu_2[\beta]=1.0\times0.8\times26=20.8$$

该仓库外墙高厚比满足要求。

*第四节　多层砌体结构房屋墙体验算

在混合结构中墙和柱是主要的竖向受力构件，它们的设计不仅要满足建筑设计的厚度、高度和隔热保温等方面的要求，从结构设计的角度看，还要满足结构的安全性、适用性和耐久性功能要求等，即不仅要满足前述的热工性能、高厚比要求，同时也必须满足承载能力等要求。

实用中混合结构刚性方案房屋分为单层和多层两类，现分别讨论如下。

一、多层砌体房屋计算单元

在墙体组成比较均匀时，一般从房屋中间以某道横向定位轴线为中心，取相邻两开间各一半，把宽度等于一个开间内的竖条墙作为计算单元；在墙体组成不均匀时，通常从纵墙中选取荷载较大及截面受力较弱的部位，相邻两开间各取一半把宽度等于一个开间内的竖条墙作为计算单元，如图 15-7（*a*）、（*b*）所示。

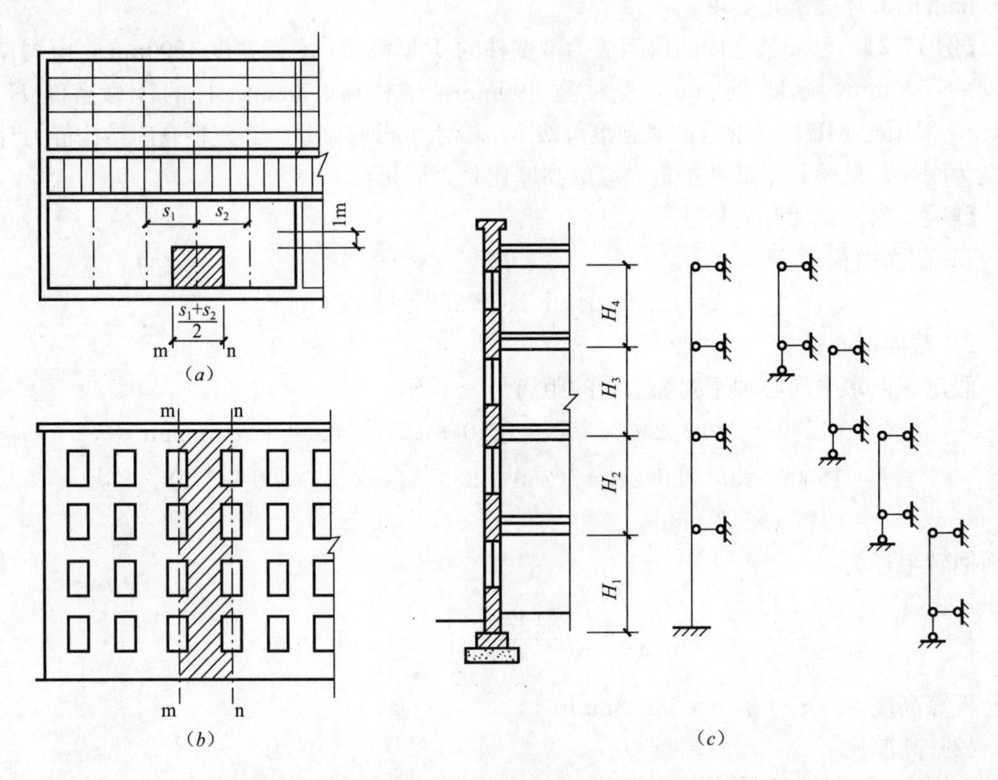

图 15-7　多层刚性方案房屋承重纵墙的计算单元和计算简图

二、竖向荷载作用下的多层砌体房屋的墙体验算

1. 计算简图

在竖向荷载作用下，多层混合结构房屋外纵墙计算单元内的墙体如同一个竖向的多跨连续梁，屋盖、楼盖和基础顶面均作为这个多跨连续梁的支点。**由于楼面梁和屋面梁的梁端伸入墙内，削弱了墙的有效截面面积，在支点处传递弯矩的能力很小，为简化计算，假定屋盖和楼盖为要验算的墙体的不动铰支点，楼（屋）盖处水平风荷载作用下的弯矩较小，可以将上一层看作铰接于下层墙顶面的竖向多跨简支梁，在基础顶面处由于轴心力远比水平风荷载作用下时弯矩的作用大，即基础顶面起主导作用的内力时轴向力，所以基础顶面就简化为不动铰支座。**于是，墙在每层高度范围内均可被简化为两端铰支的竖向偏心受压构件，如图 15-7（*c*）所示。于是每层可单独进行内力计算，二层以上墙的计算高度取层高，底层墙的计算高度取层高加上室内地面到基础顶面的距离。

2. 内力计算

(1) 荷载

作用在每层墙体上的竖向荷载，有上层楼盖（屋盖）和墙体自重传来的荷载 N_0 及本层楼盖传来的荷载 N_l。如图 15-8 所示，由上层墙体传来的荷载 N_0 可视为作用于上一层墙、柱底部截面形心的力。由本层楼面梁在墙顶引起的竖向偏心力 N_l 到墙内边缘的距离，应取梁的有效支承长度 a_0 的 0.4 倍，即 $0.4a_0$。本层墙体自重 N_G，作用于计算高度内墙体的形心轴线上。多层砌体房屋中间层墙计算简图如图 15-8 所示。

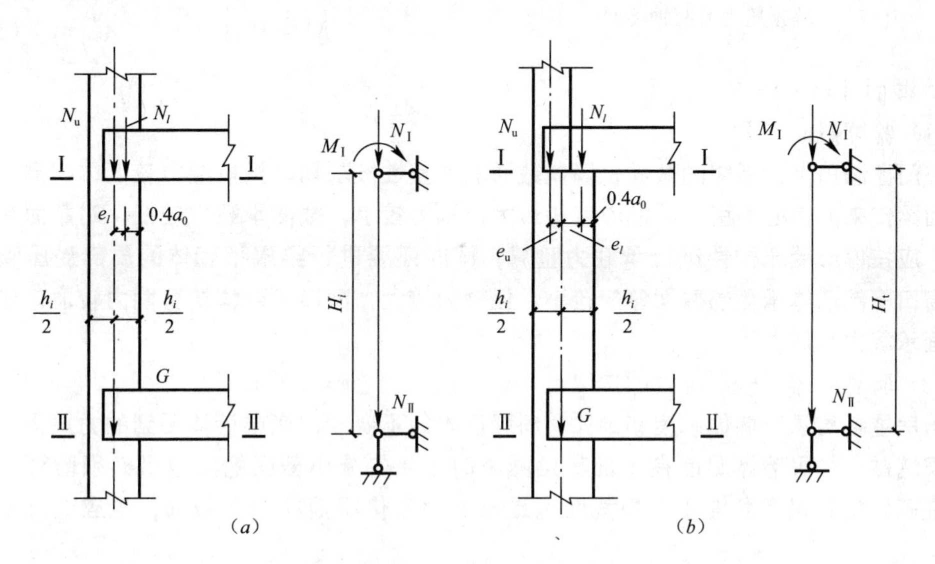

图 15-8 垂直荷载作用下的内力计算

(2) 轴向力

墙顶承受 N_0、N_l 二者合力的作用，为偏心受压构件，底部截面承受墙自重引起的荷载设计值和（N_0+N_l）的共同作用。

(3) 弯矩

发生在墙顶截面。

1) 当上、下层墙体厚度不变时，N_0 通过本层墙顶截面形心轴不产生偏心距，N_l 在距墙内皮 $0.4a_0$ 处，和截面形心之间有偏心距，如图 15-8 (*a*) 所示。所以，墙顶截面承受偏心弯矩为

$$M_0 = N_l\left(\frac{h}{2} - \alpha_0\right) \tag{15-7}$$

式中 h——为验算楼层墙的厚度。

2) 当上、下层墙体厚度不同时，N_0 通过与验算楼层墙顶截面形心轴偏心距为 e_0 的截面位置，N_l 在距墙内皮 $0.4a_0$ 处，和截面形心之间有偏心距 $0.5h-0.4a_0$，如图 15-10 (*b*) 所示。所以，墙顶截面承受偏心弯矩为

$$M_0 = N_l\left(\frac{h}{2} - \alpha_0\right) - N_0 e_0 \tag{15-8}$$

式中 e_0——上下层墙体轴线间的偏心距。

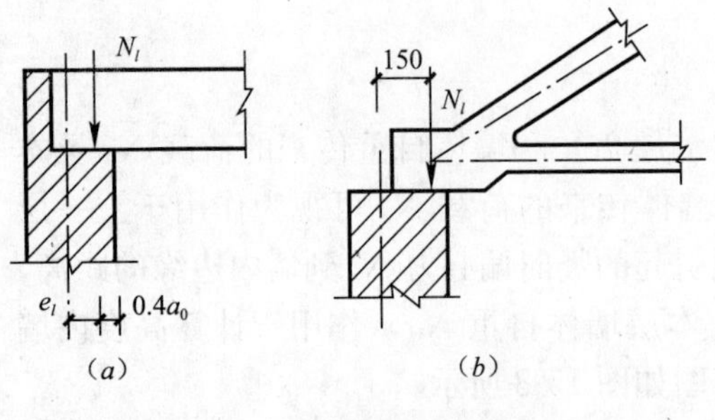

图 15-9 墙顶压力的两种类型

3）顶层屋面梁（屋架）作用下内力，墙顶承受屋面梁传来的竖向偏心压力 N_l，如图 15-9（a）所示；承受屋架传来的竖向力 N_l，如图 15-9（b）所示。墙顶不仅受压，同时，由于 N_l 的作用点距墙体形心有偏心距 $0.5h-0.4a_0$，所以墙顶还受到偏心弯矩的影响。

$$M = N_l\left(\frac{h}{2}-0.4\alpha_0\right) \qquad (15\text{-}9)$$

3. 截面计算

（1）验算截面

在门窗洞口上、下缘的截面，墙体截面的完整性被削弱，抵抗能力较低；在窗洞口上部楼面梁传来的偏心力引起的偏心弯矩最大，轴力较小，截面承载力较低，对截面起控制作用，应按偏心受压构件进行承载力验算，同时还要进行梁端下砌体的局部受压验算验算；窗口下部墙体承受的截面弯矩较小，但轴力较大，窗口下砌体抗剪能力较弱，应进行此截面承载力验算。

（2）验算墙体时楼层位置的选取

当房屋各层承重墙体厚度和砌体材料强度等级不变时，底层墙体受到的力最大，只验算底层墙体；如果墙体厚度在上部某层减小时，最先减小截面的层也是必须验算的薄弱层。在砌体材料强度发生变化处截面也是承载力变化明显的薄弱截面，也应进行承载力验算。

三、水平风荷载作用下墙体内力计算

水平风荷载作用下墙体相当于水平方向支承在楼（屋）面梁板上的竖向连续梁，如图 15-10 所示。在每个楼层处和墙体中部将产生最大弯矩，墙体验算时位于各个楼层处的弯矩值为：

$$M = \frac{qH_i^2}{12} \qquad (15\text{-}10)$$

式中 q——计算单元内沿纵墙每米高度上作用的均布风荷载设计值；

H_i——第 i 层的层高。

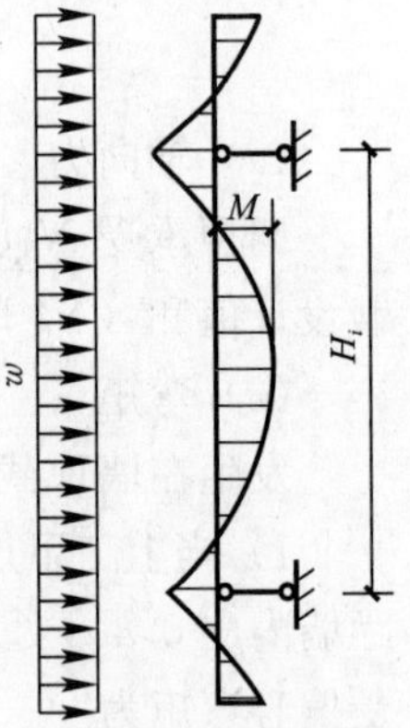

图 15-10 风荷载作用下墙的计算简图

四、多层房屋承重横墙的计算

承重横墙不仅要满足高厚比的要求，还应满足承载力设计的要求。

1. 计算单元的选取

在多层砌体房屋中，承重横墙一般是轴心受力构件；只有当横墙两侧房间跨度差异较大，或两侧房间跨度相当但楼面可变荷载差异很大时才可能出现偏心受压的情况。无论轴心受压还是偏心受压，计算时计算单元的选取均是沿墙长取 1m 宽从基础到屋顶全高范围作为计算单元，如图 15-11（a）所示；构件的计算高度等于层高，当屋顶为坡屋顶时，顶层层高要算至山尖高度的一半处，如图 15-11（b）所示；每层横墙均视为在上下楼面上铰接的构件，如图 15-11（c）所示。

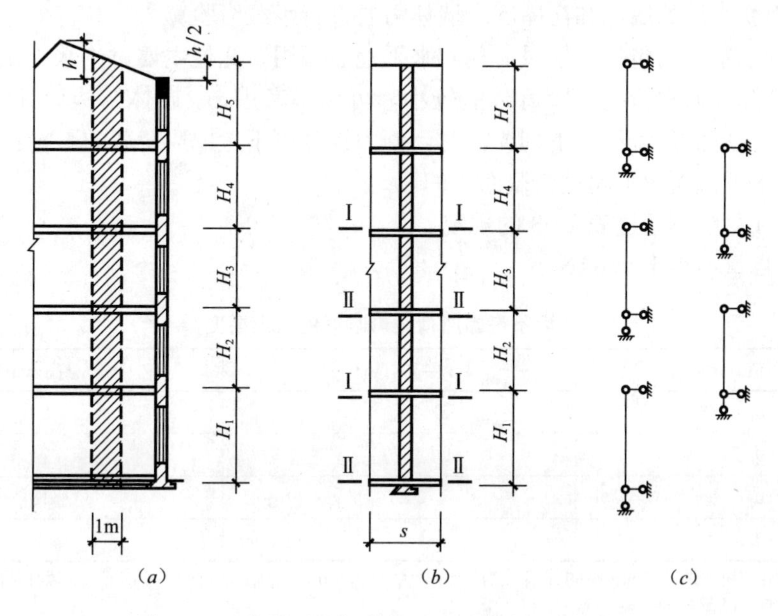

图 15-11　多层刚性方案房屋承重横墙的计算简图

2. 荷载计算

我们要验算的楼层横墙，一般承受上面各层传来的竖向轴心受压荷载设计值，同时承受本层验算墙体两侧楼板传至墙顶的均布荷载，对于墙底截面还承受本层墙体自重引起的竖向压力设计值等的作用。在风荷载作用下，纵墙传给横墙的内力很小，因此，横墙计算可以不考虑风荷载的影响。

横墙计算单元内承受的荷载包括：

(1) 由上层传来的轴向力 N_s。包括本层以上所有楼盖和屋盖上承受的全部永久荷载和可变荷载，以及上部所有墙体的自重引起的永久荷载设计值，作用位置在上层墙的形心位置处。

(2) 压在本层墙顶上左、右两侧的楼板传来的竖向压力 N_{ll}、N_{lr}。分别为本层左、右相邻楼盖传来的轴向力，作用位置在距同侧内墙皮 $0.4a_0$ 处，如图 15-12 所示。

(3) 本层墙体自重引起的永久荷载设计值 G。作用于本层墙体截面形心处，如图 15-12 所示。

3. 控制截面承载力计算

承重横墙由于绝大多数是轴心受压，设计时承受竖向压应力最大的控制截面就是本层墙底截面。如果左、右两侧由楼板传来的水平力不相等时，横墙为偏心受压，此时需要验算墙顶截面的偏心受压承载力是否满足要求，同时，还要验算墙底部轴心抗压强度是否满足要求。

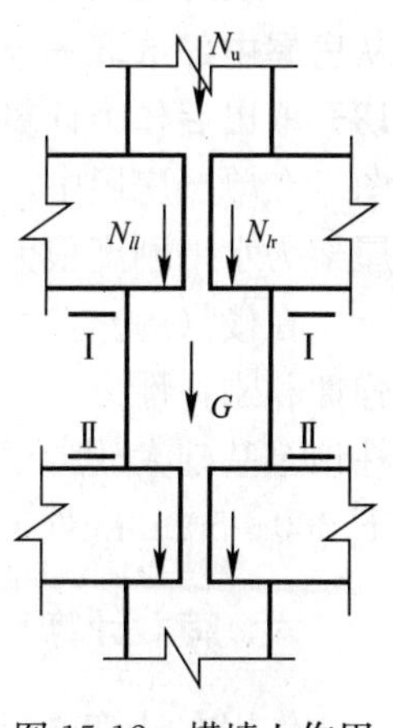

图 15-12　横墙上作用的荷载

在多层房屋中，如果墙厚和材料强度不变时，只需验算竖向压力最大的底层横墙的底部截面的轴心受压承载力或墙顶部偏心受压承载力。当墙厚不变，材料强度改变时，需要验算材料强度改变处底层墙体和该层墙体的承载力；如果墙厚发生改变时，截面变小层的墙体和房屋底层墙体需要进行承载力验算。

混合结构水平作用包括水平风荷载和水平地震作用，此处主要讨论水平风荷载作用下墙体的内力计算。通常情况下风荷载值较小，可以不考虑，《砌体结构设计规范》规定，多层刚性方案房屋的外墙符合下列要求时，静力计算可不考虑风荷载的影响：

1）洞口水平截面积不超过全截面积的 2/3。

2）层高和总高不超过表 15-3 的规定。

3）屋面自重不小于 0.8kN/m^2。

外墙不考虑风荷载影响时的最大高度　　表 15-3

基本风压值（kN/m^2）	层高（m）	总高（m）
0.4	4.0	28
0.5	4.0	24
0.6	4.0	18
0.7	3.5	18

注：对于多层砌块房屋 190mm 厚的外墙，当层高不大于 2.8m，总高不大于 19.6m，基本风压不大于 0.7kN/m^2 时可不考虑风荷载的影响。

当不符合上述不考虑风荷载的条件时，就必须考虑风荷载的影响，这时，我们视外纵墙为一竖向连续梁，各层楼盖及屋盖当做连续梁不动铰支点，风荷载引起的弯矩可按下式计算：

$$M=\frac{wH_i^2}{12} \tag{15-11}$$

式中　w——沿楼层高均布风荷载设计值（kN/m^2）；

H_i——第 i 层的层高（m）。

五、单层混合结构房屋计算单元和计算简图

单层房屋纵墙、柱的计算简图的确定类似于多层房屋纵墙计算简图的确定，一般也是**从房屋中部选取一个以窗间墙为中心，从两侧两个纵向柱距中各取一半假想把房屋沿横向切开取出后作为计算单元。**如图 15-13（a）所示为一单层刚性静力计算方案房屋的计算简图。在单层房屋中，假设墙、柱与屋架或屋面梁铰接，墙、柱下端与基础固接，同时假设屋架为水平刚度很大的水平刚性杆。

在楼（屋）盖类型和横墙最大间距确定后，就可将房屋的静力计算方案划分为刚性、弹性和刚弹性方案，如图 15-13～图 15-15 所示。排架的计算简图中的排架高 H，通常取柱顶至基础大放脚顶面之间的距离，当基础埋深较深时，排架的固定端可取至室外地面以下 300～500mm 处。

六、荷载计算

作用在计算单元范围内单层房屋外纵墙的荷载包括：

(1) 由屋盖传来的竖向偏心荷载 N_l。

（2）由作用在屋面上的风荷载传至柱顶处的水平集中力 W，以及直接作用在迎风墙面上的压力 q_1 和背风墙面上的吸力 q_2。

（3）墙、柱自重引起的永久荷载设计值。

对于竖向荷载 N_l 和墙、柱自重引起的永久荷载设计值的取值类似于多层房屋，我们不再赘述。这里简单介绍《建筑结构荷载设计规范》50009—2012 中对雪荷载和风荷载计算有关内容。

（4）雪荷载。

在北方寒冷地区雪荷载是房屋承受的竖向荷载中主要的一种，尤其是我国东北和西北部分地区雪荷载是引起屋面破坏的最重要的荷载。此外，特别是特大暴风雪荷载是一种偶然事件，在正常年份降雪量不大的地区也会产生由雪灾引起屋面的极大破坏，例如，2009 年冬天发生在华北地区的百年一遇的特大暴风雪，使得该地区的一些屋面受到严重破坏，可见雪荷载对屋顶结构的破坏作用还是很大的，在房屋设计时必须引起足够重视。

屋面水平投影上的雪荷载标准值按下式计算：

$$S_k = \mu_\gamma S_0 \tag{15-12}$$

式中 S_k——雪荷载标准值（kN/m^2）；

μ_γ——屋面积雪分布系数，按《建筑结构荷载规范》的规定采用。对于单跨双坡屋顶的均布雪荷载，可根据屋面角度 α 查表 15-4；

单跨双坡屋面随屋面坡度变化的积雪分布系数 **表 15-4**

α	≤25°	30°	35°	40°	45°	≥50°
μ_γ	1.0	0.8	0.6	0.4	0.2	0

S_0——基本雪压（kN/m^2），是以当地一般空旷平坦地面上连续统计所得的 30 年一遇最大积雪的自重确定的，其取值可查《建筑结构荷载规范》给定的相应的数据。

（5）风荷载。

风荷载作用于房屋外表面，其数值与房屋体型、高度及周围环境等因素有关。《建筑结构荷载规范》GB 50003—2012 给出的作用于房屋上的风荷载标准值，可按下式计算：

$$\bar{\omega}_k = \mu_z \mu_s \bar{\omega}_0 \tag{15-13}$$

式中 $\bar{\omega}_0$——荷载设计规范给出的作用于建筑物所在地的基本风压（kN/m^2）；它是以当地比较空旷平坦地面离地面 10m 高处，统计所得的 30 年一遇最大风速 10min 的平均值风速 υ（m/s）为依据计算的，$\bar{\omega}_0 = \upsilon^2/1600$ 确定的风压值。其值可根据《建筑结构荷载规范》的规定取用；

μ_s——风载体形系数，就是风吹到房屋表面引起的压力或吸力与原始风速算得的理论风压的比值。它与房屋体型和尺寸有关。各种建筑体型的 μ_s 值可查阅结构荷规范，常用的 μ_s 见表 15-5；

μ_z——风压高度变化系数，按表 15-6 采用。

单跨双坡屋面随屋面坡度变化的风载体型系数 μ_s **表 15-5**

α	≤15°	30°	≥60°
μ_s	−0.6	0	0.8

风压高度变化系数 μ_z　　表 15-6

离地面（或海面）高度（m）	地面粗糙程度类别		
	A	B	B
≤5	1.17	0.8	0.54
10	1.38	1.0	0.71
15	1.52	1.14	0.84
20	1.63	1.25	0.94
30	1.80	1.42	1.11
40	1.92	1.56	1.24
50	2.03	1.67	1.36
60	2.12	1.77	1.46
70	2.20	1.86	1.55
80	2.27	1.95	1.64
90	2.34	2.02	1.72
100	2.40	2.09	1.79
150	2.64	2.38	2.11
200	2.83	2.61	2.36
250	2.99	2.80	2.58
300	3.12	2.97	2.78
350	3.12	3.12	2.96
≥400	3.12	3.12	3.12

需要说明的是，表 15-6 中地面粗糙程度分为 A、B、C 三类；A 类指近海海面、海岛、海岸及沙漠地区；B 类指田野、乡村、丛林、丘陵及房屋比较稀疏的中小城镇或大城市郊区；C 类指有密集建筑群的大城市市区。

七、纵墙内力计算

如前所述，不同静力计算方案的单层排架，在水平荷载作用下的位移也不同，计算简图不同，内力就不同。为此，就必须分别计算不同静力计算方案的排架内力，为排架设计提供依据。

1. 刚性方案

单层刚性方案房屋的排架其内力计算简图如图 15-15（*a*）所示，由于在水平荷载或不对称的垂直荷载作用下，排架侧移很小可以忽略不计，为此就按无侧移排架计算其内力。

(1) 在屋顶水平集中荷载 R_a 作用下，排架柱内不产生内力，假想屋顶水平集中荷载 W 进入支座，支座出现反力 $R_a=W$。

(2) 在沿墙高范围内均匀分布的墙面水平风荷载作用下，其上部支座反力 $R_a=3qH/8$，下部支座反力 $R_a=5qH/8$；下部支座截面的弯矩为 $qH^2/8$，如图 15-15（*c*）所示。

(3) 在屋面梁或屋架支座竖向偏心压力以及墙面水平风荷载作用下，排架受力如图 15-13（*a*）所示。在屋面竖向荷载作用下排架各截面产生的内力如图 15-14（*b*）所示，排架柱顶水平支座出现的 R_a 方向相反的内力 $R=3N_l e_l/2H$，偏心弯矩 $M=N_l e_l$。

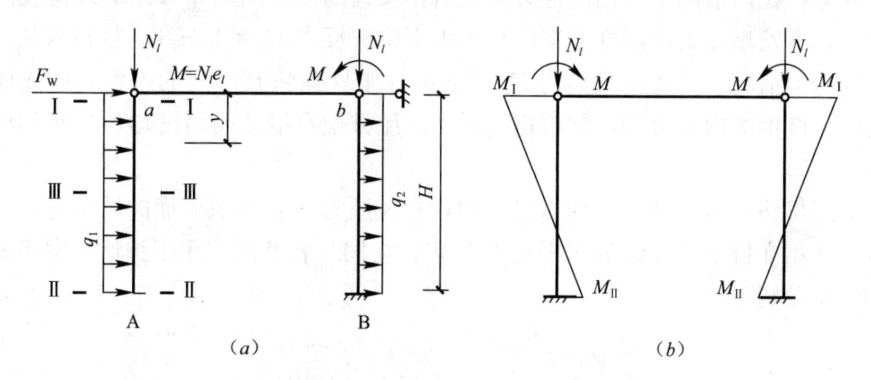

图 15-13　刚性方案单层排架受力示意图

(4) 单层刚性方案房屋排架在墙面水平风荷载作用下，支座截面出现水平剪切力 $R_a=3e_l/2H$，弯矩 $M=N_l e_l/2$，如图 15-14 所示。

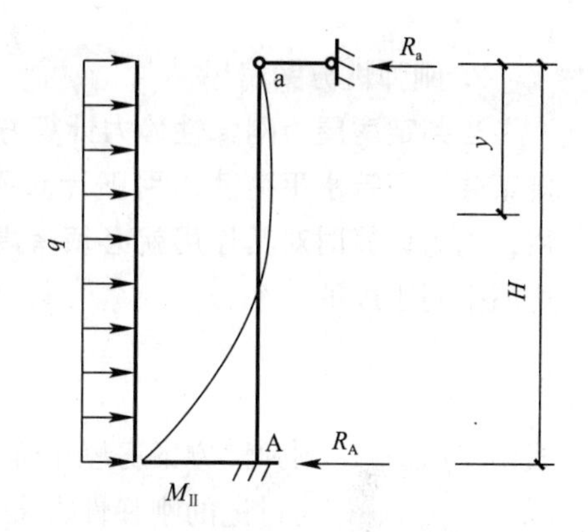

图 15-14　单层刚性方案房屋排架在墙面水平风荷载作用下的内力

(5) 弹性方案房屋。**弹性方案房屋的最大特点是不设横墙或横墙间距很大，抗侧移刚度小，在水平荷载或不对称的垂直荷载作用下排架是一个有侧移的自由侧移排架。**最大水平侧移是发生在房屋长度的中部，其中包括柱顶的水平位移和屋盖的弯曲变形值，为了安全可靠起见，计算单元就取房屋中部水平位移最大处。实验证明，弹性房屋中部最大水平位移和不考虑相邻单元按单独的平面排架所算得的水平位移基本相当。因此，弹性方案房屋可忽略结构的空间相互制约拉结的影响，简化成平面排架计算。

(6) 在柱顶竖向集中荷载（屋盖荷载）作用下，由于柱顶集中荷载对称、排架结构对称，所以排架不产生水平侧移，其内力计算与刚性方案房屋计算相同。由于屋架或屋面梁传给柱的荷载为对称偏心荷载，故在这种受力情况下排架不会发生侧移，因此，柱内弯矩确定方法与刚性方案的无侧移排架内力计算情况相同。柱内轴力为 N_l，屋架或梁内产生 $3N_l e_l/2H$ 的压力，柱顶截面偏心弯矩 $M=N_l e_l$；柱底截面的弯矩 $M=N_l e_l/2$。

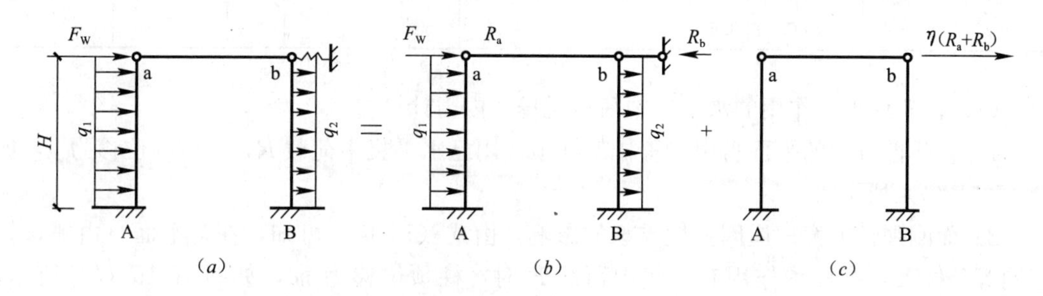

图 15-15　刚弹性方案房屋排架在沿柱高均匀分布的水平力作用下的内力计算

（7）在水平荷载作用下，为了求出弹性方案房屋在沿排架柱高度方向的均风荷载作用下的排架内力，我们借助于前面刚性方案在沿排架柱高度方向均布作用的风荷载内力计算结果，对比二者发现，去掉刚性方案的柱顶水平支座反力 $R_a=3qH/8$，柱顶就如同弹性方案的排架的受力情况。为此，我们将 R_a 反向施加于柱顶将其产生的内力和柱顶加了水平支座的情况下产生的内力叠加，就可得到弹性房屋排架在沿墙面高度均匀分布的风荷载作用下的内力。

根据上述思路，假定迎风墙面沿竖向的均布风压为 q_1，背风墙面的风压为 q_2，屋顶风荷载的合力作用在排架柱顶部的水平集中力 W，它们三者共同作用下弹性方案房屋的排架柱底部的弯矩分别为：

$$M_A=\frac{WH}{2}+\frac{5q_1H^2}{12}+\frac{3q_2H^2}{16} \tag{15-14}$$

$$M_B=-\frac{WH}{2}-\frac{3q_1H^2}{16}-\frac{5q_2H^2}{16} \tag{15-15}$$

2. 刚弹性方案房屋

当判定房屋为刚弹性静力计算方案时，由于其空间刚度和抗侧移能力比弹性单独平面排架强，同等水平荷载作用下计算所得的水平位移小，这说明房屋的空间性能在发挥作用，内力计算时对其作用就必须考虑。《砌体结构设计规范》用空间性能系数反映刚弹性房屋空间刚度的大小。

$$\eta=\frac{\mu_{max}}{\mu_f}<1 \tag{15-16}$$

式中 μ_{max}——刚弹性方案房屋中部在水平荷载 R 作用下最大侧移；

μ_f——与讨论的刚弹性方案房屋条件相同的弹性方案房屋中部在水平荷载 R 作用下的最大侧移。

η 值与横墙间距和楼（屋）盖类型有关。η 值越大，说明房屋的空间性能越差。房屋的空间性能影响系数 η 值可查表 15-7 采用。

房屋各层的空间性能影响系数 **表 15-7**

楼盖或屋盖类别	横墙间距（m）														
	10	20	24	28	32	36	40	44	48	52	56	60	64	68	72
1	—	—	—	—	0.33	0.39	0.45	0.50	0.55	0.60	0.64	0.68	0.71	0.74	0.77
2	—	0.35	0.45	0.54	0.61	0.68	0.73	0.78	0.82	—	—	—	—	—	—
3	0.37	0.49	0.60	0.68	0.76	0.81	—	—	—	—	—		—	—	—

（1）排架柱顶有作用的水平集中荷载时排架内力计算

1）设弹性方案的平面自由侧移排架柱顶作用已水平集中荷载 R，相应的位移为 μ，如图 15-15（*a*）所示。

2）而刚弹性方案房屋因弹性支承的影响，由式（15-14）可知，在与平面自由侧移排架同等条件下，在柱顶作用有一集中荷载 R 时，柱顶位移为 $\eta\mu$，如图 15-15（*b*）所示，较弹性方案自由侧移排架柱顶的位移减少了（$1-\eta$）μ。由于位移与力成正比关系，弹性支承反力将为（$1-\eta$）R。这一反力通过楼盖和屋盖传到横墙上，剩下的外力 $\eta\mu$ 引起相应排架位移。简言之，柱顶位移是弹性方案排架的 η 倍，则排架柱顶受到的水平剪切力也就是弹性排架的 η 倍。

（2）沿柱高作用均布荷载时

1）对于如图 15-15（a）所示的有侧移、又不是自由侧移的刚弹性方案房屋的排架，假定在排架柱顶加一个水平连杆，使柱顶不发生位移，这时的受力情况类似于无侧移的刚性方案排架的受力情况，水平连杆的支反力为 $R=3qH/8$，如图 15-15（b）。

2）为了消除人为加上去的水平连杆的影响，将反向施加 $R=3qH/8$ 加于图 15-15（c）所示的排架柱顶，弹性支座内就出现 $\mu R=3\mu qH/8$ 反力；

3）经计算求得图 15-15（c）所示的排架内力，求得的每根柱柱顶的水平剪切力为 $\mu R=3\mu qH/16$，排架柱底部弯矩为 $3\mu qH^2/16$。

4）经计算求得图 15-15（b）所示的排架和图 15-15（d）所示排架的内力之和，就得到单层单跨刚弹性方案排架结构在沿墙高均布水平风荷载作用下的内力计算结果。排架迎风一侧柱顶的剪力为（$1-\eta$）R，柱底的弯矩为 $\eta R\mu=qH^2/2+(1-\eta)RH$；另一侧背风面的柱顶的水平剪力为 ηR，柱底的弯矩值为 ηRH；这就是计算结果。

如果排架两根柱的抗侧移刚度不同，则水平剪力按单根柱在两根柱侧移刚度总和中的比例分配内力，即两根柱的内力分配系数分别为 $\mu_A=I_A/(I_A+I_B)$ 和 $\mu_B=I_B/(I_A+I_B)$。

根据上述思路，我们假定迎风墙面沿竖向的均布风压为 q_1，背风墙面的风压 q_2，屋顶风荷载的合力作用在排架柱顶部的水平集中力 W，它们三者共同作用下刚弹性方案房屋排架柱底部的弯矩风别为：

$$M_A=\frac{\eta WH}{2}+\frac{(2+3\eta)q_1H^2}{12}+\frac{3\eta q_2H^2}{16} \tag{15-17}$$

$$M_B=-\frac{\eta WH}{2}-\frac{(2+3)q_2H^2}{16}-\frac{3\eta q_1H^2}{16} \tag{15-18}$$

八、危险截面及其内力组合

1. 危险截面的位置

根据以上三种静力计算方案排架内力分析结果，我们知道弯矩发生在单层排架柱的底部截面，该截面轴向力也最大，所以是危险截面，该截面的宽度可按从窗间墙边向两侧45°角线放射后的宽度（但不能大于开间尺寸），柱底危险截面的宽度：

$$b=b_l+2h_l \tag{15-19}$$

式中 b_l——为窗间墙的宽度；

h_l——窗下墙的高度。

窗间墙上下缘截面被窗洞口削弱，承载力下降，在排架柱设计时也应进行验算。

2. 内力组合

根据《建筑结构荷载规范》规定，在单层房屋墙柱承载力验算中，一般根据下列两种组合求得排架柱的内力，然后按较大者作为验算排架柱危险截面承载力的依据，这两种组合就是：

恒载＋风荷载

恒载＋0.85（可变荷载＋风荷载）。

在上述刚性、弹性和刚弹性三种结构静力计算方案的房屋中，弹性方案求得的内力最大，刚性方案求得的内力最小，刚弹性方案房屋介于二者之间。弹性方案房屋侧向刚度小、侧向位移大，很容易在侧向荷载或地震作用下发生破坏，所以在条件允许的情况下尽量不要采用弹性方案。条件允许应改为钢筋混凝土排架结构或框架结构。由于刚弹性和弹性方案房屋抗侧移刚度低，在横向力的作用下容易破坏，采用多层砌体结构刚弹性和弹性方案并不十分合理，尤其是在地震高烈度区更为危险。

第五节 多层砌体结构房屋实例简介

一、工程概况

1. 本工程为三层公寓楼，砌体结构，属丙类建筑，抗震设防烈度 8 度（0.2g，第二组），Ⅱ类场地。

2. 本工程建筑结构安全等级为二级，结构设计使用年限 50 年。

3. 本工程混凝土结构的环境类别：地上外露部分为二 b 类，室内为一类，地下部分为五类。

4. 本工程±0.000m 相应的绝对标高详见建筑施工图。

5. 本节后各节施工图中除标高以米计外，其余标注尺寸均以毫米计。

二、设计依据

1.《岩土工程勘察报告（详勘阶段）》

2. 标准与规范

《工程结构设计可靠度统一标准》(GB 50153—2008)

《建筑工程抗震设防分类标准》(GB 50223—2008)

《建筑结构荷载规范》(GB 50009—2012)

《建筑抗震设计规范》(GB 50011—2010)

《混凝土结构设计规范》(GB 50010—2010)

《建筑地基基础设计规范》(GB 50007—2012)

《砌体结构设计规范》(GB 50003—2011)

《建筑桩基技术规范》(JGJ 94—2008)

《湿陷性黄土地区建筑规范》(GB 50025—2004)

3. 计算机软件采用中国建筑科学研究院 PKPM CAD 工程部编制的 PKPM（2005 版）系列软件。

4. 活荷载标准值（kN/m^2）

客厅、卧室卫生间：2.0；走廊：2.5；楼梯：2.0；非上人屋面：0.5。

5. 自然条件

地震设防烈度 8 度（0.2g）；基本风压（50 年一遇）：0.4kN/m^2；基本雪压（50 年一

遇)：0.2kN/m²；标准冻深：0.97m。

三、地基与基础

地基与基础设计等级为丙级，设计说明详见图15-16。

四、主要结构材料

1. 混凝土：基础为C30，其余现浇构件为C25。

2. 钢筋：HPB300（ф），HRB335（ф）钢筋。

3. 焊条：HPB300级钢筋及其他钢材之间用E43型；HRB335级钢筋焊接用E50型。

4. 砌体：±0.000m以上采用MU10承重烧结多孔砖（KP1型），用混合砂浆砌筑，混合砂浆强度等级为M10。

五、钢筋混凝土保护层厚度：梁为30mm，板为20mm，柱为30mm。

六、梁、圈梁、构造柱

1. 现浇梁按国标图集《03G101-1》平法绘制，其构造详见《03G101-1》中相关要求和详图。

2. 主次梁相交处主梁两侧均应加设附加箍筋，每侧3根，直径、肢数同主梁箍筋，间距50mm，附加吊筋按原位注写要求设置。

3. 悬挑跨和跨度≥4m的梁、板，其模板应预先起拱，起拱高度为跨度的0.3%。

4. 构造柱（**在砌体房屋的规定部位，按构造配筋，并按先砌墙后浇灌混凝土柱的施工顺序制成的混凝土柱。通常称为混凝土构造柱，简称构造柱。**）位置详见结构平面图所示，构造柱应先砌墙后浇筑混凝土，墙与柱连接处砌成马牙槎先退后进，槎齿出柱面60mm，牙槎高300mm，并沿墙高每隔500mm设2ф6拉结筋，每边伸入墙内1000mm，遇门窗洞口断开。

5. 构造柱与圈梁（**在房屋的檐口、窗顶、楼层、吊车梁顶或基础顶面标高处，沿砌体墙水平方向设置封闭状的按构造配筋的混凝土梁式构件。**）相交的交点加密柱箍筋，加密范围在圈梁上下各500mm，箍筋间距100mm，其具体做法详见图集《砌体结构构造详图》02G01-1。

6. 门窗洞口过梁根据墙体材料及洞口尺寸选自《钢筋混凝土过梁》02G05图集，截面宽度同强宽，荷载等级选二级，若遇构造柱，则过梁现浇，当圈梁兼过梁时，洞口跨度小于1800mm时梁底另加2ф14；洞口跨度大于1800mm时梁底另加3ф14；洞口跨度大于2100mm时梁底另加3ф16，并且每边伸入墙内不小于2400mm，其具体做法详见图集《02G01-1》。

7. 在顶层楼梯间横墙和外墙沿墙高每隔500mm设2ф6通长筋。

8. 抗震墙体水平配筋作法图集详见《砌体结构详图02G01-1》第62页，其具体配筋详见墙体水平配筋平面图。

9. 底层墙体门窗洞口加紧做法详见图集《02G01-1》，节点02G01-1-57-1。

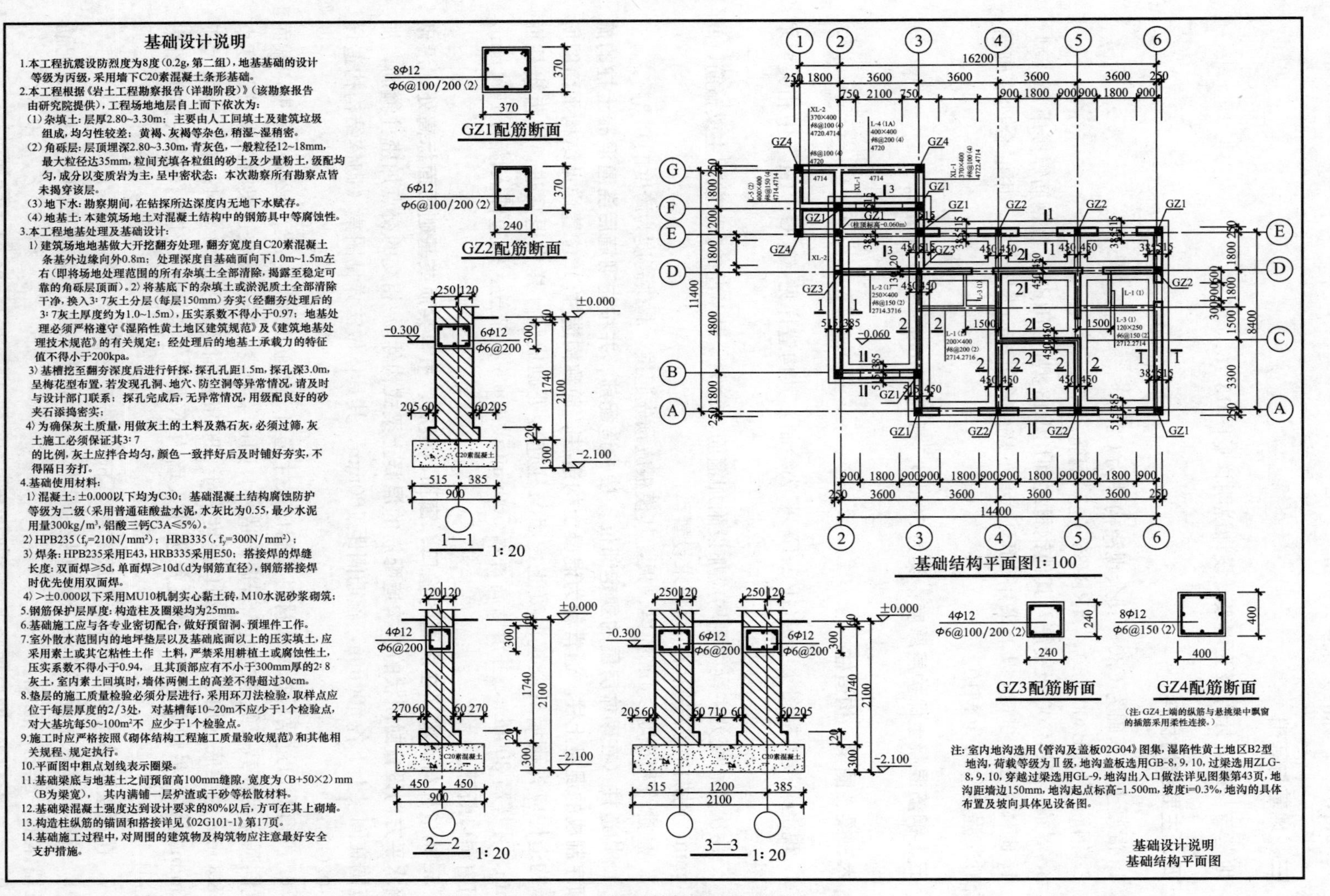

图15-16 基础结构平面布置图

七、楼（屋）面板

1. 所有悬挑构件必须待混凝土强度达到设计要求的100%后方可拆除支撑。

2. 现浇板未标注的构造分布筋为φ6@200。

3. 现浇板边缘支座负筋应锚入梁内35*d*，板底下部纵向钢筋伸入支座的锚固长度为10*d*（*d*为钢筋直径）且不小于100mm，不小于1/2支座宽度，板支座负筋下面的数字为钢筋伸过梁（墙）边的长度。

4. 现浇板中留洞尺寸$D \leqslant 300$mm时：钢筋绕过洞口，不需要截断（*D*为洞口直径），洞口板底各设2φ12加强，其中加强筋沿板跨短向通长设置；当$D \geqslant 300$mm时，钢筋于洞口边截断并弯曲锚固，洞口边增设加强钢筋。

5. 现浇双向板短向跨度的钢筋在外排，长向跨度的钢筋在内排。

八、施工注意事项

1. 严格按有关技术规范、规程施工，土建施工时应与建筑、设备、电气等相关专业密切配合，预留好洞口和预埋件，不得遗漏和后凿。

2. 本设计未考虑冬期施工。

3. 防雷见电气图。

九、选用标准图

《平面整体表示方法制图规则和构造详图》国标03G 101-1。

《02系列结构设计标准图集》(DBJT25-98-2002)

十、施工过程中遇错、漏、碰、缺等图纸表达缺陷或地质异常之情况，请及时与设计人员联系，以便协商后妥善处理。

十一、未经技术鉴定和设计许可，不得改变结构的用途和使用环境。

十二、本工程施工图经审查通过后方可施工。

第六节　多层砌体结构工程实例基础施工图解读

本工程地基采用大开挖翻夯处理，翻夯宽度自混凝土条形基础外边缘向外0.8m，处理深度自基础底面下1.0～1.5m，处理时将处理层荷载影响深度范围内的杂填土全部清除，揭露至稳定可靠的角砾层表面。

本工程基础采用现浇混凝土条形基础，基础厚度300mm，绝大多数部位采用宽度为900mm，局部采用较宽的宽度尺寸。基础混凝土在±0.000m以下为C20，采用普通硅酸盐水泥，水灰比0.55，最少水泥用量300kg/m^3，磷酸三钙$C_3A \leqslant 5\%$。钢筋采用HPB300级和HRB335级，采用HPB300级钢筋时焊条用E43型，采用HRB335级钢筋时用E50型焊条。基础的3∶7灰土垫层按每层厚度150mm逐层翻夯，翻夯后厚度约1.0～1.5m。压实系数不小于0.97，处理后的地基承载力特征值不得小于200kPa。

由图15-16可知，基础平面内有单跨梁3根，带悬挑端的梁1根，悬挑梁两种。根据抗震设计在房屋平面内不同位置共设4种构造柱。

以下从构造柱、基础截面、基础梁三个方面对基础结构平面图进行介绍。

一、构造柱

1. GZ1。

构造柱 GZ1 设置在房屋平面的外墙转角处和Ⓔ轴线与②、③轴线相交处，共 8 根。截面尺寸 370mm×370mm，在截面角部时，应在两道相交墙的墙角双向均与墙厚相同；Ⓔ轴线与②轴线相交的 1 根应与②轴线墙厚处在同一位置，且与Ⓔ轴线外纵墙对齐。Ⓔ轴线与③轴线相交的 1 根，应与Ⓔ轴线和②轴线相交的构造柱对齐。

GZ1 的配筋为：四角设置纵向角筋，每边中部各加设一根，纵筋的配筋值为 8 根直径 12mm 的 HPB300 级钢筋。箍筋为直径 6mm 的 HPB300 级，柱顶部和柱根部加密区间距为 100mm，柱中间部位非加密区间距为 200mm 的双肢箍筋。

2. GZ2。

构造柱 GZ2 设置在房屋平面Ⓐ、Ⓔ轴线与④、⑤轴线相交处的 4 根和 1 根，共 5 根。截面尺寸 240mm×370mm，在平面设置时厚度方向与所在位置外墙同厚且与相连的内墙对齐。

GZ1 的配筋为：四角设置纵向角筋，两个长边中部各加设一根，纵筋的配筋值为 6 根直径 12mm 的 HPB300 级钢筋。箍筋为直径 6mm 的 HPB300 级，柱顶部和柱根部加密区间距为 100mm，柱中间部位非加密区间距为 200mm 的双肢箍筋。

3. GZ3

构造柱 GZ3 设置在房屋平面Ⓓ与②、③轴线相交处，共 2 根。截面尺寸 240mm×240mm，在内墙设置时，位置在两道相连的共同的墙角，在外墙与内墙相连处，紧连内墙在厚度方向只占外墙的 2/3 厚。

GZ3 的配筋为：纵向钢筋四角设置角筋，纵筋的配筋值为 4 根直径 12mm 的 HPB300 级钢筋。箍筋为直径 6mm 的 HPB300 级，柱顶部和柱根部加密区间距为 100mm，柱中间部位非加密区间距为 200mm 的双肢箍筋。

4. GZ4

构造柱 GZ4 设置在房屋平面Ⓔ与①轴线相交处 1 根，Ⓖ轴线与②、③轴线相交处 2 根，共 3 根。均为 L 形外挑檐角部的支柱。截面尺寸 400mm×400mm。

GZ4 的配筋为：纵向钢筋四角设置角筋，每边中部各加设一根，纵筋的配筋值为 8 根直径 12mm 的 HPB300 级钢筋。箍筋为直径 6mm 的 HPB300 级，间距为 150mm 的双肢箍筋。

二、基础截面

③轴线上Ⓐ～Ⓑ、Ⓔ～Ⓕ轴线间的墙下为基本宽度 960mm、厚 300mm 的混凝土条形基础。

除上述情况外，其他墙下基础宽度均为 900mm，厚 300mm 的条形基础。

以上所述的基础，均采用 C20 混凝土，厚度 300mm，基础底面埋置深度均为−2.100m。无论是 240mm 厚的墙还是 370mm 厚的墙，基础墙底部两边在沿墙厚方向在混凝土条形基础顶面各放脚一步，宽度均为 60mm，高度为 20mm。

1. 1—1 剖面

为所有外墙基础剖面。从图上可以知道，外墙定位轴线距内墙皮 120mm，距外墙皮 250mm；外墙上基础圈梁在室内外地坪之间，截面高度 300mm，厚度与墙厚度相同，截面配筋为对称配置的上下各 3 根直径 12mm 的 HPB300 级钢筋，箍筋为直径 6mm、间距 200mm 的 HPB300 级双肢箍。

2. 2—2 剖面

为内墙基础剖面。定位轴线居中，基础圈梁位于室内地坪以下一皮砖的位置，截面尺寸为 $b \times h = 240\text{mm} \times 300\text{mm}$，截面配筋为四角各 1 根直径 12mm 的 HPB300 级钢筋，箍筋为直径 6mm、间距 200mm 的 HPB300 级双肢箍。

3. 3—3 剖面

由于Ⓔ轴到Ⓕ轴线较近，为便于施工，将两轴线上的基础并联，混凝土条形基础总宽为 2100mm，厚度 300mm，两轴线墙体均为 370mm 厚，轴线间的距离为 1200mm，基础圈梁在室内外地坪之间，截面高度 300mm，厚度与墙厚相同，截面配筋为对称配置的上下各 3 根直径 12mm 的 HPB300 级钢筋，箍筋为直径 6mm、间距 200mm 的 HPB300 级双肢箍。

三、基础梁

根据图 15-16 可知，基础梁可分为 L1～L4 四种，XL1 和 XL2 两种，共六种。

1. L1

为设置在Ⓐ～Ⓓ轴线间③～④和⑤～⑥轴线间两个房间内的承担隔墙荷载的单跨基础梁，共两根。从图 15-16 上集中标注的信息可以看到，L1 截面尺寸为 $b \times h = 200\text{mm} \times 400\text{mm}$，箍筋沿梁跨全长均匀配置，箍筋双肢箍、直径为 8mm、间距 200mm 的 HPB300 级钢筋。梁截面上部配置受压钢筋为 2 根直径 14mm 的 HRB335 级钢筋，梁截面下部配置受拉钢筋为 2 根直径 16mm 的 HRB335 级钢筋。

2. L2

为设置在Ⓓ轴线上②～③轴线间，共 1 根。从图 15-16 上集中标注的信息可以看到，L2 截面尺寸为 $b \times h = 250\text{mm} \times 400\text{mm}$，箍筋沿梁跨全长均匀配置，箍筋为双肢箍、直径为 8mm、间距为 150mm 的 HPB300 级钢筋。梁截面上部配置受压钢筋为 2 根直径 14mm 的 HRB335 级钢筋，梁截面下部配置受拉钢筋为 3 根直径 16mm 的.HRB335 级钢筋。

3. L3

为设置在Ⓐ～Ⓓ轴线间③～④和⑤～⑥轴线间，支承在 L1 和Ⓓ轴线内纵墙上的房间内单跨基础梁，共两根。从图 15-16 上集中标注的信息可以看到，L3 截面尺寸为 $b \times h = 120\text{mm} \times 250\text{mm}$，箍筋沿梁跨全长均匀配置，箍筋为双肢箍、直径为 8mm、间距 150mm 的 HPB300 级钢筋。梁截面上部配置受压钢筋为 2 根直径 12mm 的 HRB335 级钢筋，梁截面下部配置受拉钢筋为 2 根直径 14mm 的 HRB335 级钢筋。

4. L4

为设置在Ⓖ轴线上②～③轴线间一段带悬挑端的单跨基础梁，共 1 根。从图 15-16 上集中标注的信息可以看到，L3 截面尺寸为 $b \times h = 400\text{mm} \times 400\text{mm}$，箍筋沿梁跨全长均匀配置，箍筋为双肢箍、直径为 8mm、间距 200mm 的 HPB300 级钢筋。梁截面上部配置受压钢筋为 4 根直径 20mm 的 HRB335 级通长钢筋，梁截面下部配置受拉钢筋为 4 根直径 14mm 的 HRB335 级钢筋。

5. XL1

为设置在Ⓕ～Ⓖ轴线间②和③轴线上的单跨基础梁，共 2 根。从图 15-16 上集中标注的信息可以看到，XL1 截面尺寸为 $b \times h=370\text{mm} \times 400\text{mm}$，箍筋沿梁跨全长均匀配置，箍筋为四肢箍、直径为 8mm、间距 100mm 的 HPB300 级钢筋。梁截面上部配置受压钢筋为 4 根直径 22mm 的 HRB335 级通长钢筋，梁截面下部配置受拉钢筋为 4 根直径 14mm 的 HRB335 级钢筋。

6. XL2

为设置在①～②轴线间Ⓔ和Ⓕ两道纵向轴线上的单跨基础梁，共 2 根。从图 15-16 上集中标注的信息可以看到，XL2 截面尺寸为 $b \times h=370\text{mm} \times 400\text{mm}$，箍筋沿梁跨全长均匀配置，箍筋为四肢箍、直径为 8mm、间距 100mm 的 HPB300 级钢筋。梁截面上部配置受压钢筋为 4 根直径 20mm 的 HRB335 级通长钢筋，梁截面下部配置受拉钢筋为 4 根直径 14mm 的 HRB335 级钢筋。

第七节　多层砌体结构工程二层板、梁配筋平面图解读

如图 15-17 所示，二层现浇楼板均为双向受力板，每个板块除了板底双向配置的受力筋、支座边缘构造筋和架立筋、相邻两个板块的支座上部构造筋及配在它的内侧的架立筋外，板的四个大角如图 15-17 所示的Ⓐ轴线与③、⑥轴线的交角，Ⓑ轴线与②线的交角，以及Ⓖ轴线与③轴线交角等，应在板角上表面配置双向垂直相交的构造筋以抵抗双向墙体约束作用引起的沿板角出现的圆弧形裂缝。单向板只在短边配置受力钢筋，其内侧配置分布筋，沿墙边配置梁板支座负弯矩钢筋及在其内侧配置的架立筋。二层楼面梁的设置位置与基础梁位置相同，功能相似。

以下对二层板、梁的配筋作如下解读。

一、二层现浇楼板配筋情况解读

1. XB1

为设置在③～④轴线和⑤～⑥轴线间两个房间除卫生间外的楼盖，板块的尺寸为长 4800mm、宽 3600mm、厚度 100mm 的双向板。

板块配筋情况为短边方向配置直径 8mm，间距 150mm 的 HPB300 级钢筋，两端设 180°弯钩锚入两边支座内。

沿长边方向在板短边受力筋内侧配置直径 8mm，间距 180mm 的 HPB300 级受力钢筋，两端设 180°弯钩锚入两边支座内。

沿板的一个短边负弯矩支座和长边负弯矩支座设置从支座向面板延伸 900mm 端部带直角弯钩的钢筋，该构造钢筋的配筋值为直径 10mm 的 HPB300 级，间距为在板的短边方向为 150mm、板的长边方向为 200mm。该构造钢筋在板角双向交叉配置，短边方向的钢筋在上，长边方向的钢筋在下。该钢筋内侧需要设置垂直方向的架立构造筋以确定其位置。在与 XB2 相邻的支座即④轴线和⑤轴线的墙顶，沿着墙长在板的上表面配置间距为

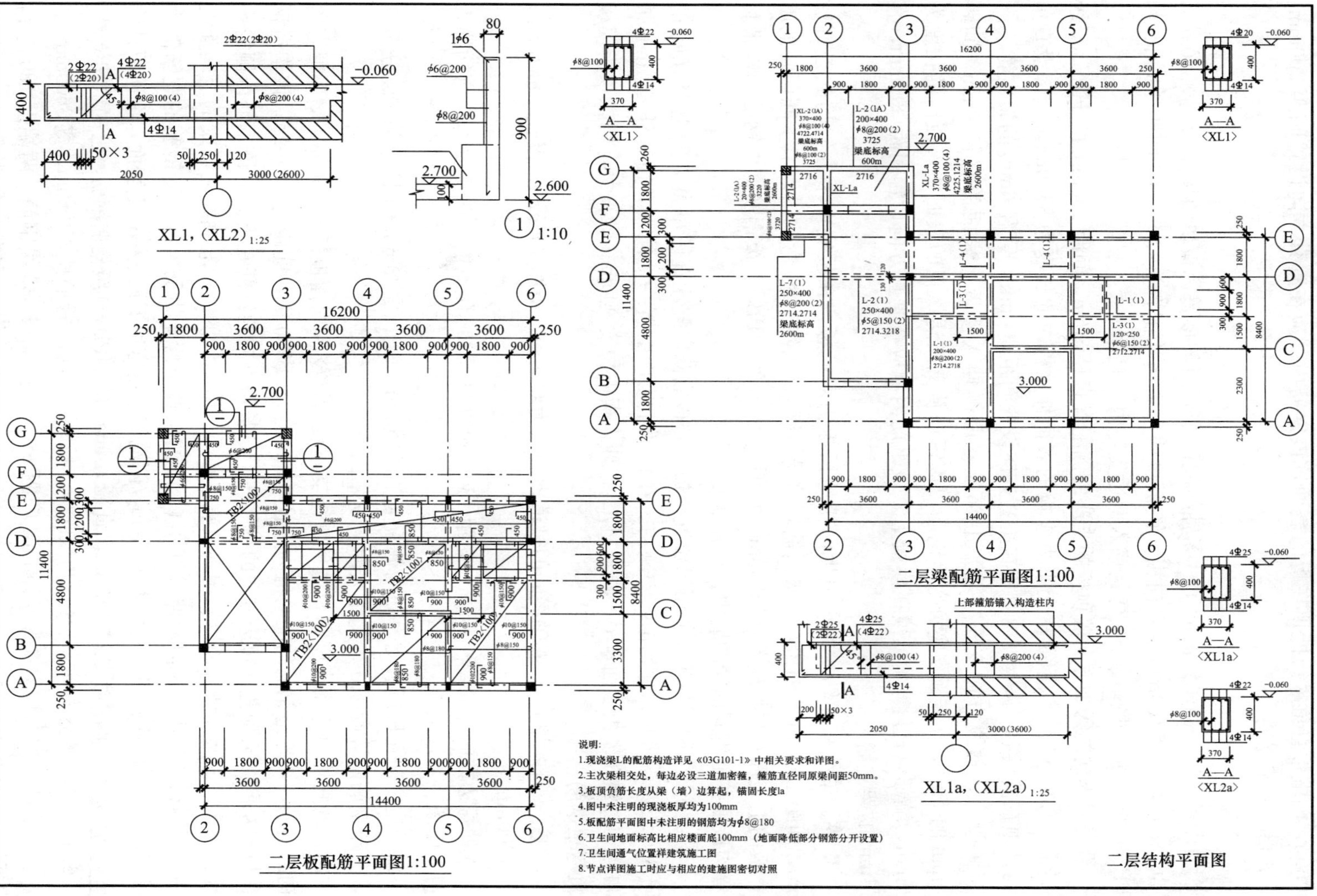

图15-17　二层板、梁配筋平面图

180mm，直径 10mm 的 HPB300 级构造钢筋，该钢筋两端伸入相邻板内水平长度为 900mm，两端带直角弯钩抵顶在板的表面，该钢筋内侧应在垂直方向设置间距 300mm、直径 6mm 的架立筋。

2. XB2

为设置在Ⓐ～Ⓓ轴线间的④～⑤轴线间两个套间的楼盖，板块的尺寸为长 3300mm，宽 3600mm，厚度 100mm 的双向板。该板块两个方向均配置直径 8mm，间距 180mm 的 HPB300 级钢筋，两端设 180°弯钩锚入两边支座内。

沿房屋纵向的Ⓐ轴方向墙顶板的支座内侧配置直径 8mm，间距 150mm 的 HPB300 级板支座负弯矩钢筋，该钢筋从支座边缘板的表面伸入板内的长度为 850mm，端部设直角弯钩抵顶在模板上。该钢筋内侧应在垂直方向设置间距 300mm，直径 6mm 的架立筋。

在Ⓒ～Ⓓ轴线方向支座（墙）上部配置两侧伸入楼板上表面的直径 8mm，间距 150mm 的 HPB300 级板支座负弯矩钢筋，该钢筋从支座边缘板的表面伸入板内的长度为 850mm，端部设直角弯钩抵顶在模板上。该钢筋内侧应在垂直方向设置间距 300mm，直径 6mm 的架立筋。

3. 靠③轴线和⑥轴线的小卫生间楼地面板为双向板，在板底两个方向均配置直径 8mm，间距 180mm 的 HPB300 级钢筋，该受力钢筋两端带 180°弯钩锚入卫生间两端的墙内；板的上表面双向均配置直径 8mm，间距 180mm 的 HPB300 级钢筋，该钢筋两端带直角弯钩抵顶在卫生间两端的墙内。

4. 与小卫生间楼板相连的门口位置小板块，板底双向配置直径 8mm，间距 180mm 的 HPB300 级两端带直角弯钩锚入支座内。在板的上表面配置一端伸入Ⓓ轴线外 450mm 带直角弯钩抵顶在模板表面，另一端通过 L1，伸入板内长度 900mm 带直角弯钩抵顶于模板的负弯矩钢筋。

5. Ⓓ～Ⓔ轴线和③～⑥轴线间的过道现浇板为双向板，板厚 100mm，板长 10800mm，板宽 1800mm。

板的短边方向配置直径 8mm，间距 180mm 的 HPB300 级钢筋，两端设 180°弯钩锚入两边支座内。

沿长边方向在板短边受力筋内侧配置直径 6mm，间距 2000mm 的 HPB300 级分布钢筋，分布钢筋两端设 180°弯钩锚入两边支座内。

沿板的短边负弯矩支座和长边负弯矩支座设置从支座向面板延伸 450mm 端部带直角弯钩的钢筋，该构造钢筋的配筋值为直径 8mm 的 HPB300 级，间距为 180mm；该构造钢筋在板角双向交叉配置，短边方向的钢筋在上，长边方向的钢筋在下。为该钢筋内侧需要设置垂直方向的架立构造筋以确定其位置。在Ⓓ～Ⓔ轴线的④、⑤轴线两根梁的上表面设置伸入两侧板的长边上表面延伸长度 450mm 的构造负弯矩钢筋，该构造钢筋的配筋值为直径 8mm 的 HPB300 级，间距为 180mm，两端带直角弯钩抵顶在模板上表面，上述两种构造钢筋内侧应配置间距不超过 300mm，直径为 6mm 的 HPB300 级构造钢筋，已确定其位置。

6. Ⓓ～Ⓕ轴线至②～③的楼板为双向板，板厚 100mm，板的长 3000mm，宽 3600mm。

该板块两个方向均配置直径 8mm，间距 180mm 的 HPB300 级钢筋，两端设 180°弯钩锚入两边支座内。

沿板的短边负弯矩支座和长边负弯矩支座设置从支座向面板延伸 750mm 端部带直角

弯钩的钢筋，该构造钢筋的配筋值为直径 8mm 的 HPB300 级，间距为 150mm，该构造钢筋在板角双向交叉配置，短边方向的钢筋在上，长边方向的钢筋在下。该钢筋内侧需要设置垂直方向的架立构造筋以确定其位置。

7. Ⓕ～Ⓖ轴线至②～③顶部外伸板为以Ⓕ轴线和 L5 为支座，外伸宽度 1800mm，左右长度 3600mm 的双向板。

该板块短边方向配置直径 8mm，间距 180mm 的 HPB300 级钢筋，两端设 180°弯钩锚入两边支座内。在该板块短边方向受力筋的内侧配置直径 6mm，间距 200mm 的 HPB300 级受力钢筋，两端设 180°弯钩锚入两边支座内。

沿板的短边负弯矩支座和长边负弯矩支座设置从支座向面板延伸 450mm 端部带直角弯钩的钢筋，该构造钢筋的配筋值为直径 8mm 的 HPB300 级间距为 180mm，该构造钢筋在板角双向交叉配置，短边方向的钢筋在上，长边方向的钢筋在下。该钢筋内侧需要设置垂直方向的架立构造筋以确定其位置。

8. Ⓔ～Ⓖ轴线至①～②顶部外挑板为以②轴线和其他三边梁为支座，为宽度 18000mm，左右宽度 3000mm 的双向板。

该板块短边方向配置直径 8mm，间距 180mm 的 HPB300 级钢筋，两端设 180°弯钩锚入两边支座内。在该板块短边方向受力筋的内侧配置直径 6mm，间距 200mm 的 HPB300 级受力钢筋，两端设 180°弯钩锚入两边支座内。

沿板的短边负弯矩支座和长边负弯矩支座设置从支座向面板延伸 450mm 端部带直角弯钩的钢筋，该构造钢筋的配筋值为直径 8mm 的 HPB300 级间距为 180mm，该构造钢筋在板角双向交叉配置，短边方向的钢筋在上，长边方向的钢筋在下。为该钢筋内侧需要设置垂直方向的架立构造筋以确定其位置。在②轴线的 XL1 上部两侧板的边缘配置直径 8mm，间距为 180mm 的 HPB300 级板支座负弯矩钢筋。

二、二层楼面梁的配筋解读

根据图 15-17 可知，基础梁可分为 L1～L4 四种，XL1 和 XL2 两种，共六种。

1. L1

为设置在Ⓐ～Ⓓ轴线间的③～④轴线间和⑤～⑥轴线间两个房间内的承担隔墙荷载的单跨基础梁，共两根。从图 15-17 上集中标注的信息可以看到，L1 截面尺寸为 $b\times h$＝200mm×400mm，箍筋沿梁跨全长均匀配置，箍筋双肢箍、直径为 8mm、间距 200mm 的 HPB300 级钢筋。梁截面上部配置受压钢筋为 2 根直径 14mm 的 HRB335 级钢筋，梁截面下部配置受拉钢筋为 2 根直径 18mm 的 HRB335 级钢筋。

2. L2

为设置在Ⓓ轴线上②～③轴线间，共 1 根。从图 15-17 上集中标注的信息可以看到，L2 截面尺寸为 $b\times h$＝250mm×400mm，箍筋沿梁跨全长均匀配置，箍筋双肢箍、直径为 8mm、间距 150mm 的 HPB300 级钢筋。梁截面上部配置受压钢筋为 2 根直径 14mm 的 HRB335 级钢筋，梁截面下部配置受拉钢筋为 3 根直径 18mm 的 HRB335 级钢筋。

3. L3

为设置在Ⓐ～Ⓓ轴线间的③～④轴线间和⑤～⑥轴线间，支承在 L1 和Ⓓ轴线内纵墙上的房间内单跨基础梁，共两根。从图 15-17 上集中标注的信息可以看到，L3 截面尺寸为

$b \times h$=120mm×250mm，箍筋沿梁跨全长均匀配置，箍筋为双肢箍、直径为 6mm、间距 150mm 的 HPB300 级钢筋。梁截面上部配置受压钢筋为 2 根直径 12mm 的 HRB335 级钢筋，梁截面下部配置受拉钢筋为 2 根直径 14mm 的 HRB335 级钢筋。

4. L4

为设置在Ⓓ～Ⓔ轴线间③、④、⑤轴线上单跨梁，共 3 根。从图 15-17 上集中标注的信息可以看到，L4 截面尺寸为 $b \times h$=250mm×300mm，箍筋沿梁跨全长均匀配置，箍筋为双肢箍、直径为 8mm、间距 150mm 的 HPB300 级钢筋。梁截面上部配置受压钢筋为 3 根直径 14mm 的 HRB335 级通长钢筋，梁截面下部配置受拉钢筋为 3 根直径 14mm 的 HRB335 级钢筋。

5. L5

为设置在Ⓖ轴线上的②～③轴线间的单跨梁，梁底标高 2.60m，共 1 根。从图 15-17 上集中标注的信息可以看到，L5 截面尺寸为 $b \times h$=200mm×400mm，箍筋沿梁跨全长均匀配置，箍筋为双肢箍、直径为 8mm、间距 200mm 的 HPB300 级钢筋。梁截面上部配置受压钢筋为 3 根直径 25mm 的 HRB335 级通长钢筋，梁截面下部配置受拉钢筋为 2 根直径 16mm 的 HRB335 级钢筋。

6. L6

为设置在Ⓔ～Ⓕ轴线间①轴线上的两跨梁，梁底标高 2.60m，共 1 根。从图 15-17 上集中标注的信息可以看到，L6 截面尺寸为 $b \times h$=200mm×400mm，箍筋沿梁跨全长均匀配置，箍筋为双肢箍、直径为 8mm、间距 200mm 的 HPB300 级钢筋。梁截面上部配置受压钢筋为 3 根直径 20mm 的 HRB335 级通长钢筋，梁截面下部配置受拉钢筋为 2 根直径 14mm 的 HRB335 级钢筋。

7. L7

为设置在Ⓔ轴线上①～②轴线间的单跨梁，梁底标高 2.60m，共 1 根。从图 15-17 上集中标注的信息可以看到，L7 截面尺寸为 $b \times h$=250mm×400mm，箍筋沿梁跨全长均匀配置，箍筋为双肢箍、直径为 8mm、间距 200mm 的 HPB300 级钢筋。梁截面上部配置受压钢筋为 2 根直径 14mm 的 HRB335 级通长钢筋，梁截面下部配置受拉钢筋为 2 根直径 14mm 的 HRB335 级钢筋。

8. XL1a

为设置在Ⓕ～Ⓖ轴线间③轴线上的单跨梁，梁底标高 2.60m，共 1 根。从图 15-17 上集中标注的信息可以看到，XL1a 截面尺寸为 $b \times h$=3700mm×400mm，箍筋沿梁跨全长均匀配置，箍筋为双肢箍、直径为 8mm、间距 200mm 的 HPB300 级钢筋。梁截面上部配置受压钢筋为 4 根直径 25mm 的 HRB335 级通长钢筋，梁截面下部配置受拉钢筋为 4 根直径 14mm 的 HRB335 级钢筋。配筋纵剖面详图见图 15-17 所示。

9. XL2a

为设置在Ⓕ～Ⓖ轴线间③轴线上的单跨梁，梁底标高 2.60m，共 1 根。从图 15-17 上集中标注的信息可以看到，XL2a 截面尺寸为 $b \times h$=3700mm×400mm，箍筋沿梁跨全长均匀配置，箍筋为双肢箍、直径为 8mm、间距 200mm 的 HPB300 级钢筋。梁截面上部配置受压钢筋为 4 根直径 22mm 的 HRB335 级通长钢筋，梁截面下部配置受拉钢筋为 4 根直径 14mm 的 HRB335 级钢筋。

第八节　多层砌体结构工程三层板、梁配筋平面图解读

一、三层现浇楼板配筋情况解读

1. XB1

为设置在③～④和⑤～⑥轴线间两个房间除卫生间外的楼盖，板块的尺寸为长4800mm，宽3600mm，厚度100mm的双向板，如图15-18所示。

板块配筋情况为短边方向配置直径8mm，间距150mm的HPB300级钢筋，两端设180°弯钩锚入两边支座内。

沿长边方向在板短边受力筋内侧配置直径8mm，间距180mm的HPB300级受力钢筋，两端设180°弯钩锚入两边支座内。

沿板的一个短边负弯矩支座和一个长边负弯矩支座设置从支座向面板延伸900mm端部带直角弯钩的钢筋，该构造钢筋的配筋值为直径10mm的HPB300级，间距为在板的短边方向150mm、板的长边方向为200mm。该构造钢筋在板角双向交叉配置，短边方向的钢筋在上，长边方向的钢筋在下。该钢筋内侧需要设置垂直方向的架立构造筋以确定其位置。在与XB2相邻的支座即④和⑤轴线的墙顶，沿着墙长在板的上表面配置间距为150mm，直径10mm的HPB300级构造钢筋。该钢筋两端伸入相邻板内水平长度为900mm，两端带直角弯钩抵顶在板的表面，该钢筋内侧应在垂直方向设置间距300mm，直径6mm的架立筋。

2. XB2

为设置在Ⓐ～Ⓓ轴线间的④～⑤轴线间两个套间的楼盖，板块的尺寸为长3300mm，宽3600mm，厚度100mm的双向板。该板块两个方向均配置直径8mm，间距150mm的HPB300级钢筋，两端设180°弯钩锚入两边支座内。

沿房屋纵向的Ⓐ方向墙顶板的支座内侧配置直径8mm，间距150mm的HPB300级板支座负弯矩钢筋，该钢筋从支座内板的表面伸入板内的长度为850mm，端部设直角弯钩抵顶在模板上。该钢筋内侧应在垂直方向设置间距300mm，直径6mm的架立筋。

在Ⓒ、Ⓓ轴线方向支座（墙）上部配置两侧伸入楼板上表面的直径8mm，间距150mm的HPB300级板支座负弯矩钢筋，该钢筋从支座内板的表面伸入板内的长度为850mm，端部设直角弯钩抵顶在模板上。该钢筋内侧应在垂直方向设置间距300mm，直径6mm的架立筋。

3. 靠③轴线和⑥轴线的小卫生间为双向板，板两个方向板底均配置直径8mm，间距180mm的HPB300级两端带180°弯钩的钢筋锚入支座内，板两个方向板的上表面均配置直径8mm，间距180mm的HPB300级两端带直角弯钩锚入支座内。

4. 与小卫生间楼板相连的门口位置小板块，板底双向配置直径8mm，间距180mm的HPB300级两端带直角弯钩锚入支座内。在板的上表面配置一端伸入Ⓓ轴线外450mm带直角弯钩抵顶在模板表面，另一端通过L1，伸入板内长度900mm带直角弯钩抵顶于模板的负弯矩钢筋。

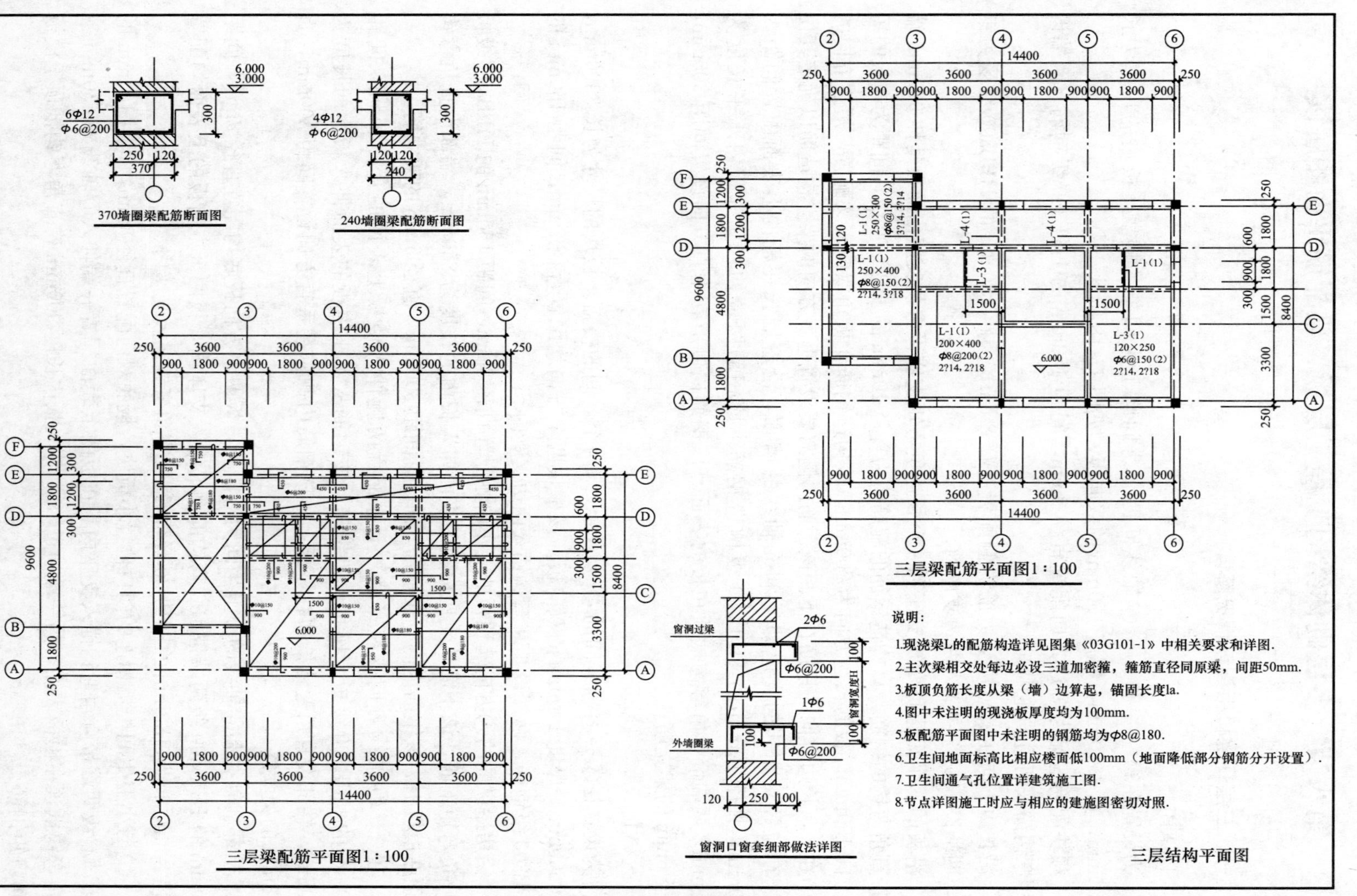

图 15-18　三层板、梁配筋平面图

5.Ⓓ～Ⓔ轴线和③～⑥轴线间的过道现浇板为双向板，板厚 100mm，板长 10800mm，板宽 1800mm。

板的短边方向配置直径 8mm，间距 180mm 的 HPB300 级钢筋，两端设 180°弯钩锚入两边支座内。

沿长边方向在板短边受力筋内侧配置直径 6mm，间距 2000mm 的 HPB300 级分布钢筋，分布钢筋两端设 180°弯钩锚入两边支座内。

沿板的短边负弯矩支座和长边负弯矩支座设置从支座向面板延伸 450mm 端部带直角弯钩的钢筋，该构造钢筋的配筋值为直径 8mm 的 HPB300 级间距为 180mm；该构造钢筋在板角双向交叉配置，短边方向的钢筋在上，长边方向的钢筋在下。为该钢筋内侧需要设置垂直方向的架立构造筋以确定其位置。在Ⓓ～Ⓔ轴线的④、⑤轴线两根梁的上表面设置伸入两侧板的长边上表面延伸长度 450mm 的构造负弯矩钢筋，该构造钢筋的配筋值为直径 8mm 的 HPB300 级间距为 180mm，两端带直角弯钩抵顶在模板上表面，上述两种构造钢筋内侧应配置间距不超过 300mm，直径为 6mm 的 HPB300 级构造钢筋，已确定其位置。

6.Ⓓ～Ⓕ轴线至②～③的楼板为双向板，板厚 100mm，板的长 3000mm，宽 3600mm。

该板块两个方向均配置直径 8mm，间距 180mm 的 HPB300 级钢筋，两端设 180°弯钩锚入两边支座内。

沿板的短边负弯矩支座和长边负弯矩支座设置从支座向面板延伸 750mm 端部带直角弯钩的钢筋，该构造钢筋的配筋值为直径 8mm 的 HPB300 级间距为 150mm，该构造钢筋在板角双向交叉配置，短边方向的钢筋在上，长边方向的钢筋在下。该钢筋内侧需要设置垂直方向的架立构造筋以确定其位置。

二、三层楼面梁解读

根据图 15-18 可知，三层楼面梁可分为 L1～L4 四种。

1. L1

L1 为设置在Ⓐ～Ⓓ轴线间的③～④轴线间和⑤～⑥轴线间两个房间内的承担隔墙荷载的单跨梁，共两根。从图 15-18 上集中标注的信息可以看到，L1 截面尺寸为 $b \times h=$ 200mm×400mm，箍筋沿梁跨全长均匀配置，箍筋双肢箍、直径为 8mm、间距 200mm 的 HPB300 级钢筋。梁截面上部配置受压钢筋为 2 根直径 14mm 的 HRB335 级钢筋，梁截面下部配置受拉钢筋为 2 根直径 18mm 的 HRB335 级钢筋。

2. L2

L2 为设置在Ⓓ轴线上②～③轴线间，共 1 根。从图 15-18 上集中标注的信息可以看到，L2 截面尺寸为 $b \times h=$250mm×400mm，箍筋沿梁跨全长均匀配置，箍筋双肢箍、直径为 8mm、间距 150mm 的 HPB300 级钢筋。梁截面上部配置受压钢筋为 2 根直径 14mm 的 HRB335 级钢筋，梁截面下部配置受拉钢筋为 3 根直径 18mm 的 HRB335 级钢筋。

3. L3

L3 为设置在Ⓐ～Ⓓ轴线间的③～④轴线间和⑤～⑥轴线间，支承在 L1 和Ⓓ轴线内纵墙上的房间内单跨梁，共两根。从图 15-18 上集中标注的信息可以看到，L3 截面尺寸为 $b \times h=$120mm×250mm，箍筋沿梁跨全长均匀配置，箍筋为双肢箍、直径为 6mm、间距

150mm 的 HPB300 级钢筋。梁截面上部配置受压钢筋为 2 根直径 12mm 的 HRB335 级钢筋，梁截面下部配置受拉钢筋为 2 根直径 14mm 的 HRB335 级钢筋。

4. L4

L4 为设置在Ⓓ～Ⓔ轴线间③、④、⑤轴线上单跨梁，共 3 根。从图 15-18 上集中标注的信息可以看到，L4 截面尺寸为 $b\times h=250\text{mm}\times 300\text{mm}$，箍筋沿梁跨全长均匀配置，箍筋为双肢箍、直径为 8mm、间距 150mm 的 HPB300 级钢筋。梁截面上部配置受压钢筋为 3 根直径 14mm 的 HRB335 级通长钢筋，梁截面下部配置受拉钢筋为 3 根直径 14mm 的 HRB335 级钢筋。

三层外墙圈梁 $b\times h=370\text{mm}\times 300\text{mm}$，纵向钢筋配筋值为上部和下部各 3 根直径 12mm 的 HPB300 级钢筋，在窗洞口下缘出挑厚度和出挑长度均为 100mm 的窗台板，窗台上表面配置两端带直角弯钩的水平钢筋，间距为 200mm，直径为 6mm 的 HPB300 级钢筋，在垂直该钢筋方向的内侧配置 3 根直径为 6mm 的 HPB300 级架立构造钢筋；内墙圈梁 $b\times h=240\text{mm}\times 300\text{mm}$，纵向钢筋配筋值为上部和下部各 2 根直径 12mm 的 HPB300 级钢筋。

窗洞过梁与窗洞口上部挑头板共同设置，挑头板配筋与窗台板相同。

第九节　多层砌体结构工程屋面板、梁配筋平面图解读

一、屋面现浇楼板配筋情况解读

1. XB1

如图 15-19 所示，XB1 为设置在③～④和⑤～⑥轴线间两个房间除卫生间外的楼盖，Ⓐ轴线外侧带有檐口斜板，⑥轴线上部带有女儿墙的双向板，板块的尺寸为长 4800mm，宽 3600mm，厚度 120mm。

板块配筋情况为短边方向配置直径 8mm，间距 130mm 的 HPB300 级钢筋，两端设 180°弯钩锚入两边支座内。

沿长边方向在板短边受力筋内侧配置直径 8mm，间距 150mm 的 HPB300 级受力钢筋，两端设 180°弯钩锚入两边支座内。

沿板的一个短边负弯矩支座和一个长边负弯矩支座设置从支座向面板延伸 900mm 端部带直角弯钩的钢筋，该构造钢筋的配筋值为直径 10mm 的 HPB300 级间距为，在板的短边方向为 130mm、板的长边方向为 200mm。该构造钢筋在板角双向交叉配置，短边方向的钢筋在上，长边方向的钢筋在下。该钢筋内侧需要设置垂直方向的架立构造筋以确定其位置。在与 XB2 相邻的支座即④～⑤轴线的墙顶，沿着墙长在板的上表面配置间距为 130mm，直径 10mm 的 HPB300 级构造钢筋。该钢筋两端伸入相邻板内水平长度为 900mm，两端带直角弯钩抵顶在板的表面，该钢筋内侧应在垂直方向设置间距 300mm，直径 6mm 的架立筋。

2. XB2

为设置在Ⓐ～Ⓓ轴线间的④～⑤轴线间两个套间的楼盖，Ⓐ轴线外侧带有檐口斜板的双向板，板块的尺寸为长 4800mm，宽 3600mm，厚度 120mm。

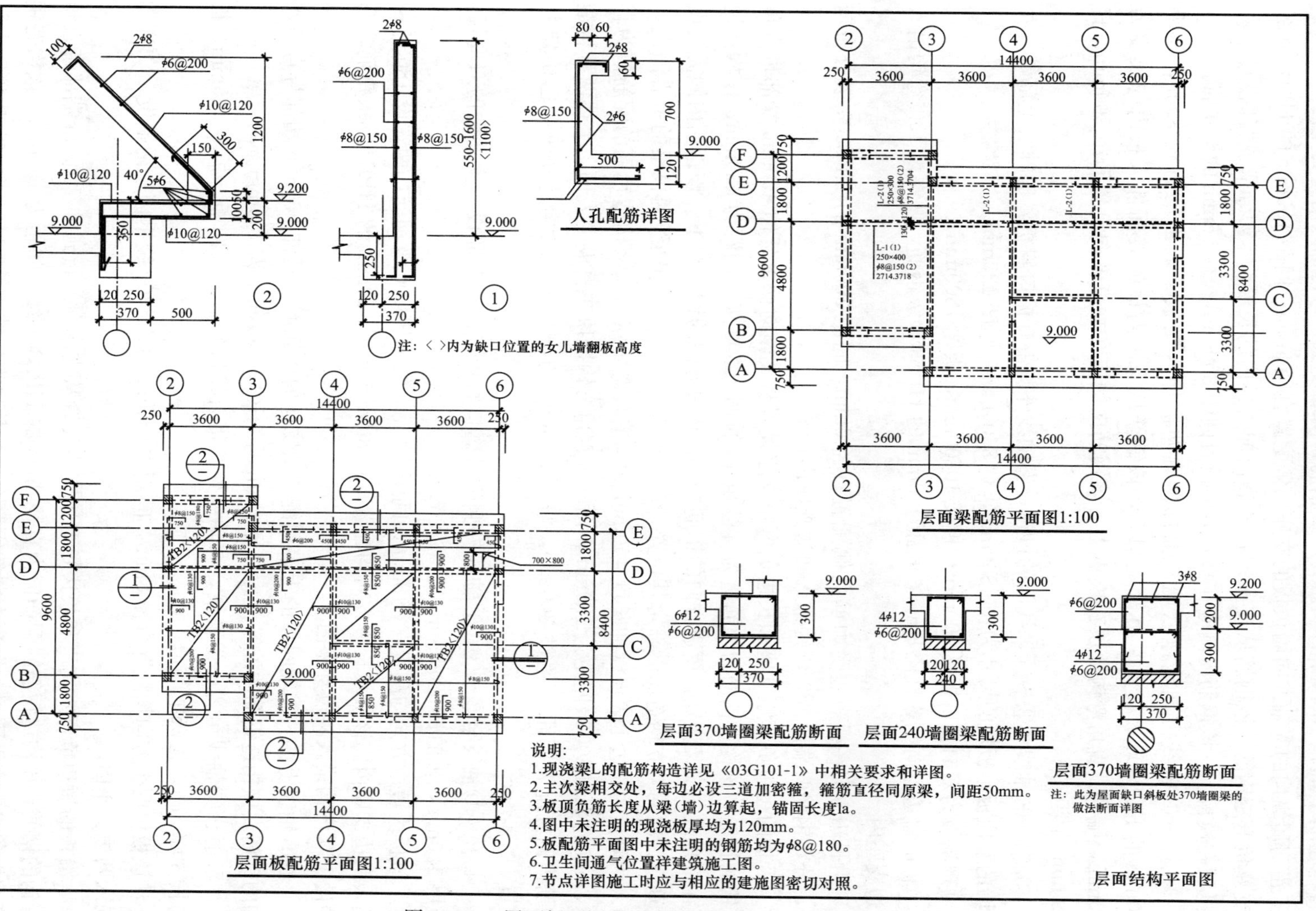

图 15-19　屋面板、屋面梁配筋平面图

板块的尺寸为长 3300mm，宽 3600mm，厚度 120mm 的双向板。该板块两个方向均配置直径 8mm，间距 150mm 的 HPB300 级钢筋，两端设 180°弯钩锚入两边支座内。

沿房屋纵向的Ⓐ轴方向墙顶板的支座内侧配置直径 8mm，间距 150mm 的 HPB300 级板支座负弯矩钢筋，该钢筋从支座内板的表面伸入板内的长度为 850mm，端部设直角弯钩抵顶在模板上。该钢筋内侧应在垂直方向设置间距 300mm，直径 6mm 的架立筋。

在Ⓒ～Ⓓ轴线方向支座（墙）上部配置两侧伸入楼板上表面的直径 8mm，间距 150mm 的 HPB300 级板支座负弯矩钢筋，该钢筋从支座内板的表面伸入板内的长度为 850mm，端部设直角弯钩抵顶在模板上。该钢筋内侧应在垂直方向设置间距 300mm，直径 6mm 的架立筋。

3. Ⓓ～Ⓔ轴线和③～⑥轴线间的过道，Ⓕ轴线外侧带有檐口斜板，⑥轴线上部带有女儿墙的双向板，板块的尺寸为长 4800mm，宽 3600mm，厚度 120mm。

现浇板为双向板，板厚 100mm，板长 10800mm，板宽 1800mm。

板的短边方向配置直径 8mm，间距 180mm 的 HPB300 级钢筋，两端设 180°弯钩锚入两边支座内。

沿长边方向在板短边受力筋内侧配置直径 6mm，间距 200mm 的 HPB300 级分布钢筋，分布钢筋两端设 180°弯钩锚入两边支座内。

沿板的短边负弯矩支座和长边负弯矩支座设置从支座向面板延伸 450mm 端部带直角弯钩的钢筋，该构造钢筋的配筋值为直径 8mm 的 HPB300 级，间距为 180mm；该构造钢筋在板角双向交叉配置，短边方向的钢筋在上，长边方向的钢筋在下。该钢筋内侧需要设置垂直方向的架立构造筋以确定其位置。在Ⓓ～Ⓔ轴线的④、⑤轴线两根梁的上表面设置伸入两侧板的长边上表面延伸长度 450mm 的构造负弯矩钢筋，该构造钢筋的配筋值为直径 8mm 的 HPB300 级间距为 180mm，两端带直角弯钩抵顶在模板上表面，上述两种构造钢筋内侧应配置间距不超过 300mm，直径为 6mm 的 HPB300 级构造钢筋，已确定其位置。

4. Ⓑ～Ⓓ轴线至②～③，Ⓑ轴线外侧带有檐口斜板，②轴上部设有女儿墙的双向板，板厚 120mm，板的长 3000mm，宽 3600mm。

该板块短边方向均配置直径 8mm，间距 150mm 的 HPB300 级钢筋，两端设 180°弯钩锚入两边支座内。该板块长边方向均配置直径 8mm，间距 130mm 的 HPB300 级钢筋，两端设 180°弯钩锚入两边支座内。

在Ⓓ轴线上②～③轴间梁的上表面配置从支座向两侧面板延伸 900mm 端部带直角弯钩的钢筋，该构造钢筋的配筋值为直径 8mm 的 HPB300 级间距为 150mm。

5. Ⓓ～Ⓕ轴线至②～③轴线，Ⓕ轴线外侧带有檐口斜板的双向板，板厚 120mm，板的长 3000mm，宽 3600mm。

该板块两个方向均配置直径 8mm，间距 180mm 的 HPB300 级钢筋，两端设 180°弯钩锚入两边支座内。

沿板的短边负弯矩支座和长边负弯矩支座设置从支座向面板延伸 750mm 端部带直角弯钩的钢筋，该构造钢筋的配筋值为直径 8mm 的 HPB300 级，间距为 150mm，该构造钢筋在板角双向交叉配置，短边方向的钢筋在上，长边方向的钢筋在下。该钢筋内侧需要设置垂直方向的架立构造筋以确定其位置。

二、屋面梁配筋解读

根据图 15-19 可知，基础梁可分为 L1～L4 四种。

1. L1

L1 为设置在Ⓓ轴线上②～③轴线间，共 1 根。从图 15-19 上集中标注的信息可以看到，L2 截面尺寸为 $b \times h = 250\text{mm} \times 400\text{mm}$，箍筋沿梁跨全长均匀配置，箍筋为双肢箍、直径为 8mm、间距 150mm 的 HPB300 级钢筋。梁截面上部配置受压钢筋为 2 根直径 14mm 的 HRB335 级钢筋，梁截面下部配置受拉钢筋为 3 根直径 18mm 的 HRB335 级钢筋。

2. L2

L2 为设置在Ⓓ～Ⓔ轴线间③、④、⑤轴线上单跨梁，共 3 根。从图 15-19 上集中标注的信息可以看到，L2 截面尺寸为 $b \times h = 250\text{mm} \times 300\text{mm}$，箍筋沿梁跨全长均匀配置，箍筋为双肢箍、直径为 8mm、间距 150mm 的 HPB300 级钢筋。梁截面上部配置受压钢筋为 3 根直径 14mm 的 HRB335 级通长钢筋，梁截面下部配置受拉钢筋为 3 根直径 14mm 的 HRB335 级钢筋。

三、屋面檐口、女儿墙、圈梁、上人孔配筋解读

1. 檐口配筋解读

檐口挑出平板、斜板与屋面圈梁整体浇筑，平板下部配置直径 10mm，间距 120mm 的均布钢筋，锚固在圈梁内侧向下延伸 350mm 端部带直角弯钩，在平板端头向上延伸 150mm，在斜板外表面再延伸 350mm 后带 180°弯钩后锚固；平板上部配置直径 10mm，间距 120mm 的均布钢筋，锚固在圈梁内侧向下延伸 350mm 端部带直角弯钩，在平板端头向上延伸 50mm，在斜板外表面再延伸至斜板顶部带直角弯钩后锚固；以上两种钢筋在斜板内的构造钢筋均为直径 6mm，间距 200mm 的 HPB300 级钢筋。在平板和斜板相交处设置 5 根直径 6mm 的 HPB300 级分布钢筋。檐口翻边与水平方向夹角 40°。

2. 女儿墙配筋解读

女儿墙的配筋分为墙外侧和墙内侧两种，下端均锚固在②轴线和⑥轴线檐口的圈梁的下部，钢筋升至女儿墙顶部用直角弯钩抵顶在模板内侧表面上，这两根钢筋内侧均应配置直径 6mm，间距 200mm 的 HPB300 级分布钢筋。

3. 圈梁

②轴线和⑥轴线上设置的带女儿墙的檐口圈梁，其截面尺寸为 $b \times h = 370\text{mm} \times 300\text{mm}$，采用直径 6mm，间距 200mm 的双肢箍筋。箍筋内侧上表面和下表面均设置 3 根直径 12mm 的纵向受力钢筋。

内墙上设置的圈梁，其截面尺寸为 $b \times h = 240\text{mm} \times 300\text{mm}$，采用直径 6mm，间距 200mm 的双肢箍筋。箍筋四角各设置 1 根直径 12mm 的纵向受力钢筋。

带挑檐的房屋纵墙檐口下的圈梁，其截面尺寸为 $b \times h = 370\text{mm} \times 500\text{mm}$，采用直径 6mm，间距 200mm 的两个双肢箍筋。箍筋内侧上表面、下表面和中部各设置 3 根直径 12mm 的纵向受力钢筋。

4. 上人孔

出屋面 700mm，侧壁的内侧配置直径 8mm 间距 150mm 的 HPB300 级受力钢筋，上

端锚固在顶板，下部锚固在屋面板下部洞口加筋的上部，在板内的锚固长度500mm，端部带180°弯钩；在侧壁竖直方向该钢筋内侧配置直径6mm的HPB300级分布钢筋，在顶板内该钢筋的折角处配置2根8mm的HPB300级架立钢筋。

第十节　多层砌体结构工程楼梯配筋平面图解读

一、楼梯基本构成简介

如图15-20所示，本住宅楼梯为钢筋混凝土现浇板式楼梯，楼梯间开间轴线尺寸为3600mm，楼梯间进深Ⓑ～Ⓓ轴线尺寸4800mm，楼层间休息平台宽度为1550mm。底层入户门进口上部设置了从柱外缘向外悬挑宽度1100mm，与开间柱外缘同宽的雨篷。同层两个梯段之间的梯井宽度100mm。

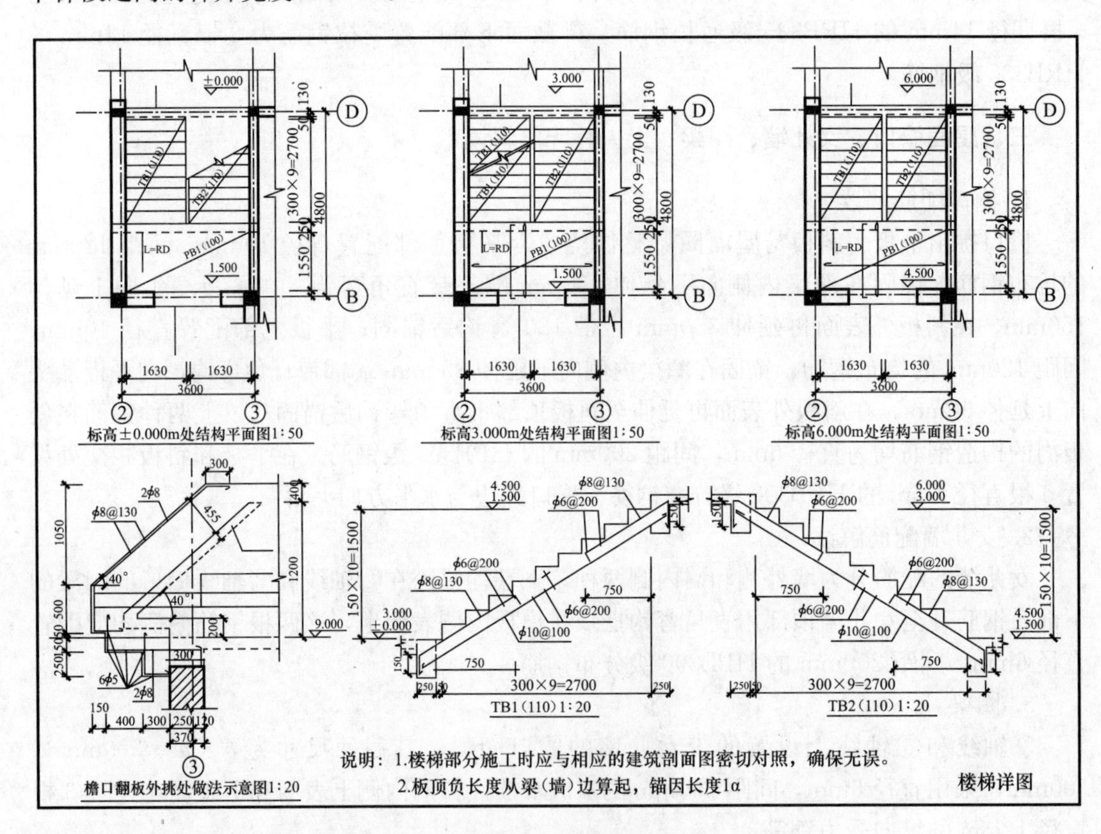

图15-20　楼梯配筋图

楼梯梯段板根据结构施工图可知分为三种：

（1）第一跑梯段（TB1—1）共10个踏步，从室内标高起算到楼层中部休息平台板标高为1.50m，踏步宽300mm，踏步平均高度150mm，梯段板厚110mm。

（2）第二跑梯段连接一层休息平台梁与二层楼面，上行踏步共10步到二层楼面，梯段板厚110mm。

（3）第三跑和第四跑的构成与第一跑和第二跑相同。

楼梯休息平台板只有一个类型。楼梯底部梯段支承梁为基础梁中的L2，在房屋竖向同一位置的二层和三层为楼面梁L2；休息平台梁在图15-20中标注为L1，靠Ⓑ轴线的外纵墙上与休息平台板整体连接边梁编号为L2。

二、楼梯梯段板配筋解读

（1）梯段板TB—1。板底部配置的受力钢筋为HPB300级钢筋，直径10mm，间距100mm；在受力筋内侧（上表面）与受力筋垂直相交的构造钢筋为HPB300级钢筋，直径6mm，间距200mm。在梯段斜板与底层支承梁连接处，为了防止由于板和梁整体浇筑受力后承受负弯矩引起梯段板上表面开裂，配置的上部弯折钢筋从平台梁上部斜板上表面的长度水平投影距支座内侧边缘为750mm处设直角弯钩后抵顶在板的表面，该钢筋在板面斜向部分内侧需从角部开始设置直径6mm，间距200mm的HPB300级构造筋。从一层到二层中部的休息平台梁向梯段斜板上表面斜向下延后其水平投影为750mm的构造钢筋，作用与梯段下部该钢筋作用相同，该钢筋内侧应配置的构造钢筋亦相同。

（2）梯段板TB—2。板底部配置的受力钢筋为HPB300级钢筋，直径10mm，间距100mm；在受力筋内侧（上表面）与受力筋垂直相交的构造钢筋为HPB300级钢筋，直径6mm，间距200mm。在梯段斜板与一、二层之间平台梁连接处，为了防止由于板和梁整体浇筑受力后承受负弯矩引起梯段板上表面开裂，配置的上部弯折钢筋从平台梁上部斜板上表面的长度水平投影距支座内侧边缘为750mm处设直角弯钩后抵顶在板的表面，该钢筋在板面斜向部分内侧需从角部开始设置直径6mm，间距200mm的HPB300级构造筋。从二层楼面梁到下行梯段斜板中配置的该钢筋，从二层楼面梁经梯段斜板上表面斜向下延后其水平投影为750mm弯折的钢筋，作用与梯段下部休息平台处梯段板内设置的该钢筋作用相同，该钢筋内侧应配置的构造钢筋亦相同。

二层到三层的楼梯构成与一层到二层的楼梯构成相同，这里从略。

三、楼梯休息平台板配筋解读

楼梯休息平台板为支承在休息平台梁和设在休息平台板另一侧外Ⓑ轴线纵墙中的整体浇筑的边梁上的单向板，休息平台梁在②轴线和③轴线的横墙内侧为相贴关系，板和墙没有连接。

平台板短边的下部受力钢筋的配筋值为直径8mm，间距180mm的HPB300级钢筋，在该受力筋的内侧上表面沿板的长边方向配置直径6mm，间距200mm的HPB300级分布钢筋；在板的截面上部配置锚固在休息平台梁和平台板边梁中的直径8mm，间距180mm的HPB300级钢筋，在休息平台梁和边梁的边缘与平台板连接处可以有效防止板面开裂，也可以协助平台板板截面受压区混凝土承受压力。

四、休息平台梁和平台边梁配筋解读

（1）休息平台梁L1。从图15-20中可以看出，休息平台梁L1截面尺寸$b \times h = 250\text{mm} \times 400\text{mm}$，箍筋沿梁全长配置，配筋值为双肢箍直径8mm，间距150mm的HPB300级钢筋；梁截面上部是2根直径14mm的HRB335级钢筋，梁截面下部配置3根直径18mm的HRB335级钢筋。

(2) 休息平台边梁 L2（兼过梁）。从图 15-20 中可以看出，休息平台梁 L1 截面尺寸 $b\times h=370\text{mm}\times300\text{mm}$，箍筋沿梁全长配置，配筋值为双肢箍直径 6mm，间距 200mm 的 HPB300 级钢筋；梁截面上部和截面下部均配置 3 根直径 12mm 的 HRB335 级钢筋。

基础梁中支承梯段的梁和二层与三层楼面梁配筋已在各自楼层梁配筋解读中介绍，这里不再重复。

本章小结

1. 混合结构房屋墙体设计的特点包括以下几个方面：

(1) 综合性：墙体具有结构功能要求的承重作用，在建筑功能方面具有分隔和围护的功能。墙体布置要分清是承重墙还是分隔墙，确保墙体是一个完整的受力体系。

(2) 整体性：墙体是保证混合结构房屋整体性和空间刚度的结构的主要组成部分。横墙的间距是划分房屋静力计算方案的依据。墙体间距越小，空间刚度越大，墙体的受力也就越小，墙体的位移也就越小。

2. 混合结构墙体设计步骤：

(1) 墙体方案设计：根据建筑功能要求、地质条件、房屋尺寸和类型，决定墙体是否需要设置温度伸缩风、沉降缝和抗震缝；决定墙体合理的位置和做法，由纵横墙的布置确定房屋的静力计算方案。

(2) 墙体的构造设计：根据门窗洞口尺寸、位置及标高，布置过梁、圈梁及其他墙体中的构件（墙梁和挑梁等），采取有效的构造措施，增加房屋的整体性和刚度。

(3) 墙体高厚比和承载力验算。

根据允许高厚比要求验算各部分墙、柱的稳定性；选择墙体计算单元，根据房屋静力计算方案，绘出墙、柱计算简图。根据求得的内力对墙、柱各控制截面进行承载力验算。梁端下砌体的局部抗压验算是墙体承载力验算的重要内容，绝对不能忽略。

3. 砌体结构实例的基础梁、楼面梁与板、屋面梁与板以及楼梯配筋图的解读，是带领我们读懂结构施工图的重要参考例证。需要我们注意理解和掌握。

复习思考题

一、名词解释

横墙承重方案	纵墙承重方案	纵横墙承重方案	内框架承重方案
刚性方案房屋	刚弹性方案房屋	弹性方案房屋	房屋的空间性能系数
房屋的空间性能	墙柱的高厚比		

二、问答题

1. 混合结构有几种承重方案？各有什么优缺点？

2. 怎样划分房屋的静力计算方案？

3. 墙、柱高厚比验算的目的是什么？怎样验算墙、柱的高厚比？

4. 多层刚性方案房屋外墙和内横墙验算时，计算单元和计算简图怎样确定？计算截面如何确定？

5. 何种情况下多层刚性方案房屋外墙可不考虑风荷载的影响？

6. 温度变化和砌体干缩是怎样引起砌体开裂的？这些裂缝的形态如何？如何防止或减轻这些裂缝的产生？

7. 地基不均匀沉降过大会导致墙体产生怎样的裂缝？防止产生这类裂缝的构造措施有哪些？

三、计算题

1. 某无吊车的刚性方案单层房屋，纵向承重砖柱截面尺寸为 $b \times h = 370\text{mm} \times 490\text{mm}$，$H0 = 4.8\text{m}$，用 MU10 砖和 M5 混合砂浆砌筑，试验算该柱的高厚比是否满足要求。

2. 某四层教学楼的平面和剖面如图 15-21 所示。屋盖和楼盖采用跨度为 3000mm，厚度为 120mm 的预应力混凝土空心板和钢筋混凝土大梁；大梁间距为 3.0m，在墙上支承长度为 240mm，梁截面尺寸为 $b \times h = 250\text{mm} \times 500\text{mm}$。外墙厚度为 370mm，采用双面抹灰及钢窗。当底层墙体采用 MU15 烧结普通砖和 M7.5 水泥砂浆砌筑时，试验算底层外纵墙的承载力。

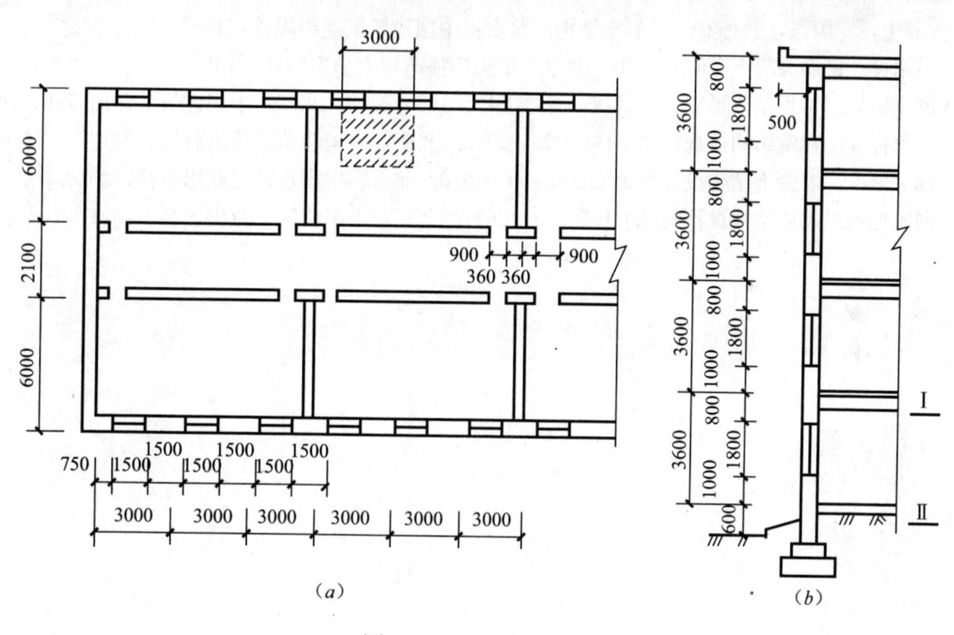

图 15-21　习题 15-2 图

参考文献

[1] 王文睿. 混凝土结构与砌体结构. 北京：中国建筑工业出版社，2011.

[2] 滕智明. 钢筋混凝土基本构件. 北京：清华大学出版社，1987.

[3] 罗向荣. 混凝土结构. 北京：高等教育出版社，2007.

[4] 曹照平. 钢筋工程手册. 北京：机械工业出版社，2005.

[5] 尹维新，李靖颉，李元美. 混凝土结构与砌体结构 [M]. 北京：中国电力出版社，2008.

[6] 程文瀼. 混凝土及砌体结构. 武汉：武汉大学出版社，2004.

[7] 郭继武，张述勇，冯小川. 混凝土结构与砌体结构. 北京：高等教育出版社，1990.

[8] 侯治国，周绥平. 建筑结构. 武汉：武汉理工大学出版社，2004.

[9] 沈蒲生，罗国强，熊丹安. 混凝土结构. 北京：中国建筑工业出版社，1997.

[10] 白绍良. 钢筋混凝土及砖石结构. 北京：中央广播电视大学出版社，1986.

[11] 国家标准. 工程结构可靠度设计统一标准 GB 50153—2008. 北京：中国建筑工业出版社，2008.

[12] 国家标准. 建筑结构荷载规范 GB 50009—2012. 北京：中国建筑工业出版社，2012.

[13] 国家标准. 混凝土结构设计规范 GB 50010—2010. 北京：中国建筑工业出版社，2010.

[14] 国家标准. 砌体结构设计规范 GB 50003—2011. 北京：中国建筑工业出版社，2011.